中国地质大学“211 工程”建设重点资助“地球物理勘察系列课”教材

应用地球物理数据采集与处理

刘 天 佑　主编

中国地质大学出版社

图书在版编目(CIP)数据

应用地球物理数据采集与处理/刘天佑主编．一武汉：中国地质大学出版社，2004.6(2009.1 重印)
ISBN 978-7-5625-1901-0

Ⅰ．应…
Ⅱ．刘…
Ⅲ．①地球物理勘探－地质数据－数据采集②地球物理勘探－地质数据－数据处理
Ⅳ．P631

中国版本图书馆 CIP 数据核字(2009)第 009578 号

应用地球物理数据采集与处理 **刘天佑 主编**

责任编辑：刘先洲 技术编辑：阮一飞 责任校对：胡义珍

出版发行：中国地质大学出版社(武汉市洪山区鲁磨路 388 号) 邮编：430074
电话：(027)87482760 传真：87481537 **E-mail**：cbb@cug.edu.cn

开本：787 毫米×1092 毫米 1/16 字数：520 千字 印张：20.25
版次：2004 年 6 月第 1 版 印次：2009 年 1 月第 3 次印刷
印刷：荆州市鸿盛印务有限公司 印数：2 001－4 000

ISBN 978-7-5625-1901-0 定价：40.00 元

序　言

“应用地球物理系列课”是地球物理学专业和应用地球物理专业的主干专业课程，也是新调整后的地矿类工科本科的主要专业基础课之一。

自20世纪50年代初到90年代末，我国的应用地球物理专业课的课程体系基本上与原苏联类似，专业课程主要按重力、磁法、电法、地震和测井（简称重、磁、电、震、测）五门课分别讲授，学科和专业分得较细，教学内容较窄。结果培养的科研人员越来越专，这对促进科技快速纵向发展起到了积极作用，但不利于学科交叉和学科综合的发展。另外，重、磁、电、震、测五门课程内容之间也存在着某些重复。随着科学技术的发展，专业课的教学内容也需进一步更新。

随着我国由计划经济逐渐向市场经济过渡，国内应用地球物理专业为适应市场经济的需要，都在积极地进行拓宽专业、加强基础和增强适应性的教学改革和研究。长期以来，我们应用地球物理专业的教员为了适应国民经济发展的需要，坚持教学改革，在不同的历史时期，进行了教学思想、内容和方法的改革，课程结构有所变化，教学内容有所更新。这些改革促进了师资队伍的建设，为深入教学改革打下了基础。经过广泛地调研和充分地讨论，我们认为以系列课的建设来优化地球物理专业课程体系和教学内容是比较好的，并以教学立项促进教材建设，以张胜业为负责人的“应用地球物理系列课程建设”教学研究项目已列入1997年湖北省教委的研究项目和我校重点教学改革研究项目。

所谓系列课程的建设，是指为了向学生传授某一方面相对完整的知识或比较全面训练学生某一方面的能力，而把教学内容密切相关、相互之间有必然联系的若干门课程组织在一起，从总体上确定每一门课程的教学目标、教学内容和教学方法。

应用地球物理系列课建设的指导思想是：① 系统地向学生传授应用地球物理的基础知识，使学生知识面较宽、专业基础扎实、适应性较强；② 优化课程体系和教学内容，避免不必要的重复，提高学生的学习效率，减轻学生的学习负担；③ 加强综合和交叉，发挥学生潜能、特长和创造性思维。

应用地球物理专业课的系列课程建设可分为纵向和横向两种。这套教材为纵向的系列课，建立纵向系列课的目的，就是将重、磁、电、震、测五门课中带有基础和共性的内容有机地结合在一起，避免不必要的重复，加强基础、综合和交叉，提高学生的学习效率，拓宽学生的专业知识面，使学生能系统地掌握应用地球物理的专业基础知识，具有一定综合解决实际问题的能力。

纵向系列课的课程设置，按应用地球物理学原理（100学时）、应用地球物理数据采集与处理（80学时）、地球物理反演基本理论与应用方法（40学时）和地球物理方法的综合应用与解释（50学时），从纵向上分为四门专业系列课程，建立一套面向21世纪的新的专业课程体系。

四本系列课教材的编写工作分工如下：

《应用地球物理学原理》　　　　　　　　　　张胜业主编

《应用地球物理数据采集与处理》　　　　　　刘天佑主编

《地球物理反演基本理论与应用方法》　　　　姚　姚主编

《地球物理方法的综合应用与解释》　　　　　李大心主编

《应用地球物理数据采集与处理》共分六章，第一章由刘天佑教授编写，第二、三、四章由刘天佑、罗孝宽教授编写，第五章由万乐副教授编写，第六章由张玉芬教授、顾汉明教授编写，全书最后由刘天佑教授审定。

本教材得到了中国地质大学（武汉）校领导、教务处的大力支持，由地球物理系组织编写；绘图室魏国鹏、彭泥泥、文丽丽等同志参加了绘图工作，在此一并表示谢意。

由于这套教材是第一次按新的课程体系编写，受条件、时间和水平的限制，在新的教材里难免会有不妥或错误的地方，随时欢迎读者批评指正。

编　者

2003年12月

目　录

第一章　总论……1
§1.1　地球物理勘查仪器的基本要求与特点……1
§1.2　误差理论与地球物理数据采集的原则……1
一、误差理论概述……1
二、地球物理数据采集的一般原则……3
§1.3　观测数据的圆滑、插值与网格化……3
一、观测数据的圆滑……3
二、平面异常的平滑法……5
三、观测数据的插值……7
四、观测数据的网格化……8
§1.4　地球物理信号数字处理……14
一、傅氏级数与离散频谱……14
二、傅氏积分与连续频谱……15
三、频谱的基本性质……15
四、傅氏积分与傅氏级数的关系……16
五、抽样定理……16
六、滤波与褶积……17
七、离散信号的 Z 变换……17
八、希尔伯特变换……18
九、一维频率滤波……18
十、相关分析……20
十一、最小平方滤波……20
十二、提高位场离散傅里叶变换精度的方法……21
§1.5　非线性科学的数学方法在地球物理数据处理中的应用……21
一、非平衡态、耗散结构与混沌动力学……21
二、人工神经网络方法……23
三、分形几何……25
四、小波分析……26
第二章　重磁勘查的仪器及野外工作方法……28
§2.1　重力仪……28
一、绝对重力测量仪器……28
二、相对重力测量仪器概述……30
三、地面重力仪……33
四、其他重力仪……37
§2.2　磁力仪……39

一、概述 …… 39
二、质子磁力仪 …… 40
三、光泵磁力仪、磁通门磁力仪与超导磁力仪 …… 43
四、无定向磁力仪 …… 47
§2.3　重磁勘查的野外工作方法 …… 48
一、地质任务的确定 …… 48
二、比例尺与测网 …… 50
三、重磁测量精度的确定 …… 50
四、野外施工方法概述 …… 52
五、重磁观测结果的计算整理及图示 …… 57
§2.4　岩（矿）石磁性参数的测定与统计整理 …… 58
一、岩（矿）石标本的采集 …… 58
二、磁性测定方法 …… 58
三、磁性参数统计整理及图示 …… 61
思考题与习题 …… 63
第三章　空间域重磁异常的处理与转换 …… 65
§3.1　区域重力异常与局部重力异常的划分 …… 66
一、图解法 …… 66
二、平均场法 …… 66
三、趋势分析法 …… 69
§3.2　重磁异常的解析延拓 …… 72
一、向上延拓 …… 72
二、向下延拓 …… 75
§3.3　磁异常的分量换算 …… 76
§3.4　重磁异常的导数换算 …… 78
一、简单导数异常物理意义 …… 78
二、V_{xz} 的换算 …… 81
§3.5　三度异常换为二度异常的方法 …… 89
思考题与习题 …… 89
第四章　频率域重磁异常的处理与转换 …… 90
§4.1　频率域的延拓公式及泊松公式 …… 90
一、频率域的延拓公式 …… 90
二、频率域的泊松公式 …… 91
三、重磁异常频谱的基本规律 …… 94
§4.2　频率域重磁异常转换 …… 95
一、空间换算 …… 96
二、导数换算 …… 96
三、各分量之间的换算 …… 96
四、不同磁化方向之间的换算 …… 97
五、频率域磁场换算的一个通式 …… 100

六、换算的过程…………………………………………………………………… 101
七、几种换算的滤波作用………………………………………………………… 105
八、二度频率域重磁位场转换…………………………………………………… 106
§4.3 维纳滤波与匹配滤波 …………………………………………………… 110
一、最小均方差滤波器与维纳滤波器…………………………………………… 110
二、分离深源场与浅源场的维纳滤波器与匹配滤波器………………………… 111
三、实现步骤…………………………………………………………………… 112
四、方法应用效果……………………………………………………………… 112
§4.4 宽度幅值特征滤波、低通带通正则化滤波 …………………………… 113
一、自相关函数及其频谱……………………………………………………… 113
二、高斯型自相关函数………………………………………………………… 114
三、构制宽度幅值特征滤波器………………………………………………… 114
四、低通带通正则化滤波……………………………………………………… 116
§4.5 重磁异常的对应分析 …………………………………………………… 117
§4.6 重力异常归一化总梯度法 ……………………………………………… 118
一、方法的原理………………………………………………………………… 119
二、归一化总梯度的计算……………………………………………………… 120
三、理论模型与实例…………………………………………………………… 121
§4.7 重磁数据处理的发展趋势 ……………………………………………… 124
一、低纬度化极………………………………………………………………… 124
二、变倾角化极………………………………………………………………… 125
三、重磁资料的曲化平………………………………………………………… 125
四、重磁弱信号识别与提取…………………………………………………… 126
五、希尔伯特变换增强弱信号………………………………………………… 132
思考题与习题……………………………………………………………………… 134
第五章 电法勘查的数据采集与处理……………………………………………… 135
§5.1 电法勘查的数据采集特点 ……………………………………………… 135
一、电法勘查方法数据采集的多样性………………………………………… 135
二、电法勘查方法数据采集的复杂性………………………………………… 136
三、电法勘查方法数据采集的艰难性………………………………………… 136
§5.2 电法勘查方法的野外仪器装备 ………………………………………… 137
一、电法勘查仪器装备的特点………………………………………………… 137
二、电法勘查仪器装备的组成………………………………………………… 137
三、电法勘查仪器装备的发展………………………………………………… 139
四、部分仪器介绍……………………………………………………………… 140
§5.3 电法勘查方法的野外工作方法技术 …………………………………… 154
一、电法勘查方法的野外工作设计…………………………………………… 155
二、电法勘查方法的野外工作方法技术……………………………………… 160
三、观测结果的质检评价……………………………………………………… 167
§5.4 电法勘查方法的资料整理 ……………………………………………… 168

一、资料的验收…………………………………………………………………… 168
二、数据校正…………………………………………………………………… 170
三、图件绘制…………………………………………………………………… 170
§5.5 电法勘查方法的资料处理 ……………………………………………… 170
一、电法勘查资料的处理…………………………………………………… 170
二、电法勘查资料中的影响因素及校正…………………………………… 171
§5.6 电磁法数据的采集与处理 ……………………………………………… 182
一、大地电磁仪器…………………………………………………………… 182
二、野外工作方法和技术…………………………………………………… 182
三、大地电磁数据的采集与处理…………………………………………… 183
四、大地电磁资料的解释…………………………………………………… 186
思考题与习题………………………………………………………………… 189
第六章 地震勘探数据采集和处理…………………………………………… 190
§6.1 地震勘探数据的野外采集技术及工作方法 …………………………… 190
一、地震勘探的测线布置及试验性工作…………………………………… 190
二、地震勘探的野外观测系统……………………………………………… 192
三、地震波的激发…………………………………………………………… 200
四、地震勘探的野外数据采集系统——地震仪器简介…………………… 204
五、地震信息的接收………………………………………………………… 217
六、地震波速度的野外测定………………………………………………… 230
§6.2 地震反射资料的数字处理概述和处理流程 …………………………… 232
一、地震反射资料的数字处理概述………………………………………… 232
二、二维反射纵波多次覆盖资料的处理流程……………………………… 232
§6.3 水平叠加处理 …………………………………………………………… 233
一、预处理…………………………………………………………………… 234
二、动校正…………………………………………………………………… 235
三、静校正…………………………………………………………………… 238
四、叠加和水平叠加时间剖面……………………………………………… 240
五、修饰性处理……………………………………………………………… 242
§6.4 地震反射资料的数字滤波和反滤波 …………………………………… 245
一、数字滤波和滤波器的基本概念………………………………………… 246
二、一维频率滤波…………………………………………………………… 249
三、数字滤波的特殊性……………………………………………………… 252
四、二维视速度滤波………………………………………………………… 255
五、反滤波的基本概念……………………………………………………… 257
六、反滤波因子的求取……………………………………………………… 258
七、地震资料数字处理中的反滤波………………………………………… 259
§6.5 速度分析 ………………………………………………………………… 269
一、速度谱…………………………………………………………………… 269
二、速度扫描………………………………………………………………… 273

三、叠加速度的物理定义 …… 274
四、三维速度分析 …… 274
§6.6 偏移归位处理 …… 277
一、偏移问题的提出及偏移归位处理的概念 …… 277
二、二维叠加偏移归位处理方法 …… 279
三、三维偏移归位处理 …… 288
§6.7 二维地震反射资料解释 …… 291
一、地震反射信息及其解释方法种类 …… 291
二、地震剖面与地质剖面的关系 …… 292
三、地震反射时间剖面的对比 …… 293
四、时间剖面上的特殊波 …… 295
五、时间剖面的地质解释 …… 298
六、深度剖面、构造图、等厚图的绘制 …… 301
七、构造图的绘制方法和步骤 …… 302
§6.8 三维地震反射资料的解释 …… 306
一、三维地震反射资料的显示 …… 306
二、三维地震反射资料的解释 …… 307
§6.9 折射波资料的解释 …… 309
一、折射波的识别与对比 …… 309
二、折射资料的初步整理 …… 309
三、折射界面上覆层的速度的求取 …… 310
四、t_0 差数时距曲线法绘制折射界面 …… 311
思考题与习题 …… 313
参考文献 …… 315

第一章 总 论

§1.1 地球物理勘查仪器的基本要求与特点

众所周知，在野外进行地球物理勘查要求所使用的仪器重量轻、体积小、坚固耐用，要能防潮、防晒、不怕震动，无论在寒冷的极地或是在炎热的赤道地区都能正常工作。同时，还要求仪器有多种功能，即能同时测量多种参数，例如，不仅能测重力值、磁场值，而且还能测定它们的梯度；不仅能用来做电阻率法，也能用来做激发极化法、交流电法等。我国是一个多山国家，在固体矿产资源勘查中迫切需要有轻便多功能的地球物理仪器；同时，我国又是一个幅员辽阔的国家，海洋及西部的沙漠戈壁石油资源有待于勘探与开发，城市与环境物探方兴未艾，也迫切需要功能强、精度高，运用现代物理、电子与计算机技术的地球物理仪器装备。

为了反映地球物理仪器的技术性能，人们常用灵敏度、精密度、准确度、稳定性、测程范围等各种技术参数来描述它们。

灵敏度　指仪器反映地球物理场参数，如强度等最小变化的能力（敏感程度）。有时也称作分辨率。对于用数码显示器读取地球物理场参数的仪器，在其读数装置上估读的最小可辨别的变化，称为显示灵敏度（或读数能力），如质子磁力仪 1nT/字，0.1nT/字等。由于仪器有一个噪声水平问题，因此灵敏度与显示灵敏度在概念上是有区别的。

精密度　它是衡量仪器重复性的指示，系指仪器自身测定地球物理场的各种参数所能达到的最小可靠值。由一组测定值与平均值的平均偏差表示。在仪器说明书中，称为自身重复精度。

准确度　系指仪器测定真值的能力，即与真值相比的总误差。

§1.2 误差理论与地球物理数据采集的原则

一、误差理论概述

1. 测量的极限误差

由概率积分可知，随机误差正态分布曲线下的全部面积相当于全部误差出现的概率，即

$$\frac{1}{\sigma\sqrt{2\pi}}\int_{-\infty}^{\infty} \mathrm{e}^{-\frac{\delta^2}{2\sigma^2}}\mathrm{d}\delta = 1$$

而随机误差在 $-\delta$ 至 $+\delta$ 范围内的概率为

$$P(\pm\delta) = \frac{1}{\sigma\sqrt{2\pi}}\int_{-\delta}^{+\delta}\mathrm{e}^{-\frac{\delta^2}{2\sigma^2}}\mathrm{d}\delta = \frac{2}{\sigma\sqrt{2\pi}}\int_{0}^{\delta}\mathrm{e}^{-\frac{\delta^2}{2\sigma^2}}\mathrm{d}\delta$$

引入新变量 t，即　$t = \frac{\delta}{\sigma}, \delta = t\sigma$

经变换，上式成为

$$P(\pm\delta)=\frac{2}{\sqrt{2\pi}}\int_0^t e^{-\frac{t^2}{2}}dt=2\phi(t)$$

$$\phi(t)=\frac{1}{\sqrt{2\pi}}\int_0^t e^{-\frac{t^2}{2}}dt$$

函数 $\phi(t)$ 称为概率积分，不同 t 的 $\phi(t)$ 值可由有关文献资料查出。

当某随机误差在 $\pm t\sigma$ 范围内出现的概率为 $2\phi(t)$，则超出的概率为

$$\alpha=1-2\phi(t)$$

表 1-1 给出几个典型的 t 值及相应的超出或不超过 $|\delta|$ 的概率。

表 1-1　正态分布典型 t 值与 $|\delta|$ 概率关系表

t	$\lvert\delta\rvert=t\sigma$	不超出 $\lvert\delta\rvert$ 的概率 $2\phi(t)$	超过 $\lvert\delta\rvert$ 的概率 $1-2\phi(t)$	测量次数 n	超出 $\lvert\delta\rvert$ 的测量次数 n_0
0.67	0.67σ	0.497 2	0.502 8	2	1
1	1σ	0.682 6	0.317 4	3	1
2	2σ	0.954 4	0.045 6	22	1
3	3σ	0.997 3	0.002 7	370	1
4	4σ	0.999	0.000 1	15 626	1

由表 1-1 可以看出，当 $t=2$ 时，在 22 次测量中，只有 1 次的误差绝对值超出 2σ 范围；而当 $t=3$，即 $|\delta|=3\sigma$ 时，在 370 次测量中只有一次误差绝对值超过 3σ 范围。由于在一般测量中，测量次数很少超过几十次，因此可以认为绝对值大于 3σ 的误差是不可能出现的，通常把这个误差称为单次测量的极限误差 $\delta_{\lim x}$，即

$$\delta_{\lim x}=\pm 3\sigma$$

当 $t=3$ 时，对应的概率 $P=99.73\%$。

在实际测量中，有时也可取其他的 t 值来表示单次测量的极限误差，如取 $t=2.85$，$P=99\%$；$t=2$，$P=95.44\%$；$t=1.96$，$P=95\%$ 等。因此，一般情况下测量列单次测量的极限误差可用下式表示

$$\delta_{\lim x}=\pm t\sigma$$

2. 测量列算术平均值的标准差

如果在相同条件下对同一量值作多组重复的系列测量，每一系列测量都有一个算术平均值，由于随机误差的存在，各个测量列的算术平均值也不同，它们围绕着被测量的真值有一定的分散，此分散说明了算术平均值的不可靠性，而算术平均值的标准差 $\sigma_{\bar{x}}$ 则表征同一被测量的各个独立测量列算术平均值分散性的参数，可作为算术平均值不可靠性的评定标准。

我们熟知算术平均值 $\overline{X}$ 为

$$\overline{X}=\frac{l_1+l_2+\cdots+l_n}{n}$$

取方差　$D(\overline{X})=\frac{1}{n^2}[D(l_1)+D(l_2)+\cdots+D(l_n)]$

因　$D(l_1)=D(l_2)=\cdots=D(l_n)=D(l)$

故有　$D(\overline{X})=\frac{1}{n^2}\cdot nD(l)=\frac{1}{n}D(l)$

所以 $$\sigma_{\bar{x}}^2=\frac{\sigma^2}{n}$$

$$\sigma_{\bar{x}}=\frac{\sigma}{\sqrt{n}}$$

由此可知，在 n 次测量的等精度测量列中，算术平均值的标准差为单次测量标准差的 $\frac{1}{\sqrt{n}}$ 倍，当测量次数 n 愈大时，算术平均值愈接近被测量的真值，测量精度也愈高。

增加测量次数可以提高测量精度，但是测量精度是与测量次数的平方根成反比，因此要显著地提高测量精度，必须付出较大的劳动。σ 一定时，当 $n>10$ 以后，$\sigma_{\bar{x}}$ 已经减少得非常缓慢。此外，由于测量次数愈大时，也愈难保证测量条件的恒定，从而带来新的误差，因此，一般情况下取 $n=10$ 以内较为适宜。总之，要提高测量精度，应采用适当精度的仪器，选取适当的测量次数。

二、地球物理数据采集的一般原则

根据以上的误差理论，我们不难得出，在地球物理测量中为了保证所采集数据的准确性和可靠性，必须注意以下的一些原则：

(1)在做地球物理勘查设计时，要根据工作任务的要求以及被探测对象可能产生的场强度(信号强度)和特征、干扰水平，合理确定观测精度。由上述可知，观测中大误差出现的可能性是很小的，一般可以认为观测误差超过 3σ 是不可能的。如在磁测中，观测精度(均方差)选择为 $\frac{1}{3}$ 最弱有意义的异常，那么即可认为获得的磁异常是可靠的。

(2)当被观测的信号太弱，增加观测次数、重复观测是提高信噪比和异常可靠程度的重要措施，如在重力基点网联测就采用重复观测的方法以提高精度，在核磁共振找水方法中采用多次重复观测，再对观测信号进行叠加就是提高核磁共振信号信噪比的有效途径。

(3)观测精度高固然好，但不适当地提高精度，会导致增加工作量，降低工作效率，在经济上造成不必要的浪费。

§1.3 观测数据的圆滑、插值与网格化

一、观测数据的圆滑

1.徒手平滑法

人们依据观测剖面上的变化应具有一定的连续、渐变的规律，徒手修改平滑掉某些明显的突变点。这种做法的要求是：

(1)平滑前后各相应点的观测值的偏差不应超过实测异常的均方误差；

(2)尽可能使平滑前后剖面曲线所围成的面积相等，重心不变。

2.最小二乘平滑法

尽管偶然误差会使异常曲线不光滑而成锯齿状，但并不会改变异常曲线变化的基本趋势。我们可以用一个多项式来拟合这种变化趋势。

(1)线性平滑公式。在异常剖面图上，若在一定范围内异常按照线性关系变化，则在这个范围内某一点经平滑后的异常值可用线性方程来表示

$$\bar{g}(x) = a_0 + a_1 x \tag{1-1}$$

式中的 a_0 和 a_1 为待定系数，可用最小二乘方法解出。若该点原始值为 $g(x_i)$，它的平滑值即为 $\bar{g}(x_i)$，则可列出

$$\delta = \sum_{i=-m}^{m}[a_0 + a_1 x_i - g(x_i)]^2 = \min \tag{1-2}$$

式中 δ 为偏差的平方和。利用微分求极值的方法将式(1-2)对 a_0 和 a_1 求导数，然后令其为零得

$$\left.\begin{aligned} \frac{\partial \delta}{\partial a_0} &= 2[a_0 + a_1 x_i - g(x_i)] = 0 \\ \frac{\partial \delta}{\partial a_1} &= 2[a_0 + a_1 x_i - g(x_i)]x_i = 0 \end{aligned}\right\} \tag{1-3}$$

若 x_i 以剖面上的点距为单位，即 $\Delta x = 1$，取点的方式如图1-1所示，则式(1-3)中的 $x_i = 0, \pm 1, \pm 2, \cdots, \pm m$。当把它们代入式(1-3)中可解出 a_0 和 a_1，分别为

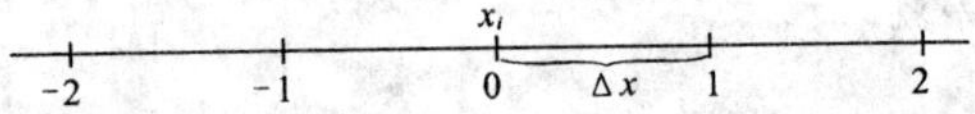

图 1-1　剖面平滑时取点方式示意图

$$a_0 = \frac{\sum_{i=-m}^{m} g(x_i)}{2m+1}, \qquad a_1 = \frac{\sum_{i=-m}^{m} x_i g(x_i)}{\sum_{i=-m}^{m} x_i^2}$$

由式(1-1)可知，当 $x = 0$ 时，$\bar{g}(0) = a_0$，即

$$\bar{g}(0) = \frac{1}{2m+1}\sum_{i=-m}^{m} g(x_i) \tag{1-4}$$

由此可见，按图1-1取数平滑某一点的值，实际上是在剖面上以该点为中心取奇数点的算术平均值。当 $m = 1$ 时，得三点平滑公式为

$$\bar{g}(0) = \frac{1}{3}[g(-1) + g(0) + g(1)] \tag{1-5}$$

同理可得五点、七点、九点等平滑公式。

在实际工作中究竟采用几点平均最合适，这需要根据平滑的目的而定。一般说参加平均的点越多，得出的曲线越平缓。图1-2就是线性平滑效果的例子。

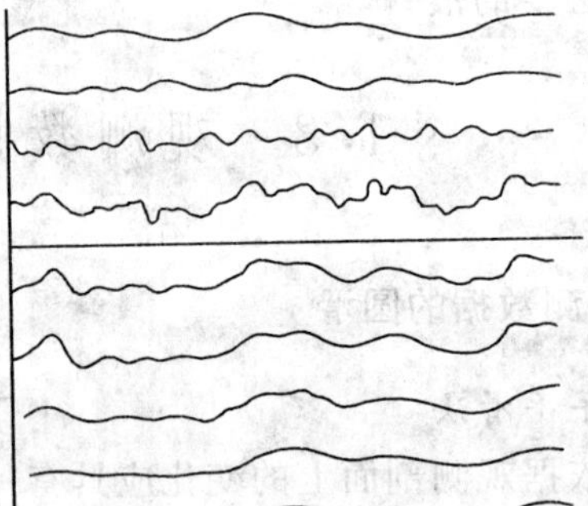

图1-2　不同点数平滑效果的对比

在图1-2中，其中曲线 D 是表示由低、中和高频信息即 A、B、C 合成的，它的形态就包含了各种周期变化的成分。图中 E、F、G、H、I 分别表示取 2、3、5、7、9 个点作平滑后的曲线。可见随着参加平均的点数增加，"高频"成分逐渐减弱，即短周期干扰逐渐消失。用七点平均时，B、C 两种异常基本被平滑掉了，只保留了原来的"低频"成分 A 了。在九点平滑后，同样保留了低频成分，只是更平滑了。

(2)二次曲线平滑公式。若异常剖面曲线在一定范围内可视为二次曲线时，则在这个范围内，平滑公式可用下面的二次曲线方程来表示。即

$$\bar{g}(x_i) = a_0 + a_1 x_i + a_2 x_i^2$$

同样可以使用最小二乘法求出上面方程中的系数。即

$$\delta = \sum_{i=-m}^{m} [a_0 + a_1 x_i + a_2 x_i^2 - g(x_i)]^2 = \min \tag{1-6}$$

应用导数求极值的方法，将式(1-6)分别对 a_0、a_1、a_2 求偏导数，并令其等于零，得

$$\frac{\partial \delta}{\partial a_0} = \sum_{i=-m}^{m} 2[a_0 + a_1 x_i + a_2 x_i^2 - g(x_i)] = 0$$

$$\frac{\partial \delta}{\partial a_1} = \sum_{i=-m}^{m} 2[a_0 + a_1 x_i + a_2 x_i^2 - g(x_i)]x_i = 0$$

$$\frac{\partial \delta}{\partial a_2} = \sum_{i=-m}^{m} 2[a_0 + a_1 x_i + a_2 x_i^2 - g(x_i)]x_i^2 = 0$$

从而可由上述方程组解出 a_0。若取 $m=2$，即采用五点圆滑时，当数据是等间距，点距 $\Delta x = 1$，选取被平滑的点在坐标原点时，即取 $x_i = 0$，求得

$$\bar{g} = a_0 = \frac{1}{35}\{17g(0) + 12[g(1) + g(-1)] - 3[g(2) + g(-2)]\} \tag{1-7}$$

同理，可得七点二次平滑公式为

$$\begin{aligned}\bar{g}(0) = \frac{1}{21}\{&7g(0) + 6[g(1) + g(-1)] \\ &+ 3[g(2) + g(-2)] - 2[g(3) + g(-3)]\}\end{aligned} \tag{1-8}$$

当然还可使用多点高次曲线。但在一些物探方法(如重力法)中，高于三次以上的曲线很少使用。图1-3给出了各次曲线平滑的例子。

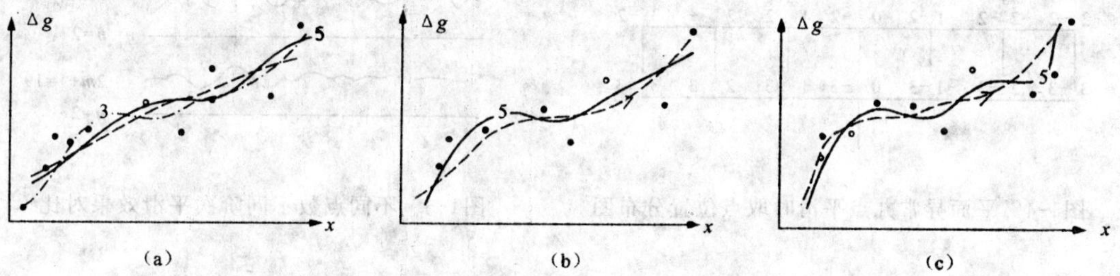

图1-3 不同点数不同阶次的平滑效果实例

其中：图1-3(a)是不同点的线性平滑；图1-3(b)是不同点数的二次平滑；图1-3(c)是三次平滑。图中的数字是平滑时的取点数。

二、平面异常的平滑法

平面异常平滑法是根据测区内某一小面积范围的已知重力异常值的变化趋势，建立一个拟合多项式，某一点的平滑值可用拟合值代替。由于拟合多项式含两个变量，所以该多项式代表了各种曲面。

1. 线性平滑公式

在异常平面图的一定范围内，若异常形态呈简单线性变化时，可对某一点 (x,y) 的异常值用下面方程来拟合表示为

$$\bar{g}(x,y) = a_0 + a_1 x + a_2 y \tag{1-9}$$

其中 a_0、a_1、a_2 为待定系数，同样利用最小二乘法来确定。

当 $x=0, y=0$ 时，可知 $\bar{g}(0,0) = a$。

下面直接给出五点和九点平滑公式的结果。

五点平滑公式为

$$\bar{g}(0,0)=\frac{1}{5}[g(0,0)+g(1,0)+g(-1,0)+g(0,-1)+g(0,1)] \tag{1-10}$$

九点平滑公式为

$$\bar{g}(0,0)=\frac{1}{9}[g(0,0)+g(2,0)+g(1,0)+g(0,1)+g(0,2)+g(-2,0)+g(-1,0)+g(0,-2)+g(0,-1)] \tag{1-11}$$

其中 $g(i,j)$ 为流动坐标中 $x=i, y=j$ 点的原始异常值。线性平滑取点的分布如图1-4所示。

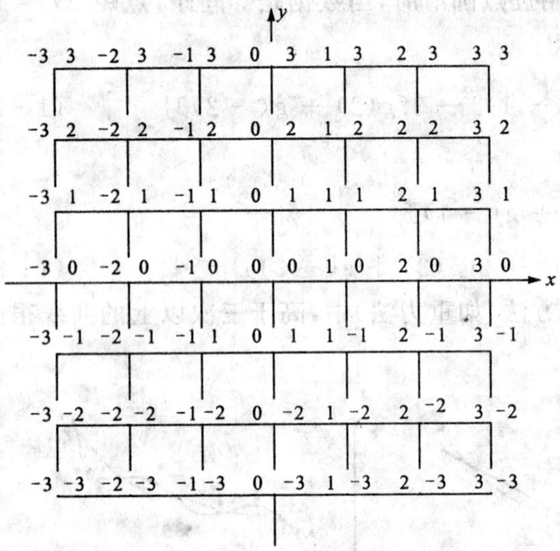

图1-4　平面异常九点平滑时取点位置分布图

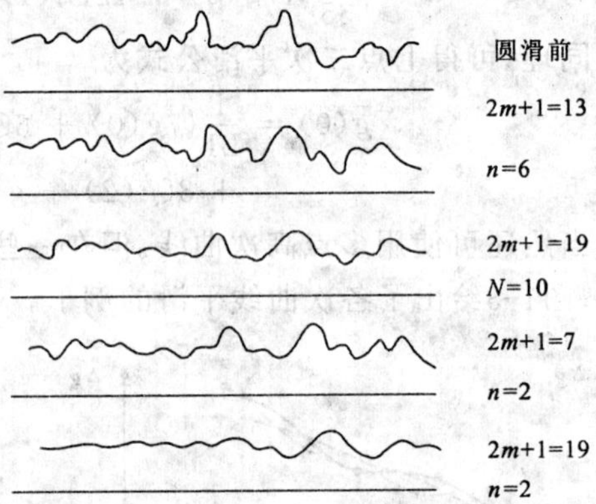

图1-5　不同点数不同阶次平滑效果对比

2. 二次曲面平滑公式

在平面图上，如果重力异常的分布在一定范围内可以用二次曲面拟合时，则平滑后的异常值 $g(x,y)$ 可用下面方程来表示，即

$$\bar{g}(x,y)=a_0+a_1x+a_2y+a_3x^2+a_4xy+a_5y^2 \tag{1-12}$$

当 $x=0, y=0$ 时，a_0 值便是相应点的平滑值，即

$$g(0,0)=a_0$$

其中 a_0 也是利用最小二乘法来确定，原理在前面已多次介绍过。下面直接给出常用的几个二次曲面平滑公式的系数。

九点二次曲面平滑

$g(-1,-1), g(1,-1), g(1,1), g(-1,1)$	$-\frac{1}{9}$
$g(-1,0), g(0,-1), g(1,0), g(0,1)$	$\frac{2}{9}$
$g(0,0)$	$\frac{5}{9}$

二十五点二次曲面平滑

$g(-2,-2), g(2,-2), g(2,2), g(-2,2)$	$-0.074\ 28$

$g(-2,-1),g(2,-1),g(2,1),g(-2,1)$ $g(-1,-2),g(1,-2),g(1,2),g(-1,2)$	0.011 42
$g(-2,0),g(0,-2),g(2,0),g(0,2)$	0.040 00
$g(-1,-1),g(1,-1),g(1,1),g(-1,1)$	0.097 14
$g(-2,0),g(0,-1),g(1,0),g(0,1)$	0.125 71
$g(0,0)$	0.154 28

四十九点二次曲面平滑

$g(-3,-3),g(-3,3),g(3,-3),g(3,3)$	−0.047 61
$g(-3,-2),g(-3,2),g(3,-2),g(3,2)$ $g(-2,-3),g(-2,3),g(2,-3),g(2,3)$	−0.013 60
$g(-3,-1),g(-3,1),g(3,-1),g(3,1)$ $g(-1,-3),g(-1,3),g(1,-3),g(1,3)$	0.006 80
$g(-3,0),g(3,0),g(0,-3),g(0,3)$	0.013 60
$g(-2,-2),g(-2,2),g(2,-2),g(2,2)$	0.020 40
$g(-2,-1),g(-2,1),g(2,-1),g(2,1)$ $g(-1,-2),g(-1,2),g(1,-2),g(1,2)$	0.040 81
$g(-2,0),g(2,0),g(0,-2),g(0,2)$	0.047 61
$g(-1,-1),g(-1,1),g(1,-1),g(1,1)$	0.061 22
$g(-1,0),g(1,0),g(0,-1),g(0,1)$	0.068 02
$g(0,0)$	0.074 82

上述曲面平滑取点方式均见图1-4所示。

研究表明，对于不同阶次，不同点数的平滑公式，其平滑的效果有以下结论：①当点数一定，阶次越低结果越平滑；②阶次一定，点数越多结果越平滑；③不同阶次和不同点数的结合有时可能得到相似的平滑效果，见图1-5。

所以实际工作中在能达到目的前提下，尽量利用较少的点参加平滑。这样既能节省计算工作量，又可减少周围点的损失。

上面介绍的平滑法是利用有限点的异常值计算出某一点的平滑值。若想平滑一条剖面或一个平面上各点的值，可以依次在所有点上进行滑动计算而求得。

平滑就其本意是为了消除研究点的偶然误差，但本着数据处理的目的，平滑法尤其是大点距平滑的结果可以用来研究区域场形态，起到压制浅部干扰的作用。

三、观测数据的插值

野外采集的数据有时候不一定符合我们研究需要的网格距，这时就可以用加密点（跳点或跳线）的方式来获得所需要的网格，插值就是加密点线距的一种方法。此外，也有人认为利用插值方法可以划分区域异常与局部异常，其实，在实际应用中并不常见（在实践中经常会遇到局部异常与区域异常叠加的情况）。为了解释的方便，需要将局部场与区域场加以划分。插值就是划分区域场与局部场的一种方法。其实质是根据不受局部场干扰或干扰很小的测点（称为插值节点）上的场值，构造一个插值函数，然后用这个函数来计算受干扰地段的异常值，并作为那些地段的区域场值。实测值与求得的区域场值的差即为局部场值。

插值函数的种类很多，拉格朗日插值函数是比较简单的一种。拉格朗日插值函数的形式为

$$Z(x)=\sum_{m=0}^{n}Z(x_m)\frac{\Pi_n(x)}{(x-x_m)\Pi'_n(x_m)} \tag{1-13}$$

式中 $\Pi_n(x)=(x-x_0)(x-x_1)\cdots(x-x_n)$；

$$\Pi'_n(x_m)=\frac{\partial}{\partial x}[\Pi_n(x)]_{x=x_m}$$
$$=(x_m-x_0)(x_m-x_1)\cdots(x_m-x_{m-1})(x_m-x_{m+1})\cdots(x_m-x_n);$$

x_m 为插值节点的坐标，共有 $n+1$ 个插值节点；$Z(x_m)$ 为各插值节点上的磁场值；x 为计算点的坐标；$Z(x)$ 为该点的磁场值。例如在图 1-6 的实测异常中选择受局部场干扰较小的 x_0,x_1,x_2,x_3,x_4 五个点的异常值 $Z(x_0),Z(x_1),Z(x_2),Z(x_3),Z(x_4)$，可以构造一个拉格朗日插值函数

$$\widetilde{Z}(x)=\sum_{m=0}^{4}Z(x_m)\frac{\Pi_4(x)}{(x-x_m)\Pi'_4(x_m)}$$

于是可以计算 x 处的异常值 $\widetilde{Z}(x)$。可将 $\widetilde{Z}(x)$ 与 $Z(x_0),Z(x_1),Z(x_2),Z(x_3),Z(x_4)$ 等值用圆滑曲线连接起来，就得到区域背景异常。用实测值减去区域异常即得局部异常。

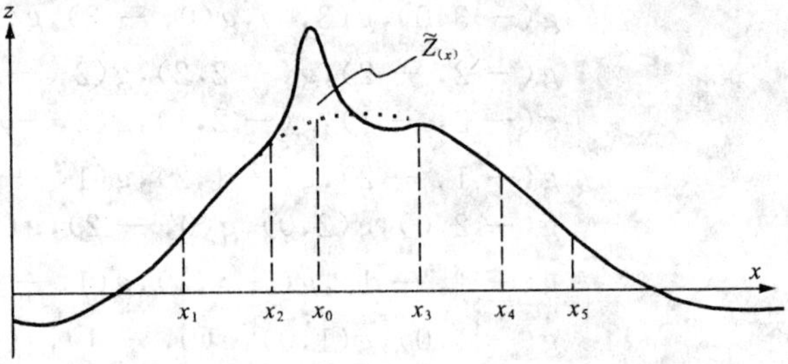

图1-6　五点插值示意图

为了较好地把区域异常与局部异常区分开，选择插值节点时尽量选择不受或少受局部异常干扰的点。插值节点应大致均匀分布在计算点的两侧。

用拉格朗日插值时，节点不应选择过多，即插值多项式的阶次不宜过高，一般选4～6个插值节点。当插值区间比较大，节点较多时，为了改善插值效果，可以采用三次样条插值函数。它实际上是由一段一段的三次多项式拼合而成的。在拼接处，不仅函数自身是连续的，而且它的一阶和二阶导数也是连续的。由于三次样条函数也在各种工程问题上广泛应用，有许多程序可供选用。用样条函数进行异常的插值运算在微机上是很容易实现的。

对于平面数据，可以用二维拉格朗日插值多项式来进行内插。其形式为

$$\widetilde{Z}(x,y)=\sum_{i=0}^{n}\sum_{j=0}^{m}\prod_{\substack{l=0\\l\neq j}}^{m}\prod_{\substack{k=0\\k=i}}^{n}\left(\frac{x-x_k}{x_i-x_k}\right)\left(\frac{y-y_l}{y_i-y_l}\right)Z(x_i,y_j) \tag{1-14}$$

也可以采用双三次样条函数进行插值。

四、观测数据的网格化

在地球物理数据采集时，根据任务的性质和地质情况（主要是构造走向），有时候需要布置路线测量和不同方向的测网，这对于人工勾绘等值线图不会带来什么麻烦，但是对于推断解释，特别是利用计算机进行位场的各种转换处理时，则需要把离散数据转换为网格化数据。把离散数据转换为网格化数据最大的缺点就是损失了有用信息，降低了观测数据的精度。弄得不好，由于网格化误差太大，可能把高精度观测结果降为中低精度，这是在使用网格化方法时应当注意的。网格化的精度高不高取决于两方面的条件：①观测数据是否比较密，比较均匀。过于稀疏的不规则离散数据不可能转换出精度很高的网格化结果。②网格化方法是否好？目前网格化的方法主要是绘制地形等高线用的，由于地形的起伏变化不可能像位场值那样剧烈，因此，应用效果可能会好些。目前还没有精度很高、适合于不同地球物理异常网格化的方法。因此，最

好的方法是在野外施工时尽量采用规则网，或者把路线测量的点位设计得合理均匀些。下面介绍一些常用的网格方法。

1. 近点按距离加权平均法

对于待网格化的点 $P(A,B)$，其场值 T 是周围的离散观测数据对它影响的结果，周围每个点对于网格化的点 $P(A,B)$ 的影响是不同的，这种影响的大小与它们的距离的大小正好相反，即离 $P(A,B)$ 点近的，对 $P(A,B)$ 的场值的影响就大些；离 $P(A,B)$ 远的点，其影响就小些。把各个点对于 $P(A,B)$ 点的影响值"加"起来就是 P 点的网格化值 $T(A,B)$，即离散观测值按与 P 点的距离加权平均，距离小的，反映在权上就大，距离大的，反映在权上就小。我们可以选取距离倒数的某次幂作为权函数，这种思想方法简单，计算速度快。若观测数据本身比较准确，网格化的误差就小。

令数据点 $P(x_i,y_i)$ 到网格点 $P(A,B)$ 的距离为 D_i，则有 $D_i=\sqrt{(x_i-A)^2+(y_i-B)^2}$，求出距离 $P(A,B)$ 最近的 N 个数据点的距离 $D_i(i=1,\cdots,N)$ 后，则 P 点的估计值为 $\bar{T}(A,B)$：

$$\bar{T}(A,B)=\frac{\sum_{i=1}^{N}\left(\frac{T_i}{D_i}\right)}{\sum_{i=1}^{N}\left(\frac{1}{D_i}\right)}$$

式中 $T_i(x,y)$ 为数据点 i 上的观测值。

如图1-7，用近点按距离加权的方法把它网格化，网格化成6×6的规则测网，加权点数 $N=7$，即按距离的远近搜索出7个离散观测点。计算结果表明，其均方误差 $\varepsilon=11.13$。

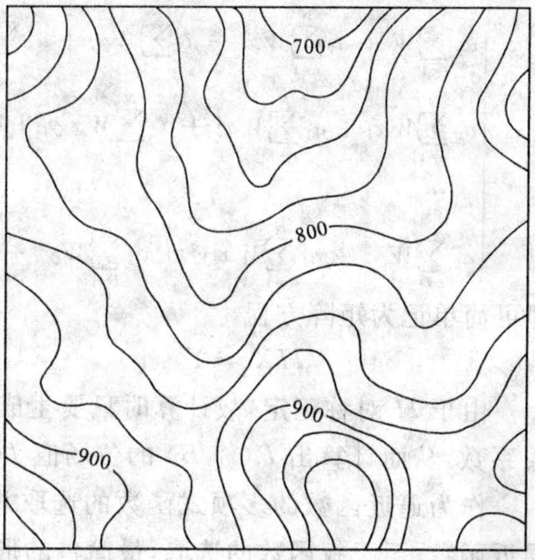

图1-7 用近点按距离加权法网格化

除了近点按距离加权方法外，还可以采用按方位取点加权的方法，其差别仅仅在于取点是按给定的 n 个方位寻找的，这样做的目的在于克服离散观测点的不均匀性对网格化结果的影响。

上述的方法要求数据点比较准确，如果数据本身的误差比较大，还可以采用按距离加权的最小二乘曲面拟合法。

2. 按距离加权的最小二乘曲面拟合法

为了获得网格化点 $P(A,B)$ 的位场值，可以在给定的区域（窗口）内，用一个二次多项式来表示其位场值：

$$f(x,y)=a_0+a_1x+a_2y+a_3x^2+a_4xy+a_5y^2$$

考虑到靠近网格化点 $P(A,B)$ 的数据点要比远离 $P(A,B)$ 的数据点具有更大的权数，即可以选取多项式系数 $a_0,a_1,\cdots,a_5$，使之为按距离加权的最小二乘函数

$$Q=\sum_{i=1}^{N}[f_i(x,y)-T_i]^2\cdot W[(x_i-A)^2+(y_i-B)^2]$$

达到极小。这里 W 是权函数，如取 $W(d^2)=\frac{1}{d^2}$，当 $P(A,B)$ 接近 (x_i,y_i) 时，它的值比较大，而在远离时，它的值比较小，要使 Q 达到极小，必须使 $\frac{\partial Q}{\partial a_j}=0$，因此可以得到正则方程

$$\frac{\partial Q}{\partial a_0} = \sum_{i=1}^{N} 2[f_i(x,y) - T_i]W = 0$$

$$\frac{\partial Q}{\partial a_1} = \sum_{i=1}^{N} 2[f_i(x,y) - T_i]x \cdot W = 0$$

$$\frac{\partial Q}{\partial a_2} = \sum_{i=1}^{N} 2[f_i(x,y) - T_i]y \cdot W = 0$$

$$\frac{\partial Q}{\partial a_3} = \sum_{i=1}^{N} 2[f_i(x,y) - T_i]x^2 \cdot W = 0$$

$$\frac{\partial Q}{\partial a_4} = \sum_{i=1}^{N} 2[f_i(x,y) - T_i]xy \cdot W = 0$$

$$\frac{\partial Q}{\partial a_5} = \sum_{i=1}^{N} 2[f_i(x,y) - T_i]y^2 \cdot W = 0$$

合并后可得

$$\begin{cases} a_0\sum_{i=1}^{N}W + a_1\sum_{i=1}^{N}Wx_i + a_2\sum_{i=1}^{N}Wy_i + a_3\sum_{i=1}^{N}Wx_i^2 + a_4\sum_{i=1}^{N}Wx_iy_i + a_5\sum_{i=1}^{N}Wy_i^2 = \sum_{i=1}^{N}WT_i \\ a_0\sum_{i=1}^{N}Wx_i + a_1\sum_{i=1}^{N}Wx_i^2 + a_2\sum_{i=1}^{N}Wx_iy_i + a_3\sum_{i=1}^{N}Wx_i^3 + a_4\sum_{i=1}^{N}Wx_i^2y_i + a_5\sum_{i=1}^{N}Wx_iy_i^2 = \sum_{i=1}^{N}Wx_iT_i \\ \cdots \qquad\qquad \cdots \qquad\qquad \cdots \qquad\qquad \cdots \\ a_0\sum_{i=1}^{N}Wy_i^2 + a_1\sum_{i=1}^{N}Wx_iy_i^2 + a_2\sum_{i=1}^{N}Wy_i^3 + a_3\sum_{i=1}^{N}Wx_i^2y_i^2 + a_4\sum_{i=1}^{N}Wx_iy_i^3 + a_5\sum_{i=1}^{N}Wy_i^4 = \sum_{i=1}^{N}Wy_i^2T_i \end{cases}$$

即可简单记为矩阵方程

$$HX = Y$$

由于 H 对称正定，故计算时只要生成 H 的上三角阵，利用主元消去法就可以求出 $a_0,\cdots,a_5$ 系数，从而计算出 $P(A,B)$ 的位场值 $f(A,B)$。

作为逼近函数的多项式函数的选取并不局限于二次多项式，其他形式的函数也可以作为逼近函数。至于权函数的选取，最简单的形式是 $W(d^2) = 1/d^2$，为了防止溢出，可取 $W(d^2) = 1/(d^2 + \epsilon)$，$\epsilon$ 为任一小数。对数据点有误差情况，选取指数下降函数 $W(d^2) = \exp(-\alpha d^2)$，会使得到的网格点的值变得缓慢些，其中 α 是 $P(A,B)$ 与邻近数据点之间平均距离平方的倒数。

另外，当拟合的点数 N 很大时，求解 $HX = Y$ 的工作量就会很大，可以让远离 $P(A,B)$ 的点的权函数为零，从而只选取 $P(A,B)$ 邻近的一些点。最简单的方法是以 $P(A,B)$ 为中心向外扩张矩形网格，例如可取邻近点个数不少于 7，则凡是靠近 $P(A,B)$ 的最小的矩形网格满足 7 个点的则求解之，否则往外扩大一周，形成一个新的矩形网格再判断它，如此做法，虽增加一些计算机的判断运算，但计算工作量可大大节省。

3. 三角形联网线性插值法

除了上面介绍的近点按距离加权平均法和按距离加权的最小二乘曲线拟合法外，近年来在区域重力数据网格化中，使用了一种三角形联网线性插值法。该方法的基本原理是：

首先把不规则的离散点联成三角形网状图形，这个网中最基本的单元是三角形，在每个单元上选取一近似函数 $\Delta G(x,y)$ 代替实际观测的 $\Delta g(x,y)$，由于选择的是三个观测点构成一个三角形，所以这样的插值函数的图形是一个平面。

设某个三角形单元由 A_1, A_2, A_3 三个顶点组成，各顶点 A_j 平面坐标记为 (x_i, y_i)，这些顶点的异常值为 $\Delta g(x_j, y_j)$，设插值函数为

$$\Delta G(x,y) = a_0 + a_1 x + a_2 y \tag{1-15}$$

则可建立如下的三元一次线性方程组：

$$\begin{cases} \Delta g_1 - (a_0 + a_1 x_1 + a_2 y_1) = 0 \\ \Delta g_2 - (a_0 + a_1 x_2 + a_2 y_2) = 0 \\ \Delta g_3 - (a_0 + a_1 x_3 + a_2 y_3) = 0 \end{cases} \tag{1-16}$$

其中：$\Delta g_1, \Delta g_2, \Delta g_3$ 为三角形顶点上观测异常值；a_0, a_1, a_2 为待求的插值函数的系数，上面的线性方程组可以表示为

$$\begin{bmatrix} 1 & x_1 & y_1 \\ 1 & x_2 & y_2 \\ 1 & x_3 & y_3 \end{bmatrix} \begin{bmatrix} a_0 \\ a_1 \\ a_2 \end{bmatrix} = \begin{bmatrix} \Delta g_1 \\ \Delta g_2 \\ \Delta g_3 \end{bmatrix} \tag{1-17}$$

此三元一次线性方程组的解为

$$a_0 = \frac{\Delta a_0}{\Delta}, \quad a_1 = \frac{\Delta a_1}{\Delta}, \quad a_2 = \frac{\Delta a_2}{\Delta} \tag{1-18}$$

其中：$\Delta a_0, \Delta a_1, \Delta a_2, \Delta$ 为如下形式的行列式

$$\Delta a_0 = \begin{vmatrix} \Delta g_1 & x_1 & y_1 \\ \Delta g_2 & x_2 & y_2 \\ \Delta g_3 & x_3 & y_3 \end{vmatrix}, \quad \Delta a_1 = \begin{vmatrix} 1 & \Delta g_1 & y_1 \\ 1 & \Delta g_2 & y_2 \\ 1 & \Delta g_3 & y_3 \end{vmatrix}, \quad \Delta a_2 = \begin{vmatrix} 1 & x_1 & \Delta g_1 \\ 1 & x_2 & \Delta g_2 \\ 1 & x_3 & \Delta g_3 \end{vmatrix}$$

$$\Delta = \begin{vmatrix} 1 & x_1 & y_1 \\ 1 & x_2 & y_2 \\ 1 & x_3 & y_3 \end{vmatrix} \tag{1-19}$$

可以计算上述行列式的值，求出未知系数 a_0, a_1, a_2：

$$\begin{aligned} a_0 = \frac{\Delta a_0}{\Delta} &= \frac{1}{\Delta}[\Delta g_1(x_2 y_3 - x_3 y_2) - \Delta g_2(x_1 y_3 - x_3 y_1) + \Delta g_3(x_1 y_2 - x_2 y_1)] \\ &= \frac{1}{\Delta}(\Delta g_1 \zeta_1 + \Delta g_2 \zeta_2 + \Delta g_3 \zeta_3) \\ &= \frac{1}{\Delta}\sum_{j=1}^{3} \Delta g_j \zeta_j \end{aligned}$$

$$\begin{aligned} a_1 = \frac{\Delta a_1}{\Delta} &= \frac{1}{\Delta}[\Delta g_1(y_2 - y_3) + \Delta g_2(y_3 - y_1) + \Delta g_3(y_1 - y_2)] \\ &= \frac{1}{\Delta}(\Delta g_1 \eta_1 + \Delta g_2 \eta_2 + \Delta g_3 \eta_3) \\ &= \frac{1}{\Delta}\sum_{j=1}^{3} \Delta g_j \eta_j \end{aligned}$$

$$\begin{aligned} a_2 = \frac{\Delta a_2}{\Delta} &= \frac{1}{\Delta}[\Delta g_1(x_3 - x_2) + \Delta g_2(x_1 - x_3) + \Delta g_3(x_2 - x_1)] \\ &= \frac{1}{\Delta}(\Delta g_1 \xi_1 + \Delta g_2 \xi_2 + \Delta g_3 \xi_3) \\ &= \frac{1}{\Delta}\sum_{j=1}^{3} \Delta g_j \xi_j \end{aligned}$$

其中：$\zeta_1 = x_2 y_3 - x_3 y_2,\ \zeta_2 = x_1 y_3 - x_3 y_1,\ \zeta_3 = x_1 y_2 - x_2 y_1$

$\eta_1 = y_2 - y_3,\quad \eta_2 = y_3 - y_1,\quad \eta_3 = y_1 - y_2$

$\xi_1 = x_3 - x_2,\quad \xi_2 = x_1 - x_3,\quad \xi_3 = x_2 - x_1$

则插值函数 $\Delta G(x,y)$ 可以表示为

$$\begin{aligned}\Delta G(x,y) &= \frac{1}{\Delta}\Big[\sum_{j=1}^{3}\Delta g_j\zeta_j + \sum_{j=1}^{3}\Delta g_j\eta_j x + \sum_{j=1}^{3}\Delta g_j\xi_j y\Big] \\ &= \sum_{j=1}^{3}\frac{\zeta_j+\eta_j+\eta_j x+\xi_j y}{\Delta}\Delta g_j \\ &= \sum_{j=1}^{3}\varphi_j(x,y)\cdot\Delta g(x_j,y_j) \qquad (1-20)\end{aligned}$$

其中：$\varphi_j(x,y)=\dfrac{\zeta_j+\eta_j x+\xi_j y}{\Delta}$，而 $\Delta,\zeta_j,\eta_j,\xi_j$ 意义如前所述。

这样的二维区域 Ω 上每一个三角形单元对应于三维空间的一个平面（如图 1－8）。由此可见，这种方法是用许多片三角形的小平面逼近实测异常曲面。对于场值梯度变化不大的观测数据，只要测点足够密，这种分片逼近可以达到一定的精度。

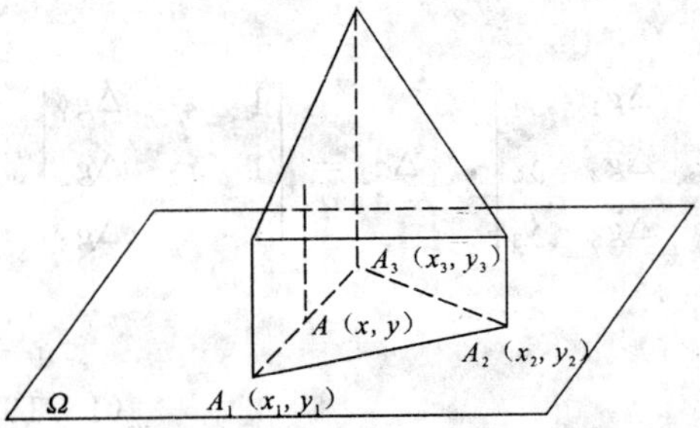

图 1－8　三角形插值示意图

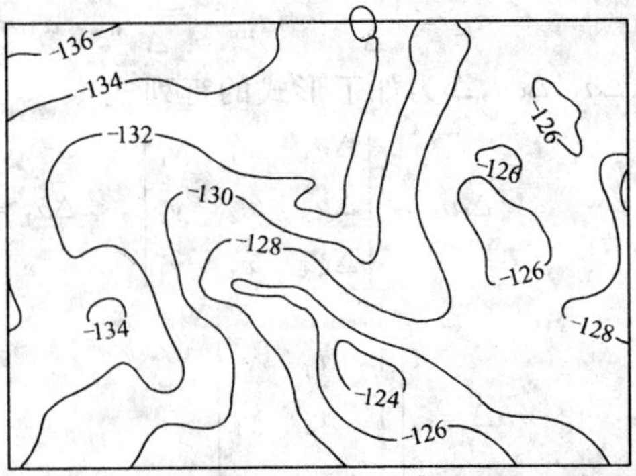

图 1－9　根据不规则点直接勾绘的布伽重力异常等值线图

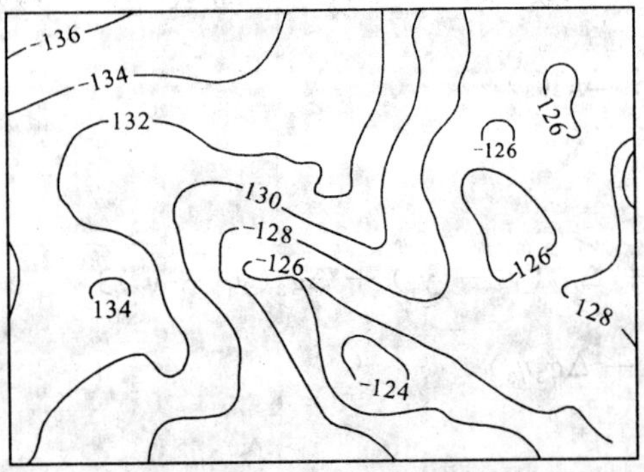

图 1－10　根据三角形线性插值网格化数据勾绘的布伽重力异常等值线图

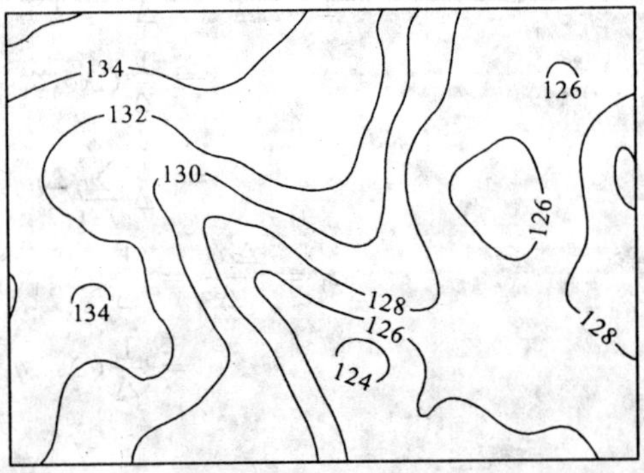

图 1－11　根据加权法网格化数据勾绘的布伽重力异常等值线图

由图 1－9～图 1－16 中可知，图 1－14、图 1－15 是长方体模型上的试验结果，看来三角形联网线性插值法比按距离加权法网格化数据勾绘的平面等值线更光滑和接近于理论模型曲线。

图 1－9～图 1－13 是某地 1∶20 万区域重力测量成果不同网格化方法的对比。测区面积约 $460\mathrm{km}^2$，测点密度为 $4.5\mathrm{km}^2$ 一个点。看来两种方法网格化后所勾绘的平面等值线图都与根

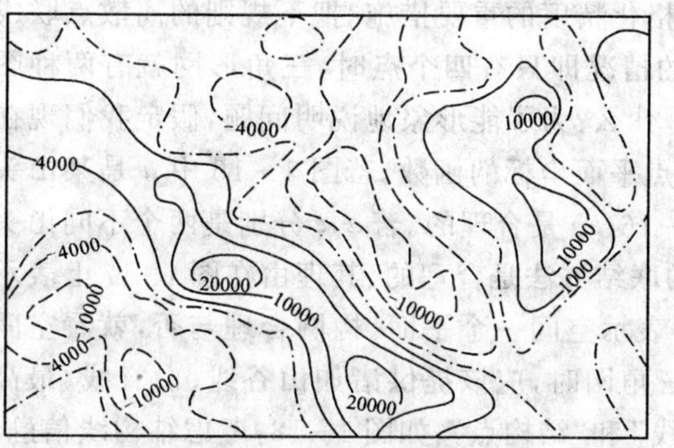

图 1-12　根据三角形线性插值网格化数据勾绘的重力垂向二次导数等值线图

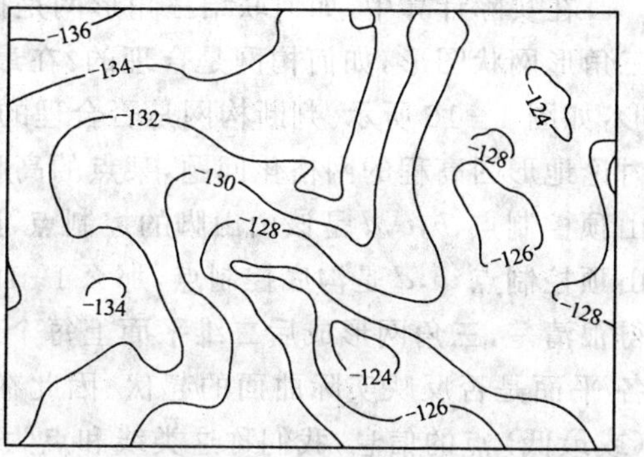

图 1-13　根据加权法网格化数据勾绘的重力垂向二次导数等值线图

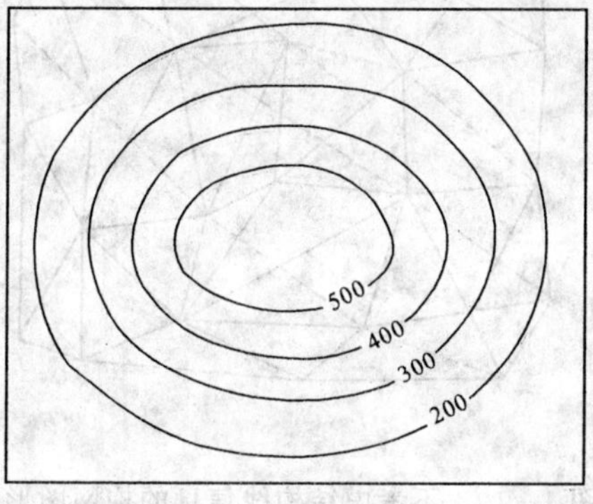

图 1-14　根据三角形插值法网格化数据勾绘的长方体重力异常图

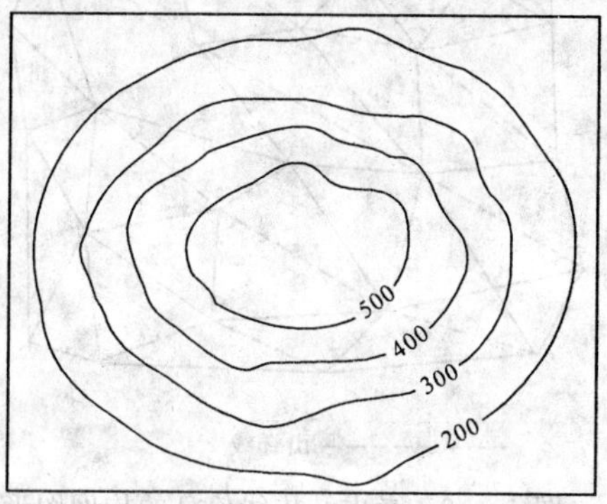

图 1-15　根据加权法网格化数据勾绘的长方体重力异常图

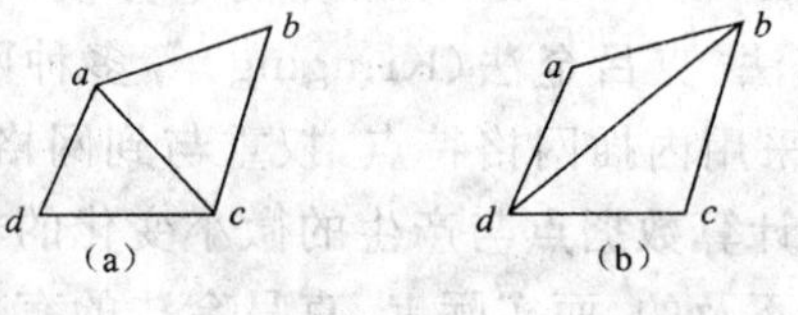

图 1-16　四个观测点的两种构网方式

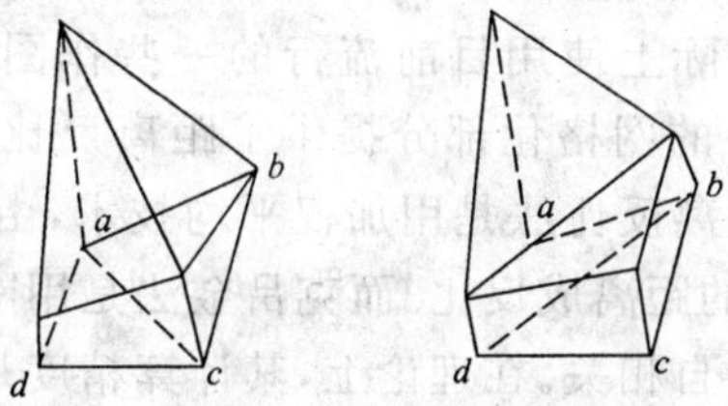

图 1-17　不同构网图形对插值影响示意图

据不规则点直接用于勾绘的平面等值线图形态基本一致，三角形联网线性插值法在刻画异常的细节变化时效果更好些。这在图 1-12、图 1-13 的垂向二次导数图上似乎三角形联网线性插值法更优越些。如文献所说，加权法的优点是公式简单，计算速度快，对分布均匀的数据点得到较理想的效果，但它的缺点是在数据点明显不均匀的地方效果不好，数据点密集区将圆滑异常，数据点稀疏区则所插得的异常十分零乱。

三角形联网线性插值法的计算公式简单，容易编制计算机程序，其基本步骤可以归纳如下：人工或计算机选择联结三角形网，给定网格化点的坐标 x, y，按插值公式(1-20)计算待网格化点的异常值。

在实际计算中，如何联结三角形网是提高网格化精度的重要措施。把不规则的离散点联成三角形网状图形，如何构网是合理的？在最简单的情况即只有四个点时，三角形网就有两种图形，如图1-16所示。判断构网是否合理的标准是什么？为了能形象地说明问题，假定我们现在讨论地形图高程的网格化问题，某点的高程是该点平面坐标的函数。若图1-16中a是某山头山顶控制点，b,c,d是该山山脚的控制点，则图1-16(a)是合理的。若a,c分别是两个不同山头山顶控制点，b,d是沟底控制点，那么1-16(b)的联结方法是合理的。其理由在图1-17上表示得很清楚，三角网形成后二维平面上每个三角形表示空间一个平面。构网合理与否，就看空间各平面是否反映实际曲面的起伏。因此在联结三角网时，应该提供诸如山谷线、山脊线、最高(或最低)点的信息，我们称这类线和点为“结构线”和“结构点”。如图1-18，考虑结构线信息，则构网合理。图1-19不考虑结构线的信息，则构网不合理。

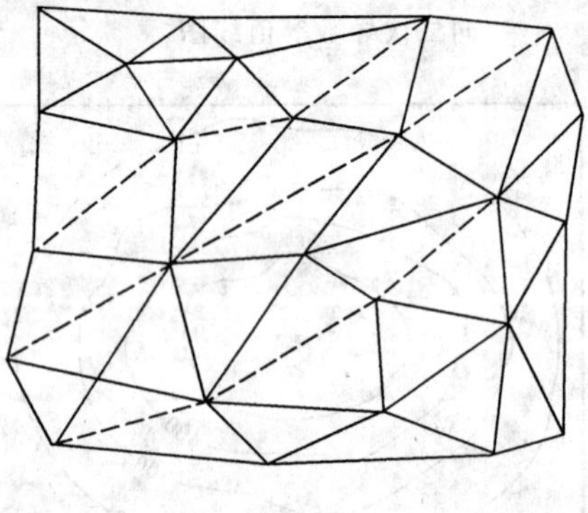

图1-18　考虑结构线信息的构网图形

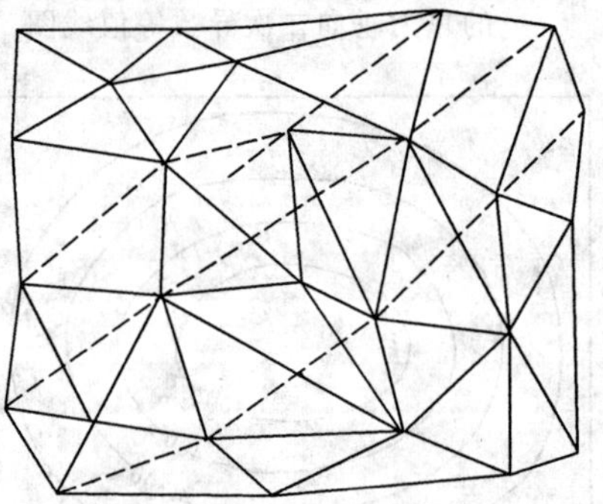

图1-19　不考虑结构线信息的构网图形

以上简要介绍数据网格化的方法，可以自己编程按照数据的特点得到最好的网格化效果。为了提高网格化的精度，还可以采用叠加方法。

实际上使用目前流行的一些作图软件，如SURFER，GRAPHER更简单方便，SURFER软件中的网格化部分提供了距离反比法、最小曲率法、克吕金法(Kringing)等多种网格化方法。距离反比法是用加权平均技术，由x,y,z数据采用内插网格特点，权重与到网格结点(或节点)的距离成反比。而克吕金法是用刚体力学技术计算数据点与产生的微小变化的非偏估算之间的自相关。在理论上，其计算精度是其他方法所不及的，而实际上，克吕金法的有效性依赖了变量参数的选择，即使这些参数推算有可能不十分精确，但是克吕金法仍比距离反比法精确。

§1.4　地球物理信号数字处理

一、傅氏级数与离散频谱

把有限区间上的复杂波分解为简谐波的叠加，在数学上称之为傅氏级数：

$$x(t)=b_0+\sum_{n=1}^{\infty}(a_n\sin 2\pi n f_0 t+b_n\cos 2\pi n f_0 t)$$

其中：$f_0=\dfrac{1}{T}$为基频；T是区间长度；b_0为$x(t)$的常数分量。

利用复数运算的尤拉公式

$$e^{i\varphi}=\cos\varphi+i\sin\varphi$$

可以把 $\sin 2\pi n f_0 t$ 和 $\cos 2\pi n f_0 t$ 用 $e^{i2\pi n f_0 t}$ 和 $e^{-i2\pi n f_0 t}$ 表示，于是可以得到复数形式的傅氏级数展开式，即

$$x(t)=\sum_{n=-\infty}^{+\infty} C_n e^{i2\pi n f_0 t}$$

其中 C_n 称傅氏级数的系数，即

$$C_n=\frac{1}{T}\int_{t_0}^{t_0+T} x(t)e^{-i2\pi n f_0 t}dt$$

由于 C_n 可以表示 n 次谐波的振幅与相位，因此我们称：

C_n 为有限区间〔t_0, t_0+T〕上信号 $x(t)$ 的离散频谱；

$|C_n|$ 为有限区间〔t_0, t_0+T〕上信号 $x(t)$ 的离散振幅谱；

$\mathrm{Arg}C_n$ 为有限区间〔t_0, t_0+T〕上信号的离散相位谱。

由 $x(t)$ 求出傅氏级数的系数 C_n，就称为在有限区间上对 $x(t)$ 做频谱分析。注意到，当 $x(t)$ 不是以 T 为周期的函数时，在整个时间轴（$-\infty$, $+\infty$）上，函数 $x(t)$ 与傅氏级数是不同的，但是它们在局部区间〔t_0, t_0+T〕上是相同的。

二、傅氏积分与连续频谱

在傅氏级数中，我们在有限区间把一个复杂波分解成许多简谐波的叠加。然而在实际中遇到的波往往出现在整个时间轴上，所以在有限区间上考察它们都不能反映它们的全貌。在整个时间轴（$-\infty$，$+\infty$）上出现的波分解为简谐波的叠加，这就是傅氏变换或傅氏积分，它们可表示为

$$\begin{cases} x(t)=\int_{-\infty}^{+\infty} X(f)e^{i2\pi f t}df \\ X(f)=\int_{-\infty}^{+\infty} x(t)e^{-i2\pi f t}dt \end{cases}$$

我们称 $X(f)$ 为 $x(t)$ 的连续频谱，通常简称为频谱。

三、频谱的基本性质

频谱具有如下一些基本性质：

(1)共轭：若信号 $x(t)$ 的频谱为 $X(f)$，则 $\overline{x(t)}$ 的频谱为 $\overline{X(-f)}$。特别地，当 $x(t)$ 为实信号时，有

$$\overline{X(f)}=X(-f)$$

(2)时移：若信号 $x(t)$ 的频谱为 $X(f)$，则信号 $x(t-t_0)$ 的频谱为 $X(f)e^{-i2\pi f_0 t}$，信号 $x(t+t_0)$ 的频谱为 $X(f)e^{i2\pi f t_0}$。

(3)对称：设信号 $x(t)$ 的频谱为 $X(f)$，若把 $x(t)$ 中的 t 换成 f，$X(f)$ 就为一频谱，则频谱 $x(f)$ 所对应的信号为 $X(-t)$。

(4)频移：设信号 $x(t)$ 的频谱为 $X(f)$，则信号 $x(t)e^{i2\pi f_0 t}$ 的频谱为 $X(f-f_0)$，$x(t)e^{-i2\pi f_0 t}$ 的频谱为 $X(f+f_0)$，$X(t)\cos 2\pi f_0 t$ 的频谱为 $\frac{1}{2}$〔$X(f-f_0)+X(f+f_0)$〕，$x(t)\sin 2\pi f_0 t$ 的频谱为 $\frac{1}{2i}$〔$X(f-f_0)-X(f+f_0)$〕。

(5)翻转：设信号 $x(t)$ 的频谱为 $X(f)$，则 $x(-t)$ 的频谱为 $X(-f)$。

此外，还有线性叠加原理

$$ax(t)+by(t)\to aX(f)+bY(f)$$

时域微分定理

$$\frac{\mathrm{d}^n x(t)}{\mathrm{d}t^n}\to(2\pi\mathrm{i}f)^n X(f)$$

频域微分定理

$$(-2\pi\mathrm{i}t)^n x(t)\to\frac{\mathrm{d}^n X(f)}{\mathrm{d}f^n}$$

四、傅氏积分与傅氏级数的关系

对无限区间 $(-\infty,+\infty)$ 上的信号 $x(t)$，有傅氏积分

$$\begin{cases}x(t)=\int_{-\infty}^{+\infty}X(f)\mathrm{e}^{\mathrm{i}2\pi ft}\mathrm{d}f\\ X(f)=\int_{-\infty}^{+\infty}x(t)\mathrm{e}^{-\mathrm{i}2\pi ft}\mathrm{d}t\end{cases}$$

对有限区间 $[t_0,t_0+T]$ 上的信号 $x(t)$，有傅氏级数

$$\begin{cases}x(t)=\sum\limits_{n=-\infty}^{+\infty}C_n\mathrm{e}^{\mathrm{i}2\pi\frac{n}{T}t}\\ C_n=\frac{1}{T}\int_{t_0}^{t_0+T}x(t)\mathrm{e}^{-\mathrm{i}2\pi\frac{n}{T}t}\mathrm{d}t,\quad n=0,\pm1,\pm2,\cdots\end{cases}$$

从物理意义上看，傅氏积分与傅氏级数有相同之处：傅氏积分和傅氏级数都表示复杂波可分解为简谐波的叠加，频谱 $X(f)$ 和离散谱 C_n 都表示简谐波的振幅与初相位。但是，在复杂波表示为简谐波叠加的方式上，亦即在谱的表示上，傅氏积分与傅氏级数又有本质差异。

在傅氏积分中，复杂波分解为简谐波的叠加，这些谐波的频率 f 可取任意值，可连续地从 $-\infty$ 变到 $+\infty$，所以这些谐波的叠加是连续叠加，以积分形式出现。由于这些谐波之间可以有不同的周期，连续叠加后的傅氏积分就可以表示一个非周期函数。频谱 $X(f)$ 反映频率为 f 的谐波的振幅和初相位，而 f 又连续地从 $-\infty$ 变到 $+\infty$，所以我们称 $X(f)$ 为连续谱。

在傅氏级数中，复杂波分解为简谐波的叠加，这些谐波的频率是一系列离散的值 $n\frac{1}{T}$，其中 $\frac{1}{T}$ 为基频，其他频率为它的整数倍，所以这些谐波的叠加是离散叠加，以求和形式出现。由于这些离散频率谐波有一个共同的周期 T，所以离散叠加的傅氏级数就表示一个周期为 T 的函数。频谱 C_n 反映频率为 $n\frac{1}{T}$ 的谐波的振幅和初相位，而 $n\frac{1}{T}$ 是离散地从 $-\infty$ 变到 $+\infty$，所以我们称 C_n 为离散谱。

连续谱 $X(f)$ 与离散谱 C_n 是截然不同的，但是在一定条件下，它们又可以相互转化。当有限区间 $[t_0,t_0+T]$ 变化到无限区间 $(-\infty,+\infty)$ 时，离散谱就转化为连续谱 $C_nT\to X(n\frac{1}{T})$。

五、抽样定理

(1)抽样定理 1：设连续信号 $x(t)$ 的频谱为 $X(f)$，以抽样间隔 Δ 抽样得到的离散信号为

$x(n\Delta)$。如果频谱 $X(f)$ 和抽样间隔 Δ 满足条件

$$\begin{cases} X(f) \text{ 有截频 } f_c\text{，即与 } |f| \geqslant f_c \text{ 时，} X(f) = 0 \\ \Delta \leqslant \dfrac{1}{2f_c} \quad \text{或} \quad f_c \leqslant \dfrac{1}{2\Delta} \end{cases}$$

则可由离散信号 $x(n\Delta)$ 完全确定频谱 $X(f)$：

$$X(f) = \Delta \sum_{n=-\infty}^{+\infty} x(n\Delta) e^{-i2\pi f n\Delta}$$

并且由 $x(n\Delta)$ 可完全确定连续信号 $x(t)$：

$$x(t) = \sum_{n=-\infty}^{+\infty} x(n\Delta) \frac{\sin \frac{\pi}{\Delta}(t - n\Delta)}{\frac{\pi}{\Delta}(t - n\Delta)}$$

(2) 抽样定理 2：设连续信号 $x(t)$ 的频谱为 $X(f)$，按抽样间隔 Δ 抽样得到的离散信号为 $x(n\Delta)$，它的频谱为 $X_\Delta(f)$：

$$X_\Delta(f) = \Delta \sum_{n=-\infty}^{+\infty} x(n\Delta) e^{-i2\pi f n\Delta}$$

则离散信号 $x(n\Delta)$ 的频谱 $X_\Delta(f)$ 与连续信号 $x(t)$ 的频谱 $X(f)$ 有如下关系

$$X_\Delta(f) = \sum_{m=-\infty}^{+\infty} X(f + \frac{m}{\Delta})$$

抽样定理 2 的直观意义是，$X_\Delta(f)$ 是一个周期函数，为了求得它在某一周期内的值，如在 $[-\frac{1}{2\Delta}, \frac{1}{2\Delta}]$ 内的值，我们把 $X(f)$ 分成许多小段，以 $[-\frac{1}{2\Delta}, \frac{1}{2\Delta}]$ 为基础，每隔 $\frac{1}{\Delta}$ 取一段，然后将各段叠加起来，就得到 $X_\Delta(f)$。

通常，把 $f_N = \frac{1}{2\Delta}$ 称为奈魁斯特(Nyquist)频率，或折叠频率。

六、滤波与褶积

用一个频率函数 $H(f)$ 与信号 $x(t)$ 的频谱 $X(f)$ 相乘，得到 $Y(f) = X(f)H(f)$，这个过程就称为滤波。所谓滤波，就是对原始信号进行过滤，改变其频率成分，以达到削弱干扰、突出信号的目的。

对于连续信号，有如下关系式

$$Y(f) = X(f)H(f)$$

$$y(t) = x(t) * h(t)$$

其中

$$x(t) * h(t) = \int_{-\infty}^{+\infty} h(t)x(t - \tau)d\tau$$

上式的意义是：两个频谱相乘，其时间函数就是相应的两个时间函数进行褶积，反之，两个时间函数褶积，其频谱就是相应两个频谱相乘。

对于离散信号，也有类似的关系式。

七、离散信号的 Z 变换

我们记

$$\hat{X}(Z) = \sum_{n=-\infty}^{+\infty} x_n Z^n$$

$$Z = e^{-i2\pi\Delta f}$$

式中：$\hat{X}(Z)$ 称为 X_n 的 Z 变换。Z 变换与频谱的关系是：把频谱 $X(f)$ 中的 $e^{-i2\pi\Delta f}$ 换成 Z 就得到 Z 变换 $\hat{X}(Z)$。反之，把 Z 变换 $\hat{X}(Z)$ 中的 Z 换成 $e^{-i2\pi\Delta f}$ 就得到频谱 $X(f)$。由于频谱与 Z 变换之间只是一种符号的代换，故其实质并未改变。

八、希尔伯特变换

令
$$\tilde{x}(t) = \frac{1}{\pi t} * x(t) = \frac{1}{\pi}\int_{-\infty}^{+\infty} \frac{x(\tau)}{t-\tau}\mathrm{d}\tau$$

我们称 $\tilde{x}(t)$ 为 $x(t)$ 的希尔伯特变换。对一个信号作希尔伯特变换，相当于作一次滤波，滤波因子 $h(t)$ 为 $\frac{1}{\pi t}$，$h(t)$ 和它的频谱 $H(f)$ 有如下关系

$$\begin{cases} h(t) = \dfrac{1}{\pi t} \\ H(f) = \begin{cases} -i, & f > 0 \\ i, & f < 0 \end{cases} \end{cases}$$

希尔伯特变换频谱 $H(f)$ 还可以表示为

$$\begin{cases} H(f) = e^{i\phi(f)} \\ \phi(f) = \begin{cases} -\dfrac{\pi}{2}, & f > 0 \\ \dfrac{\pi}{2}, & f < 0 \end{cases} \end{cases}$$

由此可知，一个信号经希尔伯特变换后，相位谱要做 90°相移。因此，希尔伯特变换又称为 90°相移滤波或垂直滤波。

希尔伯特反变换关系式为

$$x(t) = -\frac{1}{\pi t} * \tilde{x}(t) = -\frac{1}{\pi}\int_{-\infty}^{+\infty} \frac{\tilde{x}(\tau)}{t-\tau}\mathrm{d}\tau$$

特别指出，下面一些信号的希尔伯特变换在地球物理数据处理中有重要应用：

(1) $X(t) = \cos 2\pi f_0 t, \quad \tilde{x}(t) = \sin 2\pi f_0 t$

$X(t) = \sin 2\pi f_0 t, \quad \tilde{x}(t) = -\cos 2\pi f_0 t$

(2) $X(t) = e^{-\beta^2 t^2}\cos(2\pi f_0 t + \varphi)$

$\tilde{X}(t) \approx e^{-\beta^2 t^2}\sin(2\pi f_0 t + \varphi)$

(3) $x(t) = a(t)\cos(2\pi f_0 t + \varphi(t))$

$\tilde{x}(t) = a(t)\sin(2\pi f_0 t + \varphi(t))$

九、一维频率滤波

(1)理想滤波器：

①理想低通

$$H_1(f) = \begin{cases} 1, & |f| \leqslant f_1 \\ 0, & f_1 < |f| \leqslant \dfrac{1}{2\Delta} \end{cases}$$

②理想带通

$$H_2(f)=\begin{cases}1, & f_1\leqslant|f|\leqslant f_2\\0, & \text{其他}\end{cases}\quad(|f|\leqslant\frac{1}{2\Delta})$$

③理想高通

$$H_3(f)=\begin{cases}0, & |f|\leqslant f_1\\1, & f_1<|f|\leqslant\frac{1}{2\Delta}\end{cases}$$

(2)理想滤波器存在的问题。理想滤波器的时间函数 $h(n)$ 长度是无限的，然而在实际滤波时，我们只能取 $h(n)$ 的有限部分，由此产生吉伯斯现象。把无限长时间函数 $h(n)$ 截尾成有限长度时间函数 $h_N(n)$ 是产生吉伯斯现象的原因之一。为了克服吉伯斯现象，可以从两方面入手：一是在频率域，避免理想滤波器频谱中出现的突跳现象，把它改造成为一条连续甚至光滑的曲线，所采用的方法就是镶边法；二是在时间域，对截尾函数 $h_N(n)$ 进行改造，所采用的方法就是时窗函数法。

(3)时窗函数。克服吉伯斯现象的方法之一是镶边法，如直接构造镶边法、褶积镶边法等，另一种方法是时窗函数法。

我们熟知，一个矩形时窗

$$g_N(n)=\begin{cases}1, & -N\leqslant n\leqslant N\\0, & \text{其他}\end{cases}$$

它的频谱为

$$G_N(f)=\frac{\sin 2\pi(N+\frac{1}{2})\Delta f}{\sin\pi\Delta f}$$

分析矩形时窗的频谱曲线可以得出：一个好的时窗函数，应当主瓣宽度尽可能地小，旁瓣水平(指振幅或能量)相对于主瓣来说也尽可能地小。实际上，只能在这两个标准中取折衷。由此，人们构造了各种时窗函数：

①三角形时窗：

$$W(t)=\begin{cases}1-\frac{|t|}{T}, & |t|\leqslant T\\0, & \text{其他}\end{cases}$$

②汉林(Hanning)时窗：

$$W(t)=\begin{cases}\frac{1}{2}(1+\cos\frac{\pi t}{T}), & |t|\leqslant T\\0, & \text{其他}\end{cases}$$

③哈明(Hamming)时窗：

$$W(t)=\begin{cases}0.54+0.46\cos\frac{\pi t}{T}, & |t|\leqslant T\\0, & |t|>T\end{cases}$$

④帕曾(Parzen)时窗：

$$W(t)=\begin{cases}1-t(\frac{|t|}{T})^2+t(\frac{|t|}{T})^3, & |t|\leqslant T/2\\2(1-\frac{|t|}{T})^3, & T/2<|t|\leqslant T\\0, & |t|>T\end{cases}$$

⑤截尾丹尼尔(Daniell)时窗：

$$W(t) = \begin{cases} \dfrac{\sin(\pi t/T)}{\pi t/T}, & |t| \leqslant T \\ 0, & |t| > T \end{cases}$$

此外，还有一些从吉洪诺夫正则理论出发构造的"理想"滤波器等。

十、相关分析

(1)相关系数与相关函数。在地球物理数据处理中，常常要比较两个波形 x_n，y_n 之间是否相似，这就要用相关系数来描述：

$$r_{xy} = \sum_{n=-\infty}^{+\infty} x_n y_n$$

称 r_{xy} 为 x_n 与 y_n 的未标准化的相关系数，它是波形相似性或线性相关性的一种度量。有时，还必须在时移中考虑两个信号的相似性：

$$r_{xy}(\tau) = \sum_{n=-\infty}^{+\infty} x_n y_{n-\tau}$$

式中 τ 为 y_n 的延迟时间。我们称 $r_{xy}(\tau)$ 是 x_n 与 $y_{n-\tau}$ 的互相关函数。

(2)相关与褶积。相关与褶积关系为

$$r_{xy}(n) = x_n * y_{-n}$$

特别指出的是，自相关函数 $r_{xx}(n)$ 的频谱 $R_{xx}(f)$ 为

$$R_{xx}(f) = X(f)\,\overline{X(f)} = |X(f)|^2$$

我们知道，x_n 的能谱为 $|X(f)|^2$，由上式可知，能谱 $|X(f)|^2$ 就是自相关函数 $r_{xx}(n)$ 的频谱。

十一、最小平方滤波

最小平方滤波是一种最佳滤波，即按照最小平方准则来设计滤波器。这种方法具有简单、灵活、有效的特点，因此在信号数字处理中，最小平方滤波已成为基本滤波方法。

一道实际记录 x_t，经滤波因子 h_t 滤波之后，就得到实际输出 $y_t = h_t * x_t$。x_t 经滤波之后应与一个已知信号 Z_t 尽可能接近，即要求 $y_t = h_t * x_t$ 与 Z_t 尽可能接近。用什么标准来衡量 y_t 与 Z_t 的接近程度呢？通常采用的标准是最小平方标准。其数学模型如下：

输入信号　　x_t

滤波因子　　$h_t = (h_{-m_0}, h_{-m_0+1}, \cdots, h_{-m_0+m})$

实际输出　　$y_t = h_t * x_t = \sum\limits_{s=-m_0}^{-m_0+m} h_s x_{t-s}$

希望输出　　Z_t

输出误差　　$\varepsilon_t = y_t - Z_t$

误差能量　　$Q = \sum\limits_{t=-\infty}^{+\infty} \varepsilon_t^2 = \sum\limits_{t=-\infty}^{+\infty} (y_t - Z_t)^2$

最小平方滤波标准就是选择一个滤波因子 h_t，使误差能量 Q 达到最小值。

在地球物理数据处理中，根据最小平方滤波的基本原则，结合各种地球物理问题的不同特点可以构造不同类型的最小平方滤波器，如在航磁资料处理中，根据深浅不同场源地质体频谱特征来构制匹配滤波器，根据异常的不同宽度及幅值特征来构制分离不同尺度异常的宽度幅值特征滤波器。

十二、提高位场离散傅里叶变换精度的方法

由于离散取样和有限截断造成了傅里叶变换的误差，人们通过镶边法和时窗函数法来减少吉伯斯效应，进一步提高傅里叶变换谱的精度。有关文献中提出了偏移抽样理论，可以大大提高位场离散傅里叶变换的精度。

由抽样定理1可知，当频谱 $X(f)$ 有截止频率 f_c，且抽样间隔 $\Delta \leqslant \frac{1}{2f_c}$ 时，由离散信号 $x(n\Delta)$ 可以完全确定频谱 $X(f)$，并且由离散信号 $x(n\Delta)$ 可以完全确定连续信号 $x(t)$。可以看出，抽样定理1是过函数零点抽样，函数离散，其谱等权折叠。如果偏开零点对函数抽样，那么函数离散后，谱的折叠方式将发生重要变化，等权折叠变为加权折叠，权系数为一复指数。

文献[7]推广了原来的抽样定理：设连续函数 $x(t)$ 的谱为 $X(f)$，定义序列 $x[(n+\xi)\Delta](-\infty<n<\infty, 0\leqslant\xi\leqslant 1)$ 的谱为

$$X_{\Delta\xi}(f) = \Delta\sum_{n=-\infty}^{+\infty} x[(n+\xi)\Delta]e^{-i2\pi f(n+\xi)\Delta}$$

则 $X_{\Delta\xi}(f)$ 与 $X(f)$ 之间有如下关系

$$X_{\Delta\xi}(f) = \sum_{l=-\infty}^{+\infty} e^{i2\pi l\xi} X(f + \frac{l}{\Delta})$$

类似的，若 $X_{\Delta\xi}(f)$ 为序列 $x[(n+\xi)\Delta](-\infty<n<\infty, 0\leqslant\xi\leqslant 1)$ 的谱，以间隔 $d=\frac{1}{n\Delta}$ 和偏移量 $\eta d(0\leqslant\eta\leqslant 1)$ 对 $X_{\Delta\xi}$ 抽样，并根据如下定义式

$$x_{d\eta}[(n+\xi)\Delta] = d\sum_{m=0}^{N-1} X_{\Delta\xi}[(m+\eta)d]e^{i2\pi(m+\eta)(n+\xi)/N}$$

$$(n=0,1,\cdots,N-1)$$

作离散傅里叶变换，则可得有限序列 $x_{d\eta}[(n+\xi)\Delta](n=0,1,\cdots,N-1)$ 与原无限序列 $x[(n+\xi)\Delta]$ 有如下关系

$$x_{d\eta}[(n+\xi)\Delta] = \sum_{k=-\infty}^{+\infty} e^{-i2\pi k\eta} x[(n+\xi)\Delta + \frac{k}{d}]$$

上式中的 $e^{i2\pi l\xi}$，$e^{-i2\pi k\eta}$ 即为加权折叠的加权系数；k，l 分别为时域和频域中折叠段的序号。偏移抽样引起加权折叠的意义是，在一定条件下巧妙地选取 ξ（或 η）的值，可大大削弱折叠效应，达到提高离散傅里叶变换精度的目的。

在实际应用中，对位场数据偏开零频点0.22个采样间隔对谱均匀采样，即在频点 $0.22d$，$1.22d$，$\cdots$，$(N-1+0.22)d$ 对谱采样，作传统的FFT，再乘以 $e^{i2\pi\times 0.22n/N}$（n 为空间域序列的序号）后取实部。这样做可以大大提高位场傅里叶变换的精度而无需增加机时和内存。

§1.5 非线性科学的数学方法在地球物理数据处理中的应用

一、非平衡态、耗散结构与混沌动力学

近年来，混沌动力学、耗散结构、非平衡态理论这些非线性科学方法得到了长足的发展，它们为研究复杂事件提供新的科学方法，与之同时发展的新的数学方法，如：人工神经网络、分形几何、小波分析等也在地球物理资料处理中获得应用，并在某些方面显示出传统处理方法所无法比拟的优点。这是由于地球科学，如我们地球物理资料处理方法，充满了复杂性，而经典的数

学公式、物理定律只能用来描述相对简单的问题。例如一个地质体的重力场或磁场，其频谱包含了从低频到高频的所有成分，用简单的滤波器无法提取我们需要的地质体的频谱。又比如，采用线性化方法的非线性反演问题，其目标函数的复杂性往往使解无法收敛，而适当采用小波多尺度分解却可以使目标函数大大简化，使得极值点的搜索能够由大尺度到小尺度一步步趋向成功。

世界是复杂的，物质之间的关系也是复杂的，但若对各类复杂物理现象加以分析，就可以把它们的状态分为平衡态与非平衡态两大类。在平衡态下，系统内部所包含的各要素之间的作用是线性或近似线性的。而在非平衡态，系统内部各要素之间则存在着非线性的相互作用。经典物理学主要研究平衡态和可逆过程，对于不可逆过程，则由热力学第二定律给出一个总的原则，即熵增加原理：孤立系统中不可逆过程朝着熵增加的方向进行。熵是表明热力学状态无序程度的一个物理量。伴随着不可逆过程，总是有一部分有用能变为无用能，即不可逆过程是一个能量耗散过程。不可逆过程在自然界是普遍发生的，能量连续不断地变成无用能，这被称为能量退降原理。这就是说对于一个孤立系统，不管初始状态如何，只能朝着混乱程度增加的方向发展，直到完全混乱为止。也就是一切非平衡都向着平衡态方向发展，平衡态是系统要达到的最终状态。然而，自然界存在着另一类从无序向有序转化的过程，从有序程度低向有序程度高发展的过程，如一颗种子终究成长为参天大树，地层沉积建造的韵律性，以及地球上出现过多次冰河期具有明显的周期性等等，这些现象的出现与热力学第二定律并不矛盾。这是因为热力学第二定律研究的是孤立系统，以及偏离平衡态不远的情况，而上面所列举的从无序向有序发展的事实，是开放系统处于远离平衡（非平衡）条件下的行为。

长期以来，自然科学研究的基本途径是将运动现象做相对静止处理，将整个系统分割，做局部化处理，把复杂现象简单化，这种做法只适合于线性问题，而对于客观世界大量存在的非线性问题，也只能设法简化为线性再来处理。这对弱非线性问题还说得过去，但对强非线性问题偏差就大了。近 30 年来对非线性问题的研究得到迅速的发展，其中以 1977 年诺贝尔奖获得者普里高金（I. Prigogine）创立的“耗散结构”理论为代表。他们长期研究非平衡态和不可逆过程的理论，把开放系统和在远离平衡的条件下，系统与外界环境交换物质和能量的过程中通过能量耗散过程和内部的非线性动力学机制来形成和维持宏观时空有序结构，称为“耗散结构”或“自组织现象”。它揭示了由平衡到不平衡，再到平衡这一普遍规律的理论依据。

我们熟悉线性系统。一个线性系统，它具有均匀性、独立性和对称性的特点。所谓均匀性，是指系统各要素之间的相互作用本身，无论何时何地，它总是以同一种方式表现自身以及其效益。如牛顿运动方程，它用时间反演不变性来近似描述系统的相互作用。所谓独立性，是指其作用效益或结果，仅表现为数量上的叠加，如用“力的独立作用原理”，即可将每个参与相互作用的力予以还原。所谓对称性，即对线性系统来说，作用过程和效益是相互对称的。如牛顿第三定律，作用力与反作用力大小相等，方向相反，且作用在同一条直线上。线性系统的这三个特征是相互联系的，对称性与均匀性密切相关，独立性则是对称性和均匀性的前提，对称性的原理又是可逆性的表现。

在非平衡态的背景下，非平衡系统内部各要素之间存在着非线性相互作用，它的特点是非均匀性、非对称性和相干性。对于非均匀性，相互作用的方式、效益及结果随时间、地点不同而不同。所谓非对称性，是参与相互作用的各要素的重要性与所起的作用是不同的，处于支配与从属、控制与反馈、策动与响应等不对称关系中，其中某种因素会起到推动整体演化的作用。所谓相干性，是指系统内部各要素之间在相互制约、相互干扰中均丧失自身运动的独立性，而构成或表现为某种整体的作用和效应。这就使系统的整体性质与系统内部某部分的性质差别很大。

在非线性系统中，要得到确定的解是不可能的，一般不能直接求解非线性微分方程，而是通过相空间中的相型结构对体系作形象化的描述。一个耗散体系经过长时间运动最后的稳定状态有平衡运动、周期运动、准周期运动和混沌运动(Chaos)四种形式。混沌是一种非周期运动，其奇异几何结构的相型称奇怪吸引子。混沌运动具有：①随机性，对初始条件十分敏感是一切混沌现象最普遍的特征，所得的解是随机的，称为确定性系统中的内在随机性。②自相似结构，混沌具有无穷嵌套的几何结构，同一种行为在越来越小的尺度上重复出现，而各个层次具有自相似分布。③混沌具有连续的功率谱。④混沌运动具有分数维。

涡流是常见的混沌例子。地核中的流体流动产生了磁场，这种流动可能是涡流而具有混沌行为。地磁场的不规则倒转也是混沌行为的特征。

二、人工神经网络方法

人工神经网络(artificial neural network)研究源于脑神经元学说。19世纪末，在生物、生理学领域，Weldeger等人创立了神经元学说。1943年，心理学家W. Mcculloch和数理逻辑学家W. Pitts在分析、总结神经元基本特性的基础上，提出了神经元的数学模型。1944年，Hebb提出了改变神经元连结强度的Hebb规则，它们至今仍在各种神经网络模型中起着重要作用。然而，作为人工智能网络系统的研究是20世纪50～60年代开始的，1957年，F. Rosenblatt首先引进了感知机(Perceptron)概念，这是一种多层神经网络，试图模拟人脑和动物的感知与学习能力，并构造出了有三层结构的感知机。1962年，Widrow提出了自适应线性元件(Adaline)，这是一种连续取值的线性加权求和网络，主要用于自适应系统。1982年、1984年，美国物理学家Hopfield在美国科学院院刊发表了两篇关于人工神经网络研究论文，提出了著名的Hopfield神经网络模型，引起了巨大的反响，不少研究人员围绕着Hopfield提出的方法进行了大量的研究，从而形成了20世纪80年代中期以来神经网络的研究热潮。但是Hopfield等人的研究成果未能指出1959年Minsky等人的论点错误，要推动神经网络研究全面展开，必须直接解除对感知机，即多层网络算法的疑虑。1986年，Rumelhart和Mclelland提出了多层网络的“逆推”(或称“反传”back propagation)学习算法，简称BP算法。该方法从后向前修正各层之间的连结权系数，可以求解感知机所不能解决的问题，从实践上证实了人工神经网络具有很强的运算能力。BP算法是目前最为引人注目的、应用最广的神经网络算法之一。

此外，还有不少学者为神经网络研究热潮的形成作出了重要贡献。如Hinton，Sejnowski和Ackley提出的波耳兹曼机(Boltzmann machine)，Anderson提出的盒中脑模型(BSB)，Albus提出的雪崩网络理论以及L. O. Chua等人提出的细胞神经网络模型，等等。

神经元是由大量处理单元广泛互连而成的网络，它是在现代神经科学研究成果基础上提出的，反映了人脑功能的基本特性。神经网络的信息处理由神经元之间的相互作用来实现；知识与信息的存贮表现为网络元件互连间分布式的物理联系；网络的学习和识别决定于各神经元连结权系数的动态演化过程。神经网络是一个具有高度非线性的超大规模连续时间动力系统，其主要特征为连续时间非线性动力学、网络的全局作用，大规模并行分布处理、高度的鲁棒性和学习联想能力。同时它又具有一般非线性动力系统的共性，即不可预测性、吸引性、自适应性以及高维性等。因此，它实际上是一个超大规模的非线性连续时间自适应信息处理系统。

经过半个多世纪的研究，人们已提出了近万种神经网络模型。目前，在信号处理领域，应用较多的是如下一些网络模型：

(1)自适应共振理论(ART)。可以对任意多和任意复杂的二维模式进行自组织、自稳定和大规模并行处理，是一种无训练样本的学习网络。

(2)BP神经网络。它是前向多层映射网络，采用最小均方差的学习方式，可用于模式识别和自适应控制等，是一种有训练样本的学习网络。

(3)Hopfield神经网络。它是由相同元件构造的单层且不带学习功能的自联想网络。

(4)Boltzmann机/Cauchy机(BCM)。这是使用通过噪声过程求取全局极小值的网络，主要用于模式识别(如声纳、雷达信号识别)。

(5)自组织特征映射(SOM)。可用于描述某种最优映射。

作为20世纪科技进步的主要成就之一的神经网络已经在模式识别、语音识别、智能机器人控制和专家系统等方面取得了可喜的应用效果。目前，人工神经网络方法也已在地球物理数据处理的各领域发挥作用，如地震勘探、地球物理测井、重磁勘探等等。

一段时间以来，人工神经网络的研究在国内外形成了一股热潮，成为政府、科研机构、生产和开发厂家十分重视的课题，各国都投入了大量的人力、物力来从事人工神经网络的研究，其中，神经网络的应用特别是在信号处理领域中的应用，极为引人注目。美国国防部的DARPA(Defense Advanced Rsearch Projects Agency)组织众多专家，经周密论证，决定把基于神经网络的自动识别、声纳信号处理、语音识别、地震勘探信号处理作为研究的重点，并认为它们是最有前景、且能取得重大突破的应用领域。我国实施的自然科学基金重大项目也是基于神经网络的智能信号处理作为重点研究内容的。了解一个信号处理方面所陷入的困境和神经网络特有的信号处理机理，就容易理解人们为什么如此热衷于基于神经网络的信号处理研究。在信号处理中，无论是信号的获取、传输，还是识别、变换、存储、分类、建模与显示，所采用的技术、手段、理论、方法和系统都是与数字电子计算机的原理、结构和发展紧密相关的，由于这种计算机固有的程序式数字化串行处理方式以及局域式地址存储特征所受到的限制，使得信号处理的许多领域内的研究陷入了困境。例如，在信号处理的重要领域信号的检测、估计与滤波中，所谓的最优处理与其需要的运算量之间的矛盾在快速变化的环境中几乎达到了不可调和的程度。也就是说，要达到最优处理性能，则完成运算量所需要的计算机数目常常大得令人难以接受。如果要针对线性处理的许多不足而采用非线性处理，则所需要的系统更是复杂庞大，这不得不使人们以牺牲处理性能为代价来换取算法运算量的减少和成本的降低。在模式识别方面，以特征提取为基础的方法也遇到了极大的困难，如何表示和提取特征，需要多少特征，都有很大的盲目性和低效率。识别过程必须经历从特征提取、数据压缩到判别几个阶段，所需的运算使得系统难以满足实时性要求。在自动控制领域，对被控制系统进行辨识并修正参数的方法只能较好地应用于线性系统或一类可线性化的简单线性系统，很难推广到复杂的非线性系统，人们只好在此基础上做大量的近似与简化，这就难免失去应有的准确性。

神经网络是由大量处理单元广泛互连而成的网络，在信号、信息处理机制上，它与传统的数字计算机有着根本的不同，它具有大规模并行模拟处理、连续时间动力学和网络全局作用等特点，信息的存储体现在神经元之间连接的分布上，存储区和操作区合二为一。神经网络具有很强的自适应和学习能力、鲁棒性和容错能力，从而可以代替复杂耗时的传统算法，使信号处理过程更接近于人类思维活动。利用神经网络的高并行运算能力，可以实时实现难以用数学计算和技术实现的最优信号处理算法。利用神经网络分布式信号存储和并行处理的特点，可以避开模式识别方法中建模与特征提取的过程，从而消除由于模型不符和特征选择不当带来的影响，并实现实时识别，以提高识别系统的性能。神经网络不仅是信号处理的工具，而且还是一种新的方法论，利用它可以研究出许多与传统信号处理所根本不同的新理论、新方法。

在地球物理数据处理中，人工神经网络方法用于重磁界面、地震走时和大地电磁测深资料的反演，用于测井资料解释中反射界面或目的层的对比跟踪，岩性自动识别等，还用于综合地球物理资料人工智能的识别、分类等等。

三、分形几何

普通的几何对象，具有整数维数。零维的点、一维的线、二维的面、三维的立体，乃至四维的“时空”，是人们熟知的例子。然而最近十多年来，具有不必是整数的分维(fractal dimension)的几何对象——分形(fractals)引起了自然科学工作者的广泛关注。

自然界中许多生物，具有自相似性的“层次结构”，在理想情况下，甚至是无穷多层次，适当地放大或缩小几何尺寸，整个结构并不改变。不少复杂的物理现象，背后是反映这类层次结构的分形几何学。

海岸线的结构是十分不规则的，即使是最详细的地图也难以把这些结构细节一一表示出来。在测量海岸线长度时，可以取不同的比例尺进行测量，如果用 1cm 等于 $a$km，从海岸线的一端到另一端，一步一步地量下去，测量次数为 $N(a)$，则海岸线的长度 $L = N(a) \times a$km。显然，所量得的长度与采用的比例尺有关，比例尺愈大，所测得海岸线长度愈大。如果海岸线有一个确定的长度 L 的话，则 L 应对应于 a 趋于固定值。这意味着海岸线的长度是测量不出来的。如理查森(L. F. Richardson)1961 年对挪威东南部海岸测量得到的经验公式

$$L(a) = c \cdot a^{1-D}$$

式中 c 为常数，当 a 趋于零时，L 不会趋于定值。如果海岸线长度符合欧氏几何学原理，则 D 应等于1，L 应等于 c，至少当 a 很小时应是如此。但是测量的结果 $D = 1.52$，所以说海岸线不是常规几何意义中的曲线，海岸线为一分形，我们把 D 称为分形维。

分形 Fractal 一词源于希腊文的副词 Fractus 和动词 Frangere，是“破碎而产生的碎片”的意思。按分形科学创始人曼德尔布罗特(B. B. Mandelbrot)的解释，Fractal 一词始终包含“不规则”和“碎片”的意义，都是分割空间而形成的。

在 20 世纪初或更早，一些数学家出于对数学的兴趣，创造出不少奇形怪状的图形，后来却成了发展分形几何的基础。

科赫雪片是瑞典数学家科赫(Koch)1904 年创造出的形似雪片的曲线。从一个等边三角形开始，以一边长为原三角形边界的 1/3 的小三角形竖立在原三角形各边的中间部位，于是得到第二阶段六重对称的星。在第三阶段中，又在第二阶段中得到的六角星的每一边的中间部位，直竖起 12 个更小的等边三角形。这种过程无限地进行下去，便成了边缘十分复杂的形状，在极限情况下，这种图形的边缘长度是无限的，但曲线所包围的面积却是有限的，它严格等于三角形面积的 8/5。这种以无限长的曲线包围着有限的面积，在当时使许多数学家困惑不解。科赫雪片的维数 $D = 1.2619$，它不是寻常的一维曲线而是一分形。类似的分割方法不是对一个等边三角形而是对一个线段的话，即可得到科赫曲线，经过简单的变换，即可推导出理查森经验公式。按照曼德尔布罗特的说法，科赫曲线为海岸线粗略的但又是极好的模型，只不过海岸线不属于规则分形而已。

科赫雪片、康托尔集合、谢尔宾斯基海绵……，这些分形都具有无自相似的层次，遵从比较简单的构造原则。它们的分维也很容易计算。自然界中更为常见的分形，是具有自相似分布特

性的随机现象。

在自然界中，一枝粗树干可以分出不规则的树杈，每个枝杈继续分为细杈……至少有十几次分枝的层次，详细地计算一下树枝的分维，就可以得到一个 1～2 之间的分数。又例如云彩的边界，它们存在从 1～1 000km 的无标度区。小于 1km 的云朵，更多受地形地貌影响，大于 1 000km时，地球曲率开始起作用，大小两端都受到一定的特征尺度限制，中间有三个数量级的无标度区。分形就存在于这中间区域，实际测出分维数 D 大约是 1.35。

在粉末冶金过程中，粉粒状的原料被烧结成大块金属。烧结过程中形成各种尺寸的聚积团，每个团都是边界面很复杂的分形。某些电化学反应中，电极附近沉积的固态物质，以不规则的树枝形状向外增长。受到污染的一些水流中，粘在藻类植物上的颗粒和胶状物，不断因新的沉积而生长，成为带着许多毛毛须须的枝条状。仅仅在 20 年前，这些极不规则的"肮脏"系统，还是使科学家们无从下手研究的对象。现在有了无标度性、分形、分维等等概念，再加上计算机模拟这一强有力的手段，对于各种聚积集团已经开始形成定量描述的理论。

由此可见，分形理论是以分维数、自相似性、统计自相似性和幂函数等为工具，研究不具有特征长度、极不规则和高度分割，但具有自相似性的复杂现象。

在地学中，许多地质现象具有标量不变的特征，如岩石碎片、断层、火山喷发、地震、矿藏等。许多地球物理数据，如重力、航磁、地形等具有幂指数频谱，由于幂指数频谱由振幅和斜率决定，因此利用它们可以进行数据集的结构分析。在天然地震中，地质群体及相应破裂系统也具有分形结构。地震震源分布也是小地区的微震分布与大范围内的中等地震分布相似。运用分形理论，还可以对地形地貌、岩石破碎与断裂、矿石品位及储量进行研究。在地球物理数据处理中，分形几何已应用于航磁资料的岩性填图、地震勘探的波形识别、地球物理测井曲线分析对比等诸多方面。

四、小波分析

小波分析的理论是近年来发展起来的新的数学分支，目前已成为国际上极为活跃的研究领域，它已被广泛地应用于图像处理、语声人工合成、地震勘探和大气湍流等方面。

长期以来，在各种信号数据处理方面，特别在频谱分析和各种滤波方法中，最基本的数学工具就是 Fourier 分析。在数学上，我们常用函数来刻画信号，通常总是把时间或空间作为自变量，而把反映某一信号的物理量作为函数。信号的一个重要特征就是它的频谱特性（或频谱），在数学上也就是信号所表示的函数的 Fourier 变换。所谓频谱分析、滤波等信号数据处理的方法，从数学的角度来看就是对一个函数的 Fourier 变换进行分析、加工处理的种种技巧。这一方面已经有非常丰富的内容与许多行之有效的方法。但是，Fourier 变换反映的是信号或函数的整体特征，在不少实际问题中，我们所关心的都是信号在局部范围中的特征。例如，在音乐和语言信号中人们关心的是什么时刻演奏什么音符，发出什么样的音节；对地震波的记录来说，人们关心的是什么位置出现什么样的反射波；图形识别中的边缘检测，关心的是信号突变部分的位置。为了弥补 Fourier 变换在这方面的不足，1946 年 D. Gabor 引进了窗口 Fourier 变换概念。用一个在有限区间（称为窗口）外恒等于零的光滑函数（这个有限区间的位置随一个参数而变）去乘所要研究的函数，然后对它作 Fourier 变换。这种变换确实能够反映函数在窗口内部分的频谱特性，因而确能在一些需要研究信号的局部性质的问题中起一定作用。但是，Gabor 引进的这种 Fourier 变换的窗口位置虽然能随参数变化而任意移动，但是其窗口的大小和形状却与频率无关而是固定不变的。这与高频信号的分辨率应比低频信号为高，因而频率愈高窗口应愈小这一要求不符。加上 Gabor 变换其他的一些缺点，它未能得到广泛的应用与发展。

小波分析继承和发展了 Gabor 变换的窗口 Fourier 变换的局部化思想，但它的窗口随频率增高而缩小。它符合高频信号的分辨率较高的要求，而且小波变换适当离散化后能构成标准正交系，这在理论或应用中都是非常重要和有用的性质。小波的原始概念最早是法国地球物理学家 J. Morlet 在 20 世纪 70 年代提出的，他们在分析处理地震波的局部性质时，发现传统的 Fourier 变换难以达到要求，因此引入小波概念于信号分析中对信号进行分解。随后理论物理学家 Grossman 对 Morlet 的这种信号按一个确定函数的伸缩、平移系展开的可行性进行了研究，为小波分析理论的形成开了先河。

随后，Grossman 和 Morlet 一起提出了确定函数 ψ 伸缩、平移系展开理论，即现在的连续小波展开理论。1985 年 Meyer 证明了一维小波函数 ψ 的存在性，并提出了小波变换，之后 Lemarie 和 Battle 又分别给出了高维小波函数 ψ 和具有指数衰减的小波函数。1986 年 Jaffard · Lemarie 与 Meyer 和 Mallat 合作，提出了多尺度分析的思想，1987 年，Mallat 巧妙地将计算机视觉领域内的多尺度分析的思想引入到小波分析中的小波函数的构造及信号按小波变换的分解与重构，提出了多分辨分析的概念，统一了在此之前提出的各种具体小波基的构造方法，同时给出了信号和图像分解为不同频率通道的算法及其重构算法，即所谓的 Mallat 算法，Mallat 算法在小波分析中的地位就相当于快速 Fourier 变换算法 FFT 在经典 Fourier 分析中的地位。与此同时，Daubechies 构造了具有有限支集的正交小波基。至此，小波分析的系统理论初步得到了建立。在应用方面，Morlet 早在 1984 年就将小波用于分析地震波，Mallat 在 1988 年有效地将小波分析应用于图像分解和重构，近几年来，国内外学者在动力学研究、信号处理、数据压缩、图像分析、语音分析等领域都使用小波变换并取得成果。

在地球物理数据处理方面，小波分析用于重磁场的分解、滤波、重建，来达到区域场与局部场的分离，用多尺度分析思想进行重磁、大地电磁资料的分解及反演；小波分析还用于地震数据的压缩、去噪和提高分辨率等等。

第二章　重磁勘查的仪器及野外工作方法

从原理上说，凡是与重力、磁力有关的物理现象都可以用于设计制造重力仪与磁力仪，并用它们来测定重力值和磁力值。但是重磁勘查要求能测量重力场和磁场的微弱变化，在重力测量中要求能测量出重力全值 10^{-7}～10^{-9} 量级变化；在磁力测量中，要求能测量出 0.1～1nT 的磁场变化，它相当于平均地磁场值的 1/50 万～1/5 万。因此，要求重力仪与磁力仪要有高灵敏度、高精度等良好的性能。

§2.1　重力仪

根据测量的物理量的不同，重力测量分为动力法和静力法两大类，动力法观测的是物体的运动状态（时间与路径），用以测定重力的全值，即绝对重力值（早期的摆仪也可用于相对测量）；静力法则是观测物体在重力作用下静力平衡位置的变化，以测量两点间的重力差，称相对重力测量。重力仪是一种精密、贵重的仪器。

一、绝对重力测量仪器

绝对重力测量的简单原理是利用自由落体的运动规律，在固定或移动点上测量时，有单程下落和上抛下落两种行程。自由落体为一光学棱镜，利用稳定的氦氖激光束的波长作为迈克尔逊（Michelson）干涉仪的光学尺，直接测量空间距离；时间标准是采用高稳定的石英振荡器与天文台原子频率指标对比。观测时，仍然还有许多干扰因素影响重力值的精确测定，如大地脉动、真空度、落体下落偏摆等等，对此必须加以分析、控制和校正。

1. 自由下落单程观测

图 2-1 表示自由落体在真空中的下落，其质心在时刻 t_1、t_2、t_3 相应经过的位置分别为 h_1、h_2、h_3，时间间隔为 T_1、T_2，经过距离为 s_1、s_2，则由自由落体运动方程式最后可导出重力值的公式为

$$g=\frac{2\left(\dfrac{s_2}{T_2}-\dfrac{s_1}{T_1}\right)}{T_2-T_1} \tag{2-1}$$

精确测定 s_1、s_2 是采用迈克尔逊干涉仪的原理，当落体光心在光线方向上移动半波长 $(\frac{1}{2}\lambda)$ 时，干涉条纹就产生一次明暗变化，显示干涉条纹；下落行程所产生的干涉条纹数目直接代表下落距离（即 $s=N\dfrac{\lambda}{2}$，N 为干涉条纹数）。这些干涉信号由光电倍增管接收，转换成电信号，放大后与来自石英振荡器的标准频率信号同时送入高精度的电子计算系统，以便计算时间间隔与干涉条纹数目，从而精确得到 s_1、s_2、T_1、T_2。

2. 上抛下落双程观测

上抛下落对称观测可避免残存空气阻力、时间测定、电磁等影响带来的误差，物体被铅垂上抛后，其质量中心所走的路程先铅垂向上而后下，其时间与距离的关系如图 2-2 所示。图中 C 和 C'、B 和 B'、A 和 A' 在空间都是一点。

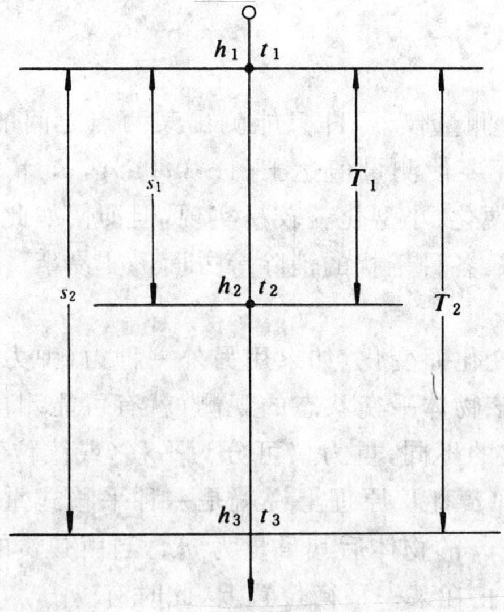

图 2-1　自由下落单程绝对重力测定

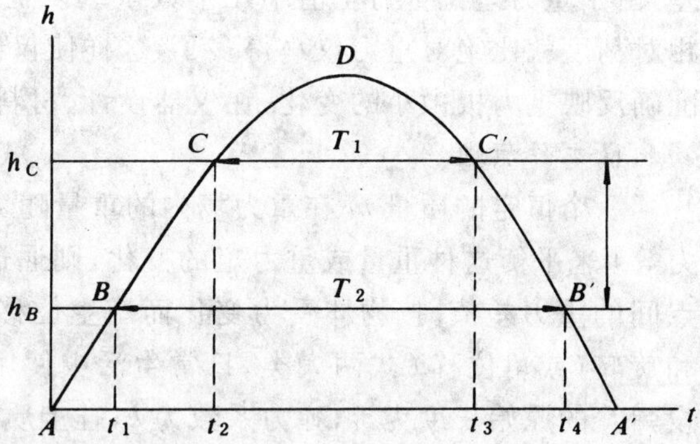

图 2-2　上抛下落双程绝对重力测定

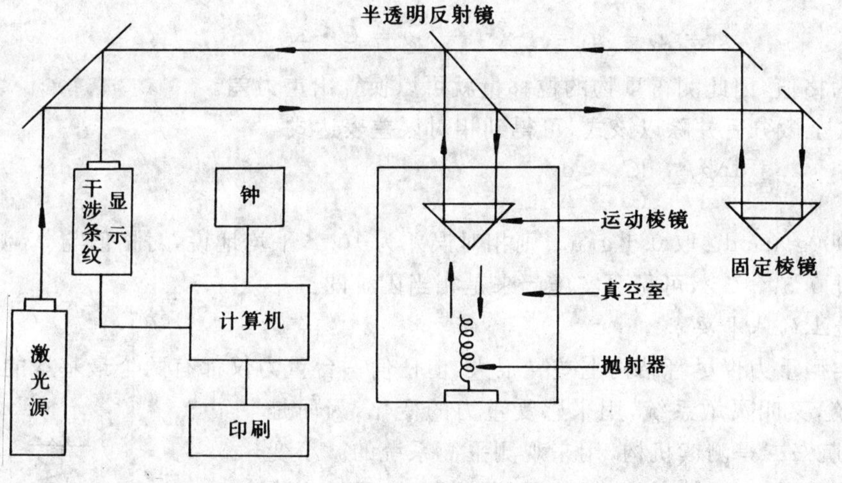

图 2-3　上抛下落棱镜的光程

从运动学公式可以导出

$$g=\frac{8s}{T_2^2-T_1^2} \tag{2-2}$$

式中：$T_2=t_4-t_1$；$T_1=t_3-t_2$；$s=h_C-h_B$。

上抛下落光程如图 2-3 所示，用以抛射运动棱镜的机件必须使该棱镜上抛时，平移与旋转角不超过一定限度。绝对重力测量的准确性是一项复杂精细的工作，它有赖于几种物理量的精密测定，涉及到光学、电子学和精密机械的有关技术。我国是为数不多的能生产绝对重力测量仪器的国家之一，20 世纪 80 年代中期研制的单程下落可移式仪器在国际比对中，准确度为 ± 0.14 g.u.（1g.u. $=10^{-4}$cm/s^2），世界上最先进的可移式上抛法仪器，其准确度约为

±0.05 g.u.。这类仪器重达数百千克，安装、调试、测定是一项十分复杂的工作。

二、相对重力测量仪器概述

用于重力勘查工作中的重力仪，都是相对重力测量仪器，即只能测出某两点之间的重力差，由于重力差比重力全值小几个数量级以上，因而要使测量值达±(1～0.0n)g.u. 精度，其相对精度就比绝对重力仪小得多了，这样使仪器轻便化、小型化就较易实现，但即便如此，为能准确反映重力极微小的变化，在仪器设计、材料选取、各种干扰的消除等方面仍非易事。

1. 工作原理

一个恒定的质量 m 在重力场内的重量随 g 的变化而变化，如果用另外一种力(弹力、电磁力等)来平衡这种重量或重力矩的变化，则通过对该物体平衡状态的观测，就有可能测量出两点间的重力差值。按物体受力变化而产生位移方式的不同，重力仪可分为平移(或线位移)式和旋转(或角位移)式两大类。日常生活中使用的弹簧秤从原理上说就是一种平移式重力仪。设弹簧的原始长度为 s_0，弹力系数为 k，挂上质量为 m 的物体后其重量为 mg，当由弹簧的形变产生的弹力与重量大小相等(方向相反)时，重物静止在某一平衡位置上，此时有

$$mg = k(s - s_0)$$

式中：s 为平衡时弹簧的长度。若将该系统分别置于重力值为 g_1 和 g_2 的两个点上，弹簧形变后的长度为 s_1 和 s_2，可类似得到上述两个方程，将它们相减便有

$$\Delta g = g_2 - g_1 = \frac{k}{m}(s_2 - s_1) = C \cdot \Delta s \tag{2-3}$$

系数 C 称为格值，因此测得重物的位移量就可以换算出重力差。

将上式全微分后并除以该式，可得到相对误差表达式

$$\frac{\mathrm{d}\Delta g}{\Delta g} = \frac{\mathrm{d}C}{C} + \frac{\mathrm{d}s}{\Delta s} \tag{2-4}$$

设 Δg=1 000g.u.，dg 取 0.1 g.u.，则相对误差为 10^{-4}，平均地说，对格值与 Δs 测定的相对误差不能超过 0.5×10^{-4}，可见要实施起来是相当困难的。

2. 构造上的基本要求

不同类型重力仪尽管结构上差异很大，但任何一台重力仪都有两个最基本的部分：一是静力平衡系统，又叫灵敏系统，用来感受重力的变化，因而是仪器的“心脏”；二是测读机构，用来观测平衡系统的微小变化并测量出重力变化。对前者来说，系统必须具备足够高的灵敏度以便能准确地感受到重力的微小变化，对后者来说应有足够大的放大能力以分辨出灵敏系统的微小变化，同时测量重力变化的范围较大，读数与重力变化间的换算要简单。

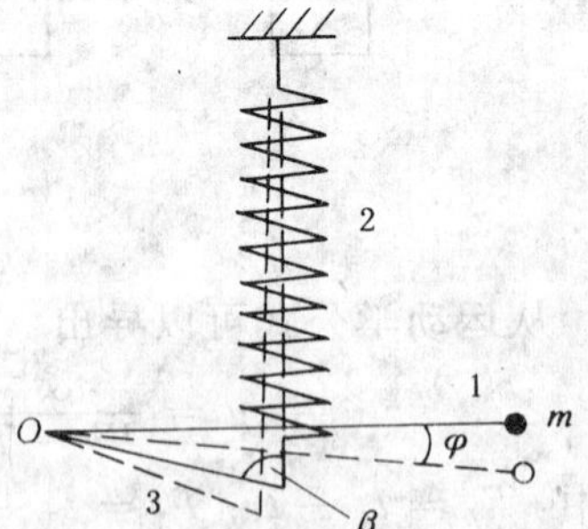

图 2-4　旋转式重力仪灵敏系统

3. 平衡方程式与灵敏度

简化了的旋转式弹性重力仪中灵敏系统如图 2-4 所示，1 为带重荷 m 的摆杆(亦称平衡体)，它与支杆 3 固结为一体，可绕旋转轴 O 转动，此旋转轴可为一对水平扭丝或水平扭转弹簧。2 称为主弹簧，上端固定，下端与支杆 3 相连。这样，平衡体在重力矩和弹力矩的作用下可在某一位置达到平衡(静止)，设 M_g 表示平衡体所受的重力矩，它是重力 g 与平衡体偏离水平位置为 φ 角的函数；M_τ 表

示平衡体受到的弹力矩，是 φ 角的函数。在平衡体静止时，合力矩 M_0 为零，即

$$M_0 = M_g(g,\varphi) + M_\tau(\varphi) = 0 \tag{2-5}$$

这就是重力仪的基本平衡方程式，从该式出发我们来讨论角灵敏度问题。

所谓角灵敏度，是指单位重力变化所能引起平衡体偏角的大小，如果偏角越大，则表示仪器越灵敏，即角灵敏度大，反之亦然。

将式(2-5)对 g 和 φ 进行微分得到

$$\frac{\partial}{\partial g}M_g(g,\varphi)\mathrm{d}g + \frac{\partial}{\partial \varphi}M_g(g,\varphi)\mathrm{d}\varphi + \frac{\partial}{\partial \varphi}M_\tau(\varphi)\mathrm{d}\varphi = 0$$

稍加整理即获得角灵敏度的表达式

$$\frac{\mathrm{d}\varphi}{\mathrm{d}g} = -\frac{\frac{\partial}{\partial g}M_g(g,\varphi)}{\frac{\partial}{\partial \varphi}M_g(g,\varphi) + \frac{\partial}{\partial \varphi}M_\tau(\varphi)} = -\frac{\frac{\partial}{\partial g}M_g(g,\varphi)}{\frac{\partial}{\partial \varphi}M_0} \tag{2-6}$$

因此，从原理上说，提高灵敏度有两个途径：一是加大上式中的分子，这意味着要增大 m 和 l(l 为平衡体质心到转轴 O 的距离)，其结果是会增加仪器的重量和体积，也同时会使各种干扰因素的影响加大，这是不可取的；二是减少上式中的分母，其物理意义为减小平衡系统的稳定性。根据力学中三种平稳状态的表示为：$\frac{\partial M_0}{\partial \varphi} < 0$ 时为稳定平衡；$\frac{\partial M_0}{\partial \varphi} = 0$ 时为随遇平衡；$\frac{\partial M_0}{\partial \varphi} > 0$ 时为不稳定平衡。因此，让式(2-6)的分母从小于零的方向趋近于零而不等于零，即是减小系统的稳定性，但又不使其达到不稳定状态，使灵敏度达到我们所需要的范围。为实现这一要求，可采取加助动装置(亦称敏化)方法、倾斜观测法以及适当布置主弹簧位置等方法。图 2-4 中主弹簧连在支杆上的布局，本身就起到了自动助动作用，随着 β 角的减小，灵敏度会逐渐增大。

4. 测读机构与零点读数法

由于重力的变化所能引起平衡体偏转角的改变量十分微小，肉眼无法判别。因此，为能观察出这一微小变化，测读机构首先要有一套具有足够放大能力的放大机构，如光学放大、光电放大和电容放大等；其次应有一套测读机构，如测微计数器或自动记录系统等，将平衡体角位移改变量测读出来，以换算出重力变化量。现代重力仪的测读都是采用补偿法进行的，也称零点读数法。其含意是：选取平衡体的某一位置作为测量重力变化的起始位置，即零点位置，重力变化后，第一步是通过放大装置观测平衡体对零点位置的偏离情况；第二步是用另外的力去补偿重力的变化，即通过测读装置再将平衡体又准确地调回到零点位置，测微器上前后两个读数的变化就反映了重力的变化。采用零点读数法有许多优点：扩大了直接测量范围，减小了仪器的体积，测读精度高，以相同的灵敏度在各点上施测，此外，读数换算也较简单。

5. 影响重力仪精度的因素及消除影响的措施

精度是指实测值逼近真值的程度，它与测量次数有关，更与测量中不可避免的各种干扰因素造成的误差有关。影响重力仪观测精度的因素很多，如何采取相应措施使这些干扰的影响降到最低水平，是决定重力仪性能或质量的根本保证。鉴于这一问题涉及的面很广也很复杂，下面只能做些简要的介绍。

(1)温度影响。温度变化会使重力仪各部件热胀冷缩，使各着力点间的相对位置发生变化；弹簧的弹力系数也是温度的函数。以石英弹簧为例，它的弹性温度系数约为 120×10^{-6}，即温度变化1℃时，相当于重力(全值)变化了 1 200 g.u.！因此，克服温度变化的影响是提高重力仪

精度的重要保证。为此,已采用的措施有:研制与选用受温度变化影响小的材料作仪器的弹性元件;附加自动温度补偿装置;采用电热恒温(有的仪器必要时加双层恒温),这样使仪器内部温度基本保持不变,此外在野外使用仪器时,应极力避免阳光直接照射在仪器上,搬运中应设计通风性能好的的专用外包装箱等。

(2)气压影响。主要是使空气密度改变而使平衡体所受的浮力改变,并在仪器内部可能形成微弱的气体流动冲击弹性系统。消除的方法有:将弹性系统置于高真空的封闭容器内;在与平衡体相反方向上(相对旋转轴而言)加一个等矩体积矩的气压补偿器;条件需要和许可时,应将仪器放入气压舱内检测受气压变化的影响,以便引入相应的气压校正。

(3)电磁力影响。用石英材料制成的摆杆(平衡体),因质量很小无须夹固,当它在自由摆动时,会与容器中残存的空气分子相摩擦而产生静电,电荷的不断累积会使仪器读数发生变化。因此,这类仪器常在平衡体附近放一适量的放射性物质,使残存气体游离而导走电荷;对于用金属制成的弹性元件来说,材料中含的铁磁性元素就会对地磁场变化产生响应而改变仪器读数,为此,要将整个弹性系统作消磁处理,外面再加上磁屏以屏蔽磁场;有条件时,应在人工磁场中进行实际测量,以了解受磁场方向、强度变化的影响,必要时引入相应的校正项;在野外工作中,利用指北针定向安放仪器,让摆杆方向总与地磁场垂直。

(4)安置状态不一致的影响。由于在各测点上安放重力仪时不可能完全一致,因而摆杆与重力的交角就会不一致,从而使测量结果不仅包含有各测点间重力的变化量,还包含了摆杆与重力方向夹角不一致的影响。假设选定的零点位置与水平面夹角为 α,则重力矩为 $Mg = mgl\cos\alpha$,分别对 g 和 α 微分后可得 $\mathrm{d}g = -g\mathrm{tg}\alpha\,\mathrm{d}\alpha \doteq -g\alpha\,\mathrm{d}\alpha$。当安置时有 $\Delta\alpha$ 的偏差,则引起的误差应为

$$\delta g = -\int_{\alpha}^{\alpha+\Delta\alpha} g\alpha\mathrm{d}\alpha = -g\alpha\Delta\alpha - \frac{1}{2}g(\Delta\alpha)^2$$

可见,这一误差既与 α 大小有关,又与 $(\Delta\alpha)^2$ 有关,因此,重力仪的零点位置不能随便选取,应取水平位置($\alpha = 0$)作零点位置;同时因 $\delta g \sim (\Delta\alpha)^2$ 曲线是二次曲线,在 $\alpha = 0$ 时取得极大值,因而对同样的 $\Delta\alpha$ 来说,在极值处造成的误差远比在 α 为某一值时所带来的误差小,这即是说,当选取水平位置为零点位置时,因为安置条件不同带来的误差会最小。类似的分析也同样适合于作为旋转轴的水平与否,所以取平衡体的质心与水平转轴所构成的平面为水平面时才是真正的水平零点位置。为达此目的,仪器均安置有供调平用的三个脚螺旋和对应的两个水准气泡,与摆杆方向平行的称为纵水准器,而与转轴平行的称为横水准器,新出的仪器还装有灵敏度更高的电子水泡或加一套自动调平系动。

(5)零点漂移影响。重力仪中的弹性元件,在一个力(如重力)的长期作用下会产生弹性疲劳和蠕变等现象,使弹性元件随时间推移而产生极其微小的永久形变(如橡皮筋的老化),它严重地影响了重力仪的测量精度,带来了几乎不可克服的零点漂移,即仪器的零点位置在随时间变化,或者说,在同一点上排除了其他各种影响后,不同时刻的读数仍会不同,这种漂移量的大小和有无规律与材料的选择及工艺(如事前进行时效处理等)水平密切相关。一台好的重力仪应是零漂小而且尽可能与时间成线性关系,这是在恒温精度提高后衡量仪器好坏的另一个重要指标,为消除这一影响,必须通过性能试验检查其零漂变化情况,确定在重力基点控制下每一测段工作时间长短而专门引入零漂校正。

(6)震动的影响。震动对观测精度的影响是众所周知的,例如仪器在运输中受突然性的撞击,甚至取出与放回仪器时不小心碰撞了一下仪器桶边,常常会出现读数的突变(俗称突然掉

格);再则,仪器的零漂在动态时要比静态时大且无规律,且动态的零漂随运输方式不同也不尽相同。实践证明,飞机运输比汽车运输影响要小,在同样道路上不同型号的汽车其震动影响也不相同,特别在高精度的重力测量中,这已是一个非常关系测量误差大小的重要因素。多项测试表明,运输中减震方法可用泡沫海棉垫、软垫、弹簧悬挂装置、人工小心手提等,且以后两种方式造成的误差最小。

三、地面重力仪

在弹簧类重力仪中,按制作的材料不同可分为两大类,即石英弹簧重力仪与金属弹簧重力仪,都是依据重力矩与弹力矩平衡原理设计的。另一种是超导重力仪,由电磁力来与重力平衡,精度很高,且几乎没有零漂,但体积与重量均大,只适合于固定台站上供各种需研究重力随时间变化原因的科研用。

1. 石英弹簧重力仪

目前国内使用的有美国 Texsas 公司生产的渥尔登(Worlden)重力仪,它又分为四种类型,即主型(Master)、勘探型(Propector)、教学型(Education)和大地测量型(Geodesist);加拿大 Scintrex 公司制造的 CG-2 型和 CG-2G 型;另外就是原国产的 ZSM 系列重力仪(20 世纪 90 年代已停产),它们都属于旋转式重力仪,内部结构大同小异,外型也都似一个较大的热水瓶,见图 2-5 至图 2-10;1987 年加拿大的 Scintrex 公司又推出线位移式的全自动重力仪 CG-3,其后又有 CG-3M 型问世,可以说,CG-3 型重力仪是石英弹簧重力仪中的佼佼者,而 CG-3M 型则因稳定性好、精度高而可与 LCR-D 型重力仪抗衡,下面我们将分别予以介绍。

(1)主要技术指标(表 2-1)。

表 2-1 几种重力仪的主要技术指标

仪器型号 / 指标	Worlden		CG-2	ZSM-V
	主型	勘探型		
测量范围(g.u.)*	30 000	30 000	50 000	50 000
精　度(g.u.)	±0.1	±0.1		<±0.3
格值变化	1/1 000	1/1 000	1/1 000	<1/1 000
恒温装置	有	无		有
重　量(kg)	2.7	2.3	5	6

*:“g.u.”,即国际通用重力单位。在国标中,已不再使用,应以“cm/s^2”表示,即 1 $cm/s^2=10^4$ g.u.。

(2)仪器结构。以 ZSM 型仪器为例(见图 2-8 至图 2-10),简介如下。

①弹性系统。位于仪器主体的底部,由重荷(铂环)1,石英摆杆 2,水平扭丝 3,主弹簧 4 及温度补偿装置 5、8、12、13,读数弹簧 6,测程弹簧 10 等组成,除重荷及温度补偿丝为金属外,其他均为融熔石英制成,被一个石英矩形框架支撑、固定在密封容器的顶盖下。

②光学系统。它是一个放大倍数约 200 的长焦距显微镜,光源来自仪器面板上的聚光灯泡,由石英摆杆前的细指示丝 7 形成的亮线影像来指示平衡体的位置,当亮线在目镜中与刻度片中的零线重合时,表示平衡体回到了零点位置。

③测读系统。如图 2-10 所示。它由读数装置、测程调节装置及纵、横水准器等组成,精密测微螺丝 1 通过连杆 2 与仪器面板上的测微读数器 3 相连,转动测微器的旋扭带动测微螺丝

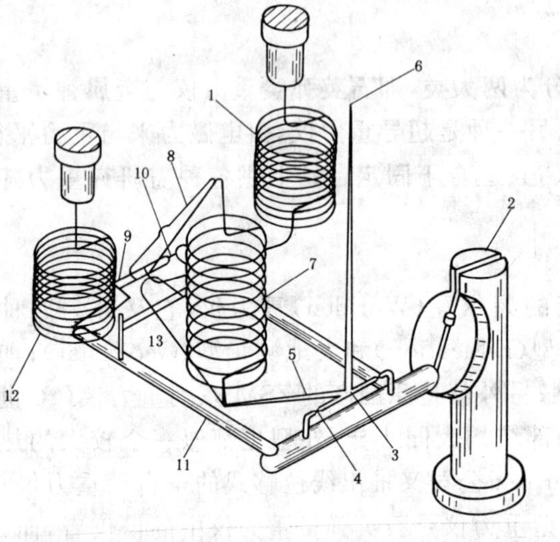

图 2-5　渥尔登重力仪弹性系统

1. 读数弹簧；2. 支座；3. 石英摆框架；4. 摆扭丝；5. 石英摆；6. 指示丝；7. 主弹簧；8. 温度补偿丝；9. 温度补偿框；10. 读数扭丝；11. 石英框架；12. 测程弹簧；13. 限制器

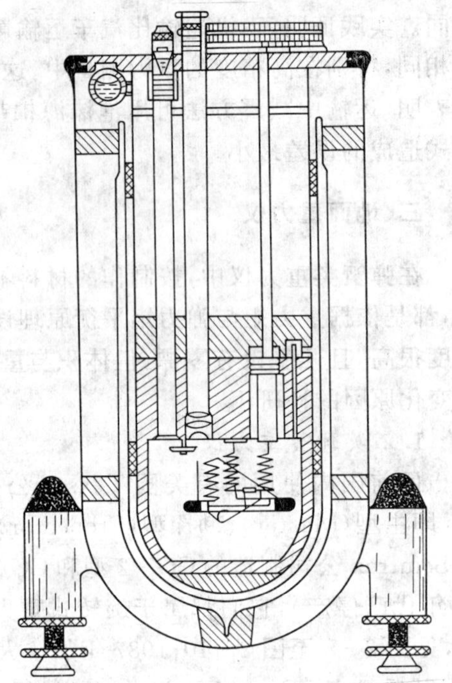

图 2-6　渥尔登重力仪纵剖图

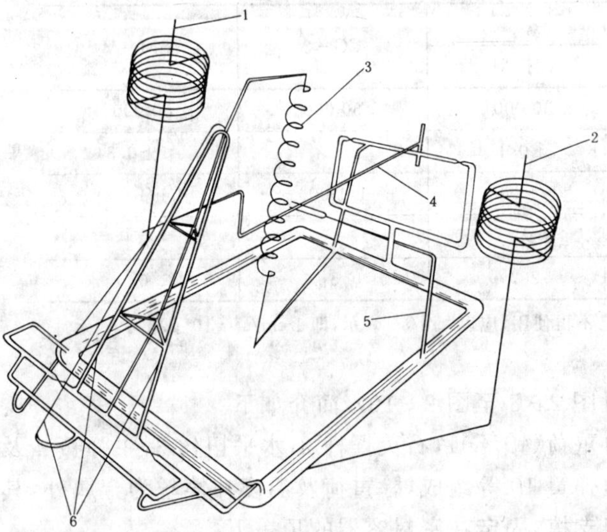

图 2-7　CG-2 重力仪弹性系统

1. 测程弹簧；2. 读数弹簧；3. 主弹簧；4. 石英摆；5. 限制器；6. 温度补偿装置

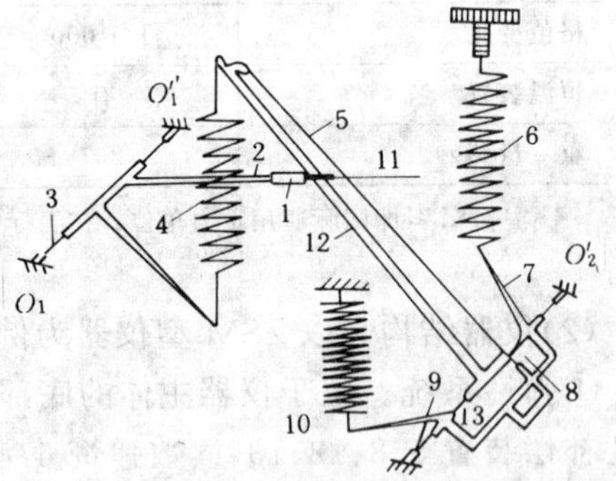

图 2-8　ZSM 型重力仪弹性系统

1. 负荷；2. 摆杆；3. 摆扭丝；4. 主弹簧；5. 温度补偿丝；6. 读数弹簧；7. 读数弹簧连杆；8. 温度补偿框扭丝；9. 读数框架扭丝；10. 测程调节弹簧；11. 指示丝；12. 温度补偿杆；13. 温度补偿扭丝

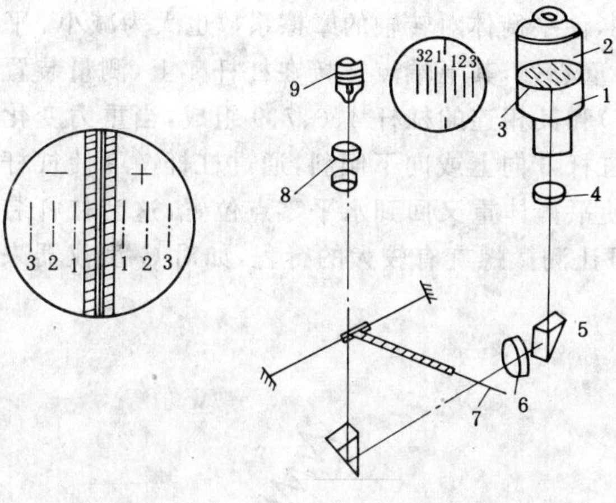

图 2-9　ZSM 型光学系统

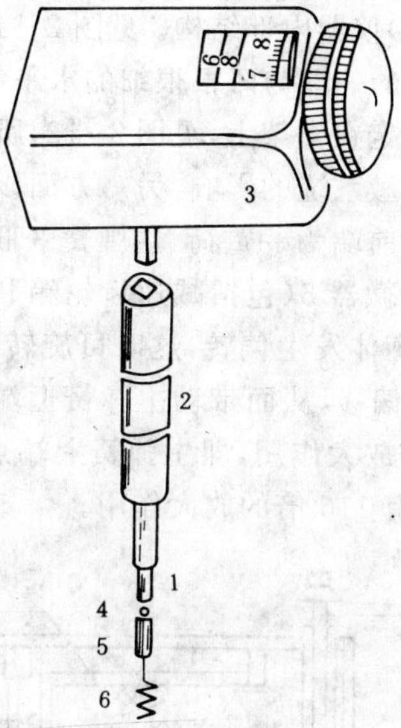

图 2-10　ZSM 型读数装置

旋转，它的底部压着一个钢球 4，4 的下面为导向装置（只能上下移动了）5，5 的下面连着读数弹簧 6。随着测微螺丝的旋转，导向装置带动读数弹簧伸缩，以改变主弹簧的弹力距，从而将平衡体调回到零点位置，此时计数器上的数字即为仪器的读数。测程调节装置与读数装置不同之处在于测程弹簧 10（图 2-8）的弹力系数比读数弹簧大数十倍，因而它的微小伸缩可以补偿较大的重力变化，此外，在同样的连杆 2 的上方是一个精密的螺母（被安在面板上），可用相配的改锥进行测程调节。

仪器主体外围绕有电热恒温丝，然后装入特制的保温瓶内，保温瓶与仪器外壳间充填满隔热材料。

2. 金属弹簧重力仪

LCR 重力仪是由美国 Lacoste & Romberg Gravity Meters Inc. 生产的，它有两种型号，一种是 G(Geodetic)型，另一种是 D(Microgal)型，前者测程大，适合于全球测量而无需调节测程，后者精度高，但直接测量范围小。

(1) 主要技术指标见表 2-2。

表 2-2　G 型与 D 型重力仪的技术指标

类型	D 型	G 型
测量范围	2 000 g.u.	70 000 g.u.
测量精度*	0.1 g.u.	0.4 g.u.
读数重复性	0.05 g.u.	0.1 g.u.
零点漂移	约 5 g.u./月（使用一年以上） 约 10 g.u./月（使用一年以下）	
体　　积	20 cm×18 cm×25 cm	
电　　源	DC12V	
净　　重	3.2kg	

*：这是厂方提供的指标，目的很清楚，由于很容易达到而不会违约。实际上，两种仪器只要小心使用，方法得当，精度会高得多。

(2)仪器内部结构。见图 2－11，它的弹性元件是用温度系数最小的镍基合金材料制作，平衡体 1 的一端与两根很细的水平绕制的减震弹簧 2 相连，作为它的旋转轴，减震弹簧 2 的另一端 O 固定在支架上，见图 2－12，所以平衡体并非弯折形而仍是直杆，减震弹簧一方面削弱了震动对灵敏系统的影响，另一方面以 OO' 作 为虚轴，使平衡体对转轴的摩擦系数也大为减小。平衡体的前端为一重荷，主弹簧 3 联结在平衡体的重心处，其上端点连接在杠杆 4 上，测量装置是由测微器 5(包括减速齿轮箱和精密测微螺旋)和其相连的杠杆 4、6、7、9 组成，当重力变化时，平衡体发生偏转，这时可旋转测微器来带动杠杆 6 向上或向下倾斜，通过杠杆 7、9 使杠杆 4 发生偏移，从而带动主弹簧上端点发生位移，使平衡体重又回到水平零点位置，这套杠杆装置具有放大作用，即主弹簧上端点的微小位移可让测微螺旋有较大的行程，如对 G 型仪器来说，约有 116 倍的放大作用。

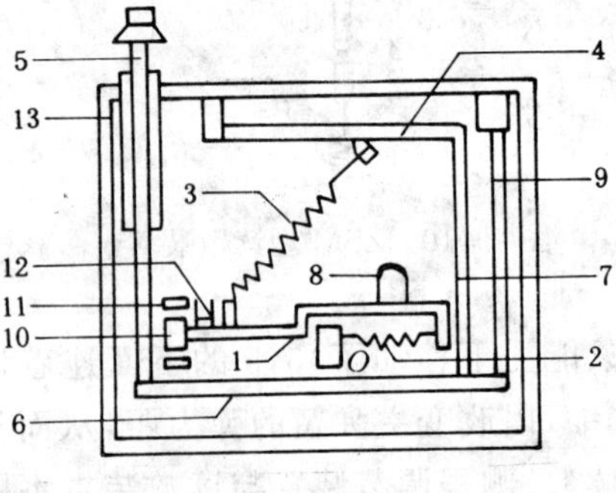

图 2－11　LCR 重力仪弹性系统结构原理图

1. 平衡体；2. 减震弹簧；3. 主弹簧；4、6. 水平杠杆；7、9. 垂直杠杆；5. 测微器；8. 气压补偿器；10. 重荷；11. 电容板；12. 指示丝；13. 外壳

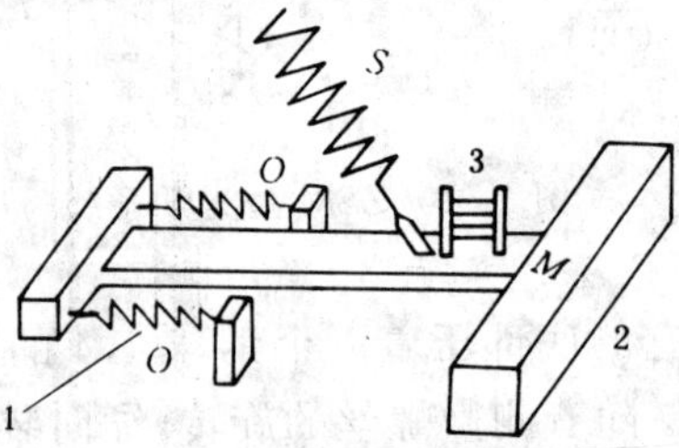

图 2－12

1. 减震弹簧；2. 平衡体；3. 指示丝

仪器的工作原理及平衡方程式的讨论；从它的弹性系统结构图可知，前面石英弹簧重力仪的讨论方法和所得结论完全适合于它，这里不另作专门介绍。

(3)测读系统与锁制装置。LCR 重力仪也是采用零点读数法，老式仪器仅有一套光学显微系统，用以观测在平衡体上金属指示丝影像于视场中刻度片上的位置，新型号的仪器还增设了一套电子读数装置，它也是利用一个电容传感器把平衡体的位置变化转化为电压幅度的变化。电子读数精度高，且可连续纪录，其监视分辨率也比光学系统高，为显示电压输出，仪器面板上装有检流计，可对检流计进行零点和灵敏度调节，使其零点相应于平衡体的零点位置，图 2－13 为电容传感器原理图，A 为平衡体重荷，A_1、A_2 为两个金属板，它们和 A 组成两个平行板电容器 C_1 和 C_2，Z_1 和 Z_2 为电桥中两个阻值相同的电阻，V_i 为输入频率稳定的电讯号，V_0 为输出的电讯号，当 A 位于 A_1 与 A_2 正中间时，$C_1=C_2$，$Z_1C_1=Z_2C_2$，电桥平衡，无输出讯号。在重力变化后，重荷 A 有位移，使 $C_1\neq C_2$，输出端便有讯号输出，该讯号被送入锁相放大器中经放大、整流、滤波后送入记录仪中自动记录下来，也可以调节测微器，使检流计的指针归零再读取读数。

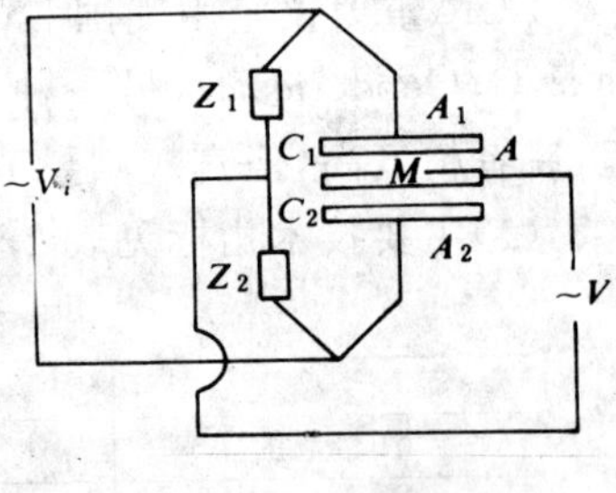

图 2－13　电容放大装置

D 型仪器的测读系统与 G 型基本类同，但在平衡体重心附近悬挂一测程弹簧，其上端通过传动装置与测程调节螺丝相连，供调节测程用。

LCR 重力仪的弹性系统，特别是平衡体本身的质量相对来说较大，因此它必须在平衡体被锁制（俗称夹固）的状态下才能搬运，否则会损坏弹性系统甚至整台仪器，这一点对使用者来说极为重要。锁制装置是一个极为精密的机械装置，共采用 6 个限位点和 3 个制动点作限位和制动用，打开和关闭锁制装置都必须动作缓慢均匀。

LCR 重力仪均设置了单层恒温装置，采用高灵敏度的热敏电阻和固定电阻组成热敏电桥，当在恒温温度点时，电桥平衡，无讯号输出，这时通过加热电阻丝的电流为零；当低于恒温温度点时，电桥失衡，有讯号输出，此时通过加热电阻丝的电流就会相应增加，提供热能以维持仪器内部处于恒温状态，因而通电加温是断续进行的。仪器的恒温温度约 51℃。

四、其他重力仪

1. 超导重力仪

它是利用某些金属（如铌、铝、铅等）的超导性质，以及在超导体表面形成超导屏蔽电流而产生排斥外磁场的磁矩而设计的。

国产超导重力仪的结构如图 2－14 所示，由四个在绝对零度附近的铌丝绕成的超导载流线圈 1，对称地安装在真空罐 2 外侧，当有外部电流激励时，线圈中流过的是极稳定的持续电流，形成稳定的永久磁场，3 是空心超导体小球，由于它的抗磁性，在永久磁场中，小球受的重力与磁场的反作用力形成平衡，使小球悬浮在空中，随重力的变化，小球也随之上下移动。小球的位移是用电容传感器来检测的，该检测系统是由在超导小球周围装置六块电容极板 4 与小球组成，上下两块与小球组成电容 C_1，周围四块与小球组成电容 C_2。小球的垂直位移产生的讯号由此经锁相放大器放大输出，同时，该讯号又可以反馈到上下电容器极板而产生静电反馈力，趋使小球及时回到零位，所以，由测量这一反馈电压来测量重力的变化。

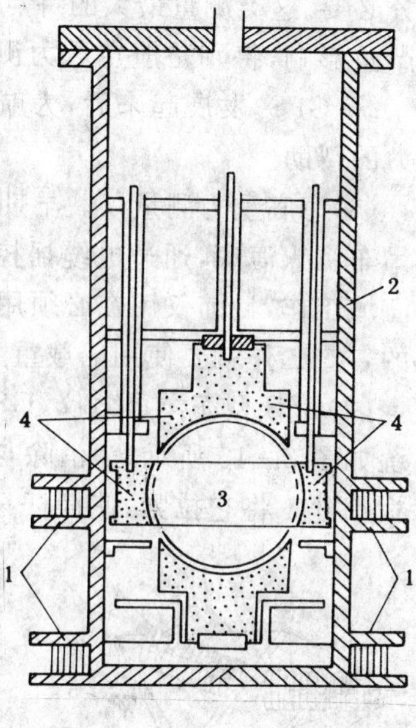

图 2－14　超导重力仪结构图

仪器主体真空罐是浸在低温液氦的杜瓦瓶内，整个仪器又放在超导磁屏蔽室内，以防外界磁场干扰。超导重力仪具有精度高、稳定性好、基本上无零漂等一系列优点，但仪器笨重、造价昂贵，目前只适宜于台站上作专门研究用。

2. 井中重力仪

我国于 20 世纪 90 年代初引进了美国新一代 LCRNo13 和 No16 两台井中重力仪。它的传感装置类同于 LCR 地面重力仪，但为了在地面上进行遥控操作，仪器经改装安置了特殊的水平调节、锁制和读数机构以及相应的遥控电路。井下仪器的状态经井下电子控制系统反馈到地面控制面板或计算机显示屏幕上，然后通过地面操作，实现多心电缆连接的遥控测量功能，测读也是采用零点读数法，与其他测井所采用的连续测量方法不同，井中重力测量是通过在一系列井中测点上，停放仪器后进行测量读数，以获得不同深度的重力值；此外仪器设计还要考虑井中泥浆、高温、高压等特殊条件的需要，下面给出这两台仪器的技术指标。

技术参数	No13	No16	备注
仪器外径	$4\frac{1}{4}''$(英寸)	$4\frac{3}{4}''$(英寸)	1英寸＝0.025m
仪器耐压	816大气压	1 360大气压	1大气压＝101 325Pa
仪器耐温	115℃	260℃	
最大井斜	14°	14°	
记录精度	0.01g.u.	0.01g.u.	$1g.u.=10^{-4}cm/s^2$
重复观测率* 在2m间隔内的重复观测密度误差小于0.01 g/cm^3			
在20m间隔内的重复观测密度误差小于0.001 g/cm^3			

＊此为厂方给出的，实际误差可能要大于此值。

3.海洋与航空重力仪

为了解决大地测量、地球物理、地质勘探以及空间技术方面的科技问题，都需要全球的重力资料，因此在广阔的海域和人迹难到的极地、沙漠、沼泽、森林等地区进行海/空重力测量就十分必要。这类测量最大的特点或难点就是重力仪安置在运动的载体上，从而产生许多扰动力的严重影响，特别是航空重力测量，由于速度快、定位、测高难以准确，所以进展较慢，全球定位系统(GPS)发展起来后，为航空重力测量能进入第二阶段——商业性试验飞行——提供了有力的帮助。

(1)海底重力测量仪。早期的海洋重力测量是将改装过的陆地重力仪放在潜水罩内，由船上吊车沉入海底，通过电缆摇控调平、读数或记录，它们的测量精度高，但效率低，且只能在浅海海域工作，目前仅用在必须用可能的高精度来查明小范围异常(如盐丘构造)中使用，而大面积的普查工作就要使用船载重力仪(海洋重力仪)，边航行边测量。

(2)GSS型海洋重力仪。GSS－20型海洋重力仪，它与陆地上的GS型无原则区别，其弹性系统如图2－15所示，为消除与摆杆旋转轴3平行的水平加速影响，避免摆杆2左右摇晃，用八根细丝1将它拉紧，使摆杆只能在垂直面内摆动，为消除高频垂直加速度的影响，摆杆作成片状，并置于磁铁4的强磁场缝隙中，当摆杆在磁场中上下摆动时，片上产生涡流电流而形成十分强烈的磁阻尼(其中5为测量弹簧及固定支点)；仪器内部采用改进的光电放大系统；在读数系统中，加入了一个伺服调制的电机系统，控制调节读数弹簧，每当平衡体通过零点时，仪器记录器就自动记录一次；重力仪必须固定在常平架上的稳定陀螺平台上，以减少船身倾斜的影响，这种仪器测量精度约为±1 g.u.。

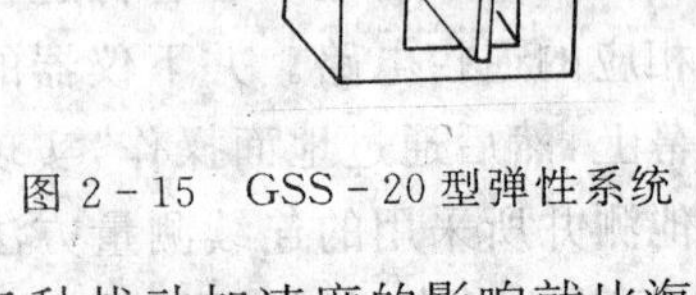

图2－15　GSS－20型弹性系统

此外还有根据动力法原理设计的强线海洋重力仪，如早期国产2Y70－1型重力仪等等。

(3)航空重力测量系统。由于飞机的航速比船只快，因而各种扰动加速度的影响就比海上测量时大得多，所以还得另外采取一些相应措施，如研制精度更高的陀螺稳定平台，以克服水平加速度等的影响。

采用快速读数法，即不是等摆杆回到零位而是在任意位置时就进行记录，并测量出使摆杆趋近于零位的调整量，同时记录摆杆与零位置在垂直方向上的偏差量，以进行相应的摆杆偏离校正，这样做，实际上求得的是某一时间段内积分的平均重力值。

要提高导航、定位、测高、测速的精度，提高各项校正的精度(如高速时的厄缶校正)；重力数据采集与定位、测高等测量要严格同步。

在航重测量方面，美国已有40多年的研究历史，现在有两种系统：固定翼飞机测量系统与直升机测量系统，从20世纪80年代开始进入了商业性试验飞行，直升机测量系统在20世纪90年代中期已开始了高灵敏的试验。

在美国研究和制造民用航空重力测量系统的公司主要有两家：专门从事航重(航空重力，下同)研究的卡尔森服务公司的航空重力部和专门从事重磁测量研究的LCT公司。现在，卡尔森航重测量系统包括一台特别改进的LCR三轴超级加速度计稳定平台重力仪系统，测量精度一般为5 g.u.，具有1km的波长分辨率；高程雷达，光泵铯磁力仪，差分GPS导航系统等；所有数据都使用传导的GPS时钟精确计时并记录下来，每次飞行后使用卫星通讯设备传至公司处理中心进行快速处理，以便中间质量监控，如果有必要可让仍在测区上空的飞机重飞。LCT公司还研制了第一套LCR航空/海洋重力仪的实时全数字控制和数据采集系统。

飞机或直升机要选用速度低、安全、平稳的机型，时速控制在50～150 km左右，飞行高度在地形最高点之上300～600 m，为保持平稳飞行，应选择气流变化小的平静天气(如凌晨、夜晚)。

20世纪60年代固定翼系统精度约100 g.u.，至90年代，一个第三代固定翼系统试验表明，由地面重力数据的向上延拓值与航重数据比较，其精度已接近10 g.u.；直升机系统在20世纪60年代约为50 g.u.精度，80年代已达17 g.u.左右的均方差。1996年一次用最先进的直升机航重系统作了一次高分辨率试验，数据是以1s的速率采样，主要导航应用GPS，最后得出的标准离差为3.8 g.u.，因而航重的发展受世界瞩目，俄罗斯、加拿大、德国等都作了这方面的试验并取得了相应的可实用成果。

加拿大的直升机悬挂重力测量系统是由该国的先达利(Scintrex)公司研制的，重力仪是由一条用于牵引和通讯的电缆(40 m～60 m)与直升机相连，即是将仪器系统悬挂在双常平架内，在GPS指导下，当直升机到达预定测点时，将仪器缓慢放到地面，用来自重力仪的信号控制的几个伺服马达调平，自动整平系统可适应达36°的倾斜。所用重力仪类似一台具有石英零件传感器的自动轻便陆地重力仪，特别坚固，并有减震措施，重力仪被密封，可以浸入深达10 m的水中。测量时，GPS接收机保持至少同四个GPS卫星的运动同步，以1s的间隔向重力仪提供最新的坐标(经度、纬度和高程)，仪器调平后自动进行重力测量，机上还有激光测高仪来测量仪器四周近区地形，测量一个点约需1～2 min，点距大于5 km时，包括运输时间一般5 min。该系统在安大略多伦多以北的一个试验场进行了试验，地面与航重重力测量在同一剖面方向上完成，两者最后的标准离差仅0.26 g.u.，高程标准离差为19 cm。

§2.2 磁力仪

一、概述

按照磁力仪的发展历史，以及它应用的物理原理，可分为：

第一代磁力仪　它是应用永久磁铁与地磁场之间相互力矩作用原理，或利用感应线圈以及辅助机械装置。如机械式磁力仪、感应式航空磁力仪等。

第二代磁力仪　它是应用核磁共振特性，利用高磁导率软磁合金，以及复杂的电子线路。

如质子磁力仪、光泵磁力仪及磁通门磁力仪等。

第三代磁力仪　它是利用低温量子效应，即超导磁力仪。

磁力仪按其内部结构及工作原理，大体上可分为：①机械式磁力仪。如悬丝式磁秤、刃口式磁秤等；②电子式磁力仪。如质子磁力仪、光泵磁力仪、磁通门磁力仪等。

磁力仪按其测量的地磁场参数及其量值，可分为：①相对测量仪器。如悬丝式垂直磁力仪等，它是测量地磁场垂直分量 Z 的相对差值；②绝对测量仪器。如质子磁力仪等，它是测量地磁场总强度 T 的绝对值；不过亦可测量相对值或梯度值。

若从使用磁力仪的领域来看，它们可分为：地面磁力仪、航空磁力仪、海洋磁力仪以及井中磁力仪。

本节将要介绍的几种磁力仪的主要技术指标，如表 2-3 所示。

表 2-3　几种磁力仪的主要技术指标

技术指标 / 仪器名称	灵敏度	自身重复精度(nT)	观测精度(nT)	梯度容限(nT/m)	测　程(nT)
CS_2-61 型悬丝式垂直磁力仪			±5		±18 000～±33 000
CZM-2 型质子磁力仪	1 nT/字	<±2	±2	150～200	32 000～70 000
IGS-2/MP-4 型质子磁力仪	0.1	全测程及−40℃～+50℃温度范围内，准确度<±1nT		±5 000	20 000～100 000
CCM-2 型磁通门磁力仪	2	±5	±10～±20		0～100 000
跟踪式光泵磁力仪	0.05	两台仪器一致性±0.25		4 000	35 000～70 000

二、质子磁力仪

质子磁力仪于 20 世纪 50 年代中期问世，在航空、海洋及地面等领域均得到了应用。它具有灵敏度、准确度高的特点，可测量地磁场总强度 T 的绝对值(或相对值)、梯度值。

1. 质子旋进及测量原理

(1)质子(核子)的旋进。质子磁力仪使用的工作物质(探头中)有蒸馏水、酒精、煤油、苯等富含氢的液体。水(H_2O)宏观看它是逆磁性物质。但是，其各个组成部分，磁性不同。水分子中的氧原子核，不具磁性。它的 10 个电子，其自旋磁矩都成对地互相抵消了，而电子的运动轨道又由于水分子间的相互作用被“封固”。当有外界磁场作用时，因电磁感应作用，各轨道电子的速度略有改变，因而显示出水的逆磁性。此外，水分子中的氢原子核(质子)，由自旋产生的磁矩，将在外加磁场的影响下，逐渐地转到外磁场方向。这就是逆磁性介质中的“核子顺磁性”。

当没有外界磁场作用于含氢液体时，其中质子磁矩无规则地任意指向，不显现宏观磁矩。若垂直地磁场 T 的方向，加一个强人工磁场 H_0，则样品中的质子磁矩，将按 H_0 方向排列起来，如图 2-16(a) 所示，此过程称为极化。然后，切断磁场 H_0，则地磁场对质子有 $\mu_p \times T$ 的力矩作用，试图将质子拉回到地磁场方向，由于质子自旋，因而在力矩作用下，质子磁矩 μ_p 将绕着地磁场 T 的方向作旋进运动(叫做拉莫尔旋进)，如图 2-16(b)所示。它好像是地面上倾斜旋转着的陀螺，在重力作用下并不立刻倒下，而绕着铅垂方向作旋进运动的情景一样。

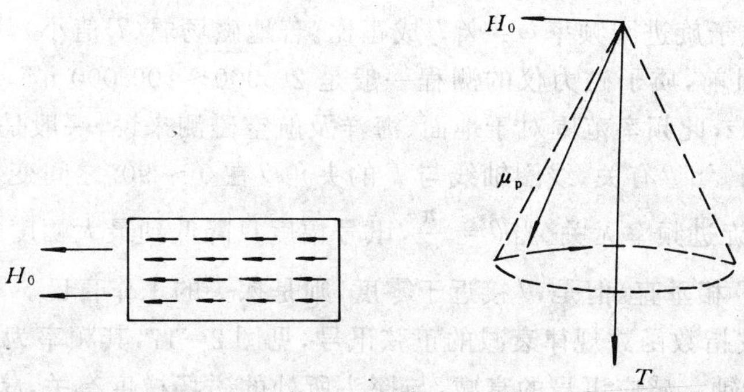

图 2-16 质子旋进示意图

(2)测量原理。理论物理分析研究表明，氢质子旋进的角速度 ω 与地磁场 T 的大小成正比，其关系为

$$\omega = \gamma_p \cdot T \tag{2-7}$$

式中：γ_p 为质子的自旋磁矩与角动量之比，叫做质子磁旋比(或回旋磁比率)，它是一个常数。根据我国国家标准局 1982 年颁布的质子磁旋比数值是

$$\gamma_p = (2.675\,198\,7 \pm 0.000\,007\,5) \times 10^8\ T^{-1}s^{-1}$$

又因 $\omega = 2\pi f$，则有

$$T = \frac{2\pi}{\gamma_p} \cdot f = 23.487\,4f \tag{2-8}$$

式中：T 以纳特(nT)为单位。由式可见，只要能准确测量出质子旋进频率 f，乘以常数，就是地磁场 T 的值。

(3)质子旋进讯号。从上述讨论得知，测定地磁场 T 的量值，须使质子作自由旋进运动，为此要将质子磁矩极化，使之偏离 T 的方向一个角度。

通常采用的极化方法是：在圆柱形有机玻璃容器内，装满富含氢的工作物质(如水等)，容器置于线圈之中。线圈通以电流，使其内产生 $n \times 10^4$ A/m 的极化(磁化)磁场 H_0，其方向沿线圈轴线，大致垂直于地磁场 T。切断电流后，极化线圈亦作为接收线圈，并调谐在旋进频率 f 上。质子磁矩的旋进，将在接收线圈中产生感应电压信号，如图 2-17 所示。

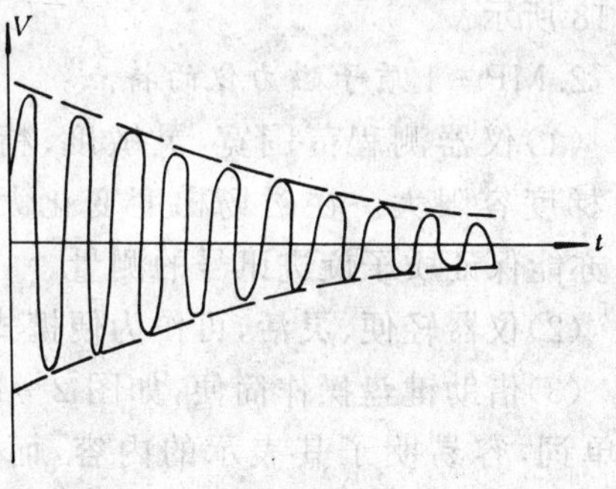

图 2-17 质子旋进讯号的衰减

在接收线圈内，感应讯号的电压为

$$V(t_1) = C\kappa_p H_0 \gamma_p T \sin^2\theta \cdot \sin(\gamma_p T t_1) e^{-\frac{t_1}{T_2}} \tag{2-9}$$

式中：C 为与线圈截面积、匝数及容器的充填因子有关的系数，对于一定的探头装置 C 是一个常数；κ_p 为质子(核子)磁化率；H_0 为极化磁场的强度；θ 为线圈轴线与 T 之夹角；t_1 为切断极化场时刻起算的时间；$1/T'_2$ 为衰减常数。

分析式(2-9)可得：

①感应讯号的幅度与 $\kappa_p H_0$ 成正比。$\kappa_p H_0$ 是在极化磁场作用下，质子的磁化强度。为了获取强旋进讯号，一方面要选用单位体积内质子数目多的工作物质，另一方面使用大极化电流，

产生强极化磁场，这也就提高了功率消耗。

②讯号幅度与质子旋进圆频率 $\omega=\gamma_p T$ 成正比。若地磁场弱（T 值小），则旋进圆频率 ω 低，讯号幅度也就小。目前，质子磁力仪的测程一般是 20 000～100 000 nT，相当于旋进频率由 851.52～4 257.60 Hz，此频率范围对于地面、海洋及航空磁测来说，一般是足够的。

③讯号幅度亦与 $\sin^2\theta$ 有关。线圈轴线与 T 的夹角 θ 在 0 ～ 90° 之间变化，其大小会影响旋进讯号的振幅，而与旋进频率无关。当 $\theta=\frac{\pi}{4}$，讯号幅度只降低到最大幅度的一半，因此对探头定向只要求大致与 T 相垂直。但是，θ 接近于零度，则是探头的工作盲区。

④旋进讯号是按指数函数规律衰减的正弦讯号，见图 2－17，其频率为 $\omega=\gamma_p$，衰减常数为 $1/T'_2$，它持续约几秒钟。感应讯号的衰减，与探头所处的磁场梯度有关，梯度越大，衰减愈快。可以精确地测定旋进频率（即测定地磁场值），所允许存在的地磁场最大梯度，叫做仪器的梯度容限。

IGS－2/MP－4 型质子磁力仪是我国 20 世纪 80 年代引进并批量生产的一种带微机处理的高分辨率质子磁力仪。以 0.1 nT 的分辨率进行总场和垂直梯度的测量。所测数据可存在 IGS/MP-4 可扩展的固态存储器之中，标准内存 12KRAM，可扩展到 192KRAM。32 字符数字显示，能在大多数情况下以完整的单词，确保清晰的（人机）联系。

MP－4 质子磁力仪主要用于矿产资源勘查或地质填图，也可用于环境、城市工程、考古或海上打捞作业。

仪器由主机、探头及电池盒组成，如图 2－18 所示。

图 2－18　MP－4 质子磁力仪全貌图

2. MP－4 质子磁力仪的特点：

（1）仪器测程范围宽，灵敏度、精确度高，梯度容限大。在磁场梯度变化大的地方，亦能保证质子旋进讯号的测量。

（2）仪器轻便、灵活，可作为便携式、移动式和基点式磁力仪。

（3）借助键盘操作简便，如图 2－19 所示。32 字符液晶显示器，即大部分情况下使用完整的单词，容易明了其表示的内容，而勿需借助代码表。上行“Present”显示现时数据，下行“Preceding”显示前次数据。它适用于拉丁字母表示的任何语言。

（4）仪器可连接通用打印机、调制解调器、磁带记录器和微型计算机完成数据处理。可直接在数字打印机上，打印数据表格和剖面图。

（5）按测网号、线号、点号组织数据而不考虑其读数的顺序。可扩展的固态存储器可保存几天的数据。

（6）不用外加微机进行自动日变校正。首先，须确保基点仪器与测点仪器的时钟同步，接 RS-232C 适配器到每台仪器后面板上的数据接口插座，用互联电缆连接基、测点仪器，电缆插头中的一端带有开关，此开关须置于“REVERSE”（反向）位置。然后，操作键盘，滚动显示，输入基点磁场值，进行日变校正。

（7）有几种电源可供选择，仪器工作温度范围宽。

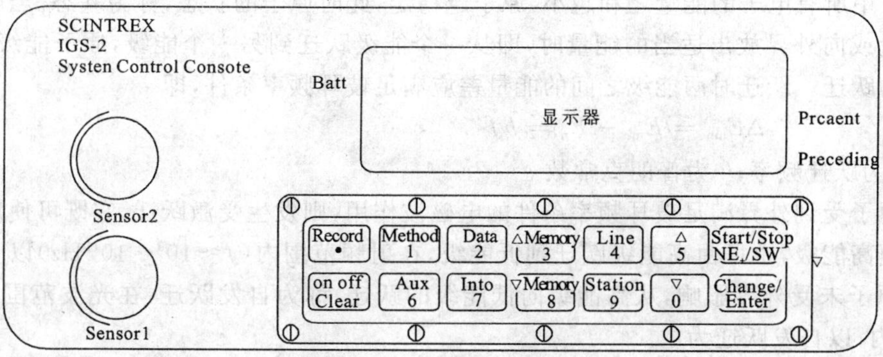

图 2-19　MP-4 质子磁力仪前面板图

除了上述所讨论的两种质子磁力仪之外，在国外自 20 世纪 60 年代中期以来，法国、原苏联、加拿大等国相继制成欧弗豪泽质子磁力仪。该仪器的探头一般有两个轴线互相垂直，且垂直地磁场的线圈，绕在盛有工作物质的有机玻璃容器外面，一个是高频线圈，产生射频磁场，频率等于电子顺磁共振频率，约为几十兆赫，另一个是低频接收线圈。在工作物质中，存在着电子自旋磁矩及质子磁矩两个磁矩系统。在射频场的作用下，电子自旋磁矩极化，由于两种磁矩间的强相互作用，电子顺磁共振或电子的定向排列会导致核子的强烈极化，这种效应称为欧弗豪泽效应。因此质子磁矩沿地磁场方向磁化，可达很大数值，然后在垂直于地磁场方向上加一短促的脉冲磁场，叫做转向磁场，使质子磁矩偏离地磁场方向，质子即绕地磁场作旋进运动，测出旋进频率，即测出地磁场的量值。在欧弗豪泽效应作用之下，可用一个很小的探头即可得到很强的旋进讯号及很高的灵敏度，探头小还可提高梯度容限。由于射频场不间断的作用，因此产生一个不衰减的连续的质子旋进讯号，可以有很高的采样率甚至是连续地测定地磁场。

三、光泵磁力仪、磁通门磁力仪与超导磁力仪

1. 光泵磁力仪

继质子磁力仪之后，20 世纪 50 年代中期光泵磁力仪开始应用于地球物理工作。它是一种高灵敏度、高精度磁力仪。

(1)光泵磁力仪的物理原理：①塞曼分裂、能级跃迁。原子内部轨道电子与原子核之间、电子与电子之间，有着相互作用，以及电子自身的运动，使得原子具有一定的能量，称为原子的内能或总能量。原子的内能是取不连续的分立数值，每一个分立值称为一个能级。

按照量子力学的概念，原子能级依次由主量子数 n，角量子数 L，内量子数 J(与 L 及电子自旋量子数 S 有关)，以及总角量子数 F(与 J 及核自旋量子数 I 有关)来决定。

原子能级的分布，已为原子光谱学的研究实践所证实。

电子的绕核运动、电子自旋及原子核自旋，使之均具有一定的磁矩，其磁矩的大小与各自的动量矩成比例，则原子磁矩是它们的矢量和。

原子磁矩在磁场的作用下，具有新的能量，此附加能量是量子化的，与其磁量子数 m_F 有关，m_F 取值为 $0, \pm 1, \pm 2, \cdots, \pm F$。因此，原子在外磁场中，由于受到磁场的作用，同一个 F 值的能级，可分裂成 $(2F+1)$ 个磁次能级，叫做塞曼分裂。相邻磁次能级之间的能量差与外磁场成正比，这就为测定地磁场 T 提供了可能。

原子中所有电子的能量之和越小，原子越稳定，此时原子的状态，称为基态。当电子从外界得到能量或向外界放出适当的能量时，即从一个能级跃迁到另一个能级，原子能级的变化，称为原子的跃迁。跃迁时两能级之间的能量差应满足玻耳频率条件，即

$$\Delta E_{mn} = E_m - E_n = hf \qquad (2-10)$$

式中：f 为跃迁频率；h 为普朗克常数 。

当原子受到外界满足玻耳频率条件的电磁波作用，则发生受激跃迁，它既可使原子由低能级跃迁至高能级，也可由高能级跃迁到低能级，在射频范围内（$f \approx 10^6 \sim 10^{11}$Hz）以受激跃迁为主。当原子未受外界影响，从高能级向低能级的跃迁，称为自发跃迁，在光波范围（$f \approx 10^{13} \sim 10^{15}$Hz）内，以自发跃迁为主。

能级跃迁，须遵守跃迁选择定则，即只有满足下述量子数变化条件的能级之间，才能发生跃迁。即

$$\Delta L = \pm 1,\ \Delta J = 0,\ \pm 1,\ \Delta F = \pm 1,\ \Delta m_F = 0$$

或

$$\Delta L = \pm 1,\ \Delta J = 0,\ \pm 1,\ \Delta F = 0,\ \pm 1,\ \Delta m_F = \pm 1$$

②光泵作用。在光泵磁力仪中，有的以氦为工作物质。如图 2－20 所示。He^4 原子的基态是 $1s_0$，利用高频放电使其由基态过渡到亚稳态 2^3s_1，利用波长 $\lambda = 10\,830.75$ Å（埃）（相当于 $2^3s_1 \to 2^3p_1$ 的辐射频率）的 D_1 线右旋圆偏振光照射，使之激发跃迁。但是，2^3s_1 中 $m_J = +1$ 的磁次能级上的原子，因不满足跃迁选择定则，不能吸收 D_1 线激发到 2^3p_1 的任何能级上去。而 $m_J = 0, -1$ 磁次能级上的原子，被激发跃迁到 $2^3p_1(m_J = 1, 0)$ 的能级上。仅停留 10^{-6}s 后又以等几率（按 $\Delta m_J = 0, \pm 1$ 选择定则），跃迁回到 2^3s_1 的各磁次能级（含 $m_J = +1$），经过 τ_p 时间后，则亚稳态 2^3s_1 中的原子可能全部集中于 $m_J = +1$ 的磁次能级上。实现了 He^4 原子磁矩在光作用下的定向排列，即光学取向。这种利用光能，将原子的能态泵激到同一个能级上的过程，就叫做光泵作用。

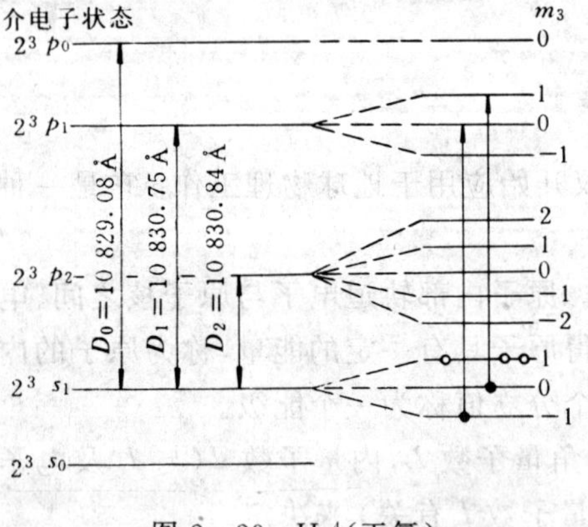

图 2－20　He^4（正氦）能级及光学取向示意图

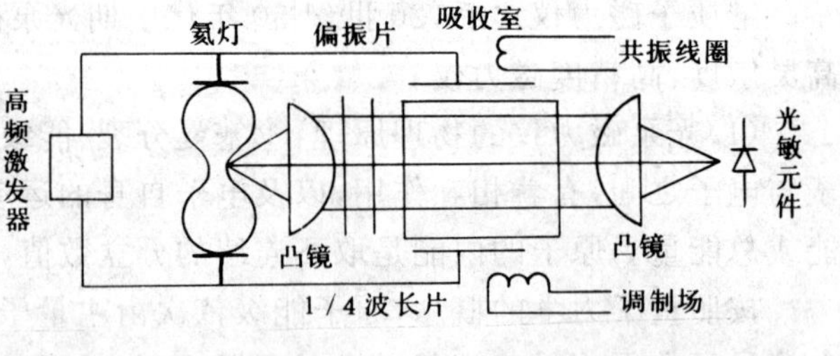

图 2－21　跟踪式光泵磁力仪探头装置示意图

（2）跟踪式光泵磁力仪测定地磁场 T。它的探头装置示意图如图 2－21 所示，氦灯内充有较高气压的 He^4，受高频电场激发后，发出 10 830.75 Å 单色光（D_1 线），它透过凸镜、偏振片及 1/4 波长片，形成 1.08 μm 的圆偏振光照射到吸收室。光学系统的光轴应与地磁场（被测磁场）方向一致。吸收室内充有较低气压的 He^4，经高频电场激发，其 He^4 原子变为亚稳态正氦，并具有磁性。从氦灯射来的圆偏振光与亚稳态正氦作用，产生原子跃迁。其跃迁频率 f 与地磁场 T

有如下关系：

$$\left.\begin{aligned} f &= \frac{\gamma_p}{2\pi}T = (28.023\,56 \pm 0.000\,3)T \\ T &= 0.035\,684 f \end{aligned}\right\} \tag{2-11}$$

或

式中：T 以 nT 为单位。这就是说，圆偏振光使吸收室内原子磁矩定向排列，此后由氦灯发出的光，可穿过吸收室，经凸镜聚焦，照射到光敏元件上，形成光电流。

在垂直光轴方向外加射频电磁场(调制场)，其频率等于原子跃迁频率 f。由于射频磁场与定向排列原子磁矩的相互作用，从而打乱了吸收室内原子磁矩的排列(称磁共振)。这时，由氦灯射来的圆偏振光又会与杂乱排列的原子磁矩作用，不能穿透吸收室，光电流最弱，测定此时的射频 f，就可得到地磁场 T 的值。当地磁场变化时，相应改变射频场的频率，使其保持透过吸收室的光线最弱，也就是使射频场的频率自动跟踪地磁场变化实现对 T 量值的连续自动测量。

2. 磁通门磁力仪

它又名磁饱和磁力仪，于 1933 年左右发明，最初用于军事目的的探测，如探潜、探雷。在地球物理勘查工作中，首先用于航空磁测，属第二代航磁仪器。随后，曾研制生产一定批量的 CCM-1 型及 CCM-2 型磁通门磁力仪，用于地面磁测。

它利用高磁导率的坡莫合金，其磁通量密度(磁感应强度) B 与外磁场 H 之间呈非线性关系，通过产生的电磁感应讯号，来测量 ΔT 或 ΔZ。

偶次谐波测量原理介绍如下：

坡莫合金是一种高磁导率、矫顽力小的软磁性材料，它在外磁场作用下，极易达到磁化饱和，如图 2-22 所示。由图可见，外磁场 H 的很小变化，即引起磁感应强度 B 的很大变化，可以说它对磁场的变化起到了“放大”作用，亦即坡莫合金对外磁场变化很灵敏。

仪器探头装置，如图 2-23 所示。磁心为闭合磁路，在其两边绕以匝数相同、绕向相反的激励绕组，其外绕以讯号绕组。对激励绕组给以交变电压，则有交变磁场作用于磁心，其磁感应强度 B 达到高度饱和。

当沿探头轴线方向，没有恒定外磁场作用时，则两边磁心产生的 B_1 与 B_2，其波形完全呈对称，它们的相位相差 180°，如图 2-24 所示。这时讯号绕组接收到整个磁心的交变磁感应强度 $B_{\sim} = B_1 + B_2 = 0$，讯号绕组没有感应电压输出。

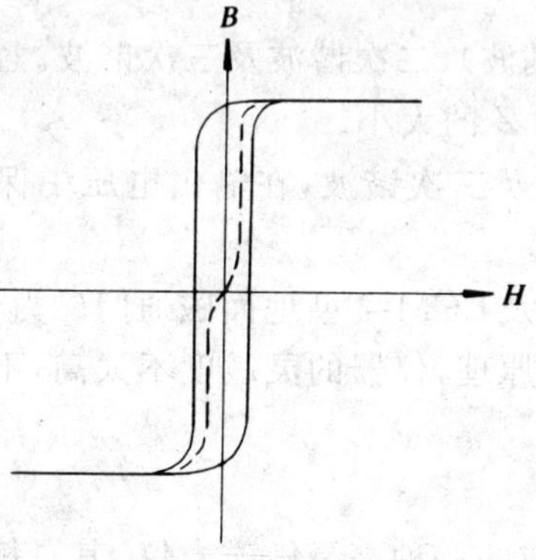

图 2-22　坡莫合金磁滞回线

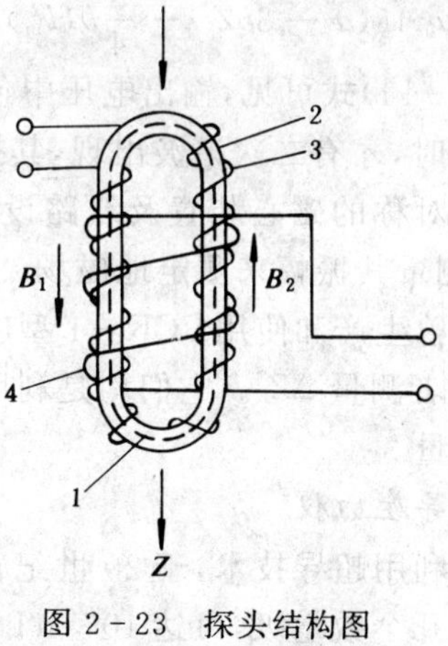

图 2-23　探头结构图

1. 磁心；2. 磁心骨架；3. 激励线圈；4. 讯号绕组

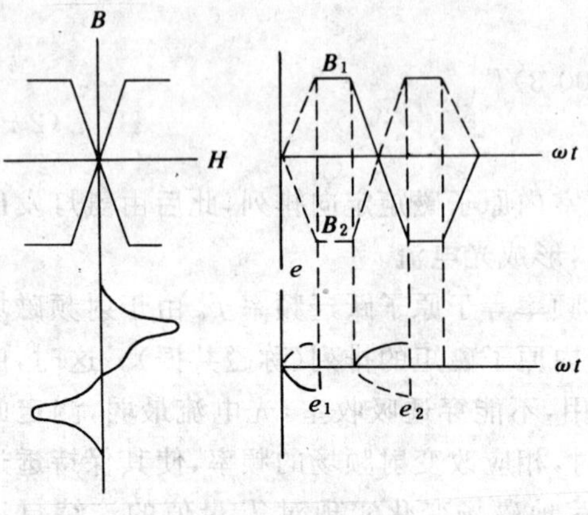

图 2-24　外磁场为零时，B 波形图

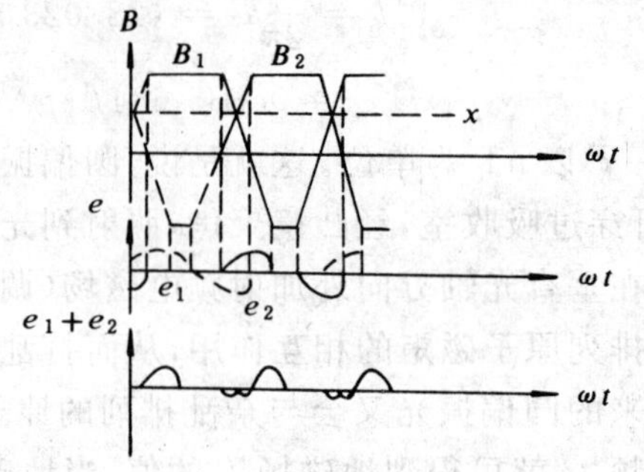

图 2-25　外磁场不为零时，B 波形图

当沿探头轴线，有恒定外磁场（比如地磁场 T 或 Z）作用，则磁心受二个磁场的磁化，其两边磁心中的磁感应 B，在正、负半周内饱和程度不一，产生不对称的梯形波 B_1 与 B_2，如图 2-25 所示，两者相位仍差 180°。这时讯号绕组接收的总磁通量 $B_{\sim}=B_1+B_2\neq 0$，将有感应电压脉冲输出，其幅度与外磁场的大小成正比，相位与其极性相对应。

根据傅里叶级数分析，或是频谱分析仪器的实际观测得知，一个非正弦周期的脉冲讯号，可分解成一系列谐波分量，其中频率为基波偶倍数的，叫做偶次谐波；频率为奇数倍的，就叫奇次谐波。

由坡莫合金的 B-H 曲线，在 $|H|\leqslant H_s$ 范围内，二者的关系可由下式描述

$$B=\mu_0 H(a-bH^2) \tag{2-12}$$

式中：a、b—— 常数，取决于金属物质达到磁饱和的性质。

当给激励线圈施以磁场 $H=Z+H_m\sin\omega t$，作用于磁心装置，则接收线圈中产生感应电压的量值，由下式给定

$$e=A\frac{\mathrm{d}B}{\mathrm{d}t} \tag{2-13}$$

式中：A—— 与接收线圈有关的常数。

由(2-12)及(2-13)二式，可得

$$e=\mu_0 A\left[\left(a-3bZ^2-\frac{3}{4}bH_m^2\right)H_m\omega\cos\omega t-3bZH_m^2\omega\sin\omega t+\frac{3}{4}bH_m^2\omega\cos 3\omega\lambda\right] \tag{2-14}$$

由(2-14)式可见，输出电压中包含了一次谐波（基波）、二次谐波及三次谐波。且只有外磁场 $Z\neq 0$ 时，才有二次谐波出现，其振幅正比于外磁场 Z 的大小。

采用对称的磁心装置及线路设计，滤除一次谐波及三次谐波，在输出电压中保留二次谐波，通过测量其振幅来测定地磁场。

我国曾生产和使用 CCK-1 型航空磁通门磁力仪及 CCM-2 型地面磁通门磁力仪。前者测量 ΔT，后者测量 ΔZ。它们均是利用偶次谐波的工作原理，仪器的灵敏度不太高，不适于高精度磁法测量。

3. 超导磁力仪

它是利用超导技术，于 20 世纪 60 年代中期研制成的一种高灵敏磁力仪。其灵敏度高出其他磁力仪几个数量级，可达 10^{-6} nT，能测出 10^{-3} nT 级磁场。它测程范围宽，磁场频率响应高，观测数据稳定可靠。

在应用地球物理领域内，可制成航磁梯度仪；在地磁学中，可用于研究地磁场的微扰；在磁大地电流法与电磁法中，可用于测量微弱的磁场变化；它还可用于岩石磁学研究。

由于这种仪器的探头需要低温条件，常用装于杜瓦瓶的液态氦进行冷却，因此使得装备复杂，费用较高。但是，随着超导技术研究的不断进展，相信在不久的将来，在地球物理学中应用会多起来。

某些金属如锡、铅、锌、铌、钽和一些合金，当它们的温度降到绝对零度附近某一温度以下时，其电阻突然降为零值。这种在低温条件下，电阻突然消失的特性，称为超导电性，具有这种性质的物质叫超导体。电阻为零时的温度，称临界温度 T_c，如锡(3.7 K)、铅(7.2 K)、铌(9.2 K)。

1962 年约瑟夫逊提出并经实验证实，在两块超导体中间夹着 10～30 Å 的绝缘层，超导电子能无阻地通过，绝缘层二端无电压降，此绝缘层叫超导隧道结(约瑟夫逊结)，这种现象叫做超导隧道结的约瑟夫逊效应。

超导磁力仪是利用约瑟夫逊效应测量磁场，其测量器件是由超导材料制成的闭合环，有一个或两个超导隧道结，结的截面积很小，只要通过较小的电流(10^{-4}～10^{-6} A)，接点处就达到临界电流 I_c(超过 I_c 超导性被破坏，即结所能承受的最大超导电流)。I_c 对磁场很敏感，它随外磁场的大小呈周期性起伏，其幅值逐渐衰减。临界电流 I_c，也是透入超导结的磁能量 Φ 的周期函数。它利用器件对外磁场的周期性响应，对磁通量变化(与外磁场变化成正比)进行计数，已知环的面积，就可算得磁场值。

四、无定向磁力仪

我国曾生产一批 WSW-1 型无定向磁力仪，它主要用于古地磁标本测量。

磁系放置于圆柱形磁屏蔽筒内，两个磁矩相等、极性相反的磁棒 M_1 与 M_2，其间距离 150 mm，固定在一根长约 170mm 的轻质铝杆上，用扭力系数近于零的悬丝，将铝杆吊起，如图 2-26 所示。由于磁系的总磁矩为零，因而它不受均匀磁场的影响，若悬丝的扭力系数为零，则磁系可静止在任意方位上，故称为“无定向磁系”。磁系对不均匀磁场却很灵敏。

若在磁系下部磁棒所在平面的中垂线上放置岩石标本，地磁场水平分量 H 对磁系不作用，此时受标本弱磁场 h 作用，如图 2-27 所示，其平衡方程式为

$$hM_1\cos\theta = \tau\theta \quad (2-15)$$

式中：h—— 标本的磁场。

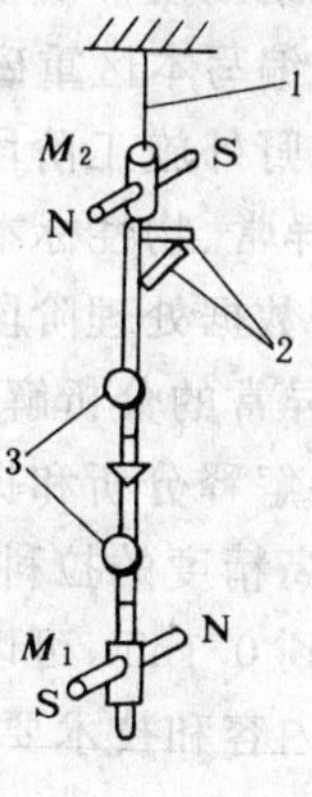

图 2-26　无定向磁系图

1.悬丝；2.校正磁铁；3.磁系反光镜

一般偏转角 θ 很小，由(2-15)式有

$$\frac{\partial\theta}{\partial h} = \frac{M_1}{\tau} \quad (2-16)$$

由式可见，无定向磁系下部磁棒其磁矩 M_1 一般较大，悬丝扭力系数 τ 非常小，所以其灵敏度很高，且 τ 愈小，灵敏度愈高。

若是单磁棒，如图 2-28 所示，则它既受标本磁场 h 的作用，亦受地磁场 H 的作用，其力矩平衡方程式为

$$h_1M_1\cos\theta = HM_1\sin\theta + \tau\theta \quad (2-17)$$

此式分别对 θ 与 h 微分，并考虑偏转角 θ 很小，即 $\cos\theta \doteq 1, \sin\theta \doteq 0$，则有

$$\frac{\partial \theta}{\partial h} = \frac{M_1}{HM_1 + \tau} \tag{2-18}$$

对比(2-16)与(2-18)两式可见，无定向磁系灵敏度要比单磁棒的灵敏度高得多。

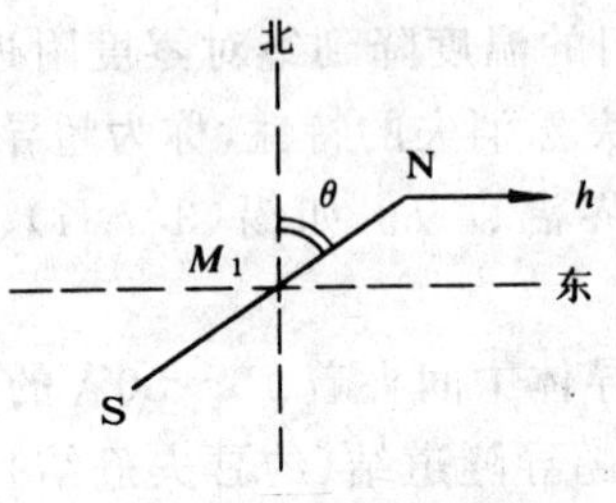

图 2-27　无定向磁系受标本磁场作用

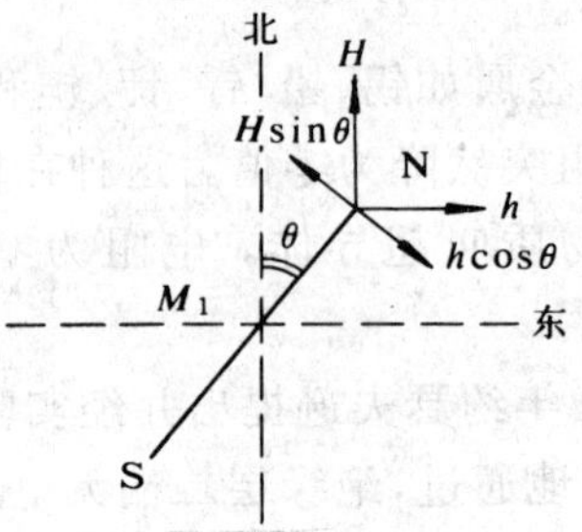

图 2-28　单磁棒受磁场作用

§2.3　重磁勘查的野外工作方法

重磁测量工作按其观测重磁异常的领域不同，分为地面重磁测量、航空磁测、海洋重磁测量、卫星重磁测量及井中重磁测量等；按其测量参量分为：总场强度、垂直磁场、三分量(x_a, y_a, z_a)及各种梯度重磁异常测量等。任何重磁测量工作，必须有正确的工作方法和技术，才能获得完整而准确的数据，为重磁异常资料的分析解释及获得可靠的地质结论提供基础。

重磁勘查工作通常包括四个阶段。

(1)踏勘设计阶段：接受任务后，首先要收集有关工区的地质、地球物理等资料，并组织现场踏勘，编写本区重磁测量工作的设计书，报请上级主管部门批准后方能施工。

(2)野外施工阶段：包括仪器设备的性能检查，测区测网的敷设、基点及基点网的建立、观测重磁异常、物性标本采集和测定，质量检查、室内整理计算及绘制各种野外成果图件。

(3)数据处理阶段：根据所获得的重磁测量资料及地质任务，提出相应数据处理方案，为重磁测量异常的分析解释提供资料。

(4)解释分析和提交成果报告阶段：自 20 世纪 80 年代中期以来，在我国重磁测工作中，广泛使用高精度的拉科斯特重力仪，而地磁、航磁及海磁测量均使用高精度磁测仪器，仪器分辨率已达到 0.1nT，可以提取数纳特的有效信息。为此制定了相应的专业工作规范，上述各阶段的具体内容和技术要求可参阅相应的规范。本节仅对重磁测量野外工作中一些基本问题作简要介绍。

重磁勘查的技术设计是根据具体的地质任务，野外施工之前必须编写技术设计书，设计书应当含下面几方面内容：①工作任务；②工区地理位置、工区范围；③测区及邻区的地质地球物理资料，必要时应实地踏勘；④工作比例尺、测网形状、测线方位、测量方法技术及精度；⑤基点网建立及精度；⑥所需要配备的人员、仪器设备、工作进度、施工顺序及经费预算等等。设计书一旦经审批后，它就是对测量工作质量评价和依据。

一、地质任务的确定

随着重磁力仪器测量精度的提高，测量领域的扩大，各项校正方法的逐步完善，资料处理

和解释方面的新方法、新技术的发展，使重磁勘查所能解决的任务的能力和效果日益提高，应用范围在不断扩大。不同的施工阶段可以布置相应比例尺的重磁测量工作，以完成相应的任务。

根据重磁测量所承担的任务及研究对象的不同，可以分为：区域重磁调查、能源重磁测量、矿产重磁测量、水文及工程重磁测量、天然地震重磁测量等。

根据测量所处的空间位置的不同，可以分为：地面重磁测量、井中重磁测量、海洋重磁测量、航空重磁测量、卫星重磁测量。

下面主要叙述地面重磁力测量中所能担负的地质任务。

1. 区域重磁调查

它是国土资料区域地质调查基础工作的一个组成部分，一般可以在下列几方面发挥重要作用。

(1)研究地壳深部构造。例如地壳厚度的变化(莫霍面的起伏)与居里等温面变化，深大断裂的可能部位及延伸情况，上地幔密度的不均匀性及研究地壳的均衡状态等。

(2)研究大地及区域地质构造，划分构造单元，研究结晶基底的起伏及其内部成分和构造，圈定沉积盆地范围，以及研究沉积岩系各密度界面和磁性界面。

(3)追索、圈定与围岩有明显密度与磁性差异的隐伏岩体或岩层，追索密度与磁性有明显差异的断裂，进行覆盖区的基岩地质、构造填图。

(4)根据区域地质、构造及矿产分布规律，为划分成矿远景区提供重磁场的信息。

区域重力调查的结果还对地球形状的研究，以及为导弹、宇航器飞行提供极为重要的基础资料。如忽视了重力异常的影响，发射 10 000 km 的洲际导弹落点误差可达 10 km 的量级。

2. 能源重磁测量

可以在沉积覆盖区快速、经济地圈出对寻找石油、天然气或煤有远景的盆地；在圈定的盆地内研究沉积层的厚度及内部构造，寻找有利于储存油气或煤的各种局部构造，条件有利时可以研究非构造油气藏(如岩性变化、地层的推覆及生物礁块储油等)。近年来还开展了直接找油气的试验工作。

3. 固体矿产重磁测量

包括金属矿产及非金属矿产有关的重磁测量。它多与其他的物探方法配合，圈定成矿带；在条件有利时，可以确定控矿构造或圈定成矿岩体；直接发现埋藏较浅、体积较大的矿体或对已知矿体进行追踪等。

4. 水、工、环的重磁测量

随着大型工程项目的增多和城市高层建筑的出现，工程勘查项目大大增加，重磁仪器精度的提高，已开始了在这一方面的应用。主要任务是：研究浮土下基岩面的起伏和有无隐伏断裂、空洞，以确保厂房或大坝等工程的安全；考古方面的陵址勘查；寻找水源，如利于储水的地下溶洞、破碎带、地下河道等；危岩、滑坡体和坑道岩爆的监测；地面沉降研究；在地热田的勘测开发过程中，发现热源岩体，监测地下水的升降以及水蒸气的补给情况，以便合理、持久地开发地热田。

5. 天然地震重磁测量

它可分为台站重磁测量和流动重磁测量两种形式。其主要任务是研究重磁场在台站点上或沿某一地震活动带重磁场随时间的变化。在台站上的观测结果是临震预报的手段之一；流动重磁的观测结果是中长期预报的手段之一。

二、比例尺与测网

在区域重磁调查中，基本比例尺有 1：100 万、1：50 万、1：20 万和 1：10 万四种，前两种主要用于重磁调查空白地区，用以研究区域构造和地壳深部构造；后两种主要用于能源普查或经区域调查已确定的成矿远景区。

为了对沉积盆地进行较深入的研究，如研究基底断裂分布、寻找古潜山等局部构造，可采用 1：5 万或 1：2.5 万的比例尺。表 2－4 为磁法勘查规范中提供的测网及比例尺。

表 2－4　测网及比例尺

比例尺	长方形测网			正方形测网	
	线距(m)	点距(m)	每平方千米测点数	线距＝点距(m)	每平方千米测点数
1：50 000	500	50～250	40～8	500	4
1：25 000	250	25～100	100～40	250	16
1：10 000	100	10～50	1 000～200	100	100
1：5 000	50	5～20	4 000～1 000	50	400
1：2 000	20	4～10	12 500～5 000	20	2 500
1：1 000	10	2～5	50 000～20 000	10	10 000
1：500	5	1～2	200 000～100 000	5	40 000

以上划分大体对应地质上的概查、普查和详查。

在金属矿、非金属矿区，工作比例尺应根据地质任务、探测对象的大小及其异常特征来确定。对普查金属矿产来说，要求以不漏掉最小有工业开采意义的矿体产生的异常为原则，即至少应有一条测线穿过该异常，所以线距应不大于该异常的长度，而在相应的工作成果图上，线距一般应等于 1 cm 所代表的长度，允许变动范围为 20％，这样就可以定下比例尺了。至于点距，应保证至少有 2～3 个测点在所确定的工作精度以内反映其异常特征，一般为测线线距的 1/2～1/10。

对于详查或更高精度的测量（通常是比例尺大于 1：2.5 万）来说，点线距均要缩小，其原则是在异常范围内，相邻两点间的异常可视为线性变化的，能准确勾绘出异常的形态，并应在极值点或拐点附近加密测点，准确地确定极值大小及点位。

关于测网的形状，在小比例尺测量中，没有严格要求，可以沿一些交通路线布置，并使测点均匀分布全区，在图上每平方厘米内能有 0.5～3 个测点，在详查或更大比例尺测量中，则要建立比较规则的测网。对于走向不明或近于等轴状的勘探对象，宜采用方形网，即点线距相等；对于在地表投影有明显走向的勘探对象，应用矩形网，测线方向与其走向相垂直。

重力测量的测区范围，应根据上级下达的任务和工区的地形、地质、矿产以及物探工作程度等情况合理确定，并应兼顾到施工方便、资料完整及布点经济。应将探测对象或异常布置在测区的中央；测区边界应尽量规则；测区范围一般应包括必要的正常值；测区范围应尽可能包括某些地质情况比较清楚或进行了较多工作的地段。

具体要求有相关的规范可供查阅、参照。

三、重磁测量精度的确定

重磁测精度是衡量野外重磁异常观测质量的主要标志，也是确定野外工作方法技术的依据，同时决定了工效和成本。因此，正确确定重磁测量精度是重磁测量工作设计中极为重要的环节。

1. 重磁测量的均方误差

重磁测量工作中是以偶然误差的大小来反映重磁测量质量的。野外重磁测量中异常的真值是未知数，只能做到等精度的重复观测。所以，衡量重磁测量质量的均方误差常采用如下计算公式

$$m = \pm \sqrt{\frac{\sum_{i=1}^{N}(B_{i1} - B_{i2})^2}{2N}} \tag{2-19}$$

式中：B_{i1}、B_{i2}—— 第 i 个检查点上不同时间两次等精度的观测值；

N—— 检查点数。

若同一观测点上检查观测次数多于两次，则可用式(2-20)计算均方差

$$m = \pm \sqrt{\frac{\sum_{i=1}^{N}\sum_{j=1}^{K}(B_{ij} - \overline{B}_i)^2}{M - N}} \tag{2-20}$$

式中：K—— 多于两次以上重复观测次数；

$M(N*K)$—— 全部检查点重复观测的总次数；

$\overline{B}_i$—— 第 i 点上 K 次重复观测的平均值。

2. 重磁测量精度的确定

磁测工作中采用的磁力仪的类型不同，可以达到的磁测精度也各不相同。目前，我国除个别单位仍在使用机械式磁力仪之外，高精度的电子式(质子、光泵)磁力仪已普遍推广使用，根据此实际情况，可将磁测精度分为如下三级：

高精度	均方误差	≤5 nT
中精度	均方误差	6～15 nT
低精度	均方误差	＞15 nT

其中均方误差小于 2nT 的高精度磁测，定为特高精度磁测。

采用何种磁测精度，首先要考虑磁测的地质任务，探测对象的最小有意义的磁异常强度($B_{max低}$)。根据误差理论知道，大于 3 倍均方误差的异常是可信的。而根据物探图件要求，能正确刻划某地质体异常形态至少要有两条非零的等值线，等值线的间距不得小于 3 倍均方误差。因此，通常确定磁测精度为 $m < \left(\frac{1}{5} - \frac{1}{6}\right) B_{max低}$ 。在考虑上述原则的同时，在不影响完成磁测确定的主要任务下，照顾到将来磁测资料的综合利用可适当提高磁测精度。

重力仪观测精度可达到±0.1 g.u.，目前重力测量还没有统一的精度分级标准。

3. 重磁测量精度的保证

确定了重磁测量精度后，为了达到规定的精度，这就需要对各个环节的独立因素的误差进行分配：仪器性能的选择及调节，若有多台仪器在同一工区施工，必须做仪器一致性检查。假定仪器的均方误差为 m_1；基点及基点网建立的均方差为 m_2；野外重磁异常观测均方差为 m_3；消除干扰的各项改正的均方差为 m_4；整理计算的均方差为 m_5；其他因素为 m_6 。根据误差理论：总观测精度的均方误差平方等于各个独立因素均方误差的平方之和。所以，为保证重磁测量精度实现，必须满足如下的误差分配公式，即

$$m^2 \geqslant m_1^2 + m_2^2 + m_3^2 + m_4^2 + m_5^2 + m_6^2$$

各个环节的精度确定后，就可确定各个环节相应的工作方法和技术指标，以便确保总精度的实现。

以重力测量为例，布格重力异常总精度是由重力点观测精度（包含基点网观测精度和测点观测精度两项）ε_g、正常场改正精度 ε_φ、布格改正精度 $\varepsilon_{布}$ 和地形改正精度 $\varepsilon_{地}$（包含近区、中区和远区地改三项）4 项组成：

$$\varepsilon_{\Delta gB} = \pm \sqrt{\varepsilon_g^2 + \varepsilon_\varphi^2 + \varepsilon_{布}^2 + \varepsilon_{地}^2}$$

四、野外施工方法概述

1. 重力仪的检查与标定

在进行野外施工之前和施工过程中，为确保取得合格的测量数据，应严格按照有关技术规定的要求，定期对使用的重力仪进行认真检查和调校，对于仪器的性能应进行试验和分析。所有检查、调校与试验的资料是生产成果的一个组成部分。

对于机械式的重力仪，仪器的检查与调校项目包括：测程、面板位置、水准器位置、亮线灵敏度等，并应按顺序进行。重力仪的标定一般指仪器格值标定，特殊情况下还要进行温度系数、气压系数和磁性系数的标定。如果不需这些特殊的标定，就可做一般的试验，检查仪器是否受温度变化、气压变化和地磁场的影响。经验告诉我们，调校不合要求不能进行试验，试验不合要求不能进行标定，否则重力测量的观测精度难以得到保证。

（1）重力仪的静态试验。将仪器置入安静、通风的一层楼房的室内，每隔 20～30min 观测一次，同时记录室内温度，连续进行 24h 以上的观测。这种试验的目的是为了了解仪器静态零点漂移是否呈线性变化，受气温变化的影响大小或在抽气前后读数的变化和稳定性等。

对于弹性系统有夹固装置的重力仪，进行静态试验时，一般都不用夹固，使弹性系统在试验时间内保持松弛静力平衡状态。

（2）重力仪的动态试验。通过此项试验，可以了解仪器动态混合零点漂移的速率、动态观测下达到的可能精度、最佳工作时间范围和确定最大线性时间间隔。

动态试验是在接近野外施工条件下进行，选取具有一定重力差的两个点（或多个点），采用与施工相同的运输方式，以多次重复观测的方法进行。两点间单程观测时间间隔约 10～15min，同时记录气温。试验时间应超出开工前和收工后各 1h，并不少于 12h。

观测结果经重力固体潮改正后得到重力仪动态混合零漂曲线。动态观测精度按下式计算：

$$\varepsilon = \pm \sqrt{\frac{\sum_{i=1}^{m} V_i^2}{m-n}} \tag{2-21}$$

式中：V_i 为各边段上单个增量与该边各增量平均值的差；

m 为增量总个数，n 为边段数；当仅有两个点时，$n=1$。

动态精度的均方误差一般不能大于观测精度（单次观测）要求的 1/2。否则认为仪器性能不满足施工要求。

由动态混合零漂曲线的斜率及其变化，可以确定仪器混合零漂的速率及其变化范围，以及受外界气温变化影响程度如何。所谓最佳工作时间选择，是指仪器的零漂曲线比较平缓或基本是线性变化，并且速率不超过技术要求所对应的时间范围。而最大线性时间间隔的概念是指在该时间间隔内，首尾时刻曲线上的两个点的连线与零漂曲线在纵向上最大的偏差不超过设计中规定的重力仪观测均方误差。同时，这一时间间隔内上述要求在整条曲线的时间范围内有

90% 以上得到满足。有了最大线性时间间隔，结合工区内的交通条件及工作效率等，可以确定工区内较合理的基点网布置密度。

(3) 重力仪的一致性试验。当需用几台仪器在工区工作时，应做此试验。它可以与动态观测的试验结合进行，也可另选一些重力变化大的点用往返重复观测的方式进行。试验结果仍用式(2-21)计算均方误差，但其中的 V_i 则表示某台仪器在某点上观测值与各台仪器在该点上观测平均值的偏差；m 为各台仪器总的观测次数；n 为观测点数减 1。计算应分别对各台仪器进行，超出设计的观测精度要求的仪器，不能参加施工中的测量。

(4)重力仪格值的标定。准确标定重力仪格值是消除系统误差的重要保证。虽然仪器出厂时标定了格值，但可能发生变化。生产中要求在开工前和野外收工时必须对仪器格值进行校对，当施工中仪器受到强烈震动后也应进行校对。在野外工作中，一般要求由仪器格值测定误差给任一闭合段内测点观测带来的最大误差不得超过设计的重力观测均方误差。格值的检查与标定常用已知点法。

在由国家建立的高精度的重力格值标定场的已知重力差的点上，用仪器在它们之间进行多次重复观测，其独立增量数不少于 6 个，按下式计算格值：

$$C = \frac{\Delta g}{\overline{\Delta S}} \tag{2-22}$$

式中：Δg 为校准点间已知重力差值；$\overline{\Delta S}$ 为多个独立增量的平均值。测定结果用平均读数的相对均方误差来衡量格值测定精度，计算公式为

$$\Delta_{格} = \frac{\sqrt{\dfrac{\sum_{i=1}^{n} V_i^2}{n(n-1)}}}{\overline{\Delta S}} \tag{2-23}$$

式中：$\overline{\Delta S}$—— 平均读数差；V_i—— 第 i 次读数差与平均读数差的差值；n—— 独立增量个数。

在金属矿区，一般要求 $\Delta_{格} \leqslant 1/1\,000$；在区域重力测量中 $\Delta_{格} \leqslant 1/2\,000$；自建格值标定点或省级的一、二级基点 $\Delta_{格} < 1/5\,000$。

当仪器重新标定的格值与原来使用的格值相对变化大于两倍 $\Delta_{格}$ 时，应使用新格值。

国家级重力仪格值标定场是由原国家测绘总局会同原地矿部、国家地震局、总参测绘局共同建立的，1987 年正式公布使用，共有八处，如江西庐山、北京高崖口、陕西西安沣峪口等。

为了标定大测程重力仪格值，国家还建立了两条长基线，即哈尔滨—北京—郑州—武昌—长沙—广州和北京—西安—昆明。

2. 磁力仪的检查

目前，野外磁场测量一般都使用电子式磁力仪，如 IGS-2/MP-4 质子磁力仪。在一个工区的野外施工之前和结束之后，必须对投入施工的全部磁力仪的性能(仪器的噪声水平、一致性及系统误差)进行测试，以检查仪器在施工过程中其性能是否良好。对磁力仪性能进行检测的方法是：将投入施工的磁力仪置于磁场平稳而又不受人文干扰的地方，使各台仪器探头之间的距离大于 30 m，以避免探头磁化时相互影响。然后使各台仪器同步对地磁场进行测量，读数的时间间隔为 10 s，各台仪器的观测时间达到秒一级同步；取 110 个连续观测的数据参与计算仪器性能参数。

(1)噪声水平测定。磁力仪的噪声水平是衡量其稳定性的指标。采用以下公式计算：

$$S = \pm\sqrt{\frac{\sum_{l=1}^{n}(\Delta X_i - \Delta \overline{X}_i)^2}{n-1}}$$

式中：ΔX_i 为某台仪器第 i 时的观测值与该台仪器的起始观测值之差；$\Delta \overline{X}_i$ 为各台仪器第 i 时的 ΔX_i 的平均值；n 为一台仪器的观测次数，$n=1,2\cdots,n$；S 为某台仪器的噪声均方根值。

(2)仪器一致性的测定。在同一工区使用多台磁力仪对磁场进行测量时，为了保证所获得的测点磁异常资料能够彼此拼接，相互对比和统一解释，就要求投入施工的磁力仪其一致性良好，因此需要对投入的各台仪器之间的一致性进行试验。一致性试验时要注意各台仪器在试验点观测时探头位置是否严格一致，日变改正是否同步的影响，最好采用和噪声水平测定相同方法，以地磁场的日变来改变磁场强度的大小，其计算公式如下：

$$\varepsilon=\pm\sqrt{\frac{\sum_{n=1}^{n}(\Delta X_i-\Delta \overline{X}_i)^2}{m-n}}$$

式中：m 为总观测次数；ε 为各台仪器之间一致性均方误差；ΔX_i，$\Delta \overline{X}_i$ 及 n 意义同前。

(3)仪器系统误差测定。以日变观测仪器为标准，计算出各台仪器相对日变仪器的系统误差，其计算公式如下：

$$\overline{V}=\frac{1}{n}\sum_{i-1}^{n}[\Delta X_i-\Delta X_i(\text{日变仪器})]$$

式中：$\overline{V}$ 为某台测点观测仪器相对于日变仪器的系统误差。

也可以按规范中给出的磁力仪系统误差计算公式，计算出参加施工的全部磁力仪的系统误差，但不能给出某台仪器与其他仪器之间系统误差的大小。若有某台仪器的系统误差较大而需作系统误差改正时，则无法取得改正值。

3.重力基点网的建立

(1)布网的基本要求。根据基点网的作用，在建立基点网时应考虑：

根据仪器的最大线性时间间隔和交通运输条件、观测时间长短来确定基点网的密度，使之均匀分布全区。

为保证基点网测量的精度，应该用多台精度高的仪器观测，采用快速的交通工具运送，观测路线应按闭合环路进行。当需建立多个环路时，每个环路中必须包含相邻环路中两个以上基点作为公共基点，以便最后对基点网进行平差。

基点应布置在交通干线上，地物地貌标志明显，周围无震源，稳固，并按规定统一编号和建立永久或半永久性标记。

(2)基点网上的观测方法。在基点网上观测方式的选择，是以能对观测数据进行可靠的零漂校正，能满足设计提出的精度要求为原则。当所用的重力仪其零点漂移很小又近于线性时，可以用往返重复方式进行。否则，应采取多台仪器多次重复观测方法。目前最常用的是三重小循环观测。

往返重复顺序是：1→2→3→…n，n…→3→2→1；

三重小循环顺序是：1→2→1→2→3→2→3→4→3→4…。

每台仪器的合格观测数据，于相邻两点间(一个边段)可得一个独立增量(两个非独立增量的平均)。按有关规定，基点网的每一边段上应有 3 个以上的独立增量才行。

(3)与国家基点的联测。我们知道，用于重力勘查的重力仪只能测出每个测点与总基点之间的重力差，即相对重力值，要知道测点上的绝对重力值，就全世界来说，至少有一个最可信的已知基本点上的绝对重力值被测量出来，这个点就称重力原点。目前，世界上用得最广泛的是德国的波茨坦原点，它是 1906 年用五台可倒摆测定的，1971 年经国际大地测量和地球物理联

合会依最新测定结果对该点重力值进行了修正，修正后波茨坦重力原点的值为

$$g = 9\,812\,602.0 \pm 30\ \text{g.u.}$$

以后凡从该点引出来的各点绝对重力值统称波茨坦系统，我国是解放后从苏联通过联测引进该系统的。20 世纪 70 年代末，为统一全国重力测量成果，开展了全国重力基本网的联测工作，由国家测绘局主持，有七个单位参加，使用 9 台拉科斯特 G 型重力仪和 2 台绝对重力仪建成了“国家重力基本网——1985 年系统”。该网由 46 个基本重力点、6 个基准重力点及 5 个引点组成。平差后“85”重力网点的重力值平均中误差为±0.07 g.u.，其中最大中误差为±0.13 g.u.，段差中误差为±0.13 g.u.。“85”网与 23 个国际重力点联测，可以作为国际重力基准网——1971 年(简称 IGSN-71)的系统。在“85”网的控制下由原地矿部区域重力调查技术中心与各省物探队配合建立的勘探基点网，几乎在各省专区级所在地或机场都有绝对重力点了。基点联测的任务就是使工区的基点与绝对重力点准确可靠地联系起来。

联测方法与基点网的观测方法相同，观测精度不低于基点网精度。

4. 重力普通点、检查点的布置与观测

普通点是测区内为获得被测对象产生的重力异常而布置的观测点，它们应按设计书中提出的测网形状、点线距等均匀布设在全区。布点时若因地物、地形限制，测线或测点均允许偏离，一般不得超过设计的点线距的 20%，最大不超过 40%。

在普通点上的观测，一般可采用单次观测，但都必须在规定时间内(即最大线性时间间隔)起止于基点上。如果测区很小不需建立基点网时，也至少设一个基点，以便按时测定重力仪的零点漂移，准确地对各观测点进行零点校正。同时，该基点也就是全区重力测量的起算点。

为了检查在普通点上重力观测的质量，需要抽取一定数量的点作检查观测。检查点的布设与观测应做到：

检查点的布置应在时间上与空间上都大致均匀，即每天的观测和每一条测线上的点都应受到检查；

检查观测与初次观测时所用的仪器不同、操作人员不同、观测路线不同；

检查观测不应集中于施工后期统一进行，而应在平时的普通点观测工作之中穿插进行，以便及时发现问题而尽快解决；

检查点应占普通点总数的 5%～10%，在大面积的区域调查中也应不少于 3%。

当其在施工过程中发现了重力异常，或可能是我们寻找的目标异常时，有时需要布置补充观测。补充观测的布置可以另外选择垂直异常的测线；可以在原测网基础上进行测线、测点的加密，可以在原测线上延伸。通过补充观测应保证重力异常的可靠、明显和完整。

5. 重力测量中的测地工作

为了重力测量的进行和对测量结果进行各项校正，需配合一定的测地工作。它是野外重力测量的先行环节。它的工作效率和质量直接影响重力测量的效率和异常精度。测地工作的内容包括：

(1)按照技术设计要求布设重力测网，提供在野外观测的重力测点；

(2)确定重力测点的坐标，以便对重力测量结果进行正常值校正和展点绘图；

(3)确定重力测点的高程(绝对或相对)，以便对重力测量结果进行高度校正和中间层校正；

(4)当测区内地形起伏较大，地形影响不能忽略时，需作相应比例尺的近区地形测量。

由于各项内容的精度要求与地形图测绘并不一致，因此应根据不同的重力技术设计要求

按照当地的地形条件和测地工作成果的不同，分别采用不同的方法来完成。这些方法包括：利用地形图定点、读高程；利用航空照片定点和确定高程；利用经纬仪定点；利用水准仪、气压测高计定高程；利用卫星定位技术等。由于测地工作量大，技术要求高，需由专门从事测绘技术的人员来完成。

6. 地磁场的日变观测

在高精度磁测时，如不设立分基点网进行混合改正，则必须设立日变观测站，以便消除地磁场周日变化和短周期扰动等影响，这是提高磁测质量的一项重要措施。

日变观测站，必须设在正常场（或平稳场）内，温差小、无外界磁干扰和地基稳固的地方，观测时要早于出工的第一台仪器，晚于收工的最后一台仪器。机械式磁力仪，每隔 5～10 min 记录一次读数。电子式仪器，要注意与测线观测仪器时钟严格同步，采用自动记录方式，记录时间应不大于 0.5 min。

日变站有效作用范围与磁测精度有关，低精度测量时，一般在半径 50～100 km 范围内，可以认为变化场差异微小；高精度磁测时，最大有效范围一般以半径 25 km 设一个站为宜。

在高精度重力测量中，类似于地磁场的日变观测与日变改正，重力测量资料换算中有固体潮改正。

7. 磁力测点的观测

要按照重磁测量工作设计书规定的野外工作方法技术严格执行。针对不同重磁测量精度、不同观测仪器和不同校正方法，采用不同的野外观测方法，但每天测线观测都是始于基点而终于基点，对建立分基点网的，要求测量过程中 2～3 h 闭合一次分基点观测。

若使用高精度质子磁力仪观测时，必须用一台同类仪器按上述要求进行日变观测，因这类仪器无零点漂移及温度影响，只需对野外观测记录作日变校正即可。

野外观测时，切忌操作员和仪器探头携带者携带磁性物品。要注意地质、地形和干扰物的记录，以便分析异常时使用。如发现明显异常要随时注意合理加密测线、测点，追索异常，以便准确地确定异常形态。

8. 磁力测点质量检查

质量检查的目的是了解野外所获得异常数据的质量是否达到了设计的要求。这是野外工作阶段贯彻始终的重要环节。

质量检查的基本要求：要有严格检查量，平稳场检查点数要大于总测点数的 3%，绝对数不得少于 30 个点。异常场检查点数为总检查点数的 5%～30%。前者采用均方误差评价，计算公式为(2-21)，并以正态分布图表示；后者采用平均相对误差评价，计算公式为(2-24)，可用异常场检查对比剖面图表示。

$$\bar{\eta}=\frac{1}{n}\sum_{i=1}^{n}\frac{|B_{i1}-B_{i2}|}{|B_{i1}+B_{i2}|}\times 100\% \qquad (2-24)$$

式中：$\bar{\eta}$ 为平均相对误差；n 为异常场检查的点数；B_{i1}、B_{i2} 为第 i 个检查点原始观测值和检查观测值。

磁测的质量检查评价以平稳场的检查为主。检查观测应贯穿于野外施工的全过程，做到不同时间、同点位、同探头高度。

地面磁测与航测、海磁的野外观测主要区别是：航磁和海磁均是磁带记录，无线电定位，各项校正均可由计算机实现；为了消除飞机和船体在地磁场磁化作用下产生的感应磁场影响、航磁采用了磁场补偿器。海磁测量将探头拖曳在船尾有一定距离，一般的船体长 100 m、3 000 t

的测量船拖曳长度约为 300～500 m。但作为高精度磁测，仍要作 45°八方位偏向航行观测，目的是对不同航次相邻测线的磁场进行水平调整。

五、重磁观测结果的计算整理及图示

1. 磁场观测结果的整理计算

磁场观测结果的整理计算与野外选用的仪器及工作方法有着密切的关系。在某个测点上观测值 B_i 是由各种因素引起的磁场的叠加，而磁测目的是要提取所研究对象的磁异常 ΔB_i(Z_a 或 ΔT)，因此其他因素引起的磁场均为校正场，此校正场从理论上讨论可分为两类：一类是与地磁场及背景场有关的，如正常地磁场或正常背景场的校正 B_0；与经纬度有关的正常地磁场水平梯度校正 B_1；正常地磁场垂直梯度校正 B_2；磁日变校正 B_3。另一类与仪器工作状态及性能有关，如零点校正 B_4；温度校正 B_5；扭鼓（或辅磁）校正 B_6。为此，可写成如下通式

$$\Delta B_i = B_i \pm B_{i0} \pm B_{i1} \pm B_{i2} \pm B_{i3} \pm B_{i4} \pm B_{i5} \pm B_{i6} \quad (2-25)$$

以上七项校正中，第二类的三项校正为机械式磁力仪所特有，在野外可采用逐项校正或混合校正（包括 B_3）。第一类各项校正原则上对任何一类仪器均需要，但由于机械式磁力仪仅能用于地面相对测量，且精度较低，故高度校正 B_2 可忽略，B_0 就是所选基点的磁场，本项包括主、总基点的相对换算。

重力测量结果整理计算见原理部分。

2. 重磁测量的图件

在磁测工作中，反映测区磁异常特征的基本图件有三种（重力测量的图件类同）：即磁异常剖面图、磁异常剖面平面图和磁异常平面等值线图，见图 2－29 至图 2－31。目前，上述图件均可由计算机自动成图。

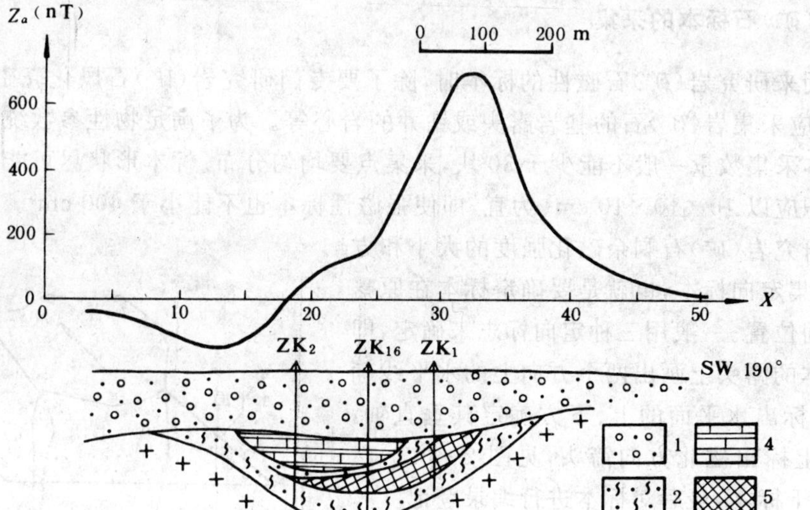

图 2－29　磁异常综合剖面图

1. 表土；2. 矽卡岩；3. 闪长岩；4. 灰岩；5. 铁矿

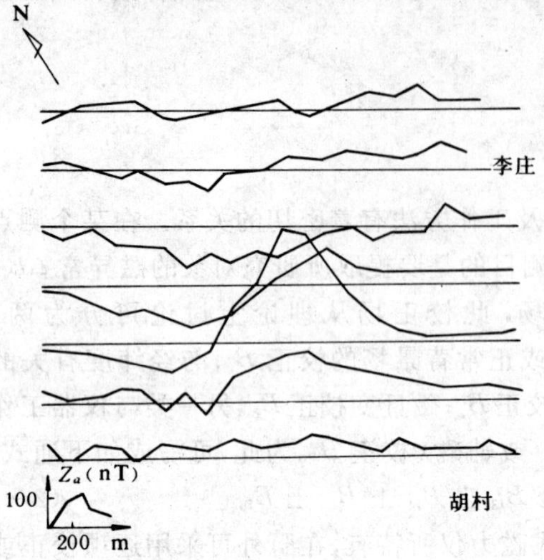

图 2-30 垂直磁异常剖面平面图

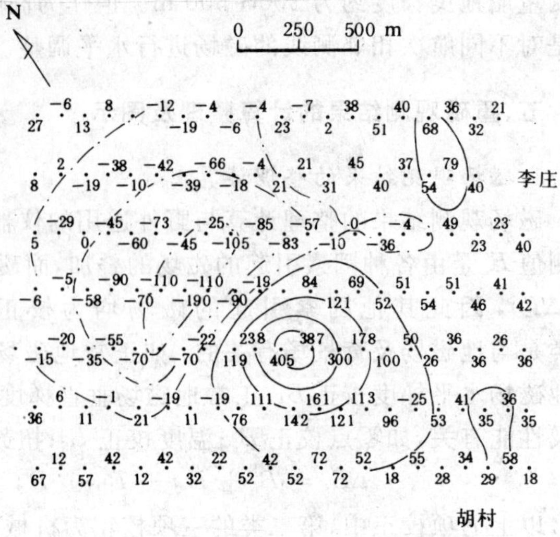

图 2-31 垂直磁异常平面等值线图

§2.4 岩(矿)石磁性参数的测定与统计整理

了解和掌握磁测工区的岩(矿)石磁性参数，是一项基础工作。测定物性的仪器类型和方法甚多，本节主要介绍在野外条件下测定标本磁性参数的方法。

一、岩(矿)石标本的采集

采集用来研究岩(矿)石磁性的标本时，除了要专门研究岩(矿)石风化壳磁性特征这种情况之外，均应采集岩(矿)石的基岩露头或钻井的岩心等。为了满足物性参数统计需要，各类岩(矿)石标本采集数量一般不能少于30块，采集点要均匀分布。标本形状尽可能为等轴状(或立方体)，体积应以 $10\times10\times10\ cm^3$ 为宜，即使强磁性标本也不能小于 $400\ cm^3$。

为了研究岩(矿)石剩余磁化强度的大小和方向，需要采集定向标本，也就是要确定标本在原露头上的空间位置。一般用三种定向标志来确定，即在采集标本的露头上画出两个方向上的水平线确定水平面，标出水平面的上、下方确定其垂直轴，并在标本上标出磁北方向箭头，见图 2-32。然后，设法取下标本，最后对标本进行编录登记。

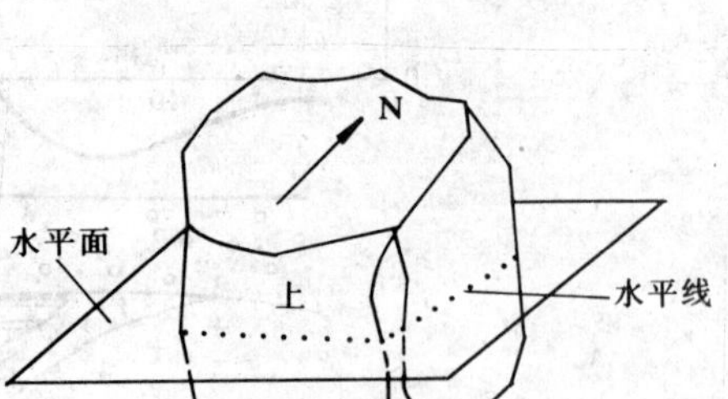

图 2-32 定向标本

二、磁性测定方法

1. 磁秤法

按标本相对于磁系不同的放置位置，可分高斯第一和第二两种位置进行磁性测定。前者适用于强磁性标本测定，一般可测磁化强度大于 $1\,500\times10^{-3}$ A/m；后者用于弱磁性标本，可测 $(400\sim500)\times10^{-3}$ A/m 的磁性。高斯第二位置测定时，因标本放置位置的不同，又可分为两种方法，一种称为磁秤法第二位置测定法；另一种称为磁秤法第三位置测定法。

测定时若是定向标本则将标本置于立方体标本盒中，两者中心要一致，标本上磁北方向为 x 轴正向，y 轴指东为正，标本的水平面与 xOy 平面平行，这时标本向下即为 z 轴之正向，在盒内固定好后即可测定。最后测出标本的体积 V，进行计算。

(1)第二位置测定法。高斯第二位置是将标本中心处于磁系旋转轴的延长线上(即北或南)，此时磁系中心处于标本受地磁场垂直分量 Z_0 磁化的某个垂直轴间偶极子的中垂线上。如图 2-33 所示。此时，磁系中心点的磁场为

$$Z_a = \frac{m_z}{R^3}$$

式中：m_z 为标本总磁矩 m 在 z 轴方向上的投影分量。应有

$$m_z = (M_{iz} + M_{rz}) \cdot V$$

假定未放标本时仪器读数为 n_0，置入标本 z 轴正向时读数为 n_5，标本绕 y 轴(即固定一个轴的方向)旋转 180° 后，反向读数为 n_6，则有

$$\varepsilon(n_0 - n_5) \cdot 10^{-5} = \frac{(M_{iz} + M_{rz})V}{R^3}$$

$$\varepsilon(n_0 - n_6) \cdot 10^{-5} = \frac{(M_{iz} - M_{rz})V}{R^3}$$

解上述两式，便可分别求得 M_{rz} 和 M_{iz}，而 $M_{iz} = \kappa'_z \cdot Z_0$(单位为 A/m)，故有

$$\left.\begin{aligned} \kappa'_z &= \frac{\varepsilon\left(n_0 - \dfrac{n_5 + n_6}{2}\right) \cdot R^3 \cdot 10}{Z_0 V} \cdot 10^{-3}(\text{SI}) \\ M_{rz} &= \frac{\varepsilon(n_6 - n_5) \cdot R^3 \cdot 10}{2V} \cdot 10^3(\text{A/m}) \end{aligned}\right\} \quad (2-26)$$

同样，分别在 x 和 y 轴上测定时，正、反向读数为 n_1、n_2 和 n_3、n_4。取以上读数分别替代上述两式中的读数项，便可得相应的 κ'_x、M_{rx} 和 κ'_y、M_{ry}。于是可求得平均视磁化率 κ'，剩余磁化强度 M_r 及方位角 φ(与磁北的夹角)和倾角 θ。计算公式如下

$$\left.\begin{aligned} &\kappa' = \frac{1}{3}(\kappa'_x + \kappa'_y + \kappa'_z),\ M_r = (M_{rx}^2 + M_{ry}^2 + M_{rz}^2)^{1/2} \\ &\varphi = \tan^{-1}\left(\frac{M_{ry}}{M_{rx}}\right),\ \theta = \tan^{-1}\left[\frac{M_{rz}}{(M_{rx}^2 + M_{ry}^2)^{1/2}}\right] \end{aligned}\right\} \quad (2-27)$$

若在测定过程中，能保持标本中心至磁系中心距离 R 不变，则以上公式直接可与读数联系起来简化计算，则有

$$\left.\begin{aligned} \kappa' &= \frac{5R^3\varepsilon}{3Z_0 V}[6n_0 - (n_1 + n_2 + n_3 + n_4 + n_5 + n_6)] \cdot 10^{-3}(\text{SI}) \\ M_r &= \frac{5R^3\varepsilon}{V}[(n_2 - n_1)^2 + (n_4 - n_3)^2 + (n_6 - n_5)^2]^{1/2} \cdot 10^{-3}(\text{A/m}) \\ \varphi &= \tan^{-1}\frac{(n_4 - n_3)}{(n_2 - n_1)},\ \theta = \tan^{-1}\frac{n_6 - n_5}{[(n_2 - n_1)^2 + (n_4 - n_3)^2]^{1/2}} \end{aligned}\right\} \quad (2-28)$$

(2)第三位置测定法。磁秤法第三位置测定法与高斯第二位置测定法原理完全一样，只是将磁系旋转了一个方位角，使 N 极指向南，这时由于地磁场水平分量 H_0 的作用，使仪器灵敏度提高，所以可测定更弱一些标本的磁性。计算公式仍用式(2-28)，而仪器的格值(ε)要用测定标本时，仪器磁系所在方位测得的格值常数来参与计算。

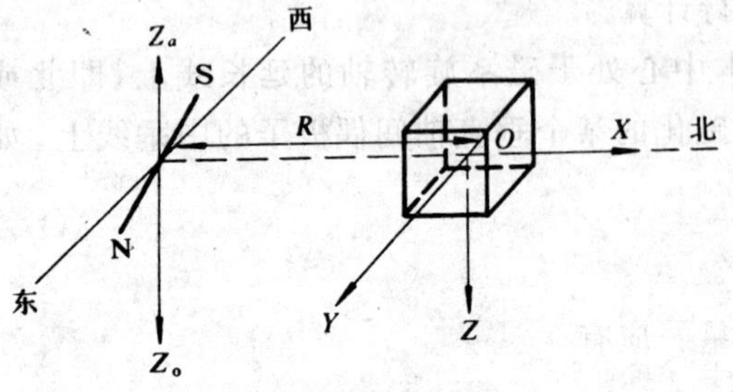

图 2-33　磁秤法高斯第二位置

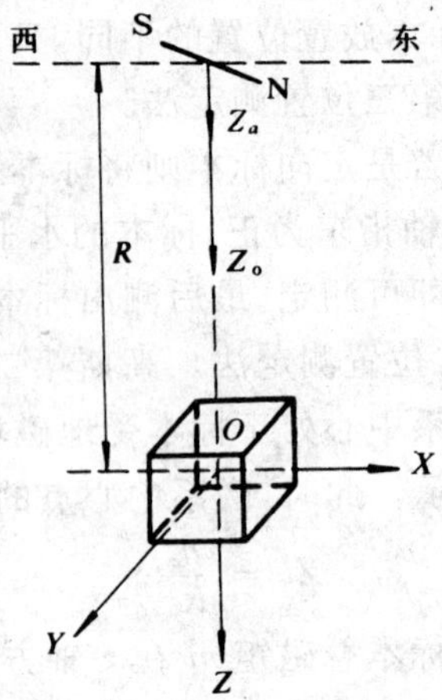

图 2-34　磁秤法高斯第一位置

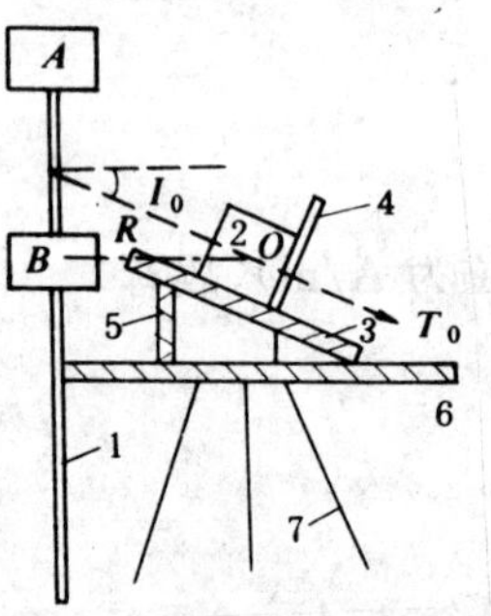

图 2-35　MP-4 测定标本磁性装置图

A,*B* 分别为上、下探头；1. 探头支杆；2. 标本盒；3. 可调倾角的斜板；4. 选择 *R* 及固定标本盒的活动插销；5. 调节倾角的螺杆；6. 可作水平转动的平板；7. 三脚支架

由上述计算公式知道，磁秤法第二、三位置测定标本读数必须满足如下条件，即

$$\frac{n_1+n_2}{2},\frac{n_3+n_4}{2},\frac{n_5+n_6}{2}\leqslant n_0 \qquad (2-29)$$

磁秤法第一位置测定法，是将标本中心置于磁系中心正下方，见图 2-34。

2. MP-4 质子磁力仪测定法

MP-4 质子磁力仪测定岩石磁性时，其测定装置见图 2-35。探头轴向置于南北方向，标本盒放在一个无磁性合页板的倾斜板面上，倾斜板面的倾角应与当地地磁倾角 I_0 一致，倾斜面朝北，置于探头轴向两侧东或西，使标本盒中心与下探头的中心在同一水平面上。显然，此装置同于高斯第二位置测定法，但标本测量轴受地磁场 T_0 磁化。当两个探头间距较小时，TH 梯度读数相当于标本所产生的磁场。

测定时，将仪器的线号键(Line)置于标本编号，点号键(Station)按标本盒上三个轴向的正向号码(如 z 轴正向为 5)并绕 z 轴(即 T_0 方向)每旋转 90°读取一个数编入 501,502,503,504,…,其余轴向号码一样编入。个位上的数表示某个轴的正、反向读数。百位上的数表示该轴向的四次读数，也就是采用 24 次读数法，目的是减少标本形状不规则、磁性不均匀和标本位置误差的影响，所以取四次读数平均值来代表该轴向读数，如

$$n_5=\frac{TH501+TH502+TH503+TH504}{4}$$

依次可以读得：未放标本时读数 n_0，放入标本后读数 n_1、n_2、n_3、n_4、n_5、n_6。也要满足式(2-29)的条件，即可按下述公式计算参数：

$$\left.\begin{aligned}\kappa'&=\frac{5R^3}{3T_0V}[|n_1+n_2|+|n_3+n_4|+|n_5+n_6|]\times10^{-3}\,(\mathrm{SI})\\ M_r&=\frac{5R^3}{V}[(n_2-n_1)^2+(n_4-n_3)^2+(n_6-n_5)^2]^{1/2}\times10^{-3}\,(\mathrm{A/m})\end{aligned}\right\}\qquad(2-30)$$

关于计算方位角 (φ) 和倾角(θ) 的公式同式(2-28)，为了使所测数据可靠，希望标本产生

的磁场≥1 nT/m，这可通过调节 R 来实现。

以上测得磁化率均为视磁化率，可利用近似球体标本的计算公式求得其真磁化率 κ，即

$$\kappa = \frac{\kappa'}{1 - 1/3\kappa'} \tag{2-31}$$

三、磁性参数统计整理及图示

磁性参数是受复杂地质因素制约的一种随机变量。统计的目的是以每一类岩(矿)石标本所测得的一批不同参数的随机变量中找出它们常见值和常见变化范围。由于磁参数一般均满足算术正态分布或对数正态分布的规律。因此，磁参数统计一般采用两种统计方法，即统计计算和统计图示。

1. 统计计算

(1)平均值：

①算术平均值：
$$\kappa_m = \frac{1}{n}\sum_{i=1}^{n}\kappa_i \tag{2-32}$$

②几何平均值：
$$\kappa_g = \left(\prod_{i=1}^{n}\kappa_i\right)^{1/2} \tag{2-33}$$

③加权平均值：
$$\kappa_s = \sum_{i=1}^{n} m_i\overline{\kappa}_i / \sum_{i=1}^{n} m_i \tag{2-34}$$

式中：$m_1, m_2, \cdots, m_n$ 为参加平均的各组数据的个数，作权系数。$\overline{\kappa}_1, \overline{\kappa}_2, \cdots, \overline{\kappa}_n$ 为各组数据的平均值。m 值最大的一组数据中的中值，称为该批数据的常见值。当数据满足正态分布规律，数据量很大时，平均值和常见值(κ_c)相等，所以可用平均值代替常见值。

(2)离散特征值：

①均方差：一批数据中各个数据与平均值(或常见值)之差平方和的均方根称为均方差(方差)，按所用平均值不同，可分为：

算术均方差
$$\sigma_m = \pm\left[\frac{1}{n-1}\sum_{i=1}^{n}(\kappa_i - \overline{\kappa})^2\right]^{1/2} \tag{2-35}$$

几何均方差
$$\lg\sigma_g = \left[\frac{1}{n-1}\sum_{i=1}^{n}(\lg\kappa_i - \overline{\lg\kappa_g})^2\right]^{1/2} \tag{2-36}$$

式中：$\overline{\lg\kappa_g}$ 为 $\lg\kappa_i$ 的平均值。

均方差越大，说明测定的数据越离散；均方差越小，则数据越集中于平均值附近。

②常见变化范围。一般以常见值加减 0.5～2 倍均方差作为参数的常见变化范围，即 $\kappa_c \pm (0.5 \sim 2)\sigma_g$。一般情况下常以 $\kappa_c \pm \sigma_g$ 来确定其变化范围。

2. 统计图示

利用统计图示的方法统计特征数，一般步骤是：统计分组，编制统计表，绘制直方图，频率曲线及玫瑰图等，在此基础上由图上确定其统计特征数值。

(1)统计分组。按实测数据的个数和数据的变化范围，将其分成若干组，组的间隔长度称为组距，组距可按等差或等比来划分。首先由数据个数在图 2-36 中找出分组数；根据数据变化范围和参考分组数确定组距；列表统计每组内所占数据的个数(称频数)，由总个数计算各组数据个数的频率，见表 2-5。于是按统计对象作相应的统计图件。

(2)频率直方图和频率分布曲线。根据表 2-5 以磁化率分组值为横坐标，以频率为纵坐标，便可绘制出频率直方图。若连接各组的中值即得频率分布曲线。见图 2-37。如果该统计

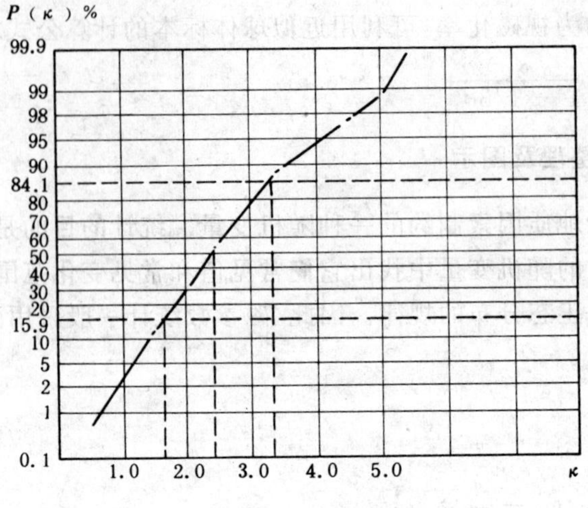

图 2-36 确定统计组数的经验曲线

表 2-5 统计参数表

组距	0～0.5	0.5～1.0	1.0～1.5	1.5～2.0	2.0～2.5	2.5～3.0	3.0～3.5	3.5～4.0	4.0～4.5	4.5～5.0	5.0～5.5
各组中值	0.25	0.75	1.25	1.75	2.25	2.75	3.25	3.75	4.25	4.75	5.25
频数 m	1	3	14	21	41	31	19	8	5	3	2
频率 m/n(100%)	0.7	2.1	9.5	14.1	27.7	20.9	12.9	5.4	3.3	2.0	1.4
累积频率	0.7	2.8	12.3	26.4	54.1	75.0	87.9	93.3	96.6	98.6	100

的磁参数满足正态分布规律，则频率分布曲线应为对称曲线，极值对应的横坐标为常见值(κ_c)，而极大值的 0.6 倍对应的横坐标范围为常见变化范围。当曲线不对称时，可利用直方图的最大值组的两个顶点与其相邻的两侧最近角点，其对角连线的交点所对应的横坐标为常见值。根据此交点可以近似求出圆滑后的极值，用同上方法可求得常见变化范围。由上图确定的常见值约为 2 310×10^{-3}(SI)，常见变化范围为(1 810～3 000)×10^{-3}(SI)。

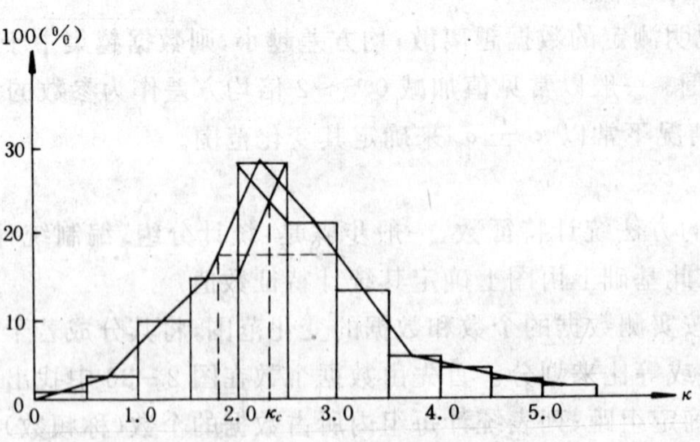

图 2-37 频率直方图和频率分布曲线

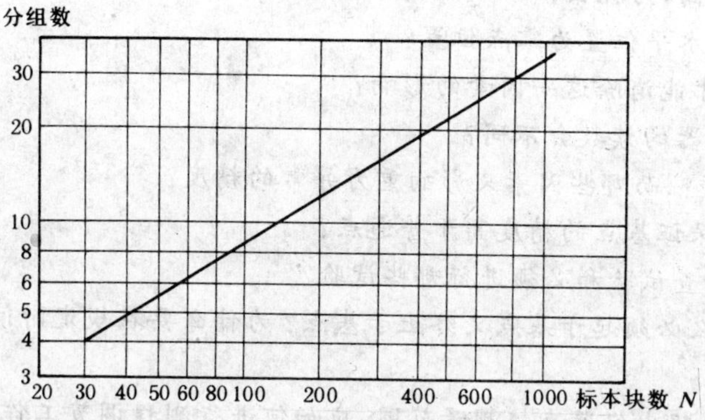

图 2-38　累积频率曲线

(3)累积频率曲线。累积频率曲线用正态概率格纸制图。纵坐标为累积频率，横坐标为分组值，以分组的右端值点连接即得累积频率曲线。若统计参数符合正态分布，则该曲线应为直线。但由于各种复杂因素的影响，所得曲线不一定为直线，但中间区段应接近直线。图 2-38 就是根据表 2-5 数据绘制的，累积频率曲线基本符合要求。

确定统计特征值的方法：以纵轴的 50%的水平线与统计曲线交点对应的横坐标为常见值。以 15.9%和 84.1%区段的交点所对应横坐标范围为常见变化范围，得常见值 $2\ 400\times10^{-3}$(SI)，常见变化范围$(1\ 700\sim3\ 300)\times10^{-3}$(SI)。根据常见变化范围之半确定均方差。

(4)玫瑰图。极坐标的射线表示角度，等间距的同心圆表示频率。统计方位角 φ 用全圆，射线自 0°～360°。统计剩磁倾角 θ 用半圆，射线自 -90°～90°。制图时，将 φ 和 θ 分组统计的各组中值及其频率值点到极坐标纸上，然后依次连接各点即绘得玫瑰图，见图 2-39。其玫瑰图的长轴方向即为 φ 和 θ 角的常见值。

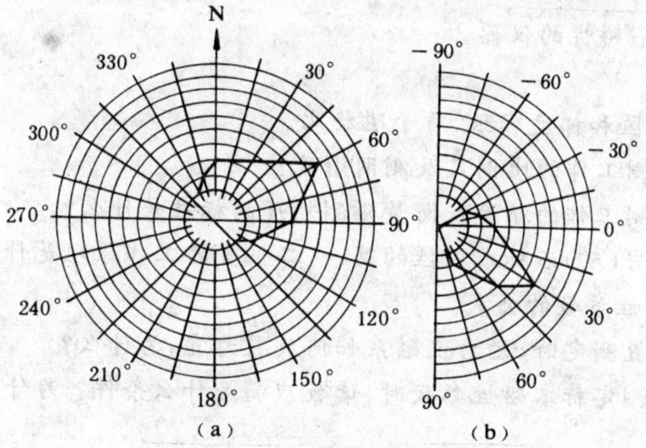

图 2-39　玫瑰图统计剩磁方向

(a)φ 角的玫瑰图；(b)θ 角的玫瑰图

对角度 φ 的统计图示，还可作球面分布图。

思考题与习题

1. 解释下列名词：

平衡位置、水平位置、零点位置、角灵敏度、零点读数法。

2. "重力仪在某点的读数乘上它的格值就是该点的重力值"这一说法对否？为什么？

3. 从平衡方程式的讨论中我们得到哪些重要结论？

4. 灵敏度越高，是否测量的精度也越高，为什么？

5. 为什么采用零点读数法时，必须以水平位置为零点位置？

6. 什么是重力仪的零点漂移？如何才能消除这一因素的影响？

7. 想想看，为什么在同一点上不同仪器的读数会不同？

8. 哪些因素影响重力测量的观测精度？而哪些因素又影响重力异常的精度？

9. 重力基点网的作用是什么？如何保证基点的精度高于普通点？

10. 施工前为什么需要对仪器进行检查试验和必须进行哪些试验？

11. 野外工作中，普通点的观测为什么必须起于基点又终止于基点？为什么要在规定时间间隔内到达下一个基点？

12. 如果在某一点上发现重力变化已超出仪器直接测量范围，应如何进行测程调节工作，以便使调节前后的观测数据衔接起来？

13. 仪器在运输过程中，因较大震动而发生读数的突然变化是可能的。试问，如果在第 i 和 $i+1$ 点之间发现读数变化很大，采取什么措施就可以判明这种读数的变化是属于仪器的读数突变还是这两点间实际存在的重力变化？

14. 什么条件下重力测量才能有好的地质效果？

15. 概述磁法勘查仪器的类别、发展过程及趋势。

16. 质子旋进式磁力仪测量外磁场的基本原理？

17. 质子磁力仪、光泵磁力仪、磁通门磁力仪，测量外场原理的异同点？

18. 什么叫无定向磁系？

19. 概述测量岩石磁性的仪器。

20. 名称解释：

质子磁力仪的盲区和梯度容限，质子磁旋比。

21. 如何确定磁测工作的比例尺及测网密度？

22. 怎样选择磁测工作的精度？衡量磁测精度的标准是什么？

23. 磁秤法测定岩(矿)石标本磁性的第一、二位置的工作原理是什么？导出磁秤法第一位置测量时计算标本磁性参数的公式。

24. 磁秤第三位置测定时，磁力仪磁系如何放置为宜，为什么？

25. 应用磁秤法测定标本磁性参数时，读数应满足什么条件？为什么？分析其不满足条件的可能因素有哪些？

26. 简述岩石磁参数统计的累积频率曲线的作法，及统计特征值的确定。

第三章　空间域重磁异常的处理与转换

重磁异常的处理与转换是重磁勘查解释理论的一个重要组成部分,重磁异常转换处理的目的就是要突出某些信息,压制另外一些信息。

我们把根据重磁异常的数学物理特征,对实测重磁异常进行必要的数学加工处理,使之满足某些特定的需要的过程称为重磁异常的处理和转换。

重磁异常处理和转换的目的有:

(1)使实际异常满足或接近解释理论所要求的假设条件。例如把分布在曲面上的实测异常换算成分布在同一平面上的异常;把叠加异常分解为孤立异常;或把似二度异常转换为二度异常等,即把复杂异常处理成简单异常,以便于解释。

(2)使实际异常满足解释方法的要求。例如由磁场某单分量测量结果换算其他分量的值;或者由重磁场值转换成为频谱值等。从而可以提供多方面的异常信息来满足一些解释方法本身的要求。

(3)突出重磁异常某一方面的特点。例如通过向上延拓等方法来压制浅部重磁场源的异常,相对突出深部地质体的异常;通过方向滤波或换算方向导数来相对突出某一方向的重磁异常特征等。

实践表明,重磁异常的处理和转换对于提高推断解释的效果是很重要的。随着重磁测量精度的不断提高,实测异常中所包含的可靠信息也不断增加。如何有效地提取和利用这些信息,就成为重磁异常解释理论研究的重要课题。早在20世纪四五十年代,诸如导数异常的计算,重磁场解析延拓,化磁极等处理方法已相继问世。到六七十年代,由于电子计算机的广泛应用,使重磁异常的处理和转换容易实现,从而其理论和方法得到了迅速的发展,并不断得到完善。由于在实践中重磁异常的转换和处理对提高重磁勘查方法解决问题的能力和改善地质效果起应有的作用,因此它已成为当今重磁异常推断解释中不可缺少的重要环节。

目前重磁异常的处理与转换的内容主要有插值、圆滑和划分异常(如区域场与局部场的分离,深源场与浅源场的分离等);重磁异常的空间换算(由实测异常换算其无源空间部分的重磁场);分量换算(由实测异常进行ΔT、Z_a、H_a及T_a之间的分量互算);导数换算(由实测异常计算垂向导数、水平方向导数等);不同磁化方向之间的换算(如化磁极等)以及三度异常转换为二度异常、曲面上重磁异常转换;等等。此外,许多新方法、新技术,如图像处理、层析技术等也正在迅速发展,发挥出各自的优越性。

重磁异常处理与转换的方法包括空间域和频率域两类。由于速度快、方法简单等优点,频率域方法已成为主要方法。但是一些空间域方法,如高次导数、滑动平均、趋势分析仍有广泛应用。

应当指出,在对重磁异常进行处理和转换时,有两个问题必须明确。一是应当合理地选择处理和转换的方法。目前处理和转换的方法很多,各种方法有各自的特点和作用,同时又有各自特定的适用条件,不应当盲目地对各种方法都使用一遍,而应当认真分析重磁异常特征,测区内地质、物性情况及所要解决的地质问题,根据各种处理方法的功能和适用条件来合理地选择若干种处理方法。使用者必须掌握各种处理和转换方法的原理和做法,并具有对结果进行正确解释的能力。二是重磁异常的处理和转换只是一种数学加工处理，它能使资料中某些信息更加突出和明显。但不能获得在观测数据中不包含的信息。数学处理只能改变异常的信噪比，而不能提供新信息。因此，在应用各种方法时必须要注意到实际资料的精度和处理方法本身的精确度，不要勉强提出或追求单由数学处理所达不到的要求。

§3.1 区域重力异常与局部重力异常的划分

区域异常是叠加异常中的一部分，主要是由分布较广的中、深部地质因素所引起的重力异常。这种异常特征是异常幅值较大，异常范围也较大，但异常水平梯度小。

局部异常也是叠加异常中的一部分，主要是指相对区域因素而言范围有限的研究对象引起的范围和幅度较小的异常，但异常水平梯度相对较大。由于局部异常是从布格异常中去掉区域异常后的剩余部分，故局部异常也称为剩余异常。

区域异常和局部异常是相对而言的，没有绝对的划分标准，应视研究的问题而言。由图3-1可知，相对异常 A 而言，异常 B 和 C 都可以看成区域异常；而相对 C 而言，A 和 B 又都可以认为是它的局部异常。划分区域异常与局部异常的方法主要有以下几种。

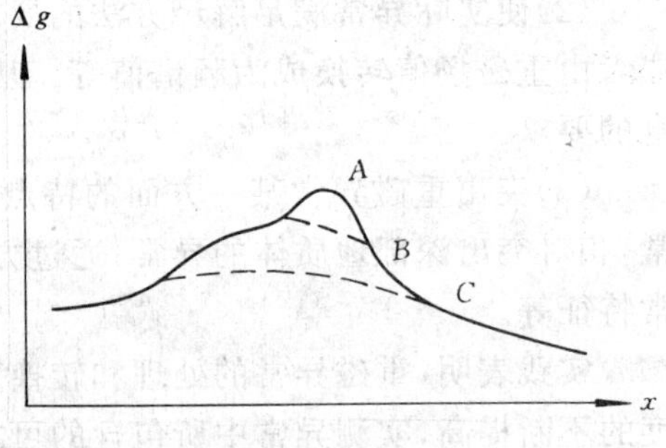

图3-1 区域异常与局部异常的相对性

一、图解法

根据叠加的布格异常形态，利用区域异常和局部异常特征上的差异，参照客观地质情况，凭经验和估算的区域异常梯度大小及变化，徒手画出直线、曲线或它们的平面组合线，用它们分别代表剖面上的区域异常或平面上区域异常的等值线，然后从每一点的布格异常中减去该点的区域异常值，就得到各点的局部异常（剩余异常）。

图3-2是在剖面上用直线代表区域异常划分叠加异常的例子。

图3-3是在剖面上用曲线代表区域异常划分叠加场的例子。

图3-4是用一组平行直线表示区域场划分叠加场的例子。

图3-5是用一组平滑曲线代表区域异常划分出局部异常的例子。

上面介绍的图解法虽然简单易行，但效果好坏在很大程度上决定个人的解释经验和对地质情况的熟悉程度，在区域异常趋势比较明显和局部异常较为突出的情况下，还是可以获得较好的效果。对于较为复杂的情况可用下面介绍的、通过计算的办法来获得相应的局部异常和区域异常。

二、平均场法

平均场法的基本原理是：在一定范围内（剖面上）或一定面积内（平面上）的区域异常可视为线性变化的，因而其平均重力异常值可视为该范围或该面积的中心点处的区域异常值，而对局部异常来说，它的范围应等于或小于求平均异常时所选用的范围才行。具体实践中又可细分为以下几种方法。

1. 偏差值法

在异常剖面上，我们定义下式

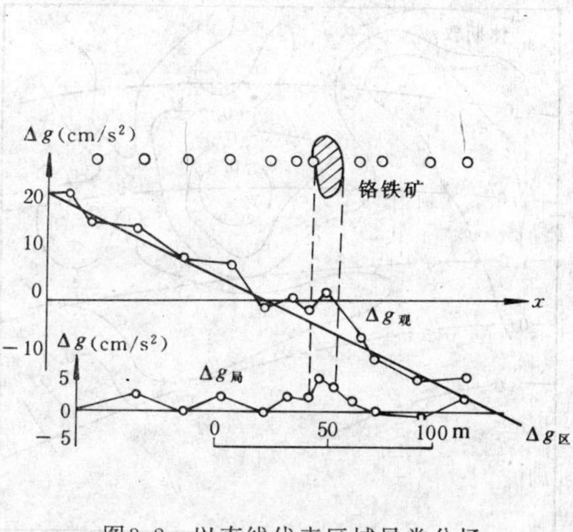

图3-2　以直线代表区域异常分场

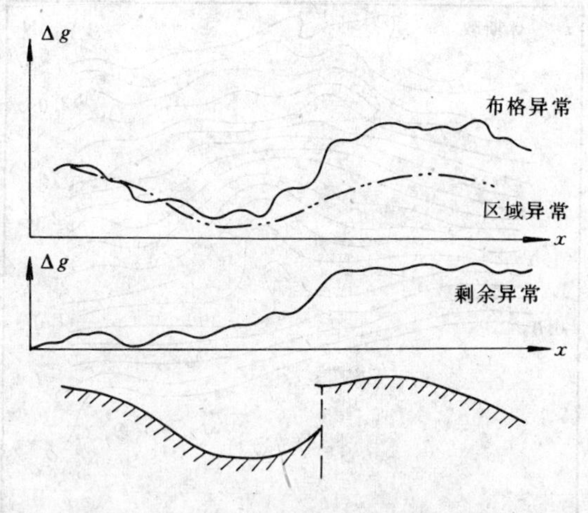

图3-3　以曲线代表区域异常分场

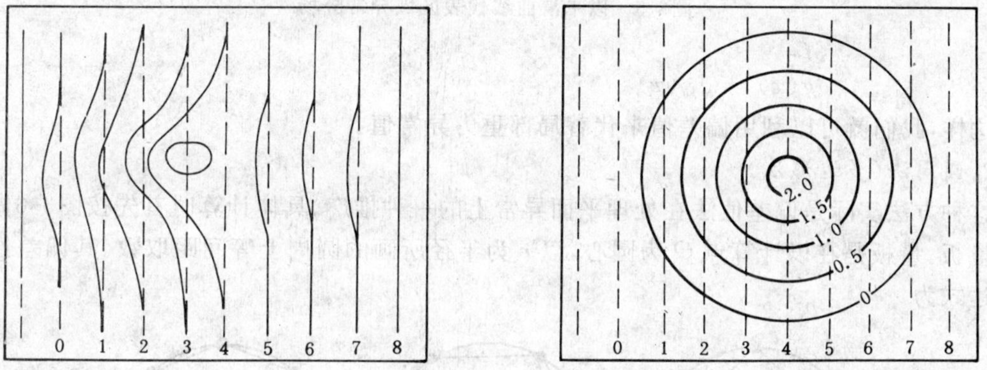

图3-4　以平行直线簇代表区域异常分场

$$\delta g(x) = g(x) - \frac{g(x+L) + g(x-L)}{2} \tag{3-1}$$

为 x 点的重力异常偏差值。若 $g(x+L)$、$g(x)$ 和 $g(x-L)$ 分别为 x 剖面上三个相邻点的重力异常值,它们各包含有区域异常和局部异常这两部分,于是式(3-1)可进一步写成

$$\delta g(x) = g_{区}(x) + g_{局}(x) - \frac{g_{区}(x+L) + g_{局}(x+L) + g_{区}(x-L) + g_{局}(x-L)}{2} \tag{3-2}$$

当满足区域异常在 $(x-L)$ 到 $(x+L)$ 的范围内呈线性变化的条件时,有

$$g_{区}(x) = \frac{g_{区}(x+L) + g_{区}(x-L)}{2} \tag{3-3}$$

把式(3-3)代入式(3-2)便可得

$$\delta g(x) = g_{局}(x) - \frac{g_{局}(x+L) + g_{局}(x-L)}{2} \tag{3-4}$$

若点距 L 大于局部异常范围一半时,则

$$g_{局}(x+L) = g_{局}(x-L) \Rightarrow 0$$

于是式(3-4)则为

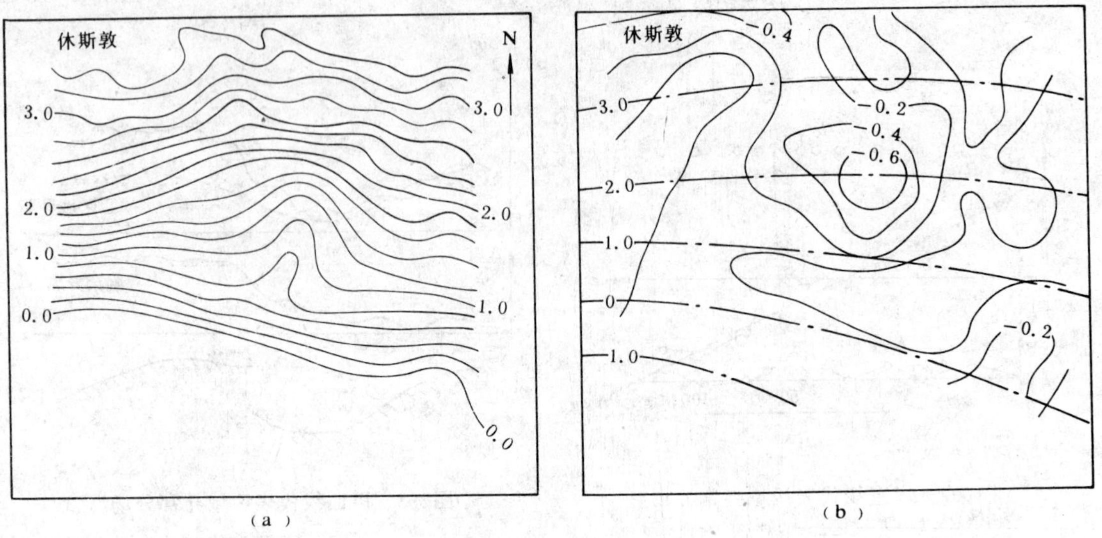

（a）　　　　（b）

图3-5　以平滑曲线代表区域异常分场

$$\delta g(x) = g_{局}(x)$$

这样，我们就可以利用偏差值来代替局部重力异常值。

2. 圆周法（多边形法）

这种方法实际是偏差值法在处理平面异常上的一种推广。具体计算时首先按图3-6做一个取数量板。量板是在以计算点 O 为圆心，以 r 为半径所画的圆周上等间距取数。其偏差值的数学表达式为

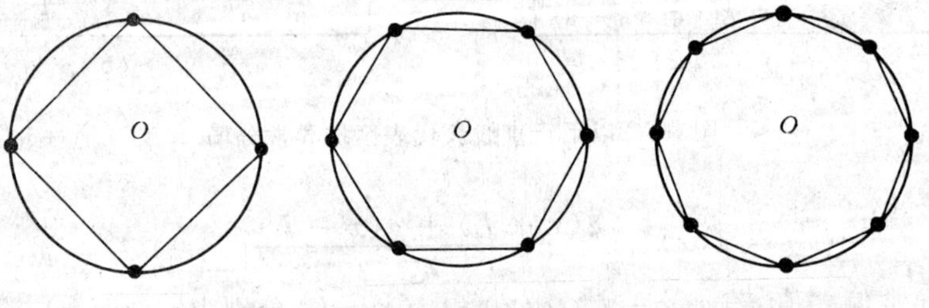

图3-6　圆周法取数量板

$$\delta g(O) = g(O) - \overline{g}(r) = g(O) - \frac{1}{N}\sum_{i=1}^{N} g_i \quad (3-5)$$

式中：$\overline{g}(r)$ 为圆周上的 N 个取数点上的重力异常值平均。

同理，圆周法效果好坏应取决于 r 的大小，常常用试验的方法来确定它的最佳半径。

实际工作时是在重力异常平面等值线图中，挑选几个有局部异常的地区，分别用不同半径的圆周，取得相应的平均异常值，然后以 r 为横坐标，以 $\overline{g}(r)$ 为纵坐标，画出它们的关系曲线（见图 3-7），如果测区内的异常确实只有两级异常，即局部异常和区域异常的话，量板平均半径的最佳值 $r_{最佳}$ 就可以根据 $\overline{g}(r)$ 曲线的水平渐近线的位置来确定，如图 3-7(a) 所示。如果测区内存在三级或多级异常，则 $r_{最佳}$ 可以根据 $\overline{g}(r)$ 曲线的转折处的位置来确定，见图3-7(b)。

3. 网格法

将布格异常平面图以一定的网度分成正方形网格状，网格大小（亦称窗口）一般为重力测

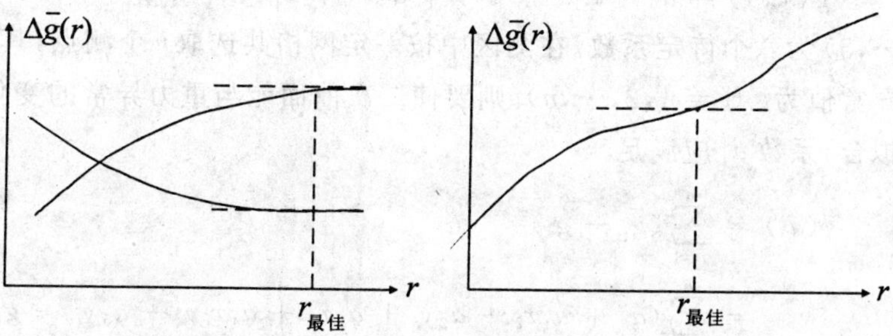

(a)　　　　　　　　　　　(b)

图3-7　最佳半径选择图

网格距的数倍至十几倍，然后以网格中各结点重力异常平均值作为网格中心点的区域异常值，依据各网格中心点的区域异常值可以勾绘区域异常等值线图，从而各结点上的区域异常便能用内插法求得，相应的局部异常也就可以获得了。另外一种计算办法是采用同一网格的滑动方法求出各结点上的区域异常和局部异常。

一般来说，较大的窗口滑动平均值反映较深的区域异常信息，反之亦然。因此，应按需要压制的局部异常范围大小来选择窗口的大小。这种方法最适用于计算机来处理，因而应用较广泛。

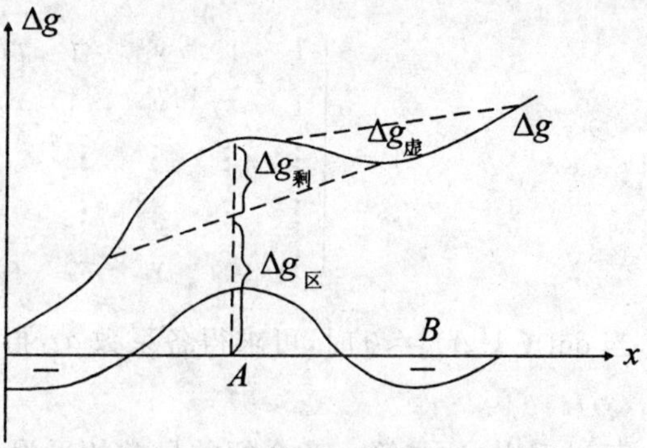

图3-8　产生虚假负异常原因示意图

需要特别指出的是，这类方法在应用中必然会带来所谓"虚假异常"的问题，我们用剖面上的情况来说明(见图3-8)。用$(-L,L)$窗口来计算A点的局部异常时不会产生多大问题，但滑动到B点时，因为有$\Delta g_B^{平} > \Delta g_B^{布}$，所以在$B$点求的剩余异常就成了负值，这就是不应有的虚假异常，而人工用图解法勾绘区域异常时，就可以避免出现这一问题。

三、趋势分析法

趋势分析法与滑动窗口平均法是目前重磁资料数据处理中常用的方法，参数选择恰当时，可以获得比较理想的分场效果，趋势分析法的原理与第一章中介绍的异常平滑有相似之处，只不过这里是以一个一定阶次的数学曲面来代表测区内异常变化的趋势，并以此趋势作为区域场来看待，从布格重力异常中减去这一区域异常，即获得测区内的局部异常。

它是选用一个m阶(沿测区x、y方向是一样的)多项式来描述全测区的区域异常，m阶多项式的一般形式为

$$\bar{g}(x,y) = a_0 + a_1x + a_2y + a_3x^2 + a_4xy + a_5y^2 + \cdots + a_{M-1}y^m \quad (3-6)$$

式中：$a_0, a_1, \cdots, a_{M-1}$为$M$个待定系数，若多项式的阶数为$m$，则$M=\frac{1}{2}(m+2)(m+1)$，$\bar{g}(x,y)$即为趋势值(区域异常)。显然，一阶方程代表一个平面，二阶方程代表一个二次曲面，高阶方程则表示了一个高阶曲面。

下面我们以二次曲面拟合区域异常为例来说明方法的原理。

设趋势面为

$$\overline{g}(x,y) = a_0 + a_1x + a_2y + a_3x^2 + a_4xy + a_5y^2 \tag{3-7}$$

$a_j(j=0,1,2,\cdots,5)$ 为六个待定系数。在测区中按一定网格共选取 n 个测点，其坐标为 (x_i, y_i)，相应点的布格异常值为 $g_i(i=1,2,\cdots,n)$。则要使二次曲面能与重力异常的变化在最小二乘意义下得到最佳拟合，系数 a_j 应满足

$$\begin{aligned}\phi(a_j) &= \sum_{i=1}^{n}(\overline{g}_i - g_i)^2 \\ &= \sum_{i=1}^{n}(a_0 + a_1x_i + a_2y_i + a_3x_i^3 + a_4x_iy_i + a_5y_i^2 - g_i)^2 = \min\end{aligned} \tag{3-8}$$

根据多元函数求极值法，则式(3-8)成立的条件为

$$\frac{\partial \phi}{\partial a_j} = 0 \quad (j=0,1,\cdots,5) \tag{3-9}$$

于是可以得到一个包含待定系数 a_j 的线性方程组，其矩阵形式为

$$A^{\mathrm{T}}AX = A^{\mathrm{T}}G \tag{3-10}$$

式中

$$A = \begin{bmatrix} 1 & x_1 & y_1 & x_1^2 & x_1y_1 & y_1^2 \\ 1 & x_2 & y_2 & x_2^2 & x_2y_2 & y_2^2 \\ \vdots & \vdots & \vdots & \vdots & \vdots & \vdots \\ \vdots & \vdots & \vdots & \vdots & \vdots & \vdots \\ 1 & x_n & y_n & x_n^2 & x_ny_n & y_n^2 \end{bmatrix}, \quad X = \begin{bmatrix} a_0 \\ a_1 \\ a_2 \\ a_3 \\ a_4 \\ a_5 \end{bmatrix}, \quad G = \begin{bmatrix} g_1 \\ g_2 \\ \vdots \\ \vdots \\ g_n \end{bmatrix}$$

当 $\det(A^{\mathrm{T}}A) \neq 0$ 时，可求得各系数 a_j，再利用式(3-7)便可计算出各网格点上的趋势值 $\overline{g}(x_i, y_i)$。

可以看出，这与第一章介绍的异常的平滑原理一样，但在作趋势分析时，坐标系是固定而非滑动的，因而必须求出所有的待定系数；多项式阶次的选择，应视区域异常的复杂程度来定，阶次偏高，会造成趋势值受局部异常的影响较大，造成最后的局部异常幅值被削弱，对重力异常的处理来说，一般选用2～3阶为宜，复杂地区也只取4～5阶；趋势分析法同样也会在分场时出现虚假异常问题，必要时可采用多次迭代的办法予以消除。

采用一般多项式趋势分析，存在两个方面的问题，一是它要解一个高阶的线性代数方程组 $(A^{\mathrm{T}}A)$，用常规解法会由于误差累积使解发生畸变，同时方程组的病态程度也会随阶次的升高而急剧加大，当采用奇异值分解方法求解时，这一问题可以较好地得以解决；第二个问题是在二维问题的处理中，x 与 y 方向的阶次只能取相同的值，而实际中常常遇到异常沿 x 和 y 两个方向变化趋势是不同或很不同的，即是说这种等阶次的数学模型无法较好地表达出实际趋势变化，如果两个方向上可以取不同的阶次来构制趋势面，效果就会好得多，正交多项式趋势分析是把一系列正交多项式(或正交多项式之积)的线性组合所构成的广义多项式作为数学模型，对空间变量进行拟合。在计算过程中利用函数的正交性质，从而把正规方程化成为 m 个一元方程组，避开了解一个高阶线性代数方程组了。同时，它的数学模型设计灵活，可视实际情况在 x 与 y 方向选用不同的阶次进行拟合，提高了数据处理的速度，而又不致使解发生很大的畸变，从而提高了数据处理的质量。

应用实例介绍：图3-9至图3-11是不同方向不同阶次正交多项式曲面拟合方法用于分离区域场和局部场的一个实例。图3-9是新疆塔北某工区1∶5万高精度重力测量得出的布格重

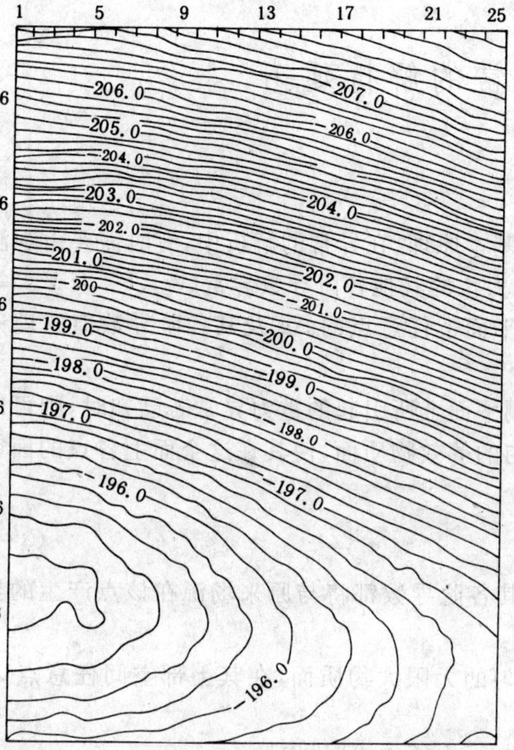

图 3-9　新疆塔北某工区布格重力异常图

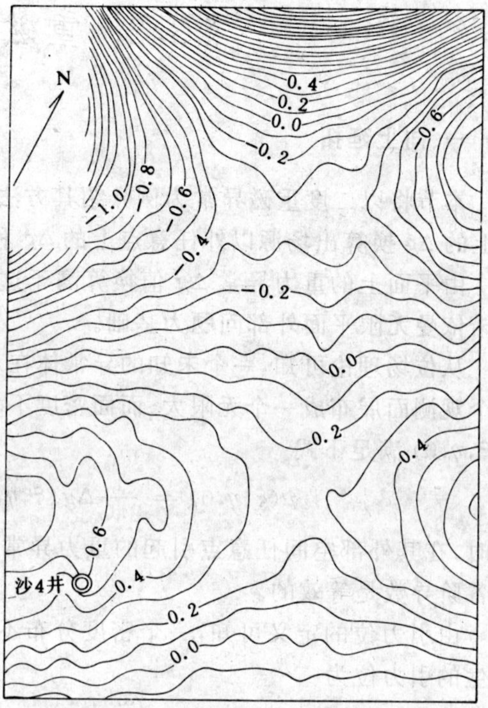

图 3-10　常规三阶趋势分析剩余值

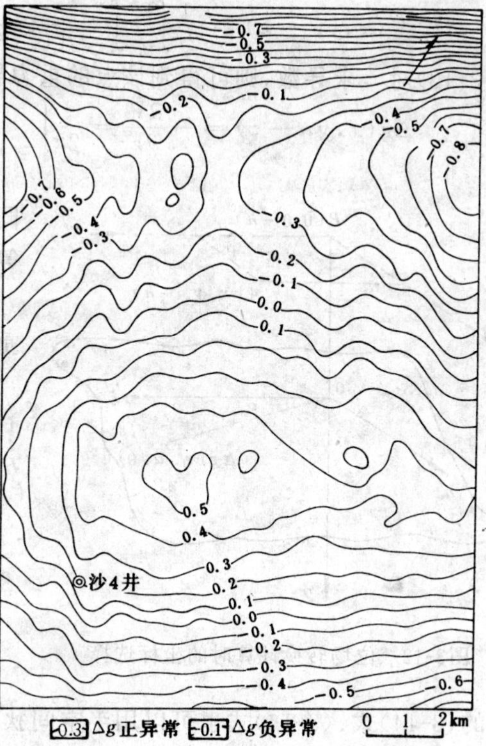

图 3-11　不同阶次趋势分析剩余值

力异常图，布格重力异常呈南高北低的简单 2～3 次曲面形态，它主要反映深部的构造因素，即前震旦系的密度分布和界面起伏，而在该区勘探的主要目的层是前中生界的风化侵蚀面。采用常规的趋势分析方法(二阶、三阶及五阶)都未能分离出前中生界的风化侵蚀面产生的局部异常，如图 3-10 所示的三阶剩余值，在工区南部沙 4 井东西向的断隆带反而出现中间异常值降低的 X 型局部异常。为此，采用 x 方向二阶、y 方向三阶的正交多项式重新进行趋势分析，得出结果如图 3-11 所示，在沙 4 井东西向断隆带上，局部重力异常为明显的重力高，根据这一结果反演得到的前中生界风化侵蚀面的深度图与地震勘探构造图十分吻合。由此说明，根据异常不同方向复杂程度，在工区 x、y 方向的不同尺度，灵活采用不同阶次的趋势分析往往会获得良好的地质效果。

§ 3.2 重磁异常的解析延拓

一、向上延拓

本节将以二度重磁异常为例介绍其方法的基本原理。在异常的解析中，有时需要由观测平面上的 Δg 换算出场源以外任意点上的 Δg 和引力位的其他各阶导数异常（V_{xz}、V_{zz} 及 V_{zzz} 等）。

由平面上的重力异常 Δg 值换算高于这个平面上任意点的 Δg 及其各阶导数值的理论是以诺依曼无限平面外部问题为基础。

从位场理论可知，一个未知的异常体在观测平面上所引起的重力异常若已知时，则可以将这个观测面展布成一个无限大、而面密度不均匀的等效物质面，使其在这个面上各点的面密度 $\mu(\xi,\eta,0)$ 满足下式

$$\mu(\xi,\eta,0)=\frac{1}{2\pi G}\Delta g(\xi,\eta,0) \tag{3-11}$$

这时，在其外部空间任意点引起的重力异常及其各阶导数都将与原来场源在该点产生的异常及各阶导数是等效的。

由引力位的定义可知，一个密度分布不均匀的无限大物质面，在其上部空间任意点 A 所产生的引力位为

$$V(x,y,-z)=G\int_{-\infty}^{\infty}\int_{-\infty}^{\infty}\frac{\mu(\xi,\eta,0)\mathrm{d}\xi\mathrm{d}\eta}{[(\xi-x)^2+(\eta-y)^2+(0-z)^2]^{1/2}} \tag{3-12}$$

把式(3-11)代入式(3-12)可得

$$V(x,y,-z)=\frac{1}{2\pi}\int_{-\infty}^{\infty}\int_{-\infty}^{\infty}\frac{\Delta g(\xi,\eta,0)\mathrm{d}\xi\mathrm{d}\eta}{[(\xi-x)^2+(\eta-y)^2+(0-z)^2]^{1/2}} \tag{3-13}$$

将式(3-13)对 z 求导数，则可得到该点的重力异常表达式

$$\Delta g(x,y,-z)=-\frac{\partial V}{\partial z}=\frac{z}{2\pi}\int_{-\infty}^{\infty}\int_{-\infty}^{\infty}\frac{\Delta g(\xi,\eta,0)\mathrm{d}\xi\mathrm{d}\eta}{[(\xi-x)^2+(\eta-y)^2+z^2]^{3/2}} \tag{3-14}$$

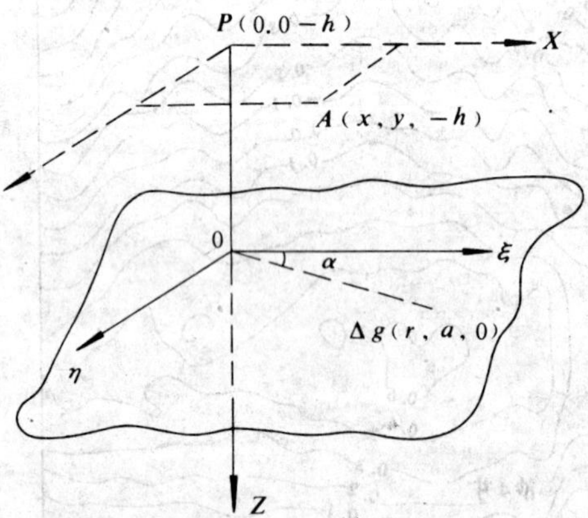

图3-12　位场转换计算时的坐标选择

同理，还可计算出该点所在平面上的 V_{xz}，V_{zz}，V_{zzz} 等。

若令式(3-14)中 $z=0$ 时，便又可计算出原来重力异常所在观测面上的 V_{xz}、V_{zz} 和 V_{zzz} 了。

为了便于应用，可将式(3-14)改用柱坐标来计算，并把计算点选在坐标原点的正上方、高度为 h 的 P 点，见图 3-12。这时式(3-14) 变为

$$\Delta g(0,0,-h)=\frac{h}{2\pi}\int_{0}^{\infty}\int_{0}^{2\pi}\frac{\Delta g(r,\alpha,0)r\mathrm{d}r\mathrm{d}\alpha}{(r^2+h^2)^{3/2}} \tag{3-15}$$

对于二度体剖面异常而言，式(3-14)变为

$$\Delta g(0,-h)=\frac{h}{\pi}\int_{-\infty}^{\infty}\frac{\Delta g(\xi,0)\mathrm{d}\xi}{\xi^2+h^2} \tag{3-16}$$

上述的(3-14)式、(3-16)式也可以用半空间狄里希莱问题的解来获得。

对(3-16)式分段积分并运用积分中值定理可得出向上延拓公式的一般形式为

$$\Delta g(0,-mh)=C_0\Delta g(0,0)+\sum_{n=1}^{\infty}C_n[\Delta g(nh,0)+\Delta g(-nh,0)] \tag{3-17}$$

向上延拓高度为 $h,2h,3h,4h$ 时的系数如表3-1所示。

表3-1　二度异常向上延拓系数表

延拓系数＼延拓高度	$-h$	$-2h$	$-3h$	$-4h$
C_0	0.295 2	0.156 0	0.105 1	0.079 2
C_1	0.165 2	0.126 9	0.095 0	0.074 6
C_2	0.066 0	0.080 4	0.073 6	0.063 6
C_3	0.032 5	0.049 5	0.053 3	0.051 0
C_4	0.019 0	0.032 1	0.038 4	0.039 9
C_5	0.012 4	0.022 1	0.028 2	0.031 1
C_6	0.008 7	0.016 0	0.021 3	0.024 6
C_7	0.006 4	0.012 1	0.016 5	0.019 6
C_8	0.004 9	0.009 4	0.013 1	0.015 9
C_9	0.003 9	0.007 5	0.010 6	0.013 2
C_{10}	0.003 2	0.006 1	0.008 8	0.011 0
C_{11}		0.005 1	0.007 4	0.009 3
C_{12}		0.004 3	0.006 3	0.008 0
C_{13}			0.005 4	0.006 9
C_{14}			0.004 7	0.006 0
C_{15}				0.005 3
C_{16}				0.004 7

重(磁)异常的向上延拓从(3-17)式来看是精确的,但为计算上部空间一个点的场值需要积分区间无限大,这是不实际的。实际计算时总是用有限项的和来近似这无限积分。因此向上延拓换算的准确度主要决定于参与计算的剖面长度。剖面越长、点数越多,计算精度越高。但从而造成剖面边缘的损失也越大。延拓的高度越高,为保证必要的准确就要求参与计算的点数也越多,因而带来的边缘损失也越大。

向上延拓是一种常用的处理方法。它的主要用途是削弱局部干扰异常,反映深部异常。我们知道,重磁场随距离的衰减速度与具剩余密度和磁性的地质体体积有关。体积大,重磁场衰减慢;体积小,重磁场衰减快。对于同样大小的地质体,磁场随距离衰减的速度与地质体埋深有关。埋深大,重磁场衰减慢;埋深小,重磁场衰减快。因此小而浅的地质体重磁场比大而深的地质体重磁场随距离衰减要快得多。这样就可以通过向上延拓来压制局部异常的干扰,反映出深部大的地质体。图3-13是内蒙某地用磁法普查超基性岩的实例。该地区浅部盖有一层不厚的玄武岩,使磁场表现为强烈的跳动。为压制玄武岩的干扰,将磁场向上延拓了500 m。由图可知,

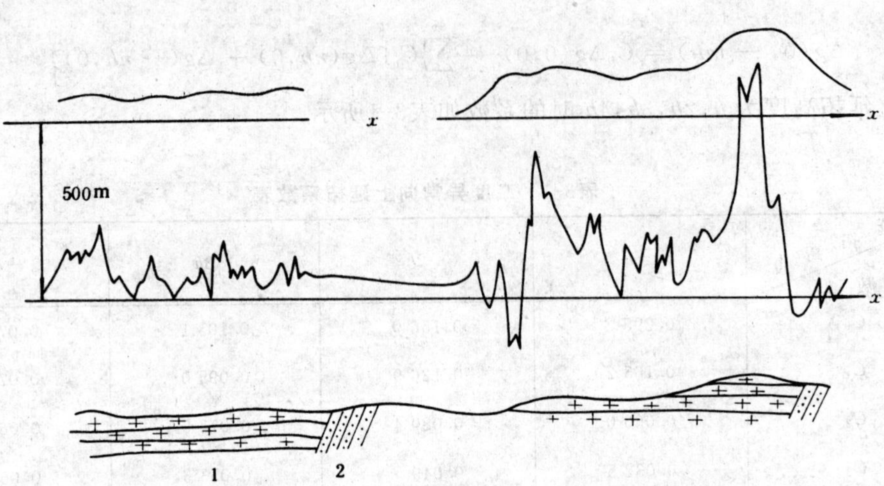

图3-13　用向上延拓压制浅部玄武岩异常的影响

1.玄武岩;2.沉积岩

向上延拓的磁场压制了玄武岩的干扰。同时右侧部分反映了深部的超基性岩磁场。图3-14用向上延拓压制了浅部矿体的异常,突出了深部盲矿体产生的低缓异常。

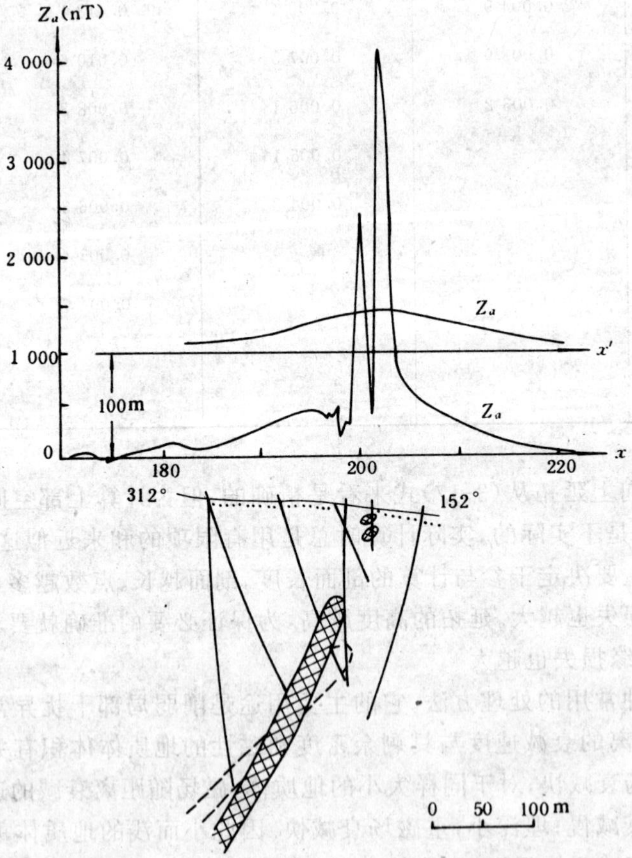

图3-14　用向上延拓压制浅部矿体的异常

通过向上延拓来研究深部磁性基底构造是其应用的一个重要方面。图3-15为华北地区航磁化极后向上延拓20 km 的磁场图。图中按磁场特征可以分为六个区，基本反映了华北地区深部构造的分区特征。

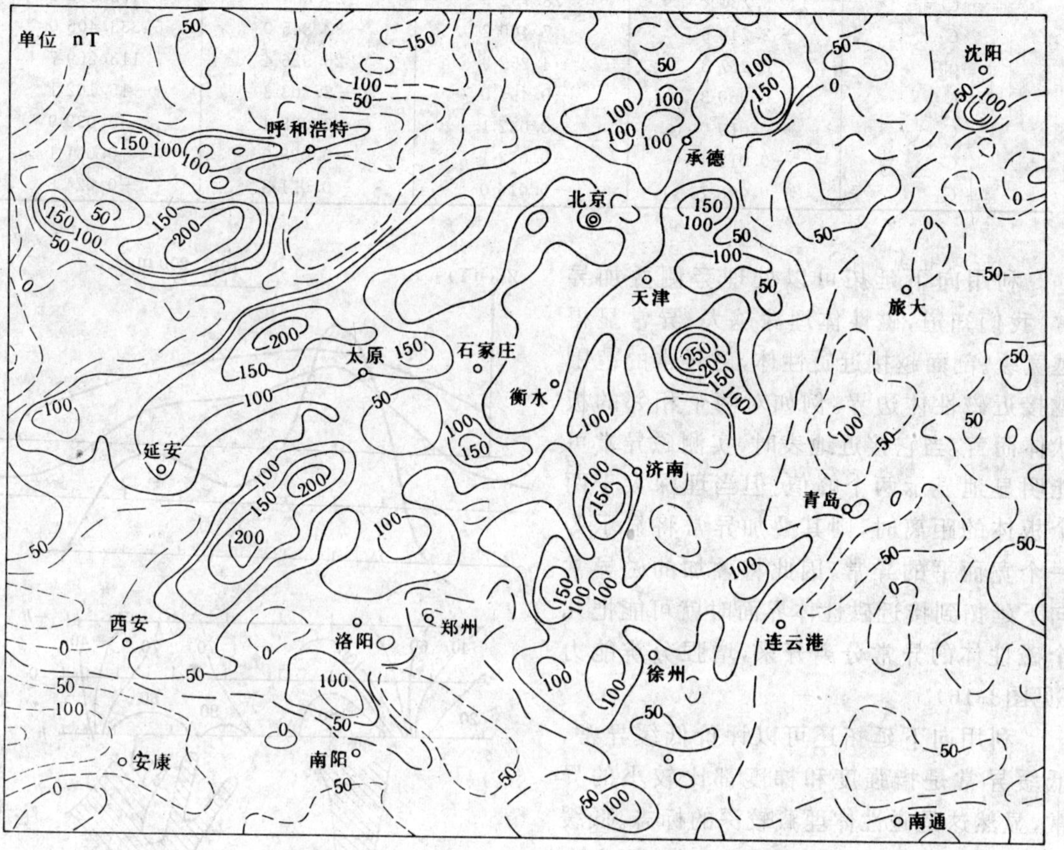

图3-15　华北地区航磁化极上延20 km 等值线图

二、向下延拓

向下延拓是由实测磁场向磁源方向延拓。从数学上知道，这时若边界值 $\Delta T(x,0)$ 有极微小的变化时，所得的解可以变化很大，即解是不稳定的。这是一类不适定问题，原苏联的吉洪诺夫用泛函分析方法讨论了解不适定问题的数学原理，但具体算法尚有待研究。野外实测数据总是有一定误差，这些误差就会在解中表现为很大的数，以致把真实的解掩盖掉。因此，按这种定义来进行向下延拓是很困难的。目前，在空间域进行向下延拓使用的是近似方法，如多项式插值、级数正则化、调和分析等。本节利用复数的拉格朗日插值多项式来推导二度向下延拓公式，类似地也可以得出向下延拓的系数及公式。

向下延拓公式的一般形式为

$$\Delta T(0,mh) = C_0\Delta T(0,0) + \sum_{n=1}^{\infty} C_n[\Delta T(nh,0) + \Delta T(-nh,0)] \quad (3-18)$$

与向上延拓相反，向下延拓时随着延拓深度的加大，一些浅的局部干扰或误差也迅速增大，使延拓曲线发生剧烈跳动，甚至出现振荡而无法利用。为了克服这种影响，往往将圆滑和延拓配合使用，在向下延拓之前要对异常进行圆滑。二度向下延拓系数如表3-2所示。

表3-2 二度向下延拓系数表

延拓高度 / 延拓系数	h	$2h$	$3h$	$4h$
C_0	5.260 4	28.732 9	129.894 9	472.143 1
C_1	−2.248 6	−17.460 2	−87.845 0	−333.406 0
C_2	0.267 3	4.252 9	26.926 4	113.269 7
C_3	−0.060 3	−0.494 0	−3.303 3	−15.162 1
C_4	−0.019 0	−0.032 1	−0.038 4	−0.039 9
C_5	−0.012 4	−0.022 1	−0.028 2	−0.031 1
C_6	−0.008 7	−0.016 0	−0.021 3	−0.024 6

利用向下延拓可以处理旁侧叠加异常。我们知道，磁性体埋深越大，异常显得越宽缓。剖面越接近磁性体，磁异常的范围越接近磁性体边界。例如对两个相邻的板状体而言，当它接近地表时，实测磁异常可能明显地显示两个峰值。但当埋深大于两个板体的距离时，则其叠加异常将显示为一个宽而平的异常。因此将叠加的磁异常向下延拓到接近磁性体界面时就可能把几个磁性体的异常分离开来，增强分辨能力(见图3-16)。

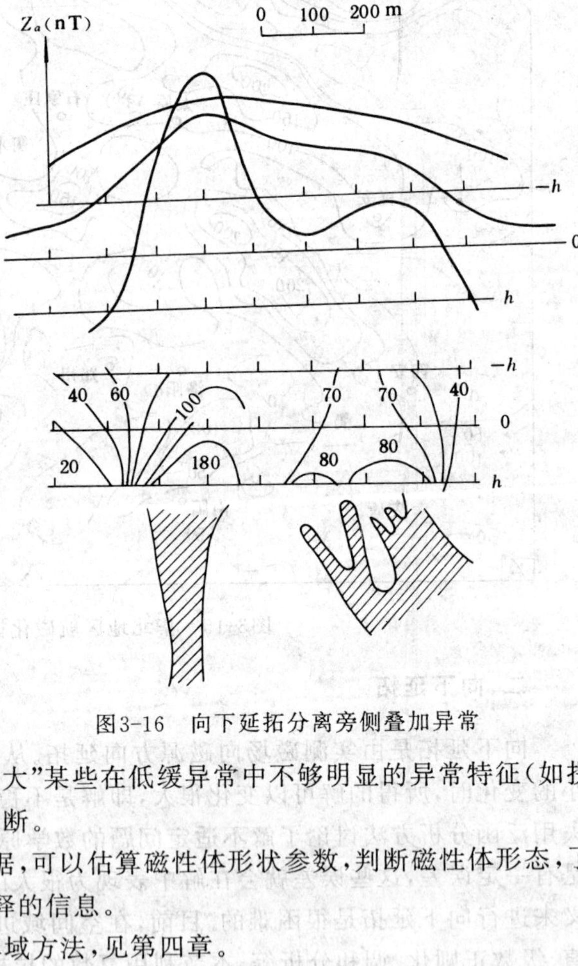

图3-16 向下延拓分离旁侧叠加异常

利用向下延拓还可以评价低缓异常，低缓异常是指强度和梯度都比较小的异常，显然这是磁性体埋藏较深的标志。低缓异常的某些异常特征是不明显的，用它来进行解释推断有一定困难。解决这一困难的办法就是向下延拓。向下延拓一方面可以突出叠加在区域背景上的局部异常，使之尽量少受区域场的影响；另一方面可以"放大"某些在低缓异常中不够明显的异常特征(如拐点、极值点、零值点等)，有利于进一步解释推断。

此外，利用延拓到不同高度上的异常数据，可以估算磁性体形状参数，判断磁性体形态，了解场源以上场的空间分布等，以增加推断解释的信息。

三度异常的向下延拓常用的方法是频率域方法，见第四章。

§3.3 磁异常的分量换算

在磁异常推断解释中，有时需要磁场的多种分量，增加解释信息。如利用 Z_a 和 H_a 可以作参量图以判断磁性体形态等。有时需要简化磁异常特征，以方便推断解释。但是，实际磁测工作中一般只测某一种分量 Z_a 或 ΔT。

同平面 Z_a 与 H_a 的互算，为解决这个问题需要利用拉普拉斯方程诺依曼问题的解。诺依曼

问题为

$$\begin{cases}\Delta u = 0 \\ \left.\dfrac{\partial u}{\partial n}\right|_{z=0} = \varphi\end{cases} \tag{3-19}$$

对二度问题只需考虑 xOz 平面，称为半平面诺依曼问题。其基本解为

$$u(x,z) = -\frac{1}{\pi}\int_{-\infty}^{\infty}\frac{\partial u(\xi,0)}{\partial z}\ln\sqrt{(\xi-x)^2+z^2}\,d\xi \tag{3-20}$$

由于 $Z_a = -\dfrac{\mu_0}{4\pi}\dfrac{\partial u}{\partial z}$, $H_a = -\dfrac{\mu_0}{4\pi}\dfrac{\partial u}{\partial x}$，故由上式可得

$$H_a(x,z) = -\frac{1}{\pi}\int_{-\infty}^{\infty} Z_a(\xi,0)\frac{\partial}{\partial x}\ln\sqrt{(\xi-x)^2+z^2}\,d\xi$$

$$= \frac{1}{\pi}\int_{-\infty}^{\infty} Z_a(\xi,0)\frac{\xi-x}{(\xi-x)^2+z^2}d\xi$$

在同平面上换算，$z=0$，又设计算点为坐标原点，即 $x=0$，因此上式成为

$$H_a(0,0) = \frac{1}{\pi}\int_{-\infty}^{\infty}\frac{Z_a(\xi,0)}{\xi}d\xi \tag{3-21}$$

这就是由 Z_a 换算 H_a 的公式(上式的积分是奇异积分，在主值范围内是收敛的)。

为计算上述积分，把各分区间分成五个部分：$-\infty \sim -\xi_N$，$-\xi_N \sim \xi_1$；$-\xi_1 \sim \xi_1$，$\xi_1 \sim \xi_N$，$\xi_N \sim \infty$，在 $-\xi_1 \sim \xi_1$ 的小区间内设 Z_a 呈线性变化，$Z_a(\xi,0) = Z_a(0,0) + p\xi$，则

$$\int_{-\xi_1}^{\xi_1}\frac{Z_a(\xi,0)}{\xi}d\xi = 2p\xi_1$$

而 $Z_a(\xi_1,0) = Z_a(0,0) + p\xi_1$，$Z_a(-\xi_1,0) = Z_a(0,0) - p\xi_1$

故可得到

$$\int_{-\xi_1}^{\xi_1}\frac{Z_a(\xi,0)}{\xi}d\xi = Z_a(\xi_1,0) - Z_a(-\xi_1,0) \tag{3-22}$$

在 $\xi_1 \sim \xi_N$ 区间把它分成许多等间距小区间：$\xi_1 \sim \xi_2$，$\xi_2 \sim \xi_3$，…，$\xi_{N-1} \sim \xi_N$。在每个小区间中设 Z_a 也呈线性变化，即区间两个端点平均值等于该区间的中值。那么由积分中值定理可以导出

$$\int_{\xi_1}^{\xi_2}\frac{Z_a(\xi,0)}{\xi}d\xi = \frac{Z_a(\xi_1,0)+Z_a(\xi_2,0)}{2}\ln\frac{\xi_2}{\xi_1}$$

从而可得到

$$\int_{\xi_1}^{\xi_N}\frac{Z_a(\xi,0)}{\xi}d\xi = \frac{1}{2}\Big[Z_a(\xi_1,0)\ln\frac{\xi_2}{\xi_1} + Z_a(\xi_2,0)\ln\frac{\xi_3}{\xi_1} + Z_a(\xi_3,0)\ln\frac{\xi_4}{\xi_2} + \cdots$$

$$+ Z_a(\xi_{N-1},0)\ln\frac{\xi_N}{\xi_{N-2}} + Z_a(\xi_N,0)\ln\frac{\xi_N}{\xi_{N-1}}\Big] \tag{3-23}$$

在 $\xi_N \sim \infty$ 区间，设磁异常按平方反比衰减，即 $Z_a(\xi) = Z_a(\xi_N)\dfrac{\xi_N^2}{\xi^2}$，则

$$\int_{\xi_N}^{\infty}\frac{Z_a(\xi,0)}{\xi}d\xi = \frac{1}{2}Z_a(\xi_N,0) \tag{3-24}$$

$-\infty \sim -\xi_N$ 和 $-\xi_N \sim -\xi_1$ 区间的积分，变换积分限后取负值，则积分式与 $\xi_1 \sim \xi_N$，$\xi_N \sim \infty$ 区间积分相同。将这些区间积分值累加，即得到(3-21)式积分值为

$$H_a(0,0) = \sum_{i=1}^{N} a_i[Z_a(\xi_i,0) - Z_a(-\xi_i,0)] \tag{3-25}$$

式中 $a_1 = \dfrac{1}{\pi}\left(1+\dfrac{1}{2}\ln\dfrac{\xi_2}{\xi_1}\right)$； $a_i = \dfrac{1}{2\pi}\ln\dfrac{\xi_{i+1}}{\xi_{i-1}}$； $a_N = \dfrac{1}{2\pi}\left(1+\ln\dfrac{\xi_N}{\xi_{N-1}}\right)$

若取 $N=10$，以点距为单位划分区间时，系数 a_i 的值如表 3-3 所示。

表3-3　Z_a 换算 H_a 的系数表

ξ_i	1	2	3	4	5	6	7	8	9	10
a_i	0.428 6	0.174 9	0.110 3	0.081 3	0.064 5	0.053 6	0.045 8	0.040 0	0.035 5	0.175 9

根据(3-25)式可知，在计算中不用 $Z_a(0,0)$ 的值。最后一个点的系数很大，因为它考虑了由这个点一直到无穷远的影响。

由 H_a 计算 Z_a 的公式为

$$Z_a(0,0) = -\frac{1}{\pi}\int_{-\infty}^{\infty}\frac{H_a(\xi,0)}{\xi}\mathrm{d}\xi \tag{3-26}$$

它与(3-21)式形式一样，只差一个符号，因此可写成

$$Z_a(0,0) = -\sum_{i=1}^{N} a_i[H_a(\xi_i,0) - H_a(-\xi_i,0)] \tag{3-27}$$

式中系数 a_i 也如表3-3所示。

在复杂磁异常的解释中，同时使用 Z_a 和 H_a 两个要素进行解释，会使问题易于解决，或提高解释的可靠性。如判断磁性体形状和磁化方向；对二度异常用 Z_a 与 H_a 合成 T_a，则可以在受地形影响的情况下推断磁性体的形状和位置；用 Z_a 与 H_a 互算作正常场的改正等。

§3.4　重磁异常的导数换算

在重力异常数据处理中，有时需要将布格重力异常换算成它的各阶导数，如 V_{xz}、$V_{zz}(g_z)$ 和 $V_{zzz}(g_{zz})$ 等，其目的是：

(1)重力异常的导数在不同形状地质体上有不同的特征，有助于对异常的解释(如解台阶的反问题)和分类；

(2)重力异常的导数可以突出浅而小的地质体的异常特征而压制区域性深部地质因素的影响，在一定程度上可以划分不同深度和大小异常源产生的叠加异常，且导数的次数越高，这种分辨能力就越强(见图3-17)；

(3)重力高阶导数可以将几个互相靠近、埋深相差不大的相邻地质因素引起的叠加异常划分开来，如图3-18所示。

这些功能主要是因为导数阶次越高，则异常随中心埋深加大而衰减越快，从水平方向来看，基于同样道理，阶次越高的异常范围越小，因而无论从垂向看或从水平方向看，高阶导数异常的分辨能力都提高了。

一、简单导数异常物理意义

磁异常导数已经广泛地应用于磁异常的解释。它是压制区域场、圈定局部场、分离叠加异常的常用方法。从导数异常的物理意义就很容易看到它的这些特点。

当 Δx, Δz 很小时，磁异常的一阶导数可近似写成下式：

$$\begin{aligned}\frac{\partial \Delta T}{\partial x} &= \frac{\Delta T(x+\Delta x) - \Delta T(x)}{\Delta x}\\ \frac{\partial \Delta T}{\partial z} &= \frac{\Delta T(z+\Delta z) - \Delta T(z)}{\Delta z}\end{aligned} \tag{3-28}$$

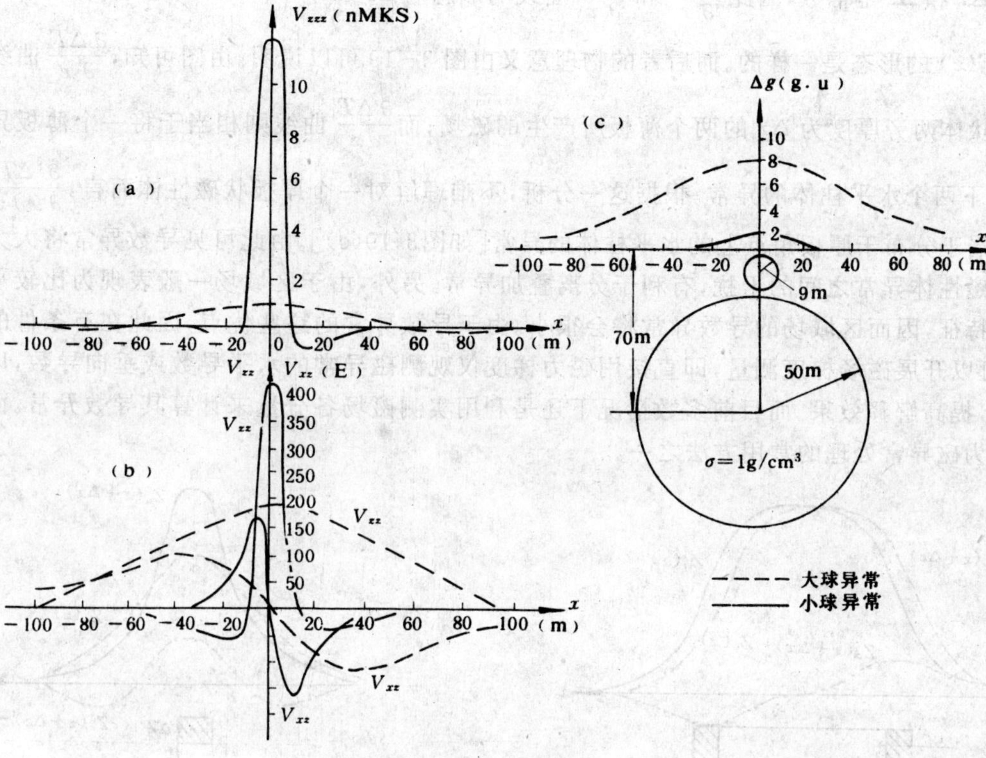

图3-17　不同大小、不同埋深的球体上方 Δg、V_{xz}、V_{zz} 及 V_{zzz} 异常对比

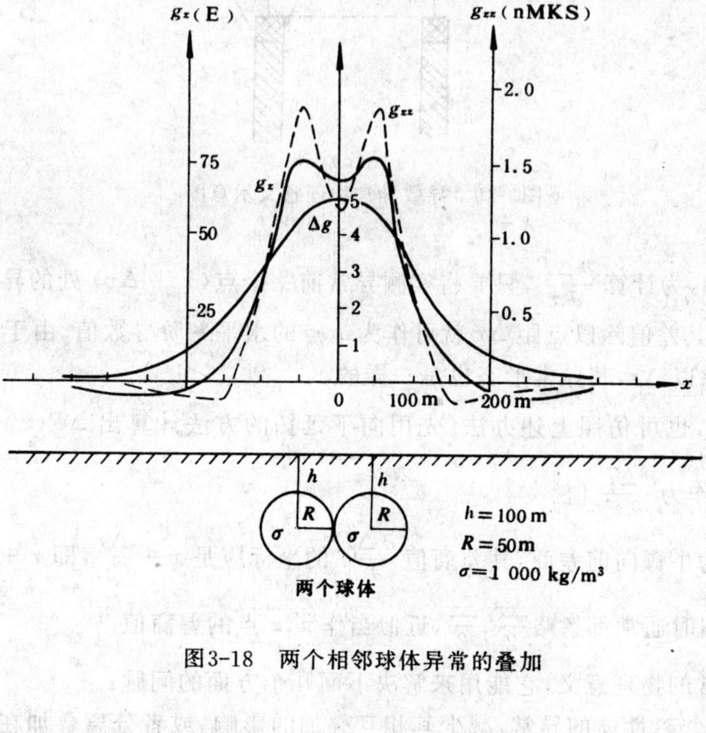

图3-18　两个相邻球体异常的叠加

由于 Δx 和 Δz 是常数，因此$\frac{\partial \Delta T}{\partial x}$ 和$\frac{\partial \Delta T}{\partial x}$ 曲线的形态与 $\Delta T(x+\Delta x)-\Delta T(x)$ 和 $\Delta T(z+\Delta z)-\Delta T(z)$ 的形态是一样的。而后者的物理意义由图 3-19 可以说明。由图可知，$\frac{\partial \Delta T}{\partial x}$ 曲线相当于板状体两旁厚度为 Δx 的两个薄板所产生的磁场；而$\frac{\partial \Delta T}{\partial z}$ 曲线则相当于将一个薄板异常变成上下两个水平柱体的异常。根据这一分析，不难理解对一个厚板状磁性体而言，$\frac{\partial^2 \Delta T}{\partial x \partial z}$ 曲线就相当于分布于厚板角点上的水平柱体的异常［如图3-19(c)］。由此可见导数异常将大大减少相邻磁性体异常之间的干扰，有利于分离叠加异常。另外，由于区域场一般表现为比较平缓的磁场特征，因而区域场的导数异常将会很小。由于导数异常的这些优点，因此在有条件的情况下，可以开展磁场梯度测量，即直接用磁力梯度仪观测磁异常的水平导数或垂向导数，以补充信息，提高解释效果。而目前多数情况下还是利用实测磁场各分量来计算其导数异常。而且这已成为磁异常处理的常用方法之一。

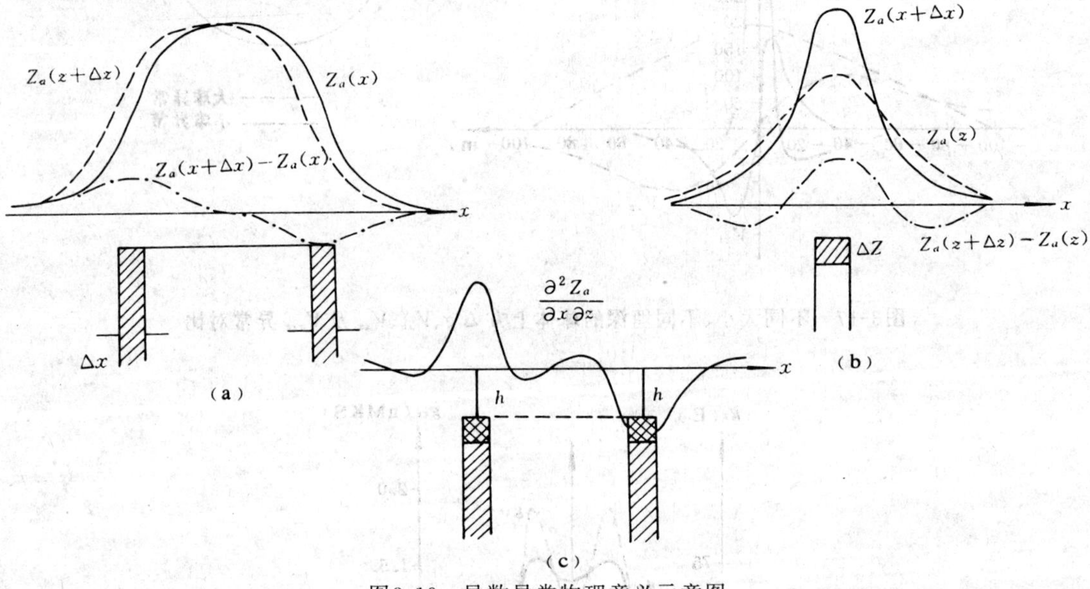

图3-19　导数异常物理意义示意图

由(3-28)式知，为计算 $\frac{\partial \Delta T}{\partial x}$，只要将实测异常前一个点$(x+\Delta x)$处的异常值减去后一个点 x 处的异常值，其差值除以点距 Δx 就可作为 x 点的水平一阶导数值。由于 Δx 是一个常数，因此上述差值不除以 Δx，其异常形态也是一样的。

计算 $\frac{\partial \Delta T}{\partial z}$ 时，也可仿照上述办法。先用向下延拓的方法计算出 $\Delta T(z+\Delta z)$，然后减去 $\Delta T(z)$，其差值就作为$\frac{\partial \Delta T}{\partial z}$ 值。

(3-28)式称为牛顿向前差商，其差商值 $\frac{\partial \Delta T}{\partial x}$ 的坐标应是 $x+\frac{\Delta x}{2}$，即 $x+\Delta x$ 与 x 的中点，$\frac{\partial \Delta T}{\partial z}$ 也类似，作图时通常都忽略$\frac{\Delta x}{2}$，$\frac{\Delta z}{2}$，近似当作 x，z 点的差商值。

根据导数异常的物理意义，它能用来解决下面几个方面的问题：

(1)能区分相邻磁性体的异常，减少其相互叠加的影响。或者分离叠加在背景场中的局部

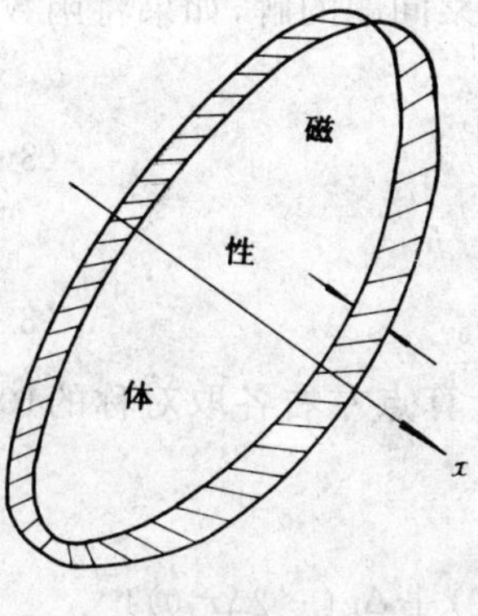

图3-20　似二度异常的导数异常转化为二度异常示意图

场。

(2)能减轻磁性围岩的干扰。因为磁性围岩异常经过导数换算后，异常的幅度和范围都会大大减小。

(3)可以将某些非二度异常转化为二度异常来进行解释。如图3-20所示之椭圆状磁性体，当其磁异常沿 x 方向求一阶导数后，则相当于它的两侧边缘磁性体所产生的磁异常。显然这种异常更符合二度异常的条件。因而可以用二度异常来进行解释。

(4)能消除正常场背景值的影响。因为正常背景值的微商为零，因此对磁异常换算成导数异常后正常背景值就消失。

(5)用垂向二阶导数圈定磁性体的范围和位置。分析厚板状磁性体异常公式可知，其垂向二阶导数的零值点恰好为其边界的位置。对于一般棱柱体异常也具有同样的特点。因此，若将实测异常换算成垂直磁化，再计算其垂向二阶导数后，其零值线基本上反映了磁性体的范围。

二、V_{xz} 的换算

由 V_{xz} 的物理意义可知，V_{xz} 实际是 $V_z(\Delta g)$ 在 x 方向的变化率，其表达式可为

$$(V_{xz})_0 = \frac{\Delta g(\Delta x) - \Delta g(-\Delta x)}{2\Delta x}$$

式中：$(V_{xz})_0$ 表示两点相距为 $2\Delta x$ 时，中间点0的平均变化率，当然这只能近似代表水平梯度。

若想提高计算的精度，可用最小二乘法对实测值进行函数拟合，然后对 x 求导数即可。下面具体介绍其原理。

设坐标原点定在计算点上，并令

$$\Delta g(x) = \sum_{k=0}^{m} a_k x^k \tag{3-29}$$

对式(3-29)的 x 求导数得

$$V_{xz}(x) = \Delta g'(x) = \sum_{k=0}^{m} k a_k x^{k-1} \tag{3-30}$$

显然在 $x=0$ 点的 Δg 对 x 的导数是 $V_{xz}(0) = a_1$。当 $m=2$ 时，用5个及7个点计算的公式分别如下：

(1) $m=2, n=5$ 时的表达式为

$$V_{xz}(0) = a_1 = \frac{1}{10\Delta x}[\Delta g(\Delta x) - \Delta g(-\Delta x)] + \frac{1}{5\Delta x}[\Delta g(2\Delta x) - \Delta g(-2\Delta x)]$$

(2) $m=2, n=7$ 时的表达式为

$$V_{xz}(0) = a_1 = \frac{3}{28\Delta x}[\Delta g(3\Delta x) - \Delta g(-3\Delta x)] + \frac{1}{14\Delta x}[\Delta g(2\Delta x) - \Delta g(-2\Delta x)] + \frac{1}{28\Delta x}[\Delta g(\Delta x) - \Delta g(-\Delta x)]$$

上述两式中的 Δx 为取数点距，$\Delta g(\pm\Delta x)$，$\Delta g(\pm 2\Delta x)$，… 分别为剖面上距离计算点为 $\pm\Delta x$，$\pm 2\Delta x$，… 处的重力异常值。

(3)当 m、n 分别取不同值时，还可以导出其他一系列公式。

1. $V_{zz}(g_z)$ 的换算

(1)剖面上的换算。由位论知识可知,对于上半平面的狄里希莱问题的解,如果将函数改为 Δg,则为

$$\Delta g(x, -z) = \frac{z}{\pi}\int_{-\infty}^{\infty}\frac{\Delta g(\xi,0)}{(\xi - x)^2 + z^2}\mathrm{d}\xi \tag{3-31}$$

将上式对 z 求导,并令式中 $x = z = 0$,就有

$$V_{zz}(0,0) = \frac{1}{\pi}\int_{-\infty}^{\infty}\frac{\Delta g(\xi,0)}{\xi^2}\mathrm{d}\xi \tag{3-32}$$

对式(3-32)进行与式(3-33)相近似的数值积分办法,可得到在计算点左右各取对称的10个点时计算 $V_{zz}(0,0)$ 的公式

$$\begin{aligned}V_{zz}(0,0) = {} & 1.273\,2\Delta g(0,0) \\ & - 0.397\,9[\Delta g(\Delta x,0) + \Delta g(-\Delta x,0)] - 0.106\,1[\Delta g(2\Delta x,0) + \Delta g(-2\Delta x,0)] \\ & - 0.039\,8[\Delta g(3\Delta x,0) + \Delta g(-3\Delta x,0)] - 0.021\,2[\Delta g(4\Delta x,0) + \Delta g(-4\Delta x,0)] \\ & - 0.013\,3[\Delta g(5\Delta x,0) + \Delta g(-5\Delta x,0)] - 0.009\,1[\Delta g(6\Delta x,0) + \Delta g(-6\Delta x,0)] \\ & - 0.006\,6[\Delta g(7\Delta x,0) + \Delta g(-7\Delta x,0)] - 0.005\,1[\Delta g(8\Delta x,0) + \Delta g(-8\Delta x,0)] \\ & - 0.004\,0[\Delta g(g\Delta x,0) + \Delta g(-9\Delta x,0)] - 0.002\,4[10\Delta x,0) + \Delta g(-10\Delta x,0)]\end{aligned} \tag{3-33}$$

(2)平面上的换算。根据前面介绍的式(3-13)对 z 求二次导数并采用柱坐标时,原点上方点 $P(0,0,-h)$ 的 V_{zz} 表达式为

$$V_{zz}(0,0,-h) = -\frac{1}{2\pi}\int_0^{2\pi}\mathrm{d}\alpha\int_0^{\infty}\Delta g(r,\alpha,0)\frac{(r^2 - 2h^2)r}{(r^2 + h^2)^{5/2}}\mathrm{d}r \tag{3-34}$$

令 $\overline{\Delta g}(r,0)$ 为半径等于 r 圆周上的重力异常平均值,即

$$\overline{\Delta g}(r,0) = \frac{1}{2\pi}\int_0^{2\pi}\Delta g(r,\alpha,0)\mathrm{d}\alpha$$

则式(3-34)变为

$$V_{zz}(0,0,-h) = -\int_0^{\infty}\overline{\Delta g}(r,0)\frac{(r^2 - 2h^2)r}{(r^2 + h^2)^{5/2}}\mathrm{d}r \tag{3-35}$$

式(3-35)就是利用地面上的实测重力异常换算到高于地面 h 处的 $V_{zz}(0,0,-h)$ 的计算公式。

当 $h = 0$ 时,可得 $V_{zz}(0,0,0)$ 的表达式为

$$V_{zz}(0,0,0) = -\int_0^{\infty}\overline{\Delta g}(r,0)\frac{1}{r^2}\mathrm{d}r \tag{3-36}$$

考虑到用一常数 $\Delta g(0,0,0)$ 减去 $\overline{\Delta g}(r,0)$ 再去积分,对 V_{zz} 计算无影响,所以式(3-36)可变成

$$V_{zz}(0,0,0) = \int_0^{\infty}[\Delta g(0,0,0) - \overline{\Delta g}(r,0)]\frac{1}{r^2}\mathrm{d}r \tag{3-37}$$

计算式(3-37)时可分为三段来进行,即 $0 \sim r_1, r_1 \sim r_m, r_m \sim \infty$,然后求和。

①计算 $(0 \sim r_1)$ 的积分,并用 I_1 表示为

$$\begin{aligned}I_1 &= \int_0^{r_1}[\Delta g(0,0,0) - \overline{\Delta g}(r,0)]\frac{\mathrm{d}r}{r^2} \\ &= \frac{1}{r_1}[\Delta g(0,0,0) - \overline{\Delta g}(r,0)]\end{aligned}$$

当 r_1 很小时,$\Delta g(0,0,0) \doteq \overline{\Delta g}(r,0)$,故 $I_1 = 0$。

②计算 $(r_1 \sim r_m)$ 的积分,并用 I_2 表示,再次利用分段积分求和为

$$I_2 = \sum_{i=1}^{m}\int_{r_i}^{r_{i+1}}[\Delta g(0,0,0) - \overline{\Delta g}(r_i,0)]\frac{\mathrm{d}r}{r^2}$$

$$= \sum_{i=1}^{m} [\Delta g(0,0,0) - \overline{\Delta g}(r_i,0)] \left(\frac{1}{r_i} - \frac{1}{r_{i+1}} \right)$$

为使积分的近似程度更高，在 $r_i \sim r_{i+1}$ 的区间内以几何平均值 $\sqrt{r_i r_{i+1}}$ 为半径的圆周上的重力异常平均值 $\overline{\Delta g}(\sqrt{r_i r_{i+1}},0)$ 代替上式中的 $\overline{\Delta g}(r_i,0)$，则上式变为

$$I_2 = \sum_{i=1}^{m} [\Delta g(0,0,0) - \overline{\Delta g}(\sqrt{r_i r_{i+1}},0)] \frac{r_{i+1} - r_i}{r_i r_{i+1}}$$

$$= \sum_{i=1}^{m} [\Delta g(0,0,0) - \overline{\Delta g}(\sqrt{r_i r_{i+1}},0)] \frac{\Delta r}{r_i + r_{i+1}} \tag{3-38}$$

③计算 $(r_m \sim r_\infty)$ 的积分 I_3 为

$$I_3 = [\Delta g(0,0,0) - \overline{\Delta g}(r_m,0)] \frac{1}{r_m}$$

当 r_m 很大时，$I_3 \Rightarrow 0$。

由此可得

$$V_{zz}(0,0,0) = I_2$$

令 $k_i = \dfrac{\Delta r}{r_i r_{i+1}}$，则

$$V_{zz}(0,0,0) = \sum_{i=1}^{m} k_i [\Delta g(0,0,0) - \overline{\Delta g}(\sqrt{r_i r_{i+1}},0)] \tag{3-39}$$

式(3-39)中：$\Delta g(0,0,0)$ 为计算点上的重力异常值；$\overline{\Delta g}(\sqrt{r_i r_{i+1}},0)$ 为以 $\sqrt{r_i r_{i+1}}$ 为半径、以计算点为圆心的圆周上的重力异常平均值；k_i 为各圆环的系数。

具体计算时，可借助同心圆取数量板来进行。若量板的半径为 r_i 和 r_{i+1}、取数半径为 $r = \sqrt{r_i r_{i+1}}$，并以 km 为单位，则各环相应系数见表3-4。

表3-4 各环相应系数

环数 i	r_i (km)	r_{i+1} (km)	取数半径 $r=\sqrt{r_i r_{i+1}}$ (km)	Δr (km)	k_i (km^{-1})
1	0.1	0.4	0.2	0.3	7.5
2	0.4	0.8	0.57	0.4	1.25
3	0.8	1.4	1.06	0.6	0.54
4	1.4	2.2	1.75	0.8	0.26
5	2.2	3.4	2.73	1.2	0.16
6	3.4	4.8	4.04	1.4	0.09
7	4.8	6.6	5.63	1.8	0.06
8	6.6	8.6	7.53	2.0	0.04
9	8.6	11.6	9.99	3.0	0.03
10	11.6	15.6	13.45	4.0	0.02
11	15.6	21.6	18.36	6.0	0.02

将表中的 k_i 依次代入式(3-39)，当 Δg 以 g.u. 为单位，V_{zz} 以 $E(cm \cdot s^{-2}/m)$ 为单位时，得下列具体 V_{zz} 计算式

$$V_{zz}(0,0,0)=g_z=10.0\,\Delta g(0)-[7.5\,\overline{\Delta g}(0.2)+1.25\,\overline{\Delta g}(0.57)$$
$$+0.54\,\overline{\Delta g}(1.06)+0.26\,\overline{\Delta g}(1.75)+0.16\,\overline{\Delta g}(2.73)$$
$$+0.09\,\overline{\Delta g}(4.04)+0.06\,\overline{\Delta g}(5.63)+0.04\,\overline{\Delta g}(7.53)$$
$$+0.03\,\overline{\Delta g}(9.99)+0.02\,\overline{\Delta g}(13.45)+0.02\,\overline{\Delta g}(18.36)$$
$$+\cdots] \tag{3-40}$$

2. $V_{zzz}(g_{zz})$ 的换算

已知在场源外部,引力位是空间坐标的调和函数,满足拉普拉斯方程,即

$$\Delta^2 V=\frac{\partial^2 V}{\partial x^2}+\frac{\partial^2 V}{\partial y^2}+\frac{\partial^2 V}{\partial z^2}=0$$

对于 $\dfrac{\partial V}{\partial z}$,由于

$$\Delta^2\left(\frac{\partial V}{\partial z}\right)=\frac{\partial}{\partial z}\left(\frac{\partial^2 V}{\partial x^2}+\frac{\partial^2 V}{\partial y^2}+\frac{\partial^2 V}{\partial z^2}\right)=0$$

所以在场源外部空间有

$$\frac{\partial^3 V}{\partial x^2\partial z}+\frac{\partial^3 V}{\partial y^2\partial z}+\frac{\partial^3 V}{\partial z^3}=0$$

其中

$$\frac{\partial^3 V}{\partial x^2\partial z}=\frac{\partial^2 g}{\partial x^2},\quad \frac{\partial^3 V}{\partial y^2\partial z}=\frac{\partial^2 g}{\partial y^2},\quad \frac{\partial^3 V}{\partial^3 z}=\frac{\partial^2 g}{\partial^2 z}$$

代入上式解得

$$\frac{\partial^2 g}{\partial^2 z}=-\left(\frac{\partial^2 g}{\partial x^2}+\frac{\partial^2 g}{\partial y^2}\right)$$

至今,导出的 g_{zz} 计算公式很多,然而基本原理相似,下面具体介绍几个常用公式。

若用符号 $\overline{g}(R)$ 表示以坐标原点 O 为圆心,R 为半径的一个圆周上重力异常的平均值,则

$$\overline{g}(R)=\frac{1}{2\pi}\int_0^{2\pi} g(R,\alpha)\mathrm{d}\alpha \tag{3-41}$$

式中 $g(R,\alpha)$ 为圆周上某一点的重力值,由于它是坐标位置的调和函数,因此,当 R 不大时,$g(R,\alpha)$ 可以写成对坐标原点的台劳展开式

$$g(R,\alpha)=g(x,y)=g(0,0)+\left(\frac{\partial g}{\partial x}\right)_0 x+\left(\frac{\partial g}{\partial y}\right)_0 y$$
$$+\frac{1}{2!}\left[\left(\frac{\partial^2 g}{\partial x^2}\right)_0 x^2+\left(\frac{\partial^2 g}{\partial y^2}\right)_0 y^2+2\left(\frac{\partial^2 g}{\partial x\partial y}\right)xy\right]$$
$$+\frac{1}{3!}\left[\left(\frac{\partial^3 g}{\partial x^3}\right)_0 x^3+\cdots\right]+\frac{1}{4!}\left[\left(\frac{\partial^4 g}{\partial x^4}\right)_0 x^4+\cdots\right]+\cdots$$

考虑到 $x=R\cos\alpha, y=R\sin\alpha$,并将上式代入式(3-41)直接积分后得

$$\overline{g}(R)=a_0+a_1R^2+a_2R^4+\cdots \tag{3-42}$$

其中 R 的奇次项在积分后代入上、下限时均已消去。a_0, a_1, a_2 的表达式为

$$\left.\begin{aligned}
a_0&=g(0,0)\\
a_1&=\frac{1}{4}\left[\left(\frac{\partial^2 g}{\partial x^2}\right)_0+\left(\frac{\partial^2 g}{\partial y^2}\right)_0\right]=-\frac{1}{4}\left(\frac{\partial^2 g}{\partial z^2}\right)_0\\
a_2&=\frac{1}{64}\left[\left(\frac{\partial^4 g}{\partial x^4}\right)_0+\left(2\frac{\partial^4 g}{\partial x^2\partial y^2}\right)_0+\left(\frac{\partial^4 g}{\partial y^4}\right)_0\right]
\end{aligned}\right\} \tag{3-43}$$

这样,计算原点 O 的重力垂向二次导数的问题,就变成了确定式(3-42)中的系数 a_1 了。求得 a_1 再乘上(−4),就可得到计算点的 g_{zz} 值,即

$$g_{zz} = \frac{\partial^2 g}{\partial z^2} = -4a_1$$

当采用不同方法确定系数 a_1 时，就可以得到不同的计算公式。

(1)哈克(Healck)公式。在公式(3-42)中略去 R^4 及 R^4 以上的各项，则有

$$\overline{g}(R) = a_0 + a_1R^2 = g(0) + a_1R^2$$

即

$$a_1 = \frac{1}{R^2}[\overline{g}(R) - g(0)]$$

由此可导出哈克公式为

$$g_{zz} = -4a_1 = \frac{4}{R^2}[g(0) - \overline{g}(R)] \tag{3-44}$$

(2)艾勒金斯(Elkins)公式。同理，当略去式(2-42)中高次项，得 $\overline{g}(R) = a_0 + a_1R^2$。并分别取半径为 R，$\sqrt{2}R$，$\sqrt{5}R$ 的圆周上的 $\overline{g}(R)$ 值代入上式，得到

$$\left.\begin{aligned} g(0) &= a_0 \\ \overline{g}(R) &= a_0 + a_1R^2 \\ \overline{g}(\sqrt{2}R) &= a_0 + 2a_1R^2 \\ \overline{g}(\sqrt{5}R) &= a_0 + 5a_1R^2 \end{aligned}\right\} \tag{3-45}$$

用最小二乘法从上面四式中解出 a_1 再乘以(-4)，即得艾勒金斯第Ⅱ公式为

$$g_{zz} = \frac{1}{28R^2}[16g(0) + 8\overline{g}(R) - 24\overline{g}(\sqrt{5}R)] \tag{3-46}$$

若将 $g(0) = a_0$ 代入式(3-45)中的后三式，并用最小二乘法求解 a_1 又得艾勒金斯第Ⅰ公式

$$g_{zz} = \frac{1}{60R^2}[64g(0) - 8\overline{g}(R) - 16\overline{g}(\sqrt{2}R) - 40\overline{g}(\sqrt{5}R)] \tag{3-47}$$

当考虑到外围的重力异常值对计算结果影响较小，故在最小二乘法运算时，对半径 $\sqrt{5}R$ 的圆周只给以1/2的权时，又可得艾勒金斯第Ⅲ公式为

$$g_{zz} = \frac{1}{62R^2}[44g(0) + 16\overline{g}(R) - 12\overline{g}(\sqrt{2}R) - 48\overline{g}(\sqrt{5}R)] \tag{3-48}$$

(3)罗森巴赫(Rosenbach)公式。该公式考虑到了重力四次导数的影响，并用克莱姆法则求 g_{zz} 值，最后所得公式为

$$g_{zz} = \frac{1}{24R^2}[96g(0) - 728\overline{g}(R) - 32\overline{g}(\sqrt{2}R) + 8\overline{g}(\sqrt{5}R)] \tag{3-49}$$

由上可知，各种公式的推导，其原理一致，都采用级数逼近的近似解，只在处理方法上各不相同，从而计算的效果也不同。罗森巴赫公式在推导中因保留了四次导数项，且是直接解出 g_{zz} 的，故具有精度较高的优点，但同时对局部干扰也十分敏感，故一般适用于精度较高情况的重力资料处理；而艾勒金斯公式只保留了 R^2 项，又用最小二乘法求解，起了平滑的作用，故计算结果精度较低，异常幅值衰减很大，但受局部干扰的影响也小，因而适应精度较低、较平缓的异常处理。

这些公式的取数点位置见取数量板图 3-21。

下面讨论 g_{zz} 的计算误差。其误差主要来源有两个方面，首先在于利用级数展开式的各公式中忽略的项数不同(又称截断误差)，其结果的误差也不同，并且 R 越大时，误差越大；有时即使半径 R 相同，但不同公式对不同计算对象的误差也不相同。图 3-22 表明了这种关系。图中实线为不同公式对球体进行计算的 $B(n)$ 值与 R/h 的关系，$B(n)$ 为 $(g_{zz计}/g_{zz理})_{max}$，该图中虚线为

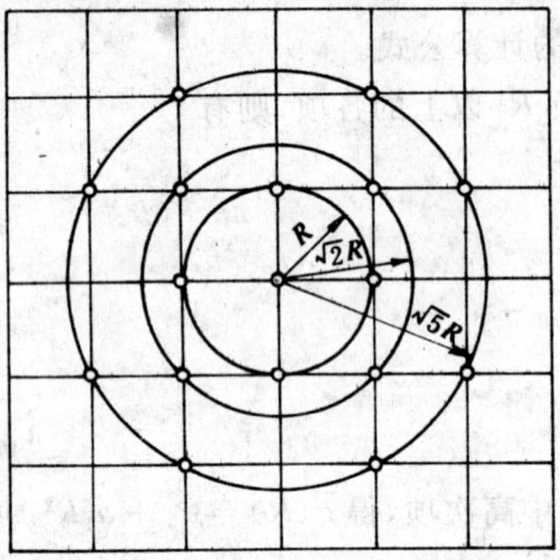

图 3-21　计算 g_{zz} 的取数量板

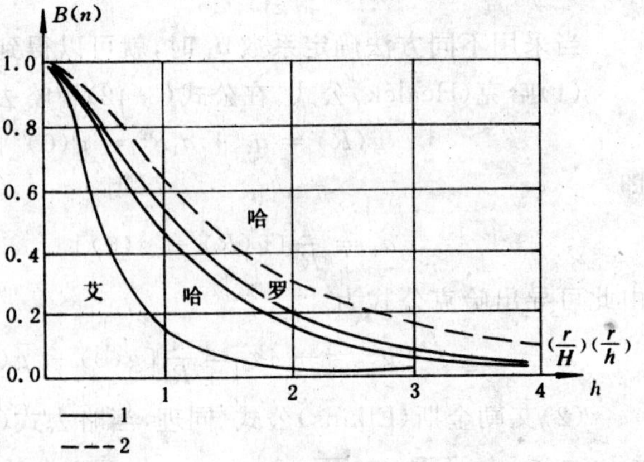

图 3-22　不同公式计算的 $B(n)$ 与 R/h 关系曲线

1. 球体；2. 水平圆柱体

利用哈克公式对圆柱体进行计算的情况。

我们从图3-22可见，对于球体而言，当取数 R 等于球体中心埋深 h 的一半时，即 $R/h=0.5$，用艾氏公式计算的 g_{zz} 极大值约为真值的40%，用罗氏公式为80%左右，而哈克公式则为75% 左右。从图中还可以看出，对于不同公式，当采用不同半径取数计算时，可得到相同的 g_{zz} 结果。例如当罗氏公式的计算半径 R_1 若为艾氏公式计算半径 R_2 的2倍时，即 $R_1=2R_2$，两者计算值接近。g_{zz} 的计算误差来源于原始资料误差的传递。

为了便于讨论，把各计算公式用一般形式表示为

$$g_{zz}=\frac{C}{R^2}[a_0g(0)+a_1\overline{g}(R_1)+a_2\overline{g}(R_2)+\cdots] \tag{3-50}$$

式中：$a_0,a_1,\cdots$ 为各圆周上重力异常平均值前面的系数；C 为各公式方括号前面的系数。

设重力异常值的均方误差为 ε，则根据误差理论，圆周上 n_i 个点的平均值的均方差为

$$\overline{\varepsilon_i}=\varepsilon/\sqrt{n_i} \tag{3-51}$$

故式(3-50)括号中每一项的均方差的平方为

$$\overline{\varepsilon_0^2}=a_0^2\frac{\varepsilon^2}{n_0},\quad \overline{\varepsilon_1^2}=a_1^2\frac{\varepsilon^2}{n_1},\quad \overline{\varepsilon_2^2}=a_2^2\frac{\varepsilon^2}{n_2},\cdots$$

于是 g_{zz} 的传递均方误差为

$$E=\pm\frac{C\cdot\varepsilon}{R^2}\sqrt{a_0^2+\frac{a_1^2}{n_1}+\frac{a_2^2}{n_2}+\cdots} \tag{3-52}$$

式中：$n_1,n_2,\cdots$ 分别为圆周上求平均值所用的点数。

前述诸公式传递误差如下

哈克公式　　$E=\pm4.4721\times\frac{\varepsilon}{R^2}$

艾氏Ⅱ公式　　$E=\pm0.6624\times\frac{\varepsilon}{R^2}$

艾氏Ⅰ公式　　$E=\pm1.1025\times\frac{\varepsilon}{R^2}$

艾氏Ⅲ公式　　$E=\pm0.7775\times\frac{\varepsilon}{R^2}$

罗森巴赫公式　　$E=\pm 4.337\,3\times\frac{\varepsilon}{R^2}$

一般来说，计算精度较高的公式则重力异常传递误差较大，因而受局部干扰的影响也较大；反之，计算精度低的公式传递误差较小。两者是互相矛盾的，这是因为在重力异常中有用成分与干扰成分的“频谱”并不是截然分开的，我们只能权衡利弊，在满足一定精度下，尽可能地发挥 g_{zz} 计算公式的特长。

3. 高阶导数 g_{zz} 应用举例

由于 g_{zz} 对于叠加重力异常的分辨率较高，因而具有较好的突出被区域场掩盖、甚至被歪曲了浅部地质体引起的次级异常的能力。图 3-23 是江苏某铁矿区 g_{zz} 异常实例。我们从 Δg 平面等值线图 3-23(a) 上很难发现次级断裂 F_1，尽管对 F_2 有些显示，但位置也难以确定；但是从 g_{zz} 的图 3-23(b) 上进行解释就容易多了，从中还可以分析出这两条断层的性质并不相同，F_1 主要为岩层的水平错动；而 F_2 则主要为两侧岩层的相对升降。

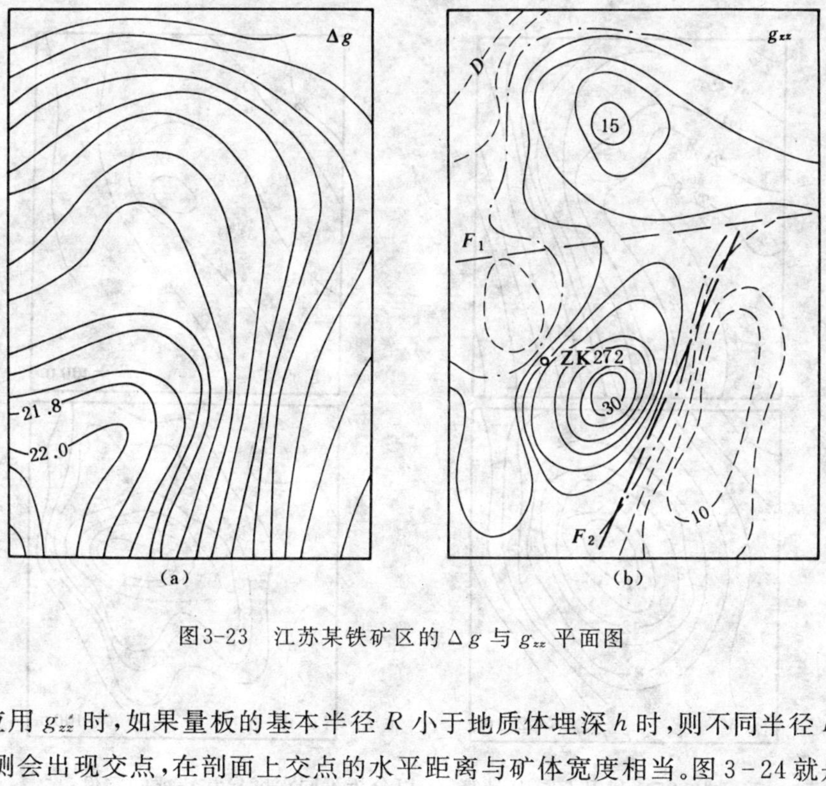

图3-23　江苏某铁矿区的 Δg 与 g_{zz} 平面图

另外在应用 g_{zz} 时，如果量板的基本半径 R 小于地质体埋深 h 时，则不同半径 R 所计算的 g_{zz} 曲线的两侧会出现交点，在剖面上交点的水平距离与矿体宽度相当。图 3-24 就是江苏某矿体上的实例。

此外根据 (R/h) 与 g_{zz} 计算值近似程度之间的关系，可以大致判别不同深度地质体的分布。这是因为埋深浅的局部异常源如矿体等，由于其 h 不大，R 增大时，(R/h) 的值会明显增大，致使算得的 g_{zz} 幅值显著减弱，甚至消失。而埋深较大的异常源，如基岩隆起，由于 h 很大，同样加大半径 R 时，(R/h) 的值相对变化较小。所以在 g_{zz} 异常上深部地质因素减弱并不明显。图 3-25为某区的布格重力异常及其高阶导数图。图3-25(a)是布格异常图，图3-25(b)、(c)、(d)是用艾勒金斯公式以半径 R 分别为400 m、200 m 和100 m 进行计算的结果。从中看出 $R=400$ m 时，即半径较大时，g_{zz} 异常总体为北东向异常，可反映矿区北东向基底构造形态。$R=200$ m

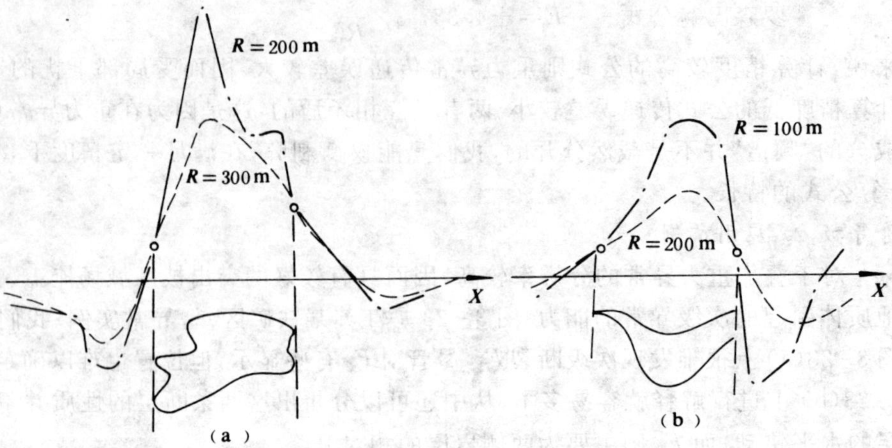

图3-24　利用不同 R 计算 g_{zz} 以确定矿体边界的实例

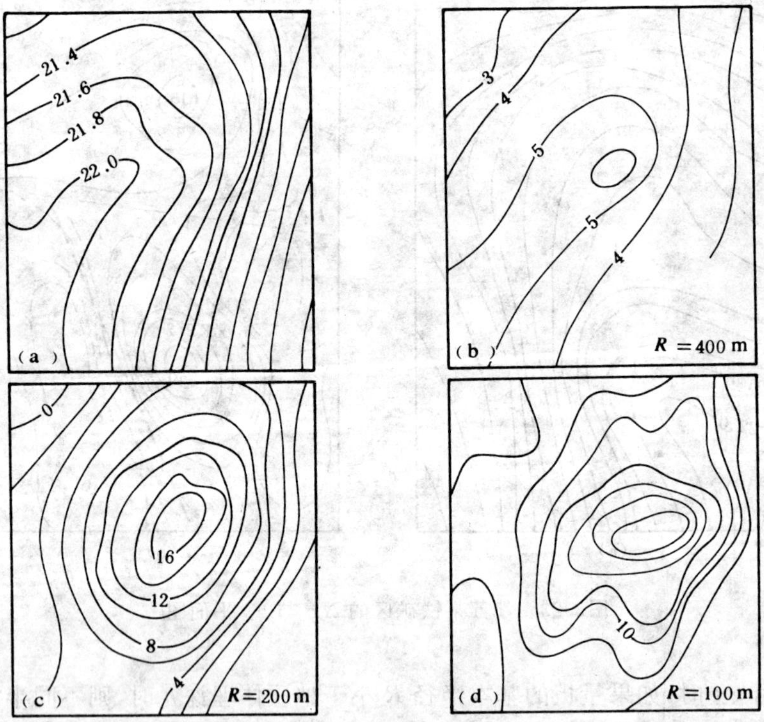

图3-25　利用不同 R 计算 g_{zz} 以分析不同深度异常特征的实例

时，g_{zz} 结果表明，在原来北东向异常上叠加了一个北东向封闭异常，可认为它反映了基岩起伏。$R = 100$ m 时，封闭异常等值线更为精细，并显示有东西向的次级异常，对比地质资料发现，该次级异常恰与已知矿体吻合。这表明计算 g_{zz} 时，选用不同大小的半径 R，能反映不同深度上的信息，且半径越大反映得越深。

§3.5　三度异常换为二度异常的方法

一般来说，三度异常的解释比二度异常复杂。因此，若能将三度异常转换成相应的二度异常，无疑对异常的推断解释有一定价值。

将三度异常转换为二度异常可以用积分平均法。设 $\Delta T(x,y,z)$ 为某三度异常，该异常体沿 y 轴走向长度设为 $2L$。一个横截面的形状、大小、埋深及产状与三度体在 xOz 面上投影一样的二度体异常设为 $\Delta T(x,z)$。则二者有如下关系

$$\Delta T(x,z)=\frac{1}{2L}\int_{-\infty}^{\infty}\Delta T(x,y,z)\mathrm{d}y \tag{3-53}$$

即新构造的二度异常相当于原三度异常沿 y 方向的积分平均值，仍取计算平面 $z=0$，用求和的形式来近似上述积分，可以得出

$$\Delta T(x,0)=\frac{\Delta y}{2L}\sum_{i=-n}^{n}\Delta T(x,y_i) \tag{3-54}$$

用上述公式可以将某些三度异常转换成二度异常。但这种转换仅适用于沿走向方向截面形状、大小、埋深及产状比较稳定的三度体。计算时要估算 $2L$，且以孤立异常为好。

思考题与习题

1. 对重力异常进行数据处理的目的是什么？

2. 什么是区域异常与局部异常？它们各自的基本特征是什么？引起区域异常的地质因素一定是深部的吗？

3. 异常的延拓与高阶导数换算的主要作用是什么？

4. 简述常用的几种分场方法的应用条件。

5. 对比说明用多项式来作异常的平滑处理和拟合区域异常（趋势分析）时的异同点。

6. 设区域异常为一线性场，而局部异常为一个二度背斜构造引起的重力高，请示意绘出：

(1)两种异常的走向平行时的布格异常平面等值线图。

(2)两种异常的走向垂直时的布格异常平面等值线图。

第四章　频率域重磁异常的处理与转换

§4.1　频率域的延拓公式及泊松公式

一、频率域的延拓公式

设场源位于 $z=H$ 平面以下($H>0$),则重磁场为在 $z=H$ 平面以上对 x、y、z 的连续函数,具有一次和二次连续可微的导数。若 $z=0$ 观测平面上的重磁场 $T(x,y,0)$ 为已知,则由外部狄里希莱问题,得向上($z<0$ 的上半空间)延拓公式为

$$T(x,y,z)=\frac{-z}{2\pi}\int_{-\infty}^{\infty}\int_{-\infty}^{\infty}\frac{T(\xi,\eta,0)}{[(x-\xi)^2+(y-\eta)^2+z^2]^{3/2}}\mathrm{d}\xi\mathrm{d}\eta \tag{4-1}$$

由褶积积分公式可知,上式为 $T(x,y,0)$ 与 $\frac{1}{2\pi}\cdot\frac{-z}{(x^2+y^2+z^2)^{3/2}}$ 关于变量(x,y) 的二维褶积。空间域的褶积与频率域的乘积相对应。下面分别求 $T(x,y,0)$ 及 $\frac{-z}{2\pi(x^2+y^2+z^2)^{3/2}}$ 的傅氏变换。设 $T(x,y,z)$ 对于变量(x,y) 的傅氏变换为 $S_T(u,v,z)$,可得

$$S_T(u,v,z)=\int_{-\infty}^{\infty}\int_{-\infty}^{\infty}T(x,y,z)\mathrm{e}^{-2\pi i(ux+vy)}\mathrm{d}x\mathrm{d}y$$

则

$$S_T(u,v,0)=\int_{-\infty}^{\infty}\int_{-\infty}^{\infty}T(x,y,0)\mathrm{e}^{-2\pi i(ux+vy)}\mathrm{d}x\mathrm{d}y \tag{4-2}$$

利用上式可以由已知的 $T(x,y,0)$ 求出其频谱 $S_T(u,v,0)$。进一步求 $\frac{-z}{2\pi(x^2+y^2+z^2)^{3/2}}$ 的傅氏变换,应用 Erdelyi(1954)给出的积分变换表可以得到

$$\int_{-\infty}^{\infty}\int_{-\infty}^{\infty}\frac{-z}{2\pi(x^2+y^2+z^2)^{3/2}}\mathrm{e}^{-2\pi i(ux+vy)}\mathrm{d}x\mathrm{d}y$$
$$=\mathrm{e}^{2\pi(u^2+v^2)^{1/2}\cdot z} \tag{4-3}$$

当 $z<0$ 时上式成立 。由(4-2)、(4-3)式并应用褶积定理有

$$S_T(u,v,z)=S_T(u,v,0)\mathrm{e}^{2\pi(u^2+v^2)^{1/2}\cdot z} \tag{4-4}$$

上式对于 $z\leqslant 0$ 成立。

$T(x,y,z)$ 是 $S_T(u,v,z)$ 的反傅氏变换,即

$$T(x,y,z)=\int_{-\infty}^{\infty}\int_{-\infty}^{\infty}S_T(u,v,0)\mathrm{e}^{2\pi(u^2+v^2)^{1/2}\cdot z}\mathrm{e}^{2\pi i(ux+vy)}\mathrm{d}u\mathrm{d}v \tag{4-5}$$

(4-5)式即为向上延拓的频谱表示式。

我们还可把这一表示式进一步推广到 $0<z<H$ 的情形。假如我们已知 $z=h(0<h<H)$ 平面上的场值,则根据向上延拓公式,可求出向上延拓距离为 h 的平面(即 $z=0$ 平面)上的场值

$$T(x,y,0)=\frac{-h}{2\pi}\int_{-\infty}^{\infty}\int_{-\infty}^{\infty}\frac{T(\xi,\eta,h)}{[(x-\xi)^2+(y-\eta)^2+h^2]^{3/2}}\mathrm{d}\xi\mathrm{d}\eta$$

根据上面的推导方法,可以求得

$$S_T(u,v,0)=S_T(u,v,h)\mathrm{e}^{-2\pi(u^2+v^2)^{1/2}\cdot h}$$

所以 $S_T(u,v,h) = S_T(u,v,0)e^{2\pi(u^2+v^2)^{1/2}\cdot h}$

上式对于 $0 < h < H$ 成立。这样就把表示式(4-5)扩展到场源以上的 $-\infty < z < H$。

(4-5)式表明，由 $z=0$ 平面上的重磁场值，求出它的傅氏变换 $S_T(u,v,0)$，由它乘以延拓因子 $e^{2\pi(u^2+v^2)^{1/2}\cdot z}$($-\infty < z < H, z > 0$ 时向下延拓，$z < 0$ 时向上延拓)，然后通过反傅氏变换，即可求出 $z < H$ 空间磁场的表示式。

不仅如此，还可应用微分定理对(4-5)式积分号下求微分，即可求出重磁场导数的频谱表示式

$$\begin{Bmatrix} \dfrac{\partial}{\partial x} \\ \dfrac{\partial}{\partial y} \\ \dfrac{\partial}{\partial z} \end{Bmatrix} T(x,y,z) = \int_{-\infty}^{\infty}\int_{-\infty}^{\infty} S_T(u,v,0) \begin{Bmatrix} 2\pi i u \\ 2\pi i v \\ 2\pi(u^2+v^2)^{1/2} \end{Bmatrix} e^{2\pi(u^2+v^2)^{1/2}\cdot z} \cdot e^{2\pi i(ux+vy)} du dv \tag{4-6}$$

在实际应用时，一般在矩形测网上测得重磁异常值，因此还需把上面讨论的连续傅氏变换用离散傅氏变换来逼近。

对二度体重磁异常，可写出当 $z < 0$ 时

$$T(x,z) = \frac{-z}{\pi}\int_{-\infty}^{\infty} \frac{T(\xi,0)}{[(\xi-x)^2+z^2]} d\xi$$

由褶积定理可知，上式为 $T(x,0)$ 与 $\dfrac{-z}{\pi(x^2+z^2)}$ 关于变量 x 的一维褶积，空间域的褶积与频率域的乘积相对应，下面分别求 $T(x,0)$ 及 $\dfrac{-z}{\pi(x^2+z^2)}$ 的傅氏变换。

$$S_T(f,z) = \int_{-\infty}^{\infty} T(x,z)e^{-2\pi i f x}dx$$

在观测面上 $z=0$，有

$$S_T(f,0) = \int_{-\infty}^{\infty} T(x,0)e^{-2\pi i f x}dx$$

再求 $\dfrac{-z}{\pi(x^2+z^2)}$ 的傅氏变换，可以写出

$$\int_{-\infty}^{\infty} \frac{-z}{\pi(x^2+z^2)} e^{-2\pi i f x} dx = e^{|2\pi f|z} \tag{4-7}$$

最后应用褶积定理式有

$$S_T(f,z) = S_T(f,0)e^{2\pi f z} \quad (\text{对于 } z \leqslant 0 \text{ 成立}) \tag{4-8}$$

$T(x,z)$ 是 $S_T(f,z)$ 的反傅氏变换，即

$$T(x,z) = \int_{-\infty}^{\infty} S_T(f,0)e^{2\pi f z}e^{2\pi i f x}df \tag{4-9}$$

上式为二度体磁场的频谱表达式。

利用(4-8)式时，首先由观测平面上的重磁异常值求出其频谱 $S_T(f,0)$，再乘以 $e^{2\pi f z}$ 延拓因子即得距原平面为 z 的上半空间平面上的重磁异常频谱。最后利用(4-9)式经反傅氏变换求得上半空间 z 平面上的重磁异常。

二、频率域的泊松公式

为了从空间域的泊松公式推求频率域的表达式，就应先求出引力位的频谱，而后分别应用

微分定理求出引力位各阶导数的频谱，最后对空间域泊松公式两边作傅氏变换并代入相应的引力位各阶导数的频谱，即可得到频率域中的泊松公式。在求引力位的频谱时，可以从引力位的基本积分表达式出发作傅氏变换求出其频谱。这里考虑到已有磁场频谱的延拓公式(4-4)及式(4-8)，并且注意到推导时无需应用引力位频谱的具体积分表达式，只要对引力位频谱作形式上的各阶导数计算就可以得到所需结果。因此，在这一节中从基本关系式(4-4)及式(4-8)出发来推出频率域泊松公式。

1. 三度情况介绍

设地质体密度和磁化强度分布均匀，且磁化强度矢量为

$$\boldsymbol{M} = M(\alpha_1\boldsymbol{i} + \beta_1\boldsymbol{j} + \gamma_1\boldsymbol{k})$$

式中：M 为磁化强度的模；$\alpha_1,\beta_1,\gamma_1$ 为其方向余弦；$\boldsymbol{i},\boldsymbol{j},\boldsymbol{k}$ 为平行直角坐标轴的单位矢量。

由重磁位关系的泊松公式得

$$\left.\begin{aligned} X &= \frac{\mu_0}{4\pi}\frac{M}{G\delta}(\alpha_1V_{xx} + \beta_1V_{xy} + \gamma_1V_{xz}) \\ Y &= \frac{\mu_0}{4\pi}\frac{M}{G\delta}(\alpha_1V_{xy} + \beta_1V_{yy} + \gamma_1V_{yz}) \\ Z &= \frac{\mu_0}{4\pi}\frac{M}{G\delta}(\alpha_1V_{xz} + \beta_1V_{yz} + \gamma_1V_{zz}) \end{aligned}\right\} \tag{4-10}$$

式中：X、Y、Z 为磁场的三个分量，δ 为地质体密度。为求引力位 V 频谱的各阶导数，也可应用有关公式，因为磁场频谱延拓公式同样适用于引力位频谱，故有

$$S_V(u,v,z) = S_V(u,v,0)\mathrm{e}^{2\pi(u^2+v^2)^{1/2}\cdot z}$$

式中：$S_V(u,v,0)$ 为观测平面上引力位的频谱。

$S_V(u,v,z)$ 为向上延拓距离 $z(<0)$ 平面上的引力位频谱。

应用傅里叶变换的微分定理，对 z 求导数得

$$S_{V_z}(u,v,z) = 2\pi(u^2 + v^2)^{1/2}S_V(u,v,0)\mathrm{e}^{2\pi(u^2+v^2)^{1/2}\cdot z}$$

若 $z = 0$，则得观测平面上的 V_z 频谱为

$$S_{V_z}(u,v,0) = 2\pi(u^2 + v^2)^{1/2}S_V(u,v,0)$$

简写为

$$S_{V_z}(u,v) = 2\pi(u^2 + v^2)^{1/2}\cdot S_V(u,v) \tag{4-11}$$

进一步对 $S_V(u,v)$ 应用傅里叶变换微分定理，可得

$$\left.\begin{aligned} S_{V_{xx}}(u,v) &= -4\pi^2u^2S_V(u,v) = \frac{-2\pi u^2}{\sqrt{u^2+v^2}}S_{V_z}(u,v) \\ S_{V_{xy}}(u,v) &= -4\pi^2uvS_V(u,v) = \frac{-2\pi uv}{\sqrt{u^2+v^2}}S_{V_z}(u,v) \\ S_{V_{xz}}(u,v) &= -4\pi^2\mathrm{i}u\sqrt{u^2+v^2}S_V(u,v) = 2\pi\mathrm{i}uS_{V_z}(u,v) \\ S_{V_{yy}}(u,v) &= -4\pi^2v^2S_V(u,v) = \frac{-2\pi v^2}{\sqrt{u^2+v^2}}S_{V_z}(u,v) \\ S_{V_{yz}}(u,v) &= 4\pi^2\mathrm{i}v\sqrt{u^2+v^2}S_V(u,v) = 2\pi\mathrm{i}vS_{V_z}(u,v) \end{aligned}\right\} \tag{4-12}$$

最后对(4-10)式两边作傅氏变换并用(4-12)式代入，即得频率域的泊松公式

$$
\left.\begin{aligned}
S_X(u,v) &= \frac{\mu_0}{4\pi}\frac{2\pi M}{G\delta}\left[-\frac{\alpha_1 u^2+\beta_1 uv}{\sqrt{u^2+v^2}}+\mathrm{i}\gamma_1 u\right]S_{V_z}(u,v)\\
S_Y(u,v) &= \frac{\mu_0}{4\pi}\frac{2\pi M}{G\delta}\left[-\frac{\alpha_1 u^2+\beta_1 v^2}{\sqrt{u^2+v^2}}+\mathrm{i}\gamma_1 v\right]S_{V_z}(u,v)\\
S_Z(u,v) &= \frac{\mu_0}{4\pi}\frac{2\pi M}{G\delta}\left[\mathrm{i}(\alpha_1 u+\beta_1 v)+\gamma_1\sqrt{u^2+v^2}\right]S_{V_z}(u,v)
\end{aligned}\right\} \tag{4-13}
$$

上式即为频率域中的泊松公式。它表明均匀磁化的地质体,其磁场各分量的频谱互成比例,其比例因子为与频率有关的复函数。

2.二度情况介绍

已知二度泊松公式为

$$Z=\frac{\mu_0}{4\pi}\frac{M}{G\delta}[\alpha_1 V_{xz}+\gamma_1 V_{zz}]$$

$$H=\frac{\mu_0}{4\pi}\frac{M}{G\delta}[\gamma_1 V_{xz}-\alpha_1 V_{zz}]$$

式中 $\boldsymbol{M}=M(\alpha_1\boldsymbol{i}+\gamma_1\boldsymbol{k})$,引用(4-8)式于引力位得

$$S_V(f,z)=S_V(f,0)\mathrm{e}^{2\pi fz}$$

$S_V(f,0)$ 为原观测平面上二度引力位的频谱。

$S_V(f,z)$ 为上延 z 距离($z<0$)平面上引力位的频谱。

应用傅里叶变换的微分定理把上式对 z 微分得

$$S_{V_z}(f,z)=2\pi fS_V(f,0)\mathrm{e}^{2\pi fz} \tag{4-14}$$

当 $z=0$ 时,有 $S_{V_z}(f,0)=2\pi fS_V(f,0)$

简记为 $S_{V_z}(f)=2\pi fS_V(f)$ (4-15)

若对(4-14)式的 z 再求一次导数,得

$$S_{V_{zz}}(f,z)=(2\pi f)^2S_V(f,0)\mathrm{e}^{2\pi fz}$$

当 $z=0$ 时,有

$$S_{V_{zz}}(f)=(2\pi f)^2S_V(f)=2\pi fS_{V_z}(f)$$

应用傅里叶变换的微分定理得

$$S_{V_{xz}}(f)=2\pi\mathrm{i}fS_{V_z}(f) \tag{4-16}$$

最后对二度泊松公式两边作傅氏变换,并结合(4-15)式和(4-16)式两式得

$$S_Z(f)=\frac{\mu_0}{4\pi}\left\{\begin{aligned}&\frac{2\pi fM}{G\delta}(\mathrm{i}\alpha_1+\gamma_1)S_{V_z}(f)\\&\frac{M}{G\delta}(\alpha_1-\mathrm{i}\gamma_1)S_{V_{xz}}(f)\\&\frac{M}{G\delta}(\mathrm{i}\alpha_1+\gamma_1)S_{V_{zz}}(f)\end{aligned}\right\} \tag{4-17}$$

$$S_H(f)=\frac{\mu_0}{4\pi}\left\{\begin{aligned}&\frac{2\pi fM}{G\delta}(\mathrm{i}\gamma_1-\alpha_1)S_{V_z}(f)\\&\frac{M}{G\delta}(\gamma_1+\mathrm{i}\alpha_1)S_{V_{xz}}(f)\\&\frac{M}{G\delta}(\mathrm{i}\gamma_1-\alpha_1)S_{V_{zz}}(f)\end{aligned}\right\} \tag{4-18}$$

上式即为二度泊松公式在频率域中的表示。

利用泊松公式可以方便地推导出规则磁性体磁场的频谱公式，这对研究磁异常频谱的正问题是十分重要的。此外，进一步分析泊松公式可以得到带有共性的一些基本规律，这对重磁场的转换及了解频率域磁异常的特点颇为重要。

三、重磁异常频谱的基本规律

由频率域泊松公式表示重磁场各分量间的关系要比空间域泊松公式来得简单，因此利用频率域泊松公式进行各分量之间转换更为有利。对比三度和二度频率域泊松公式可以发现，在一定条件下存在着一定的关系。这样就有可能在一定条件下简化解释三度体磁异常的方法。

1. 用磁异常频谱乘以不同的分量转换因子，即可实现各分量之间的转换

频率域的泊松公式表明，磁场各分量的频谱相互成比例，其比例因子为与频率有关的复函数。这就表明在频率域中由一个分量计算另一个分量，只需计算不同的比例因子乘以同一基本频谱即可实现。

特别是对二度体磁异常，垂直分量和水平分量具有相同的振幅谱，而相位谱恒差 $\frac{\pi}{2}$ 。斜磁化时磁异常各分量的振幅谱和垂直磁化时相同，而相位谱恒差 $\left(\frac{\pi}{2}-\theta\right)$。

这一规律，可以分析式(4-18)、式(4-17)两式得到。显然有

$$S_{V_{xz}}(f)=\mathrm{i}S_{V_{zz}}(f) \tag{4-19}$$

$$S_H(f)=\mathrm{i}S_Z(f) \tag{4-20}$$

注意到 $\mathrm{i}=\mathrm{e}^{\mathrm{i}\frac{\pi}{2}}$，由此可见二度体磁场 H 和 Z 之间有相同的振幅谱，而相位谱恒差$\frac{\pi}{2}$。

在垂直磁化时，令(4-18)式、(4-17)式中 $\alpha_1=0,\gamma_1=1$，便可求出 $S_{Z\perp}(f),S_{H\perp}(f)$ ，再将其与式(4-18)、式(4-17)两式比较可得

$$\left.\begin{aligned}S_Z(f)&=S_{Z\perp}(f)\mathrm{e}^{\mathrm{i}\left(\frac{\pi}{2}-\theta\right)}\\S_H(f)&=S_{H\perp}(f)\mathrm{e}^{\mathrm{i}\left(\frac{\pi}{2}-\theta\right)}\end{aligned}\right\} \tag{4-21}$$

式中：θ 为磁化倾角，显然有 $\alpha_1=\cos\theta,\gamma_1=\sin\theta$。

上式表明，斜磁化时二度体磁场各分量的振幅谱和垂直磁化时相同，而相位谱恒差 $\left(\frac{\pi}{2}-\theta\right)$ 的结论。

对于三度体磁异常，若把(4-13)式稍加变换，把该式的第三分式代入第一分式可得

$$S_X(u,v)=\frac{u\mathrm{i}}{\sqrt{u^2+v^2}}S_Z(u,v) \tag{4-22}$$

把(4-13)式的第三分式代入第二分式可得

$$S_Y(u,v)=\frac{v\mathrm{i}}{\sqrt{u^2+v^2}}S_Z(u,v) \tag{4-23}$$

对于航磁异常 $\Delta T(x,y)$，可知

$$\Delta T=\alpha X+\beta Y+\gamma Z \tag{4-24}$$

其中 $\alpha=\cos I_0\cos A,\ \beta=\cos I_0\sin A,\ \gamma=\sin I_0$ 。

对(4-24)式两边作傅氏变换，应用叠加定理，并代入 $S_X(u,v),S_Y(u,v)$ 表达式，则可得到

$$S_{\Delta T}(u,v)=\left[\frac{\mathrm{i}(\alpha u+\beta v)}{\sqrt{u^2+v^2}}+\gamma\right]S_Z(u,v)$$

应用(4-22)式可用 $S_X(u,v)$ 替换 $S_Z(u,v)$，得

$$S_{\Delta T}(u,v)=\left[\frac{\mathrm{i}(\alpha u+\beta v)+\gamma\sqrt{u^2+v^2}}{u\mathrm{i}}\right]S_X(u,v)$$

应用(4-23)式用 $S_Y(u,v)$ 替换 $S_Z(u,v)$ 得

$$S_{\Delta T}(u,v)=\left[\frac{\mathrm{i}(\alpha u+\beta v)+\gamma\sqrt{u^2+v^2}}{v\mathrm{i}}\right]S_Y(u,v)$$

若设 $$2\pi[\mathrm{i}(\alpha u+\beta v)+\gamma\sqrt{u^2+v^2}]=q$$

则有

$$\left.\begin{aligned}S_X(u,v)&=\frac{2\pi\mathrm{i}u}{q}S_{\Delta T}(u,v)\\S_Y(u,v)&=\frac{2\pi\mathrm{i}v}{q}S_{\Delta T}(u,v)\\S_Z(u,v)&=\frac{2\pi\sqrt{u^2+v^2}}{q}S_{\Delta T}(u,v)\end{aligned}\right\}\qquad(4-25)$$

利用上式可由 ΔT 换算出磁场三个分量,若令 $M=M_z,\alpha=\beta=0,\gamma=1$,此时相当于垂直磁化情况,则(4-13)式变为

$$\left.\begin{aligned}S_{X\perp}(u,v)&=\frac{2\pi\mathrm{i}Mu}{G\delta}S_{V_z}(u,v)\\S_{Y\perp}(u,v)&=\frac{2\pi\mathrm{i}Mv}{G\delta}S_{V_z}(u,v)\\S_{Z\perp}(u,v)&=\frac{2\pi M\sqrt{u^2+v^2}}{G\delta}S_{V_z}(u,v)\end{aligned}\right\}\qquad(4-26)$$

比较式(4-13)和式(4-26)两式可得

$$\left.\begin{aligned}S_{X\perp}(u,v)&=\frac{u\sqrt{u^2+v^2}}{(\mathrm{i}\alpha_1u^2+\mathrm{i}\beta_1uv+\gamma_1u\sqrt{u^2+v^2})}S_X(u,v)\\S_{Y\perp}(u,v)&=\frac{v\sqrt{u^2+v^2}}{(\mathrm{i}\alpha_1uv+\mathrm{i}\beta_1v^2+\gamma_1v\sqrt{u^2+v^2})}S_Y(u,v)\\S_{Z\perp}(u,v)&=\frac{\sqrt{u^2+v^2}}{(\mathrm{i}\alpha_1u+\mathrm{i}\beta_1v+\gamma_1\sqrt{u^2+v^2})}S_Z(u,v)\end{aligned}\right\}\qquad(4-27)$$

上式表示垂直磁化和斜磁化之间频谱关系式。通过以上讨论可以看出,磁场各分量之间的频谱关系式要比空间域的关系式来得简单,这是频谱分析的特点之一。

2. 重磁异常的延拓及导数换算可用其频谱乘以不同因子来实现

由(4-4)式可知:若把观测平面上的重磁异常经傅氏变换求得其频谱,乘以延拓因子 $\mathrm{e}^{2\pi(u^2+v^2)^{1/2}\cdot z}$ 即得延拓后的重磁异常频谱。

应用频谱的微分定理可以求得重磁异常对 x,y,z 变量的各阶导数的频谱。由(4-6)式可知:观测平面上重磁异常频谱乘以一阶导数因子,$2\pi\mathrm{i}u,2\pi\mathrm{i}v,2\pi(u^2+v^2)^{1/2}$,即得重磁异常对 x,y,z 一阶导数的频谱。与空间域相比,这些转换关系式来得简单。

§4.2 频率域重磁异常转换

在频率域中进行重磁异常的转换,其最大优点是使各种换算由空间域内的褶积关系变为频率域内的乘积关系,同时还可以把各种换算统一到一个通用表达式中,从而使重磁异常的换算变得简单;另一个优点则是可以从频谱特性出发,形象地讨论各种换算的滤波作用。

频率域进行重磁异常转换的基本过程是首先利用傅氏正变换求出原始重磁场的频谱，然后在频率域内进行各种换算，把换算后的频谱进行傅氏反变换求出转换后的重磁异常。

本节着重讨论三度异常在频率域中的各种换算。

一、空间换算

由(4-4)式可得

$$S_z(u,v,z) = S_z(u,v,0)e^{2\pi(u^2+v^2)^{1/2}\cdot z} \qquad (z < H) \tag{4-28}$$

式中：$S_z(u,v,z)$ 和 $S_z(u,v,0)$ 分别为磁场垂直分量 $Z_a(x,y,z)$ 和 $Z_a(x,y,0)$ 的频谱；H 为场源埋深；$e^{2\pi(u^2+v^2)^{1/2}\cdot z}$ 称为延拓因子。当 $0 < z < H$ 时，为下延；$-\infty < z < 0$ 时，为上延。

由(4-5)式写出空间换算后磁异常 Z_a 的频谱表达式为

$$Z_a(x,y,z) = \int_{-\infty}^{\infty}\int_{-\infty}^{\infty} S_z(u,v,0)e^{2\pi(u^2+v^2)^{1/2}\cdot z}e^{2\pi i(ux+vy)}dudv \tag{4-29}$$

二、导数换算

如果令 $S_{zx}(u,v,z)$、$S_{zy}(u,v,z)$、$S_{zz}(u,v,z)$ 及 $S_{z_{xx}}(u,v,z)$、$S_{z_{yy}}(u,v,z)$、$S_{z_{zz}}(u,v,z)$ 分别为 $Z_a(x,y,z)$ 对 x、y、z 的一阶导数及二阶导数的频谱，则由微分定理易于得到

$$S_{z_x}(u,v,z) = 2\pi iuS_z(u,v,0)e^{2\pi(u^2+v^2)^{1/2}\cdot z}$$

$$S_{z_y}(u,v,z) = 2\pi ivS_z(u,v,0)e^{2\pi(u^2+v^2)^{1/2}\cdot z}$$

$$S_{z_z}(u,v,z) = 2\pi(u^2+v^2)^{1/2}S_z(u,v,0)e^{2\pi(u^2+v^2)^{1/2}\cdot z}$$

同理，可以写出

$$\left.\begin{matrix} S_{z_{xx}} \\ S_{z_{yy}} \\ S_{z_{zz}} \end{matrix}\right\}(u,v,z) = \left\{\begin{matrix} (2\pi iu)^2 \\ (2\pi iv)^2 \\ [2\pi(u^2+v^2)^{1/2}]^2 \end{matrix}\right\} S_z(u,v,0)e^{2\pi(u^2+v^2)^{1/2}\cdot z}$$

由此可知，求磁场的 n 阶垂向导数的频谱，应乘上的导数因子为

$$[2\pi(u^2+v^2)^{1/2}]^n$$

而求磁场沿 x 方向或 y 方向的 n 阶水平导数的频谱，应乘上的导数因子为

$$(2\pi iu)^n \text{ 或 } (2\pi iv)^n$$

如果求磁场的 m 阶垂向导数、n 阶沿 x 方向水平导数及 l 阶沿 y 方向的导数的频谱[即求 $\dfrac{\partial^{(n+l+m)}Z_a(x,y,z)}{\partial x^n \partial y^l \partial z^m}$ 的频谱]，应乘上的导数因子为

$$(2\pi iu)^n(2\pi iv)^l[2\pi(u^2+v^2)^{1/2}]^m$$

三、各分量之间的换算

1. 空间域各分量之间的关系式

由磁场与磁位的关系可以得到以下磁场各分量之间的关系式

$$\left.\begin{aligned} \frac{\partial Z_a}{\partial x} &= \frac{\partial X_a}{\partial z} \\ \frac{\partial Z_a}{\partial y} &= \frac{\partial Y_a}{\partial z} \end{aligned}\right\} \tag{4-30}$$

$$\left.\begin{aligned}\frac{\partial \Delta T}{\partial x}&=\frac{\partial X_a}{\partial \boldsymbol{t}_0}\\ \frac{\partial \Delta T}{\partial y}&=\frac{\partial Y_a}{\partial \boldsymbol{t}_0}\\ \frac{\partial \Delta T}{\partial z}&=\frac{\partial Z_a}{\partial \boldsymbol{t}_0}\end{aligned}\right\}\tag{4-31}$$

式中：$\boldsymbol{t}_0$ 为地磁场方向的单位矢量。

2. 频率域内各分量之间关系式

若设 $S_x(u,v,z)$、$S_y(u,v,z)$、$S_z(u,v,z)$ 以及 $S_T(u,v,z)$ 分别为 $H_{ax}(x,y,z)$、$H_{ay}(x,y,z)$、$Z_a(x,y,z)$ 及其 $\Delta T(x,y,z)$ 的频谱。

利用(4-22)式、(4-23)式、(4-25)式可得到磁场各分量在频率域内的换算关系式

$$\left.\begin{aligned}S_X(u,v,z)&=\frac{2\pi \mathrm{i}u}{2\pi(u^2+v^2)^{1/2}}\cdot S_z(u,v,z)\\ S_Y(u,v,z)&=\frac{2\pi \mathrm{i}v}{2\pi(u^2+v^2)^{1/2}}\cdot S_z(u,v,z)\\ S_X(u,v,z)&=\frac{2\pi \mathrm{i}u}{q_0}\cdot S_T(u,v,z)\\ S_Y(u,v,z)&=\frac{2\pi \mathrm{i}v}{q_0}\cdot S_T(u,v,z)\\ S_Z(u,v,z)&=\frac{2\pi(u^2+v^2)^{1/2}}{q_0}\cdot S_T(u,v,z)\end{aligned}\right\}\tag{4-32}$$

式中：$q_0=2\pi[\mathrm{i}(\alpha_0 u+\beta_0 v)+\gamma_0(u^2+v^2)^{1/2}]$；而 $\alpha_0,\beta_0,\gamma_0$ 为地磁场单位矢量 $\boldsymbol{t}_0$ 的方向余弦。

由此可以导出频率域内任意两个分量间的换算因子为

$$\frac{\mathrm{i}(\alpha' u+\beta' v)+\gamma'(u^2+v^2)^{1/2}}{\mathrm{i}(\alpha u+\beta v)+\gamma(u^2+v^2)^{1/2}}$$

这里的 α、β、γ 和 α'、β'、γ' 分别为原分量和要换算到的新分量的方向余弦。

四、不同磁化方向之间的换算

在上节已经讨论了磁化方向换算的一条基本途径，即由磁场求磁位，由磁位求假重力位，由假重力位求出新磁化方向的磁位(简称为新磁位)，然后就能导出新的磁化方向下的磁场各分量。

1. 新磁化方向的磁位 U_2

$$U_2=-\int(\alpha_2 H_{ax_1}+\beta_2 H_{y_1}+\gamma_2 z_{a_1})\mathrm{d}\boldsymbol{t}_1$$

上式表明了新磁位 U_2 是 $(\alpha_2 X_{x_1}+\beta_2 Y_{ay_1}+\gamma_2 Z_{a_1})$ 沿着原磁化方向 $\boldsymbol{t}_1$ 反方向的曲线积分。

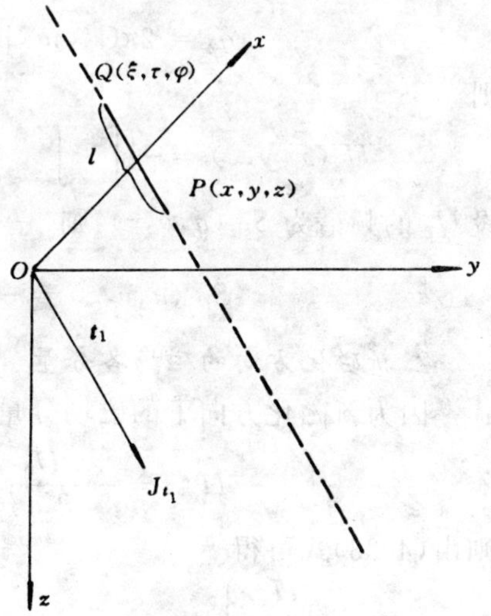

图4-1　直角坐标系

设有一直角坐标系如图4-1，由曲线积分定义，对于上半空间任意一点 $M(x,y,z)$，通过这点沿着原磁化方向 $\boldsymbol{t}_1$ 的直线有且只有一条，从 M 点起算长度沿着 $\boldsymbol{t}_1$ 反方向，即 M 点上方有任意一点 $Q(\xi,\eta,\zeta)$，并令 Q 点到 M 点距离 $|QM|=l$，则

$$\xi = x - \alpha_1 l;\quad \eta = y - \beta_1 l;\quad \zeta = z - \gamma_1 l$$

由傅氏反变换可写出 H_{ax}、H_{ay}、Z_a 的频谱表达式

$$\begin{Bmatrix} H_{ax} \\ H_{ay} \\ Z_a \end{Bmatrix}(x,y,z) = \int_{-\infty}^{\infty}\int_{-\infty}^{\infty} \begin{Bmatrix} S_x(u,v,0) \\ S_y(u,v,0) \\ S_z(u,v,0) \end{Bmatrix} e^{2\pi(u^2+v^2)^{1/2}\cdot z} e^{2\pi i(ux+vy)} \mathrm{d}u\mathrm{d}v$$

利用各分量之间换算关系式(4-6),可将上式改写为

$$\begin{Bmatrix} H_{ax} \\ H_{ay} \\ Z_a \end{Bmatrix}(x,y,z) = \int_{-\infty}^{\infty}\int_{-\infty}^{\infty} \begin{Bmatrix} 2\pi i u \\ 2\pi i v \\ 2\pi(u^2+v^2)^{1/2} \end{Bmatrix} \frac{1}{q_0} S_T(u,v,0) e^{2\pi(u^2+v^2)^{1/2}\cdot z} \cdot e^{2\pi i(ux+vy)} \mathrm{d}u\mathrm{d}v$$

则得

$$\begin{aligned} U_2(x,y,z) = & -\int_{-\infty}^{\infty}\int_{-\infty}^{\infty}\int_{0}^{\infty} [2\pi i u\alpha_2 + 2\pi i v\beta_2 + 2\pi(u^2+v^2)^{1/2}\cdot\gamma_2] \frac{1}{q_0} \\ & \cdot S_T(u,v,0) e^{2\pi(u^2+v^2)^{1/2}\cdot\zeta} e^{2\pi i(u\xi+v\eta)} \mathrm{d}l\mathrm{d}u\mathrm{d}v \\ = & -\int_{-\infty}^{\infty}\int_{-\infty}^{\infty}\int_{0}^{\infty} [2\pi i(\alpha_2 u + \beta_2 v) + 2\pi(u^2+v^2)^{1/2}\cdot\gamma_2] \frac{1}{q_0} \\ & \cdot S_T(u,v,0) e^{2\pi(u^2+v^2)^{1/2}\cdot(z-\gamma_1 l)} \cdot e^{2\pi i[u(x-\alpha_1 l)+v(y-\beta_1 l)]} \mathrm{d}l\mathrm{d}u\mathrm{d}v \\ = & -\int_{-\infty}^{\infty}\int_{-\infty}^{\infty} 2\pi[i(\alpha_2 u + \beta_2 v) + \gamma_2(u^2+v^2)^{1/2}] \frac{1}{q_0} S_T(u,v,0) e^{2\pi(u^2+v^2)^{1/2}\cdot z} \\ & \cdot e^{2\pi i(ux+vy)} \left[\int_0^{\infty} e^{-l[2\pi i(\alpha_1 u+\beta_1 v)]} \cdot e^{-l[2\pi\gamma_1(u^2+v^2)^{1/2}]} \cdot \mathrm{d}l\right] \mathrm{d}u\mathrm{d}v \\ = & -\int_{-\infty}^{\infty}\int_{-\infty}^{\infty} \frac{2\pi[i(\alpha_2 u + \beta_2 v) + \gamma_2(u^2+v^2)^{1/2}]}{q_0\cdot 2\pi[i(\alpha_1 u + \beta_1 v) + \gamma_1(u^2+v^2)^{1/2}]} \cdot S_T(u,v,0) \\ & \cdot e^{2\pi(u^2+v^2)^{1/2}\cdot z} \cdot e^{2\pi i(ux+vy)} \mathrm{d}u\mathrm{d}v \end{aligned}$$

若设

$$q_1 = 2\pi[i(\alpha_1 u + \beta_1 v) + \gamma_1(u^2+v^2)^{1/2}]$$

$$q_2 = 2\pi[i(\alpha_2 u + \beta_2 v) + \gamma_2(u^2+v^2)^{1/2}]$$

则

$$U_2(x,y,z) = -\int_{-\infty}^{\infty}\int_{-\infty}^{\infty} \frac{q_2}{q_0 q_1} S_T(u,v,0) \cdot e^{2\pi(u^2+v^2)^{1/2}\cdot z} \cdot e^{2\pi i(ux+vy)} \mathrm{d}u\mathrm{d}v \tag{4-33}$$

设 U_2 的频谱为 $S_{U_2}(u,v,z)$,则

$$S_{U_2}(u,v,z) = -\frac{q_2}{q_0 q_1} S_T(u,v,z) \tag{4-34}$$

2. 新磁化方向的磁场各分量

因为新磁化方向下的磁场分量 H_{ax_2}、H_{ay_2}、Z_{a_2} 与新磁位有以下关系

$$H_{ax_2} = -\frac{\partial U_2}{\partial x};\ H_{ay_2} = -\frac{\partial U_2}{\partial y};\ Z_{a_2} = -\frac{\partial U_2}{\partial z}$$

则由(4-33)式可得

$$\begin{aligned} \begin{Bmatrix} H_{ax_2} \\ H_{ay_2} \\ Z_{a_2} \end{Bmatrix}(x,y,z) = & \int_{-\infty}^{\infty}\int_{-\infty}^{\infty} \begin{Bmatrix} 2\pi i u \\ 2\pi i v \\ 2\pi(u^2+v^2)^{1/2} \end{Bmatrix} \frac{q_2}{q_0\cdot q_1} S_T(u,v,0) e^{2\pi(u^2+v^2)^{1/2}\cdot z} \\ & \cdot e^{2\pi i(ux+vy)} \mathrm{d}u\mathrm{d}v \end{aligned} \tag{4-35}$$

相应地由(4-34)式可得出

$$\begin{Bmatrix} S_{X_2}(u,v,z) \\ S_{Y_2}(u,v,z) \\ S_{Z_2}(u,v,z) \end{Bmatrix} = \begin{Bmatrix} 2\pi \mathrm{i} u \\ 2\pi \mathrm{i} v \\ 2\pi(u^2+v^2)^{1/2} \end{Bmatrix} \frac{q_2}{q_0 \cdot q_1} S_T(u,v,z) \tag{4-36}$$

式中：$S_{X_2}(u,v,z)$、$S_{Y_2}(u,v,z)$、$S_{Z_2}(u,v,z)$ 分别为转换到新的磁化方向 H_{ax}、H_{ay}、Z_a 分量的频谱；$S_T(u,v,z)$ 为原磁化方向 ΔT 的频谱。

对比分量转换关系式(4-6)可得

$$\left.\begin{aligned} S_{X_2}(u,v,z) &= \frac{q_2}{q_1} S_X(u,v,z) \\ S_{Y_2}(u,v,z) &= \frac{q_2}{q_1} S_Y(u,v,z) \\ S_{Z_2}(u,v,z) &= \frac{q_2}{q_1} S_Z(u,v,z) \end{aligned}\right\} \tag{4-37}$$

可见对某一分量本身，其磁化方向的换算因子为

$$\frac{q_2}{q_1} = \frac{2\pi[\mathrm{i}(\alpha_2 u + \beta_2 v) + \gamma_2(u^2+v^2)^{1/2}]}{2\pi[\mathrm{i}(\alpha_1 u + \beta_1 v) + \gamma_1(u^2+v^2)^{1/2}]}$$

式中：α_1、β_1、γ_1 为原磁化方向的方向余弦；α_2、β_2、γ_2 为新磁化方向的方向余弦。

应当指出公式(4-36)、(4-37)适合于转换到任意磁化方向，若要转换到垂直磁化，只要令 $\alpha_2 = \beta_2 = 0, \gamma_2 = 1$ 即可。此时各分量本身的换算因子为 $\frac{2\pi \mathrm{i}(u^2+v^2)^{1/2}}{q_1}$，但对 ΔT 来说，因为化到垂直磁化后，$\Delta T_2 = Z_{a_2}$，所以由(4-36)式可求得 ΔT 化到磁极的换算因子为 $\frac{[2\pi(u^2+v^2)^{1/2}]^2}{q_0 \cdot q_1}$。

如果已知的是 Z_a 异常，则公式(4-36)仍可适用，但此时令 $\alpha_0 = \beta_0 = 0, \gamma_0 = 1$，应该把 $S_T(u,v,z)$ 改为 $S_Z(u,v,z)$。

3. 磁源重力异常

由重磁位之间关系的泊松公式，以 z 代替 v，则可导出垂直磁化时磁位 $U_\perp$ 与磁源重力异常关系

$$U_\perp = -\frac{M}{G\delta} \cdot \frac{\partial V}{\partial z} = -\frac{M}{G\delta} g$$

$$g = -\frac{G\delta}{M} U_\perp$$

将上式转换到频率域，并设化到垂直磁化时磁位及磁源重力异常的频谱为 $S_{U_\perp}(u,v,z)$ 与 $S_g(u,v,z)$，由(4-34)式，则有

$$\begin{aligned} S_g(u,v,z) &= -\frac{G\delta}{M} S_{U_\perp}(u,v,z) = \frac{G\delta}{M} \cdot \frac{q_2}{q_0 \cdot q_1} S_T(u,v,z) \\ &= \frac{G\delta}{M} \cdot \frac{2\pi(u^2+v^2)^{1/2}}{q_0 \cdot q_1} S_T(u,v,z) \end{aligned} \tag{4-38}$$

所以由 ΔT 异常换算成磁源重力异常，其转换因子为

$$\frac{G\delta}{M} \cdot \frac{2\pi(u^2+v^2)^{1/2}}{q_0 \cdot q_1}$$

而由 Z_a 异常换算成磁源重力异常，其换算因子为

$$\frac{G\delta}{M} \cdot \frac{1}{q_1}$$

应当指出，有时常令泊松比 $\dfrac{M}{G\delta}=1$，计算就显得简单多了。

五、频率域磁场换算的一个通式

如果我们把上述几种换算综合起来，在频率域中就可以用一个统一的公式来表示，这是因为每一种换算都是以乘上一个因子的形式出现的。如果假设 $S_t(u,v,0)$ 为观测平面上某一观测方向上的磁场分量的频谱，$S_{t2}(u,v,z)$ 为经过空间换算、导数换算、分量换算和磁化方向换算后的磁场任意一个分量的频谱，则有关系式

$$S_{t2}(u,v,z)=\frac{q_2}{q_1}\cdot\frac{\mathrm{i}(\alpha' u+\beta' v)+\gamma'(u^2+v^2)^{1/2}}{\mathrm{i}(\alpha u+\beta v)+\gamma(u^2+v^2)^{1/2}}\cdot(2\pi\mathrm{i}u)^n \cdot(2\pi\mathrm{i}v)^l[2\pi(u^2+v^2)^{1/2}]^m\cdot \mathrm{e}^{2\pi(u^2+v^2)^{1/2}\cdot z}\cdot S_t(u,v,0)$$

式中：$\dfrac{q_2}{q_1}$ 为磁化方向换算因子；$\dfrac{\mathrm{i}(\alpha' u+\beta' v)+\gamma'(u^2+v^2)^{1/2}}{\mathrm{i}(\alpha u+\beta v)+\gamma(u^2+v^2)^{1/2}}$ 为分量换算因子；$(2\pi\mathrm{i}u)^n\cdot(2\pi\mathrm{i}v)^l[2\pi(u^2+v^2)^{1/2}]^m$ 为导数换算因子；$\mathrm{e}^{2\pi(u^2+v^2)^{1/2}\cdot z}$ 为空间换算因子。各换算因子含义上面已讲过，不再赘述。

现在我们列举了一个由 ΔT 异常换算到新磁化方向情况下的 H_{ax2}、H_{ay2}、Z_{a2} 和它们对 z 的一阶导数，以及磁源重力异常的频谱关系式为

$$\begin{Bmatrix} S_{X_2}\\ S_{Y_2}\\ S_{Z_2}\\ S_{X_{z2}}\\ S_{Y_{z2}}\\ S_{Z_{z2}}\\ S_g \end{Bmatrix}(u,v,z)=\begin{Bmatrix} 2\pi\mathrm{i}u\\ 2\pi\mathrm{i}v\\ 2\pi(u^2+v^2)^{1/2}\\ 2\pi\mathrm{i}u[2\pi(u^2+v^2)^{1/2}]\\ 2\pi\mathrm{i}v[2\pi(u^2+v^2)^{1/2}]\\ [2\pi(u^2+v^2)^{1/2}]^2\\ \dfrac{G\delta}{M}\cdot\dfrac{2\pi(u^2+v^2)^{1/2}}{q_2} \end{Bmatrix}\frac{q_2}{q_0\cdot q_1}S_T(u,v,0)\mathrm{e}^{2\pi(u^2+v^2)^{1/2}\cdot z} \tag{4-39}$$

式中：$S_T(u,v,0)$ 为 $\Delta T(x,y,0)$ 的频谱；S_{X_2}、S_{Y_2}、S_{Z_2}、$S_{X_{z2}}$、$S_{Y_{z2}}$、$S_{Z_{z2}}$、S_g 分别为换算到新磁化方向后的 H_{ax2}、H_{ay2}、Z_{a2}、$\dfrac{\partial H_{ax2}}{\partial z}$、$\dfrac{\partial H_{ay2}}{\partial z}$、$\dfrac{\partial Z_{a2}}{\partial z}$ 和磁源重力异常 g 的频谱；其余各量意义同前。

对(4－39)这个式子有几点说明：

(1)当换算到垂直磁化时，则令 $\alpha_2=\beta_2=0,\gamma_2=1$，也即 $q_2=2\pi(u^2+v^2)^{1/2}$。

(2)当不转换磁化方向仅作延拓、分量换算及导数换算时，则可令 $\alpha_1=\alpha_2,\beta_1=\beta_2,\gamma_1=\gamma_2$，即 $q_1=q_2$。

(3)当已知的是垂直分量 $Z_a(x,y,0)$ 时，只要把 $S_T(u,v,0)$ 改为 $S_z(u,v,0)$，并令 $\alpha_0=\beta_0=0,\gamma_0=1$，也即 $q_0=2\pi(u^2+v^2)^{1/2}$。

同样，由上式还可以写出上述磁场换算的频谱表达式：

$$\begin{Bmatrix} H_{ax2} \\ H_{ay2} \\ Z_{a2} \\ \dfrac{\partial H_{ax2}}{\partial z} \\ \dfrac{\partial H_{ay2}}{\partial z} \\ \dfrac{\partial Z_{a2}}{\partial Z} \\ g \end{Bmatrix}(x,y,z) = \int_{-\infty}^{\infty}\int_{-\infty}^{\infty} \begin{Bmatrix} 2\pi \mathrm{i} u \\ 2\pi \mathrm{i} v \\ 2\pi(u^2+v^2)^{1/2} \\ 2\pi \mathrm{i} u[2\pi(u^2+v^2)^{1/2}] \\ 2\pi \mathrm{i} v[2\pi(u^2+v^2)^{1/2}] \\ [2\pi(u^2+v^2)^{1/2}]^2 \\ \dfrac{G\delta}{M}\cdot\dfrac{2\pi(u^2+v^2)^{1/2}}{q_2} \end{Bmatrix} \frac{q_2}{q_0\cdot q_1} S_T(u,v,0)\mathrm{e}^{-2\pi(u^2+v^2)^{1/2}\cdot z} \cdot \mathrm{e}^{2\pi \mathrm{i}(ux+vy)}\mathrm{d}u\mathrm{d}v \tag{4-40}$$

六、换算的过程

1. 换算的一般步骤

若已知观测平面上场值 $\Delta T(x,y,0)$，求其频谱，即进行傅氏正变换：

$$S_T(u,v,0) = \int_{-\infty}^{\infty}\int_{-\infty}^{\infty}\Delta T(x,y,0)\mathrm{e}^{-2\pi \mathrm{i}(ux+vy)}\mathrm{d}x\mathrm{d}y$$

上述变换是连续的，积分限是$(-\infty,+\infty)$，但是实际所取物探资料的测区是有限的，其场值往往用离散形式来表示。如图4-2所示，设 ΔT 异常在$(0<x<\lambda x, 0<y<\lambda y)$矩形离散网格范围内，$x$ 方向取样间隔 s，取样点数 M，$\lambda_x = Ms$ 为 x 方向的基本波长。y 方向取样间隔为 t，取样点数为 N，$\lambda_y = Nt$ 为 y 方向基本波长，则$\dfrac{1}{\lambda_x}$、$\dfrac{1}{\lambda_y}$ 分别为 x 方向和 y 方向上的基频。我们已知离散网格上场值：

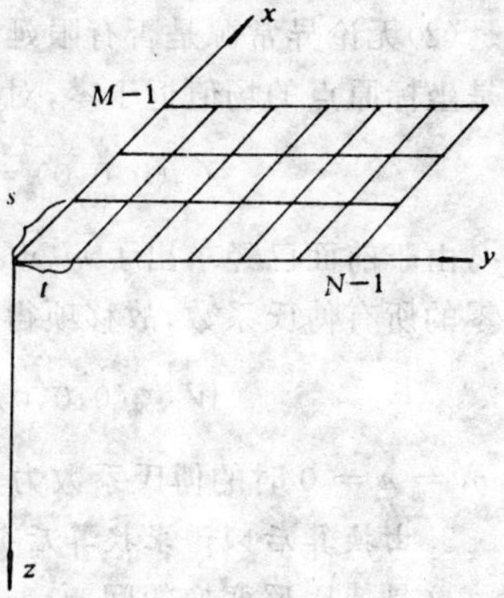

图4-2 离散取值图

$$\Delta T(js,kt,0) \qquad \begin{cases} j = 0,1,2,\cdots,M-1 \\ k = 0,1,2,\cdots,N-1 \end{cases}$$

现在在有限的网格范围内只能用离散的傅氏变换逼近连续的傅氏变换。设离散的傅氏变换为 $S_T\left(\dfrac{m}{\lambda_x},\dfrac{n}{\lambda_y},0\right)$，傅氏系数为 W_{Tmn}，可以写出：

$$\begin{aligned} W_{Tmn} &= \frac{1}{\lambda_x}\cdot\frac{1}{\lambda_y}S_T\left(\frac{m}{\lambda_x},\frac{n}{\lambda_y},0\right) \\ &= \frac{1}{\lambda_x\cdot\lambda_y}\int_0^{\lambda_x}\int_0^{\lambda_y}\Delta T(js,kt,0)\mathrm{e}^{-2\pi \mathrm{i}\left(\frac{mx}{\lambda_x}+\frac{ny}{\lambda_y}\right)}\mathrm{d}x\mathrm{d}y \\ &= \frac{1}{MN}\sum_{j=0}^{M-1}\sum_{k=0}^{N-1}\Delta T(js,kt,0)\mathrm{e}^{-2\pi \mathrm{i}\left(\frac{ml}{M}+\frac{nk}{N}\right)} \end{aligned}$$

$$\begin{cases} m = -\dfrac{M}{2},\cdots,\dfrac{M}{2}-1 \\ n = -\dfrac{N}{2},\cdots,\dfrac{N}{2}-1 \end{cases} \tag{4-41}$$

式中：m、n 为傅氏系数的项数。

2. 频率域内进行场的各种换算

如公式(4-39)，若不用 $S_T(u,v,0)$，而是用 W_{Tmn} 代入，此时经换算后的频谱也是离散的傅

氏变换，如

$$W_{Zmn2}=2\pi\left(\frac{m^2}{\lambda_x^2}+\frac{n^2}{\lambda_y^2}\right)^{1/2}\cdot\frac{q_2}{q_0\cdot q_1}\cdot W_{Tmn}\cdot e^{2\pi\left(\frac{m^2}{\lambda_x^2}+\frac{n^2}{\lambda_y^2}\right)^{1/2}\cdot z} \tag{4-42}$$

但是上式仅适合于 m、n 不同时为零的情况，对于 W_{Z002} 要通过以下方法求取：

(1) 当异常源有限延深，且测区足够大时，对场的任一分量，如 $Z_a(x,y,0)$，应有

$$\int_{-\infty}^{\infty}\int_{-\infty}^{\infty}Z_a(x,y,0)\mathrm{d}x\mathrm{d}y=0$$

此式说明若对全测区离散取样，则全区场的平均值应为0，对 Z_a 应用公式(4-41)，令 $m=n=0$，则有：

$$W_{Z002}=\frac{1}{MN}\sum_{j=0}^{M-1}\sum_{k=0}^{N-1}Z_a(js,kt,0)=0$$

即直接取 $$W_{Z002}=0 \tag{4-43}$$

(2)无论异常源是否有限延深，只要测量范围包括了异常源并且足够大，异常区的边界，特别是坐标原点的场值近于零，对坐标原点场值应用离散的傅氏反变换公式(4-45)有：

$$Z_{a2}(0,0,0)=\sum_{m=-M/2}^{M/2-1}\sum_{n=-N/2}^{N/2-1}W_{Zmn2}=0$$

由于前面已经求出了 m、n 不同时为零所有傅氏系数，且上式右边包括 m、n 为零及不同时为零的所有傅氏系数，故移项得

$$W_{Z002}(0,0,0)=-\sum_{m=-M/2}^{M/2-1}\sum_{n=-N/2}^{N/2-1}W_{Zmn2} \tag{4-44}$$

即 $m=n=0$ 时的傅氏系数为其他所有项傅氏系数之和的反号。

3. 由换算后频谱求换算后异常

这是傅氏反变换的问题，对连续的傅氏反变换以 Z_a 异常为例，有：

$$Z_{a2}(x,y,z)=\int_{-\infty}^{\infty}\int_{-\infty}^{\infty}S_{Z2}(u,v,z)e^{2\pi i(ux+vy)}\mathrm{d}u\mathrm{d}v$$

对于离散网格来讲，在频率域中采样间隔分别为 $\frac{1}{\lambda_x}$、$\frac{1}{\lambda_y}$，截止频率为 $\frac{1}{2s}$、$\frac{1}{2t}$，则有：

$$\begin{aligned}Z_{a2}(x,y,z)&=\int_{-\frac{1}{2s}}^{\frac{1}{2s}}\int_{-\frac{1}{2t}}^{\frac{1}{2t}}S_{Z2}(u,v,z)e^{2\pi i(ux+vy)}\mathrm{d}u\mathrm{d}v\\&=\sum_{m=-M/2}^{M/2-1}\sum_{n=-N/2}^{N/2-1}S_{Z2}\left(\frac{m}{\lambda_x},\frac{n}{\lambda_y},z\right)e^{2\pi i\left(\frac{m}{\lambda_x}x+\frac{n}{\lambda_y}\right)}\cdot\frac{1}{\lambda_x}\cdot\frac{1}{\lambda_y}\\&=\sum_{m=-M/2}^{M/2-1}\sum_{n=-N/2}^{N/2-1}W_{Zmn2}e^{2\pi i\left(\frac{m}{\lambda_x}x+\frac{n}{\lambda_y}y\right)}\end{aligned} \tag{4-45}$$

前面式(4-40)的频谱表达式是把上述第二、第三步合在一起写了，这里也可按照实际计算格式重新把(4-40)公式改写如下：

$$\begin{Bmatrix} H_{ax2} \\ H_{ay2} \\ Z_{a2} \\ \dfrac{\partial H_{ax2}}{\partial z} \\ \dfrac{\partial H_{ay2}}{\partial z} \\ \dfrac{\partial Z_{a2}}{\partial z} \\ g \end{Bmatrix}(x,y,z) = \sum_{m=-M/2}^{M/2-1} \sum_{n=-N/2}^{N/2-1} \begin{Bmatrix} 2\pi \mathrm{i} u \\ 2\pi \mathrm{i} v \\ 2\pi(u^2+v^2)^{1/2} \\ 2\pi \mathrm{i} u[2\pi(u^2+v^2)^{1/2}] \\ 2\pi \mathrm{i} v[2\pi(u^2+v^2)^{1/2}] \\ [2\pi(u^2+v^2)^{1/2}]^2 \\ \dfrac{G\delta}{M}\cdot\dfrac{2\pi(u^2+v^2)^{1/2}}{q_2} \end{Bmatrix} \frac{q_2}{q_0 \cdot q_1}$$

$$\cdot W_{1mn} \cdot e^{2\pi\left(\frac{m}{\lambda_x^2}+\frac{n}{\lambda_y^2}\right)^{1/2}\cdot z} \cdot e^{2\pi \mathrm{i}\left(\frac{m}{\lambda_x}x+\frac{n}{\lambda_y}y\right)} \qquad (4-46)$$

2.傅氏变换的实数形式

把上述频率域转换过程中的有限项离散序列的傅氏变换同有限项傅氏级数对比，可以发现二者是一致的。由于傅氏变换，傅氏级数都有复数和实数形式，所以也可以把上述有限项离散序列傅氏变换写成实数形式，也即是有限项傅氏级数的实数形式。

若已知观测平面上磁场垂直分量 $Z_a(x,y,0)$，也是在矩形离散网格上取值，取样间隔、取样数同前，则可以写出其 Z_a 的频谱表达式：

$$\begin{aligned} Z_a(x,y,0) = \sum_{m=0}^{M/2}\sum_{n=0}^{N/2}\Big(& A_{mn}\cos 2\pi\cdot\frac{m}{\lambda_x}x\cos 2\pi\cdot\frac{n}{\lambda_y}y \\ & + B_{mn}\cos 2\pi\frac{m}{\lambda_x}x\sin\frac{n}{\lambda_y}y + C_{mn}\sin 2\pi\frac{m}{\lambda_x}x\cos 2\pi\frac{n}{\lambda_y}y \\ & + D_{mn}\sin 2\pi\frac{m}{\lambda_x}x\sin 2\pi\frac{n}{\lambda_y}y\Big) \end{aligned}$$

其中 A_{mn}，B_{mn}，C_{mn}，D_{mn} 分别为 $Z_a(x,y,0)$ 的傅氏系数，它们分别为：

$$A_{mn} = K_{MN}\sum_{j=0}^{M-1}\sum_{k=0}^{N-1} Z_a(js,kt,0)\cos 2\pi\frac{mj}{M}\cos 2\pi\frac{nk}{N}$$

$$B_{mn} = K_{MN}\sum_{j=0}^{M-1}\sum_{k=0}^{N-1} Z_a(js,kt,0)\cos 2\pi\frac{mj}{M}\sin 2\pi\frac{nk}{N}$$

$$C_{mn} = K_{MN}\sum_{j=0}^{M-1}\sum_{k=0}^{N-1} Z_a(js,kt,0)\sin 2\pi\frac{mj}{M}\cos 2\pi\frac{nk}{N}$$

$$D_{mn} = K_{MN}\sum_{j=0}^{M-1}\sum_{k=0}^{N-1} Z_a(js,kt,0)\sin 2\pi\frac{mj}{M}\sin 2\pi\frac{nk}{N}$$

而

$$K_{MN} = \begin{cases} \dfrac{1}{MN}, \text{当 } m=0,\ \dfrac{M}{2};\quad n=0,\ \dfrac{N}{2} \\ \dfrac{2}{MN}, \text{当 } \begin{matrix} m=0,\dfrac{M}{2}; n\neq 0,\dfrac{N}{2} \quad \text{或} \\ m\neq 0,\dfrac{M}{2}; n=0,\dfrac{N}{2} \end{matrix} \\ \dfrac{4}{MN}, \text{当 } m\neq 0,\dfrac{M}{2};\ n\neq 0,\dfrac{N}{2} \end{cases}$$

如果我们只对 Z_a 异常进行空间换算及导数换算，仿照(4-46)式也可以写出它们用实数形式表示的频谱表达式：

$$
\begin{aligned}
\frac{\partial^{p+q+l}}{\partial x^p \partial y^q \partial z^l} Z_a(x,y,z) = & \sum_{m=0}^{M/2}\sum_{n=0}^{N/2}\left(2\pi\frac{n}{\lambda_y}\right)^q\left[2\pi\sqrt{\left(\frac{m}{\lambda_x}\right)^2+\left(\frac{n}{\lambda_y}\right)^2}\right] \\
& \cdot\left((2\pi\frac{m}{\lambda_x})\cdot e^{2\pi\sqrt{\left(\frac{m}{\lambda_x}\right)^2+\left(\frac{n}{\lambda_y}\right)^2}\cdot z}\right)\left\{A_{mn}\cdot\cos\left(2\pi\frac{m}{\lambda_x}\right.\right. \\
& \left.+\frac{p}{2}\pi\right)\cos\left(2\pi\frac{n}{\lambda_y}+\frac{q}{2}\pi\right)+B_{mn}\cos\left(2\pi\frac{m}{\lambda_x}+\frac{p}{2}\pi\right) \\
& \cdot\sin\left(2\pi\frac{n}{\lambda_y}+\frac{q}{2}\pi\right)+C_{mn}\sin\left(2\pi\frac{m}{\lambda_x}+\frac{p}{2}\pi\right) \\
& \cdot\cos\left(2\pi\frac{n}{\lambda_y}+\frac{q}{2}\pi\right)+D_{mn}\sin\left(2\pi\frac{m}{\lambda_x}+\frac{p}{2}\pi\right) \\
& \left.\cdot\sin\left(2\pi\frac{n}{\lambda_y}+\frac{q}{2}\pi\right)\right\}
\end{aligned} \tag{4-47}
$$

式中：$\left(2\pi\frac{m}{\lambda_x}\right)^p$、$\left(2\pi\frac{n}{\lambda_y}\right)^q$ 和 $\left[2\pi\sqrt{\left(\frac{m}{\lambda_x}\right)^2+\left(\frac{n}{\lambda_y}\right)^2}\right]^l$ 为导数换算因子，p、q 和 l 分别为 Z_a 对 x、y 和 z 求导的次数；$e^{2\pi\sqrt{\left(\frac{m}{\lambda_x}\right)^2+\left(\frac{n}{\lambda_y}\right)^2}\cdot z}$ 为延拓因子；傅氏系数 A_{mn}、B_{mn}、C_{mn}、D_{mn} 如前所述。

同理，我们还可以求出各分量之间换算及磁化方向之间换算的频谱表达式。

3. 对误差和干扰成分的压制

我们知道观测误差和磁性体的干扰常常包含在观测异常中，它们的特点一般是范围窄，梯度大，反映为高频成分。当进行上述换算时，尤其是对向下延拓和导数换算影响极大，必须予于特殊的考虑。

在空间换算的关系式

$$S_Z(u,v,z) = S_Z(u,v,0)e^{2\pi(u^2+v^2)^{1/2}\cdot z}$$

中，当 $z>0$ 为下延时，分析上式可知这个问题的解是不稳定的，极难收敛，除非 $S_z(u,v,0)$ 随 z 的衰减比 $e^{2\pi(u^2+v^2)^{1/2}\cdot z}$ 随 z 的增长要快，但实际上是不太可能的。所以这个指数形式的延拓因子将对高频的误差和干扰起到极大的放大作用。尽管当 m、n 很大，即频率 u、v 很大时，$S_z(u,v,0)$ 很小，但经 $e^{2\pi(u^2+v^2)^{1/2}\cdot z}$ 的放大作用，将 $S_z(u,v,0)$ 中包含的误差，干扰部分急剧地放大，使下延失真。这一点实际在上节讨论空间域下延的实质性困难时已经指出了。为了改善这种情况在频率域内可以人为地采用压制高频成分的一种圆滑因子。

根据场的不同特点，可以考虑采用不同的圆滑因子，这里只介绍一种，其形式为

$$D_{mn} = \frac{1}{2}\left[1+\cos\left[\pi\sqrt{\frac{(ms)^2+(nt)^2}{\left(\frac{Ms}{2}\right)^2+\left(\frac{Nt}{2}\right)^2}}\right]\right]$$

这个因子特点是当 $m \doteq \frac{M}{2}, n \doteq \frac{N}{2}$ 时，$D_{mn}\approx 0$；当 $m\approx 0, n\approx 0$ 时，$D_{mn}\approx 1$。也就是说，对高频成分，圆滑因子为零，而对低频成分，圆滑因子为 1，从而起到了压制高频的作用，而对低频没有影响。

于是，可以将向下延拓因子改写为：

$$e^{2\pi(u^2+v^2)^{1/2}D_{mn}\cdot z} \qquad (z>0)$$

同样对于导数换算也要考虑它。以垂向二次导数换算为例，其频率域换算关系式为：

$$S_{z_{zz}}(u,v,z) = [2\pi(u^2+v^2)^{1/2}]^2\cdot S_z(u,v,z)$$

同样对高频成分在导数换算中也要放大，但是分析结果表明，向下延拓的上升指数因子要比用 u 和 v 表示的任何有限多项式随频率增大趋于无穷要快，所以导数换算对误差、干扰的放大情

况相对要好些，可以在导数换算因子上乘上一个圆滑因子。例如对二阶垂向导数的换算因子改为

$$[2\pi(u^2+v^2)^{1/2}]^2 \cdot D_{mn}$$

七、几种换算的滤波作用

1. 磁异常的转换与电滤波的相似性

我们知道，对无线电技术中的滤波来讲，滤波器的输入和输出是随时间变化的电压，线性滤波器的输入 $\varepsilon_i(t)$ 和输出 $\varepsilon_0(t)$ 的关系可用一个褶积型的积分方程式表示：

$$\varepsilon_0(t)=\int_{-\infty}^{\infty}\varepsilon_i(t-\tau)\varphi(\tau)\mathrm{d}\tau \tag{4-48}$$

函数 $\varphi(\tau)$ 称为权函数，反映了滤波器的特性，也称滤波器的脉冲响应函数。

作为时间函数的输入、输出电压，完全可以用频率函数来考虑。如果时间函数是周期性的，可用傅氏级数表示；如果时间函数为非周期性的，则可用傅氏积分表示。因此，只要对褶积积分方程进行傅氏变换就可得到频率域内输入—输出方程：

$$E_0(\omega)=E_i(\omega)\cdot\Phi(\omega) \tag{4-49}$$

式中：$E_0(\omega)$、$E_i(\omega)$ 和 $\Phi(\omega)$ 分别为 $\varepsilon_0(t)$、$\varepsilon_i(t)$ 和 $\varphi(t)$ 的傅氏变换；$\omega=2\pi f$ 称为圆频率；$\Phi(\omega)$ 为滤波器权函数的频谱，也称为滤波器的频率响应函数。

对于我们所讨论的磁异常转换来讲，它与电滤波是类似的。若设转换前后的二度磁异常分别为 $Z(x)$ 及 $Z_b(x)$，则可对空间域内磁异常的转换写出其一般形式：

$$Z_b(x)=\int_{-\infty}^{\infty}Z(x-\xi)\varphi(\xi)\mathrm{d}\xi \tag{4-50}$$

这也是一个褶积方程，$\varphi(\xi)$ 为参加磁异常换算的函数。

如向上换算可表示为

$$Z_a(x,h)=\int_{-\infty}^{\infty}Z_a(x-\xi,0)\cdot\frac{h}{\pi(\xi^2+h^2)}\mathrm{d}\xi$$

由 Z_a 求它的垂向一次导数，则为

$$\frac{\partial}{\partial h}Z(x,h)=\int_{-\infty}^{\infty}Z_a(x-\xi,0)\cdot\frac{h^2-\xi^2}{\pi(\xi^2+h^2)}\mathrm{d}\xi$$

由 Z_a 求上半空间的 H_a，为

$$H_a(x,h)=\int_{-\infty}^{\infty}Z_a(x-\xi,0)\cdot\frac{\xi}{\pi(\xi^2+h^2)}\mathrm{d}\xi$$

同样，也可写出频率域内磁异常转换的关系式：

$$S_b(\omega)=S(\omega)\cdot\Phi(\omega) \tag{4-51}$$

式中：$S_b(\omega)$、$S(\omega)$ 和 $\Phi(\omega)$ 分别为 $Z_b(x)$、$Z(x)$ 和 $\varphi(x)$ 的频谱。

试将磁异常变换在空间域、频率域的通式(4-50)及(4-51)式与滤波器在时间域、频率域的输入—输出方程(4-48)、(4-49)作一对比，可以发现二者是相似的，转换其前后的异常对应于输入、输出电压，转换时参加运算的函数 $\varphi(x)$，则对应于滤波器的权函数，这里所不同的仅仅是电压是时间的函数，而磁异常是空间坐标的函数。

由以上对比，我们完全可以把磁异常的转换看成是对异常的滤波，公式(4-50)称为异常的空间域滤波方程，(4-51)式称为异常频率域的滤波方程。因此，有关滤波的一些基本理论都能用于磁异常的转换中来。

对于三度异常来讲，由于具有两个独立的空间变量，所以它的空间域滤波方程为

$$Z_b(x,y)=\int_{-\infty}^{\infty}\int_{-\infty}^{\infty}Z(x-\xi,y-\eta)\varphi(\xi,\eta)\mathrm{d}\xi\mathrm{d}\eta$$

它的频率域滤波方程为

$$S_b(u,v)=S(u,v)\cdot\Phi(u,v)$$

$\Phi(u,v)$ 为滤波器权函数 $\varphi(x,y)$ 的频谱，也称为滤波器的频率响应函数，它反映了滤波器的频率特性。例如对于空间上下延拓换算，其频率响应是

$$\Phi(u,v)=\mathrm{e}^{2\pi(u^2+v^2)^{1/2}\cdot z}$$

其余各种换算的频率响应已讨论过，不一一列举，它们就是前面讲过的频率域内的换算因子。

需要指出的一点是：在无线电技术中所用的滤波器是由电阻、电容、电感等元件或组件组成，但在磁异常的滤波中，是通过函数公式经数值计算实现的，这也就是通常讲的数字滤波，因为是数字滤波，输入的是离散的观测值，在空间域对褶积运算用的是数值积分，在频率域内则要进行离散的傅氏变换并求其乘积。数字滤波的离散性对滤波结果会带来一定影响，这里不详述了。

2. 几个常用换算的滤波作用

既然磁异常的换算相当于一种滤波，那么滤波器的权函数就反映了换算的特性，在空间域中讨论一般不大直观，而在频率域中通过研究权函数的频谱（即频率响应函数）来了解磁场换算的滤波作用有时会给出直观形象的概念。

下面以二度异常的几种换算的频率响应为例来说明。

图4-3画出了向上延拓、向下延拓、垂向一次导数、垂向二次导数的频率响应函数 $\Phi(\omega)$ 随圆频率 ω 变化的图形。

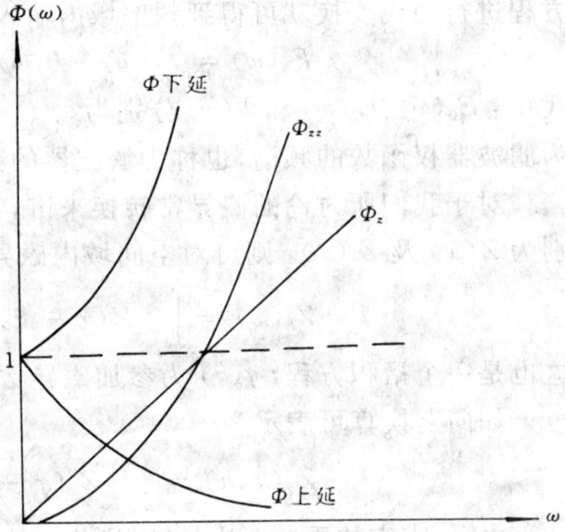

图4-3　二度异常几种换算的频率响应曲线

由图可见，向上延拓的频率响应

$$\Phi_{\text{上延}}(\omega)=\mathrm{e}^{-h|\omega|}$$

当 $\omega=0$ 时，$\Phi(\omega)=1$；当 ω 趋于无穷时，$|\Phi(\omega)|$ 趋于零，它起到了压制高频让低频通过的作用，相当于一个低通滤波器。

而向下延拓、垂向一次导数、垂向二次导数的频率响应分别为 $\mathrm{e}^{h|\omega|}$、ω、ω^2，由图形及分析频率响应的表达式容易知道三者都相当于一个高频放大器。然后比较二者，可以发现，向下延拓的频率响应随 ω 增大，呈指数规律增加，当 ω 趋于无穷，Φ 趋于无穷，它对高频放大作用特别明显，且是不收敛的，故在计算时要特别注意。在运算时常常加一个圆滑因子，以对高频放大作用进行一些抑制。另外，垂向二次导数的频率响应比垂向一次导数在高频放大作用上更强一些，因为它们随 ω 增大增长的规律与导数方次有关，所以在导数次数愈高时也要注意设法压制不需要的高频。

按照这一规律，我们还可以认识到磁源重力异常的换算是一个低通滤波。

八、二度频率域重磁位场转换

通常人们较熟悉三度异常 ΔT 在频率域的各种转换，而对二度磁异常频率域的各种转换用得较少，这是因为以往的资料大多是面积测量的 ΔT 航磁资料。随着高精度地面磁测工作的

开展，需要对一些精测的剖面进行各种转换和解释，例如把 ΔT 化到地磁极来解释，通过空间换算、分量换算、磁源重力异常换算等获取更多的信息。这里简要介绍二度磁异常频率域各种换算的方法原理。

我们熟知二度频率域泊松公式：

$$\left.\begin{aligned} S_Z(f) &= \begin{cases} \dfrac{2\pi fM}{G\delta}(\mathrm{i}\alpha_1+\gamma_1)S_{VZ}(f) \\ \dfrac{M}{G\delta}(\alpha_1-\mathrm{i}\gamma_1)S_{VXZ}(f) \\ \dfrac{M}{G\delta}(\mathrm{i}\alpha_1+\gamma_1)S_{VZZ}(f) \end{cases} \\ S_H(f) &= \begin{cases} \dfrac{2\pi fM}{G\delta}(\mathrm{i}\gamma_1-\alpha_1)S_{VZ}(f) \\ \dfrac{M}{G\delta}(\gamma_1+\mathrm{i}\alpha_1)S_{VXZ}(f) \\ \dfrac{M}{G\delta}(\mathrm{i}\gamma_1-\alpha_1)S_{VZZ}(f) \end{cases} \end{aligned}\right\} \tag{4-52}$$

式中：$S_Z(f)$、$S_H(f)$ 为 ΔZ、ΔH 分量的频谱；$S_{VZ}(f)$、$S_{VXZ}(f)$ 和 $S_{VZZ}(f)$ 分别为引力位的一、二阶导数 V_Z、V_{XZ}、V_{ZZ} 的频谱；α_1、γ_1 为磁化强度矢量 M 的方向余弦；δ、G 分别为地质体的剩余密度和引力常数。

把 ΔT 化到地磁极实际上包含了由 $\Delta T\to\Delta Z$ 和 $\Delta Z\to\Delta Z_\perp$ 这样的过程。下面我们分别叙述各种换算的方法原理。

1. 磁化方向转换 $\Delta Z\to\Delta Z_\perp$

令(4－52)式中 $\alpha_1=0,\gamma_1=1$，即可得到垂直磁化时 $\Delta Z_\perp$ 的频谱 $S_{Z\perp}(f)$ 与 $S_{VZ}(f)$ 的关系：

$$S_{Z\perp}=\frac{2\pi fM}{G\delta}S_{VZ}(f) \tag{4-53}$$

对比(4-52)式、(4-53)式可得

$$S_Z(f)=(\mathrm{i}\alpha_1+\gamma_1)S_{Z\perp}(f)$$

或

$$S_{Z\perp}(f)=\frac{1}{\mathrm{i}\alpha_1+\gamma_1}S_Z(f) \tag{4-54}$$

(4-54)式表示，垂直磁化 $\Delta Z_\perp$ 的频谱 $S_{Z\perp}(f)$ 等于斜磁化 ΔZ 的频谱 $S_Z(f)$ 乘以方向转换因子 $\dfrac{1}{\mathrm{i}\alpha_1+\gamma_1}$，$\alpha_1$、$\gamma_1$ 为原磁化方向的方向余弦。若 θ 为剖面内的有效磁化倾角，则有

$$\alpha_1=\cos\theta,\quad \gamma_1=\sin\theta$$

下面来化简 $\dfrac{1}{\mathrm{i}\alpha_1+\gamma_1}$。

$$\begin{aligned}\frac{1}{\mathrm{i}\alpha_1+\gamma_1}&=\frac{1}{\mathrm{i}\cos\theta+\sin\theta}\\ &=-\mathrm{i}\cos\theta+\sin\theta\\ &=-\mathrm{i}\sin\left(\frac{\pi}{2}-\theta\right)+\cos\left(\frac{\pi}{2}-\theta\right)\end{aligned}$$

利用尤拉公式

$$\mathrm{e}^{-\mathrm{i}\varphi}=\cos\varphi-\mathrm{i}\sin\varphi$$

可得

$$\frac{1}{\mathrm{i}\alpha_1+\gamma_1}=\mathrm{e}^{-\mathrm{i}\left(\frac{\pi}{2}-\theta\right)}$$

代入(4-54)式，有

$$S_{Z\perp}(f)=\mathrm{e}^{-\mathrm{i}\left(\frac{\pi}{2}-\theta\right)}S_Z(f) \tag{4-55}$$

(4-55)式表明，垂直磁化时 $\Delta Z_\perp$ 的频谱 $S_{Z\perp}(f)$ 等于斜磁化 ΔZ 的频谱 $S_Z(f)$ 乘以方向转换因子

$$\mathrm{e}^{-\mathrm{i}\left(\frac{\pi}{2}-\theta\right)} \qquad \left(\text{或}\frac{1}{\mathrm{i}\alpha_1+\gamma_1}\right)$$

实际计算，若 ΔZ 的频谱的实部、虚部分别为 $\mathrm{R_{e0}}$ 和 $\mathrm{I_{m0}}$，而 $\Delta Z_\perp$ 的频谱的实部、虚部分别为 $\mathrm{R_{e1}}$ 和 $\mathrm{I_{m1}}$，则它们之间的关系为

$$\begin{aligned}\mathrm{R_{e1}}&=\mathrm{R_{e0}}\sin\theta+\mathrm{I_{m0}}\cos\theta\\ \mathrm{I_{m1}}&=\mathrm{i}(\mathrm{I_{m0}}\sin\theta-\mathrm{R_{e0}}\sin\theta)\end{aligned} \tag{4-56}$$

也就是说，只要按(4-56)式将原 ΔZ 频谱的实部和虚部乘以 $\sin\theta$、$\cos\theta$ 即可得到新的频谱 $S_{Z\perp}(f)$ 的实部和虚部，利用傅里叶反变换就可以得到垂直磁化的 $\Delta Z_\perp$ 异常。

2. 分量换算 $\Delta Z\to\Delta H$，$\Delta T\to\Delta Z$

分析二度频率域泊松公式(4-52)不难得出

$$S_H(f)=\mathrm{i}S_Z(f) \tag{4-57}$$

注意到 $\mathrm{i}=\mathrm{e}^{\mathrm{i}\frac{\pi}{2}}$，(4-57)式也可以表示为

$$S_H(f)=\mathrm{e}^{\mathrm{i}\frac{\pi}{2}}S_Z(f) \tag{4-58}$$

(4-57)式、(4-58)式表示，水平分量 ΔH 的频谱 $S_H(f)$ 可以表示为垂直分量 ΔZ 的频谱 $\mathrm{e}^{2\pi fz}S_Z(f)$ 与 i 的乘积。$S_H(f)$ 与 $S_Z(f)$ 的相位差$\frac{\pi}{2}$。

对于 $\Delta Z\to\Delta T$ 换算，可以由(4-52)式得到二度磁异常 ΔT 与 ΔH、ΔZ 之间关系

$$\begin{aligned}\Delta T&=\Delta H\cos\alpha+\Delta Z\cos\gamma\\ &=\alpha_0\cdot\Delta H+\gamma_0\cdot\Delta Z\end{aligned}$$

其中，$\alpha_0=\cos\alpha$，$\gamma_0=\cos\gamma$，为 t_0 的方向余弦。

对上式两边作傅氏变换，应用傅氏变换的叠加原理，并利用(4-57)式，有

$$S_{\Delta T}(f)=\alpha_0 S_H(f)+\gamma_0 S_Z(f)=(\mathrm{i}\alpha_0+\gamma_0)\cdot S_Z(f)$$

即有

$$S_Z(f)=\frac{1}{\mathrm{i}\alpha_0+\gamma_0}S_{\Delta T}(f) \tag{4-59}$$

(4-59)式表示，垂直分量 ΔZ 的频谱 $S_Z(f)$ 等于 ΔT 的频谱 $S_{\Delta T}(f)$ 乘以分量转换因子 $\frac{1}{\mathrm{i}\alpha_0+\gamma_0}$。

类似于 $\Delta Z\to\Delta Z_\perp$，对于(4-56)式、(4-59)式，利用傅里叶变换在频率域内就可以由 ΔZ 换算 ΔH，由 ΔT 换算 ΔZ。

3. 上下延拓及导数换算

由二度狄里希莱问题得到向上延拓($z<0$ 的上半空间)公式为

$$T(x,z)=\frac{-z}{\pi}\int_{-\infty}^{\infty}\frac{T(\xi,0)}{(x-\xi)^2+z^2}\mathrm{d}\xi \qquad (z<0) \tag{4-60}$$

由褶积定理可知，上式为 $T(x,0)$ 与$\frac{-z}{\pi(x^2+z^2)}$关于变量 x 的一维褶积。空间域的褶积与

频率域的乘积相对应。下面分别求 $T(x,0)$ 与 $\frac{-z}{\pi(x^2+z^2)}$ 的傅氏变换，设 $T(x,z)$ 的傅氏变换为 $S_T(f,z)$，利用傅氏变换

$$S_T(f,z)=\int_{-\infty}^{\infty}T(x,z)\mathrm{e}^{-2\pi i f z}\mathrm{d}x$$

当 $z=0$ 时，有

$$S_T(f,0)=\int_{-\infty}^{\infty}T(x,0)\mathrm{e}^{-2\pi i f x}\mathrm{d}x \tag{4-61}$$

利用上式可以由已知的 $T(x,0)$ 求出其频谱 $S_T(f,0)$。对于 $\frac{-z}{\pi(x^2+z^2)}$ 的傅氏变换，应用积分变换

$$\int_{-\infty}^{\infty}\frac{-z}{\pi(x^2+z^2)}\mathrm{e}^{-2\pi i f x}\mathrm{d}x=\mathrm{e}^{|2\pi f|\cdot z}\qquad(z\leqslant 0) \tag{4-62}$$

由(4-61)、(4-62)式并应用褶积定理可知

$$S_T(f,z)=S_T(f,0)\mathrm{e}^{2\pi i f x}\qquad(z\leqslant 0) \tag{4-63}$$

(4-63)式表示，向上延拓到高度为 z 的 ΔT 分量（或 ΔZ 等分量）的频谱等于原观测平面 ΔT（或 ΔZ 等分量）的频谱 $S_T(f,0)$ 乘以上延因子 $\mathrm{e}^{2\pi f z}$。

(4-63)式是 $z<0$ 的向上延拓公式，我们可以把它扩展到场源以上观测平面以下的 $0<z<H$ 的下半空间，即可以利用(4-63)式向下进行延拓。值得注意的是，由于下延因子（$0<z<H$）的放大作用，当下延深度稍大时就会导致下延结果的"振荡"以致于不能利用，在使用时应加以注意，可以采取各种措施克服它。

垂向导数：

由(4-63)式容易得出求磁场 ΔT（或 ΔZ 等）沿 x 方向的 n 阶垂向导数的频谱为

$$S_{TZ^n}(f)=(2\pi f)^n\cdot S_T(f) \tag{4-64}$$

水平导数：

由傅里叶变换的微分定理，求磁场 ΔT（或 ΔZ 等）沿 x 方向的 n 阶水平导数的频谱为

$$S_{TH^n}(f)=(2\pi i f)^n\cdot S_T(f) \tag{4-65}$$

4. 磁源重力异常的换算

由二度频率域的泊松公式(4-62)的第一式可得

$$S_{VZ}(f)=\frac{G\delta}{M}\cdot\frac{1}{2\pi f}\cdot\frac{1}{(i\alpha_1+\gamma_1)}\cdot S_Z(f) \tag{4-66}$$

注意到 $S_{VZ}(f)$ 是引力位对 Z 的一次微商，它也可以表示为 $S_{\Delta g}(f)$，因而有

$$S_{\Delta g}(f)=\frac{G\delta}{M}\cdot\frac{1}{2\pi f}\cdot\frac{1}{(i\alpha_1+\gamma_1)}\cdot S_Z(f) \tag{4-67}$$

上式表明，磁源重力异常 Δg 的频谱 $S_{\Delta g}(f)$ 可以表示为垂直分量 ΔZ 的频谱 $S_Z(f)$ 乘以换算磁源重力异常 Δg 的因子 $\frac{G\delta}{M}\cdot\frac{1}{2\pi f}\cdot\frac{1}{(i\alpha_1+\gamma_1)}$。如果由 ΔT 换算，则利用(4-59)式可得到：

$$S_{\Delta g}(f)=\frac{G\delta}{M}\cdot\frac{1}{2\pi f}\cdot\frac{1}{(i\alpha_1+\gamma_1)}\cdot\frac{1}{(i\alpha_0+\gamma_0)}\cdot S_T(f) \tag{4-68}$$

我们把二度频率域各种换算因子统一表示如表4-1。

在频率域中，二度磁异常各种换算的步骤可以简单归纳如下：

(1)利用傅里叶变换，由实测异常求频谱：

$$S_T(f)=\int_{-\infty}^{\infty}\Delta T(x,0)\mathrm{e}^{-2\pi i f x}\mathrm{d}x \tag{4-69}$$

表4-1　二度频率各种换算因子表

换算内容	换算因子
$\Delta T\to\Delta Z$	$\frac{1}{i\alpha_0+\gamma_0}$
$\Delta T\to\Delta Z_{\perp}$	$\frac{1}{i\alpha_1+\gamma_1}$[或 $e^{i(\frac{\pi}{2}-\theta)}$]
$\Delta Z\to\Delta H$	i(或 $e^{i\frac{\pi}{2}}$)
延拓	$e^{2\pi fz}$
n 阶垂向导数	$(2\pi f)^n$
n 阶水平导数	$(2\pi i f)^n$
由 ΔZ 换算磁源重力异常	$\frac{G\delta}{M}\cdot\frac{1}{2\pi f}\cdot\frac{1}{(i\alpha_1+\gamma_1)}$
由 ΔT 换算磁源重力异常	$\frac{G\delta}{M}\cdot\frac{1}{2\pi f}\cdot\frac{1}{(i\alpha_1+\gamma_1)}\cdot\frac{1}{(i\alpha_0+\gamma_0)}$

(2)在频率域内进行场的转换，即把实测异常的频谱乘以相应的换算因子得到新的转换场的频谱；

(3)由换算后的频谱 $S_T(f)$ 求换算后的异常 $T(x)$，即对换算后的频谱进行傅里叶反变换，得到换算后的异常：

$$T(x,z)=\int_{-\infty}^{\infty}S_T(f)\cdot e^{2\pi i f x}df \tag{4-70}$$

§4.3　维纳滤波与匹配滤波

我们知道，浅部地质体所产生的重磁异常比深部地质体产生的重磁异常要尖锐得多。一个尖锐的异常其幅值从异常中心向外快速下降，以具有很大的高频成分为特征。另一方面，宽缓的异常从中心向外是缓慢的衰减，具有集中于低频端的谱，异常频谱特征的这种差异，提供了分离浅部场和深部场的可能性。1966年，Bhattacharyya 详细地研究了矩形棱柱体总磁异常的连续谱。1970年，Spector 与 Grant 运用统计结构的基本假设，引入"总体平均"的概念，推导分析了航磁图的能谱公式，把关于矩形棱柱体的谱的某些性质推广到块状体，讨论了块状体的水平尺寸、深度和厚度对谱的影响，提出了用能谱分析来粗略估计块状体的埋深、延深的方法。1975年，Spector 运用上述方法，提出了"匹配滤波"方法，并用此方法处理科迪雷拉山区的航磁图，消除了火山岩覆盖的干扰，从而得到与成矿有关的火成岩引起的异常图。其原理如下：

一、最小均方差滤波器与维纳滤波器

设 $g(x)$ 为 $f(x)$ 滤波后的输出函数，$s(x)$ 为期望输出，$h(x)$ 为脉冲响应，如使方差

$$Q=\int_{-\infty}^{\infty}[s(x)-g(x)]^2dx=\min \tag{4-71}$$

则相应的滤波器称为最小均方差滤波器，由式(4-71)积分后可得

$$Q=\int_{-\infty}^{\infty}s^2(x)+\int_{-\infty}^{\infty}\int_{-\infty}^{\infty}h^2(\tau)R_{ff}(\tau-\xi)d\tau d\xi-2\int_{-\infty}^{\infty}h(\tau)R_{fs}(\tau)d\tau$$

选择合适的脉冲响应 $h(x)$ 使 Q 最小，也就是求等式右方泛函的极值。由变分法知道，$h(x)$ 应满足欧拉方程

$$\frac{\partial}{\partial h(\tau)}\left[\int_{-\infty}^{\infty} h^2(\tau)R_{ff}(\tau-\xi)\mathrm{d}\xi - 2R_{fs}(\tau)h(\tau)\right]=0$$

即应满足

$$R_{fs}(\tau)=\int_{-\infty}^{\infty} h(\tau)R_{ff}(\tau-\xi)\mathrm{d}\xi$$

其中 R_{fs} 为输入信号 $f(x)$ 与期望输出 $s(x)$ 的互相关函数，R_{ff} 为输入信号 $f(x)$ 的自相关函数。

上式即 Wiener-Hopf 积分方程。对上式作傅氏变换得到

$$H(\omega)=\frac{P_{fs}(\omega)}{P_f(\omega)} \tag{4-72}$$

式中：$H(\omega)$ 是维纳滤波器的频率响应；$P_{fs}(\omega)$ 为输入函数 $f(x)$ 与期望输出信号 $s(x)$ 的互功率谱。

若假定信号 $s(x)$ 与干扰 $n(x)$ 彼此不相关，即 $R_{ns}(x)=0, P_{ns}(\omega)=0$，则

$$P_{fs}(\omega)=P_s(\omega)+P_{ns}(\omega)=P_s(\omega)$$

$$P_f(\omega)=P_n(\omega)+P_s(\omega)$$

则(4-72)式变为 $H(\omega)=\dfrac{P_s(\omega)}{P_s(\omega)+P_n(\omega)}$

因为 $P_s(\omega)=S^*(\omega)\cdot S(\omega), P_n(\omega)=N^*(\omega)\cdot N(\omega)$，其中 $*$ 表示共轭。即得

$$H(\omega)=\frac{|S(\omega)|^2}{|S(\omega)|^2+|N(\omega)|^2} \tag{4-73}$$

这样就从一般形式的维纳滤波器得到特殊形式的维纳滤波器。

二、分离深源场与浅源场的维纳滤波器与匹配滤波器

1. 维纳滤波器

对于(4-73)式，为了求出 $|S(\omega)|$ 和 $|N(\omega)|$，我们不妨假设

$$|S(\omega)|=AF_1(\omega)\mathrm{e}^{-\omega h_1}$$

$$|N(\omega)|=BF_2(\omega)\mathrm{e}^{-\omega h_2}$$

即有用信号及干扰(或称区域场及局部场)分别由埋深 h_1 和 $h_2(h_1>h_2)$ 的地质体所引起，当地质体形态相近时

$$F_1(\omega)=F_2(\omega)$$

由此可得分离区域场的频率响应

$$H(\omega)=\frac{A^2F_1^2(\omega)\mathrm{e}^{-2\omega h_1}}{A^2F_1^2(\omega)\mathrm{e}^{-2\omega h_1}+B^2F_2^2(\omega)\mathrm{e}^{-2\omega h_2}}=\frac{1}{1+\dfrac{B^2}{A^2}\mathrm{e}^{2\omega(h_1-h_2)}} \tag{4-74}$$

式中的 A, B, h_1, h_2 四个值由实测数据的对数功率谱曲线上求得。

根据实测数据的对数功率谱曲线 $\ln E(\omega)$，取低频段斜率绝对值较大的直线段作为深部场源的反映，并且这段直线的纵轴截距为 A^2，斜率一半的负数为 h_1，中高频段斜率较小的直线段为浅部场源的反映，并用其截距求出 B^2，用斜率之半的负数求 h_2，如图 4-4 所示。

2. 匹配滤波器

如果令 $S(\omega)$ 与 $N(\omega)$ 相同相位(水平位置重合，深度不同的物体相位可以相同)，则(4-73)式可以得到另一种特殊形式的滤波器

$$H(\omega)=\frac{|S(\omega)|}{|S(\omega)|+|N(\omega)|}$$

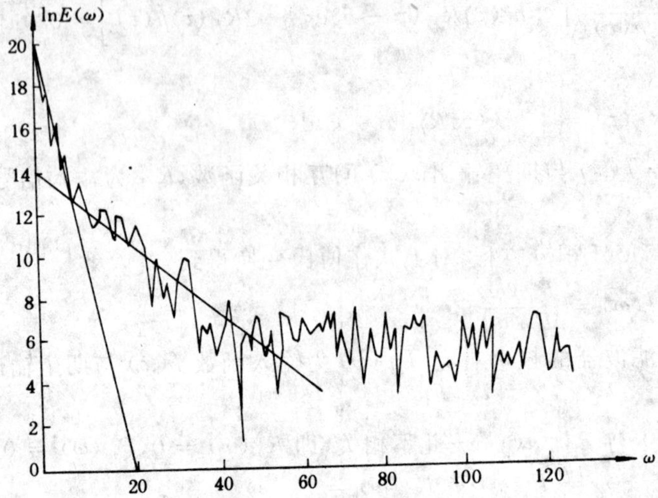

图4-4　对数功率谱曲线

即有分离区域场的频率响应

$$H(\omega) = \frac{1}{1 + \frac{B}{A}e^{\omega(h_1 - h_2)}} \tag{4-75}$$

三、实现步骤

(1)利用傅里叶变换,由实测异常求频谱

$$S_T(f) = \int_{-\infty}^{\infty} \Delta T(x,0)e^{-2\pi i f z}dx$$

(2)由傅里叶变换的实部与虚部求对数功率谱 $\ln E(\omega)$。

$$E(\omega) = R_e^2(\omega) + I_m^2(\omega)$$

(3)根据对数功率谱曲线 $\ln E(\omega)-\omega$,求 h_1、h_2、B/A 等参数,构制匹配滤波因子。

(4)把实测异常频谱乘以相应滤波因子,得到浅源场(或深源场)的频谱。

(5)反傅里叶变换得到分离的浅源场与深源场。

上述过程可以一次在计算机上实现:对于算出的功率谱,利用可视化技术显示对数功率谱曲线并用鼠标画出深源场与浅源场的回归直线,计算其斜率和纵轴截距,即可构制出匹配滤波因子,进行滤波分离不同深度的场源。

四、方法应用效果

为检验匹配滤波方法的有效性和程序的正确性,而设计了水平圆柱体理论模型,剖面长256个测点,点距10 m,浅部场源的水平圆柱体中心埋深100 m,截面有效磁矩 500×10^{-3} A·m²,深部场源的水平圆柱体中心埋深300 m,截面有效磁矩10 000×10^{-3} A·m²,分别正演计算后再相加作为检验该方法的观测值。计算出对数功率谱后,人工用鼠标在屏幕上选择深源场(即低频段)和浅源场(即中高频段)的斜率和截距之比,得 $h=75.85$ m,$H=147.48$ m,$B/b=10.0$,由这些参数构制的匹配滤波器分离出的浅源场和深源场如图4-5所示,不难看出,匹配滤波法在一定条件下,能较好地分离出浅深不同地质体产生的场。

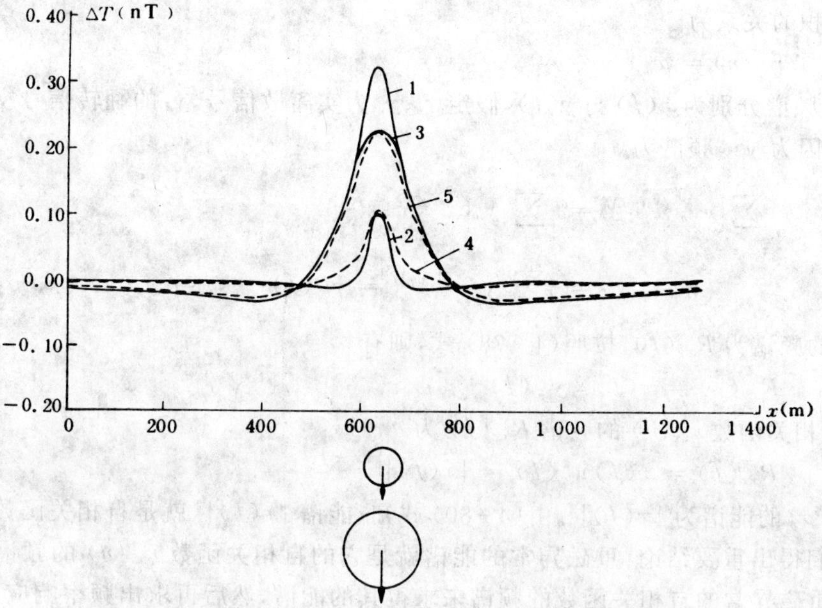

图4-5　匹配滤波法分离水平圆柱体理论模型的场

1. 深浅两个水平圆柱体的场；2. 浅部水平圆柱体的场；

3. 深部水平圆柱体的场；4. 分离后浅源场；5. 分离后的深源场

§4.4　宽度幅值特征滤波、低通带通正则化滤波

上一节的维纳滤波与匹配滤波方法是根据不同埋深的场源在对数功率谱上不同特征来构制滤波器，实际上也可以根据平面等值线图上异常的规模及强度来构制滤波器，这就是下面要介绍的异常宽度幅值特征滤波和低通带通正则化滤波，它根据有用信号与干扰的尺度特征，利用最小均方差滤波及自相关函数性质，解释人员可以直观地由平面等值线图上来确定要提取的异常。

一、自相关函数及其频谱

根据相关函数的定义，离散信号 x_n、y_n 的相关函数为

$$r_{xy}(n) = \sum_{t=-\infty}^{\infty} x_i y_{i-n} \tag{4-76}$$

其中 n 为 y_i 的延迟时间，通常用 τ 表示。若令 $m = n - i$，则

$$r_{xy}(n) = \sum_{m=-\infty}^{\infty} x_{n-m} y_{-m} \tag{4-77}$$

我们来看看相关与褶积的关系，离散信号 x_n 与 g_n 的褶积为

$$x_n * g_n = \sum_{m=-\infty}^{\infty} x_{n-m} g_m$$

令 $g_m = y_{-m}$，则(4-77)式变为

$$r_{xy}(n) = \sum_{m=-\infty}^{\infty} x_{n-m} g_m = x_n * g_n = x_n * y_{-m}$$

因此，相关与褶积的关系为

$$r_{xy}(n) = x_n * y_{-n} \tag{4-78}$$

设 x_n、y_n 的频谱分别为 $x(f)$ 与 $y(f)$，假定 x_n、y_n 为实离散信号，y_n 的翻转信号 y_{-n} 的频谱为 $y^*(f)$，这是因为 y_{-n} 频谱为

$$\begin{aligned}\sum_{n=-\infty}^{\infty} y_{-n}e^{-i2\pi n\Delta f} &= \sum_{m=-\infty}^{\infty} y_m e^{i2\pi m\Delta f} \\ &= \sum_{m=-\infty}^{\infty} y_m e^{\overline{-i2\pi m\Delta f}} = y^*(f)\end{aligned}$$

设 $r_{xy}(n)$ 的频谱为 $R_{xy}(f)$，按照(4-78)式，则有

$$R_{xy}(f) = x(f) * y^*(f) \tag{4-79}$$

特别的，自相关函数 $r_{xx}(n)$ 的频谱 $R_{xx}(f)$ 为

$$R_{xx}(f) = x(f)x^*(f) = |x(f)|^2 \tag{4-80}$$

我们知道，x_n 的能谱为 $|x(f)|^2$。由(4-80)式知，能谱 $|x(f)|^2$ 就是自相关函数 $r_{xx}(n)$ 的能谱。到此，我们得出重要结论：重磁异常的能谱就是它的自相关函数 $r_{xx}(n)$ 的频谱。这样，我们就可以利用重磁异常的自相关函数的频谱来求得其的能谱，然后再求出频率响应函数 H。

二、高斯型自相关函数

自相关函数按其类型可分为单位脉冲型、三角型、马尔科夫型、高斯型和衰减余弦型等。其中高斯型为

$$R_H(m) = \exp(-m^2/r^2) \tag{4-81}$$

通常用它来描述重磁场的相关性，r 为相关半径。若 Δ 为采样点距，当 $r \leqslant \Delta$ 时为不相关，而当 $r > \Delta$ 为相关的。在实际资料处理时，如何确定异常与干扰的自相关函数及其相关半径 r_n、r_n 呢？首先按下式计算自相关函数

$$R(m) = \frac{1}{n-|m|}\sum_{i=1}^{n-|m|} f_i f_{i+m} \tag{4-82}$$

式中：f_i 是剖面上第 i 点的场值，$i = 1,\cdots,n$；n 为剖面测点数；m 相当于相位差 τ；这里 m 连续取 $0,\Delta,2\Delta,\cdots,M\Delta(M << n)$ 值，Δ 是测点距。

相关半径可以按下式计算：

$$r = \int_0^{\infty} |R(m)|\mathrm{d}m \quad 或 \quad r = \int_0^{\infty} R(m)^2\mathrm{d}m \tag{4-83}$$

利用数值积分的方法即可得出相关半径 r。实际上，也可以近似取 $0.3R(0)$ 作为相关半径，或近似取二分之一异常最大幅度所对应的宽度作为相关半径。

三、构制宽度幅值特征滤波器

通过以上分析，我们假设重磁勘查中信号与干扰的自相关函数为：

$$\begin{cases} R_s(n) = \dfrac{\overline{A^2 s}}{\sqrt{2\pi}}\exp(-m^2/r_s^2) \\ R_n(m) = \dfrac{\overline{n^2}}{\sqrt{2\pi}}\exp(-m^2/r_n^2) \end{cases} \tag{4-84}$$

其中 $\overline{A^2}$ 和 $\overline{n^2}$ 为异常与干扰的平均强度。

则其相应的能谱为

$$P_s(\omega)=\int_0^{\infty}\overline{A^2}\exp(-m^2/r_s^2)\cos\omega m\mathrm{d}m=\overline{A^2}r_s^2(\sqrt{\pi}/2)\exp(-\omega^2 r_s^2/4)$$

$$P_n(\omega)=\int_0^{\infty}\overline{n^2}\exp(-m^2/r_n^2)\cos\omega m\mathrm{d}m=\overline{n^2}r_n^2(\sqrt{\pi}/2)\exp(-\omega^2 r_n^2/4) \quad (4-85)$$

把(4-84)式代入(4-73)式，则可得到

$$\begin{aligned}H(\omega)&=\frac{P_s(\omega)}{P_s(\omega)+P_n(\omega)}\\&=\frac{1}{1+P_n(\omega)/P_s(\omega)}\\&=\frac{1}{(1+\overline{n^2}r_n/\overline{A^2}r_s)\exp[-\omega^2(r_n^2-r_s^2)/4]}\end{aligned} \quad (4-86)$$

显然，如果知道了异常与干扰的平均强度 $\overline{A^2}$ 与 $\overline{n^2}$（或者其比值），异常的相关区间 r_s 与干扰的相关区间 r_n，就可以构制出分离异常与干扰的频率响应函数 $H(\omega)$。

以上讨论的虽然是一维滤波问题，但是实际上可以很方便地推广到二维平面资料的处理。对于等轴状异常，其 x 方向与 y 方向的相关半径相似，直接用(4-86)式，有

$$H(\omega)=\frac{1}{(1+\overline{n^2}r_n/\overline{A^2}r_s)\exp[-\omega^2(r_n^2-r_s^2)/4]} \quad (4-87)$$

这里 $\omega=\sqrt{u^2+v^2}, u=\dfrac{m}{L_x}, v=\dfrac{n}{L_y}$；$L_x$、$L_y$ 分别为 x、y 两个方向的滤波因子。

$$H_x(u)=\frac{1}{(1+\overline{n_x^2}r_{nx}/\overline{A_t^2}r_{sx})\exp[-u^2(r_{nx}^2-r_{sx}^2)/4]} \quad (4-88)$$

式中：$\overline{A_x^2}$、$\overline{n_x^2}$ 为 x 方向异常与干扰的平均强度；r_{sx}、r_{nx} 为 x 方向异常与干扰的相关半径。

$$H_y(v)=\frac{1}{(1+\overline{n_y^2}r_{ny}/\overline{A_y^2}r_{sy})\exp[-v^2(r_{ny}^2-r_{sy}^2)/4]} \quad (4-89)$$

式中：$\overline{A_y^2}$、$\overline{n_y^2}$ 为 y 方向异常与干扰的平均强度；r_{sy}、r_{ny} 为 y 方向异常与干扰的相关半径。

把 $H_x(u)$ 与 $H_y(v)$ 相乘，则可得到非等轴状异常的滤波因子

$$H_{xy}(u,v)=H_x(u)\cdot H_y(v) \quad (4-90)$$

宽度幅值特征滤波器的滤波特性怎么样呢？是否具有较好的理想低通滤波器特性？我们做如下分析。

简单理想滤波器对实际上出现的各种信号，当其中的有用信号和干扰的频谱完全分离时，可以完全消除干扰保留有用信号。但是由于实际滤波时，只能取时间函数 $h(n)$ 的有限部分，这样就造成了它频谱 $H(\omega)$ 的突跳现象。因此人们采用各种途径来获取具有理想低通滤波特性，简单连续、光滑度高的滤波因子。图 4-6 是信号平均幅值 $\overline{A^2}$ 与干扰平均幅值 $\overline{n^2}$ 相同时，不同相关半径的 $H(\omega)$ 频率特性曲线，可以看出，当固定干扰相关半径 r_n 不变，随着有用信号的相关半径 r_s 越来越大，其特征越来越趋于低通滤波。

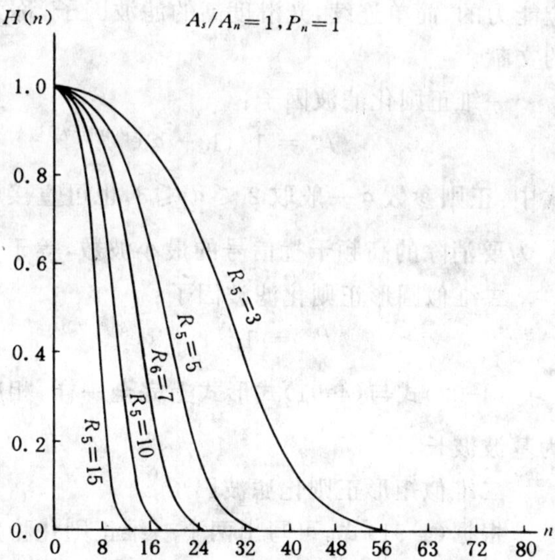

图 4-6 宽度幅值特征滤波的频率响应函数

为了检验方法的有效性，设计了叠加场的模型，大球与小球垂直叠加其参数：

大球：半径 $R_1=500$ m，中心埋深 $h_1=1\ 000$ m

小球：半径 $R_2=100$ m，中心埋深 $h_2=200$ m

它们的叠加场如图4-7(a)曲线所示。取 $r_n=500$，$r_s=4\ 000$，$\overline{A_n^2}$ 与 $\overline{A_n^2}$ 之比为4，滤波结果如图4-7(b)所示。不难看出，宽度幅值特征滤波器能较好地分离叠加场。

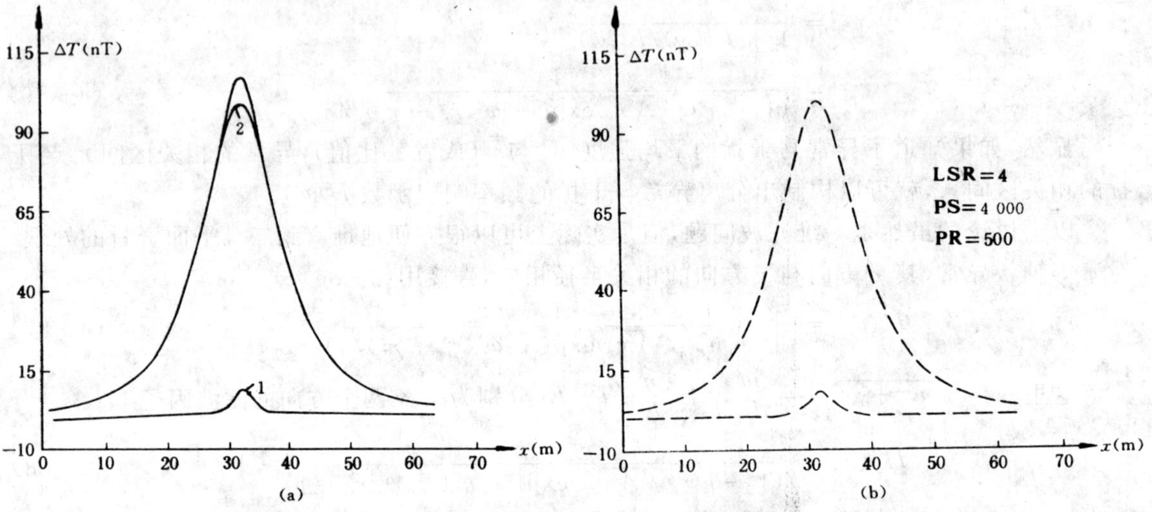

图4-7 理论叠加球体垂直磁化 ΔT 异常分离结果

(a)球体模型异常值；(b)异常宽度幅值特征滤波分离结果；

1. 半径 $R=100$ m，中心埋深 $h=200$ m；2. 半径 $R=500$ m，中心埋深 $h=1\ 000$ m

四、低通带通正则化滤波

根据 A. H. 吉洪诺夫解不适定问题的普遍原理，研究了具有理想低通滤波特性和较强适应能力的，简单连续，光滑度高的滤波因子，称为正则化滤波因子，其方法原理详见有关这方面的文献。

一维正则化滤波因子：

$$f_\alpha^m = 1/\{1+\alpha\, e^{\beta(|u|-u_n)\lambda_m}\} \tag{4-91}$$

式中：正则参数 α 一般取 $2\leqslant\alpha\leqslant 3$，也可直接取 $\alpha=2.8$，$\beta\geqslant 2$；波数 $u=\frac{m}{\lambda_x}$；λ_x 为基波波长；u_0 为要消除的高频干扰信号的最小波数，等于其最大水平尺寸的倒数，即 λ_0^{-1}。

二维似圆形正则化滤波因子：

$$f_\alpha^{mn} = 1/\{1+\alpha e^{\beta(f-f_n)\lambda_n}\} \tag{4-92}$$

(4-92)式与(4-91)式形式上完全一样，相应的 $f=\sqrt{u^2+v^2}$，波数 $u=\frac{m}{\lambda_x}$，$u=\frac{n}{\lambda_y}$，λ_x，λ_y 为基波波长。

二维似矩形正则化滤波因子：

根据(4-91)式，可写出两个一维正则化稳定因子，即

$$f_\alpha^m = 1/\{1+\alpha\, e^{\beta(|u|-u_n)\lambda_n}\}$$

$$f_\alpha^n = 1/\{1+\alpha\, e^{\beta(|v|-v_n)\lambda_n}\} \tag{4-93}$$

式中 v_0 的意义与 u_0 的意义完全相同，把 f_a^m 与 f_a^n 相乘，即得似矩形正则化滤波因子。

若观测值 s_{ij}^* 是有用信号和高频干扰的和，即 $s_{ij}^* = s_{ij} + N_{ij}$，则二维正则化滤波可用于消除 s_{ij}^* 中的高频干扰 N_{ij}，求得低频信号 s_{ij} 的稳定近似解 s_{ij}^0：

$$s_{ij}^0 = \sum_{m,n}^{M,N} \{s_{mn}^* f_a^{mn}\} e^{2\pi i(ux_i - vy_i)} \tag{4-94}$$

不难得出，把两个不同水平尺寸 λ_0 组成的滤波算子组合，即可以构成带通正则化滤波器。

§4.5 重磁异常的对应分析

在讨论重磁资料的反演问题时，都强调了解的非唯一性，以及资料解释的复杂性。如果在解释中能综合利用多种物化探和地质信息，则由于各种不同的资料彼此印证，互相补充，就可以减少多解性，改善解释的效果。本节讨论的重磁异常对应分析就是这类解释方法之一。

由同一场源引起的重力异常和磁异常的关系可以用泊松公式描述，即

$$U = -\frac{M}{4\pi G\sigma}\mathrm{grad}V$$

当垂直磁化时可以得到

$$Z_{z\perp} = \frac{\mu_0}{4\pi}\cdot\frac{M}{G\sigma}V_{zz} = \frac{\mu_0}{4\pi}\cdot\frac{M}{G\sigma}\cdot\frac{\partial\Delta g}{\partial z}$$

这表明 $Z_{a\perp}$ 与 $\partial\Delta g/\partial z$ 成线性关系。在实际资料处理中采用下述公式更合适：

$$Z_{a\perp} = \frac{\mu_0}{4\pi}\cdot\frac{M}{G\sigma}\cdot\frac{\partial\Delta g}{\partial z} + A \tag{4-95}$$

式中 A 反映了实测资料中与背景场有关的长波成分。由此可见，如果我们将磁测资料先进行化磁极处理获得 $Z_{a\perp}$，对重力资料求一次垂向导数获得 $\partial\Delta g/\partial z$，然后将 $Z_{a\perp}$ 和 $\partial\Delta g/\partial z$ 作线性回归分析，即可得到斜率 $M/4\pi G\sigma$ 和截距 A。显然由 $M/4\pi G\sigma$ 很容易得到比值 M/σ，称之为泊松比，它反映了在计算窗口范围内的平均物性特征。A 值的大小反映了重磁异常长波成分的差别。当然 $A=0$ 是最理想的。在实际工作中，只要 A 值变化不大，表明具备泊松方程的应用前提，所得泊松比值就有一定意义。否则，若 A 值变化很大，说明在测区内背景值变化较大，或异常体彼此干扰较强，或剩磁影响较大，即不具备泊松公式的应用前提。因此 A 值的特征提供了所得泊松比值的可信程度。

在重磁对应分析中，相关系数是我们利用的又一个重要参数。令 R 表示 $Z_{a\perp}$ 和 $\partial\Delta g/\partial z$ 的相关系数，则按定义有

$$R = \frac{\mathrm{cov}(Z_{a\perp}, \partial\Delta g/\partial z)}{\sqrt{D(Z_{a\perp})}\cdot\sqrt{D(\partial\Delta g/\partial z)}} \tag{4-96}$$

式中：$\mathrm{cov}(Z_{a\perp}, \partial\Delta g/\partial z) = E[(Z_{a\perp} - E(Z_{a\perp}))\cdot(\partial\Delta g/\partial z - E(\partial\Delta g/\partial z))]$ 是 $Z_{a\perp}$ 和 $\partial\Delta g/\partial z$ 的协方差；E 表示数学期望；$D(Z_{a\perp})$ 和 $D(\partial\Delta g/\partial z)$ 分别为 $Z_{a\perp}$ 和 $\partial\Delta g/\partial z$ 的方差；R 的值在 $+1$ 和 -1 之间，相关系数 R 反映了重磁资料在给定窗口内的线性相关程度。R 接近 $+1$ 时为正相关，反映了重力高与磁场高对应，或重力低与磁场低对应；R 接近 -1 时为负相关，反映了重力高与磁场低对应，或重力低与磁场高对应。从地质解释的角度来看，相关系数 R 能帮助我们确定重磁异常的同源性。R 绝对值越小，例如小于 0.5，则可认为重磁异常不同源，或存在邻近异常 的干扰，或存在方向异于地磁场的强剩磁等。因此 R 值不仅其本身反映了一定意义。而且 R 值的大小还提供了回归分析所得泊松比的可靠程度。

在实际计算中是采用滑动窗口进行的。窗口的选择在对应分析中对成果的影响很大。一般

来说，窗口大小的选取应考虑所研究的异常的波长、测点间距和邻近干扰的情况。同时又必须保持在一个窗口内有足够的点数。

实际资料往往是各种异常信息的综合效应。为取得较好的效果，在作重磁对应分析之前先要进行场的分离，然后分别进行处理。

对区域场进行重磁对应分析可以用来研究深部地壳的特征。地壳的密度一般随深度逐渐增加，从地表的2.7 g/cm^{3}逐渐增加，直到上地幔达3.3 g/cm^3。地壳磁性组分在一定深度内也有很强的磁化强度。因此地壳内部一些构造层厚度变化时，往往会产生重磁场之间的相关关系。若上部地壳厚度和组分相对稳定，则莫氏面的起伏往往引起重磁场的负相关。若重力低，磁场高，表明地壳相对增厚；反之，表明地壳较薄。

对浅部场进行重磁对应分析，其正负相关取决于浅部岩层的密度和磁性情况，因而可用来研究浅部地层的岩性和构造特征。

在实际工作中也可对不同延拓高度的重磁场进行重磁对应分析。由于不同高度的重磁场反映了不同深度场源的场，因此这种分析有助于我们对场源垂向不均匀性有所认识。

图4-8是我国亚东—格尔木地学断面上的重磁场上延100 km 后的相关系数图。整个断面可明确的划分为几段。从南至北为：①亚东至雅江以南以正相关为主，在康马附近有一相关系数突变为零的小段；②雅江以北到安多以南，呈完整的负相关段；③安多附近至沱沱河以南为正负相关变化段；④沱沱河以北至纳赤台附近为正相关段；⑤纳赤台以北为负相关段。这些分段与根据地质和其他地球物理资料划分的地体的位置大体相当。

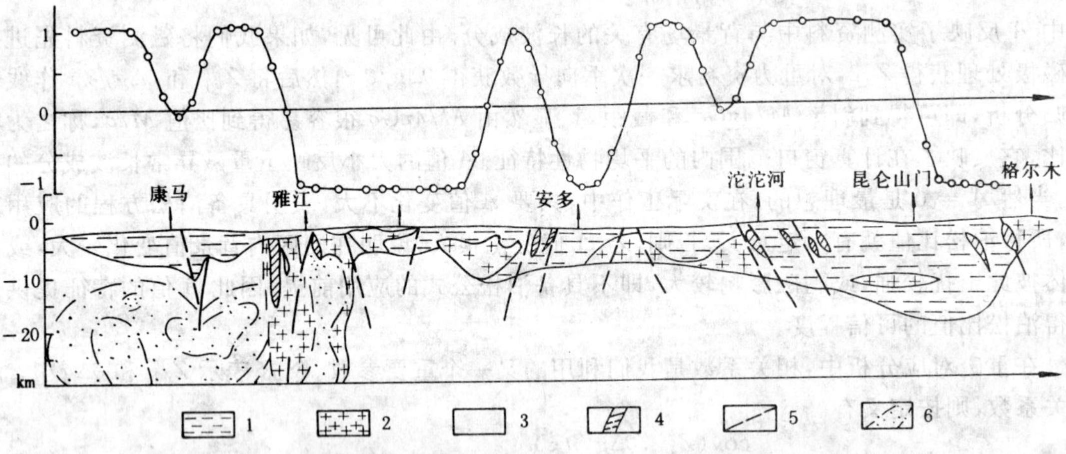

图4-8 重磁场上延100 km 后的相关系数图

1.沉积层；2.花岗岩、花岗闪长岩；3.变质基底；4.基性或超基性岩；5.断裂带；6.低磁性区

§4.6 重力异常归一化总梯度法

由苏联学者别廖兹金(В. М. Березкин)等人于20世纪60年代末提出的重力归一化总梯度法，是一种利用在较高精度下测量的重力异常来确定场源、断裂位置及密度分界面的方法，条件有利时还可以用于直接寻找含油气的构造，从苏联的应用情况来看，效果还是较为明显的。

该方法的出发点在于剩余质量的引力位及其导数在场源体以外空间都是解析函数，而在场源处则失去解析性。在解析函数中，失去解析性的点叫函数的奇点，确定场源的问题就是通

过对异常的解析延拓来确定函数的奇点问题。例如对水平圆柱体来说，已知其重力异常表达式为

$$\Delta g = 2G\lambda \frac{D}{x^2 + D^2} \tag{4-97}$$

可以看出，在 $x = 0$ 处，将 Δg 沿 z 轴向下延拓，当 $D = 0$ 时，Δg 将趋于无穷大，所以圆柱体轴心点处即为式(4-97)的一个奇点。

一、方法的原理

在实际工作中，我们并不知道研究对象产生的异常的表达式，只能利用有限个离散数据将其展成级数来表示。因此，重力资料的有限性和离散性，展成的级数也只可能取有限项，加上观测中的误差、随机干扰的影响等，使重力异常在解析延拓中只能是近似的，特别是在下延计算中，往往在延拓到场源之前其延拓过程已被破坏，因而常常找不到与场源有关的奇点。为说明这点，我们仍然用水平圆柱体的重力异常展成台劳级数予以讨论。如图4-9所示，向下延拓到任一点 $P(x,z)$ 的重力异常为

$$\Delta g(x,z) = 2G\lambda \frac{D - z}{(D - z)^2 + x^2}$$

若沿 x 轴($x = 0$)，则上式为

$$\Delta g(z) = 2G\lambda \frac{1}{D - z}$$

在 $z = 0$ 的附近将上式展成台劳级数为

$$\Delta g(z) = \sum_{n=0}^{\infty} \frac{1}{n!} 2G\lambda \left. \frac{n!}{(D - z)^{n+1}} \right|_{z=0} (z - o)^n$$

$$= 2G\lambda \sum_{n=0}^{\infty} \frac{1}{D^{n+1}} z^n = \frac{2G\lambda}{D} \sum_{n=0}^{\infty} \left(\frac{z}{D} \right)^n \tag{4-98}$$

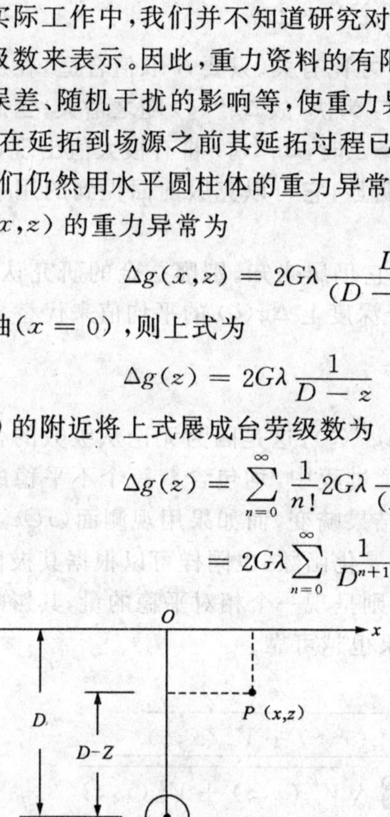

图4-9　水平圆柱体在 $P(x,z)$ 点异常的计算

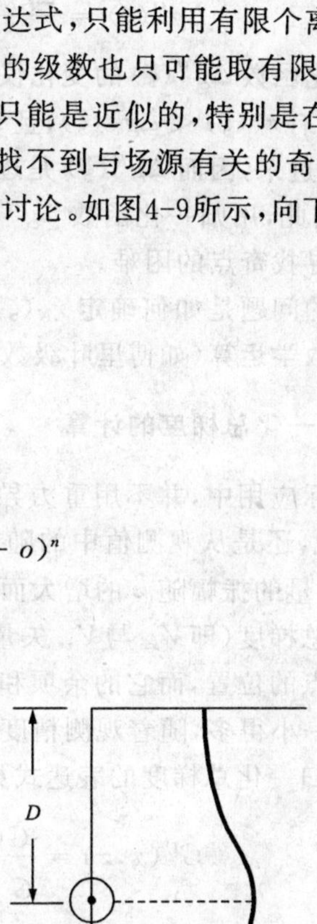

图4-10　$\Delta g^H(\zeta)$ 在圆柱体轴心处有极大值

显然，当上式向下延拓趋于场源时 ($z \to D$) 级数发散，即 D 为 $\Delta g(z)$ 的一个奇点，但当级数不取无限项时，情况就不同了，这时

$$\Delta g(z) = \frac{2G\lambda}{D} \sum_{n=0}^{N} \left(\frac{z}{D} \right)^n \tag{4-99}$$

即便通过柱体中心 ($z \geqslant D$)，因式(4-99)是一有限项级数，只有当 $z \to \infty$ 时才发散，否则只要 N 为有限值，级数都是收敛的，这就说明了在实际工作中要寻找奇点是很困难的事。

为了克服这一困难，需要进一步研究用有限级数来表达重力的办法。为此，将式(4-98)改写成

$$\Delta g(z)=\frac{2G\lambda}{D}\sum_{n=0}^{N}\left(\frac{z}{D}\right)^{n}+\frac{2G\lambda}{D}\sum_{n=N+1}^{\infty}\left(\frac{z}{D}\right)^{n} \tag{4-100}$$

上式等号右边的第二项是级数的余项，也即舍去误差。令 $\zeta=\dfrac{z}{D}$，则上式可写成

$$\Delta g(\zeta)=\Delta g_N(\zeta)+r_N(\zeta)$$

由级数理论证明，若 N 取适当值时，则当 $\zeta<1$ 时，有 $r_N(\zeta)<\Delta g_N(\zeta)$；反之，在 $\zeta>1$ 时，将有 $r_r(\zeta)>\Delta g_N(\zeta)$，这是一个非常重要的情况，用它可以确定与场源有关的奇点。我们以 $r_N(\zeta)$ 对 $\Delta g(\zeta)$ 进行归一化，则有

$$\Delta g^H(\zeta)=\frac{\Delta g_N(\zeta)+r_N(\zeta)}{r_N(\zeta)}=\frac{\Delta g_N(\zeta)}{r_N(\zeta)}+1 \tag{4-101}$$

归一化函数 $\Delta g^H(\zeta)$ 的变化仅与 $\Delta g_N(\zeta)$ 和 $r_N(\zeta)$ 之比有关。只要 N 取值合适，在从上面接近奇点时，有 $r_N(\zeta)<\Delta g_N(\zeta)$，且 $\Delta g_N(\zeta)$ 增加比 $r_N(\zeta)$ 为快，故 $\Delta g^H(\zeta)$ 随之增大；当通过奇点后，情况反过来，因而 $\Delta g^H(\zeta)$ 是逐渐减小，所以在 $\zeta\to 1$ 时，$\Delta g^H(\zeta)$ 将有极大值出现，如图 4-10 所示。因此，用归一化函数 $\Delta g^H(\zeta)$ 的意义就十分明显，它可以克服前面提到的用一般向下延拓直接寻找奇点的困难。

现在的问题是如何确定 $r_N(\zeta)$，因为实际工作中它仍属未知。别廖兹金的研究认为，当采用适当的数学运算（如傅里叶级数）时，可以用某一个深度上 $\Delta g(\zeta)$ 的平均值来代替 $r_N(\zeta)$。

二、归一化总梯度的计算

在实际应用中，并不用重力异常的归一化函数 $\Delta g^H(\zeta)$，这是因为无论从级数的舍去误差 $r_N(\zeta)$ 来说，还是从观测值中的随机误差来看，在下延过程中，均包含着一个不平稳的正弦量函数，正弦量的振幅随 z 的增大而越来越大，使延拓结果畸变，而如果用观测面（xOz 面）内重力异常的总梯度（即 V_{xz} 与 V_{zz} 矢量和的模数）来作归一化函数，也同样可以根据其极值来判断场源或奇点的位置，而它的余项和随机误差在下延中则呈现一个相对平稳的量，其影响要比用 $\Delta g(\zeta)$ 归一小得多，随着观测精度的提高，计算的结果也越可靠。

因此归一化总梯度的表达式如下

$$G^H(x,z)=\frac{G(x,z)}{\bar{G}(x,z)}=\frac{\sqrt{V_{xz}^2(x,z)+V_{zz}^2(x,z)}}{\dfrac{1}{M+1}\sum_{0}^{M}\sqrt{V_{xz}^2(x,z)+V_{zz}^2(x,z)}} \tag{4-102}$$

式中：$G(x,z)$ 为 xOz 垂直面上的重力总梯度；$\bar{G}(x,z)$ 为深度是 z 上的 $M+1$ 个测点总梯度的平均值。

可以看出，$G^H(x,z)$ 为一个无量纲的比值。在 xOz 面内，按一定深度间隔求各点的 $G^H(x,z)$，最后可以勾绘出 $G^H(x,z)$ 的等值线图来。

由于在测线两端点的重力异常为零的条件下，正弦级数收敛比余弦级数快，因此选用正弦级数来表示 Δg，为此应对实测异常的每一个 $\Delta g(x,0)$ 减去线性项 $a+bx$，其中 a 为测线起点处的重力异常值 $\Delta g(0,0)$，$b=[\Delta g(0,0)-\Delta g(L,0)]/L$，$\Delta g(L,0)$ 为测线末端的重力值，L 为测线长度。这样可获得向下延拓的傅里叶级数表达式

$$\Delta g(x,z)=\sum_{1}^{N}B_n\sin\frac{\pi nx}{L}e^{\frac{n\pi z}{L}} \tag{4-103}$$

式中：N 为谐波项数；B_n 为谐波，其表达式为

$$B_n=\frac{2}{L}\int_0^L\Delta g(x,0)\sin\frac{\pi nx}{L}dx$$

$e^{\frac{n\pi z}{L}}$ 为下延因子。

对式(4-103)求导便很容易得出 V_{xz} 和 V_{zz} 的表达式

$$V_{xz}(x,z)=\frac{\pi}{L}\sum_{1}^{N}nB_n\cos\frac{\pi nx}{L}e^{\frac{\pi nz}{L}} \tag{4-104}$$

$$V_{zz}(x,z)=\frac{\pi}{L}\sum_{1}^{N}nB_n\sin\frac{\pi nx}{L}e^{\frac{\pi nz}{L}} \tag{4-105}$$

B_n 的计算：设测线 L 是由点距为 Δx 的 $M+1$ 个测点组成，则 $x=j\Delta x(j=0,1,2,\cdots,M)$，$L=M\Delta x$，故 B_n 可表示为

$$B_n \doteq \frac{2}{M}\sum_{l=0}^{M}\Delta g(j\Delta x)\sin\frac{\pi nj}{M} \tag{4-106}$$

用式(4-104)至式(4-106)来计算 $G^H(x,z)$ 的结果表明，在向下延拓的过程中会遇到随机误差和其他干扰引起的麻烦，同时由于测线端部场的间断将引起 $G^H(x,z)$ 曲线出现虚假异常，因此，还必须给 B_n 乘上一个圆滑因子 q_m 以增强延拓过程的稳定性来解释

$$q_m=\left(\frac{\sin\frac{\pi n}{N}}{\frac{\pi n}{N}}\right)^m \tag{4-107}$$

式中：N 为谐波总项数；$m=1,2,3,\cdots$。

q_m 具有圆滑作用，它的数值从 1 变到零，n 越大（高频成分）受到的圆滑作用也越强。在石油勘探中 $m=2$ 较为合适。因此最后就有

$$V_{xz}(x,z)=\frac{\pi}{L}\sum_{n=1}^{N}nB_n\cos\frac{\pi nx}{L}e^{\frac{\pi nz}{L}}\left(\frac{\sin\frac{n\pi}{N}}{\frac{n\pi}{N}}\right)^2 \tag{4-108}$$

$$V_{zz}(x,z)=\frac{\pi}{L}\sum_{n=1}^{N}nB_n\sin\frac{\pi nx}{L}e^{\frac{\pi nz}{L}}\left(\frac{\sin\frac{n\pi}{N}}{\frac{\pi n}{N}}\right)^2 \tag{4-109}$$

在以后许多人的研究、试验中，仿照 B. Cianciara 等人提出的相位概念，增加了与总梯度图相对应的相位图，其计算是

$$\phi(x,z)=\mathrm{tg}^{-1}\frac{V_{xz}(x,z)}{V_{zz}(x,z)} \tag{4-110}$$

三、理论模型与实例

图4-11给出了一个其顶部深1 km，底部深1.8 km，宽为3 km 的背斜模型的计算结果。可以看出，在背斜的重心部位（场源中心），$G^H(x,z)$ 有最大值8.86，证实了本方法的理论效果。

图4-12示出了在同一个水平圆柱体（半径为0.5 km，中心埋深为2 km，σ=1.0 g/cm³）条件下，剖面长 L=20 km 时，级数总项数（即谐波数）N 的选择是一个关键参数。N 从 60 ~ 20 时，$G^H(x,z)$ 极值的位置从上向下移动，极大值数值是由小到大再到小，当 $N=40$ 时，异常的中心恰与圆柱体重合，$G^H(x,z)$ 极值也最大，所以在实际工作中应取不同 N 值进行计算，以找出诸极值中最大的那个值位置为最接近场源的深度位置，此时，异常中心两侧的等值线亦向中心靠得最近。

图4-13给出了上顶埋深3 km，下底埋深6 km，σ=0.5 g/cm³的垂直台阶模型所对应的总

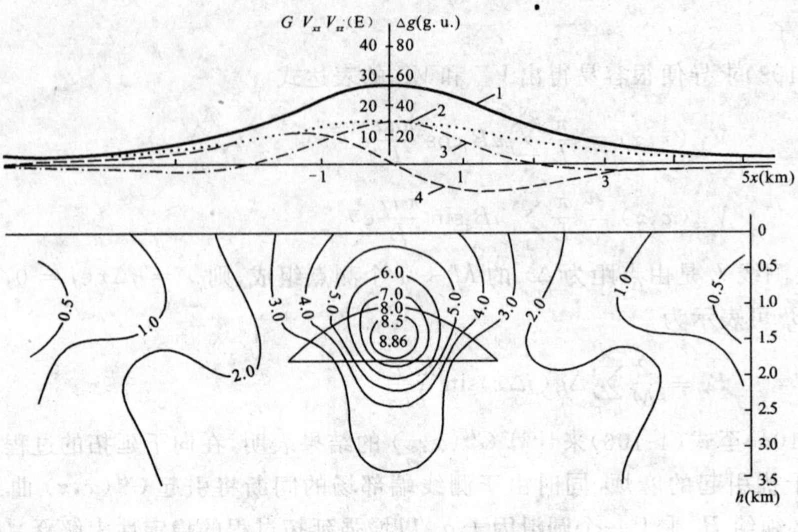

图4-11 背斜体的 $\Delta g(x,0)$、V_{xz}、V_{zz}、$G(x,0)$ 曲线和 $G^H(x,z)$ 等值剖面图

$N=50$；1. Δg 曲线；2. $G(x,0)$ 曲线；3. V_{zz} 曲线；4. V_{xz} 曲线

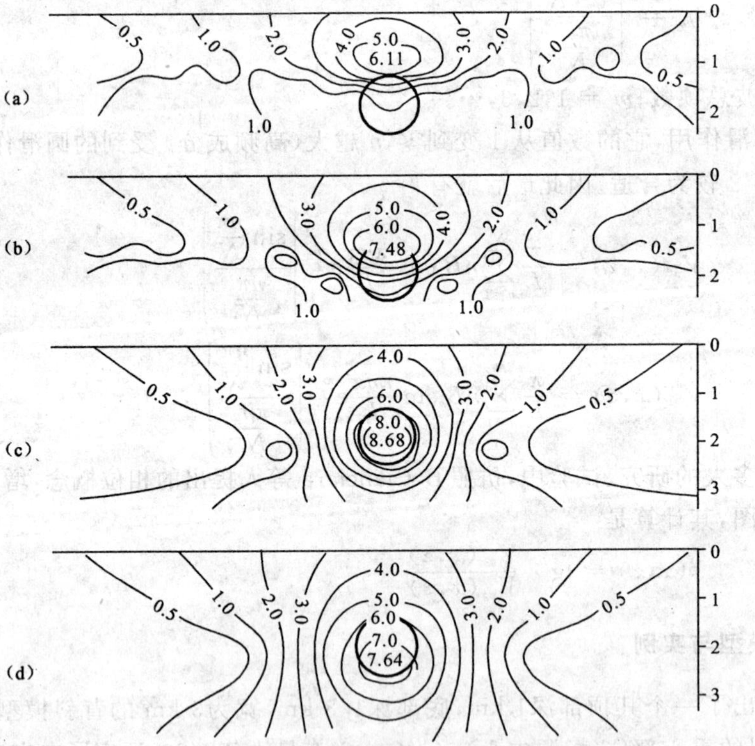

图4-12 不同 N 值时的 $G^H(x,z)$ 等值线剖面图

(a)$N=60$；(b)$N=50$；(c)$N=40$；(d)$N=30$；(e)$N=20$

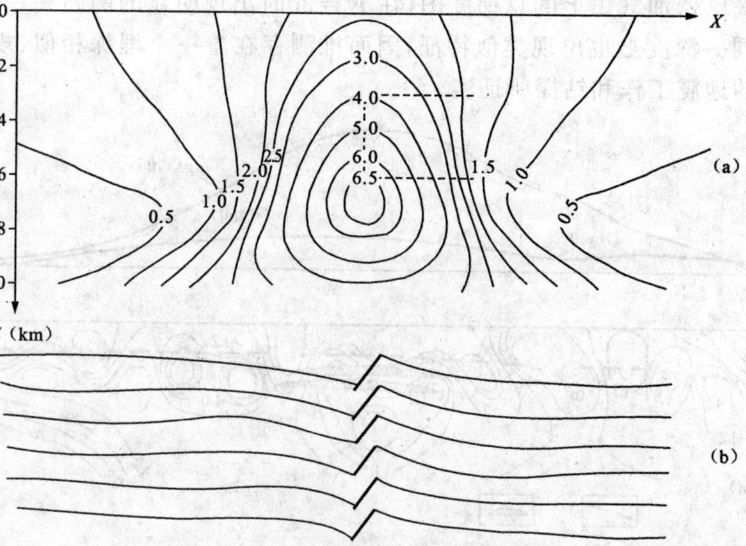

图4-13　铅垂台阶的模型图

(a) G^H 图；(b) 相位图

梯度和相位图。在 N 合适时，极值位置与台阶下角点位置基本一致，相位图则十分准确地用极小值与极大值之间的零值指明了台阶铅垂面所在位置。

在含油气的背斜构造顶部，由于质量的亏损，会使因背斜构造形成的重力高极大值有所降低（约10 g.u.），但这种减小是无法判明的，而在总梯度图上，则于构造的边部出现两个极大值，而在构造的顶部出现一个极小值，形成“两高夹一低”的特征，成为寻找含油气构造的典型标志（见图4-14）。

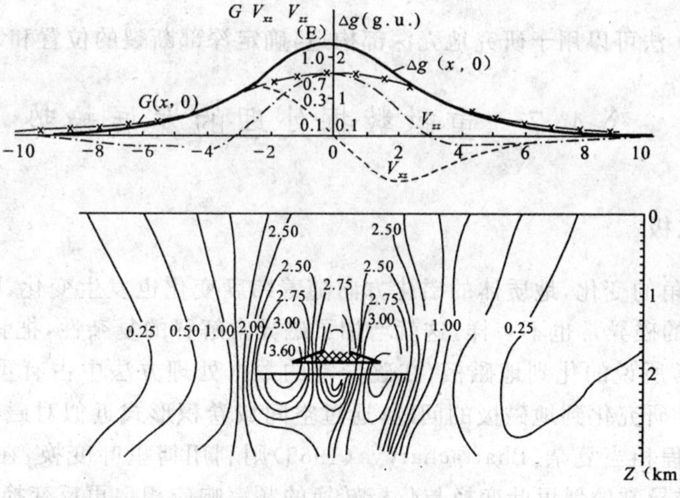

图4-14　含油气背斜构造模型的归一化总梯度图

1970年之前，在苏联曾对45个已知地质构造运用此种方法，已知区中有30个油气田，15个金属矿床，结果表明，在42个已知区中，$G^H(x,z)$ 场得到了可靠的显示，仅仅有3个是不可信的。图4-15是热底巴依油气田上的总梯度图，在 $N=30$时出现明显的两高夹一低的图像。在图的左侧，大约在同一深度上也出现类似特征，因而推测存在着一个埋深相似、规模较小的油气藏，这已为以后的地震工作和钻探所证实。

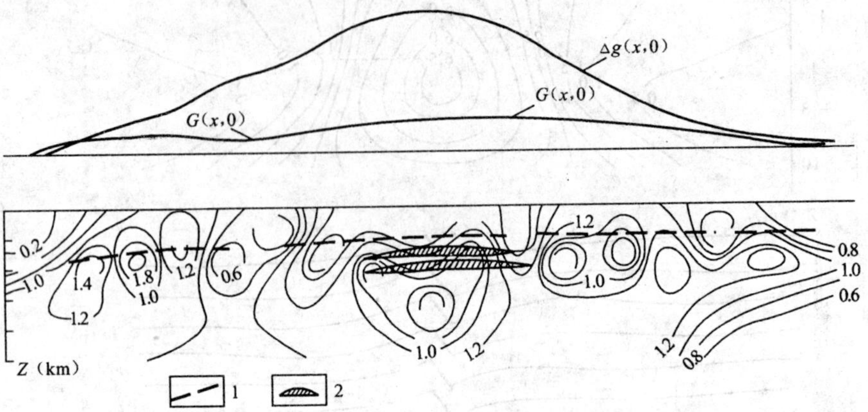

图4-15　热底巴依油气田的 $\Delta g(x,0)$、$G(x,0)$ 曲线和 $G(x,z)$ 场，$N=30$

1. 地震标志层；2. 油气藏

根据理论与实际例子，别廖兹金对该方法的实际能力作了以下几点结论：

(1) $G^H(x,z)$ 法可以从观测重力场中划分出幅度为20～30 m，深度在3～5 km 以上的平缓构造的重力场，并确定其深度，理论上精度可达5%～50%。

(2) $G^H(x,z)$ 法也可以从观测重力场中划分出厚度为50 m 以上的油层和30 m 以上的气层的重力场，为用重力法和其他物探方法综合直接寻找储量相对不大的油气藏提供了一条有效途径。

(3)在金属矿物勘探中，本方法可以求出矿体上顶面或重心的深度，并对它的倾向作出某些结论。

(4) $G^H(x,z)$ 法可以用于研究地壳深部构造，确定深部断裂的位置和它的分布方向等。

§4.7　重磁数据处理的发展趋势

一、低纬度化极

由于地磁倾角的变化，地质体的磁化方向随着纬度变化也发生变化，同一个地质体，不同的磁化方向产生的磁异常也不一样，这就增加了磁异常解释的复杂性，把斜磁化的磁异常化为垂直磁化，即通常所说的化到地磁极，在磁异常的数据处理方法中占有重要的地位，Baranov(1957,1965)最早研究化到地磁极的问题，通过空间域卷积形式近似对磁异常进行化极处理，其计算方法及过程相当复杂。Bhattacharyya(1965)则利用傅里叶变换，在频率域实现了磁异常的化极，即将磁异常的傅里叶变换与化极转换的频率响应相乘再反变换到空间域，得到简捷的频率域化极方法，成为磁异常化极处理普遍使用的方法。

但是频率域的化极因子，纬度越低，其放大作用越强，在磁赤道地区，化极因子放大作用达到极点，变成无穷大。通常认为，地磁倾角在±30°之间为化极不稳定的低纬度地区，这相当于地理纬度±16°之间，其覆盖面积达地球表面的63%，由此可见研究低纬化极方法具有非常重要的意义。

如前面第二节所述，磁异常化极的滤波因子为

$$H(u,v)=\frac{\sqrt{u^2+v^2}}{\mathrm{i}u\alpha+\mathrm{i}v\beta+\sqrt{u^2+v^2}\gamma}\cdot\frac{\sqrt{u^2+v^2}}{\mathrm{i}u\alpha'+\mathrm{i}v\beta'+\sqrt{u^2+v^2}\gamma'} \quad (4-111)$$

式中：α、β、γ 为磁化方向的方向余弦；α'、β'、γ' 为正常地磁场方向的方向余弦。

假设磁化方向与正常地磁场方向重合，取 x 轴沿磁北方向，由重磁位场频率域变换的随机误差传递理论，其误差传递系数

$$k=\left\{\frac{1}{2u_N}\cdot\frac{1}{2v_N}\int_{-u_N}^{u_N}\int_{-v_N}^{v_N}\frac{(u^2+v^2)^2}{[u^2\alpha^2+(u^2+v^2)\gamma^2]^2}\mathrm{d}u\mathrm{d}v\right\}^{1/2} \quad (4-112)$$

在磁赤道地区磁纬度 $\varphi=0°$，此时，$\alpha=1$，$\gamma=0$，由(4-111)式有

$$|H(u,v)|^2=\frac{(u^2+v^2)^2}{u^4}$$

当 $u\rightarrow 0$，即沿(4-112)式积分区域的 v 轴时，积分核无界，因而 $k\rightarrow\infty$，这意味着磁赤道区的磁异常化极是极不稳定的。

为了解决低纬度化极的不稳定问题，人们进行了大量的研究和探索。如 Silva(1986)提出在空间域采用偶极层等效源技术，把化极视为一种反演过程加以解决，Leao 等(1989)对此做了进一步改进。但是该类空间域反演方法在数据量小、条件有利时，可以取得较高的精度，但因其复杂性及大型方程组求解的困难决定了其难以有效计算较大面积的数据。由于空间域存在的这种难以克服的问题，人们把化极方法的实现转向频率域，Hansen(1989)提出了基于噪声干扰的维纳滤波化极方法，Keating 等(1996)对该方法进行了改进。该方法的缺点是需要建立噪声模型，或进行深浅场源信息的分离提取，影响因素较多。国内对低纬度化极也进行了较多的研究，如采用偏移抽样方法进行化极，理论模型结果表明，化极效果比较好。

二、变倾角化极

上面所讨论的磁异常化极方法都是针对单一磁倾角、偏角磁异常而言的，它没有考虑倾角、偏角变化对化极结果的影响。实际上，对于大面积航磁、海磁数据，其范围大，磁倾角、偏角有较大的变化，采用一个不变的倾角、偏角来化极显然是不合理的，这就促进了研究变倾角化极的方法。Von Fresse 等(1981)最早提出变倾角化极方法，他采用空间域等效源的方法，该方法计算速度慢，不稳定，不能处理较大的数据量。Arkani－Hamed(1988)提出了频率域变倾角化极方法，该方法可以看作是频率域常倾角化极方法的推广，计算速度快、稳定性也增强。也有人采用简单分区分片的办法，每一个区按单一倾角偏角计算，计算后再拼图。变倾角化极尽管做了不少研究与探索，实际上还没有找到一种合理有效的方法。

三、重磁资料的曲化平

我国是一个多山的国家，无论是地面磁测还是航磁测量，由于受地形起伏的影响，造成了观测结果的畸变，给地质解释增添了复杂性。20世纪60年代以来，基于复变函数理论的二度曲化平方法得到广泛的应用，该方法可以分为两类，一类是利用复变函数中柯西积分的量板法及保角映射法，以及利用保角映射原理的电模拟法。另一类是利用一个特定的函数来近似地表示起伏地形上磁测曲线，如罗朗级数法。这些二度体磁异常曲化平方法都可以用手算，导电纸模拟来实现。70年代以来，随着计算机在地学领域的广泛应用，重磁异常的曲化平方法也进入计算机处理时代，对三度体异常曲化平方法，最早的有调和级化法、迭代法、镜像法、等效源法等。

属于等效源类的方法，是利用位场理论将起伏地形的重磁场换算成单层或偶层等效源，再利用此等效源计算空间任一点的位场（如 Emila，1973；Bhattacharyya，Chen，1977；Nakatsuka，1981；Miyazaki，1984；及国内研究者）。另一类是级数类方法，它将重磁场展成级数算出级数项的待定系数后再计算空间点的位场（如 Handerson，Cordell，1971；及国内研究者）。这些方法对大数据量的重磁数据仍然有无法解决的实际困难。如在曲化平过程中要求解一个大型的第一类 Fredholm 积分方程或是求级数项待定系数的最小二乘法，需要解高阶线性方程组，面对大数据量和高阶数，不易求解；而为了降低阶数求解，需要减少数据作分块处理，又造成计算结果不易拼接，精度受到影响；当把地形视为单层、偶层位的等效源作曲面延拓时，为了避开解第一类 Fredholm 积分方程时需要求解高阶线性方程组，常常采用解变系数第二类 Fredhlom 积分方程的迭代法，但是处理时，还要受到 $|f'_\alpha| + |f'_\beta| \leqslant 2$ 条件的限制［$f'_\alpha = \frac{\partial}{\partial \alpha} f(\alpha,\beta)$，$f'_\beta = \frac{\partial}{\partial \beta} f(\alpha,\beta)$，$f(\alpha,\beta)$ 是地形函数］。因此，重磁位场曲化平的问题仍然是一个有待研究，但又具广泛前景的研究方向。

为了使读者对计算机处理方法的重磁异常曲化平有一个基本了解，下面我们以方法原理最简单的有限项调和级数曲化平方法作一简单介绍，更复杂的方法可从文献资料中查阅到。

对二度磁异常，可以用有限项调和级数表示

$$\Delta T(x,z) = \frac{A_0}{2} + \sum_{k=1}^{m} e^{2\pi k\left(\frac{z}{\lambda}\right)} \left[A_k \cos 2\pi k \frac{x}{\lambda} + B_k \sin 2\pi k \frac{x}{\lambda}\right] + \varepsilon(x,y)$$

式中：λ 为基波波长（由剖面长度决定），也可表示为 $f = \frac{1}{\lambda}$，f 为波数或频率；级数的项数为 $2m+1$，小于或等于测点数；A_k、B_k 为三角级数的系数；ε 为近似计算中的误差。

如果在 $z=0$ 的观测平面上，那么上式就是通常所说的有限项傅氏级数，系数可以根据三角函数的正交性求出，但是当测点不在同一水平面时，公式中含有指数项，级数不具正交性，因此不能用求傅氏级数系数的方法计算系数，利用最小二乘法可以求解这些傅里叶系数，若 n 个测点上观测值为 $\Delta T_i (i = 1,2,\cdots,n)$，则可以表示为

$$\Delta T(x_i,z_i) = \frac{A_0}{2} + \sum_{k=1}^{m} e^{2\pi k\left(\frac{z_i}{\lambda}\right)} \left[A_k \cos 2\pi k\left(\frac{x_i}{\lambda}\right) + B_k \sin 2\pi k\left(\frac{x_i}{\lambda}\right)\right] + \varepsilon_i, \quad i = 1,2,\cdots,n \tag{4-113}$$

上式中 $\Delta T(x_i,z_i)$ 是已知的，未知数（即三角级数的系数）个数为 $2m+1$，方程个数为 n，一般 $n \geqslant 2m+1$，这是一个矛盾方程组，可以用最小二乘法求解，最后解得 A_0、A_k、$B_k (k = 1,2,\cdots,m)$，把求得的系数代入下式：

$$\Delta T(x_i,z_i) = \frac{A_0}{2} + \sum_{k=1}^{m} e^{2\pi k\left(\frac{z_i}{\lambda}\right)} \left[A_k \cos 2\pi k\left(\frac{x_i}{\lambda}\right) + B_k \sin 2\pi k\left(\frac{x_i}{\lambda}\right)\right] \tag{4-114}$$

显然，只要给出测点坐标 (x_i,z_i)，就可以得到场源外任一点的异常值，当然也就可以求出同一水平线上的场值，完成曲化平的工作。

类似地也可以写出三度异常的有限项调和级数的表达式及求解它们的傅里叶系数 A_{mn}、B_{mn}、C_{mn}、D_{mn}。有限项调和级数法在地形复杂条件下效果较差，计算结果容易发生振荡，克服计算结果的振荡问题可以加入正则化处理，如曲面延拓的级数正则化方法，计算结果可以得到一定的改善。

四、重磁弱信号识别与提取

最佳检测系统是信息与信号理论的一个重要方面。20世纪20年代以来，Nyquist、Hartly 等

人开始了信息与信号理论的研究，1942年，N. Wiener 建立了信号的预测与滤波理论，1943年，N. O. North 研究了匹配滤波理论，1948年，Shannon 创立了信息论。用信息的观点研究信号与系统以及利用信号的特性载荷信息和设计系统，促使了信息与信号理论的形成。最佳检测系统是利用数理统计的方法，在最佳准则意义下，确定信号的存在与否和估计信号参数的值。最佳检测系统不同于我们所熟悉的最佳滤波系统，最佳滤波系统是指能将信号与干扰混合波形中的干扰尽可能地滤除，而同时最大限度地保留信号的滤波系统。40年代以来，发展了最大峰值信噪比系统和均方差最小系统。前者是对已知信号波形的最佳滤波，它由 N. O. North 提出，称为 North 滤波；后者适合于未知波形的随机信号滤波，由 N. Wiener 提出，称为最小均方误差滤波或 Wiener 滤波。60年代以来，状态空间分析得到广泛运用。使用状态空间分析法，设计 Wiener 滤波器，发展成了 Kalman 滤波，这些方法在地球物理信号处理中都得到广泛应用。最佳滤波系统不包含判断装置，它仅仅是一个滤波器；而最佳检测系统则包含滤波器（或概率计算器）及判断装置两个部分，通过判断得到所需的信息。可以推知，最佳检测系统是基于使正确概率最大、错误概率最小的思想。

传统的滤波方法在一定条件下能够在干扰背景下分离信号，但是有用信号是否存在则常常要凭借解释人员的经验，尤其是要发现和识别弱地球物理信号。20世纪80年代以来，随着新一代高精度重力、磁力及大地电磁仪器的问世，仪器的精度提高了一个至几个数量级。它们已经有能力探测等于或低于干扰水平的弱地球物理信号，问题在于有没有性能优良的滤波系统来识别和分离这些凭经验和用一般处理方法无法识别的信号，采用最佳检测系统的目的就在于此。这里主要采用的方法是在 Bayes，Neyman-Pearson 等最优准则下的最大后验概率法，T^2 – Hotelling 统计检验法和似然比最佳检测法。

1. 最大后验概率法

最大后验概率法检测系统是20世纪50年代由 Woodward 和 Котельников 所创立的。其基本思想是，若要从进入接受机的波形

$$f(t) = s(t) + n(t) \tag{4-115}$$

中完全、确切地复现 $s(t)$ 所包含的信息是不可能的，只能根据 $f(t)$ 的样本确定代表信息参数 θ 取值的条件概率 $p(\theta/f)$。由于 $p(\theta/f)$ 是在接收到 $f(t)$ 以后得到的关于 θ 取值的条件概率，所以称之为后验概率。

在得到 $p(\theta/f)$ 之后，应当作出判断，即确定 θ 取什么值。为此，必须建立一个判断准则，即后验概率最大的原则。

在运用最大后验概率法处理地球物理资料时，我们可以假设在某段地球物理剖面上，观测值 $f(x)$ 为有用信号 $s(x)$ 和干扰 $n(x)$ 之和，其中 $f(x)$ 服从零均值，方差为 σ^2 的正态分布。按照假设检验的方法，我们称信号存在时的预测为 H_1 预测，信号不存在时的预测为 H_0 预测，即有

$$f(x) = \begin{cases} s(x) + n(x), & H_1 \\ n(x), & H_0 \end{cases} \tag{4-116}$$

问题是要由 $f(x)$ 来判断 H_0、H_1 预测哪一个正确，首先求得后验概率 $p(H_0/F)$、$p(H_1/F)$。由概率论可知：

$$p(F)p(H_0/F) = p(H_0)p(F/H_0) \tag{4-117}$$

$$p(F)p(H_1/F) = p(H_1)p(F/H_1) \tag{4-118}$$

式中：$p(F)$ 是 $f(x)$ 出现的概率；$p(H_0)$、$p(H_1)$ 分别表示观测值 $f(x)$ 取值为有信号或无信号

的概率；$p(H_0)$、$p(H_1)$ 是事先关于 $f(x)$ 取值的所谓先验概率。因此(4-117)、(4-118)式可改写为

$$p(H_0/F) = p(H_0)p(F/H_0)/p(F) \tag{4-119}$$

$$p(H_1/F) = p(H_1)p(F/H_1)/p(F) \tag{4-120}$$

由(4-119)式及(4-120)式可以看出，为了确定后验概率 $p(H_0/F)$、$p(H_1/F)$，当先验概率 $p(H_0)$、$p(H_1)$ 已知时，可以由噪声 $n(x)$ 的概率 $p(F/H_0)$ 和信号与噪声叠加后的概率 $p(F/H_1)$ 确定。

对于高斯噪声，$n(x_i)$ 序列彼此独立，而且是平稳高斯噪声，所以它的抽样序列 $n(x_i)$，$i = 1,2,\cdots,N$ 的 N 维联合概率 $p_N(F/H_0)$ 是其一维概率分布的 N 次方，故有

$$p_N(H_0/F) = \frac{p_N(H_0)}{p(F)} \cdot \frac{1}{(2\pi\sigma^2)^{N/2}} \cdot \exp\left[-\frac{1}{2\sigma^2}\sum_{k=1}^{N} f^2(k)\right] \tag{4-121}$$

当其信号为 $s(x)$ 且与噪声相加时，即有 $f(x) - s(x) = n(x)$，它的 N 维概率为

$$p_N(H_1/F) = \frac{p_N(H_1)}{p(F)} \cdot \frac{1}{(2\pi\sigma^2)^{N/2}} \cdot \exp\left\{-\frac{1}{2\sigma^2}\sum_{k=1}^{N}\left[f(k) - s(k)\right]^2\right\} \tag{4-122}$$

式中：$f(k)$ 为有用信号 $s(k)$ 和干扰 $n(k)$ 之和；σ^2 为 $f(k)$ 的均方差，即

$$\sigma^2 = \frac{1}{N}\sum_{k=1}^{N}\left[f(k) - \bar{f}\right]^2 = \frac{1}{N}\sum_{k=1}^{N}\left[f(k) - \frac{1}{N}\sum_{i=1}^{N} f(i)\right]^2 \tag{4-123}$$

按照最大后验概率准则，确定 $p_N(H_0/F)$ 或 $p_N(H_1/F)$ 哪一个大，就可以作出判断。为此，我们求它们的比值 K(K 称为后验概率比)，即：

$$K = p_N(H_1/F)/p_N(H_0/F) \tag{4-124}$$

把(4-121)、(4-122)式代入(4-124)式可得

$$K = \frac{p_N(H_1)}{p_N(H_0)}\exp\left\{-\frac{1}{2\sigma^2}\left[\sum_{k=1}^{N} s^2(k) - 2\sum_{k=1}^{N} f(k)s(k)\right]\right\} \tag{4-125}$$

在许多情况下，要确定 $p_N(H_0)$、$p_N(H_1)$ 并不容易，如果假设 $p_N(H_0)$、$p_N(H_1)$ 服从均匀分布，则得

$$K = \exp\left\{-\frac{1}{2\sigma^2}\left[\sum_{k=1}^{N} s^2(k) - 2\sum_{k=1}^{N} f(k)s(k)\right]\right\} \tag{4-126}$$

由(4-124)、(4-125)式可以看出，在这种情况下后验概率比

$$K = \frac{p_N(H_1/F)}{p_N(H_0/F)} = \frac{P_N(F/H_1)}{p_N(F/H_0)} \tag{4-127}$$

即 K 等于似然函数 $p_N(F/H_1)$ 与 $p_N(F/H_0)$ 之比。所以，似然比检测在这种情况下等价于后验概率检测。

通过对地球物理资料的分析，我们不妨预先给出有用信号的形式和特征，规定有用信号长度为 N 个测点，把有用信号作为一流动窗口，沿剖面逐点流动，按(4-126)式计算后验概率比 K，根据比值 K 的大小来判断和识别弱信号：

$$K_j = \exp\left\{-\frac{1}{2\sigma^2}\sum_{k=1}^{N} s^2(k) + \frac{1}{\sigma^2}\sum_{k=1}^{N} f(j-k)s(k)\right\} \quad (j = 1,2,\cdots,m) \tag{4-128}$$

若当信号存在概率(H_1 预测)和无信号概率(H_0 预测)相等，即 $p(H_0) = p(H_1) = 0.5$ 时，根据 Bayes 公式

$$p(H_1/F) = \frac{p(H_1)p(F/H_1)}{p(H_1)p(F/H_1) + p(H_0)p(F/H_0)} = \frac{K}{K+1} \tag{4-129}$$

或

$$p_j(H_1/F) = \frac{K_j}{K_j + 1} \qquad (j = 1,2,\cdots,m) \tag{4-130}$$

这样，在逐条剖面上，并逐点按(4-128)、(4-130)式计算之后，我们就可以看信号是否存在：

$$K_j > 1 \quad 或 \quad P_j(H_1/F) > 0.5 \quad (信号存在，为 H_1 预测)$$

图4-16是最大后验概率滤波的结果，不难看出，经最大后验概率法检验后的结果[如图4-16(c)]很"干净"地突出了有信号的走向。互相关滤波法虽然也能突出有用信号，但是没有最大后验概率清楚、干净。对于强干扰下的复杂异常，最大后验概率法比互相关滤波方法有更大的优越性。

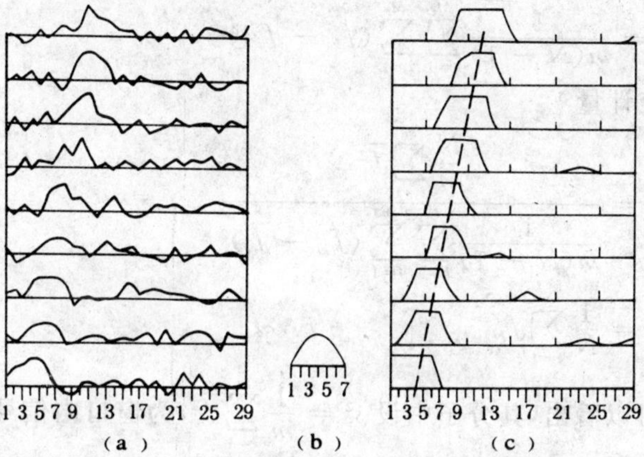

图4-16　最大后验概率法提取地球物理弱信号

(a)地球物理观测场；(b)给定有用信号；(c)最大后验概率法处理结果

2. T^2-Hotelling 检测法

在地球物理信号处理中，常常采用互相关方法。当异常有一定强度和宽度时，用互相关方法来提取信号是行之有效的，但是当异常很弱，又看不见有明显走向时，采用上述方法则难以发现。对于强干扰背景下的弱异常，我们可以采用建立在多元统计理论基础之上的 T^2-Hotelling 假设检验法来识别弱异常。采用此法时，不必预先知道信号的形式和性质，可以调节自身参数来适应信号与干扰的变化，达到压制干扰、突出有用异常的目的。其方法原理如下：

对于地球物理测量的二维平面数据，我们设置一流动窗口，窗口大小为 N 条测线，每条测线 m 个测点。窗口可以垂直测线，也可以倾斜与测线相交成 θ 角。沿测线逐点滑动窗口，用 T^2-Hotelling 检验计算窗口内是否有异常。为了说明方法原理，不失一般性，我们设 $\theta = 0$，窗口内观测值可以表示为如下形式

$$F(N,m,\theta = 0) = \begin{bmatrix} f_{11} & f_{12} & \cdots & f_{1m} \\ f_{21} & f_{22} & \cdots & f_{2m} \\ \vdots & \vdots & & \vdots \\ f_{N1} & f_{N2} & \cdots & f_{Nm} \end{bmatrix}$$

窗口可能有三种情况：

(1)当窗口内无异常时，即 $\bar{f}_1 = \bar{f}_2 = \cdots = \bar{f}_N = 0, \bar{f}_i = \sum_{j=1}^{M} f_{ij}$，我们称为 H_0 预测；

(2)当窗口内有异常时，但异常方向与窗口方向不一致，即 $\overline{f}_1 \neq \overline{f}_2 \neq \cdots \neq \overline{f}_N$，我们称为 H_1 预测；

(3)当窗口内有异常，方向与窗口倾向一致，即 $\overline{f}_1 = \overline{f}_2 = \cdots = \overline{f}_N$，我们称为 H_0^* 预测。

窗口内是否有异常，归结为对均值矢量的假设检验问题。对于多个均值的 H_0 预测的统计检验，可以用 T^2-Hotelling 统计量

$$T^2 = N\overline{f}' R^{-1}\overline{f} \tag{4-131}$$

式中：$\overline{f} = (\overline{f}_1, \overline{f}_2, \cdots, \overline{f}_m)$ 是数学期望向量的估计，它是多元正态随机向量；$\overline{f}^*$ 是 $\overline{f}$ 的转置；R^{-1} 是干扰相关矩阵的逆，它是 Wishort 随机矩阵，自由度为 $N-1$。

如果我们按列统计，则有 m 个列向量，设窗口内各列向量是等方差的干扰互不相关，则有 $R = \sigma^2 I$，其中 I 是单位矩阵，σ^2 可以表示为

$$\sigma^2 = \frac{1}{m(N-1)}\sum_{k=1}^{M}\sum_{i=1}^{M}(f_{ki} - \overline{f}_i)^2 \tag{4-132}$$

故有 T^2 - Hotelling 统计量

$$T^2 = \frac{\dfrac{N}{m}\displaystyle\sum_{i=1}^{m}\overline{f}_i^2}{\dfrac{1}{m(N-1)}\displaystyle\sum_{k=1}^{N}\sum_{i=1}^{m}(f_{ki} - \overline{f}_i)^2} \tag{4-133}$$

式中 $$\overline{f}_i = \frac{1}{N}\sum_{k=1}^{N} f_{ki}$$

分析(4-133)式可以看出，其分子中设 $s^2 = \dfrac{1}{m}\displaystyle\sum_{i=1}^{m}\overline{f}_i^2$，为窗口内信号幅值按列的均方值，而分母则是窗口内干扰的方差，因而(4-133)式的直观意义是计算窗口内信噪比的估计。即：

$$\hat{\mu} = \hat{s}^2/\hat{\sigma}^2 \tag{4-134}$$

这样，只要设置一个 $N \times m$ 的流动窗口，逐点按(4-133)式计算，我们就可以得到 T^2 -Hotelling 统计量。值得指出的是，为了检验该假设，我们并不需要制定特殊的 T^2 值表，这是因为 T^2 与 F 分布有如下关系：

$$T^2 \approx \frac{(n-1)p}{n-p}F_{p,n-p} \tag{4-135}$$

式中：$F_{p,n-p}$ 表示服从自由度为 p 和 $n-p$ 的 F 分布的随机变量。

这样，我们就可以按 F 检验的方法来检验 T^2。若给出显著性水平 T_α^2，则可以得到否定域：当 $T^2 < T_\alpha^2$ 时，接受 H_0 预测，即窗口内无异常；当 $T^2 > T_\alpha^2$ 时，则拒绝接受 H_0 预测。若记 $W = N\hat{\mu}$，则选取合适的门限值 d，使得

$W > d(\mu > \mu_0)$　取异常存在，H_1 预测；

$W < d(\mu < \mu_0)$　窗口无异常，H_0 预测。

如何得到门限值 d 呢？这是最佳检验的关键问题。因为检验法一般不是唯一的，我们希望选用一种最好的检验法，根据 Neyman-Pearson 准则，门限值 d 将通过解第一类错误概率问题来确定。即

$$\alpha = \int_d^\infty p_F(0, q_1, q_2)(x)\mathrm{d}x \tag{4-136}$$

式中：$p_F(0, q_1, q_2)(x)$ 为中心 F 分布的概率密度；q_1、q_2 分别为分子与分母的自由度。

当给定 α 之后，即可得到 d 和 μ_0。如 $N = 5, m = 7, \alpha = 0.01$，则可由 F 分布临界表得门限

值 $d=3.30$，$\mu_0=0.66$。这就是说，对于 $\mu>0.66$ 的异常段，其显著性水平 $\alpha=0.01$，即客观上无异常，而实际上也认为无异常的概率为 99%，把客观上有异常误当作无异常的概率只占 1%。通常我们希望 α 小一些，也就是犯第一类错误的概率小一些。反之，我们把客观上有异常误当作无异常的称为犯第二类错误，其概率用 β 表示，自然希望 β 越小越好。但是，对于一定样本容量而言，α 小时，β 就大；β 小时，α 就大，因而不能做到 α、β 都同时非常小。根据 Neyman-Pearson 准则，发现异常的期望值为 $\gamma=1-\beta$。这里 β 是第二类错误的概率：

$$\beta=\int_{-\infty}^{d} p_F(0,q_1,q_2)(x)\mathrm{d}x \tag{4-137}$$

式中：β 称为非中心 F 分布的概率密度；这里 $b=Nm\mu$；d、q_1、q_2 意义如前所述。

有 b、d、q_1、q_2 之后，就可以按（4-137）式计算 β，即可以得到发现异常的期望值 γ。

图4-17是用 T^2 - Hotelling 检验法的处理结果，其中图4-17(a)是未加干扰的理论模型异常值（模型中设置了两个北西向，一个南北向，一个北东向的异常）；图4-17(b)是在理论模型上加了强干扰后的结果[这时图4-17(a)的4个异常已被强干扰掩盖得分辨不清，显然用互相关方法或人工识别的方法都很难得出这4个异常带走向]；图4-17(c)是用 T^2 - Hotelling 检验法的处理结果（未加干扰的理论模型异常的面目又较好地恢复出来）。由此可见，这种方法不要先验信息，就能在强干扰背景下有效地识别出弱信号。

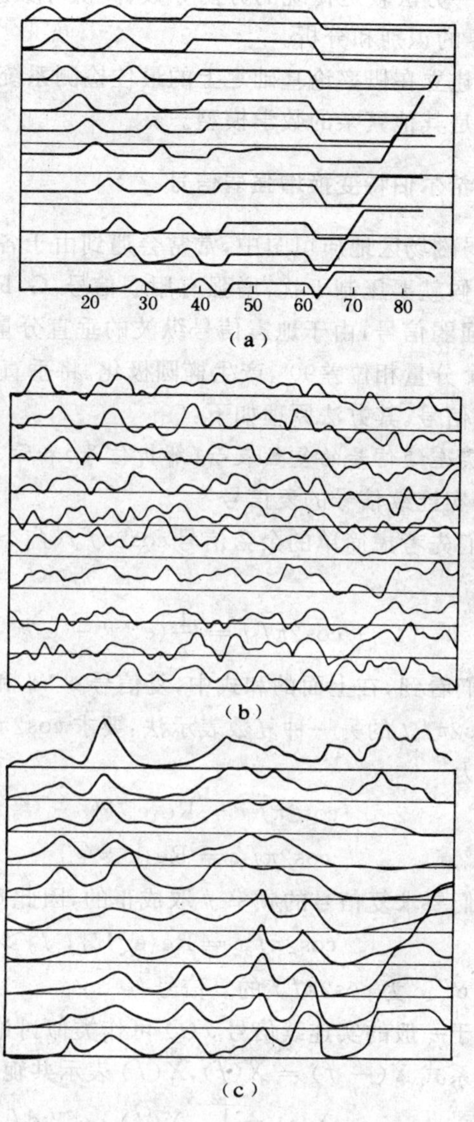

图4-17　T^2 - Hotelling 检验法结果

(a)未加干扰理论模型异常值；(b)加随机干扰模型异常值；(c)T^2- Hotelling 检验法结果

3. 结论

(1)随着重磁测量仪器精度的提高，以及对重磁方法本身所能解决的地质问题提出的要求越来越高，研究提取识别弱地球物理信号的方法技术是重磁数据处理的一个重要方面，属于最佳检测系统理论的最大后验概率、T^2 - Hotelling 检验、似然比检验等方法是提取识别弱地球物理信号的一种新途径。

(2)对于有先验信息的情况，宜采用最大后验概率法，而对于无先验信息的情况采用 T^2 - Hotelling 检验法。这些方法能够在强干扰背景下识别弱信号。大量的算例及对实际资料处理表明，这一方法较之传统的方向导数、高次导数及相关滤波有明显优越性，尤其对于断裂、地质构造边界的识别和分析。

(3)建立在概率论基础之上的最佳检测系统的计算结果是概率比，或信噪比估计之类的参数，而不是其他繁杂的数学模型。

五、希尔伯特变换增强弱信号

在弱磁场区地质填图中，常常会遇到由于各种干扰使得磁场复杂，有用信号难以辨认的情况，这时候就要压制干扰，增强有用弱信号。G. Rama Dass 等人采用地震勘探中信号增强的方法来增强弱信号，由于地震信号纵波的垂直分量与水平分量同相位，它们产生线性极化，而噪声的二个分量相位差90°，产生椭圆极化。将垂直分量和水平分量进行相关运算，就可以压制噪声，增强信号。其方法原理如下：

1. 实连续信号的复数表示(解析信号)和希尔伯特变换

(1)实连续信号的复信号：

我们先考虑简单的余弦信号 $\cos 2\pi f_0 t\,(f_0>0)$，它可用简单的基本的复信号 $e^{i2\pi f_0 t}$ 和 $e^{-i2\pi f_0 t}$ 表示为

$$\cos 2\pi f_0 t=\frac{1}{2}\left(e^{i2\pi f_0 t}+e^{-i2\pi f_0 t}\right) \tag{4-138}$$

我们看到，在上面的和式中，复信号 $e^{i2\pi f_0 t}$ 和 $e^{-i2\pi f_0 t}$ 的虚部相互抵消了。现在我们来考虑实信号 $\cos 2\pi f_0 t$ 的另一种复数表示法：要求 $\cos 2\pi f_0 t$ 表示成一个复信号的实部，很自然 $\cos 2\pi f_0 t$ 可表示为

$$\cos 2\pi f_0 t=\mathrm{Re}\{e^{i2\pi f_0 t}\}$$

或

$$\cos 2\pi f_0 t=\mathrm{Re}\{e^{-i2\pi f_0 t}\}$$

通常我们要求复信号的频率 f 取成正的，因此 $\cos 2\pi f_0 t$ 可表示为

$$\cos 2\pi f_0 t=\mathrm{Re}\{e^{i2\pi f_0 t}\},\ f_0>0 \tag{4-139}$$

我们称 $e^{i2\pi f_0 t}$ 为 $\cos 2\pi f_0 t$ 的复信号。

对于一般的实连续信号 $x(t)$ 可作类似讨论。设实连续信号 $x(t)$ 的频谱为 $X(f)$，则 $X(f)$ 满足关系式 $X(-f)=\overline{X(f)}$，$\overline{X(f)}$ 表示共轭。$X(t)$ 可以表示为

$$\begin{aligned}X(t)&=\int_{-\infty}^{\infty}X(f)\cdot e^{i2\pi f_0}\mathrm{d}f\\&=\int_{0}^{\infty}X(f)\cdot e^{i2\pi f_0}\mathrm{d}f+\int_{-\infty}^{0}X(f)\cdot e^{i2\pi f_0}\mathrm{d}f\\&=\int_{0}^{\infty}X(f)\cdot e^{i2\pi f_0}\mathrm{d}f+\int_{0}^{\infty}X(-f)\cdot e^{-i2\pi f_0}\mathrm{d}f\end{aligned} \tag{4-140}$$

由于 $X(-f)=\overline{X(f)}$，所以

$$\overline{\int_{0}^{\infty}X(-f)\cdot e^{-i2\pi f_0}\mathrm{d}f}=\int_{0}^{\infty}X(f)\cdot e^{i2\pi f_0}\mathrm{d}f \tag{4-141}$$

如果要把实信号 $x(t)$ 表示成仅含正频率成分的复信号的实部，则由(4-140)式和(4-141)式知，$x(t)$ 可表示为：

$$x(t)=\mathrm{Re}\left\{\int_{0}^{\infty}2X(f)e^{i\cdot 2\pi f_0}\mathrm{d}f\right\} \tag{4-142}$$

令

$$q(t)=\int_{0}^{\infty}2X(f)e^{i\cdot 2\pi f_0}\mathrm{d}f \tag{4-143}$$

我们称 $q(t)$ 为 $x(t)$ 的复信号。

设 $q(t)$ 的频谱为 $Q(f)$，则由（4－143）式可知

$$Q(f)=\begin{cases}2X(f), & f>0\\ 0, & f<0\end{cases} \tag{4-144}$$

由上式知，复信号的频谱 $Q(f)$ 在 $f<0$ 时为零。

(2)希尔伯特转换：

现在讨论 $Q(f)$ 和 $X(f)$ 的关系，由（4－144）式知，$Q(f)$ 是由 $X(f)$ 滤波得到的，滤波器频谱 $H_1(f)$ 为

$$H_1(f)=\begin{cases}2, & f>0\\ 0, & f<0\end{cases} \tag{4-145}$$

由(4-144)式和(4-145)式知

$$Q(f)=H_1(f)X(f) \tag{4-146}$$

根据单位阶跃信号频谱关系

$$\frac{1}{2}+\frac{1}{2}\mathrm{sgn}t\rightarrow\frac{1}{2}\delta(f)+\frac{1}{\mathrm{i}\cdot 2\pi f}$$

其中 sgn$t$ 是符号函数

$$\mathrm{sgn}t=\begin{cases}1, & t>0\\ 0, & t=0\\ -1, & t<0\end{cases}$$

(4-145)式对应的时间函数 $h_1(f)$ 为：

$$h_1(t)=\delta(t)+\mathrm{i}\frac{1}{\pi t} \tag{4-147}$$

由(4-146)式和(4-147)式知，实信号 $x(t)$ 的复信号 $q(t)$ 为

$$\begin{aligned}q(t)&=h_1(t)*x(t)=\left[\delta(t)+\mathrm{i}\frac{1}{\pi t}\right]*x(t)\\ &=x(t)+\mathrm{i}\frac{1}{\pi t}*x(t)\end{aligned} \tag{4-148}$$

令

$$\tilde{x}(t)=\frac{1}{\pi t}*x(t)=\frac{1}{\pi}\int_{-\infty}^{\infty}\frac{x(\tau)}{t-\tau}\mathrm{d}\tau \tag{4-149}$$

我们称 $\tilde{x}(t)$ 为 $x(t)$ 的希尔伯特变换。

2.弱信号增强法

类似于地震勘探的做法，在数据窗口内将磁场或其一阶导数与其相应的希尔伯特变换场相乘，也就是把磁场的垂直分量和水平分量相乘构成一滤波器。滤波窗沿剖面滑动，计算每一测点的滤波系数 M_j

$$M_j=\sum_{j=-n}^{n}A_{i+j}H_{i+j} \tag{4-150}$$

式中：j 为测点号；i 为窗口内点号；A 为磁场或其一阶导数；H 为 A 的希尔伯特变换值。窗口长度为 $2n+1$，由试验确定。

M_j 为总信号功率的一种量度，具有增强弱信号的作用。若再将滤波系数 M_j 与磁场水平梯度 A_j 或垂直梯度 H_j 在相同的数据窗口内进行褶积滤波，即

$$M*A=\sum_{i=-n}^{n}M_{j+1}A_{j-1} \tag{4-151}$$

$$M*H=\sum_{i=-n}^{n}M_{j+1}H_{j-1} \tag{4-152}$$

沿整个测线滑动窗口，则 $M*A$ 与 $M*H$ 更能突出弱异常，提高异常的分辨率。

窗口大小可取 3,5,7,9,11 个测点，处理结果以水平剖面或等值线图表示。

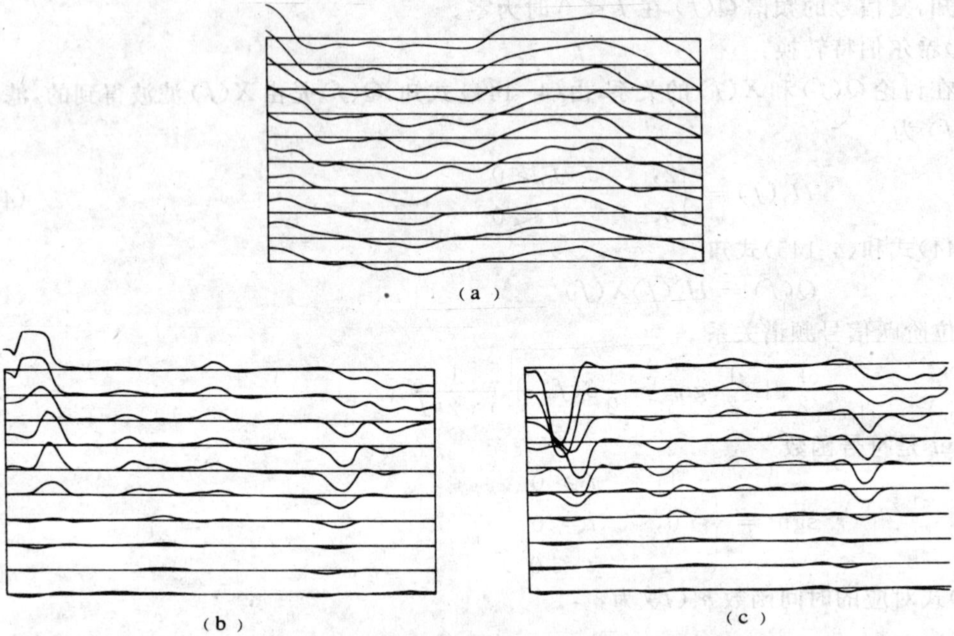

图 4－18　希尔伯特变换弱信号增强的结果

(a) 实测 ΔT 磁异常；(b) $M*A$ 处理结果；(c) $M*H$ 处理结果

图 4－18 是某油田实测的高精度地面磁测 ΔT 数据和处理结果，地震已探明有两条主要断裂分布，$M*A$ 和 $M*H$ 的处理结果表明，除对已探明的断裂有明显的反映外，同时指出可能还有两条断裂存在。而不经信号增强处理直接用实测 ΔT 平剖图来分析断裂展布就不容易这样简单方便地作出结论。

思考题与习题

1. 频率域位场转换的基本原理？

2. 频率域位场转换的基本步骤？

3. 重磁异常对应分析的原理有什么优点？

4. 写出异常上延、下延、分量转换、水平一次导数、重向一、二次导数、化极和求磁源重力异常的频率响应(因子)公式，并说明它们的滤波作用。

5. 什么叫化极？为什么要对磁异常作化极处理？低纬度存在什么问题及如何克服。

第五章　电法勘查的数据采集与处理

§5.1　电法勘查的数据采集特点

电法勘查的数据采集特点与其他物探方法既具有相同点，也具有不同点。其相同点是都具有原始数据的特性，即包含有用信息和环境噪声两大部分，有用信息是指在某一方面反映地下地质情况的信息，环境噪声是指工作地点测量当时的噪声，通常具有随机性。原始数据是地质环境、工作环境、时间的函数，还与仪器、甚至操作者有关，因为不同型号的仪器的测量精度及抗干扰能力不同，操作者设置的测量仪器参数的不同也会影响测量的结果。作为正确反映地下地质情况的原始数据，在去除工作环境的噪声干扰和正常日变以后，在相同地点测量应该具有重复性，不同仪器同时测量相同参数应具有可比性。

一、电法勘查方法数据采集的多样性

电法勘查数据采集与其他物探方法的数据采集的不同点在于电法勘查数据采集的多样性，这是与电法勘查方法的多样性分不开的。它的多样性表现在下列几个方面。

1. 采集形式的多样性

电法勘查方法多，工作方式各不相同，装置不同，场的特点不同，传感器不同，使得采集形式多样。它既有天然场源的方法，也有人工场源的方法。既可以采用接地电极测量电场，也可以采用不接地的线圈测量磁场；既可以测量相对量，也可以测量绝对量；既可以测量标量，也可以测量矢量；既可以测量振幅和相位，也可以测量实虚分量；既可以测量总场，也可以测量纯异常场。

2. 采集参数的多样性

电法勘查方法多，不同的电法勘查方法测量不同的参数，使得采集参数多样。自然电场法测量电位 U 或电位差 ΔU；电阻率法测量电位差 ΔU 和电流 I 来换算视电阻率 ρ_s；激发极化法测量一次场电位差 ΔU_1 和二次场电位差 ΔU_2 来计算视极化率 η_s；频率测深法测量交变电场 $\boldsymbol{E}$ 和交变磁场 $\boldsymbol{H}$ 的各分量来换算视电阻率 ρ_s 等。

3. 采集序列的多样性

电法勘查方法可以在不同的采样空间进行采样，可以是空间采样序列，如电剖面法，通过固定装置，改变空间测点位置，来测量地下电场沿空间水平方向上的变化；又如电测深法，固定测点，通过改变供电极距，来测量电场沿空间垂直方向上的变化，研究场的空间变化特性；也可以是频率采样序列，如大地电磁测深法和频谱激电法等，在相同测点上，通过改变测量（和供电）频率，测量电磁场随频率的变化，研究场的频率特性；还可以是时间采样序列，如瞬变电磁法等，在相同测点上，测量电磁场随时间的变化，研究电磁场的时间特性。

4. 采集场所的多样性

由于电法勘查方法可以在空中、地面、井中等不同场所工作，因此，电法勘查的数据采集也可以是在空中（航空电法）、地面（地面电法）、井中（井中电法）进行。由于测量场所不同，研究的

电磁场的侧重点有所不同，因而所使用的仪器的特性和研究方法也会有所不同。

二、电法勘查方法数据采集的复杂性

电法勘查方法由于其测量的场的多样性，造成了其数据采集的复杂性。

1. 成分复杂

由于测量采用的装置及传感器的多样性，以及电场或电磁场的特点，使得测量仪器所获得的信号成分比较复杂。如在地面直流电法勘查中，测量视电阻率时，测到的信号包括大地中电场的信号（地质信号和干扰信号）、电极极化信号（由于电极极化差产生）和仪器本身的噪声信号（由于仪器电路和器件的不稳定和电磁窜扰产生）。在进行激发极化法工作时，不同的仪器参数（供电时间、测量时刻等）都会影响测量结果。

2. 关系复杂

在各物探方法中，电场和电磁场相对于重力场、磁力场和振动波场来说，更复杂一些。所测量的信号特性，除与地下地质体的特性和分布有关外，还与场源的性质、位置、方向、频率等有关。在电磁场中，电场和磁场是相互关联的，它们都是场源性质（电性源、磁性源）、空间、时间的函数。在进行数据采集和处理之前，必须明确知道这些关系，才能选择正确的数据采集方法和数据处理方法。

三、电法勘查方法数据采集的艰难性

电法勘查方法的数据采集是在艰苦的野外环境下进行的，由于野外条件恶劣，再加上测量场的复杂及仪器制造技术所限，使得数据采集非常艰难。

1. 干扰大

在野外测量时，面临着各种干扰。包括非目标体的地质噪声、天然电磁噪声及人文干扰。非目标体的地质噪声主要指地形不平、近地表电性不均匀等；天然电磁噪声主要指非测量对象的天然电磁场；人文干扰包括各种人文电磁干扰（如工用、民用电造成的游散电流等）及各种人工埋设物的干扰等。在采用接地电极进行测量时还会有电极极化产生的干扰。

需指出的是，噪声或干扰是相对于我们测量的场而言的。例如，天然电磁场对于人工源的电磁测深来说是一种干扰，而对于大地电磁法来说它就是我们的场源了。

2. 信号弱

对于采用人工场源的电法勘查方法来说，因为受到场源功率大小的限制，测量信号是有限的，而且在野外工作中，整个工作装置的轻便化对于提高工作效率是非常重要的，在满足一定的信噪比要求条件下，希望尽量减轻电源部分的重量。一般情况下，传导类电法测量的信号在mV级，感应类电法测量的信号在μV级，在一些方法中，测量信号是nV级（如勘探地下水的核磁共振方法）。因为测量信号比较弱，在遇到较强干扰的情况下，需采取措施提高测量的信噪比，一是加大场源功率（在进行大面积的激发极化法工作时常常采用大功率发电机进行供电），这样会增加设备的重量；二是采用多次测量进行信号叠加的办法提高信噪比，这样要增加测量时间，影响工作效率。这都是电法工作不利的方面。

对于采用天然场源（或被动场源）工作的电法方法来说，因为无法控制场源，只有采取多次测量进行信号叠加的办法来提高信噪比。因此，在采用天然场源工作的电法方法中（如大地电磁法），为获得一个高质量的测量结果，常常要花费较长的工作时间。

3. 变化快

在电法勘查方法中，时间域的激发极化法和瞬变电磁法等方法是测量断电后的随时间变化的纯异常场，它们随时间的变化很快，需在毫秒(ms)甚至微秒(μs)的时间段内进行测量，不是自动化的仪器是无法准确测量的。

4. 动态范围大

由于在测量中随着测量点位的变化或者测量装置的变化，测点离测量对象的距离变化很大，收发距或极距变化很大，使得测量信号的变化很大。电位差可以在 $10^{-2}\sim10^{3}$ mV 之间变化，电流可以在 $10^{-2}\sim10^{4}$ mA 之间变化。因此，要准确测量出各不同量级的信号，并不是一件容易的事。

§5.2 电法勘查方法的野外仪器装备

一、电法勘查仪器装备的特点

电法勘查方法的装备特点是装备种类多、相对较笨重。

电法勘查仪器的特点，抗干扰能力强、稳定性好、测量动态范围大、测量精度高、分辨力强、轻便、防水、防晒、可靠性好、耐用。

二、电法勘查仪器装备的组成

开展电法勘查工作，必须要使用一定的仪器装备，观测地球的电(磁)场。图 5-1 示出了电法野外工作中仪器和装备配置示意图。对于一般的人工场法，需要有一直流或交流的供电电源；由它输出的电流，通过发送机变换为规定波形和频率的电流；由供电导线传输到接地的供电电极 A 和 B 供入大地，或输入不接地的发送线框(回线)F，形成人工电(磁)场，这部分称为供电线路。地球(内部、表面或上空)的电(磁)场，通过接地的测量电极 M 和 N 或不接地的接收线框(磁探头)S，变换为电位差 ΔU_{MN} 或感应电动势 ε，经测量导线传输到接收机，由接收机测出其强度和相对供电电流的相位移，这部分称为测量线路。电法野外观测的仪器和装备包括以下部分。

1. 供电电源

供电电源是建立人工电(磁)场的能源。电法勘查使用的供电电源，要求有必要的功率，而且对于接地供电(电性场源)的情况，要求有足够高的输出电压；而对于向发送线框(回线)供电(磁性场源)的情况，要求能输出足够大的电流。此外，为便于野外工作，要求电源尽可能轻便、耐用、工作稳定和易于维护。

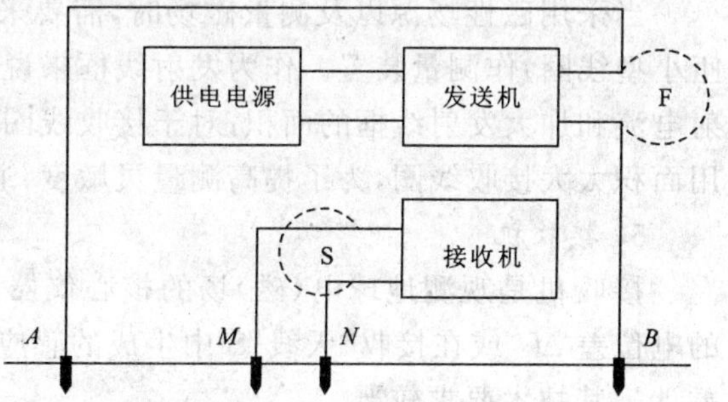

图 5-1 电法野外观测仪器和装备的配置示意图

电法常用的供电电源有两大类，即化学电源和发电机。

(1) 化学电源是将化学能直接转换为电能的直流电源，常用作小功率的供电电源，优点是比较轻便。其中，一次性电池有锌锰电池、锌空气电池等。一般说来，这类电池价格低廉，维护简单，因而被广泛采用。二次性电池有铅酸蓄电池、镍镉电池等。它们可进行多次充放电，但一次投入的购置价格相对较高，且维护较复杂一些。

(2) 发电机通常在需要较大供电功率时使用。电法勘查中有时使用直流发电机，但更多的是使用频率为 50 Hz 或 400 Hz 的交流发电机，再通过整流器变换输出直流电。在电法勘查中，按额定功率的大小将发电机分为三类：10 kW 以上的称为大功率发电机，一般是车载的；3 kW～10 kW 的称为中功率发电机；而不大于 3 kW 的算作小功率发电机，它通常是可人力搬运的。

2. 发送机

发送机的功能是把直流或交流的供电电源变换为波形、频率、振幅和相位符合一定要求的电源。当供电电源为交流电源时，发送机应具有调压、整流和滤波功能。发送机的主要电路，实质上是一个或几个按一定时间顺序进行工作的开关。对应于供电电源的功率，发送机也分为大、中、小功率三类。

早期的发送机是针对不同分支方法分别设计的。但随着微电子技术的发展，现代已出现适用于多种分支方法的多功能自动发送机。不过，从经济和实用上考虑，不同功率(大、中、小功率)的发送机仍是分别设计和制造的。

3. 导线

电法工作中连接供电线路和测量线路内各部分仪器和装备的输电线为外表绝缘的导线，分为供电导线和测量导线两种。导线的技术指标有：横截面积、单位长度的电阻值、外表绝缘电阻或耐压强度、抗压强度及单位长度的质量等。供电导线一般较粗，而且要求允许通过导线的电流密度不小于 5 A/mm^2，绝缘强度(耐压)大于最高供电电压的两倍和绝缘电阻应该大于 2 MΩ/km。测量导线因无大的电流通过，一般较细，为增加其抗拉强度，通常包含 3～4 股钢丝，常用的是 3 铜 4 钢的轻型被复线。测量导线的绝缘电阻应大于 5 MΩ/km。

4. 电极和线框、磁探头

采用电性人工场源以及观测电场时，需要用电极接地。供电电极常用直径约 2 cm，长度 70～100 cm 的铁制或钢制杆状电极；在需要供大电流强度时，有时也用金属板或金属网埋入地下作供电电极。为保证供电电流的稳定，要求每根电极通过的电流强度不得大于 0.2 A，所以在大电流供电时，通常采用电极组的形式。为使电极间的极化电位差小且稳定，测量电极常采用铜或铅电极；在作自然电场法、激发极化及大深度电测深和电磁测深时，还要求采用"不极化电极"。

当采用磁性场源以及测量磁场时，需要采用线框(或大回线)作发射装置，采用磁探头(多匝小型线圈)作测量装置。作为发射线框来说，为增大发射磁矩，提高探测深度，应尽量加大发射电流和加大发射线框的面积；对于接收线圈来说，因为信号微弱，为提高空间分辨率，不能使用面积太大接收线圈，为了提高测量灵敏度，通常采用多匝小型线圈。

5. 接收机

接收机是观测地球电(磁)场的核心仪器，用以测量地球电(磁)场在测量电极 M、N 之间的电位差 ΔU 或在接收"天线"S 中生成的感应电动势 ε。所以，简单说来，接收机就是一台电位差计。其技术要求较严。

(1) 灵敏度高，稳定性好，观测精度高。对于天然场法，待测信号不为人所控制，若仪器的灵敏度不高，就可能观测不出微弱的待测信号。

(2) 抗干扰能力强。电法野外观测常见的干扰可分为两类：一类是稳定的("恒流")电场，主要是地下稳定的自然电场和测量电极间的极化电位差。这可在电法仪中设计专门的"极化补偿电路"来消除。另一类是非稳定的电(磁)场，主要是工业游散电流所致。现代电法仪采用多次叠加、相关处理等先进的数字技术，已能十分有效地在强干扰背景上划分出微弱的待测信号。

(3) 输入阻抗高。在观测测量电极 M、N 之间的电位差时，待测电位差会在 M、N 电极的接地电阻 R_{MN}上形成分压，引起观测误差。降低此种误差的方法是增大接收机的输入阻抗 Z。通常要求 $|Z|>100R_{MN}$。实际的 R_{MN}可能相当大（$n\times10^3\sim n\times10^4\ \Omega$），所以，电法仪的输入阻抗一般应达到几兆欧。

(4) 对野外环境适应性强。一般要求电法仪工作的环境温度宽（$-10\sim50$℃），能在潮湿环境下（相对湿度大于 85%）正常工作。仪器本身功耗小，重量轻，防震性好，便于携带和运输。

(5) 操作简单，使用方便。现代电法仪几乎都是自动化的了，整个观测过程只需拨动一、二个开关即可完成，“保愚性”极佳。

6. 通信（讯）设备

为保证野外工作时测站人员与跑极人员之间或供电与测量之间的人员能相互联系、协调，使工作顺利进行，须使用通信设备。现在野外工作多使用对讲机。

对讲机，是一种收、发两用的小型无线通信设备，工作频率为 150 MHz～160 GHz，有多种型号。较简单的只有一个固定工作频率，有的可以有多个工作频率供选用。有效通信距离可达 1 500 m 到数千米不等。

7. 辅助设备

为保证野外工作的顺利进行，还需一些辅助设备，用于对仪器和装备的维护、保养和维修。

(1) 兆欧表。也称为摇表，它实质上是一内阻很大的手摇发电机及高灵敏度电流表连接而成，输出电压有 500 V、1 000 V、2 500 V 等多种。兆欧表用于检测仪器和导线等的绝缘电阻。

(2) 万用表。万用表的型号、种类繁多，常用于电源、仪器及导线的检查，接地电阻的估读等。

(3) 其他装备。有计算器、橡胶垫、假负载、太阳伞、瓷盘（或塑料盘）、锤子、刨坑镢等。

(4) 检修工具及元器件。改锥（起子）、试电笔、断线钳、剥线钳、尖嘴钳等。

(5) 消耗器材。有高压绝缘胶带、黑胶布、硫酸铜、脱脂棉、酒精、凡士林、砂布、石蜡、多种颜色的胶质导线等。

三、电法勘查仪器装备的发展

20 世纪 50 年代以前的电法仪，都是以电工线路为基础的电工仪表。典型代表是从苏联引进的 ЭП-1 型电子自动补偿式电位计和 П-4 自然电位计及国产的电阻仪。它们的共同特点是操作繁琐，灵敏度与观测精度都较低。

50 年代末到 60 年代初，国内开始出现了电子管线路的电法仪。主要代表是苏制 ЭСК-1 型电子自动补偿仪和在此基础上改进设计的国产 DC-601 型及 DDC-2 型电子自动补偿仪。此外，还有一些当时国内研制的电磁仪器（如感应法仪、强度仪及航电仪等）也属此类。

从 60 年代后期开始，国内电法仪先后用晶体管（半导体）电路代替了电子管电路；进而采用小规模的集成电路（运算放大器、积分器及各种逻辑电路）组装电法仪。这使得电法仪的体积、重量和功耗都显著减小，仪器的灵敏度、稳定性和观测精度也明显提高。这方面的代表性仪器有一直沿用至今的 DDC-2B 型电子自动补偿仪（重庆地质仪器厂），ZWD-2 型直流数字电测仪（浙江地质矿产局物探大队），LZSD-B 型和 LZSD-C 型自动直流数字电测仪（中国地质大学，武汉），DJS-2 及其改进型短导线激电仪（地质矿产部物探化探研究所与重庆地质仪器厂），JJ 系列积分式激电仪及 DG-Ⅱ 型地下管线探测仪（平遥卜宜水利电探仪器厂），DBJ-1 型变频激电仪（上海地质仪器厂），S 系列双频激电仪和 G-1 型微测深仪（中南工业大学与三明无线电二厂），DDW-1 型多用电磁系统及 GX 系列管线探测仪（中国地质大学，北京），DDS

-2 型甚低频电磁仪(成都地质学院与重庆地质仪器厂)和诸多引进的电法仪。

随着大规模集成电路和微电子技术的发展,20 世纪 70 年代中期,国际上出现了由微处理机控制的电法仪。第一台由微处理机控制的电法仪是 SWP-1 型自动激电仪,它于 1975 年在加拿大问世。此后,加拿大、美国、西欧、澳大利亚和中国纷纷推出新型的微机电法仪,引起了电法仪器的一场深刻的革命。目前,国内外新出的电法仪,几乎已没有不是由微处理机或微计算机控制的了。

装于电法仪中的微处理机或微计算机(统称微机)可发挥多种功能,如:对仪器的操作进行程序控制;将待测的模拟信号作模-数转换后,自动计算待测参数和在现场对所测数据作实时处理;以及完成锁相、滤波、观测结果的数字显示和数字输出等多种复杂功能。电法仪在安装微机后,发生了革命性的变化:① 多用化(一机多用)。即一台仪器既可用作激电法,又能同时测视电阻率和自然电位(如 M-4),有的还能用来做电磁法(如地相位仪),甚至还能用于地面磁测和航空磁测(如 GDP-12)。近年新出的多功能电法仪(如加拿大凤凰公司的 V-5 型和美国 Zonge 公司的 GDP-16 型和 GDP-32 型),几乎可用于当代常用的各种电法分支方法,特别是可用于近年新发展起来的新方法变种,如谱激电法、瞬变电磁法、可控源音频大地电磁法和大地电磁法等。② 自动化。由于用微机对仪器进行程序控制,所以,从仪器的电源检查、校准、极化补偿、增益(测程)选择,直到视参数(ρ_s,η_s,或 P_s 等)的计算和观测数据的显示都是自动进行的;当干扰很大,观测结果不可靠时,还会自动报警。③ 数字化。由于用微机控制实现模-数转换和数字运算,所以不仅观测结果用数字显示,而且测量的数据在观测过程中就能进行实时处理。④ 轻便化。

我国第一台微机电法仪,于 1983 年由地质矿产部物探所研制成功,投入使用。现在已有代表性的微机电法仪是:DWJ 系列、MR 系列、MIR 系列等,后面将重点介绍部分仪器。

这些发展为电法勘查工作的进行,提供了有力的工具。

电法仪器的发展将向着数字化、多功能化、轻便化、自动化的方向发展。

1. 数字化

仪器采用数字化后,使得数据采集、数据存储、数据处理能够自动化地一条龙进行,也为资料的解释创造了很好的条件。

2. 多功能化

仪器设计成模块化,能测量多种参数,用于多种方法。使得一机多能、一机多用。减轻了仪器维护和保养的工作量。

3. 轻便化

小型、便携、轻便,便于野外使用,减轻劳动者的劳动强度。

4. 自动化

仪器的操作和控制计算机化,减轻了操作者的劳动强度,提高了工作效率。

另外,野外仪器已由过去的防潮发展到了现在的防水,提高了仪器的可靠性及抗恶劣环境的性能,降低了仪器维护的费用。

四、部分仪器介绍

本节将以某些典型仪器为例,介绍常用电法仪的功能、测量原理和主要技术性能。

1. 直流电法仪

直流电法仪主要用于直流电阻率法、充电法和自然电场法。在前两种电法中,用来测量直流人工场源的供电电流强度 I 和由它在测量电极 M、N 之间产生的直流电位差 ΔU；在自然电场法中，不需人工供电，直流电法仪用来测量自然电场在 M、N 极之间的直流电位差 ΔU。

图 5-2 示出了直流电法仪的测量原理图。该仪器同时兼有发送机和接收机双重功能。直流电源 E 经过电法仪的供电控制（发送机）部分，与供电电极 A、B 相连，构成供电线路。当电法仪内供电回路开关接通时，供电线路连通，有供电电流 I 经电极 A 供入大地，再由 B 极流回。电流 I 流过电法仪内已知阻值的标准电阻 R_0，在其上产生的电位降 $\Delta U_0 = I \cdot R_0$。用电法仪内的电位计"V"测出 ΔU_0，便可进一步算出供电电流强度 $I = \Delta U_0 / R_0$。

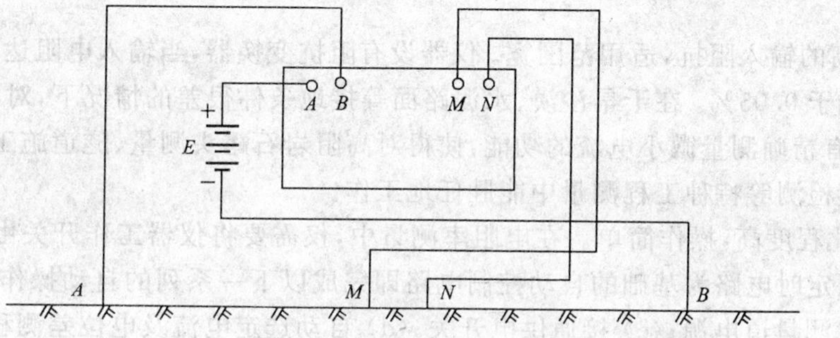

图 5-2　直流电法仪测量原理图

将测量电极 M、N 与电法仪的测量（接收机）部分相连。在供电回路开关断开（即未供电时），M、N 极之间的极化电位差和自然电位差（统称极差）输入接收机。可以用电法仪内的电位计 V 测出这一电位差值（在作自然电位观测时）；也可用专门的极化补偿器 JB 抵消此极差（在作人工源直流电法时）。在后一种情况下，当向地下供电时，供电电流在 M、N 之间产生的电位差 ΔU 输入接收机，并由电位计 V 测出。测量电流 I 和电位差 ΔU 的电位计可以是共用的，通过一个转换开关来转接，也可以设计两只电表分别进行测量（如 LZSD-B 型和 LZSD-C 型自动直流数字电测仪）。

目前，国内常用的直流电法仪有 DDC-2B 型电子自动补偿仪（重庆地质仪器厂），ZWD-2 型直流数字电测仪（浙江地质矿产局物探大队），JD-2 型自控电位仪（平遥卜宜水利电探仪器厂），C-2 型微测深仪（中南工业大学与三明无线电二厂），LZSD-C 型自动直流数字电测仪（中国地质大学，武汉）和 MIR-IB 型多功能直流电测仪（地质矿产部机械电子研究所）。下面重点介绍 LZSD-C 型自动直流数字电测仪。

(1) 功能和特点。这是由中国地质大学（武汉）设计和研制的仪器，是在 LZSD-B 型仪器的基础上，改进和完善的产品，具有很高的性能价格比，该仪器有如下特点：

① 能自动转换量程。利用 $4\frac{1}{2}$ 位 A/D 的过量程、欠量程信号以及测程转换功能，仪器有 200 mV 与 2 000 mV 两个量程。在 200 mV 量程的读数大于 199.99 mV 时，自动转换到 2 000 mV 量程；在 2 000 mV 量程的读数小于 100.00 mV 时，自动转换到 200 mV 量程。

② 测量电流有六个量程。标准电阻为 0.1 Ω、10 Ω 及 1 kΩ，精度分别为 5×10^{-4}、2×10^{-4}、2×10^{-4}，与 $4\frac{1}{2}$ 位数字表的 200 mV、2 000 mV 自动量程转换相结合，使仪器有六个量程，其最高分辨力达 0.01 μA/字，最大供电电流为 5 A，使仪器既能满足低阻区大极距的测量工作，又能满足包括高阻小极距及标本的物性测定等不同要求。

③ 有自动极化补偿功能。仪器工作开关在"自电"位置时，能自动记忆自然电位差和极化

电位差，当转换到“电阻率”位置时，即自动减去上述直流干扰信号，实现自动极化补偿。

④ 抗交流干扰能力强。仪器采用多重滤波电路。加上 A/D 转换器的时钟电路采用 100 kHz 微型石英晶体稳频，保证积分采样时间为 50 Hz 周期(20 ms)的整倍数对交流信号的压制作用，保证了仪器能在很强的交流干扰条件下也能正常工作。

⑤ 电流与电位差同步测量与锁存，测量精度高，且减少供电能耗。在电阻率测量中，每供电一次(2～4s)就能将电流与电位差同步地用数字信号锁存下来，免除了两次分别测量电流与电位差时电流不一致引起的测量误差，避免了视差和读错测程产生的重大误差，且减少了供电的能耗。

⑥ 有极高的输入阻抗，适用范围宽。仪器设有阻抗变换器，当输入电阻达 30 MΩ 时，电位差读数减小低于 0.05%。在干旱沙漠、水泥路面等接地条件很差的情况下，对测量信号的影响甚微。又因具有精确测量微小电流的功能，使得对高阻岩石露头测量、隧道施工质量检测、石刻文物风化程度检测等特种工程测量中能胜任地工作。

⑦ 自动化程度高，操作简单。在电阻率测量中，仅需要将仪器工作开关由“自电”旋到“电阻率”位置，以定时电路为基础的自动控制电路即完成以下一系列的自动操作：(a) 极化补偿；(b) 接通 IAB 测量道电源；(c) 接通供电开关；(d) 自动选定电流及电位差测程，建立读数；(e) 发出锁存信号，锁定两只数字表的数字；(f) 切断供电开关；(g) 切断各道模拟电路的工作电源。

⑧ 具有供电电流过流保护功能、具有过压保护功能。当供电电流超过相应测程的最大值时，过流保护电路将自动关断供电电路。

当供电插孔 A 与过压保护插孔用导线连接时，大功率的压敏电阻(620 V)并联于仪器供电端，用于吸收断电瞬间供电回路产生的高压脉冲。

⑨ 设有测量时间“快”、“慢”选择开关。“快”挡读数建立时间短，送电两秒后读数锁定，在极化稳定、交流干扰小时采用，可提高工作效率；“慢”挡抗干扰能力强，但读数建立时间长，送电 4s 后读数锁存，宜于在强交流干扰与大极距工作时采用。

还具有被测电位差 ΔU_{MN} 正负极性指示功能，即当 M 电位低于 N 时，读数前自动显示“－”号。

(2) 技术指标：

① 读数显示范围：0～1 999。

② 测程：电位差测程：200 mV 挡，分辨力 0.01 mV/字，读数范围 0.00～199.99 mV(当读数大于 199.9 mV 时，自动转换为 2000 mV 挡)；

2000 mV 挡，分辨力 0.1 mV/字，读数范围 100.0～1999.9 mV(当读数小于 100.0 mV 时，自动转换为 200 mV 挡)。

电流测程，共分为六个测程：

×1 μA 倍率：

0.2 mA 挡：分辨力 0.01 μA/字，读数范围 0.00～199.99 μA；

2 mA 挡：分辨力 0.1 μA/字，读数范围 100.0～1999.9 μA；

×0.1 mA 倍率：

20 mA 挡：分辨力 1 μA/字，读数范围(0.00～199.99)×0.1 mA；

200 mA 挡：分辨力 10 μA/字，读数范围(100.0～1999.9)×0.1 mA；

×10 mA 倍率：

2 A 挡：分辨力 0.1 mA/字，读数范围(0.00～199.99)×10 mA；

5 A 挡：分辨力 1 mA/字，读数范围(100～500.0)×10 mA(注：电流大于 5 A 将自动停止供电)。

③ 测量精度：优于电位差与电流测量值的 0.2%。

④ 输入阻抗：大于 1 000 MΩ。

⑤ 对 50 Hz 工频(及其高次谐波)干扰信号衰减量大于 95 dB。

⑥ 自动极化补偿精度：极化电位差(包括自然电位与仪器零点)的 0.02%±2 个字。

⑦ 内部电源平均功耗小于 50 mW。

⑧ 电子开关控制最大供电功率 2.5 kW(500 V，5 A)(注：大功率电子开关极限参数为 8 A，1 000 V)。

⑨ 仪器供电接线端 A、B 与测量接线端 M、N 之间，以及它们与仪器外壳之间的绝缘电阻大于 1 000 MΩ。

⑩ 仪器能在 −10～40℃ 的温度范围及相对湿度小于 98% 的条件下正常工作。

⑪ 仪器重量小于 3 kg。

⑫ 外形尺寸：25.5 cm×18 cm×10 cm。

(3) 工作基本原理。本仪器由电位差测量系统及外部供电电流测量系统两个部分组成。图 5-3 为仪器电路原理方框图。图中上半部为电位差测量系统，下半部为供电电流测量系统。

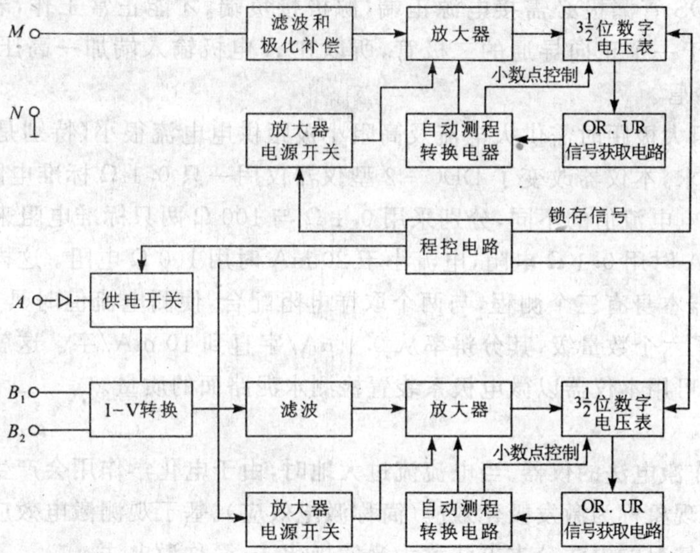

图 5-3　LZSD-C 型自动直流数字电测仪电路原理方框图

两测量系统的核心，皆由具有数值锁存功能的 $3\frac{1}{2}$ 位液晶数字电压表及测程自动转换放大器所组成。用以测量来自 MN 电极的直流电位差 ΔU 及标准电阻 R_0 上与供电电流强度成正比的电位差值 ΔU_0。

由液晶数字表的笔段信号产生过量程信号 OR 或欠量程信号 UR，触发自动测程转换控制电路，改变放大器的增益，获得与待测电位差相适应的测程。

自动控制程序发生器由定时器及触发器两部分组成。当工作开关由“自电”转至“电阻率”挡位时，定时器开始工作；到一固定时间后，定时器将使触发器的状态发生反转，并加以保持。触发器状态反转前后都可从它的不同输出端分别输出高、低电平信号，但状态反转时，高、低电平状态同时互换。如工作开关转至“电阻率”挡的瞬间，程序发生器输给供电控制电子开关的是高电平，则给放大器供电的正、负电源的电子开关导通，使放大器工作；同时，程序发生器输给液晶数字表 HLDR 端的是低电平，也保证了液晶数字表能正常建立起读数；此外，通过光耦隔离器也给供电测量系统的大功率电子开关加上高电平，使 A、B 电极回路导通送电。状态反转时，因高低电平互换，结果使放大器电源截断而停止工作，A、B 极停止送电，液晶数字表 HLDR 端加上高电平（读电流值的液晶表通过光耦器加上高电平）读数被锁定。这样自动地完成了电位差与电流值的测量工作。

滤波器与自然电位补偿电路由无源积分器组成，其作用是既衰减交流干扰信号，又完成直流自然电位值的取样任务，在工作开关转至“电阻率”挡时，放大器将自动减去积分器所保持的自电值，以实现自电自动补偿的目的。

供电测量系统中的滤波器由低通滤波器组成，用以消除因供电电极接地电阻变化等因素造成的供电电流瞬态变化的影响。

本仪器用 900 V、6 A 大功率 VMOS（垂直沟道场效应管）作供电电子开关，当其栅源之间加上控制电压时（栅极为高电平），VMOS 管导通，控制电压除去后关断，因电子开关无机械触点，通断过程不会产生电火花，可保证电子开关长期稳定的正常工作。由于使用电子开关，可方便地实现送电自动控制。

因 N 型 VMOS 管漏极必需接电源正端，源极接负端，才能正常工作，若电压极性相反，VMOS 管将等效于一个正向导通的二极管，所以在 A 电极输入端加一高压大功率定向二级管，以保护 VMOS 管。

为了照顾低阻大极距时需供大电流及高阻小极距供电电流很小（特别是测量高阻标本电阻率时）的不同要求，本仪器改变了 DDC-2 型仪器仅用一只 0.1 Ω 标准电阻作 I-V 转换的传统方法，根据供电电流值的不同，分别采用 0.1 Ω 与 100 Ω 两只标准电阻来实现 I-V 转换。当电流大于 20 mA 时用 0.1 Ω 电阻，电流小于 20 mA 时用 100 Ω 电阻。这样由于测电流的自动测程转换放大器本身有三个测程，与两个取样电阻配合，使测电流值时具有 6 个测程，测量电流的范围覆盖了六个数量级，其分辨率从 0.1 μA/字直到 10 mA/字。这就大大扩大了仪器的使用范围，例如可用本仪器以微电极系装置检测水泥路面的质量。

2. 激电仪

激电仪是用作激电法的仪器。当电流流过大地时，由于电化学作用会产生随时间缓慢变化的附加电场，这种现象称为激发极化效应（简称激电效应）。基于观测激电效应引起的电（磁）场变化，来研究地下情况的电法分支方法称为激发极化法，简称激电法。

激电法既可在时间域中，也可以在频率域中观测激电效应。前者称为时间域激电法，一般是通过供电电极 A、B 向地下供入一定持续时间（T）的方波电流；并在断电后，观测测量电极 M、N 之间随时间（t）缓慢衰减的纯激电二次场电位差 $\Delta U_2(T,t)$，并按下式计算视极化率 $\eta_s(T,t)$（西方国家称为视充电率 m_a）。

$$\eta_s(T,t)=\frac{\Delta U_2(T,t)}{\Delta U(T)}\times 100\% \tag{5-1}$$

式中：$\Delta U(T)$ 是在方波供电电流断开前（即时间 T）测出的一次场（实为电流导电效应的一次场与激电二次场之和形成的总场）电位差。通常，为书写方便，都省去(5-1)式中诸量的时间符号（T 和 t），分别记为 η_s、ΔU_2 和 ΔU。

当代的时间域激电仪，并不是测量某一时刻（T 或 t）的电位差，而是记录其在某一时间间隔(ΔT 或 Δt)内的积分值,然后除以积分时间(称为积分窗口宽度 ΔT 或 Δt),获得其平均值,并记录于积分窗口中心时间(见图 5-4)。

在频率域中观测激电效应,称为频率域激电法,其最常用的方法变种是变频激电法。这种方法向地下供入两个电流强度(振幅)相同、频率分别为 f_G(高频)和 f_D(低频)的谐变或方波电流,观测相应频率的电位差(振幅)$\Delta U(f_G)$和 $\Delta U(f_D)$,并按下式计算视频散率 P_s(国外称为百分频率效应 PFE,国内还有人称为视幅频率 F_s)。

$$P_s(f_D,f_G)=\frac{\Delta U(f_D)-\Delta U(f_G)}{\Delta U(f_G)}\times 100\% \tag{5-2}$$

同样,为书写方便,往往省去上式中诸量的频率符号(f_D 和 f_G)分别记为 P_s、ΔU_D 和 ΔU_G。

无论是时间域还是频率域激电法,它们在野外观测的对象,归根结底还是电位差。所以,激电仪和直流电法仪的基本部分(电位差测量单元)大体上是一致的。不过,激电法观测的是一定供电时间(T)和断电时间(t)或一定频率(f_D 和 f_G)的电位差,而且通常是由测量仪器直接指示出激电参数 $\eta_s(T,t)$或 $P_s(f_D,f_G)$值。因此,要求激电仪中设计某些时间或程序控制电路和归一或计算电路,故激电仪较一般的直流电法仪更复杂。

与直流电法仪相比,激电仪还有另一个特点,即发送机和接收机一般是分开的。

激电法是我国应用最广泛的电法分支方法之一。因此,我国的激电仪制造单位和仪器的类型都很多。有一定市场占有量的激电仪为:DWJ 系列微机激电仪(北京地质仪器厂),DJS 系列微机激电仪(重庆地质仪器厂),MIR 系列多道微机激电仪(地质矿产部机械电子研究所),JJ 系列积分式激发电位仪(平遥卜宜水利电探仪器厂),SWJ-Ⅱ型微机激电仪(冶金部地球物理勘查院),S 系列双频激电仪(中南工业大学与三明无线电厂)和 DBJ-1 型变频激电仪(上海地质仪器厂)。除上述常规激电法仪器外,我国还研制有频谱激电法仪器,如 DW-83 型低频复电阻率仪(中国科学研究院地球物理研究所与无锡电子技术研究所)和 F-1 型频谱激电仪(中南工业大学与深圳华达电子有限公司)等。不过,由于种种原因,国产频谱激电仪未实用于生产。目前,我国频谱激电法应用的仪器,主要是加拿大凤凰公司的 V 系列(V-3、V-4 和 V-5 及 V-6)及美国 Zonge 公司的 GDP 系列(GDP-12、GDP-16 和 GDP-32)多功能电法仪器系统。

下面主要介绍一种有代表性的国产常规激电仪,即 DJS-6 型微机激电仪。

(1) 功能和特点。本仪器是由重庆地质仪器厂设计和制造的,由微机控制的短导线时间域激电仪。它与时间域发送机配合工作,既可测量个别延时的视极化率 η_s(本机用 M_s 表示)作普查用,也可观测激电二次场衰减过程(激电时间谱),为评价激电异常或激电找水提供宝贵信息。当与恒流源配合时,还可进行直流电阻率法和充电法工作,它也能用于自然电场法,是一种多功能的直流电法仪。其特点如下:

1) 测量参数多,可获得二次场衰减过程。

① 仪器启动一次能同时测量五个参数——一次场电位差 ΔU 和四个不同延时的极化率 M_s 值。四个二次场取样(积分窗口)宽度之比为 $T_{s_1},T_{s_2},T_{s_3},T_{s_4}=1,2,4,8$,$T_{s_1}$ 的基本宽度为 20 ms。

② 取样宽度可变。四块面积的宽度是可变的,以×1、×2、×4、×8 四种倍率变化,相应宽度如表 5-1 所示,宽度的单位均为 ms。

用户只用确定第一块面积的宽度,另外三个宽度仪器自动选好。

③ 延迟时间 T_d 可变。本仪器设有十种延迟时间,即 100、200、300、400、500、600、700、800、

表 5-1 DJS-6 型微机激电仪的取样宽度

倍率 \ 宽度	T_{s_1}	T_{s_2}	T_{s_3}	T_{s_4}
×1	20	40	80	160
×2	40	80	160	320
×4	80	160	320	640
×8	160	320	640	1 280

900 和 1 000 ms，可任选。改变取样宽度和延迟时间，在同一测点上，最多可测得 160 个 M_s 值，为进一步研究二次场衰减曲线，评价激电异常和用衰减时法找水提供了条件。

④ 仪器还可测量视电阻率 ρ_s 与自然电位 U_{sp}，为综合研究异常，区分异常性质提供更多的参数。

2）自动化程度高，操作极为简单。工作时，操作员只需按一下测量键，则极化补偿、测程选择、倒相、归一、测量、运算均由微机控制自动运行。

3）抗干扰能力强，观测精度高。

① 仪器采用信号增强技术，每次观测的 ΔU 和 M_s 值均是几十次之算术平均值，使干扰降低 n 倍（n 为增强数）。

除求 M_s 算术平均数外，还能自动剔除超差大的点，以提高精度。

②为抗工频干扰，仪器设有 50 Hz 无源双 T 滤波，50 Hz 有源陷波器和低通滤波器，抑制工频干扰优于 60 dB。另外，在取样点的安排上，也注意了克服工频干扰的问题。

4）仪器使用晶体振荡器，时间精度高。

5）仪器全部采用进口 CMOS 器件，性能稳定可靠、功耗低。

6）仪器设有自动跟踪系统，能自动跟踪自电漂移和放大器的零源，使测量更加准确。

7）仪器测量次数由 1～10 次任选，用户可根据测区干扰水平、信号大小等情况进行选择，以保证测量精度。

8）仪器设有自检功能，当电源太低时显示“H001”；当信号太大时显示“H003”。

9）仪器设有 1 s、2 s 和 4 s 三种节拍，相应的周期为 4 s、8 s 和 16 s，能与国内外多种发送机配套使用。

10）仪器通用性强。通过改变延时及取样宽度，能与国内外多种仪器配套使用。

11）仪器采用了密封结构，线路板经表面涂复，防潮性能好，且工艺先进，结构紧凑，适于在恶劣条件下工作。

12）面板上装有小型指示器，用来粗略监视输入信号大小，外界干扰，MN 接地状况以及发射机是否供电。

（2）技术指标：

1）一次电位 ΔU 的测量范围：3～2 500 mV。

2）一次电位 ΔU 的测量精度：

当 3 mV$\leqslant\Delta U\leqslant$10 mV 时，为±0.2 mV±1 个字；$\Delta U>$10 mV 时，为±1.5 mV±1 个字。

3）极化率 M_s 的测量精度：

当 $M_s\leqslant$3%时，为±0.3±1 个字；$M_s>$3%时，为±2%±1 个字。

4）自然电位补偿范围不小于±400 mV。

5）仪器输入阻抗＞3 MΩ。

6）供电周期可为 4 s、8 s、16 s 三种，占空比均为 1∶1。

7）仪器延迟时间：从 100 ms～1 000 ms，分 10 挡，可任选。

8）仪器启动一次同时测量 ΔU 及四个 M_s 值。

9）对于 50 Hz 工频抑制优于－60 dB。

10）重复测量次数：由 1～10 次任选。

11）仪器工作范围：0～＋50℃（液晶显示）；相对湿度：93％（40℃时）。

12）电源：3 节 9 V 积层电池，工作电流小于 6 mA；6 节 1 号干电池，工作电流小于 70 mA。

13）仪器重量：2 kg；尺寸：240×95×220 mm^3。

（3）工作原理。DJS－6 型时域微机激电仪的电路原理方框图示于图 5－4。仪器由模拟处理、微处理器、键盘、显示和电源五部分组成。信号从 MN 输入，经过阻抗变换、滤波后，与 D/A 信号一起送到双 T 陷波器，去掉 50 Hz 工频干扰；再经放大器放大后送至 A/D 进行模数转换；由微处理器将 A/D 值取出，并进行相应的处理；然后送至显示器显示。微机处理的模式，由操作员从键盘输入。

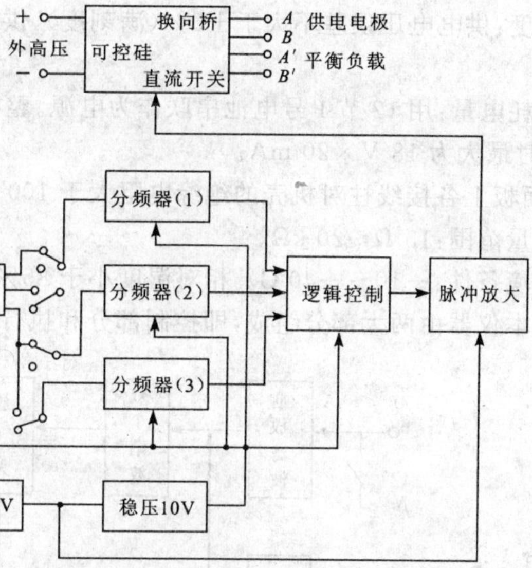

图 5－4　DJS－6 型微机激电仪的原理方框图

仪器的电源部分提供±5V 电源。

（4）DJS－4A 型时间域激电发送机：

1）功能和特点。本仪器是重庆地质仪器厂设计和制造的，用以与时间域激电接收机配合、进行短导线激电测量的发送机。其功能是将高压直流供电电源（外供），自动转变成具有一定占空比的双向供电脉冲，通过供电电极 A、B，周期性地自动向地下供电。

本仪器的换向开关节电路采用可控硅技术，控制部分用 CMOS 电路组成，控时采用 5C702 秒电路产生秒脉冲，没有继电器。所以，具有抗干扰能力强、功耗小及控时精度高的优点。本仪器有八种全部自动的供电拍节（见表 5－2），能与多种接收机配套使用。仪器还设有测量 AB 电极接地电阻、供电电压和供电电流强度的装置及最小供电电流保护装置。

表 5-2　DJS-6 型微机激电仪的供电节拍

节拍种类	正向供电时间(s)	断电时间(s)	反向供电时间(s)	断电时间(s)	供电周期(s)
1	1	1	1	1	4
2	2	2	2	2	8
3	4	4	4	4	16
4	8	8	8	8	32
5	10	10	10	10	40
6	120	10			130
7	10	10	10	30	60
8	10	20	10	20	60

2）主要技术指标：

① 供电节拍：有八种，见表 5-2。

② 供电周期的时间误差：小于±1%。

③ 发送功率：最大发送功率 1.5 kW(3 A，500 V)，最小发送电流 50 mA。

④ 电表指示精度：供电电压误差不大于±5%(满刻度)，供电电流误差不大于±4%(满刻度)。

⑤ 工作电源和耗电量：用 12 节 1 号电池串联作为电源。整机工作时最大耗电为 18 V×10 mA；处于预备状态时最大为 18 V×20 mA。

⑥ 绝缘电阻：面板上各接线柱对机壳的绝缘电阻大于 100 MΩ。

⑦ 接地电阻测量范围：15 Ω～20 kΩ。

⑧ 仪器使用环境条件：-10～+40℃。相对湿度小于 85%。

3）工作原理。本仪器由两大部分组成，即控制部分和执行部分。其原理框图见图 5-5。

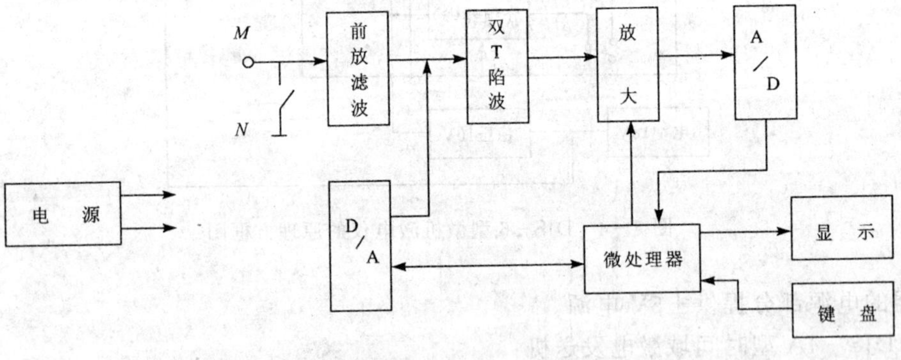

图 5-5　DJS-4A 发送机原理框图

执行部分由六只可控硅构成的直流开关和换向桥组成，实现了无触点换向和开关。

控制部分是由稳压电源、秒电路、分频器、逻辑控制和脉冲放大器等五个单元组成。

由钟源脉冲发生器输出的脉冲，经过分频器分频后，送入逻辑控制电路，输出定时的正向供电、断电、反向供电和再次断电的周期性方波脉冲，去触发脉冲放大器，脉冲放大器也按先后顺序分别输出触发脉冲，去触发可控硅换向桥直流供电开关电路工作，完成选定节拍的供电过程。"供电"状态时，电源被接到可控硅换向桥直流供电开关，接通由供电电极 A、B 及大地构成的负载；"断电"状态时，接通平衡负载，以保持外电源的负载稳定。

3. 天然电磁场法仪器

天然电磁场法观测不是由电法勘查工作者主动供电产生的交变电磁场。其分为两个亚类，一类观测非人为因素产生的天然电磁场，主要分支方法有大地电磁法(MT)和音频大地电磁法(AMT)。目前，国内使用的 MT 和 AMT 法仪器，绝大部分是从国外引进的，主要仪器型号有 MT-1，MT-5，V-5(加拿大)，MT-1(轻便型，美国)及 MMS-2，MMS-3，MMS-4(德国)；此外，还有长春地质学院研制的大地电磁仪。

另一类天然电磁法观测与人类活动有关的"天然"电磁场。例如，观测工业和生活用电引起的"游散电流"，其在音频段内有很宽的频谱，不过主要频率成分是工频(50 Hz)及其高次谐波；另一个特点是不稳定性，电(磁)场的方向和强度都随时间而变化。这种方法主要用于寻找地下水和在现有工矿区附近找矿。典型的仪器有"干扰场源法仪"(中南工业大学)，SB-1 型大地电场比值仪(平遥卜宜水利电探仪器厂)和 TGE-3 型天然电场仪(地质矿产部机械电子研究所)等。还有一种方法观测海军与潜艇通讯的甚低频(15～25 kHz)电台发射的电磁波场，叫做甚低频(VLF)法。

甚低频(VLF)法是一种十分轻便、高效率和低成本的方法，并且在寻找地下水、圈定浅层喀斯特发育带和构造破碎带及找矿等方面，已见有成效。成都地质学院和重庆地质仪器厂研制和制造的 DDS-2 型甚低频电磁仪，已获得较广泛的应用。本节将重点介绍 DDS-2 型甚低频电磁仪。

(1) 功能和特点。本仪器是用来测定甚低频电磁场多种参数的一种小型轻便化仪器。测定对象是位于日本爱知县的 NDT 台(频率 $f=17.4$ kHz，功率 $W=500$ kW)和位于澳大利亚西北角的 NWC 台($f=15.5$ kHz，$W=1\,000$ kW)为海军通讯发射的电磁波。仪器的特点是轻便、易于操作、工作方法简单和生产效率高。在找矿、找水、工程勘查和探测地下管线等方面，有广泛用途。

(2) 技术指标：

1) 工作频率：17.4 kHz 和 22.3 kHz。

2) 测量参数：磁场水平分量 H_y，极化椭圆倾角 D。

磁场垂直分量 H_z，电场水平分量 E_x。

3) 测量范围分六挡：磁场水平分量，最灵敏挡满偏为 0.7～1 pT。电场水平分量，最灵敏挡满偏为 3.2 μV/m±15%。极化椭圆倾角±45°。

各相邻测程挡间衰减 6 dB(衰减一倍)。

4) 仪器放大倍率：20×104±15%。

5) 刻度范围：场强计表头刻度为 0～100 格；倾角计±45°。

6) 读数误差：倾角读数误差≤±1°；场强计的非线性小于满刻度的±2%。

7) 输入阻抗≥1 MΩ(测电场时)。

8) 内部噪声<0.35 μV。

9) 整机功耗<120 mW。供电电压 9 V(两只 6F22)。

10) 使用环境温度：0～+40℃，相对湿度 85%。

11) 重量：3.5 kg(包括电极、电缆)。

12) 外形尺寸：260×95×150 mm^3。

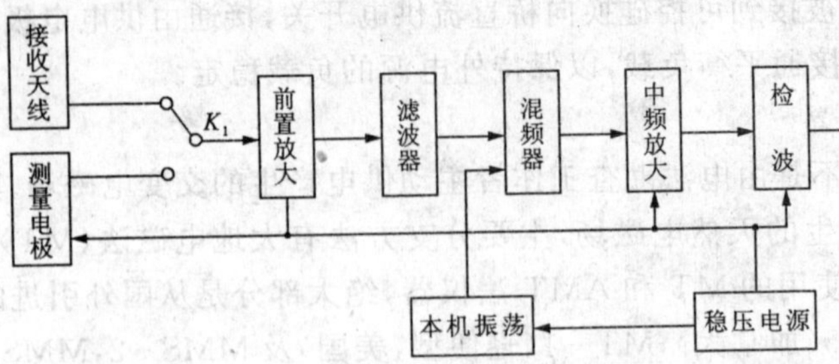

图 5-6　DDS-2 型甚低频电磁仪原理方框图

(3) 工作原理。DDS-2 型甚低频电磁仪的原理方框图示于图 5-6。测量原理与超外差收音机相似。由磁性天线或测量电极接收来的 15～25 kHz 的甚低频信号，经输入级、信号放大级将信号放大，并经陶瓷滤波器滤波，再送到环形混频器与本振信号混频，将甚低频信号变成"中频"信号，并由选频放大器加以放大；放大的"中频"信号经线性检波和滤波，由 μA 表指示出磁场或电场振幅的平均值；由倾角计测出极化椭圆倾角。

4. 管线探测仪

管线探测仪是用来探测地下(或水下)动力电缆、通讯电缆及各类管道的专门仪器。由于地下电缆和管道的几何和物理特性及探测地下管线所处的恶劣工作环境(多为城市、工矿企业、建筑物群及各类固定设施等)，现代管线探测几乎都是采用频率域电磁法。

目前，国内使用的管线探测仪有十几种，常用的有 DDW-1 型多用电磁系统及 GX 系列管线探测仪(中国地质大学，北京)，DJT-C 型地下管线探测仪(吉林无线电四厂)，DG-1 型地下管线探测仪(南京工学院及扬州电器厂)，GK-1 型高抗干扰电缆探测器(北京邮电工业学校实验工厂)，DG-Ⅱ 型地下管线探测仪(平遥卜宜水利电探仪器厂)，MAC-51B 磁性及电缆探测器(美国 Schonstedt 仪器公司)，610/650、810/850、50/60 与 50/60-480 型管线探测仪(美国 METROTECH 公司)，GPR404 与 RD600(美国 Radiodetection 公司)，金属管道探测器(日本)和智能管道探测器(日本东京煤气工程公司)等。下面将重点介绍 GX-2 型管线探测仪①。

(1) 功能和特点①。本仪器是中国地质大学(北京)所研制 GX 系列管线探测仪中的最新型号。它由 GXJ-2 型接收机、GXF-2 型发送机和其他附属装备组成。与国外的管线探测仪及其仿制品相比，GX-2 型管线仪仅用一套仪器，加之以不同的配件及相应的探测方法技术，就可胜任动力电缆、通讯电缆及其他各类管道的探测工作和电缆的各种故障探测工作。该仪器的特点是将其优良的性能和实用的功能，融于一整套科学的方法技术中。因此，能在不同的工作环境条件下，对埋设情况各不相同的地下管线，高效、快速地完成探测任务。具体说来，该仪器具有如下特点：

1) 能广泛地应用于城市市政工程和改建工程。对各种地下管道、电缆(动力电缆、通讯电缆、光纤电缆及各种传输用电缆)进行调查，在电缆故障(开路点、短路点及漏电点)查寻方面，非常精确、有效。

2) 能进行多种模式的探测工作。既能用主动源方式又能用被动源方式；既能在 1 225 Hz 和 3 625 Hz 这两个低频频率上作各种直连法(单端的或双端的)，更能在这两个低频上作各种

---

① 杨旭，GX 系列地下管线探测仪设计、功能及其他，1993。

感应法(定源法、动源法)，特别是能在没有任何地下管线资料及其地面标志(如井盖、检查孔等)的情况快速查明地下管线的现状分布。

3) 能精确地测量交变磁场的三个方向分量(H_x、H_y 和 H_z)值，也可观测不同高度水平上的各磁场分量值。

4) 进行直连法工作时，发送电流大，最大可达 1 A。

5) 进行感应激发时，仪器能接不同尺寸大小的线圈以适用于在窖井中、地面上及人防工事内进行有效激发。

6) 发射机 GXF 除与 GXJ 接收机配套工作外，还能输出 200 Hz 至数百千赫兹的信号及电流。

7) 接收机重量极轻，为 1.5 kg。用电极省，整机仅耗电几毫安。

8) 接收机备有两个不同种类的输出指示器——机电式指示器及液晶数字表。

9) 特殊设计的高品质扁圆空心感应式传感器能方便地随铅直方向和水平轴向转动，因此能随意取向进行测量。

10) 接收机的控制器部件可作任意角旋转；它的手把的高度及方位角可以任意调节；接收机内不加音响，无噪音干扰。

11) 高性能的电子电路设计；部件模块化的结构，性能稳定，方便维修。能够在－15～＋50℃的温度范围内及相对湿度达 98％的环境条件下正常工作。

12) 探测系统的配套性好。除了发送、接收系统外，还配有专用的充电器及各种连接线。此外，各种自制的发射线圈均能与本仪器配合使用。

13) 在条件许可时，可加其他专用附件，对非金属管道、人防工事进行探测。

(2) 技术指标：

1) GXJ－2 管线探测仪接收机。

探测对象：各类地下电缆及金属管道及电缆故障。

观测参数：交变磁场的三个分量 H_x、H_y、H_z。

最佳异常响应：垂直管线走向的 H_x 剖面曲线——单峰异常响应。

传感器：最符合理论要求的、高稳定度的空心电感扁线圈，可转动。

数据显示：机电式电表模拟显示和液晶数字显示($3\frac{1}{2}$位)。

工作频率："L"——1 225 Hz，"H"——3 625 Hz。

增益控制：步进控制 40 dB，连续控制近 20 dB。

平面定位精度：±5 cm＋5％埋深(埋深 0～5 m 时)。

确定埋深精度：指示器精度±5 cm＋10％埋深(埋深 0～5 m 时，正常工作环境)。

最大探测深度：10 m。

电源：2×9 V(6F22)，一只供数字表，一只供接收机。

电流消耗：200 μA——数字表所耗，＜3 mA——接收机所耗。

电池寿命：1 年(数字表所用电池)，3 个月(接收机所用电池)。

工作环境温度：－18～＋50℃。

接收机箱尺寸：140 mm×70 mm×82 mm。

接收机总长度：850 mm。

接收机总重：约 1.5 kg。

2) GXF－2 管道探测仪发射机。

输出交变磁场：

波形：连续正弦波（感应式激发），矩形波（直接接触式激发）。

振荡源：石英晶体振荡器。

振荡周期：1.5～4 999.5 μs，相对应的频率为 667 kHz～200 Hz。

最大输出电流：1 A（有效值）。

最大发射电磁矩：约 20 A・T・m^2（3.6 kHz 时），约 35A・T・m^2（1.2 kHz 时）。

交变电流：

指示器满偏值：500 mA（可调）。

最大输出电压：20 V（P－P）。

保护：过流，开路，反向保护。

电源：20GNY－3 型可充电镉镍电池组，25 V，3AH。

工作环境温度：－18～＋50℃。

发射机控制箱尺寸：175 mm×85 mm×100 mm。

发射机控制箱重量：约 2.5 kg。

(3) 工作原理。GX－2 型探测仪通过自己的发送机（GXF－2），将某一频率的交变传导电流，送至被探测的地下管线（交流充电法或直接接触法）或送至一发射线圈（电磁感应法或感应激发/接收工作方式），建立较强的交变电磁场，以激发地下管线及其周围介质。然后用接收机（GXJ－2）在地面上观测不同工作频率和不同方向的磁场分量。经过认真细致研究实测磁场分量的空间分布，便可准确地确定出地下管线的平面位置、走向、埋深和种类。

图 5－7 示出了 GXJ－2 型接收机的原理方框图。测量点处的交变磁场由传感器转换成感应电动势，经第一次滤波后送至接收机系统模块。在此模块中，信号经低噪声前置放大、滤波、测程转换、灵敏度控制及精密线性检波，最后送至模拟显示器和数字显示器（$3\frac{1}{2}$位），显示出某一磁场分量的场强值。

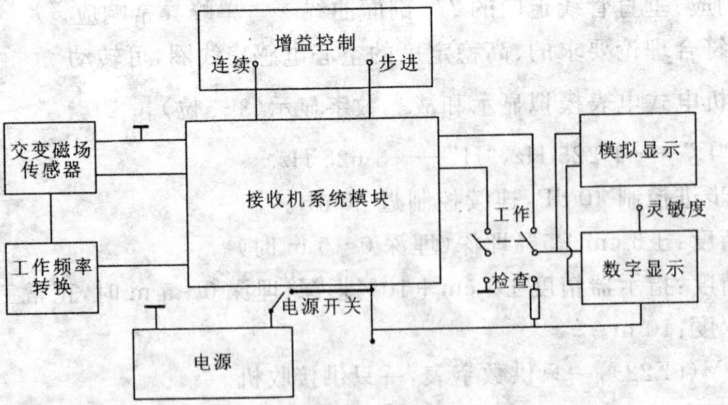

图 5－7　GXJ－2 型管线探测仪接收机原理方框图

交变磁场传感器实质上是一圆形的扁空心线圈。当线圈垂直放置时，测得的是沿线圈正交轴方向（假设为 x 方向）的磁场水平分量 H_x；当线圈水平放置时，所测的是磁场垂直分量 H_z。

接收机的“工作/检查”开关打向“检查”时，模拟指示器显示接收机系统模块电源的工作电压值，以检查电源电池的可用性；开关打向“工作”时，模拟指示器和数字电压表同时显示传感器接收到的交变磁场分量(H_x,H_y 或 H_z)的场强值。

"增益控制"分别通过测程开关(步进、三挡)和灵敏度调节旋钮(连续可调),改变放大器增益,使待测信号在显示器上的读数尽量接近满度值,以减小读数的相对误差。

GXF-2 型发送机由发送机控制箱、发送机负载(发送线框或直接接到地下管线的出露点)和充电电池组三大部分组成。发送机控制箱内装有频率可调的石英晶体振荡器、各类放大器、控制器和过流及负载开路保护器以及发送电流和电压指示器等,功能是保证发送机以预定的频率和强度,向发送机负载安全地输送供电电流。供电电源采用 20GNY-3 型可充电电池组,其由 20 只单体镉镍电池串联而成。端电压通常为 24～25 V(最高不超过 30 V),电池的容量为 3 A·h。

5. 瞬变电磁仪

瞬变电磁仪是用作瞬变电磁法的仪器。国内采用的瞬变电磁仪有进口的 SIROTEM-Ⅱ轻便型瞬变电磁系统(澳大利亚),PEM 轻便型瞬变电磁仪(加拿大),EM-37 中功率及 EM-42 大功率瞬变电磁系统(加拿大)和 GDP-12 与 GDP-16 型(中—大功率)多能能电法系统。近几年国产瞬变电磁仪已占领了国内大部分市场,它们是 LC 型微机电法勘查系统(中型)及 EMES-1 型电磁工程勘查仪(小型)(西安地球物理地球化学勘探技术研究所),SD-1(小型)及 SD-2(中型)瞬变电磁系统(中南工业大学与智通新技术研究所)和 WDC-2 型(中型)瞬变电磁系统(地质矿产部物探化探研究所)。下面主要介绍 SD-1 型国产的瞬变电磁仪。

(1) 功能和特点。SD-1 是一种便携式宽时窗范围智能化的通用型小功率仪器,主要适用于重叠回线及中心回线装置工作。仪器由中南工业大学、智通新技术研究所和中国地质大学密切合作下于 1992 年研制成功。仪器具有如下特点:电脑控制及数据处理;人机对话汉字菜单提示操作;大屏幕液晶显示现场观测数据、$V(t)/I$ 和 $\rho(t)$ 曲线;具有较宽的时窗范围,起始道时间提早至 0.008 ms,更适用于矿田、煤田测深及工程勘查中应用;能显示出供电电流切断的波形,并测出切断时间;抗干扰能力强;由于采用程控增益自适应设定技术,操作简便及使用灵活。

(2) 主要技术指标:

1) 发送波形:双极性方波。

2) 发送机电源:容量 10 A·h 以上,12～36 V 镉镍可充电电瓶。

3) 发送机最大输出电流 10 A。

4) 发送回线大小:5×5 m^2～400×400 m^2。

5) 同步方式:发、收同装于一个机箱内,用 CTC 定时中断内同步。

6) 发送基频频率及测道时间范围:

① 2.5 Hz　　0.87～70.4 ms 内分 20 道;

② 6.25 Hz　　0.348～28.2 ms 内分 20 道;

③ 25 Hz　　0.087～7.04 ms 内分 20 道;

④ 225 Hz　　0.008 7～0.704 ms 内分 20 道。

前三挡的采样道标称时间与 EM-37 相同。

7) 叠加次数:10～2 000 次内任选。

8) 接收部分的频带宽:0～8 kHz。

9) 观测信号动态范围及分辨灵敏度:120 dB,0.5 μV。

10) 显示:128×512LCD 显示 $V(t)/I$、$\rho\tau(t)$及标准离差 σ 数据,以及 $V(t)/I$、$\rho\tau(t)$曲线和切断电流波形。

11）存储量：可存储 142 个观测点的观测数据。

12）接口：通过标准 RS232 接口传输给打印机（配件）或便携式 PC 微机。进一步的数据处理及正反演由 PC 微机完成。

13）操作：LCD 显示汉字菜单提示操作。

14）尺寸及重量：330 mm×230 mm×110 mm，重 3 kg（不包括电源）。

（3）工作原理。SD－1 型瞬变电磁仪的原理方框图示于图 5－8。整机包括主机、接收部分和发送部分，装于同一机箱内。三个部分的组成和作用如下：

1）主机：由中央处理器 CPU、存储器 RAM、程序库 EPROM、可视存贮器 VRAM、CTC 定时器、液晶屏 LCD、键盘及电源组成。实现对整机的电脑控制、菜单提示操作及观测数据的处理、成图、显示和存储。

2）接收部分：由程控增益自适应放大电路、A/D 转换器及模拟开关电路组成。放大器增益范围为 0～106 dB，实现实测数据的采集。

3）发送部分：发送电路由四个大功率晶体三极管及其控制和保护电路组成。发送部分与主机、接收部分采用光电隔离耦合。发送频率通过键盘预置选择，发送波形的占空为 1∶1 的双极性方波，最大工作电流为 10 A。发送机的作用是控制、形成和供出设定频率和波形的发送电流。

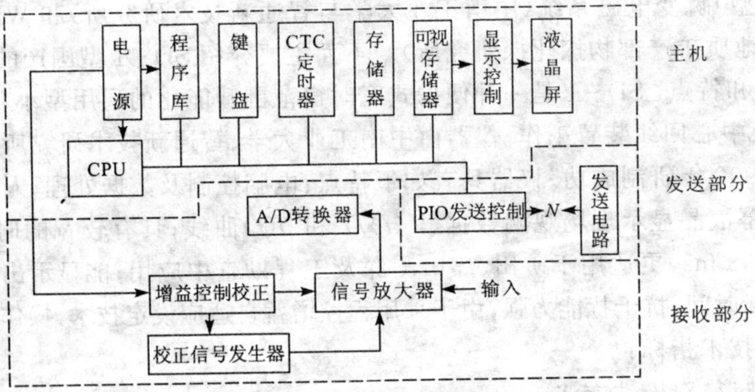

图 5－8　SD－1 型瞬变电磁仪的原理方框图

§5.3　电法勘查方法的野外工作方法技术

野外工作方法技术的目的是在安全、快捷、经济地采集到正确的数据，为进一步对数据进行分析解释，并为最终解决问题打下基础。

所有物探工作都有野外工作的过程，各方法的物理基础不同，物性差异不同，仪器装备不同，应用范围不同，技术要求也各不相同。电法勘查方法由于方法变种多，方法的特点也各不相同，因而技术要求相对其他物探方法较为复杂一些。只有在清楚地理解这些方法技术的原理、原则基础上，才能正确地使用这些方法，灵活地应用这些技术，多、快、好、省地取得合格的数据。

电法勘查工作与其他物探方法一样，在解决具体问题的过程中，大体分为三个阶段，即工作设计、野外施工、资料整理和解释以及工作报告编写这三个阶段。

工作设计是根据具体的任务，在充分调查研究的基础上，根据任务的性质、工作地区的地质-地球物理特征，在选择有效的工作方法、布置合理的测网、配备适用的仪器设备、组织训练有素的队伍、正确进行野外施工及采用正确的资料整理解释方法等一系列具体工作进行规定和计划。工作设计是规范整个工作的保证，是顺利完成整个工作的基础。

野外施工过程是采集所需数据的主要阶段，在此过程中要合理安排施工进度、保障人员、设备的安全，解决施工中遇到的各种问题，检查、维护仪器装备使之处于良好的工作状态。此过程中最重要的任务就是要保证采集到满足设计精度要求的合格数据。

资料整理和解释以及工作报告编写阶段的任务是针对不同的方法、数据变化特点、任务性质，采取合理的数据处理方法和解释方法，以期得到正确的结果。

需说明的是，将整个工作分成三个阶段是为了更方便地来解释整个工作的过程，我们不能将这三个阶段割裂开来。实际上，这三个阶段是穿插在一起的。在工作设计阶段，需对方法进行选择，对其有效性进行试验，并对试验结果进行分析解释；在野外施工阶段，随着工作的进展，可能会发现在设计时没有考虑到的问题，或者发现一些设计工作中的错误，这就需要根据实际情况对原设计进行修改完善。同时，为了及时指导野外工作的进行，需对获得的资料进行及时处理解释，因此，资料整理是同步进行的，以便发现施工中的问题，并及时修正，根据初步解释结果，对野外施工的任务进行调整、补充。因此，对一个工作任务，要作为一个整体来考虑，各个环节要相互协调、配合，这样才能高质量地完成任务。

一、电法勘查方法的野外工作设计

电法勘查方法的野外工作设计包括资料的收集、方法的选择、各方法的技术参数的确定、测网的选择和确定，确定这些工作的前提及任务的性质。

1. 方法选择

电法勘查方法种类较多，各方法的应用特点不同，解决的问题不同。电法方法包括电阻率剖面法、电阻率测深法、激发极化法、自然电场法、充电法、甚低频法、电磁剖面法、电磁测深法、瞬变电磁法、大地电磁法、探地雷达法等，各方法的装置类型也有许多变化，施工时的仪器装备不同，使用方法不同，应用目的不同，工作效率不同，运行成本不同。只有灵活选择和运用这些方法，才能经济、快速地解决地质问题。

（1）方法选取的原则：

1）地球物理前提。地球物理前提也称为地球物理条件，是指被探测的对象是否存在所采用方法需要的地球物理性质的差异。如电阻率法要求被探测对象具有导电性差异；激发极化法要求被探测对象具有激发极化特性的差异；电磁法要求被探测对象具有导电性或导磁性差异；探地雷达法要求被探测对象具有导电、导磁或介电性差异等。只有被探测对象本身与围岩存在地球物理性质的差异，才能采用地球物理方法获取由于被探测对象的存在所产生的异常，也才能通过地球物理方法探测和分析被探测对象的性质及其分布特点。

通常说来，物性差异大时，探测到的异常也会较大，但由于受饱和效应的作用，探测到的异常不会随着物性差异的增大而无限增大。另外，物性差异是一个相对概念，异常还与被探测对象的规模和埋深的相对大小关系密切。不同的方法对物性差异的要求也是不同的，如充电法要求充电体的导电性相对周围物质高 10 倍以上，而电阻率法则不需要一定有这么大的导电性差异。

2）任务的性质。由于不同的方法工作效率不同，对异常的分辨能力也不同，必须根据任务的性质来选取合适的方法。对于普查任务来说，要求只是发现异常，因此，装置轻便、工作效率高的方法是首选；对于详查任务来说，要求研究分析异常，确定异常的形态特征、分布范围，这时，能清楚反映异常特征、异常性质的装置和方法就是首选。

3）任务的目的。若只是要确定异常体的分界线，可以采用剖面法；若需确定异常体的平面分布范围，可以采用效率高的面积性剖面法；若需要确定异常体的埋深，则可采用测深法；若需确定异常体的空间分布，则需采用面积性的测深工作，或采用剖面法和测深法相结合的工作方法。

4）方法特点和工作效率。因为各方法对异常的分辨能力不同，对异常的反映特征不同，因此在选用方法时，要根据被探测对象的物性及空间分布特点，选择有效的方法；同时要考虑经济性，以最低的成本达到目的为原则。

（2）各方法的对比特点：

1）电剖面法和电测深法。电剖面法用于解决地面下一定深度范围内，地质体的电性沿水平方向发生变化的地质问题；电测深法用于解决地面某一测点处垂直向下地质体的电性沿垂向方向发生变化的地质问题。在一条测线上进行电测深工作，可以获得这条测线下方的地电断面信息，但工作量比剖面法要大很多。

2）电阻率法和激发极化法。电阻率法反映的是地质体的导电性差异，所测量的视电阻率值与装置关系密切，测量结果受地形影响，但仪器装备比较简单，技术较成熟，成本低；激发极化法反映的是地质体的激发极化特性的差异，测量的视极化率值是一个无量刚的比值，它受地形影响较小，而且可以发现电导率差异不大但存在激发极化特性差异的地质体，进行激发极化法工作时，若同时测量获得电流值，还可以计算获得视电阻率值，可以获得更多的信息，但激发极化法的仪器设备相对复杂一些，测量电极要用不极化电极。

3）传导类电法和感应类电法。传导类电法采用接地电极进行供电和测量，发射和接受的场是稳定（或似稳定）的电流场，它通过改变供电极距来改变勘探深度。感应类电法既可以采用接地电极方式（电偶极子）发射和接收，也可以采用不接地的方式（磁偶极子）进行发射和接收，发射场可以是谐变场，也可以是瞬变场，它通过改变发射接收频率来改变勘探深度，勘探深度的范围较大，工作也较为方便。传导类电法的场比较简单，测量结果的解释相对简单一些；感应类电法的方法和装置更加灵活多变，场也比较复杂，测量结果的解释相对也复杂一些。通常，感应类电法的仪器装备要复杂和昂贵一些。

2. 测网的选择

测网是覆盖工作测区的测线的总称，包括测线方向、测线距、测点距等。

（1）确定测区范围的原则：

1）测区范围应包括整个被探测地质体可能赋存的地段，并应向外扩延至能使所反映的异常有足够的背景场相衬托。

2）追索性工作的测区范围应包括全部或部分已知地质体，以便能运用已知地段的资料来对比未知区；在前人工作的基础上扩大测区范围时，应在测区边缘重复部分测线，以便于成果的联系与利用。

3）在其他物化探成果基础上布置更大比例尺工作时，应充分利用已知资料来考虑测区的实际范围，并应该尽可能包括与研究目的有关系的岩矿露头和探矿工程。

4）确定测区范围还要考虑地形、地貌，并应兼顾施工方便，力求资料完整和测区边界大体规则。

（2）测线方向的确定原则：

1）测线（或剖面）应尽量垂直于被探测对象的走向，并应尽可能避免或减小地形影响和其他干扰因素的影响。

2）测线或剖面还应尽量与测区中的地质勘探线、典型地质剖面相结合。

3）当探测对象的走向变化复杂以至于测线方向无法随之变化时，可以垂直其平均走向布置测线，并按实际需要加密；当发现有意义地质体的走向与测线交角过小以至于影响解释推断和地质效果时，必须以实际资料来说明其影响程度，并垂直于有意义地质体走向另行布置补充剖面。

4）当工作过程中发现电测主体异常走向与测网基线交角过大，以至影响推断解释和地质效果时，应放稀测网并改为控制剖面观测。在充分了解待测地段异常走向变化的复杂程度之后，可酌情改变测线方向。

5）对于某些特定情况，还应设计纵剖面测量。

（3）电剖面法工作的测网形式。电剖面法工作的测网形式取决于探测对象的分布范围和平面分布形态。测网密度则应该根据地质目的、工作性质、探测对象规模、探测对象的空间位置以及所采用的装置形式等因素确定。一般情况下可按表5－3中的规定布置。

表5－3 电剖面法工作测网

工作性质 / 测点数 / 穿过异常测线、工作方法	普查		详查	
	测线数(条)	每条测线上的测点数(个)	测线数(条)	每条测线上的测点数(个)
对称四极剖面法	1～2	3～5	3～5	5～10
偶极、联合剖面法	1～2	6～10	3～5	10～16
中间梯度法	1～2	3～5	4	5～10

（4）电测深法工作的比例尺和测网密度。电测深法工作比例尺和测网密度应根据地质任务及测区地电断面的复杂程度等具体条件综合考虑，既要保证地质效果又要考虑经济效益。如电测深工作是为了寻找某些地质体或地质构造，则所设计的测网密度应能保证平面分布最小的探测对象至少在两个相邻测深点上有清晰的反映；必须考虑探测对象埋深对探测结果详细程度的限制，相邻电测深点的最小距离不得小于主要探测对象埋深的半值或所设计的最大测量电极距的半值。当为了探测较深的对象，但又必须详细了解其他浅部探测对象时，只允许按上述原则在较疏的大电极距测网中用小极距电测深点加密。

电测深工作的比例尺和密度的关系，应视工作地区地质及地球物理条件的复杂程度决定。面积性电测深工作的常用比例尺和密度的关系列于表5－4。

表5－4 电测深工作常用比例尺

比例尺	测线间距	沿测线的点距	测点数个/km²
1∶100万	10～40 km	10～20 km	1/800～1/100
1∶50万	5～20 km	5～10 km	1/200～1/25
1∶20万	2～8 km	2～4 km	1/32～1/4
1∶10万	1～4 km	1～2 km	1/8～1
1∶5万	0.5～2 km	0.5～1 km	1/2～4
1∶2.5万	0.25～1 km	0.25～0.5 km	2～6
1∶1万	100～400 m	100～200 m	12.5～100
1∶5千	50～200 m	50～100 m	50～400
1∶2千	20～80 m	20～40 m	300～2 500

3. 技术参数的选择

技术参数是指所用方法装置的极距大小、工作频率范围等。

(1) 装置电极距的选取原则。测量装置的电极距的选取通常要在已知地质剖面上进行试验来确定。要在保证地质效果和经济效益的前提下，确定电极距的大小。

确定电剖面法装置的供电电极距 AB 或偶极距 OO'、测量电极距 MN，一般要考虑被探测地质体的顶部埋深(埋深大，AB、OO'就大)、覆盖层的厚度和电阻率大小(由于低阻覆盖层对电流的屏蔽作用，探测低阻覆盖层下地质体时要选用较大的供电电极距)、表土电性不均匀程度(若不均匀性严重，则 MN 不宜过小，否则引起实测 ρ_s 曲线呈明显锯齿状变化，若 AB、MN 选择的比例合适，则可以降低表土不均匀性的影响)，以及为了获得地下地质体多方面的信息，可以选用多组电极距观测；为了工作方便，MN 通常取为点距的整数倍。

(2) 常用电剖面装置电极距选取原则：

1) 对称四极剖面装置或复合对称四极剖面装置：

① 供电电极距 AB 至少应为探测对象顶部埋深的 4～6 倍；测量电极距 MN 应不小于探测对象的顶部埋深，但也不宜超过 $AB/3$，否则，装置的探测深度将显著下降。

② 在复合对称四极剖面装置中，较小的供电电极距 $A'B'$ 主要反映浅部电性变化情况；较大的供电电极距 AB 主要反映深部电性变化情况。在大多数情况下，AB 应为探测对象顶部埋深的 6～10 倍；$A'B'$应为探测对象顶部埋深的 2～4 倍。

$AB/A'B'$应大于 2，其最佳比值应根据地质目的、测区地点性质，由野外试验确定。同时注意 AB 和 $A'B'$也应取为 MN 的整倍数。

2) 联合剖面装置：

① 在普查良导性脉状地质体时，供电电极距 AO 应按下式计算：

$$AO=\frac{1}{2}(L+d) \tag{5-1}$$

式中：L 为最小探测对象的走向长度；d 为最小探测对象下延长度(估计值)。

当欲分辨相邻地质体时，应使 AO 不大于相邻地质体间距的二分之一；在进行地质填图或追索异常时，一般要求 AO 至少应为被探测地质体顶部埋深的三倍。

测量电极距 $MN=\left(\frac{1}{3}\sim\frac{1}{5}\right)AO$

② 当探测对象的规模与埋深不清楚或变化范围大时，应尽可能设计多种电极距进行观测，其极距变换比值以不小于 2 为宜。

③ "无穷远"电极一般应垂直测线方向布设，要求"无穷远"极与最近测线的距离为 AO 的 5～10 倍；当因地形或其他通行条件及其他地质、地貌原因需要沿测线或斜交测线方向布设"无穷远"极时，应适当增大它与最近测线观测段之间的距离，一般应超过 AO 的 10 倍。

3) 偶极剖面装置。应使电偶极子间距 OO'大致等于解决同一地质问题的联剖装置中的 AO 长度；并使 $AB=MN$，$OO'=n\cdot AB$(n 为正整数)。

4) 中间梯度装置：

① AB 的选择应考虑装置为某一极距时的有效探测深度，通常可根据覆盖层厚度及其地电性质，并结合电源功率和施工方便等因素设计。一般来说，应使该装置能够达到所期望的有效探测深度，并反映出探测对象的明显异常。考虑到大极距的对称四极法异常与相同条件下中梯法异常是相似的，因此在选择中梯装置的供电电极距 AB 时，可以参考对称四极剖面装置的理论计算或模型实验结果。

对于等轴状地质体情况，当 h_0（等轴状地质体的中心埋深）为 2 倍等轴状地质体的半径 r_0 时，应取 $AB \geqslant 8 \cdot h_0$；对于陡倾高阻脉和缓倾斜低阻脉而言模型实验结果表明，应该取 $AB \geqslant 8 \cdot h_0$（h_0 为脉状体的埋深）。

② 测量电极距 MN 的选择。由于随着 MN 的增大，视电阻率 ρ_s 异常值将减小，使曲线变得平缓，故 MN 不宜取得太大。但是 MN 也不宜取得太小，否则，由于浮土层或近地表围岩中的电阻率不均匀性将使 ρ_s 曲线产生锯齿状跳跃，同时，MN 太小也会使观测电位差信号发生困难，考虑到上述种种原因，通常取 $MN=(1/50 \sim 1/30)AB$。

③ 观测区段的选择。对位于 AB 连线上的主剖面（或称为中心剖面）而言，一般可测区段为其中间的 $(1/3 \sim 1/2) \cdot AB$。对于平行于主剖面的旁测剖面而言，与主剖面的最大垂直距离不应超过 $1/6 \cdot AB$。

④ 当必须移动两次或多次装置来完成整条测线的观测时，在相邻装置的结合部位应有 2～3 个重复观测点。

(3) 电测深法的电极距系列和电极排列方向的确定原则。每个电测深点观测所用的自小到大的一系列电极距，称为电测深工作的电极距系列。电极距系列、最大供电电极距（对称四极测深装置指 $AB/2$，三极测深装置指 AO 或 BO）以及电极排列方向，应根据工作任务、测区地质、地球物理条件及施工条件等确定。

1) 确定电极距系列的原则：

① 在设计供电电极距系列时，应使各极距在 6.25 cm 的双对数坐标纸上沿 $AB/2$ 轴有大致均匀的分布，相邻电极距的比值在 1.2～1.8 之间。对于某些比较简单的地电断面或者测深曲线的次要曲线段，通常选用较大的相邻电极距比值，该比值选择为 1.5（此种比值的电极距系列间距在坐标轴上的分布大约为 1 cm）。

考虑到电测深曲线进行数值解释的需要，电极距系列也可呈对数均匀分布。

② 应以能获得完整的电测深曲线、满足解释推断的需要为原则。设计的最小供电极距应能保证电测深曲线有明显的前支渐进线（某些特殊目的不受此限制）；设计的最大供电极距应根据测区（或者类似条件的其他测区）中具有代表性的电测深曲线确定，或者通过测区已知地电断面正演估算确定，并在生产实践中灵活调整。具体要求是：

a. 当以"无穷大"电阻率值电性层为底部电性标志层时，在反映该电性标志层呈 45°上升的曲线尾支渐进线上至少有三个电极距读数。

b. 当以有限电阻率值电性层为底部电性标志层时，测深曲线的尾支应获得明显的渐进线（至少有三个电极距读数）。

c. 对于新区，应根据需要设计若干个均匀分布、电极距较普通测深点大的"控制测深点"，以把握测区中电测深曲线的尾支渐进线的特点，了解最下部电性标志层的电阻率情况。

③ 测量电极距系列应根据所设计的供电电极距系列、测区岩石电阻率及电位差观测条件等设计。为了保证观测精度和工作效率，通常测量电极距与相应的供电电极距的比值保持在 1/3～1/30 的范围内，即 $AB/30 \leqslant MN \leqslant AB/3$，见表 5-5。

④"无穷远"极 C（三极测深装置）的方位和距离。应尽可能使"无穷远"极 C 位于 MN 的中垂线上，将 OC 与 MN 中垂线的方向控制在 ±5°之内，并使 OC 不小于 $5 \cdot AO$（或 BO），若不满足上述要求，可使 OC 长度增大到 $10 \cdot OA$，使之由于 C 极的影响在视电阻率的观测中引起的误差不超过 ±2%。

表 5－5　测量电极距与供电电极距的比例关系

$\frac{AB}{2}$(m)	3	4.5	6	9	12	15	25	40	65	100	150	225	325	500
$\frac{MN}{2}$(m)	1	1	1	1	1	1	1							
						5	5	5	5	5	5			
										25	25	25	25	25

2) 确定电极排列方向的原则。在设计电极的排列方向时，应使各种电性不均匀（如地形、构造、地表局部电性不均匀等）对测量结果的畸变影响降低到最小程度，同时也应适当照顾通行、接地和施工的方便。

电极排列方向一般应满足如下要求：

① 同一测区的电测深点的电极排列方向应大体相同；因客观条件限制必须改变方向时，应布置足够数量的十字电测深点；

② 应尽可能使电极排列方向和剖面方向一致，以便节约测地工作和便于收、放线连续作业；

③ 当地形坡度大时，应尽可能使电极排列方向与地形等高线总方向一致；

④ 必须设计一定数量（不少于测深点总数 3%）的十字电测深点，且应在测区中均匀分布，以便把握地电断面在水平方向变化对测深曲线的影响。

二、电法勘查方法的野外工作方法技术

电法勘查的野外作业的目的是为了获取符合设计要求的观测数据。合理的野外作业技术是取得合乎设计精度要求的野外资料的重要保证。野外作业必须按照规定的野外作业技术进行。野外作业技术包括测站布置、导线敷设、电极接地、漏电检查、测站观测、数据记录与野外草图、困难条件下的观测和处理等内容。

1. 测站布置

测站是野外作业的中枢。剖面测量时，测站位置应尽量靠近观测地段的中心，以便能控制足够多的测区面积。通常可将测站选择在视野开阔、地势平坦、通行方便、避风干燥处。电测深测量的测站则应尽可能布置在测点附近。为避免电磁感应与电源漏电影响，测站应远离高压输电线及变压器。测站与供电站应采取必要的防潮、防雨和防曝晒措施。

一个野外工作日开始观测之前，应做好下列工作：

(1) 当用发电机作电源时，先布置电站，进行发电机试车，观察空载和负载条件下的运转情况；当用干电池作电源时，应按规定方式接好干电池。

(2) 检查仪器和控制面板线路连接情况。

(3) 检查仪器及通讯设备的电源；检查各开关旋钮的机械性能和灵活程度；检查通讯设备授话和收听的效果。

(4) 检查仪器、导线及线架的漏电情况并记录检查结果。

(5) 核对各电极点、线号。

(6) 接通电源、粗略测试供电回路电阻并进行试供电，选择合适的工作电压、电流、匹配好平衡负载。

经逐项检查，凡不符合技术要求的仪器设备应进行现场处理，直到症状消除且合乎规定的

技术要求后，方可进行观测。

2. 导线敷设

自电极和供电站引入测站的导线，都应该分别固定在不同的绝缘物体（如木椿、树干等）上。不得将未固定的导线直接引入仪器或拴在仪器脚架上。

(1) 供电导线和测量导线尽可能分列于测线两边，并注意使它们保持一定的距离。对于电剖面测量，当 M 线（或 N 线）的长度小于 1 km 时，该间距可为 1～5 m；大于 1 km 时，应加大到 5～20 m。对测深测量，由于通常采用扩展式电极距系列，故测量导线与供电导线的间距不应是固定的，一般以不小于 1/10 MN 为宜。对激发极化法测量，测量导线与供电导线的间距都应比电阻率法更大些，因为还要考虑避免电磁耦合的影响。

(2) 供电导线和测量导线不允许互相交错；供电导线至少应离开测量电极 2 m，同样，测量导线也至少应离开供电电极 2 m。

(3) 测量导线一般应避免悬空架设，当导线穿越河道、池塘必须架空时，应注意将导线拉紧。无法架空而只能浸水通过的供电导线和测量导线，应事先向测站报告并进行漏电检查。

(4) 测量导线应尽可能远离高压输电线。当必须通过时，应使那段测量导线与高压线方向垂直。

(5) 电线接头处应确保接头牢固和外皮绝缘良好。

为避免导线损伤，放线时应边走边放，收线时应边走边绕动线架收线，不许拖曳收放线。在导线收放过程中，应随时注意导线有无破损或扭结。破损处应包扎绝缘；扭结处应放松理顺。此外，还应注意尽量不使导线承受过大拉力，当手感力量忽然增大时，切勿硬拉，应及时查明原因。导线通过铁路、公路、河道或村庄时，应采取架空、埋土或从道轨下通过等临时性措施，以无碍车、船、人畜通行和避免导线损伤。

3. 电极接地

电极接地通常应遵守下列原则：

(1) 电极应尽量靠近预定接地点标志布设，并应与土层密实接触。当单根电极接地不能满足作业要求时，应采用多根电极的并联组。该电极组通常应垂直测线排列，只有受客观条件限制时才可以绕接地点环形分布或沿测线排列。

(2) 电极入土深度一般应小于电极至 MN 中点距离长度的 1/20，当电极距很小时，也应不超过 1/10。

(3) 当进行剖面测量时，单根电极因客观条件限制只能向接地点某一侧偏离时，其垂直测线方向的位移应小于其至 MN 中点距离的1/220，对测量电极应小于其至 MN 中点距离的 1/120。当不能满足上述要求时，应按一定精度测出其移动后的实际位置，并在记录本上注明，同时重新计算 K 值。

(4) 电极组任意电极间的距离应大于 2 倍电极入土深度。不垂直测线或沿测线排列时，电极组在接地点两侧的分布长度应大致相等。为使装置系数 K 的相对误差不超过 1%，电极组中单根电极与预定接地点之间的最大距离 d 应满足：

① 当电极组垂直测线排列时，d 应不大于该电极组至 MN 中点距离的 1/10；

② 当电极组沿测线排列时，d 应不大于该电极组至 MN 中点距离的 1/20；

③ 当电极组环形分布时，d（半径）也不应大于该电极组至 MN 中点距离的 1/20。

(5) 供电电极的数目应根据供电电流强度和接地条件而定。单根电极通过的电流不应过大，对于直径 2～3 cm、入土深度 50 cm 左右的电极，通过的电流强度以不超过 0.2 A 为宜，以减小电流不稳现象。

电测深测量的电极接地除应遵守上述原则外，为选择优越的供电接地点或者避开障碍物，可以垂直 AB 排列方向移动接地点。供电电极接地点垂直拉线方向移动应不超过 AO(或 BO)的 5%；沿拉线方向移动的距离应不超过 AO 的 1%，这时可不必另外计算 K 值。当接地点附近存在较大面积的障碍物或者接地困难区域时，必须在观测现场改变电极距观测。这时应通知测站，重新计算 K 值。移动一端或两端电极后的四极测深装置，仍应设法使装置保持对称；若 AO 与 BO 不等，则在绘图时将两者极距取平均值。布置测量电极 M、N 时，允许与 AB 的方向有一定的偏离，但偏离角度不得大于 5%。

自然电场法和激发极化法的测量电极系不极化电极，其接地必须符合下列技术要求：

1) 应事先在接地点挖电极坑，坑内不得有碎石杂草，地表干燥时应提前半小时在坑中浇水，当测点岩石裸露时，应在岩石上垫以湿土。总之，应确保不极化电极接地时接地电阻较小。

2) 不极化电极不可埋没在流水、污水或废石堆中，以免因离子交换使电极罐中饱和的硫酸铜溶液污染或稀释。布极时还应尽量减小两极温差，所有电极应避免日晒，基点处的电极更要注意；电极引出的裸金属线不要触及线架或杂草，电极接地点附近不要有人为扰动。

3) 当接地点受自然条件限制要移动电极布设位置时，其移动方向应垂直于测线，其移动距离不应大于观测点点距的 1/5。具体移动情况应记于野外记录簿备注栏中。

4) 进行电位装置测量时，基点的电极接到仪器的 N 插孔，测点的电极接到仪器的 M 插孔，并要在记录中注明基点与各测点上所用不极化电极的编号(或代号)。进行梯度装置测量时，在东与北方向的电极接仪器的 N 插孔，西与南方向的电极接仪器的 M 插孔。

激发极化法的测量电极也不是极化电极，其接地应符合上述电阻率法 M、N 电极的接地要求及自然电场法电极接地的 1)、2)项要求。

4. 漏电检查

(1) 电法野外观测工作之前和结束之后，均应对仪器和导线的绝缘性能进行系统检查。进行剖面测量时，在一个野外作业日的观测始末、测线转移、中梯改变排列或者变换极距的情况下，都应对供电系统和测量系统分别进行检查。

测深作业在下列情况下应做例行漏电检查：

① 电测深的最大供电电极距；

② 三极电测深或联合电测深的“无穷远”供电导线；

③ 500 m 以上的每一个供电电极距(当天气晴朗、地面干燥时，可放宽至每隔三个电极距)。

测深作业在电极距不大，干扰水平很低，读数本身引起的视电阻率误差不超过 2%时，还可以用改变电极接地电阻的办法来检查是否漏电。当供电电极接地电阻改变不少于一倍而测得的视电阻率差值不超过 3%时，便认为漏电影响在观测结果中可以忽略。

(2) 仪器的漏电检查。在仪器电源断路的情况下，用 500 V 兆欧表分别测定 A、B 插孔，M、N 插孔，仪器外壳三者之间的绝缘性能，要求测定的电阻值均不小于 100 MΩ。若测定的值小于 100 MΩ，则认为仪器绝缘性能不合乎规定要求，其漏电影响不容忽视。

(3) 开工前对导线的漏电检查，一般是将导线铺于地面上，采用 500 V 兆欧表，观测导线对地的漏电电阻。每千米导线的绝缘电阻，对于供电导线，应不小于 2 MΩ；对于测量导线，应不小于 5 MΩ。

(4) 当仪器设备在观测现场无法满足(2)、(3)条所规定的绝缘强度指标时，应进一步对供电系统和测量系统进行下述漏电检查：

① 供电系统漏电检查一般可轮流断开一供电导线与供电电极的接头，同时观测供电线路中的等效漏电电流强度和测量路线等效漏电电位差（两次电压不同时可按电压正比关系换算成工作电压下的“等效值”）。要求两端等效漏电电流强度的总和不超过该点供电电流强度的1%；两端等效漏电电位差的总和不超过该点观测电位差的2%，进行漏电检查的电源电压一般不超过300 V。

② 测量系统漏电检查一般可轮流断开一测量导线与测量电极的接头，供电时测量等效漏电电位差。要求两端等效漏电电位差的总和不超过该点观测电位差的1%。

(5) 当观测过程中发现有不能允许的漏电现象时，测站应着手改善导线、电源、仪器或控制面板的绝缘情况，并根据观测曲线的畸变特征来寻找漏电点位置，分析漏电对已有观测结果的影响程度。绝缘状态改善后，应沿测线逐点返回进行重复观测，直至连续三个测点的观测结果符合重复观测的要求时，才能认为此漏电影响已被排除。漏电现象与漏电检查处理结果应记录在记录本备注栏中，作为资料检查、验收的一项重要内容。

在自然电场法和激发极化法测量中，当测量线路存在有足以影响观测质量管理的漏电时，一般会伴生有指针不稳现象，这时应检查仪器及测量线路。上述现象经处理已不复存在时，则说明影响观测质量的漏电已被排除。必要时可用兆欧表检查漏电。漏电处理应符合上述(2)、(3)条中有关测量线路检查的方法与要求。

5. 测站观测

第一，基本观测的技术要求，对电阻率法其基本技术要求为：

(1) 供电电压不宜低于15 V，以免因低压供电电极极化缓慢致使供电电流不稳，同时供电电压低将造成极化电压所占比例增大，影响观测精度。

(2) 应选择合适的测程来度量输入信号，一般以指针偏转不小于表头刻度的1/3为宜。在指针稳定的情况下，其最小读数不应低于满度读数的1/4。指针不稳定时，最小读数应加倍。

(3) 供电电流强度和总场电位差应尽量估读至三位有效数字；视电阻率值应算至三位有效数字。

第二，电测深野外基本观测的要求除上述几点外，还应注意下列三点：

(1) 当变换测量极距观测时，应当在测量极距被改变的两相邻供电极距上同时获得两组测量电极距的观测值。

(2) 进行大极距观测时，必须使每次观测的供电时间不少于电场的建立时间。电场建立所需的时间 t 可按以下经验公式求得：

$$t=\frac{2\pi L^2}{10\rho_s}\quad(\mathrm{s}) \tag{5-2}$$

式中：L 为供电电极 AO(km)；ρ_s 为相应供电电极距的视电阻率观测值(Ω·m)。当极距较大时，要注意因供电时间过长可能引起的测量电极的极差变化、大地电场的变化以及电池组的电源不稳定等情况。

(3) 供电极距 AO 大于1 000 m时的所有读数应进行重复观测，并以其平均值作为最终的基本观测值。重复观测的要求后面将会叙述。

自然电场法的基本观测技术要求除上述(2)、(3)项外，在观测过程中如发现指针抖动，必须对导线与电极进行检查，安置稳妥后重新观测。

第三，激发极化法的基本观测技术要求为：

(1) 在供电过程中，供电电流变化不得超过2%。

(2) 供电时间的相对误差不得超过5%。当采用双极性短脉冲供电时，脉冲间隔时间误差相对值不得超过10%。

(3) 断电后某一瞬间的二次场电位差 ΔU_2 一般不小于0.5 mV。在低极化率背景段，当即使用0.5 mV 计算视极化率也不致形成异常时，允许少量点的 ΔU_2 值在0.3～0.5 mV 之间，在有明显游散电流干扰的地段，允许的 ΔU_2 最小值应根据干扰幅度适当地增大。

(4) 观测供电电流强度、总场电位差和断电后某一瞬间二次场电位差时，应尽量读取三位数，直读视极化率时，读取到小数后一位。

同时，在野外观测现场，记录员必须及时回报核实操作员的读数，进行记录、计算并绘制草图，以便确定是否应当检查观测或者是否应进行异常及畸变情况的检查处理、加密测点等。

跑极员应服从测站指挥，与测站协同动作，以提高效率。跑极员除了应遵守有关导线敷设、电极接地和通讯设备的使用规则之外，还应在作业过程中注意测站指令，并应及时向测站报告测点位置、地形、接地情况。当确认已与测站中断联系时，应主动尽快与测站取得联系。

自然电场法在一个野外工作日开工之前，必须测定拟使用的每对不极化电极的极差，称为“开工极差”；当流动电极回到测站或分基点时，或者是整个工作日的观测结束之后，应测量不极化电极的“收工极差”。激发极化法在一个野外工作日开工之前及整个工作日的观测结束之后也要分别测量不极化电极的“开工极差”和“收工极差”。“开工极差”不得超过±2 mV，“收工极差”不得超过±5 mV。

不极化电极的极差必须在盛有硫酸铜饱和溶液的器皿中测量。测量时应注意记录各对电极的编号(或代号)，特别注明拟置于基点的不极化电极的编号(或代号)，该电极应接仪器的 N 端。

6. 数据记录与野外草图

(1) 野外观测现场的全部观测数据都应该如实地记录在专用记录本上。记录本除记录原始数据及记录与观测有关的事项外，不得兼做其他用途。记录本不允许空页、撕页或者粘贴注记。

(2) 记录本中的各分类事项应认真填写，不得遗漏。各种数据应在观测现场及时记录，事后不得追记或修改，也不准以转抄的结果代替原始观测记录。

(3) 数据记录时只允许使用中等硬度(2H或3H)的铅笔。要求记录得正确、工整，字迹清晰，原始数据不得涂改或擦改，记错了的数据必须划去重记，并在备注中注明原因。

(4) 剖面测量的草图绘在方格纸上，其上应标明测区、比例尺、剖面号、剖面方位、测点号、装置形式和观测日期。必要时还应该将所发现的干扰影响注在草图的相应位置。野外工作日结束，观测者与记录者应审查记录并签名，以示负责。

电测深野外作业的草图绘在6.25 cm 模数的不透明双对数坐标纸上，并应注明电测深点号、电极排列方向、各组 MN 值、起始极距的值、观测日期、操作者和记录者的姓名。

7. 困难条件下的观测和处理

第一，在野外观测现场，当干扰影响造成观测困难甚至破坏正常观测时，应首先检查仪器设备的性能；当确信仪器设备为正常工作状态，影响观测的原因来自仪器外部时，应根据干扰的各种表象特征来判断干扰原因，并拟定相应的处理措施。

(1) 仪器无输出或指针满度超格，极化补偿失灵，表明测量回路不通。

(2)“极化不稳”，即指针匀速向一个方向偏转。当测量电极布设于流水、腐植层，或与地中金属导体接触，测量导线破损致使铜丝直接接地，以及两测量电极间温差过大时，都可能引起上述现象。

（3）指针运动迟缓，极化补偿时指针运动滞后于操作动作，小测程挡灵敏度降低，往往反映测量电极的接地电阻过大。

（4）指针呈无规律摆动、小幅度抖动或不间歇地左右漂浮，但测量电极正常。这可能是机械震动、严重漏电、导线摆动产生的感生电动势、大地电流或工业游散电流的干扰。

对上述干扰中的一些，若讲究循章作业和对症处理，是可能避免或减小其影响程度的；工业游散电流的干扰，应在实践过程中摸索抑制和消除的途径。当外部干扰不致影响观测时，可适当增加重复观测的次数；当严重影响观测数据而又无法避免时，应停止野外现场观测工作。

第二，重复观测。重复观测是指在读数条件比较困难（仪器表头指针不稳、读数很小、有明显干扰现象以有反常现象）等单次观测难以保证精度的情况下，操作者通过增加观测次数以使最终观测结果符合精度指标的一种观测方式。对于电阻率法，当读数小于 0.3 mV 或 0.3 mA 时要进行重复观测。另外，对于电测曲线的突变点，与相邻测线对比显得无规律的测段，亦需进行重复观测。对于电测深作业，当供电电极距超过 500 m 时，应进行两次以上的重复观测。重复观测仍属于原始观测之列。

视电阻率的重复观测应符合下列要求：

（1）在参加统计的一组观测中，最大值和最小值之差相对于二者的算术平均值应不超过 $\sqrt{2n}\cdot M$。判别式为：

$$\frac{2(\rho_{smax}-\rho_{smin})}{\rho_{smax}+\rho_{smin}}\cdot 100\%\leqslant\sqrt{2n\cdot M} \tag{5-3}$$

式中：n 为参加平均的 ρ_s 值的个数（即一组重复观测数据的个数与被舍弃的观测数据的个数之差）；M 为设计的均方相对误差。

（2）在一组重复观测数据中，误差过大的观测数据可以舍弃，但它必须少于总观测次数的 1/3。若超限的观测数据过多，说明可能不具备观测所要求的基本条件，或是操作者本人的观测技术尚存在问题。

（3）重复观测应改变电流（改变量不限制），但应不改变接地位置及条件。

（4）重复观测数据应作为原始数据对待，并应对一组重复观测的有效数据进行算术平均值计算，以作为该测点最终的基本观测数据。一组重复观测数据中的有效值和舍弃值都应在相应备栏中注记。

自然电场法在困难条件下进行的重复观测，也应符合上述有关规定。不过，在判别一组重复观测数据合格与否时，其判别式为：

$$\Delta U_{max}-\Delta U_{min}\leqslant 2\Delta \tag{5-4}$$

式中：ΔU_{max}、$\Delta_{U_{min}}$分别为该组观测数据的极大值和极小值；Δ 为设计精度（绝对误差）。

第三，激发极化法测量出现下述情况之一者，需进行重复观测：

（1）断电后某一瞬间的二次场电位差 $\Delta U_2<1$ mV。

（2）当采用短导线工作方式直读视极化率时，表征二次场衰减特性的衰减系数（超过在相应地质条件下常见值 α_0 的允许范围，即 $|\alpha-\alpha_0|>10\%$）。

非直读视极化率时，如长脉冲测量方式，二次场电位差的衰减系数 λ 与相应地质条件下常见值 λ_0 之间的偏差值 $|\lambda-\lambda_0|>10\%$。

（3）在观测过程中发现有明显干扰现象，单次观测难以保证最终结果的精度时，视极化率的重复观测也应符合视电阻率重复观测的 4 点要求。但其判别式为：当用均方相对误差衡量质量时：

$$\frac{2(\eta_{smax}-\eta_{smin})}{\eta_{smax}+\eta_{smin}}\cdot 100\% \leqslant \sqrt{2n}\cdot M \tag{5-5}$$

式中：M 是设计的均方相对误差。

当用均方误差衡量质量时：

$$\eta_{smax}-\eta_{smin} \leqslant \sqrt{2n}\cdot \varepsilon \tag{5-6}$$

式中：ε 为设计的均方误差。

第四，不论何种方法，对工作过程中已发现的异常和曲线畸变，应及时进行实地考察。对所观察到的地质现象，特别是干扰地质体，应估计其干扰水平与实际影响程度，并进而拟定处理方案。这些地质现象应在记录本的备注栏中简要注记。在野外观测过程中遇到下列某种情况时，应考虑增补工作量。

(1) 延伸至测区之外，需要追索的较小异常；

(2) 需要掌握细节的有意义异常，需要准确确定出异常曲线特征点位置的异常，例如，要求出联合剖面装置测量的交点位置，可加密测点或者变换电极距观测。

8. 检查观测

(1) 检查观测是操作者本人对已完成的原始观测点或极距（对电测深）进行的抽样检查或对质量有疑议的地段或极距的检查。检查观测必须改变原始观测的工作条件，例如重新布置电极、改变电极接地状况等。

在一测量段的观测完成后（也可在观测过程中），操作者应对观测完成的点（或极距）进行数量不少于5%的检查观测。视具体情况还可增加一定工作量。

剖面测量的检查观测以曲线特征点、畸变段以及位于典型地电断面的测线等为主要对象，也应对正常背景地段做适量的检查。

对电测深作业，当野外观测的计算结果在电测深曲线草图上形成突变点时，应及时检查分析，以确定可能导致观测错误的原因，并设法纠正（当电测无误时，应考虑是否为极距不准引起）。无论是否发现曲线突变的原因，都应当改变野外观测现场的某些工作条件，重测几组数据。当重复观测不超过规定时，应检查两相邻电极距的观测结果，或者在两相邻电极距之间增设新的电极距观测，以便进一步查明突变点性质。当变换测量极距观测引起电测深曲线变异（交叉、喇叭口或脱节），且曲线距离超过4 mm时，应连续在3～4个供电极距上用两种测量极距观测。

(2) 检查完毕，应计算原始观测数据与检查观测数据之间的误差。对电阻率法计算相对误差，其公式为：

$$v_i=\frac{|\rho_{si}-\rho'_{si}|}{\bar{\rho}_{si}}\times 100\% \tag{5-7}$$

式中：ρ_{si} 与 ρ'_{si} 分别为原始观测与检查观测的视电阻率值；$\bar{\rho}_{si}$ 为 ρ_{si} 和 ρ'_{si} 的平均值，一般应达到无位均方相对误差的精度要求。

自然电场法检查完毕，应计算原始观测数据与检查数据之间的绝对误差 δ_i，其计算公式为：

$$\delta_i=|\Delta U_i-\Delta U'_i| \tag{5-8}$$

式中：ΔU_i 和 $\Delta U'_i$ 分别为原始观测与检查观测的数据；δ_i 一般应达到绝对误差的精度要求。

激发极化法要求视极化率、视电阻率的检查观测和原始观测结果之差不超过设计均方相对误差 M 的 $\sqrt{2}$ 倍。在视极化率需用均方误差评定观测质量的地段，视极化率的检查观测与原始观测结果之差不得超过均方误差 ε 的 $\sqrt{2}$ 倍。

(3) 当检查误差超限时，不允许简单地进行多次观测取数。检查观测需要进行重复观测时，也应按上述重复观测的有关规定执行。检查观测应较原始观测更为严格。当分析与查明原始观测数据确定有误的原因之后，可以用检查观测数据代替原始观测数据。

(4) 检查观测结果应逐日统计，分区段计算误差。检查观测与原始观测数据计算统计的误差，不作为衡量测区观测质量的一项指标，但可以作为分析工作质量情况的一种参考量。

三、观测结果的质检评价

对野外观测结果要进行系统检查观测，根据系统检查观测结果和原始观测结果，统计计算出均方相对误差，作为评价野外观测质量的主要依据。

1. 系统检查观测

系统检查观测是指对于基本观测所进行的全区性同精度系统性检验，它独立于基本观测且常取得优于基本观测的工作条件。

布置系统检查观测应注意下列几点：

(1) 应考虑在不同时间过程中的基本观测，必须使系统检查观测工作量均匀分布于不同的测区或地段。应注意选择无规律测线及突变点等工作质量有怀疑的地段、异常带、典型剖面、定量解释剖面、拟设工程剖面等具备典型意义的观测地段。其具体分配方案应由技术负责人最终确定。

(2) 系统检查观测可使用参加过基本观测的同一台仪器(用其他仪器检查时，应测定仪器之间的一致性并应合乎规定要求)，但应尽量避免检查当日观测的测线、测点。观测者应由技术负责人或由他指派专人充任，从事基本观测的操作者本人一般不宜再对自己的观测结果进行系统检查观测。

(3) 系统检查观测时可以带出基本观测记录和野外草图，以便现场肯定工作质量或者检查超过误差的原因。但在未取得系统检查测量观测数据之前，不允许参看基本观测结果。

(4) 如果不重新布置独立的测地工作并按原测点位置接地，则应按无位误差精度要求来衡量观测质量，否则应按有位误差情况处理。

(5) 系统检查工作量一般应为测区总工作量的 3%～5%，该比例数不能肯定结论时允许增大；但增大至 20%仍然证明观测质量不合要求时，则相应受检验范围内的基本观测工作量应予报废。

(6) 系统检查结果应编列专门的统计表，必要时应绘制质量检查对比曲线和误差分布曲线。

2. 系统检查观测的精度

(1) 电阻率法。电阻率法系统检查观测的精度按均方相对误差 M 衡量，并应满足 M(5%或 7%)的精度要求。计算均方相对误差的公式为：

$$M=\pm\sqrt{\frac{1}{2n}\sum_{i=1}^{n}\left(\frac{\rho_{si}-\rho'_{si}}{\bar{\rho}_{si}}\right)^2} \tag{5-9}$$

式中：ρ_{si}、ρ'_{si}分别为第 i 点或第 i 个供电极距(同组 MN)的基本观测数据和检查观测数据；$\bar{\rho}_{si}$是 ρ_{si}和 ρ'_{si}的平均值；n 为参加统计计算的测点数或电阻率观测数。

诸受检点或受检供电极距的观测误差分布应满足以下要求：

① 相同误差超过实达精度的测点数应不大于受检点数或受检供电极距数的 32%；

② 相对误差超过 2 倍实达精度的测点数或供电极距数应不大于受检点数或供电极距数的 5%。对于单个电测深点，可放宽为 10%；

③ 相对误差超过 3 倍实达精度的测点数或供电极距数应不大于受检点数或供电极距总数的 1%。

(2) 激发极化法。激发极化法系统检查观测的精度，除低极化率背景段外，按均方相对误差 M 衡量，并应满足 $M<7\%$ 的精度要求。计算均方相对误差的公式为：

$$M=\pm\sqrt{\frac{1}{2n}\sum_{i=1}^{n}\left(\frac{\eta_{si}-\eta'_{si}}{\bar{\eta}_{si}}\right)^{2}} \tag{5-10}$$

式中：η_{si} 和 η'_{si} 分别为第 i 点或第 i 个供电极距（同组 MN）的基本观测数据和检查观测数据；$\bar{\eta}_{si}$ 为和的平均值；n 为参加统计计算的测点数或视极化率观测数。

在低极化率背景段（视极化率低于 3%），系统检查观测的精度，按均方误差 ε 衡量，并应满足 $\varepsilon\leqslant0.2\%$ 的精度要求。其计算公式为：

$$\varepsilon=\pm\sqrt{\frac{1}{2n}\sum_{i=1}^{n}(\eta_{si}-\eta'_{si})^{2}} \tag{5-11}$$

式中各量的意义同上式。

诸受检点或受检供电极距观测误差分布应满足的要求均与电阻率法相同，只是对均方误差应将相对误差改为绝对误差。

(3) 自然电场法。自然电场法系统检查精度按平均绝对误差 $\bar{\Delta}$ 衡量，并应满足 $\bar{\Delta}<5$ mV 的精度要求，平均绝对误差的计算公式为：

$$\bar{\Delta}=\frac{1}{n}\sum_{i=1}^{n}|\Delta U_i-\Delta U'_i| \tag{5-12}$$

式中：ΔU_i、$\Delta U'_i$ 分别为第 i 点基本观测数据和检查观测数据；n 为参加系统检查观测点数目。

当存在明显的系统误差时，应在消除系统误差之后，再进行观测精度的统计计算。在随时间变化的自然电场地段所进行的系统检查观测不参与观测精度的统计计算。若测区过小，测区范围内广泛有随时间变化电场时，可用返程重复检查观测计算的平均绝对误差来衡量。

质检评价以系统检查观测为主，返程检查观测为参考，分别进行平均绝对误差的计算。

不论何种方法，测区和地段的野外观测质量，除应以系统检查观测结果为主要依据之外，还应该结合仪器性能、观测方法技术的具体措施、异常与畸变情况的现场处理、检查观测的统计结果等综合分析。

§5.4 电法勘查方法的资料整理

电法勘查方法所获得的原始资料是野外采集而来，原始资料的正确与否直接关系到其工作效果，资料的整理就是一个非常重要的工作。资料整理工作包括资料验收、数据校正、图件绘制、资料归档等环节。

一、资料的验收

原始资料的验收是确保成果质量和提高地质效果的重要环节，必须贯彻于整个生产过程的始终。为确保原始资料的正确性，必须采取一些严格的措施对原始资料进行检查和验收。

1. 原始资料的验收

(1) 检查程序。一个工作小组或一个分队一般分为室内组和野外组。

一天的野外工作结束，野外作业组的操作员和记录员应逐页审查观测记录后签名交室内组。室内组对野外记录数据及计算结果必须进行100%的检查复核,并签名以示负责。这种复核检查工作应逐日进行,并要在下一个工作日内完成。对经过检查的原始观测记录,应根据质量情况逐日做例行登记,填写原始资料验收登记卡。

(2) 检查内容:

① 野外作业过程中所用的仪器设备的性能和各项技术指标是否达到设计要求或有关规范要求,漏电检查是否齐全及符合要求;

② 观测曲线是否完整,对出现的异常和畸变现象是否进行了必要的重复观测或检查观测,观测结果是否符合设计要求或有关规范要求;

③ 数据计算是否达到设计要求,系统检查观测结果是否达到设计要求;

④ 记录栏是否填写完整,数据记录是否符合有关规定(如:不得空页、撕页、粘贴其他纸张,不得转抄、追记或修改,不得用记录本做草稿等)。

2. 资料的验收

(1) 三级验收。资料的验收分为三级:

① 小组的日常检查和原始资料的初步验收;

② 分队的专门检查和原始资料的正式验收;

③ 大队的核实检查和原始资料的审查验收。

对于一般的资料验收只分前面两级,大型工程或重要工程还有第三级的验收。

三级验收中小组的日常检查和原始资料的初步验收是最基本和最重要的,它贯穿于野外工作的全过程。

各级技术、质量检查和资料验收,应以设计书规定为标准。设计书中未做规定时,应以规范规定为标准。

(2) 不能验收的资料:

① 所用的仪器的各项技术指标及性能不能达到设计书要求而严重影响观测质量者;

② 测地工作精度得不到保证时所观测的数据;

③ 系统检查精度未达到设计要求,当扩大检查工作量至20%时,仍不能达到设计要求的全部观测结果;

④ 不能辨认的观测数据,被橡皮擦改过的观测数据,记录欠完整而无法利用的资料。

3. 原始资料的分类处理及立卷归档

(1) 分类处理。原始资料正式验收中对资料的分类评价和处理决定,应分方法、分测区作出。分类标准和处理办法是:

第一类资料,野外及室内工作方法正确,各项主要质量指标符合设计书或规范要求,记录正确完整且已整理编录的资料,这类资料应予以验收并计算合格工作量,作为编绘成果图件和编写成果报告的依据。

第二类资料,野外及室内工作方法基本正确,部分工作质量情况不明或某些质量指标不完全符合设计书或规范要求且已无法补救,但记录正确完整并已整理编录,工作结果基本能完成设计书规定的地质任务的资料。这类资料予以验收并计算合格工作量,作为编绘成果图件和编写成果报告的依据。

第三类资料,野外及室内工作方法不正确,主要质量指标不明或不符合设计书或规范要求,或因其前一环节工作(如测地工作)的主要质量指标不符合设计书或规范要求,以至工作结果基本不能用来解决设计书规定的地质任务的资料。这类资料不予验收(但应予以保存),不计算工作量。此类资料不作为编绘成果图件和编写成果报告的依据。

(2) 立卷归档。原始资料验收文据和原始资料验收补充意见,应分别由分队和队资料验收负责人签名并加盖公章,随同本工作项目的原始资料一并立卷归档,妥善保存,以便查找利用和参考。原始资料验收文据包括以下内容:

① 验收工作简单过程;

② 全部原始资料清单;

③ 分类评价意见及分类依据(对于第二类资料,应说明利用时需注意的问题);

④ 分类评价中的重大分歧意见;

⑤ 验收合格工作量和废品工作量。

二、数据校正

有些电法勘查方法在资料整理时需进行数据校正,如由于多台仪器工作,需进行仪器的一致性校正,自然电场法的电位测量需进行“极差”校正,还有某些资料解释时需做背景场校正,大地电磁法的静态效应校正,人工源电磁测深法的“近场”校正等。

电法勘查方法因方法种类多,校正方法也较多,需根据具体的方法和任务目的灵活运用。有些可以纳入资料处理的范围,因此在这里不做讨论。

三、图件绘制

图件是物探工作设计、施工内容和工作成果的主要表现形式,它能集中、全面、形象地反映整个物探工作,是物探工作中不可缺少的组成部分。图件质量是评价整个物探工作质量的一项重要指标。

在野外生产过程中只编绘各种简化的草图,资料验收合格后,才开始正式编图。编绘物探图件是一项创造性的工作。编制图件的过程往往就是综合研究工作的一个重要环节,或者是在综合研究的基础上进行的一项重要工作。保证和不断提高图件的质量是各级负责人与全体绘图人员的主要任务和职责。制图人员不仅需要具有必要的绘图知识和技能,而且应对物探方法技术及一般的地质、地理知识有一定程度的了解。

电法勘查方法因为方法多,图件种类也很多,在此不做详细介绍,有关知识可以参考其他书籍和手册。

§5.5 电法勘查方法的资料处理

一、电法勘查资料的处理

电法勘查的资料处理与其他物探方法的资料处理有共同之处,如滤波、叠加、校正等,也有不同之处,如电磁频率测深中的静态效应校正、人工源频率测深中的“近场”校正等。由于电法勘查方法种类较多,各种不同的方法因用途、目的的差异,而有许多处理方法,即使是同一种方法,在不同用途时,处理方法也各不相同。资料的处理对于资料的解释是非常重要的,电法资料由于其场的复杂性,处理方法也是比较复杂的。目前,电法资料的处理方法也是研究的热点。

对于电法资料的处理,最主要的是要清楚处理的目的和原理。本节的重点主要放在电法勘查资料中各种影响因素的分析及其校正。

二、电法勘查资料中的影响因素及校正

我们在讨论传导类电法的理论时，都是在地表水平、矿体形状规则、围岩导电性分布均匀且各向同性的条件下进行的。这对于简单情况下电法正、反演理论问题的研究十分重要，是我们认识典型地质断面条件下电场的分布规律并对资料进行推断解释的基础。但仅仅认识简单条件下的规律还是不够的。因为实际的自然条件往往是地表面起伏不平，围岩电性也多是分布不均匀的，在沉积、变质岩区还常常出现岩石导电性非各向同性的情况。这些复杂情况的存在改变了电场分布的状况，往往形成假异常（无矿时也有异常）使观测结果的解释推断复杂化，严重时甚至会掩没掉矿体异常。为了正确地对复杂条件下的观测资料进行解释，有必要认识各种干扰因素的影响特征及变化规律。以便从实测曲线中设法消除掉干扰影响后再进行推断解释，以提高电法工作的地质效果。

在这里我们主要讨论岩石导电性不均匀的影响及其消除方法，以及地形影响及消除方法。

1. *岩石导电性不均匀对电法观测结果的影响及消除方法*

我们在讨论岩、矿石电学性质时已经知道，岩石本身的矿物成分、结构、含水情况的改变，都将引起岩石电阻率的变化。这一情况往往导致同一地区、同一名称岩石的电阻率值不尽相同。这将引起地下电流场分布的变化，从而在电法的观测结果中形成干扰异常。为了正确地推断解释，必须识别电性不均匀体上干扰异常的规律，必要时设法从观测结果中予以消除。

下面我们以联合剖面装置为例，讨论电性不均匀体对观测结果的影响规律。并在此基础上，推广到其他方法。

（1）围岩导电性不均匀对联合剖面法视电阻率曲线的影响：

① 出露地表的导电性不均匀体上联合剖面法的视电阻率曲线。图 5－9 是出露于水平地表面的半球状导电性不均匀体。利用有球体存在的点源场 ρ_s 公式计算了通过半球中心之主剖面上的 ρ_s 曲线，计算所用参数如图 5－9 所示。

对比图 5－9 中的三组曲线可以看出，出露地表的电性不均匀体之干扰异常有如下特征：

第一，当极距大小与不均匀体规模相近的情况下，良导电不均匀体正上方有 ρ_s 极小值——低阻异常，而其两侧出现 ρ_s 极大值。高阻不均匀体上的异常特征与之相反，正上方有 ρ_s 极大值——高阻异常，两侧为 ρ_s 极小值。在不均匀体两侧较远处，当供电电极 A 或 B 通过电性不均匀体时，还引起 ρ_s 的次级异常，良导电不均匀体为极小值，高阻不均匀体为极大值。

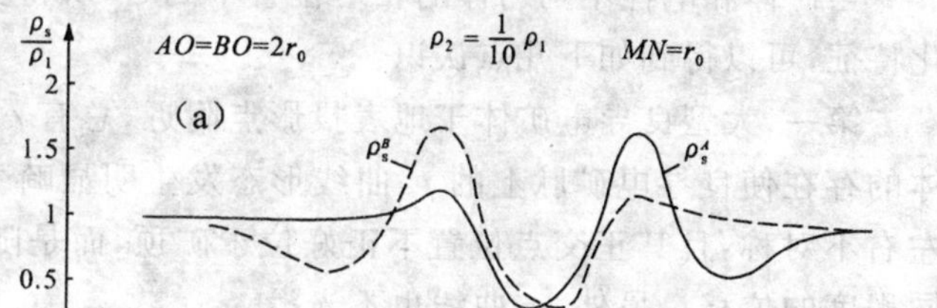

图 5－9　出露地表电性不均匀体上的联合剖面装置 ρ_s 曲线

若不均匀体大小相同，而其电阻率与围岩电阻率的比值互为倒数时，良导电不均匀体上 ρ_s^A 和 ρ_s^B 曲线的分异性明显，高阻不均匀体上的分异性则较差。

第二，随供电电极距的增大，不均匀体上的异常值增加。当 $AO \geqslant 10r_0$ 时，不均匀体附近的电场已接近于均匀场，干扰异常趋于极限值。

半球形不均匀体正上方的视电阻率极值为：

$$\rho_s^{(2)} = \frac{3\rho_2\rho_1}{2\rho_2 + \rho_1} \tag{5-13}$$

半球形不均匀体两侧的视电阻率极值为：

$$\rho_s^{(1)} = \frac{3\rho_1^2}{2\rho_2 + \rho_1} \tag{5-14}$$

对于 $\rho_2 \gg \rho_1$ 的高阻不均匀体，主极大值约为 $\frac{3}{2}\rho_1$，两侧的极小值趋近于零。$\rho_2 \to 0$ 的良导电不均匀体正上方的极小值趋于零，两侧的极大值约为 $3\rho_1$。

第三，随着供电极距逐渐增大，ρ_s^A 和 ρ_s^B 的异常形态趋于一致，不均匀体两侧远处的次极值减弱。当 $AO \geqslant 10r_0$ 时，ρ_s^A 和 ρ_s^B 曲线已趋于重合，两侧远处的次极值已消失。

② 地下电性不均匀体对矿异常的影响。为了认识埋藏于地下的电性不均匀体对观测结果的影响规律，我们着重研究存在于矿体附近或近地表浅处的不均匀体的影响。

图 5-10 是一组水槽模型实验结果。以小玻璃板和小铜板模拟近地表浅处的高阻及低阻电性不均匀体。大铜板模拟良导电矿体，大玻璃板模拟矿体附近的高阻电性不均匀体。

当矿体和电性不均匀体的相对位置不同时，所得实验结果也不同。分析图中所列曲线的变化特征，可以得到如下几点认识：

第一，大型良导电矿体于地表投影点附近，总有 ρ_s^A 和 ρ_s^B 的正交点。但是，由于电性不均匀体的存在使良导电矿脉上的 ρ_s 曲线形态发生明显畸变：直立良导电矿脉两侧的 ρ_s^A 和 ρ_s^B 曲线左右不对称，且其正交点位置不正好位于矿顶，而是随矿脉与不均匀体相对位置的不同，有不同程度的位移。另外，ρ_s 曲线也不光滑。

第二，地表浅处的局部不均匀体上，ρ_s^A 和 ρ_s^B 呈现同步跳跃式的锯齿状异常，这正是造成矿体上 ρ_s 曲线不光滑的原因。

第三，矿体附近大型高阻电性不均匀体上，ρ_s^A 和 ρ_s^B 曲线均呈现出 ρ_s 极大值异常。而相对于供电极距（AO）十分小的局部电性不均匀体上不论高阻或低阻，ρ_s^A 和 ρ_s^B 都表现为分异性很差的同步跳跃，一般不形成交点。

由此可见，较大的高阻薄脉状体和局部电性不均匀体上的干扰异常特征类似，都呈现为 ρ_s^A 和 ρ_s^B 分异性很差、两者趋于一致或彼此平行的同步跳跃。而规模较大的良导电不均匀体上 ρ_s^A 和 ρ_s^B 曲线分异性良好，并往往有低阻正交点出现。

认识上述干扰异常特征及其随供电电极距的变化规律十分重要。它有助于我们在解释资料时，根据 ρ_s 实测曲线的形态特征，将良导电矿脉和高阻薄脉状不均匀体或局部电性不均匀体区别开来。

(2) 消除电性不均匀体影响的方法。基于上述电性不均匀体上干扰异常的特征及变化规律，可采用 ρ_s 比值法消除局部电性不均匀及高阻薄脉状电性不均匀体的干扰影响，并能保留较大规模的良导性矿体异常。

① 比值法的原理。比值法是采用较大的供电电极距（要求 AO 大于局部不均匀体半径的 10 倍）进行观测，并于每个测点按

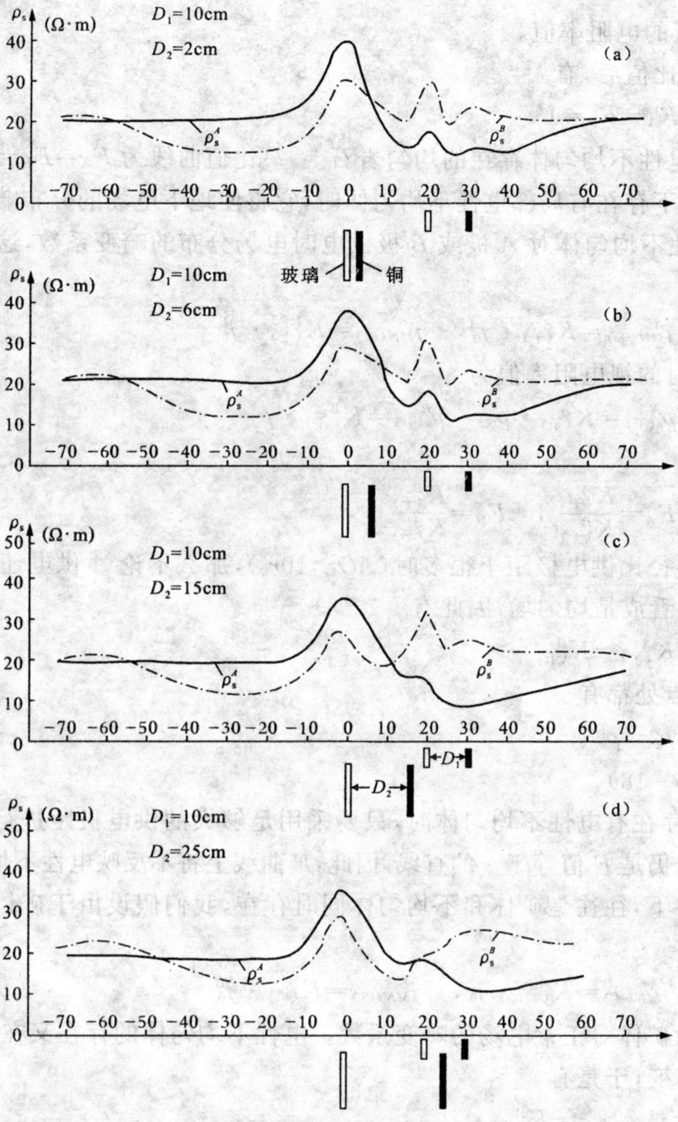

图 5-10 地下电性不均匀体上联合剖面法模型实验结果

$L\times D\times H=60\ \text{cm}\times 40\ \text{cm}\times 0.2\ \text{cm}$，$l\times d\times h=5\ \text{cm}\times 5\ \text{cm}\times 0.2\ \text{cm}$，$AO=50\ \text{cm}$，$MN=2\ \text{cm}$，$h_1=1\ \text{cm}$，$h_2=5\ \text{cm}$

$$F_A=\frac{\rho_s^A}{\rho_s^B},\quad F_B=\frac{\rho_s^B}{\rho_s^A} \tag{5-15}$$

计算比值参数 F_A 及 F_B，并绘制相应的联合剖面法比值曲线。F 比值曲线上消除了电性不均匀体的干扰影响，保留了良导电矿体的异常。

我们知道，当水平地表下只有一种电阻率均匀的岩石时，若采用联合剖面装置进行观测，地面任意测点处的电流密度

$$j_{MN}^A=j_0^A,\quad j_{MN}^B=j_0^B \tag{5-16}$$

式中：j_0^A、j_0^B 为测点处的正常电流密度。

于是，每个测点上都有

$$\rho_s^A=\rho_s^B=\rho_0 \tag{5-17}$$

其中 ρ_0 为均匀岩石的电阻率值。

取视电阻率的比值后，有

$$F_A=F_B=1 \tag{5-18}$$

可见，在没有电性不均匀体存在的均匀岩石上，F 比值曲线为 $F_A=F_B=1$ 的直线。

如果水平地表下存在有局部电性不均匀体时，它将使地下电场的分布畸变。若以 $K_{A(干)}$ 和 $K_{B(干)}$ 分别表示电性不均匀体对 A 极或 B 极供电时电场分布的畸变系数，这时，测点处的电流密度

$$j^A_{MN(干)}=K^A_{(干)}\cdot j^A_0,\quad j^B_{MN(干)}=K^B_{(干)}\cdot j^B_0 \tag{5-19}$$

于是，有不均匀体时的视电阻率值为

$$\rho^A_{s(干)}=K^A_{(干)}\cdot \rho_0,\quad \rho^B_{s(干)}=K^B_{(干)}\cdot \rho_0 \tag{5-20}$$

取比值后

$$F_A=\frac{K^A_{(干)}}{K^B_{(干)}},\quad F_B=\frac{K^B_{(干)}}{K^A_{(干)}} \tag{5-21}$$

当不均匀体半径比供电极距小很多时（$AO\geqslant 10r_0$），那么不论 A 供电还是 B 供电，不均匀体附近的电场都可看成是均匀场，因此有

$$K^A_{(干)}=K^B_{(干)} \tag{5-22}$$

于是，地面每个测点处都有

$$\rho^A_s=\rho^B_s \tag{5-23}$$

取比值后得公式(5-18)。

可见，当地下存在有电性不均匀体时，只要采用足够大的供电极距进行视电阻率观测，整理出的 F 比值曲线仍是 F 值等于 1 的直线，因此，F 曲线上将不反映电性不均匀体的干扰异常。

实际野外条件下，往往是矿体和不均匀体同时存在，我们假设由于矿体的存在，测点处的电流密度

$$j^A_{MN(矿)}=K^A_{(矿)}\cdot j^A_0,\quad j^B_{MN(矿)}=K^B_{(矿)}\cdot j^B_0 \tag{5-24}$$

式中：$K^A_{(矿)}$、$K^B_{(矿)}$ 为矿体对正常电场的畸变系数。电性不均匀体的存在又在矿体异常的背景上使电场分布发生畸变，于是有

$$\begin{aligned} j^A_{MN(矿、干)}&=K^A_{(干)}\cdot j^A_{MN(矿)}\\ j^B_{MN(矿、干)}&=K^B_{(干)}\cdot j^B_{MN(矿)} \end{aligned} \tag{5-25}$$

将(5-24)式代入(5-25)式得

$$\begin{aligned} j^A_{MN(矿、干)}&=K^A_{(干)}\cdot K^A_{(矿)}\cdot j^A_0\\ j^B_{MN(矿、干)}&=K^B_{(干)}\cdot K^B_{(矿)}\cdot j^B_0 \end{aligned} \tag{5-26}$$

于是视电阻率值为

$$\begin{aligned} \rho^A_{s(矿、干)}&=K^A_{(干)}\cdot K^A_{(矿)}\cdot \rho_0\\ \rho^B_{s(矿、干)}&=K^B_{(干)}\cdot K^B_{(矿)}\cdot \rho_0 \end{aligned} \tag{5-27}$$

取比值后

$$F_A=\frac{K^A_{(干)}\cdot K^A_{(矿)}}{K^B_{(干)}\cdot K^B_{(矿)}},\quad F_B=\frac{K^B_{(干)}\cdot K^B_{(矿)}}{K^A_{(干)}\cdot K^A_{(矿)}} \tag{5-28}$$

在极距相对于不均匀体的规模很大的情况下（$AO\geqslant 10r_0$），电性不均匀体附近的电场仍可近似地看成是均匀场，于是有

$$K^A_{(干)}=K^B_{(干)} \tag{5-29}$$

取比值后

$$F_A=\frac{K^A_{(矿)}}{K^B_{(矿)}},\quad F_B=\frac{K^B_{(矿)}}{K^A_{(矿)}} \tag{5-30}$$

可见，在有矿又有不均匀体的情况下，经取比值后，F 曲线的变化主要反映矿体对电场分布的畸变，而与电性不均匀体的存在关系不大。

图 5-11 和 5-12 中所示情况和比值原理分析的结果是一致的：比值曲线受局部电性不均匀体的影响很小，或者说，比供电电极距小 10 倍以上的电性不均匀体，在 F 曲线上不会形成明显的干扰异常。在地下既有矿体又有电性不均匀体的情况下，F 曲线明显地反映了大型良导电矿体的存在。需要注意的是：当局部电性不均匀体靠近良导电矿体时，往往使 ρ_s 曲线之分异性明显加大，从而使矿体上 F 曲线异常形态左右不对称[图 5-12(c)、(d)]。此外，当矿体附近有规模较大的高阻薄脉状电性不均匀体时，若两者相距很近，高阻脉的存在对 F 曲线影响很小，从 F 曲线上几乎看不出高阻脉的存在。如果高阻脉和矿体相距较远，在高阻脉上方比值 F 趋于 1，F 曲线出现明显的不对称畸变。

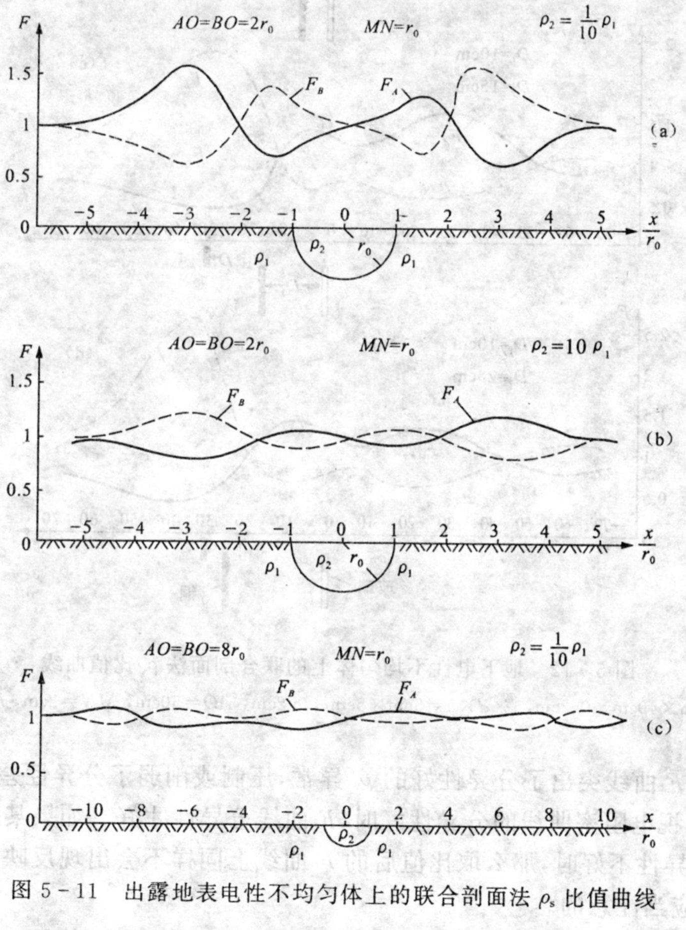

图 5-11　出露地表电性不均匀体上的联合剖面法 ρ_s 比值曲线

② 比值曲线的性质：

第一，比值法利用了局部或高阻薄脉状电性不均匀体和大型良导矿体上 ρ_s 异常形态特征的差别来消除电性不均匀体对观测结果的影响。若 ρ_s^A 和 ρ_s^B 分异性差，F 比值曲线将是 F 值趋于 1 的正常背景直线；而 ρ_s 分异性好的良导矿异常取比值后，F 曲线上仍能保留有分异性明

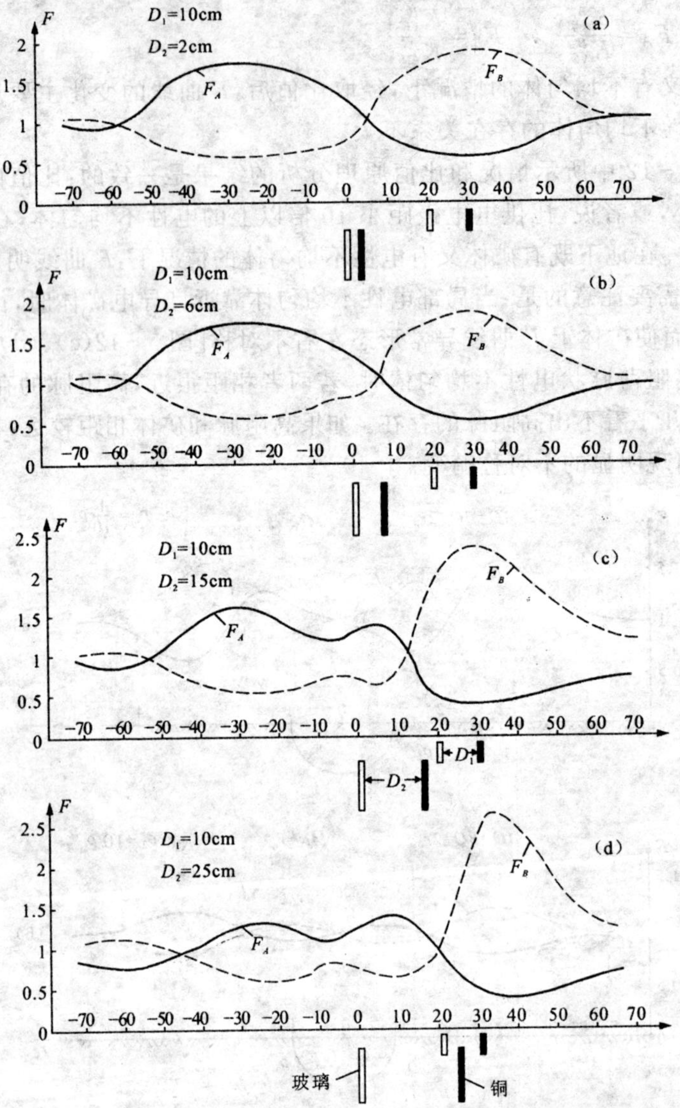

图 5-12　地下电性不均匀体上的联合剖面法 ρ_s 比值曲线

$L\times D\times H=60\text{cm}\times40\text{cm}\times0.2\text{cm}$，$l\times d\times h=5\text{cm}\times5\text{cm}\times0.2\text{cm}$，$AO=50\text{cm}$，$MN=2\text{cm}$，$h_1=1\text{cm}$，$h_2=5\text{cm}$

显的异常。可见，F 曲线突出了分异性好的 ρ_s 异常，压制或削弱了分异性差的 ρ_s 异常。

换句话说，当视电阻率曲线的分异性好时，F 曲线分异性才好。如果某种原因使良导电矿体上的 ρ_s 曲线分异性不好时，那么取比值后的 F 曲线上同样不会出现反映良导电矿体存在的明显异常。这是应当注意的。

第二，ρ_s 曲线出现交点时，F 曲线也必在同一位置上出现交点。并且，ρ_s 曲线为正交点时，F 曲线也为正交点；ρ_s 曲线为反交点时，F 曲线亦为反交点。应当指出的是 F 曲线交点处的 F 比值（无论正交点还是反交点）恒等于 1。而 ρ_s 曲线上交点处的视电阻率值决定于地质体的电学性质，例如良导电矿体上往往是低阻交点，高阻体上是高阻交点。因此在解释 ρ_s 曲线时，除根据曲线的分异性特征外，还可参照交点处 ρ_s 值的高、低判断引起异常的地质原因。而解释 F

曲线时，则不能根据交点处的 F 值推断地质体的导电性好坏。

第三，F 比值的大小决定于 ρ_s^A 和 ρ_s^B 的比值，而与测点处 ρ_s 的绝对值大小无关。当地下埋藏有规模较大的良导电矿体时，F 曲线比 ρ_s 曲线更光滑，异常更能明显地反映矿体的产状及埋深，因此，便于利用 F 曲线进行定量解释。

图 5-13 是我国某良导电铜镍矿床上采用 $AO=OB=100$ m，$MN=10$ m 联合剖面装置进行的实际观测结果。由于基岩出露地表，经受强烈风化，地表附近的围岩电性极不均匀，引起 ρ_s 曲线呈锯齿状跃变，以至很难利用 ρ_s 曲线进行定量解释。经取比值后的 F 曲线大为改观，矿体上的 F 异常光滑、完整。对 F 曲线过交点作切线分别求出弦切距

$$m_1=6\text{m} \qquad m_2=24\text{ m}$$

近似求出矿顶深度

$$h=\frac{1}{2}(m_1+m_2)=15\text{ m}$$

还应当指出：在对 ρ_s 曲线解释时，通常除了解释交点处的异常以外，还可根据异常背景地段 ρ_s 绝对值的大小判断围岩的导电性能。然而解释 F 曲线时，F 值的大小不反映围岩电性。

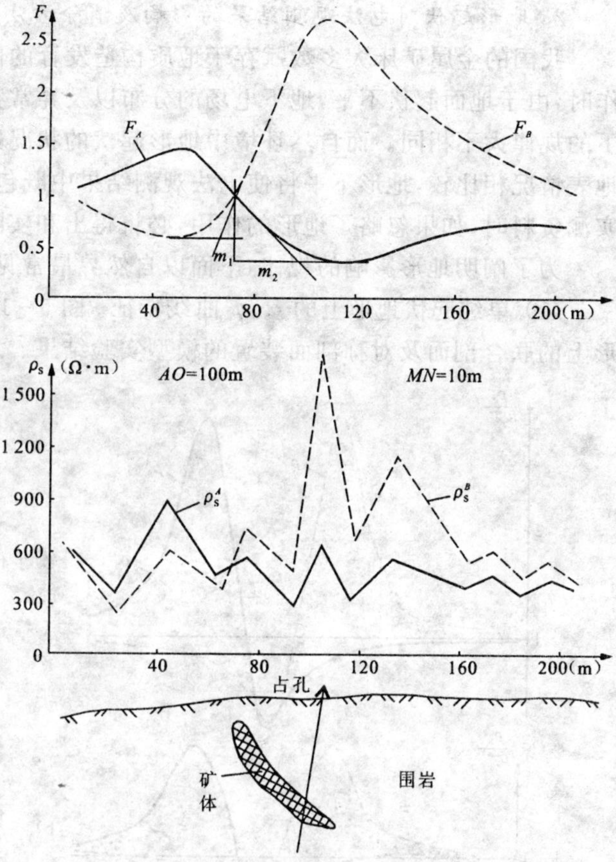

图 5-13　比值法的应用实例

第四，野外观测时，由于 MN 大小及方位不准均会造成 ρ_s 观测误差，并使 ρ_s 曲线出现不规则的跳跃，造成解释 ρ_s 曲线的困难。取比值后的 F 曲线完全避免了上述影响。因此，F 曲线免除某些人为因素产生的误差，更真实地反映矿体异常。

通过以上对 F 曲线及 ρ_s 曲线优缺点的对比性讨论，可以认为在对大面积 ρ_s 观测资料进行定性解释时，应根据电性不均匀体上 ρ_s 异常形态特征、变化规律并充分利用交点处及背景上视电阻率绝对值的大小对观测结果作出全面、合理的推断解释，不必整理面积性的比值曲线资料。但对于通过异常中心的精测剖面或典型剖面，为了进行定量解释可整理比值参数并绘制比值曲线，以消除电性不均匀体的干扰影响，突出矿体异常。

(3) 岩石导电性不均匀对其他电法观测结果的影响及消除方法。由比值法的原理可以得知，当场源不同(联合剖面法中一个场源是供电电极 A，另一场源是供电电极 B)观测点位置一样并分别于测点处观测电场时，如果矿体对两种场源的畸变系数不同，而电性不均匀体对电场的畸变系数相同，那么取电场比值后绘制的比值曲线便能够削弱干扰影响突出矿体异常。

因此，以 ρ_s 作为观测参数的双边偶极剖面法、复合四极剖面法等均可取场源位置不同时在同一测点观测的 ρ_s 比值绘制 F 曲线，以消除电性不均匀体的影响。

显然，激发极化法的视极化率 η_s 或视频散率 ρ_s 曲线也是比值曲线，它和 F 曲线一样，不

受或少受导电性不均匀的干扰影响。实际上，导电性不均匀不会在 η_s 或 ρ_s 曲线上形成严重的干扰异常。

2. 地形起伏对电法观测结果的影响及消除方法

我国的金属矿床大多数赋存于地质构造发育的山区或丘陵地区。在这些地区开展电法工作时，由于地面起伏不平，地下电场的分布以及异常特征和矿体之间的关系都和水平地表条件下的规律大不相同。而自然环境中地形起伏的状况又是千变万化，随地而异的。因此，和水平地表情况相比较，地形不平将使电法观测结果中既包含有矿体作用又包含有地形影响。在解释实测资料时，如果忽略了地形的作用，必将得出和实际地质情况不符的结论。

为了阐明地形影响的规律，下面以自然界最常见的山脊和山谷地形为例进行讨论。

(1) 单纯起伏地形上的 ρ_s、η_s 曲线特征。图 5－14 是坡长无限的二度对称山脊（和山谷）地形上的联合剖面及对称剖面装置的模型实验结果。

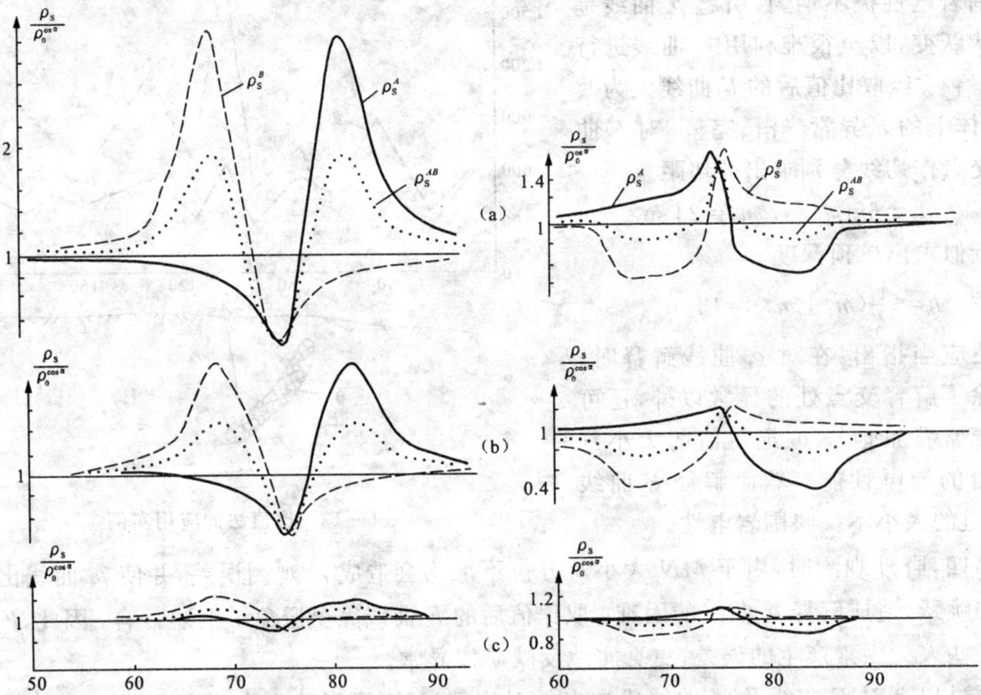

图 5－14 无限坡长二度山脊及山谷地形的模型实验结果

——联合剖面法 ρ_s^A 曲线；……联合剖面法 ρ_s^B 曲线；------对称剖面法 ρ_s 曲线；
$AO=OB=10.5$ cm（水平距）；$MN=1$ cm（水平距）；(a) $\varphi=90°$；(b) $\varphi=120°$；(c) $\varphi=160°$

下面以山脊地形上的联合剖面法 ρ_s 曲线为例，分析单纯地形引起的 ρ_s 异常。

当装置 AMN 都位于山脊左坡并距山顶很远时，山脊右坡对电场分布的影响很小。故山脊左侧视电阻率为正常值。这里应说明，由于实际工作中是按电极之间的水平距计算装置系数 K 的，所以在远离山顶处的所谓 ρ_s 正常值并不等于大地电阻率。

随着装置逐渐自左向右移近山顶，山脊右坡对电场分布的影响逐渐增大，因为山脊右侧电阻率为无穷大的空气向左排斥电流，使 j_{MN} 逐渐减小，故 ρ_s^A 值逐渐下降。直至测量电极 M 到达山顶时，ρ_s^A 取得极小值。

当测量电极越过山顶位于山脊右坡，而供电极 A 仍在山脊左坡时，随装置向右移动，ρ_s^A 值逐渐增大，当 AMN 装置全部进入山脊右坡并逐渐向坡下移动时，因离开山顶愈来愈远，山脊左坡对电场分布的影响随之而减弱，ρ_s^A 逐渐下降。当装置距山顶很远时，ρ_s^A 又趋于正常值。

用同样的方法可以分析 ρ_s^B 曲线的变化，不赘述。

对比图 5－14 中山脊和山谷上的联合剖面曲线，可以看出如下几个特点：

① 山脊顶部出现 ρ_s 极小值，并有反交点；山谷谷底出现 ρ_s 极大值，有正交点。

② 山脊或山谷引起的地形异常均随 φ 角增大（坡角减小）而减小。

③ 在地形坡角和供电电极距一样的条件下，山脊地形影响大于山谷。

④ 测点距离山顶约 $2AO$ 处，开始出现明显的地形异常。因此当坡长大于 $4AO$ 时，通常可以看作是无限坡长情况。

利用对称剖面装置和联合剖面装置的关系，在图 5－14 中取 ρ_s^A 和 ρ_s^B 的平均值，便可得到对称剖面装置的地形影响 ρ_s 曲线。由图 5－14 中的点线可见：山脊顶部对应 ρ_s 极小值，两侧山坡对称地出现极大值。山谷地形异常特征恰恰相反：谷底对应 ρ_s 极大值，两侧山坡为左右对称的极小值。引起上述地形异常的原因如下：当观测点位于山脊顶部时，供电极 A 和 B 对称地位于两侧山坡，山顶处的 j_{MN} 最小，故山脊顶部出现 ρ_s 极小值；测点位于山谷谷底时，谷底处的 j_{MN} 最大，于是出现 ρ_s 极大值。当供电电极 A 和 B 位于山顶（或谷底）时，两侧山坡对称地出现次极大值（或次级小值）。

应当指出：上述地形异常特征都是在假设地下岩石电阻率均匀一致的条件下得出的。实际自然环境中，山脊顶部往往基岩裸露，而岩石电阻率一般都很高，致使山脊上的 ρ_s 值有所抬高。山谷处却往往有较厚的沉积物，尤其当湿度较大时，覆盖层的导电性能良好，这一情况往往导致山谷处的视电阻率值下降。因此，必须结合实际条件具体分析地形异常的特征。

还应指出，在其他各方法中也均应考虑地形不平对 ρ_s 的影响，如在电测深法中，为了避免和减小地形影响，在野外布置电测深工作时应尽量避免将测深点布置在山脊、山脚或山谷、山口等地形转折点处，并应尽量沿地形走向布极等，为简单起见，就不一一赘述了。

图 5－15 是单纯起伏地形上的激发极化法模型实验结果。由于地下为电性均匀的同一种岩石，地形对一次场和二次场的畸变情况完全一样，故取比值后的 η_s 曲线为反映地下岩石正常背景的直线。可以说，单纯的地形起伏不会形成 η_s 曲线的干扰异常。

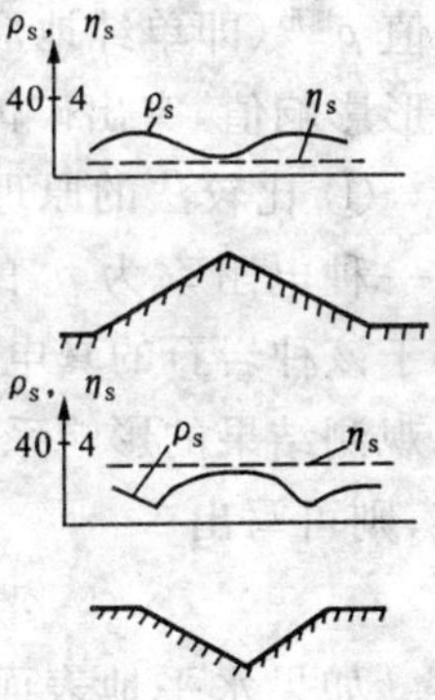

图 5－15　单纯起伏地形上的激电法

（2）起伏地形对矿异常的影响通过前面的讨论，我们认识到单纯起伏地形影响的规律：在地下没有矿体的条件下，单纯的起伏地形会造成明显的，不可忽视的 ρ_s 假异常或称为地形异常或干扰异常。而电场以比值作为观测结果的激电参数 η_s 却不受单纯地形的影响。野外实际条件下，常常在起伏地形下存在着金属矿体，地形异常的矿异常同时存在于观测结果当中，在这种情况下地形对矿异常分布影响的特征怎样呢？

图 5－16 是在对称山脊下埋藏有良导性矿体，采用联合剖面装置观测的 ρ_s 曲线，由图可见，地形异常和矿异常叠加在一起，矿体的异常特征几乎被地形影响完全掩盖了。可见在这种情况下，若简单推断为无意义的地形异常，必将漏掉矿体，导致错误的结论。

图 5－17 是在对称地形下埋藏有良导矿体，采用中梯装置观测的视极化率 η_s 曲线。由图可见，起伏地形的存在，改变了水平地表条件下矿体引起的激电异常形态及分布特征。在矿顶

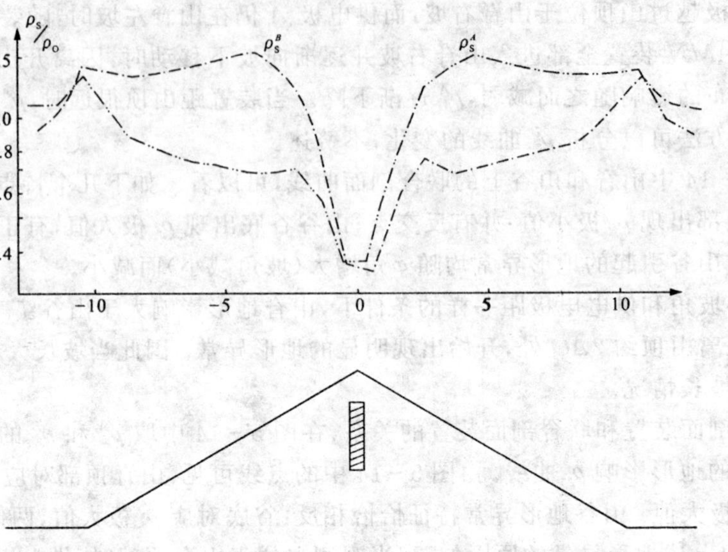

图 5-16　对称山脊地形下埋藏有良导性矿体时的 ρ_s 曲线（模型实验结果）

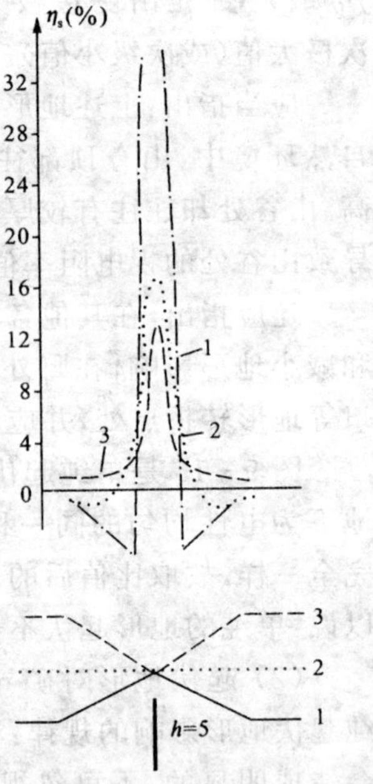

图 5-17　对称山脊及山谷地形下埋藏有良导矿体时的 ρ_s 曲线（模型实验结果）

埋藏深度相同的条件下，山脊地形下矿体引起的激电异常最强，大于平地条件下的异常。山谷地形下矿体引起的激电异常最弱，小于水平地表情况的矿异常。

直立矿体位于斜坡地形的半山腰时，由于矿体相对于观测剖面倾斜，矿体异常变得不对称。因此，在起伏地形条件下，根据激电异常特征确定矿体产状或埋深时，也不可忽略地形影响。

(3) 校正地形影响的原理及方法。近年来，我国有许多单位对电法勘探的地形影响问题进行了专题研究并取得了结果，这里主要介绍比较法，其内容是：事先直接求出实际地形剖面的地形影响值 $\rho_s^{地形}$（即单纯地形上的 ρ_s 值），然后从实际野外观测值中去掉地形影响值，突出矿体异常。

① 比较法的原理：大家知道，在起伏地形条件下，即使地下只有一种电阻率为 ρ_1 的均匀岩石，地面观测的视电阻率 ρ_s 也不再等于该种岩石的真电阻率了。如果以 $K_{(地)}$ 表示起伏地形对视电阻率观测结果的影响系数，$\rho_s^{地}$ 表示单纯地形条件下观测的视电阻率值，则可写出

$$\rho_s^{地} = K_{地}\ \rho_1 \tag{5-31}$$

如果水平地表面下，埋藏有电阻率和围岩不同的矿体时，我们以 $K_{(矿)}$ 表示矿体对视电阻率观测结果的影响系数，那么

$$\rho_s^{矿} = K_{(矿)}\rho_1 \tag{5-32}$$

在矿体和地形同时存在的条件下，实际观测的 ρ_s 值中包含有矿体和地形的双重影响，可近似地写成

$$\rho_s^{实} = K_{(地)} \cdot K_{(矿)} \cdot \rho_1 \tag{5-33}$$

将(5-31)式和(5-32)式代入上式得

$$\rho_s^{矿}=\frac{\rho_s^{实}}{\frac{\rho_s^{地}}{\rho_1}} \tag{5-34}$$

从上式不难看出，如果设法求得单纯地形引起的视电阻率曲线，便可按照(5－34)关系式，将实测剖面各测点的 $\rho_s^{实}$ 值与地形影响值相比：当地下无矿时，按(5－34)式取比值绘制的校正曲线是 $\rho_s=\rho_1$ 的一条直线，完全消除了地形影响。若地下有矿，取比值后的校正曲线近似地消除了(或削弱了)地形影响，突出了矿体异常。

通常将比较法改正地形影响的公式写为

$$\rho_s^{校}=\frac{\rho_s^{实}}{\frac{\rho_s^{地}}{\rho_1}} \tag{5-35}$$

显然，采用比较法消除地形影响的关键是要事先根据实际地形确定地形影响值 $\rho_s^{地}/\rho_1$ 的大小，下面介绍几种确定地形影响值的常用方法。

② 地形影响值的确定。确定地形影响值的方法主要有三种：

第一，模型实验法。将野外实际起伏地形按一定比例尺缩制为单纯的地形模型，并在模型上进行实验观测，求出与实测剖面上各测点相对应的值后，便可用来对野外实测结果作比较法改正。按照实验技术不同，可分为三种情况。

土槽模型实验法：这种方法可以真实地模拟任意复杂形态的起伏地形(二度、三度皆可)。并应用与实际情况相同的点源供电，在模型上观测的值，便相当于实际地形影响值。土槽实验的缺点是模型的塑制比较麻烦；进行实验观测时不易保证接地条件的均匀一致，以致影响模型实验的观测精度。

水槽模型实验法：采用 1/4 空间水槽模型实验观测，可以求得点源供电时的二度地形影响曲线。当实际地形沿走向长度比所用极距大很多的条件下，可选用这种实验方法确定。

导电纸或薄水层模型实验法：这种实验方法适用于二度地形、二度场源(即线源供电)情况。

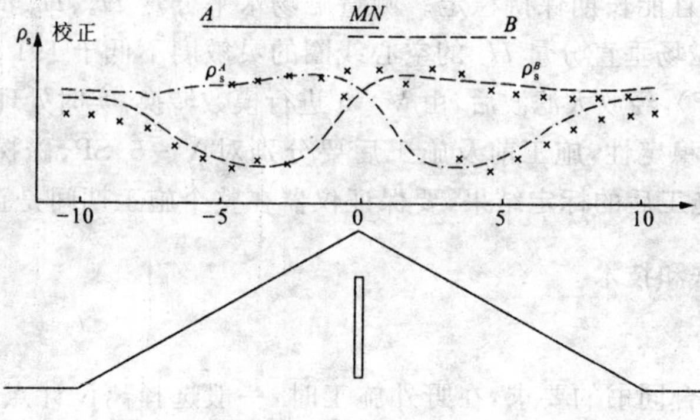

图 5－18　当电源及线电源供电的纯地形影响曲线对点源实测曲线进行地形改正的模型实验结果

·—·—·—用点源地形影响曲线改正结果；×××用线源地形影响曲线改正结果

图 5－18 是分别用点源及线源供电的纯地形影响曲线对点源实测曲线进行地形改正的模型实验结果。对比两种改正曲线可以看出：应用二度场源在二度地形上获得的 $\rho_s^{地}/\rho_1$ 曲线对点源供电的实测结果进行比较改正，可以在一定程度上削弱地形影响，突出矿体异常。

第二，理论计算法。地形影响的理论计算内容是求解均匀、各向同性介质起伏地表面上的点源电场分布。目前采用数值模拟技术可以快速地求出纯地形的 $\rho_s^{地}/\rho_1$。

§5.6 电磁法数据的采集与处理

前面主要介绍了传导类电法的资料采集与处理，但近20多年来，电磁法在我国发展很快，应用领域越来越广泛，已经成为最主要的地球物理方法之一。电磁法的方法种类很多，下面以应用比较多的大地电磁测深法为例，介绍大地电磁法的仪器、数据的采集与处理方法。

一、大地电磁仪器

在半个世纪中，大地电磁的发展经历了标量阻抗、张量阻抗两个阶段，而大地电磁仪器的发展则经历了模拟阶段、数字化阶段。现代大地电磁仪器发展的一种趋势是硬件和处理软件相结合，一方面要求实时处理，把处理软件固化在仪器中，在资料采集时就获得良好的原始数据；另一方面又要求把现代化的测量技术和手段GPS固化在仪器中，以减少大地电磁测深点的人工定位测量，并提高其水平坐标和高程测量的精度；为适应大地电磁方法技术发展的需要，当今大地电磁仪器发展的另一趋势是集成化、轻便化、多道化和遥测遥控化。现在已经不是单纯的大地电磁仪，而应该称为大地电磁系统。

20世纪70年代以来，我国也研制了几种型号的大地电磁仪，为我国大地电磁的发展做出了重大贡献。但目前，进口的大地电磁仪，主要是从加拿大Phoenix公司、美国EMI公司和德国Metronix公司进口的大地电磁仪，在我国占了绝对的优势，据不完全统计，不少于60台。

下面以加拿大凤凰公司具有实时处理的V-5的大地电磁仪为例，简要地介绍它的一些基本特点。V-5仪器操作自动化程度高，全频段有40个频点，最高频率为320 Hz，最低频率为0.000 55 Hz，可同时观测 E_x、E_y、H_x、H_y 和 H_z 等五个分量。在野外现场可获得视电阻率、相位及其误差值。

测量电场分量 E_x 和 E_y 的不极化电极是氯化铅、石膏、食盐和水按一定比例特制而成，其极差不大于2 mV，而且能长期保持稳定。测量磁场水平分量 H_x、H_y 的磁探头的灵敏度不低于100 μV/nT，测量磁场垂直分量 H_z 的空心线圈的灵敏度不低于191 μV/nT。这五个分量分别送往传感处理器(SP)，经放大滤波后，由V-5进行模数转换，实时处理，并记录功率谱文件。

为了检查仪器的稳定性，施工前及施工后要分别对V-5、SP、磁探头和空心线圈进行标定，并对比施工前及施工后的标定结果，要保证仪器在整个施工期间是正常工作的。

二、野外工作方法和技术

1. 选点

根据地质任务和合同书的要求，在野外施工时，一般选择离设计点最近，且地势平坦的地址进行布站。用GPS测出该点的经度和纬度，并在地形图上确定测深点的具体位置。

2. 测站的布置和观测

测点选定后，就开始布站观测，用罗盘测定装置的方向，用皮尺丈量距离，一般 x 轴指向磁北方向，y 轴指向正东。有时为了尽可能减少干扰或布站的方便，可将坐标轴旋转一定角度。

埋入地下30 cm测量磁场水平分量的磁探头分别沿 x 轴和 y 轴方向埋入地下20～30 cm，埋置时要保持水平，离“十”字中心一般为10 m。测量磁场垂直分量空心线圈一般布置在SW45°，离“十”字中心一般为20 m，线圈要水平放置，并用泥土压实，以减少环境干扰。

仪器车离“十”字中心一般大于 20 m，传输电缆必须进行绝缘检查，绝缘电阻应大于5 MΩ。在放传输线时，必须注意避开测量 H_z 的空心线圈，各道传输线不得相互交叉和悬空，野外测站布置见图 5－19。

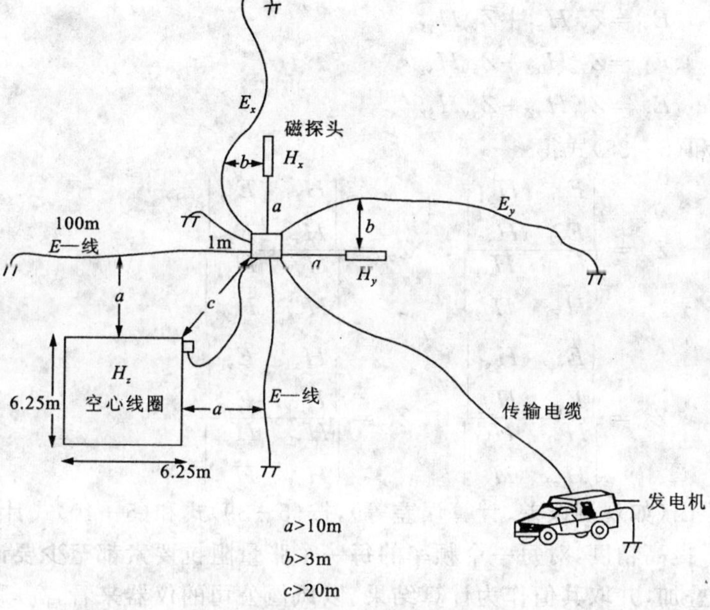

图 5－19　野外测站布置图

布站结束后，操作员需检查各道信号，并根据信号大小选择前置放大器增益，所有这一切确认无误后，方可进行观测和记录。

采集结束后，可将 V－5 记录的功率谱文件通过 RS232 传到计算机，这样，便可得到多种资料，如视电阻率、相位、电性主轴方位、倾子、Bostick 反演数据、相干度、信噪比等参数的结果曲线图，并可用打印机输出。

三、大地电磁数据的采集与处理

大地电磁测深的目的在于探测地下不同深度上介质的导电性结构，它的全过程包括数据采集、处理和反演。数据采集是基础，是关键；大地电磁测深的应用成功与否，在很大程度上取决于数据采集质量。数据处理和反演是紧密相关的二个重要环节，通过它们才能达到大地电磁测深的目的，获取尽可能准确的有用信息。

大地电磁测深法资料处理是反演和解释的基础。获得高质量的数据，采用先进有效的处理手段是资料处理的发展趋势。大地电磁测深法资料处理的一般步骤是对获得的时间记录作傅里叶（或富氏）变换后进行标定、校正，求得电磁场频谱，采用有效的数值方法获取张量阻抗，进行有意义的分解之后计算各种描述参数。

1. 阻抗张量元素的求取

设已经求得两组极化方向不同的独立的大地电磁场 E_{x1}、E_{y1}、H_{x1}、H_{y1} 和 E_{x2}、E_{y2}、H_{x2}、H_{y2}，我们知道，任一频率大地电磁场水平分量的振幅谱满足以下阻抗张量关系：

$$E_x = Z_{xx}H_x + Z_{xy}H_y$$
$$E_y = Z_{yx}H_x + Z_{yy}H_y \tag{5-36}$$

所以,有如下的关系式:

$$E_{x1} = Z_{xx}H_{x1} + Z_{xy}H_{y1}$$
$$E_{y1} = Z_{yx}H_{x1} + Z_{yy}H_{y1} \tag{5-37}$$

$$E_{x2} = Z_{xx}H_{x2} + Z_{xy}H_{y2}$$
$$E_{y2} = Z_{yx}H_{x2} + Z_{yy}H_{y2} \tag{5-38}$$

联立(5-37)式和(5-38)式得

$$Z_{xx} = \frac{\begin{vmatrix} E_{x1} & H_{y1} \\ E_{x2} & H_{y2} \end{vmatrix}}{\begin{vmatrix} H_{x1} & H_{y1} \\ H_{x2} & H_{y2} \end{vmatrix}}, \quad Z_{xy} = \frac{\begin{vmatrix} H_{x1} & E_{x1} \\ H_{x2} & E_{x2} \end{vmatrix}}{\begin{vmatrix} H_{x1} & H_{y1} \\ H_{x2} & H_{y2} \end{vmatrix}} \tag{5-39}$$

$$Z_{yx} = \frac{\begin{vmatrix} E_{y1} & H_{y1} \\ E_{y2} & H_{y2} \end{vmatrix}}{\begin{vmatrix} H_{y1} & H_{y1} \\ H_{x2} & H_{y2} \end{vmatrix}}, \quad Z_{yy} = \frac{\begin{vmatrix} H_{x1} & E_{y1} \\ H_{x2} & E_{y2} \end{vmatrix}}{\begin{vmatrix} H_{x1} & H_{y1} \\ H_{x2} & H_{y2} \end{vmatrix}} \tag{5-40}$$

由于各种原因(如观测误差、计算误差等),按(5-39)式和(5-40)式计算的阻抗张量元素并不精确。为了提高精度,对每一个频率的每一个张量阻抗要素都至少要计算3～5个独立的数据,然后进行叠加,并取其值作为计算结果。以凤凰公司的仪器来看,高频的叠加次数不小于1 000次,所以其精度较高,误差小。而在低频,由于多叠加一次,所需的时间较长,因此从经济和适用的角度,很难像高频那样大大增加叠加次数,但至少也应保证叠加3～5次。

如何有效地压制各种干扰,提高信噪比,保证大地电磁数据质量,这始终是大地电磁数据采集与数据处理的核心问题。在早期研究的基础上,最近十年来,国内外的大地电磁工作者就此又做了大量工作,取得了明显进展。

目前,国内的大地电磁测深仪器都属于多道测量系统,这些仪器都具有卫星同步测量的功能。因此,在数据采集方面已有条件实现"远参考道测量",以提高原始数据采集质量。现在,在一些强干扰地区、地质构造复杂区和大地电磁信号微弱的地区,大地电磁野外数据采集正在逐步推广"远参考道测量"方法。在数据采集方面,另一个新的趋势是强调记录"时间序列"的作用,这主要是因为应用"Robust 估计"处理大地电磁资料要求有足够长的"时间序列"数据。Robust 数据处理方法根据观测误差的剩余功率谱的大小对数据进行加权,注重未被干扰的数据,降低突变点数据的权,使它对大地电磁阻抗估算值的影响最小,从而明显改善受电磁噪声污染的单站大地电磁测深资料。

把"Robust 估计"用于处理大地电磁数据是国外学者在20世纪80年代末提出的,我国在90年代初开始试验。试验的结果表明,该方法的效果与信号的噪声含量有关,对处理噪声含量低于50%的信号是有效的;此外,还取决于时间序列数据的长度。可以说,Robust 方法能有效地压制张量阻抗关系式中输出端的噪声,但对输入端的噪声作用不大。因此,在实际应用中,往往把"远参考道测量"技术与"Robust 处理"方法相结合。实践证明,这是获得高质量大地电磁观测数据的最佳途径。近年来,此方法正迅速在实际生产中推广应用。感兴趣的读者可参考有关的文献。

2. 视电阻率和其他必要信息的计算

由(5-39)式和(5-40)式计算的是以测量轴 x、y 为坐标的张量阻抗要素 Z_{xx}、Z_{xy}、Z_{yx}、Z_{yy}，而不是电性主轴方向的数值。为此，按下式

$$\theta=\frac{1}{4}\mathrm{tg}^{-1}\left[\frac{(Z_{xx}-Z_{yy})(Z_{xy}-Z_{yx})^{*}+(Z_{xx}-Z_{yy})^{*}(Z_{xy}+Z_{yx})}{|Z_{xx}-Z_{yy}|^{2}-|Z_{xy}+Z_{yx}|^{2}}\right] \tag{5-41}$$

计算电性主轴的方位 θ(式中 * 表示共轭复数)，然后，根据测量方位上的 Z_{xx}、Z_{xy}、Z_{yx}、Z_{yy}，计算相应主轴方位上的张量阻抗要素 $Z_{xx}(\theta)$、$Z_{xy}(\theta)$、$Z_{yx}(\theta)$、$Z_{yy}(\theta)$。

$$\begin{cases}Z_{xx}(\theta)=Z_1+Z_2\cos2\theta+Z_3\sin2\theta\\ Z_{xy}(\theta)=Z_4-Z_2\sin2\theta+Z_3\cos2\theta\\ Z_{yx}(\theta)=-Z_4-Z_2\sin2\theta+Z_3\cos2\theta\\ Z_{yy}(\theta)=Z_1-Z_2\cos2\theta-Z_3\sin2\theta\end{cases} \tag{5-42}$$

其中：

$$\begin{cases}Z_1=\dfrac{Z_{xx}+Z_{yy}}{2}\\ Z_2=\dfrac{Z_{yy}-Z_{xx}}{2}\\ Z_3=\dfrac{Z_{xy}+Z_{yx}}{2}\\ Z_4=\dfrac{Z_{xy}-Z_{yx}}{2}\end{cases} \tag{5-43}$$

根据张量的旋转性质，如将坐标旋到主轴方向，则有

$$Z_{xx}(\theta)=Z_{yy}(\theta)=0$$

$$\begin{cases}Z_{xy}(\theta)=Z_{\mathrm{TE}}\quad(\text{或 } Z_{\mathrm{TM}})\\ Z_{yx}(\theta)=Z_{\mathrm{TM}}\quad(\text{或 } Z_{\mathrm{TE}})\end{cases} \tag{5-44}$$

因而，

$$\begin{cases}\rho_{\mathrm{TE}}=\dfrac{1}{\omega\mu}|Z_{\mathrm{TE}}|^{2}\\ \rho_{\mathrm{TM}}=\dfrac{1}{\omega\mu}|Z_{\mathrm{TM}}|^{2}\end{cases} \tag{5-45}$$

为进一步判断介质水平不均匀程度，还需要计算倾子、扭曲度 S 和偏心率 $\beta(\theta)$ 等参数。

当对一个频率完成以上计算后，就转至下一个，如此循环以后，打印输出以下信息：

(1) 视电阻率 ρ_{TE}、ρ_{TM} 曲线；

(2) 相位 ϕ_{TE} 和 ϕ_{TM} 曲线；

(3) 电性主轴方向；

(4) 倾子；

(5) 相干度；

(6) 信噪比；

(7) 功率谱；

(8) 水平非均匀程度；

(9) Bostick 反演结果等。

四、大地电磁资料的解释

大地电磁资料的反演及解释是大地电磁工作中的最重要组成部分。目前主要按照预处理、定性、半定量、一维反演和二维反演等阶段，由浅入深，逐步进行。它的目的就是将所观测的大地电磁资料转换成地电模型，解决所提出的地质任务。

从野外采集的资料，一般来说还不能直接用于解释，还必须进行再处理。

1. 资料的再处理

(1) 曲线的圆滑。野外采集的原始视电阻率和相位资料，由于干扰和观测误差的存在，相邻两频点的数据有时会出现非正常的跳跃。因此，必须根据最小方差原理和大地电磁测深曲线的固有特征进行圆滑。曲线圆滑是一项很重要的工作，必须由有经验的解释人员承担，圆滑时必须充分考虑所获的所有信息，反复进行。

(2) ρ_{TE}和 ρ_{TM}的识别。在野外资料采集过程中，MT 采集软件自动将采集结果转化为电性主轴方向，给出实测的 ρ_{xy}和 ρ_{yx}。众所周知，张量阻抗主轴方向有 90°的不确定性，经资料处理后的张量阻抗旋转方向可能是构造走向，也可能是倾向。因此，资料处理的 ρ_{xy}和 ρ_{yx}，谁代表 TE 极化，谁代表 TM 极化较难确定。从理论上说，倾子的旋转方向可以唯一地确定走向和倾向，但是由于倾子观测精度的限制，由倾子确定的电性主轴也存在很大的不确定性，为了比较准确地确定 TE 和 TM 极化，我们主要是在综合实测阻抗和倾子旋转方向的基础上，利用已知的地质构造走向及其他地球物理资料逐点分析，划分出 ρ_{TE}和 ρ_{TM}。

(3) 静校正。由于浅层不均匀的存在或地形不平，会使得视电阻率 ρ_{TE}和 ρ_{TM}发生平行移动，而相应的相位曲线 ϕ_{TE}和 ϕ_{TM}却保持一致，这就是所谓的静位移。对移动了的曲线进行反演解释，会得出错误的结论。因此，对大地电磁作静校正是十分必要。

国内在 20 世纪 90 年代中期前，采用的“静位移”校正方法主要有曲线平移法、近地表电阻率观测等方法，这些方法都仅仅考虑电流引起的电场畸变，并没考虑磁场分量的畸变，因而在有些条件下效果不甚明显。90 年代中期以来，在国内外应用大地电磁张量阻抗分解技术，用于实施“静位移”校正，取得了较好的应用效果。此外，此方法还可用来确定区域构造的走向。现在在国内应用的，能比较好地克服“静位移”影响的方法，还有直接考虑近地表电性不均匀体的反演解释法和电磁阵列剖面法，即 EMAP 法。

EMAP 法采用阵列式排列，用首尾相连的电偶极子沿测线测量电场，这大大增加了空间采样密度，扩大了信息量；同时，又在时间域采用相邻多道叠加的办法抑制表层电性不均匀的静位移干扰和随机干扰，从而明显地突出有用信号。近年来，它在我国石油和天然气普查、勘探中，特别是地震勘探不利的西南和西北许多地区得到比较广泛的应用。

2. 定性解释

定性解释的目的是在资料分析的基础上，通过制作各种必要图件，概括地了解测线(或测区)地电断面沿水平方向和垂直方向上的变化情况，从而对测线(区)的地质构造轮廓有一个初步的了解，以指导定量解释。制作的定性图件主要有：

(1) 曲线类型分布图。将测线(或测区)各测点大地电磁测深曲线类型按一定比例尺缩小绘在相应的图件上就得到曲线类型分布图。从曲线类型分布图可以了解电性层沿水平方向和垂直方向上的变化情况。

(2) 视电阻率断面图。若以测线为横坐标，以频率为纵坐标，将各测点相应频率的视电阻率 ρ_{TE}(或 ρ_{TM})标在相应的频率轴上，沿测线构成等值线，就得到视电阻率 ρ_{TE}(或 ρ_{TM})的断面图。

视电阻率断面图定性地反映了电性在断面上的分布。从纵向上看，随着频率的降低，勘探深度的加大，视电阻率的变化反映了电性随深度的变化，由此，可大致确定电性层。从横向上来看，随着点位的不同，视电阻率的变化反映了电性层的起伏，由此可大致确定构造和断层的存在。因此，这是一个重要的图件，应该注意，由于ρ_{TE}和ρ_{TM}反映地电断面的特征不同，两种视电阻率断面图也不会完全一样，必须综合分析两种图件，才能得出正确的结论。断层在视电阻率断面图的反映，主要表现为视电阻率等值线急剧的变化和扭曲。电性界面的确定主要是等值线的梯度变化或密集地方。

(3)总纵向电导剖面图或平面图。大家知道，总纵向电导

$$S=\frac{H}{\rho_s} \tag{5-46}$$

式中：H 是基底的埋深；ρ_s 是基底以上岩层的平均纵向电阻率。

在 ρ_s 变化不大的情况下，S 值可以定性地反映基底起伏。

另外，还可以根据实际工作需要，制作其他的定性图件，如相位断面图、各向异性断面图、等周期的视电阻率平面图等。

3. 半定量解释

半定量解释是将视电阻率与频率的关系转变为近似真电阻率与深度的关系，给人一种比定性解释更为明确的关于地电断面的概念。常使用的方法是 Bostick 法。Bostick 反演是一种一维近似反演法。由它求得的模型虽不能完全拟合观测数据，但却能较好地反映待求的模型的基本特征，因而获得广泛的应用。这种方法是基于大地电磁测深曲线低频渐近线的性质，将视电阻率随周期变化的曲线变换成为视电阻率随深度变化的曲线。其计算公式为：

$$\rho(H)=\rho_s(T)\frac{1+\alpha}{1-\alpha}$$

$$H=\sqrt{\frac{\rho_s(\omega)}{\omega\mu_0}} \tag{5-47}$$

式中：H 为反演的深度。

$$\alpha=\frac{\mathrm{d}\lg\rho_s(T)}{\mathrm{d}\lg(T)}$$

Bostick 反演结果断面图与视电阻率断面图类似。一般来说，它的扭曲和畸变与断层或电性的急剧变化有关。因此，通过半定量解释，地电断面的形态会变得更为清晰。

然而在复杂的情况下，例如二维或近似二维的三维地电断面情况 ρ_{TE}和 ρ_{TM}是不同的，两条曲线的 Bostick 的反演结果也会有区别。一般来说，浅层 ρ_{TM}反映电性横向变化较好，深层ρ_{TE}相对一维大地电磁特征畸变较小；高阻隆起地方用 ρ_{TM}，凹陷地方用 ρ_{TE}解释较好；ρ_{TM}对断层反映清楚，ρ_{TE}划分电性层更为有效。只有正确分析两条曲线的性质，灵活运用以上原则，才能得到较为真实的结论。

应当指出的是，Bostick 法是一种近似反演方法，所得结果不能完全准确地反映地电断面的特征，这一任务在定量解释之后，才能完成。

4. 定量解释

(1) 一维反演。定量解释是在定性和半定量解释的基础上进行的，任务是给出实测曲线所对应的地电断面参数，提出工区的地球物理模型。在做一维反演时，由于大地电磁资料反演所具有的多解性，加之二维或三维构造的影响，用一种反演方法反演出来的结果来确定地电断面，我们认为是不够的。为了减小解的非唯一性，提高可靠性，应使用多种一维反演方法，常用的一维反演方法主要有：

① 广义反演法。这是一种有代表性的反演方法，获得比较广泛的应用，设 n 层地电断面的参数为 $\rho_1, \rho_2, \cdots, \rho_n; h_1, h_2, \cdots, h_{n-1}$。而 $\rho_s(T_i)$ 为第 i 个周期 T_i 上的视电阻率，则有

$$\rho_s(T_i) = f(\rho_1,\ \rho_2,\ \cdots,\ \rho_n;\ h_1,\ h_2,\ \cdots,\ h_{n-1},\ T_i) \quad (i=1,2,\cdots,M) \tag{5-48}$$

将上式在初始模型：

$$\lambda_0 = [\rho_1^0,\ \rho_2^0,\ \cdots,\ \rho_n^0;\ h_1^0,\ h_2^0,\ \cdots,\ h_{n-1}^0]^{\mathrm{T}} = [\lambda_1^0,\ \lambda_2^0,\ \cdots,\ \lambda_N^0]^{\mathrm{T}} \tag{5-49}$$

附近展开，忽略高阶项后，得：

$$\Delta\rho = A\Delta\lambda$$

其中：

$$\Delta\rho = [\Delta\rho_1 \quad \Delta\rho_2 \quad \cdots \quad \Delta\rho_M]^{\mathrm{T}}$$

$$\Delta\lambda = [\Delta\lambda_1 \quad \Delta\lambda_2 \quad \cdots \quad \Delta\lambda_N]^{\mathrm{T}}$$

$$A = \begin{bmatrix} \frac{\partial f_1}{\partial\lambda_1} & \frac{\partial f_1}{\partial\lambda_2} & \cdots & \frac{\partial f_1}{\partial\lambda_N} \\ \frac{\partial f_2}{\partial\lambda_1} & \frac{\partial f_2}{\partial\lambda_2} & \cdots & \frac{\partial f_2}{\partial\lambda_N} \\ \vdots & \vdots & & \vdots \\ \frac{\partial f_M}{\partial\lambda_1} & \frac{\partial f_M}{\partial\lambda_2} & \cdots & \frac{\partial f_M}{\partial\lambda_N} \end{bmatrix} \tag{5-50}$$

且

$$\Delta\rho_i = \rho_s(T_i) - \rho_k(T_i)\,|_{\lambda=\lambda_0}$$

$$\Delta\lambda_j = \lambda_j - \lambda_j^0 \qquad (i=1,2,\cdots,M;\ j=1,2,\cdots,N)$$

这里 $N=2n-1$ 为地电断面参数的个数，M 为观测频率点数，角标 T 代表转置矩阵。广义逆反演是基于对矩阵 A 进行奇异值分解（SVD）而建立起来的一种解方程，求取改正置 $\Delta\lambda$ 的一种反演方法，在求得 $\Delta\lambda$ 后，就对初始模型 λ 进行校正，求出新的模型，并以此为新的初始模型反复迭代，直至满足要求为止。

（2）连续介质反演法（CMI）。当介质的电阻率随深度连续变化时，就应该利用连续介质法，不难证明，在连续介质情况下有

$$\delta\rho_s(T_i) = \int_0^\infty G(\lambda_0, T_i)\delta\lambda(z)\mathrm{d}\lambda \qquad (i = 1,2,\cdots,M) \tag{5-51}$$

式中：$\delta\rho_s(T_i)$ 是在第 i 个周期上，视电阻率的实际观测值 $\rho_s(T_i)$ 与初始模型 $\lambda_0(z)$ 处的理论视电阻率 $\rho_T(T_i)$ 之间扰动；$\delta\lambda(z)$ 是待求模型相对于初始模型 $\lambda_0(z)$ 之扰动；$G(\lambda_0, T_i)$ 是核函数。

上式为线性积分方程，解之就可求得 $\delta\lambda(z)$，之后进行校正，并以此模型作为新的初始模型反复进行迭代，直至满足要求为止。

另外，还有许多一维反演方法，如垂直时距曲线法，马夸特法等就可用于资料的反演，这里就不作介绍了。

（2）二维反演。由于实际的介质并非一维，基于一维反演方法求得的结果，与真实的地电断面不会完全一致，要求得更接近实际的地电模型，还必须结合大地电磁测深所获得的多种参数进行二维反演，目前常用的二维反演方法是 20 世纪 90 年代初 J. T. Smith、J. R. Booker 提出大地电磁二维快速松弛反演，简称 RRI。该反演方法设定的初始模型为均匀半空间，反演时用有限差分法计算出模型对应的响应数据、各测点下的积分核函数及数据残差，然后使目标函数取极小，得到模型改正量及新模型，接着进行插值形成新的二维断面，以此为新的初始模型；重复上述过程，逐次迭代，直至满足一定的拟合精度，从而得到最终的二维反演模型。该方法可以对 TE 和 TM 两个极化模式的参数独立反演，也可进行联合反演，即全信息反演；此外，还可

进行静位移自动校正。

大约在90年代中期，国内开始逐步推广大地电磁二维快速松弛反演方法。应用的结果说明，它具有快速、结果较合理、不受人为因素影响等特点，因此普遍为人们所欢迎。

5. 地质解释与推断

成果的地质解释与推断是大地电磁资料解释的重要组成部分，前面所作的地球物理解释，只是得到本工区内岩石的电性分布及差异，并没有直接的地质意义，因此，还必须进行地质解释和推断，才能对剖面内一系列地质问题提出明确的认识。

地质解释应该紧紧围绕所提出的地质任务来进行，大地电磁测深所能解决的问题可以概括如下：

(1) 研究地壳和上地幔的电性结构，特别是壳内高导层和幔内高导层。

(2) 研究区域构造，这主要指研究基底起伏、埋深和断层分布。

(3) 电性层的划分及其地质解释。岩石的电阻率的大小主要取决于组成岩石的矿物成分、结构及其含水量的多少，而与地质年代之间没有直接的关系。然而，对沉积岩来说，同一地质年代，又因沉积环境、矿物成分及其结构相似，岩石的电阻率又相差不多，而不同地质年代的岩石，由于上述条件的不同，电阻率往往有一定的差异，所以，由岩石电阻率的大小来推断其地质年代是有根据的。

(4) 局部构造的研究。

(5) 其他地质问题的研究，如推覆体、裂谷、深大断裂等。

思考题与习题

1. 简述电法数据采集的基本特点。
2. 简述电法勘查仪器的特点及发展趋势。
3. 电法勘查工作可分为几个阶段？每个阶段的主要任务是什么？
4. 电法的资料整理主要包括几个环节？其主要目的是什么？
5. 电法资料处理的主要目的是什么？
6. 简述大地电磁仪器的主要特点及发展趋势。
7. 简述大地电磁资料处理的基本方法和目的。
8. 什么是静位移？静位移校正的方法有哪些？
9. 简述大地电磁资料解释的基本步骤和主要内容。

第六章　地震勘探数据采集和处理

§6.1　地震勘探数据的野外采集技术及工作方法

地震资料的野外采集是地震勘探工作的一个重要的环节，是一个基础性工作。它的基本任务就是要高速度、高质量地采集各种地震资料的原始数据，为下一步的资料处理和解释做准备。因此，这些数据的准确与否直接影响着地震勘探的精度和效果。

野外工作的次序一般是先踏勘工区、布置测线，再进行试验性工作，选择最佳合适的激发和接收条件，然后进行大规模的正常生产，完成一定的生产勘探任务。由于各探区因具体条件不同，野外工作方法会有较大的差别。因此，本章以介绍野外工作资料采集的基本方法和技术为主，有关的具体施工请参阅有关的专业书籍。

一、地震勘探的测线布置及试验性工作

1. 地震测线布置的原则

地震测线是指沿着地面或海面进行地震勘探野外工作的路线，沿测线观测到的数据经数据处理以后的成果就是地震剖面(时间剖面或深度剖面)，它是地震资料解释的基本依据。因此，测线的布置与了解地下地质结构的关系很大。一般测线布置的基本原则是：

(1) 测线应尽量为直线。因为这时垂直切面为一平面，所反映的构造形态比较真实。现在由于处理方法的改进，并为了适应各种复杂的地表地形条件，也可以采用弯曲测线进行地震工作。

(2) 主测线应垂直构造走向、联络测线平行构造走向。目的是更好地反映构造形态和获取铅垂深度或视铅垂深度，并为绘制构造图提供方便。同时也可以减少地震波的复杂性，避免大量异常波的出现。

(3) 测线应尽量通过已有的井位，做好连井连片测线，以利于地层的对比和全区连片成图。

(4) 测线间距随勘探程度(阶段)的不同，应由疏到密。

地震勘探工作一般可分为区域测量、面积普查、面积详查、构造细测四个阶段。区域测量任务是在其他物探工作的基础上，布置若干条区域大剖面，搞清区域地质构造的特点和圈定最有远景的含油地区，测线间距通常为十几千米至几十千米。面积普查的任务是搞清在含油的远景区寻找含油气的构造和储集层，测线间距为几千米。面积详查的任务是搞清油气构造的形态和产状，测线间距为 2～4 千米。构造细测的任务是查明构造的细节和地下断层产状的情况，提供钻探井位，直接为油气田的进一步勘探和开发服务，这时测线的间距加密到 1 千米甚至几百米。

应该指出，由于折射波的特殊性，当折射面倾角 $\varphi > 90° - i$(i 为临界角)时，在这种条件下地面接收不到该折射面的折射波，因此，对于高角度的折射面，测线方向不应垂直于地层或构造的走向。在这一点上，折射波法与反射波法测网布置有所不同。

2. 试验工作

地震勘探的野外工作在方法技术的选择上较为复杂，这是因为地震记录的好坏受多种因素的影响，随着工区或测线的不同，地震地质条件都将会有很大的变化，因此每到一新工区，在

正式生产之前必须花一定时间进行一些试验性工作。试验工作的目的，就是要选取本工区内最佳的野外工作方法和技术，试验的内容主要包括干扰波调查、最佳激发条件、接收条件的选择、地震地质条件的了解和测定等（必须指出的是在试验工作中应保持因素的单一性，不能同时改变一个以上的试验条件，否则将无法判断地震记录变化的原因），以便能综合地进行各种因素的选择。

（1）试验工作的基本原则：

① 试验前要了解前人工作的资料及经验，在此基础上拟定试验方案。试验中要取全取准各项资料，以利于分析对比。

② 试验点的布置要在某些有代表性的典型地段上作重点试验，取得一定经验后再向全区推广。

③ 试验工作必须从简单到复杂，保持单一因素变化的原则。即在研究某一因素时，其他的试验因素应保持不变，这样才可正确判断记录面貌改变的规律。当取得各种单一因素的资料后，再综合选择各种最佳因素，逐步进行更复杂的试验。最后要尽可能选用较简单的因素解决所提出的地质任务。

（2）试验工作的内容：

① 干扰波调查。每到一个新的勘查地区，首先要进行干扰波调查，以确定有效波和干扰波的特性，进而采取措施压制干扰。干扰波调查一般用 n 个单道检波器接收，道距 5～10 m。不使用模拟滤波器。排列可用 L 形，以便调查侧向干扰，每激发一次，排列沿测线移动 n 个道间距，直到最大炮检距达到普通反射勘探所用的最大炮检距为止。对所得地震记录进行分析，识别出有效波和各种干扰，然后计算其视速度、视频率、视波长、振幅及与最弱的有效波的振幅比等特性。如果随机干扰较强，则还需计算它们的相关半径。

② 激发条件的选择。使用炸药震源时，首先应进行激发深度的试验，这时应详细录井，记下不同深度的岩性，对比不同深度和不同岩性激发时所得的记录。选择药量的原则应保证最大勘探深度的反射波振幅比背景噪声大几倍，在此基础上尽量用小药量。当必须采用大药量时，可用组合爆炸。对于使用撞击震源和气动震源时，则要试验每个位置的敲击数目或开枪次数。在使用可控震源时，要进行扫描次数、扫描频率范围、扫描长度等试验。

③ 接收条件的选择。根据干扰波调查的资料，首先可设计组合检波，目的在于保持有效波不变而最大地压制干扰，但在许多情况下做不到这样，而只好采取折衷方法，在不压制信号的条件下允许一部分干扰存在。如果需要组合激发，应该与组合检波同时设计和试验。组合参数确定后，进行道间距，偏移距和覆盖次数等参数的选择。因为最精确的速度资料是在排列长度等于反射界面深度时获得，所以应根据主要目的层的深度确定排列长度。然后，一方面由所使用的仪器道数确定道间距，另一方面要考虑避免空间采样的假频，应使深度点间隔小于波长之半。偏移距一般为能避开激发点附近的干扰，同时也要考虑排列长度。覆盖次数由信噪比决定。

④ 仪器因素的选择。数字地震仪可调节的因素较少。在记录时可对采样率、前置放大器固定增益、滤波低截频等因素进行选择。在回放时主要可对增益和滤波因素进行选择。

采样率一般决定了高截止频率，应根据勘探深度和地质任务，对分辨率的要求等来决定，一般这个频率选为折叠频率的一半。固定增益的作用主要是把弱信号放大到采样所允许的最低电平，此外是为了防止信号过强引起畸变。因此，固定增益的选择与外界噪声背景有密切关系，一般当环境噪声不大时，可选择 2^7 的固定增益。当外界干扰较强时，以选择 2^5 为宜。为真实记录从浅到深的各层有效波，要用宽频带，尤其对 10 Hz 以下的深层反射，要采用 10 Hz 的低截止频率。监视记录回放时，为保证初至清晰，一般用 30～36 dB 的起始增益。这也便于检查排列上的人为干扰。斜率和释放起始时间要根据道时间差确定，选择得正确可保证初至之前平静，初至起跳陡。自动增益控制的压缩时间和恢复时间可选在 4～32 ms 时间内，门槛通常选为 18 dB，回放滤波一般用 10～80 Hz 或纯波回放。

二、地震勘探的野外观测系统

为了查明地下地质和构造情况，地震勘探工作必须在地面上布置许多观测线(简称测线)，并沿测线连续地进行单次或多次重复观测。因此，在测线上就要布置许多炮点和接收点，在炮点上激发地震波，在接收点上接收反射波(或折射波)。要连续追踪反射波，激发点和接收点之间需要保持一定的关系，这种相互位置关系，就称为地震观测系统，简称观测系统。

根据激发点和接收点的相对位置，地震测线分为纵测线和非纵测线两大类。激发点和接收点在同一条直线上的测线，称为纵测线，激发点和接收点不在同一条直线上的测线叫做非纵测线。普通的二维地震测线，常采用纵测线观测。在三维地震测量中，则是纵测线和非纵测线同时并用，只有在特殊情况下，如查明江河下面的构造形态，才单独采用非纵测线进行观测。

1. 观测系统的术语

(1) 检波道数(N)：记录由同一个震源激发的振动时，同一个排列上检波器的个数，一般用 N 表示，每次放炮一般有 24 道、48 道、96 道或更多道检波器同时接收。

(2). 道间距(ΔX)：检波器与检波器之间的距离，一般用 ΔX 表示，$\Delta X \approx 25 \sim 250$ m，在浅层工程勘探中，有时 $\Delta X \approx 5 \sim 25$ m。

(3) 排列长度(L)：它是检波器安置在地表的长度，排列长度 $L=(N-1)\cdot\Delta X$。

(4) 偏移距(X_1)：第一个检波器到炮点的距离，当炮点又为第一个检波点时，偏移距 $X_1=0$，如图 6-1 所示，一般偏移距的长度应为道间距 ΔX 的整数倍。

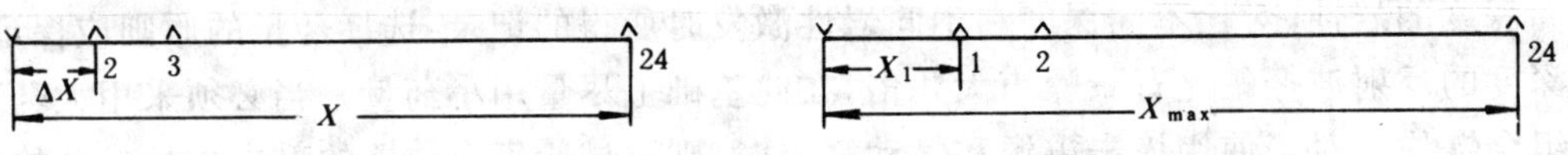

图 6-1　端点放炮排列

(5) 最大炮检距(X_{max})：它是指炮点到最远检波器的距离，一般

$X_{max}=(L+X_1)=(N-1)\cdot\Delta X+X_1$。

(6) 放炮形式：一般分为端点放炮和中点放炮两种，如图 6-1 和图 6-2。

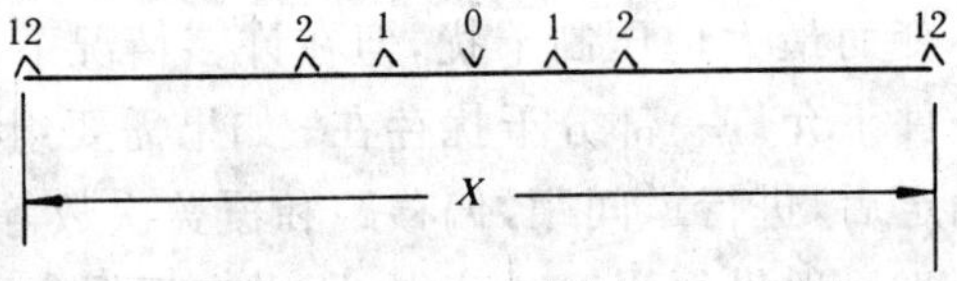

图 6-2　中点放炮排列

所谓中间放炮是指炮点位于地表布设检波器排列的中点，所谓端点放炮是指炮点位于检波器排列的端点，这两种放炮形式中炮点处可安置检波器，如图 6-1(a)，也可不安置检波器，如图 6-1(b)。

在实际工作中常采用偏移距、最大炮检距来表示炮点与接收点相对关系，图 6-1 画的端点放炮形式，可表示为 $O—X_1—X_{max}$，其中 O 为炮点，设 $N=24$，$\Delta X=50$ m，$X_1=2\cdot\Delta X=100$ m，则上面的关系式可具体写为 O—100—1 250。

2. 观测系统的图示法

观测系统一般可用图示法表示，分为时距平面图和综合平面图两种表示形式。

(1) 时距平面图法。时距平面图法是用时距曲线的方式来表示观测系统以及它与反射界面的相互关系。如图6-3所示，它把在 O_1 点激发，O_1O_2 地段接收的反射波时距曲线用 $t_{01}T_{12}$ 表示，获得的地下反射界面为 ab 段；O_2 激发，O_1O_2 和 O_2O_3 之间接收获得的时距曲线为 $t_{02}T_{21}$ 和 $t_{02}T_{23}$，反映的地下反射界面段为 bc、cd 段。依此类推，不断移动激发点和排列位置，直到测线末端，可以得到一系列的时距曲线和地下反射界面。

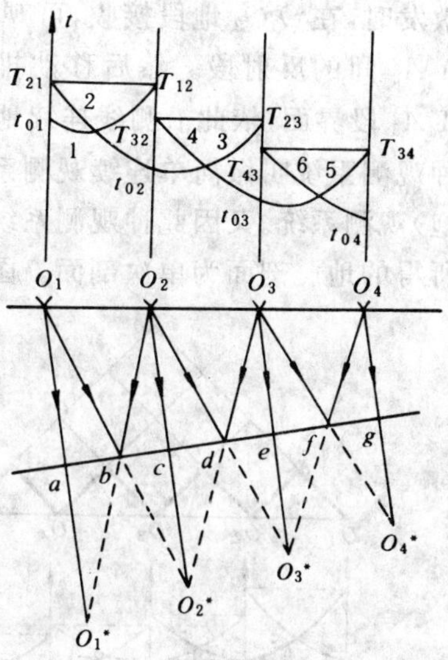

图6-3 时距平面图

由图6-3可看出，O_1 点激发，O_2 点接收，与 O_2 点激发，O_1 点接收，反射波传播路径相同，方向相反，旅行时间相等，反射点位置不变，都为 b 点反射波。反射波的这种关系称为互换关系，或叫互换原理。根据互换原理，我们把 $T_{12}=T_{21}$ 的点叫互换尾点，其时间称为互换时间，把 t_{02}、t_{03} 等点叫做互换首点或者叫连接点，同一界面反射波时距曲线可以通过首尾互换点互相连接起来。

时距平面图绘制起来麻烦，应用起来不直观，因此，在野外工作中很少采用，现在多采用综合平面图。

(2) 综合平面图。综合平面图的具体做法是：先把分布在测线上的炮点和接收点按一定比例标在一条直线上，然后从炮点向两侧引出与测线成45°斜线组成坐标网，如图6-4所示。当在某点激发而在某一地段接收反射波时，则可将该接收段投影到通过爆炸点的45°斜线上，用此投影段表示接收地段，用粗线标出（或用颜色表示），这种图就称为综合平面图。

综合平面图的优点是：绘制方法简单，表示激发点和接收段的相对位置关系明确。例如：图6-4中粗线段 O_1A 表示 O_1 点激发，O_1O_2 之间接收，粗线 O_2A 和 O_2B 分别表示 O_2 激发，在 O_1O_2 和 O_2O_3 间接收。另外综合平面图还有以下几个特点：

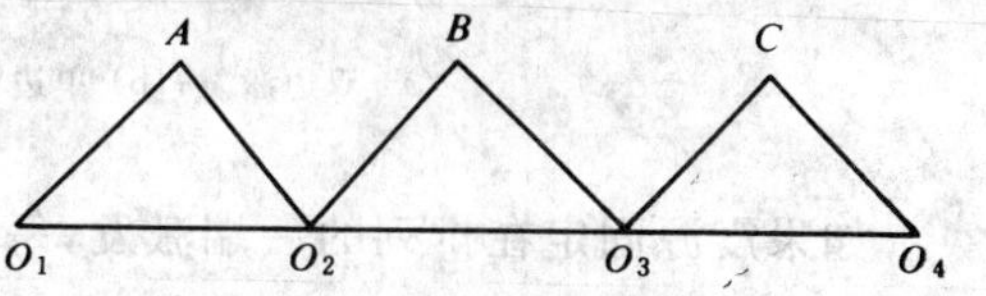

图6-4 综合平面图

① 粗线的交点就是观测系统中的互换点，尖端朝上的为互换尾点，如图6-4中的 A、B、C 三点，尖端朝下的为互换首点，如图6-4中的 O_2、O_3 点。

② 如果反射界面是水平的，综合平面图的粗线在测线上的投影位置，就是地下反射点的位置，投影点的长度为反射界面的长度，投影的叠掩数则是对地下同一段反射界面重复观测的次数，又叫做覆盖次数。

③ 如果综合平面图的粗线在测线上的投影是连续的，则对地下反射界面段的观测也就是连续的，如对反射波等有效波进行连续追踪，设计观测系统时就要保证投影的连续性。

观测系统一般据对勘探时使用的波型不同可分为反射波法观测系统和折射波法观测系统。

3. 观测系统的类型

(1) 反射波法观测系统。反射波法观测系统一般据对地下反射界面重复观测的次数，分为单次覆盖观测系统和多次覆盖观测系统。常用的单次覆盖的观测系统，有简单连续观测系统和间隔连续观测系统两种，在一些特殊地段上，如河流、沼泽、村庄等障碍物附近，还采用一种延长时距曲线系统。

1) 简单连续观测系统。如图6-5(a)所示，沿测线布设 O_1、O_2、O_3、O_4、O_5 等激发点，O_1 点

激发时，在 O_1O_2 地段接收，可观测 A_1A_2 间的反射段，O_2 激发，仍在 O_2O_1 地段接收，可观测到 A_2A_3 间的反射段。然后移动排列在 O_2O_3 地段接收，分别在 O_2、O_3 处激发，可勘探 A_3A_4 和 A_4A_5 段界面，依此沿测线连续地激发、接收，直至测线结束，可连续勘探整条测线以下界面。这种观测系统叫做简单连续观测系统。由于在排列两端分别激发，所以又称双边激发(或双边放炮)观测系统。又因此种观测系统对地下反射界面仅一次采样，故又称它为单次覆盖观测系统，所得的地震剖面为单次剖面。图 6-5(a)上图是该观测系统的综合平面图。

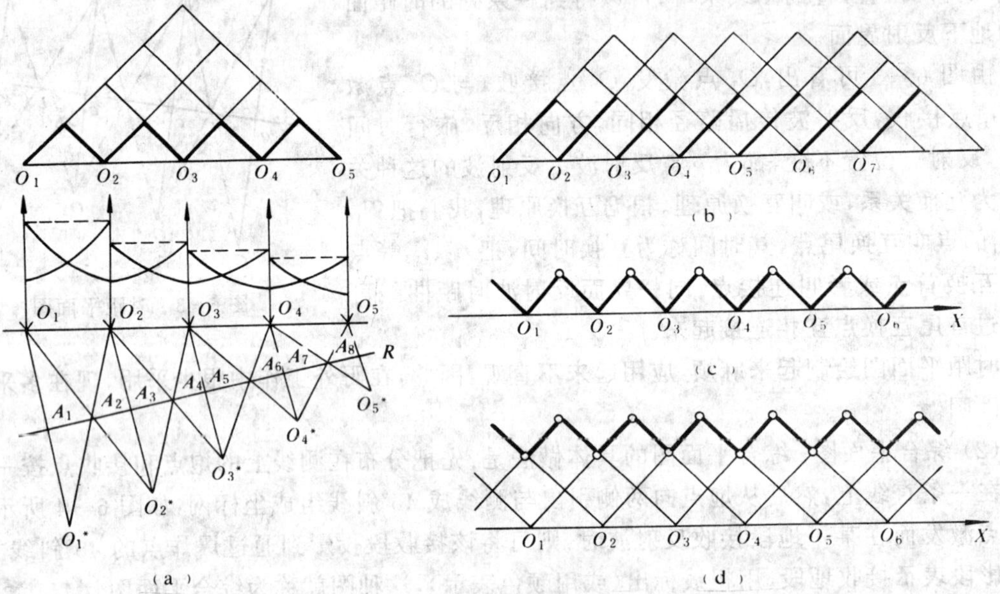

图 6-5　简单连续观测系统

(a) 双边激发；(b) 单边激发；(c) 中间激发；(d) 间隔单次覆盖

如果震源固定在排列的一端激发，每激发一次，排列沿测线方向向前移动一次(半个排列长度)，这种观测系统叫做单边激发(或叫单边放炮)简单连续观测系统，如图 6-5(b)。如果震源位于排列中间，也就是在激发点的两边安置数目相等的检波器同时接收，这种形式的观测系统称为中间激发观测系统(或叫中间放炮观测系统)，如图 6-5(c)所示。

简单连续观测系统的最大特点是接收段靠近激发点，能避开折射波干涉，便于野外施工，但受面波和声波干扰较大。

2）间隔连续观测系统。根据压制干扰的需要，或地表条件的原因，激发点与接收排列的第一道检波点间隔一段距离(或者说偏离一段距离)，如图 6-5(d)所示，这种观测系统称为间隔连续观测系统。这种观测系统的特点是激发点和接收段之间总是间隔一个或几个排列，这段间隔距离称为偏移距，它通过首尾互换点可以把同一界面的反射波连接起来，以达到连续追踪地下反射界面的目的。

3）延长时距曲线观测系统。图 6-6 为一延长时距系统的时距平面图。由于在 O_2O_3 之间有一河流不能布设排列，为了获得 O_2O_3 下面的反射界面，可在 O_2 点激发，在 O_3O_4 段接收，得到时距曲线 4，对应的反射界面段为 bc，又在 O_3 放炮，在 O_1O_2 段接收，得到时距曲线 3，对应地下反射界面段为 ab，通过这种布设，从而达到了连续追踪地下反射界面 ac(河流下面)的目的。

虽然延长时距曲线系统能连续追踪地下反射界面，但是它不能使障碍物两边的简单连续观测系统进行互换连接对比，尤其当障碍物较宽时，炮点和排列之间的距离过大，一方面会出现浅层折射波的干扰，另一方面还会产生反射波的干涉，使浅层反射波对比困难。另外，只有当接收排列地段大于障碍物宽度时，才能使障碍物下面的反射界面被完全覆盖。

4）多次覆盖的观测系统：

① 多次覆盖的观测系统。为了获得共反射点道集的资料和压制多次反射波之类的特殊干扰波，提高地震记录的信噪比。在野外必须使用一种专门的观测系统，即在测线上通过有规律地同时移动激发点与接收排列来达到对地下界面反射点重复采集（观测）的目的，这种观测系统称为多次覆盖的观测系统。它同样可用时距平面图和综合平面图来表示，图 6-7 上部就是综合平面图的表示形式。它的形式主要有端点（单边）放炮和中间放炮两种，下面我们以较常用的单边放炮六次覆盖的观测系统为例作一简单介绍。

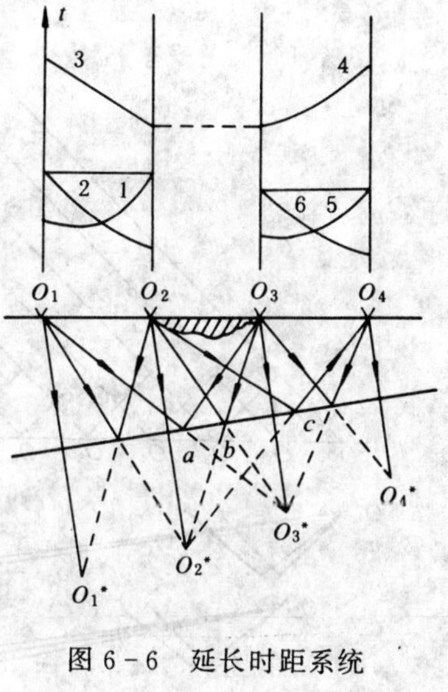

图 6-6　延长时距系统

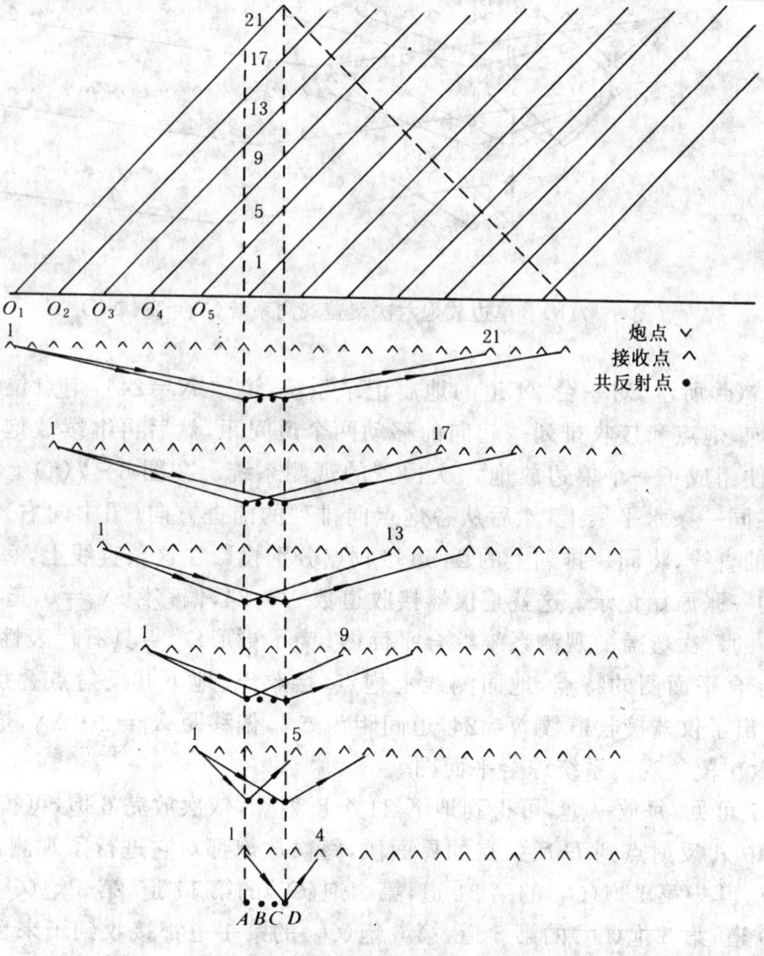

图 6-7(a)　单边放炮六次覆盖观测系统（$X_1=0$）

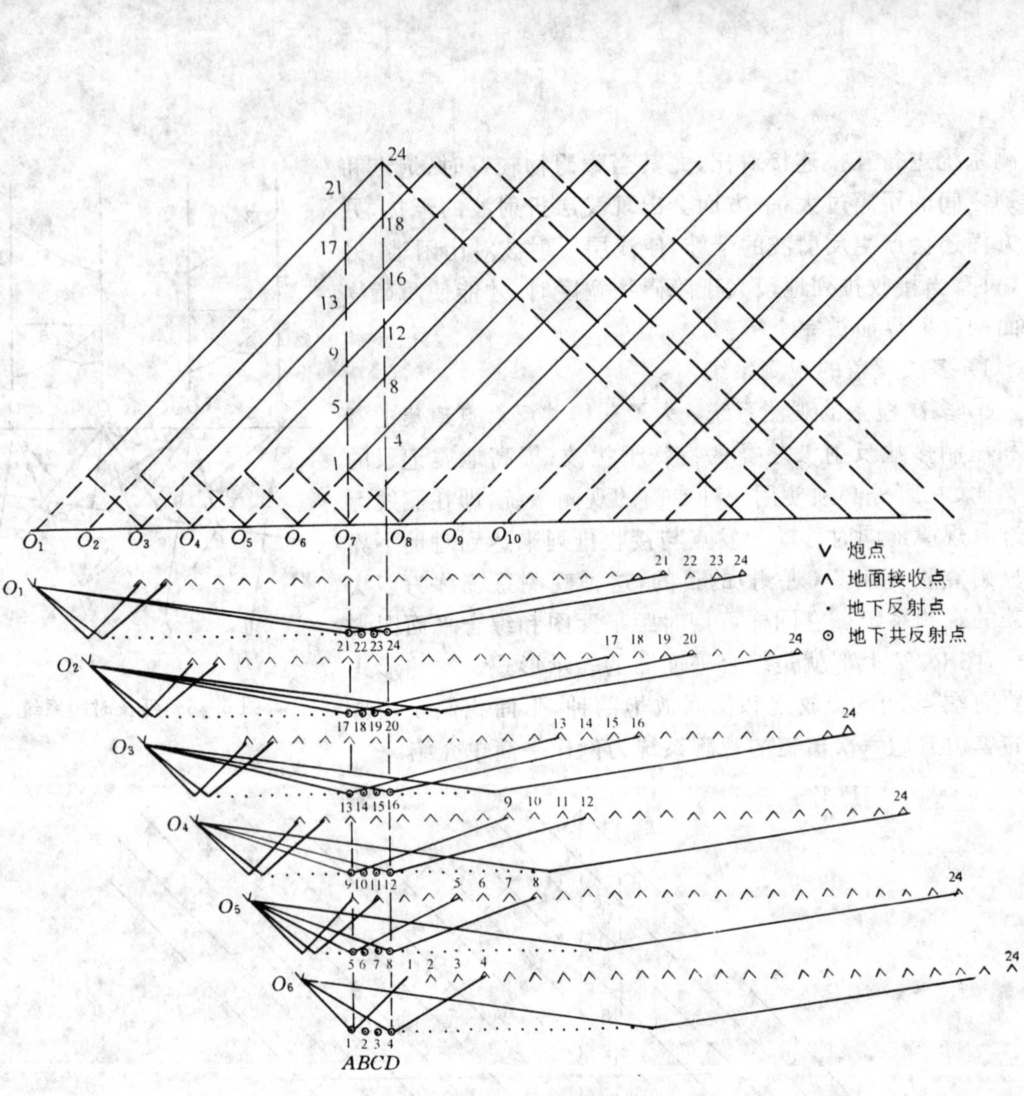

图 6-7(b) 单边放炮六次覆盖观测系统($X_1=2\cdot\Delta X$)

如图 6-7(a)所示,对一台 24 道的地震记录系统(道数 $N=24$),炮点位于接收排列的端点,每放完一炮,炮点和接收排列一起向前移动两个道间距,然后再继续放炮,……(即偏移距 $X_1=0$)这样,便组成了一个单边放炮六次覆盖的观测系统。在图 6-7(a)上我们将全部炮点 $O_1,O_2,\cdots$标在同一条水平线上,然后从各炮点向排列的前进方向(图中向右)作一条与炮点水平线成 45°角的直线,将同一排列上的 24 道接收点分别投影在这条直线上,每一条直线表示一个排列获得的一张原始记录。这就是仪器接收道数 $N=24$,偏移距 $X_1=0$,道间距为 ΔX,炮点间距 $\gamma=2\Delta X$ 的六次覆盖的观测系统综合平面图。为了更形象、更具有代表性地表示出多次覆盖观测系统综合平面图的特点,地面测线上炮点、接收点、地下共反射点叠加道数变化规律,图 6-7(b)给出了仪器接收道数 $N=24$,道间距为 ΔX,偏移距 $X_1=2\cdot\Delta X$,炮点移动间距 $\gamma=2\cdot\Delta X$ 时的六次覆盖观测系统综合平面图。

从图 6-7 可见,每放一炮,可得到地下 24 个反射点,依次放完 6 炮,可得到相应的 6 个反射界面段,其中 A 反射点到 D 反射点的界面段,每次放炮都对它进行了观测,即进行了六次观测(6 次覆盖)。其中第 1 炮(O_1)的第 21 道,第 2 炮(O_2)的第 17 道,第 3 炮(O_3)的第 13 道,第 4 炮(O_4)的第 9 道,第 5 炮(O_5)的第 5 道,第 6 炮(O_6)的第 1 道都接收到了来自 A 点的反射波,即这六道记录组成了共反射点 A 的叠加道集,用同样的方法,可以找到其他共反射点 B、C、D

的叠加道集。继续放第 7 炮、第 8 炮，……，则可获得一条连续的六次覆盖剖面，其对应的各共反射点相应叠加道如表 6－1 所示。

表 6－1　六次覆盖观测系统表

叠加道号 / 炮次	共反射点序号																															
	1	2	3	4	5	6	7	8	9	10	11	12	13	14	15	16	17	18	19	20	21	22	23	24	25	26	27	28	29	30	31	32
1	21	22	23	24																												
2	17	18	19	20	21	22	23	24																								
3	13	14	15	16	17	18	19	20	21	22	23	24																				
4	9	10	11	12	13	14	15	16	17	18	19	20	21	22	23	24																
5	5	6	7	8	9	10	11	12	13	14	15	16	17	18	19	20	21	22	23	24												
6	1	2	3	4	5	6	7	8	9	10	11	12	13	14	15	16	17	18	19	20	21	22	23	24								
7					1	2	3	4	5	6	7	8	9	10	11	12	13	14	15	16	17	18	19	20	21	22	23	24				
8									1	2	3	4	5	6	7	8	9	10	11	12	13	14	15	16	17	18	19	20	21	22	23	24

从图 6－7 中还可以看到，炮点和共反射点叠加道的连线是互相垂直的，其交点就是共反射点在地面的投影位置。并且炮点和排列向前移动是有规律的，其移动距离 γ 与覆盖次数 n 和地震仪器的接收道数 N 有关，应满足下列关系式

$$\gamma=\frac{SN}{2n}\quad 或\quad n=\frac{SN}{2\gamma}\tag{6－1}$$

式中：γ 表示炮点间道数；S 是一个系数，单边放炮时取为 1，双边和中间放炮时取为 2，如果单边放炮，采用六次覆盖，24 道检波器接收，则放一炮后，炮点移动的道数 γ 为：

$$\gamma=\frac{1\cdot 24}{2\cdot 6}=2(道)\tag{6－2}$$

即炮点和接收排列整体向右移动 2 个道间距，再放下一炮，所以 γ 的大小主要取决于覆盖次数(n)和接收道数(N)，为了施工方便和计算机处理，一般炮点移动的距离 γ 取为正整数。

同样，覆盖次数(n)也受到接收道数(N)和炮点距(γ)的限制，当 N 越大，γ 越小时，覆盖次数就越高，但覆盖次数 n 总是小于 $N/2$，最高等于 $N/2$。

② 多次覆盖观测系统参数的选择。多次覆盖观测系统的参数主要有：检波道数(N)、偏移距(X_1)、覆盖次数(n)、炮点距(γ)和道间距(ΔX)等。观测参数不同，所得资料的叠加效果就不同。因此，在设计观测系统选择这些参数时，一定要既考虑是否能提高地震资料的信噪比，又要兼顾生产效率。

如果为了勘探中深层的含油气构造，可采用较大的道距和偏移距，使其反射点各叠加道对多次波有较大的剩余时差，因此可有效地压制多次波和随机干扰，同时，因偏移距较大，可躲开井口声波和面波的干扰。并且这种观测系统效率也较高。但由于炮检距大，则共反射点道集内，离共中心点近道和远道的信号，因受吸收等影响并不一样，波形将发生变化，不能取得同相叠加的效果，由于低频滤波作用，叠加后信号频率变低，延续时间变长，影响了分辨率。又由于道距大，地下反射点较稀，也不利于研究构造的细节。

如果勘探目的层较浅，构造较复杂，这时道距、偏移距都应该选择较小，使地下反射点加密，有利于详查地质构造和地层岩性，但生产效率相应会降低。

5）非纵直测线观测系统。沿直测线观测时，激发点与接收排列不在一条直线上，激发点偏离排列线一段距离，这种观测形式称为非纵测线观测系统，如图 6－8 所示，用非纵测线进行观测可得到地下介质的空间位置资料，此外，可作为连接测线。

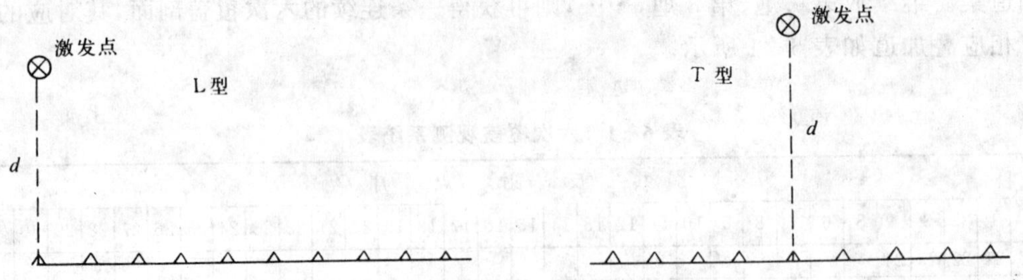

图 6-8　非纵测线观测系统

6）三维观测系统。

① 线性三维观测系统：

A. 弯曲测线观测系统。如图 6-9 所示，由于地形的限制，测线只能布置成弯曲形状时，激发点和排列上的各检波点不在一直线上，它们的平面坐标 x、y 都是变化的。

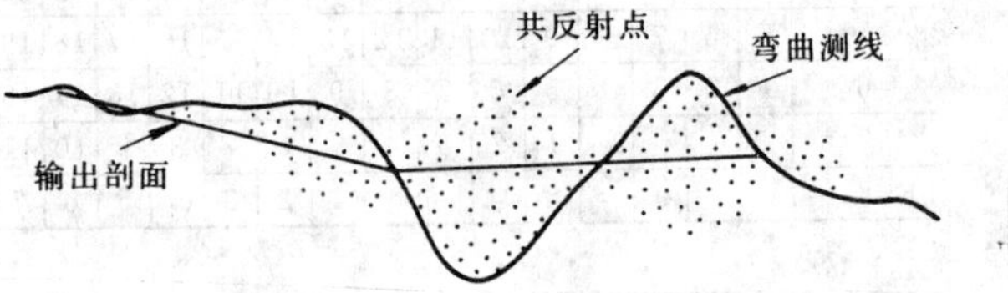

图 6-9　弯曲测线观测系统

B. 宽线剖面观测系统。当构造复杂时，需要连续地确定界面的空间位置，为此，要以相当精确的精度测定横向倾角，在野外可采用宽线剖面法进行工作，即把一条单一的测线扩展至一个窄带内的几条测线，如图 6-10 所示，沿测线方向布设多条平行的检波器线。每次激发时，这些检波器线同时接收，获得纵、横向上的多次覆盖信息，处理结果除可通过横向叠加得出单一的测线的地震剖面外，还可精确地测定反射层的横向倾角。

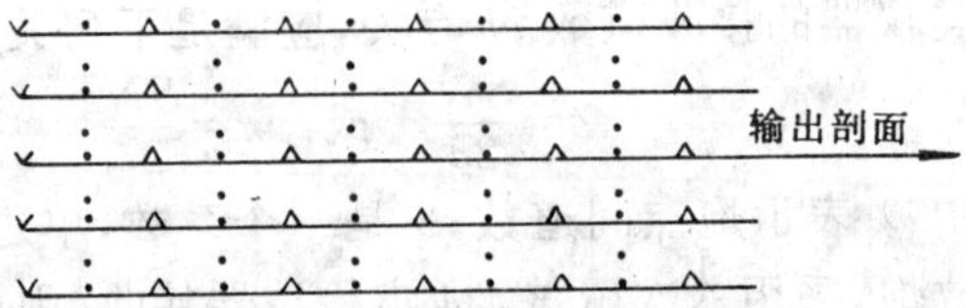

图 6-10　宽线剖面

∨炮点　∧检波点　·反射点

② 面积三维观测系统。面积三维观测系统有多种形式，灵活性很大，采样密度大，叠加次数高，可在各种复杂地表条件进行观测，可获得地下界面的面积资料，它不仅能解决复杂构造问题，而且能勘探非构造圈闭，进行储层评价等。图 6-11 给出了几种典型的面积三维观测系统。

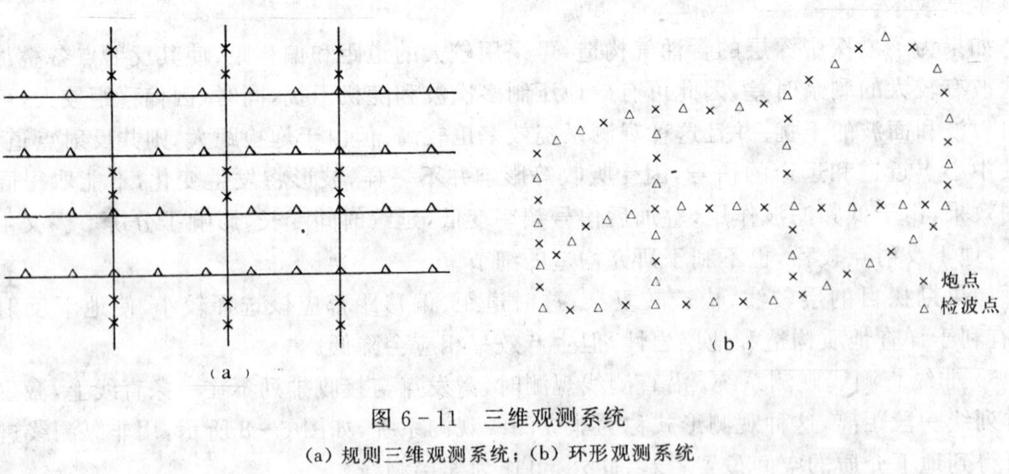

图 6-11　三维观测系统

(a) 规则三维观测系统；(b) 环形观测系统

（2）折射波法观测系统。折射波的特殊性决定了折射波观测系统与反射波观测系统截然不同。根据勘探对象的地质特征及地表条件，折射波观测系统也是多样的，由于折射波存在着盲区，尤其是当地下折射界面埋藏较深时，盲区就很大。所以，现在的折射波法多用于浅层工程勘探中。同样，与反射波法观测系统一样，折射波观测系统也可以用时距平面图和综合平面图来表示。在野外施工中常采用以下几种观测系统。

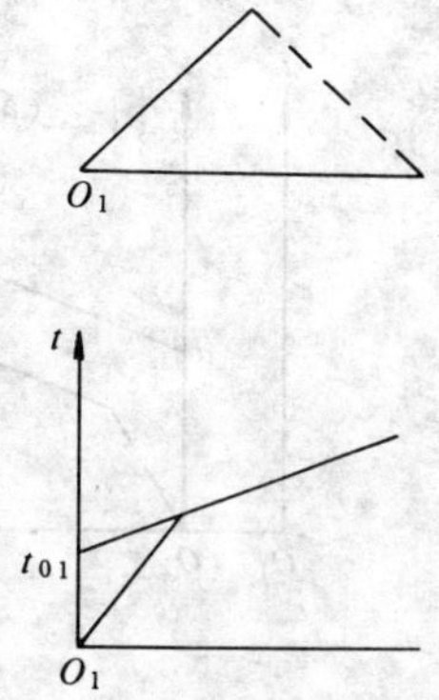

图 6-12　单边观测系统

1）单边观测系统。如图 6-12 所示的在 O_1 点放炮，在炮点右方（或左方）接收的一种观测系统，上方是用综合平面图表示的观测系统，下面是用时距平面图表示的观测系统，这种观测系统只适用于折射界面较浅的条件。

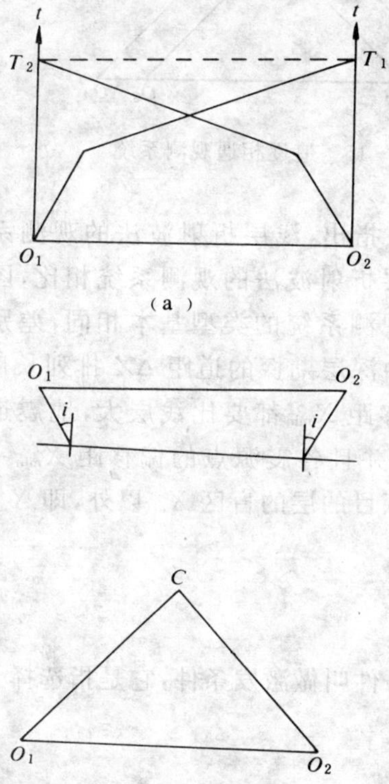

图 6-13　相遇观测系统

(a) 时距平面图；(b) 综合平面图

2）相遇观测系统。如图 6-13 所示的是在 O_1 点放炮，在 O_1O_2 地段接收，可得一时距曲线，称之为正时距曲线。然后在 O_2 点放炮，在同一地段接收，又得一时距曲线，称为反时距曲线，这一对时距曲线称为相遇时距曲线，它们存在着互换关系，由图可见，O_1 激发时接收排列中检波点 O_2 走时为 T_1，而 O_2 点激发时，接收排列中检波点 O_1 走时为 T_2，由于它们的折射波射线路径相同，因而 $T_1=T_2=T$，因此将走时 T 称为互换时间，O_1 与 O_2 点称为互换点。这种观测系统实际上是由两个单边时距曲线组成的。

3）追逐观测系统。图 6-14 为追逐观测系统，它是由两个在同一侧放炮的单边观测系统所组成的，该观测系统的主要优点是可以判断目的层有无穿透现象等。如果实测的曲线是两条平行的曲线，说明无穿透现象，排列接收的是折射波，资料可以用于解释；反之两条曲线不平行，说明存在穿透现象，资料不能用于解释。

4）追逐相遇观测系统。图 6-15 为一追逐相遇观测系统，这种观测系统同时具备追逐和相遇两种观测系统的优点，既可以利用追逐曲线（图中为 S_1 与 S_4 曲线），判定有无穿透现象，又可以利用图中 S_2、S_3 相遇时距曲线对目的层进行定量解释（只要排列长度足够长，又无穿透现象，那么无论是水平，或是弯曲折射面，都能进行定量解释）。

图 6-16 称为追逐相遇多重观测系统，该观测系统多用在复杂条件下的观测，适用于需要同时观测浅部与深部的两个折射界面，或者对某一折射界面进行重复观测，它实际上是由追逐系统和两个小排列、一个大排列相遇观测系统组成的一个复杂的观测系统。由该图可知，施工时需要把检波器置于 O_2O_4 区域，然后从 O_1 至 O_5 依次激发，可得 5 条时距曲线，其中有三个互换时间（图中有三个三角形的顶点），大排列一个，小排列有两个，施工完毕后，再移到下一个排列进行测试。

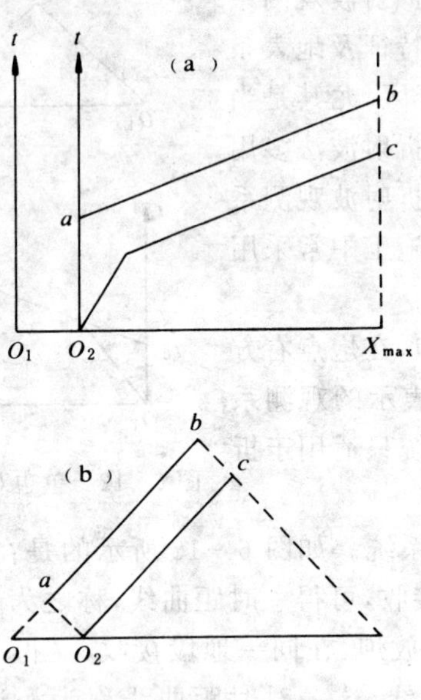

图 6-14　追逐观测系统

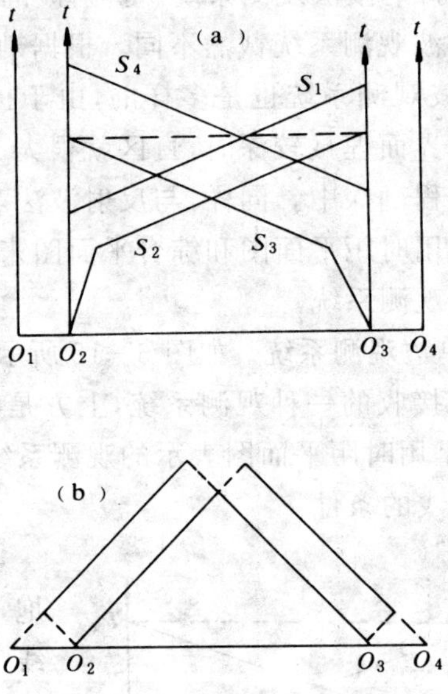

图 6-15　追逐相遇观测系统

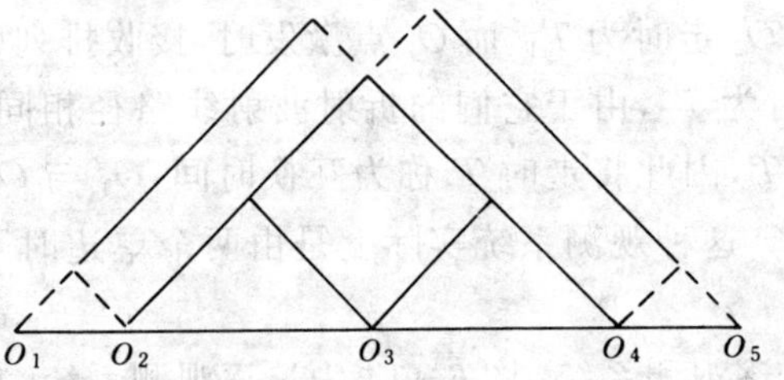

图 6-16　用综合平面图表示多重追逐相遇观测系统

应该指出，浅层折射波法的观测系统与中深层折射波法的观测系统相比，图示方法和观测系统的类型基本相同，差别仅仅在于中深层勘探的道距 ΔX 排列长度 L 以及偏移距 X_{min} 都要比浅层大，地震道数 N 也多，并且各震源点的偏移距 X_{min} 一般都在勘探目的层的盲区 X_m 以外，即 $X_{min}>X_m$，因此，时距平面图中一般不画出直达波的时距曲线。

三、地震波的激发

激发是产生地震波的震源条件，在地震勘探中把震源条件叫做激发条件，它是指选择合适的震源类型和激发方式等。

1. 地震勘探对激发条件的基本要求

激发条件是影响地震记录好坏的第一个因素，它是获得好的有效波的基础条件，如果激发条件很差，再如何改进接收条件等也是无济于事的，地震勘探中对激发条件一般有以下几个要求。

(1) 激发的地震波要有一定的能量，以保证获得勘探目的层的反射。

(2) 要使激发的地震波频带较宽，使激发的波尽可能接近于 δ 脉冲，以利提高分辨率。

(3) 要使激发的地震有效波能量较强，干扰波较弱，有较高的信噪比。

(4) 在重复激发时，要有良好的重复性。

2. 震源类型

地震勘探中的地震波是人工激发产生的。我们称这种激发源为人工震源。人工震源一般分为两大类型，一类是炸药震源，另一类是非炸药震源。

(1) 炸药爆炸震源。炸药是一种化学物质或化合混合物。例如常用的有 TNT 和硝氨。由于它所激发的地震波具有良好的脉冲特性，以及具有高的能量等优点，而被认为是一种理想的地震能源。因此，从20世纪20年代开始到现在，地震勘探一直采用以炸药爆炸为主的震源。

炸药是通过雷管引爆的，从输入电流到炸药爆炸，时间非常短暂，最多仅2 ms，以雷管线断开作为爆炸记时信号，表明地震波已被激发开始传播。

在陆地地震勘探时，多数情况是在注满水的浅井中爆炸激发地震波。在无法钻井或钻井困难地区多采取坑中爆炸。在江河湖海上勘探时采用水上爆炸。

野外施工时，通常炸药装在圆柱状塑料袋内密封后置于几米至数十米深的井内引爆。为了使爆炸能量集中下传增大激发地震波的能量，同时又方便施工，人们研制了聚能弹、土火箭、爆炸索等各种成型炸药。这大大提高了激发地震波的效果。

炸药量的多少，爆炸介质的岩性、药包形状及其与爆炸介质的耦合等因素，对地震波的形状、波的振幅、频率等特点有重要影响。

爆炸所用炸药一般数量级是：反射波测量大约几百克至几公斤，折射波测量约为数百克至数十公斤(指中深层折射波法)，深部地震测深大约为几百至几千公斤。地震波的振幅与炸药量 Q 的关系为：

$$A \propto Q^{m_1} \tag{6-3}$$

当炸药量较小时，m_1 为1～1.5；当炸药量较大时，m_1 为0.5～0.2；在海水中爆炸时，m_1 平均为0.65。

炸药量的选择主要决定于勘探目的层的深度，深度大，药量应大一些。但是并非随意增加药量就能按比例地增加反射波的能量，如图6-17所示，当药量增加到一定值时，弹性波的能量不再随药量的增加而增大，这时大部分能量都被耗费于破坏周围岩石的作功上，因此光靠增加药量不一定能增加深层反射波能量，药量过大，反而会使记录出现较强的干扰背景，一般的做法是采用组合爆炸的方法来达到增强反射波能量的目的。

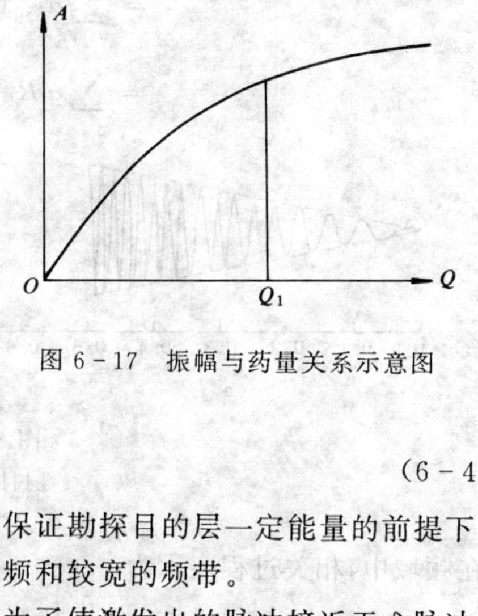

图6-17 振幅与药量关系示意图

地震脉冲波的视周期或主频与炸药量的关系是

$$T^* = \frac{1}{f^*} \propto Q^{m_2} \tag{6-4}$$

上式表明药量越大，波的视周期越大，主频越低。因此，在保证勘探目的层一定能量的前提下，应采用偏小一点的药量，使其激发的地震脉冲有较高的主频和较宽的频带。

炸药包的形状也影响所激发出的地震波的特征，一般为了使激发出的脉冲接近于 δ 脉冲，多采用高能高爆成型炸药震源，并且球形药包比长柱状药包效果要好些。

激发的地震波还与井的性能有关，主要指井的深度及其岩性。大量的实践证明，选择在潜水面下3～5 m的粘土层或泥岩中爆炸，激发的地震波频谱适中，能量较强，这是由于潜水面是一个强的反射界面，激发的地震脉冲由于潜水面的强烈反射作用使大部分能量向下传播。如果在低速带中爆炸，由于低速带的强烈吸收作用，使有效波能量很弱，而出现很强的面波干扰。

(2) 非炸药震源。虽然炸药震源是一种理想震源，但施工危险性比较大，成本费用较高。更主要的问题是在无法钻井，严重缺水地区(如沙漠)使用炸药震源的效果不好。有的地区甚至不允许使用炸药爆炸。因此，地震勘探逐渐发展了非炸药震源，特别是近20年来，国内外在这方面发展很快，并得到广泛应用。非炸药震源主要有以下几种：

1）可控震源（连续振动震源）。可控震源是一种机械震源，它是靠装在特种汽车上的振动器冲击地面而产生地震波的，振动器的频率和振动能量的强弱都是可以人为控制的。这种震源不同于炸药震源，它向地下发射的不是脉冲波，而是可控制的振荡波，其函数形式为

$$g_1(t)=A(t)\cdot\sin(\omega_1 t\pm\frac{bt^2}{2}),\quad 0\leqslant t\leqslant T \tag{6-5}$$

式中：$A(t)$是变化较缓慢的包络函数，ω_1 和 b 分别是起始频率及与频率变化率有关的一个常数，$b=\frac{\omega_2-\omega_1}{T}$；$T$ 是扫描持续时间；ω_2 是扫描结束频率。式中的正号对应于升频扫描，负号对应于降频扫描。

由（6-5）式可知，这种震源能产生一个延续时间从几秒到数十秒，频率随时间变化的正弦振动（如图 6-18），它的振动是连续的，故称为连续振动震源。并且频率变化范围和振动的延续时间长度，都是可以事先控制和改变，所以又叫可控震源。因为可控震源发出的波，其振动延续时间相当长，信号持续时间长是为了加强波下传的能量，每个反射波至少也有同样的延续时间，但是不同反射波之间的时间间隔却相当小。结果，各层反射波叠加在一起，组成了很复杂的波形，这种叠加的波形记录无法进行解释。因此必须把接收的反射波同震源的振荡信号用互相关技术对记录作处理，亦即求

$$\begin{aligned}R_{12}(t) &= g_2(\tau_i) * g_1(-t)\\ &= \sum_{i=1}^{N} a_i g_1(t-\tau_i) * g_1(-t)\\ &= \sum_{i=1}^{N} a_i R_{11}\tau_i\end{aligned} \tag{6-6}$$

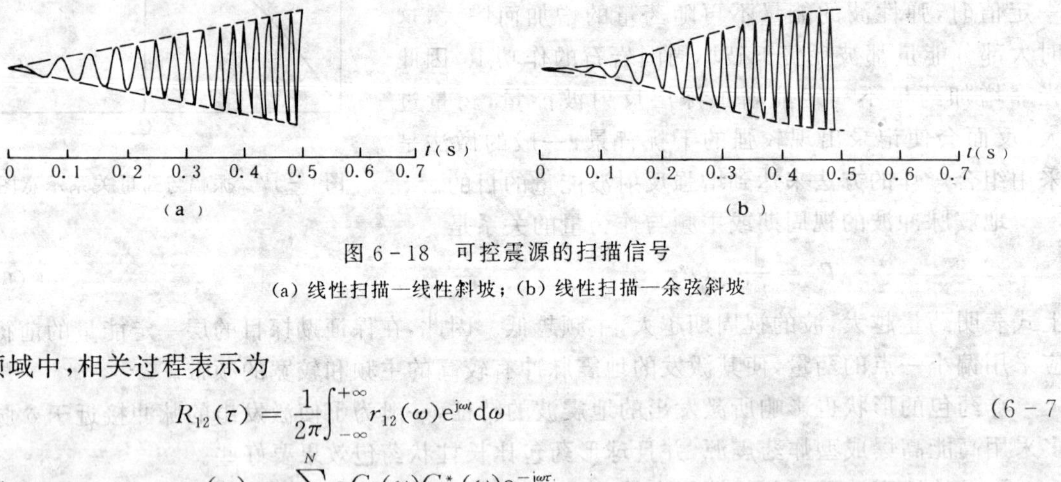

图 6-18 可控震源的扫描信号

(a) 线性扫描—线性斜坡；(b) 线性扫描—余弦斜坡

在频域中，相关过程表示为

$$R_{12}(\tau)=\frac{1}{2\pi}\int_{-\infty}^{+\infty} r_{12}(\omega)e^{j\omega t}d\omega \tag{6-7}$$

其中：
$$r_{12}(\omega)=\sum_{i=1}^{N} a_i G_1(\omega)G_1^*(\omega)e^{-j\omega\tau_i}$$

互相关处理的结果，在相关记录上，每个反射信号被压缩成为几十毫秒宽的零相位脉冲，反射信号的振幅在相关之后被保留了下来，即相关子波记录，如图 6-19 所示。

可控震源施于地面的力一般为 15 t①，如果加上本身负荷可达 17 t 或 20 t 左右，尽管如此，这个力也是较小的，为了增强能量并压制面波干扰，多半采用组合激发，用数台震源同时振动，而且每台震源在一个点上振动几次至几十次，总振动时间需要几分钟到几十分钟，最后得

① 按国家标准，力的单位应该用牛顿（N）表示，1 吨力约为 9 807 牛顿，即 1tf=9 807 N

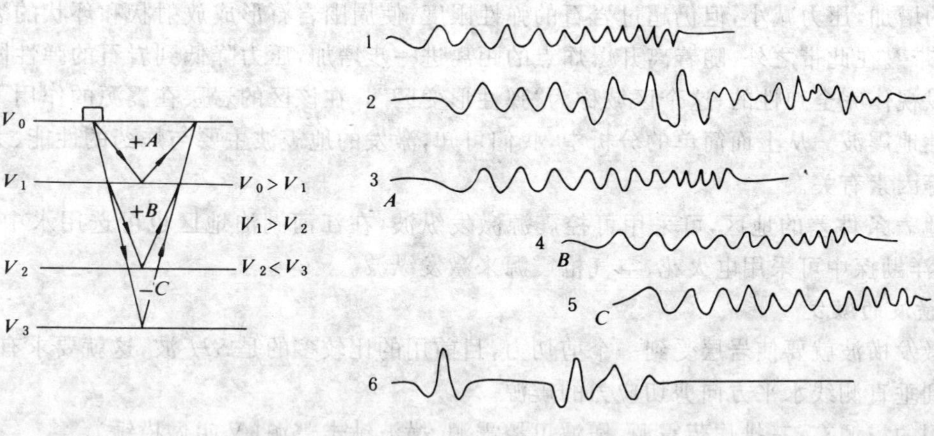

图 6-19　可控震源的相关记录

1. 为震源信号；2. 为野外记录，它是 3、4、5 的三个反射 A、B、C 之和，6 是 2 和 1 的互相关记录

到一个激发点叠加能量的野外记录。

2）落重法或机械撞击震源。落重法是最古老的一种非炸药震源。落重法是把数千公斤重（或数百公斤重）的物体从大约 2～3 m 的高处落到地面，撞击地面激发地震波。重物一般是重锤，即几吨重的大铁块，用链条吊在一种专用汽车的起重机上，需要撞击时将其从高处落下。在工程地震勘探中则利用几磅重的铁锤或其他重物撞击地面作为震源。海上地震勘探也可利用机械撞击型震源（称为水锤）。它的原理是用空气活塞把放在水中的一或两块钢板突然推开，水就冲入板后或板间形成的空穴，水的冲挤作用产生冲击波。

3）气爆震源和气动震源。气爆震源是将混合气体（丙烷和氧气）在一个密闭的圆柱状爆炸室内爆炸，驱动爆炸室活动底板撞击地面激发地震波。这种震源类似于锤击震源，一般用三台或更多的气动装置同时点火，引爆信号由记录装置用无线电发送。气爆震源安装在重型车辆上，它产生的脉冲富含低频，因此有较大的穿透能力，多用于陆地勘探。用于海洋的气爆震源称为水脉冲。

空气枪属于气动震源，做成枪一样形状的装置，将高压气体（空气）压入枪膛，并让其在枪口端释放，产生很强的冲力，以激发地震波。这种震源是典型的脉冲震源，类似于炸药爆炸产生的脉冲波，它主要用于海洋勘探。

4）电火花震源。电火花震源是利用高压电极在水中的放电效应，使其周围的水在一个短暂的时间里析成气体，产生脉冲振动，这种震源也是采用组合激发。电火花震源主要也是用于海洋地震勘探中。

在浅层工程地震勘探中还经常使用锤击震源和子弹枪震源。

3. 纵波的激发

要激发纵波就要使用胀缩震源，在陆上广泛采用的胀缩震源之一就是炸药。激发的方式有井中、坑中、水中等，其中以井中激发为好，它激发地震波的物理机制是这样的：在井中震源附近，由于炸药爆炸时产生的高温高压对岩石产生巨大的压力，当压力大大超过岩石的极限强度，使岩石破碎，造成空洞，形成“破坏圈”，如图 6-20 所示。随着离开震

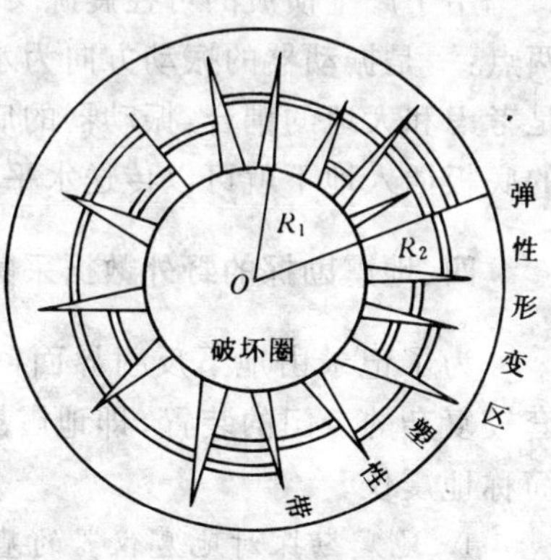

图 6-20　爆炸对岩石的影响

源距离的增加，压力减小，但仍超过岩石的弹性限度，使周围岩石形成放射状和环状的裂隙带，叫“塑性带”。在此带之外，随着离开爆炸点的距离进一步增加，压力降低到岩石的弹性限度内，岩石可以视作完全弹性的，这个区域称为“弹性形变区”。在该区的岩层在震源的作用下，才能形成弹性地震波。从上面简单的分析中，我们可知，激发的地震波主要与炸药的性能、大小、井的特点等因素有关。

在地表条件差的地区，可采用可控震源激发纵波，在江河湖泊地区也可选用水中激发方式，在海洋勘探中可采用电火花、空气枪震源来激发纵波。

4. 横波的激发

要激发横波就要使岩层受到一个剪切力，目前用的比较多的是 SH 波，这就要求有一种使介质受到垂直测线水平方向剪切应力的震源。

常用的震源有：三排炸药震源、横波可控震源、横波锤击震源（又叫做横锤）。

用炮井激发横波的时候，先钻三排间距为 1～2 m 的炮井，装好成型炸药，井深 5～10 m，药量 1～5 g，如图 6－21 所示，先沿中排各井依次爆炸，用纵波检波器接收 P 波记录。然后沿右排各井依次爆炸，用横波检波器接收，由于左侧已炸成了空洞，易产生右向横波 S^+ 和纵波 P，再沿左排各井依次爆炸，同理记录下的应是左向横波 S^- 和纵波 P。最后把右排各井爆炸的记录和左排各井记录反向相加，可使横波加强一倍，纵波抵消，得到该点的横波记录。三排井爆炸方法，可用三行小沟埋爆炸索代替，或是采用一宽沟左、右侧埋炸药进行爆炸。

敲击式横波震源（横锤），是将一种重锤装在车上，车上有一大梁，梁边挂一个两吨重的重锤，可以举高 3 m，向左或向右落下锤击车下钢板，钢板下面有爪齿嵌入地下 0.6～0.9 m，稳定地固定于地表（图 6－22），向右锤击，则产生右向横波 S^+ 及纵波 P，向左锤击，则产生左向横波 S^- 及纵波 P，二者反向相加，可消去纵波加强横波。这种震源能量比较小。

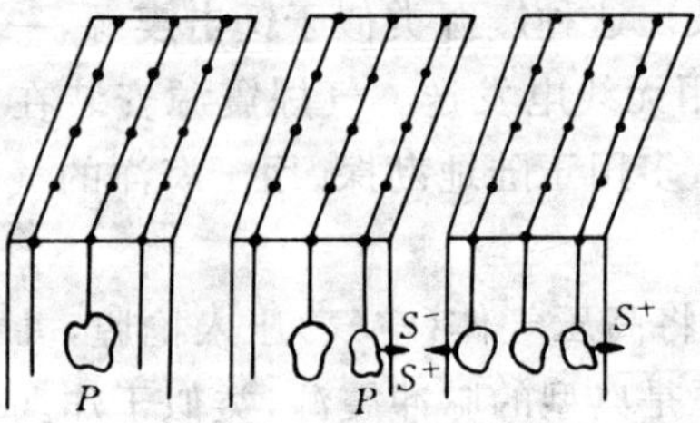

图 6－21　三排炸药震源

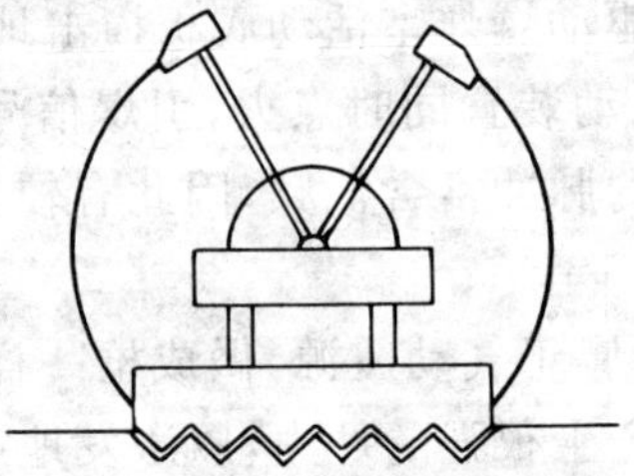
图 6－22　横波锤击震源

用于产生横波的可控震源又称为水平可控震源。它的原理与纵波可控震源相同，其差别有两点：一是振动器的振动方向为水平方向且垂直于测线；二是考虑和大地的耦合，振动器的底板要做成锥形，这种形状的底板插入地下就可以传送水平力，如图 6－23 所示。

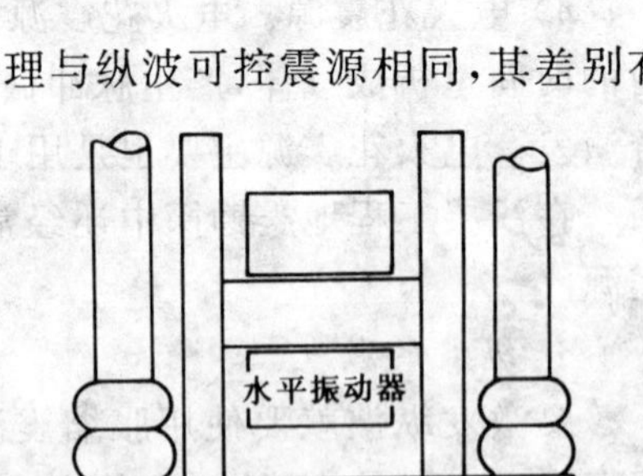

图 6－23　横波可控震源

四、地震勘探的野外数据采集系统——地震仪器简介

为了记录由地下反射界面回来的地震波，需要使用一套较复杂的专门的装置。即地震勘探的野外数据采集仪器，简称地震仪。

1. 地震勘探对地震仪器的基本要求

现代地震勘探的采集仪器主要由检波器、放大器、数字记录器(包括有关的硬件),及作监视用的显示器等装置组成。近几年在仪器车上还安装了专用数字计算机,用以控制野外全部记录过程,调整和监视野外操作,同时可对记录作初步处理。地震采集系统仪器的结构、性能应考虑到地震振动的特点。因此,在地震勘探中为了得到高信噪比、高分辨率、高保真度的地震资料,对所设计和生产的地震仪器应有如下基本要求:

(1) 地震仪器应具有高灵敏度和大动态范围的性能。人工震源产生的地震波在地面引起的振动位移非常微弱(仅只有几微米),且来自浅、中、深不同部位的地震反射波的能量相差很大(可达几十万乃至百万倍)。因此,为了同时记录能量悬殊很大,且振动又很微弱的信号,仪器必须具有高放大倍数和大动态范围(100 dB 以上)。

(2) 地震仪器应具有宽的频带和可选择的滤波器。由于浅层和深层反射波频率成分相差较大,有的浅层高端频率可达 250 Hz,而深层反射有时低频低于 10 Hz 以下,为了同时接收深浅层信号,地震仪器应具有宽的频带和可选择的滤波器。

(3) 为对接踵而至的地震脉冲有良好的分辨力,要求仪器的固有振动延续度尽可能小。

(4) 地震仪应具有多道(或超多道)特点。为提高地震工作的效率,适应三维地震勘探工作,地震仪应具有多达上百个,甚至上千的地震记录通道。

(5) 地震仪器的各道应具有良好的一致性。由于通常地震勘探多在很长(数百米或数千米)测线上许多检波点(多达百个甚至上千个)同时观测,以便识别各种类型的波和提高工作效率,这又要求仪器的各道应具有良好的一致性,我们把对应于每个观测点的地震检波器、放大系统、记录系统所构成的信号传输通道总称为地震道。

(6) 现代地震采集仪器还应具有小型轻便、性能稳定、耗电量少、自动化程度高等特点。

现在野外多使用数字地震仪,故下面我们以数字地震仪为例,对地震仪的组成及工作原理作一简单的介绍。

2. 地震检波器

(1) 检波器的类型。检波器在天然地震勘探中又称拾震器,它是一种换能装置。它的作用是以最大的逼真度最有效地采集地面的振动。根据地面质点位移与仪器灵敏度之间关系的第一类方向特性,在人工地震勘探中,震源和接收点之间的关系是已知的,因此可以根据各种波传播的关系来设计检波器。通常在近法线出射情况下,纵波的质点位移垂直于地面运动,因此检波器应在拾取垂直分量上具有最大的灵敏度,根据这种要求设计的检波器称为垂直检波器;而横波则在水平方向具有最大的质点位移运动,因此应具有水平方向最大灵敏度的水平检波器。天然地震观测中则不然,由于天然地震观测中拾震器的台站布置对震源来说是无法预测的,因此射线都不是近法线的,欲测定与震源有关的射线方向,则必须同时检测地面运动的三个分量,故拾震器通常应能记录南北(N-S),东西(E-W)和上下(U-D)三个方向的运动,这就是三分量检波器。

检波器按机电转换的原理大致可以分为四类:① 动圈式(又称电动式);② 动磁式;③ 压电式;④ 参数式。前两类,大都用于陆上地震勘探,特别是动圈式。动磁式用于井中的测井检波器,它们都是记录质点位移速度;第三类是用于海上的地震勘探,它记录质点的位移加速度;而第四类则只在天然地震台站中应用,它记录的是质点位移。

(2) 检波器工作原理及结构。各类检波器,它们的基本结构均由三部分组成:一是惯性体(或摆);二是换能器;三是阻尼器。

① 动圈式检波器。动圈式检波器(见图 6-24)的惯性体是一个圆筒形线圈架,其上绕有线圈,惯性体用弹簧与检波器外壳相连,且该线圈置于由一块圆形磁钢产生的强磁场中。工

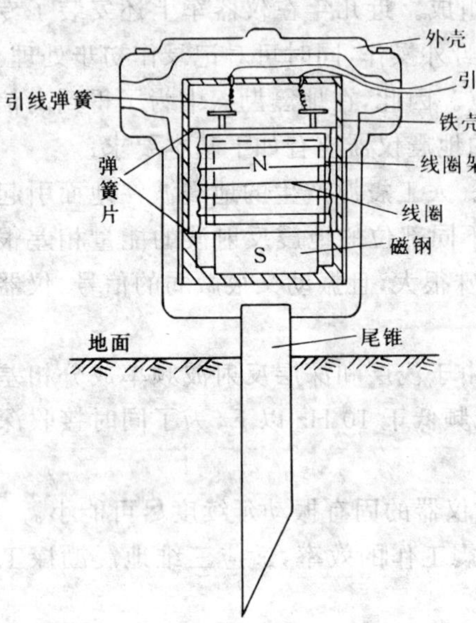

图 6-24　动圈式检波器结构示意图

作时检波器外壳与地面紧密耦合，当地面产生运动，检波器外壳与地面同时运动，但是惯性体由于用弹簧与外壳软连结，它要保持一定的惯性，于是线圈在强磁场内就产生相对运动，导致线圈切割磁力线而形成感应电流(压)，这个感应电流的大小和方向是同检波器运动，亦即同地面运动速度是成正比的，这样就实现了机电转换，因此用弹簧悬挂的线圈和磁铁就构成了一个换能器。

② 动磁式检波器。动磁式检波器是让线圈保持固定，而与其相联系的磁铁运动，由于磁场的磁阻发生变化，引起磁场强度的变化，使线圈的电流(压)发生变化，从而实现机电转换。

③ 压电式检波器。海上压电检波器则是通过另一种方法来实现机电转换。众所周知，某些晶体如酒石酸钾钠和钛酸钡等，它具有压电效应，即在晶体的薄片上给予一个压力的话，则晶体两端会产生与压力成正比的电压。海上检波器就是根据这种原理来实现机电转换的，将上述压电材料加工成薄片，让多片晶体连接在一起(组合)，放置于注满油的金属壳内，壳的一面有薄膜，工作时检波器沉放海水中，地震波振动通过压力使检波器两端产生相应的电压。压电检波器记录的是质点运动的加速度。图 6-25 展示了海上检波器。

④ 参数式检波器。参数型检波器是将惯性体的一端作为电容器的一极，而电容器的另一极与外壳(地面)固定，地面振动时，其振动的变化规律通过两个极片之间的变化而改变电容量来记录振动，如图 6-26 所示。这种机电转换主要记录的是地面的质点位移。由于它主要记录的是各参数的变化，故称参数型检波器。这种类型的检波器主要用于天然地震中的长周期地震仪，特别是数字化长周期仪及月震仪中大都采用了这种换能器。

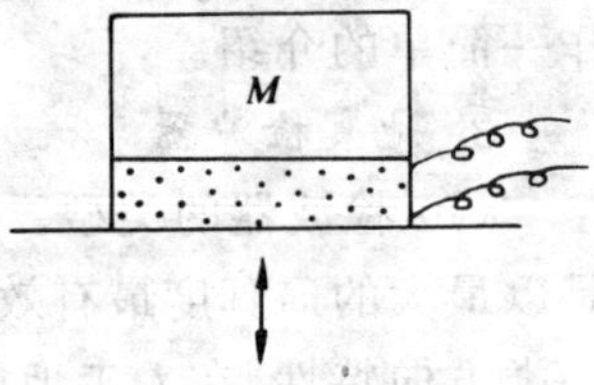

图 6-25　海上检波器及其结构示意图

⑤ 涡流地震检波器。这是日本 OYO 公司 1984 年研制成的一种较新型检波器，它是利用惯性部件和固定在机壳里的永久磁场作相对运动产生涡流，涡流又使固定在机壳里的线圈感应出电流的原理而制成。一个固定的圆柱形磁铁沿中央轴安装在机壳内，线圈固定地绕在永久磁铁外面，非磁性可运动的铜制套筒由弹簧悬挂在磁铁和线圈之间构成惯性部件。当机壳被地震振动驱动时，固定在机壳里的永久磁铁和机壳一起运动，但弹簧悬挂着的铜制套筒因其惯性而滞后运动，于是，永久磁场和铜制套筒之间的相对运动在套筒中形成涡流，涡流的变化率引起变化的次生磁场，变化的磁场在固定的线圈中产生电动势而输出电压。

3. 检波器的特性及参数选择

为了提高仪器的分辨率，前面已经讨论过，应当尽量减小仪器的固有振动，采用所谓阻尼的方法，检波器的阻尼基本上有两类，液体阻尼和电磁阻尼。液体阻尼是将检波器内灌注液体(如机油、柴油等)利用液体对惯性体的流体粘滞性阻力，达到阻尼的目的，改变液体的粘滞度，可改变阻尼力的大小。电磁阻尼则利用在检波器线圈外并联一个阻尼电阻 R_0 来达到阻尼的目的(图 6-27)。其原理如下：当惯性体线圈运动时，通过线圈的磁感应通量发生变化，因而产生

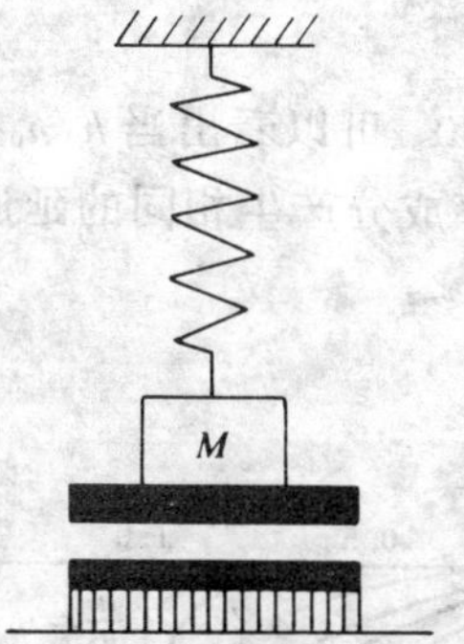

图 6-26　参数型检波器示意图

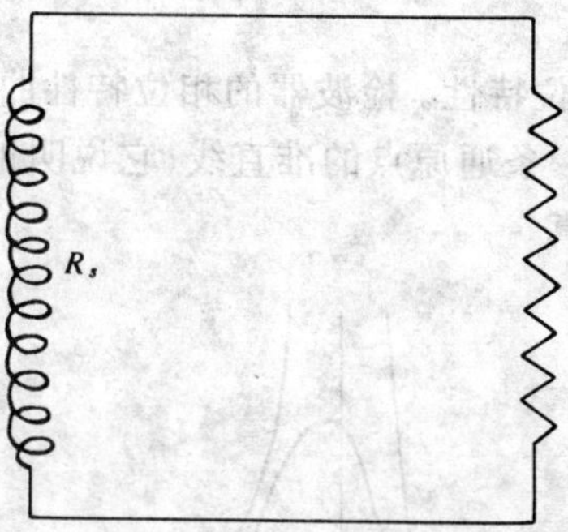

图 6-27　电阻阻尼示意图

电动势 e，由此在线圈回路中产生的电流强度为 i，由欧姆定律得：

$$i=\frac{e}{R_s+R_o} \tag{6-8}$$

式中：R_s 是线圈的内阻。电流与磁场间相互作用力 $\boldsymbol{f}=\boldsymbol{i}NL\times\boldsymbol{H}$，对环形线圈（$N$ 匝，L 长的线圈）电流 $\boldsymbol{i}$ 沿切线方向与磁场 $\boldsymbol{H}$ 方向垂直，力 $\boldsymbol{f}$ 的方向总是与引起电流时线圈运动的方向相反，阻止惯性体的运动，起到阻尼作用。由式(6-8)可见，阻尼力大小同电动势 e 成正比，同线圈内阻 R_s 和并联阻尼电阻成反比，当线圈内阻固定后，可改变阻尼电阻 R_o 来调节阻尼的大小。当 $R_o=0$（短路时），检波器的阻尼达到最大；$R_o=\omega$（开路时），阻尼最小，产生自由振动。

(1) 检波器的特性。欲详细地研究检波器的特性参数，需要建立检波器的运动方程，因篇幅有限，我们只作一般结论性的讨论。决定地震检波器性能的有如下一些参数和特性。

1) 阻尼系数的选择。检波器的分辨率决定固有振动的延续度长短。如果令 h 表示固有过程的衰减快慢，称衰减系数，n_0 表示检波器的固有频率，则 $h/n_0=1$ 时，这个阻尼值是我们最感兴趣的，在这个阻尼值时，使惯性体回到平衡位置后不再向其相反方向偏移，因此这种固有振动具有最好的分辨率，此时的阻尼称为临界阻尼，如图 6-28(b)所示。h/n_0 比值小于 1 的称欠阻尼[图 6-28(a)]，大于 1 的称过阻尼[图 6-28(c)]。欠阻尼使固有振动加长，过阻尼则使检波器固有振动大大降低，甚至振动不起来。

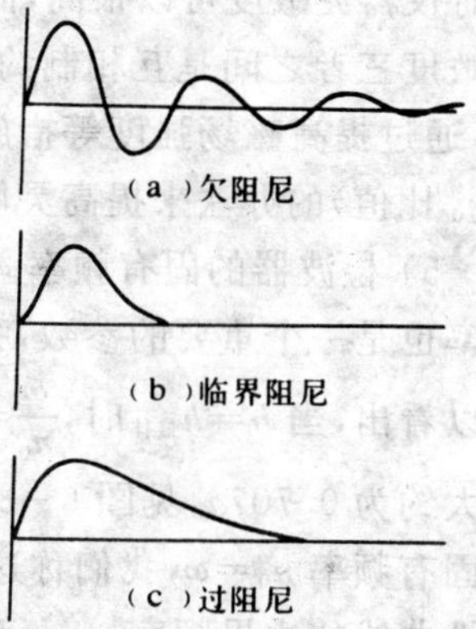

图 6-28　不同阻尼程度的图示

2) 频率特性。如果我们以恒定振幅而不同频率的正弦振动作为检波器输入，而在检波器的输出端测量其不同频率的结果，令 $k(\omega)$ 表示检波器的输出和输入之比，则我们可以得到如图 6-29 所示的检波器振幅-频率特性曲线图，曲线族是以 h/n_0 为参数。该曲线族的基本特点是都从原点出发，当 ω 趋于∞时，曲线都趋于 α，因此它基本上是一组高通滤波曲线，压制低频，放大高频。我们对检波器频率特性曲线的选择应基于这样的观点，即要使有效频谱范围的振动都得到同样的"放大"而不受畸变，亦即在有效波频谱范围内的特性曲线应该是平直的，从图 6-29 的曲线族可以看出，$h/n_0\approx0.7$ 时，曲线在有效波频谱范围内是平直的。于是，我们从频率特性选择的角度要求 h/n_0 的欠阻尼状态，而从阻尼参数选择来说则要求临界阻尼状态，这就是说两者是有矛盾的，要确保分辨率则会影响检波器的频率特性，反之则会影响分辨率。通常我们宁可要好的频率特性，而适当损失分辨率（损失不大）。为此把 $h/n_0\approx0.7$ 的阻尼也称为最佳阻尼。

3）相位特性。检波器的相位特性曲线族示于图 6-30。可以看出当 $h/n_0 \approx 0.7$ 时，相位特性曲线是一条通原点的准直线，它说明地震波中不同频率成分产生相同的延迟，即波形不会产生相位失真。

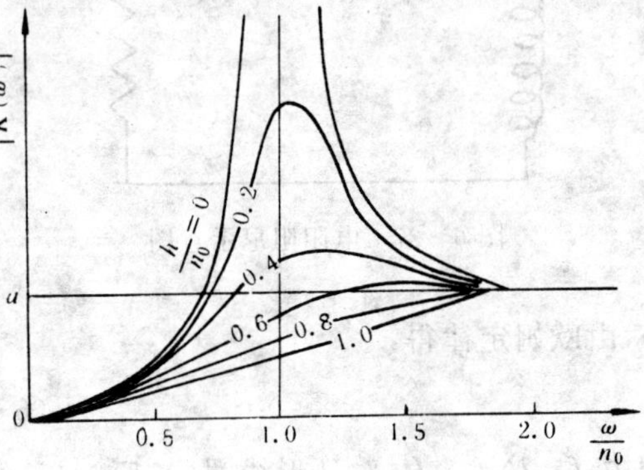

图 6-29 检波器的振幅-频率特性图

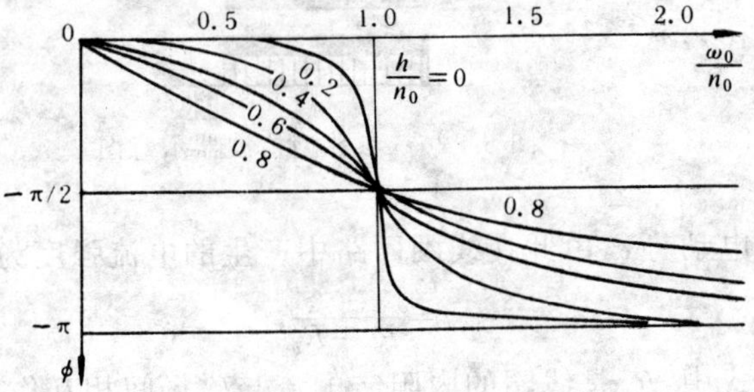

图 6-30 检波器相位特性

4）灵敏度。检波器的灵敏度 α，决定于仪器的磁场强度、线圈圈数的多少。但是，我们从图 6-29 可以看到，曲线族在共振频率处（$\omega/n_0=1$，$h/n_0<0.4$）的曲线族，具有极大的共振振幅，此时仪器灵敏度可以很高，而阻尼却极小，大大损害了波的分辨率。可见，分辨率、频率特性及灵敏度三者之间是互相制约的。通常我们是在确保频率特性不畸变，有较好的分辨率的情况下，通过提高磁场强度等措施来提高仪器的灵敏度，而不是以在特性曲线上损失分辨率（降低 h/n_0 比值）的办法来提高灵敏度。

5）检波器的固有频率。检波器的固有频率也是一个重要的参数，我们从图 6-29 可以看出，当 $h=h_{最佳}$ 时，$\dfrac{\omega}{n_0}=1$ 的曲线振幅值大约为 $0.707a$，见图 6-31。此时检波器的固有频率 $n_0=\omega$，我们称这时的 ω 为频率特性曲线的边界频率 $\omega_{边}$。对检波器的高通频率特性曲线来说，边界频率意味着，$\omega<\omega_{边}$ 的波都被相对压制，而 $\omega>\omega_{边}$ 的波都在频率特性曲线的平直线段范围内，相对地“放大”。而边界频率 $\omega_{边}$ 在最佳阻尼时恰恰等于固有频率 n_0，说明检波器的固有频率决定了它能采集哪些频率的信息。显然，如果在中深层的煤田、油气田勘探中，为了压制低于 20 Hz 的面波，采集 20～30 Hz 到 100～150 Hz 的有效信息，应使检波器的固有频率 n_0 不低于 20 Hz。反之，在工程等浅层高频地震勘探时，固有频率就要调至 40～50 Hz，甚至更高，而在研究深部地壳测深，包括在采集天然地震信息中，检波器或拾震器的固有频率都要调到十几赫芝，甚至几个赫芝的长周期范围。检波器的固有频率与检波器弹簧的弹性成正比，同惯性体质量成反比，弹簧越硬，质量越小，固有频率越高；反之亦然。所以可以通过调节弹簧和惯性体质量来改变固有频率。

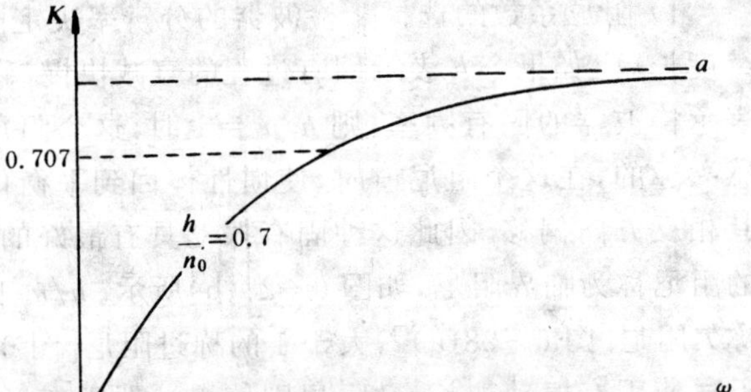

图 6-31 $h=h_{最佳}$ 的振幅频率特性曲线

（2）天然地震勘探中的拾震器。其原理及特性都同检波器是一样的，仅仅是由于它采集的信息比人工地震信息的周期要长得多(频率低得多),因此拾震器中用摆来代替检波器的惯性体,摆的前端装有线圈并处于磁场中,构成机电换能装置。为了采集三分量信息,往往由一个垂直拾震器和两个水平拾震器分别垂直地面和东西、南北向放置,分别采集垂直分量和东西、南北向的水平分量,用向量合成法可以测定天然地震波的传播方向和震源方向。

检波器的固有频率、阻尼系数、灵敏度是地震检波器的重要参数,它们分别与检波器的弹簧的弹性系数、惯性体的质量、内阻及负载阻抗、机电耦合系数、摩擦系数等有关,一个合格的检波器是这些参数应与出厂时的标定值相符,实际工作中必须测定这些参数,以便确定检波器是否具有使用价值。

通过建立涡流检波器的运动微分方程,可求得位移输入时涡流检波器的频率特性,其频率特性曲线如图 6-32 所示。涡流检波器的自然频率一般为 17 Hz,在 20 Hz 以上频率响应随频率增高其灵敏度线性增大,因此可用于高分辨率地震勘探,实践证明这种检波器对低频干扰和面波等有较强的压制能力,对强波之间的弱反射分辨较好,但总的灵敏度低于常用的动圈式检波器,对深层反射不利。

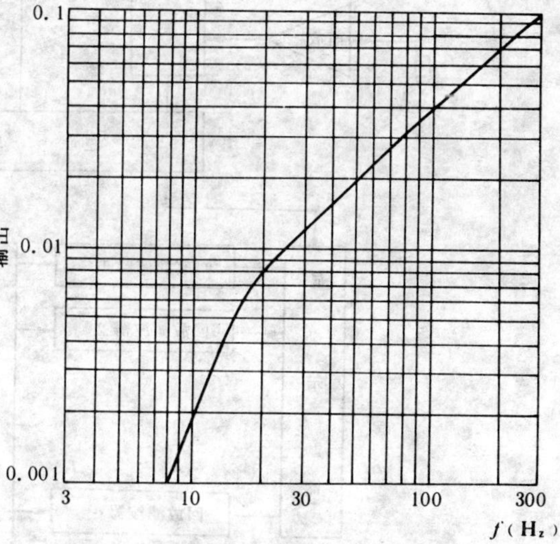

图 6-32　涡流检波器的频率响应特性

综上所述,我们可知检波器的功能就是把由于地震波引起的地面很微弱的机械振动转换为电流强弱变化的电信号,然后再记录下来,因此,它不仅有机电转换功能还有检波功能,故称为检波器。

一般不同频率的检波器对地震波有频率选择作用,即不同的检波器有其对应的频率特性,如果按检波器的固有频率的高低来分,可分为高、中、低频检波器。一般固有频率为 33 Hz 的为中频检波器,固有频率约为 10 Hz 的为低频检波器,固有频率约为 100 Hz 的为高频检波器。

4. 数字地震仪的组成

数字地震仪的结构框图如图 6-33 所示,它主要由记录系统、回放系统两大部分组成。记录系统主要包括:检波器、前置滤波电路、多路转换开关、主放、采样保持器、模数转换器和磁记录器等。回放系统是记录系统的逆过程,主要包括:回放输入编排器、数字自动增益控制、数模转换器、反多路转换开关、回放滤波器和显示器等。这两大部分在逻辑控制器的统一指挥下协调地进行工作。

(1) 地震仪记录系统功能简介:

1) 前置滤波电路。前置滤波电路包括:前置放大器、高通、低通滤波器、陷波器等。

前置放大器:它是安置在仪器最前端的放大器,它的功能即是对微弱的地震信号进行低噪声的线性放大。

滤波电路:可以滤除面波等各种干扰波。

陷波器:主要是为了消除 50 Hz 的交流电干扰。

前置滤波电路的个数与检波器道数一一对应,即有多少道检波器,就有多少个前置滤波电路。

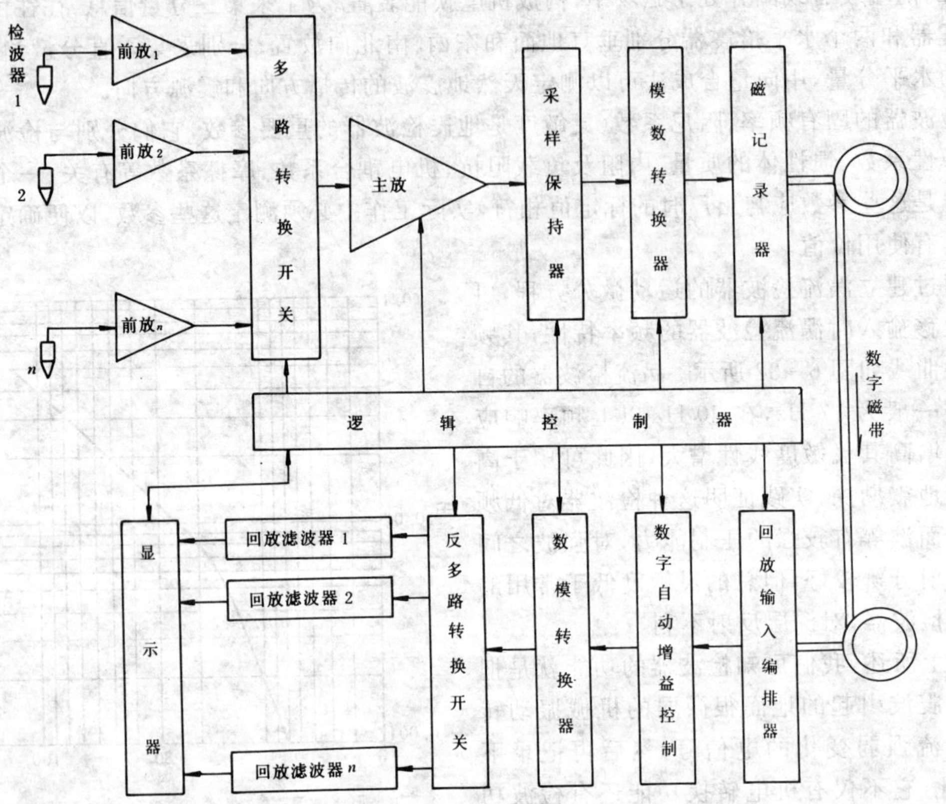

图 6-33 数字采集系统框图

2）多路转换开关。前置放大器输出的是模拟信号，对这种信号数字计算机是无法处理的，它只能对有限个数进行计算。转换开关的第一个作用就是把随时间连续变化的模拟信号进行离散采样，即按一定的时间间隔对模拟信号顺序取若干个瞬时值，使其变成一系列离散值，每个离散值称为一个子样，这种离散过程称为采样或抽样，图 6-34 表示了对模拟信号离散采样的过程。相邻子样的时间间隔为采样间隔（或称采样率）用 Δt 表示，Δt 越小，则所得的一组离散值越能代表原模拟信号的形状，一般 Δt 的大小必须满足采样定理，即 $\Delta t \leqslant \frac{1}{2 \cdot f_{max}}$；$f_{max}$ 为信号中的最高频率成分，如取 $f_{max}=250$ Hz，则 $\Delta t \leqslant 2$ ms，一般在石油地震勘探中采样间隔（采样率）多为 1～4 ms。

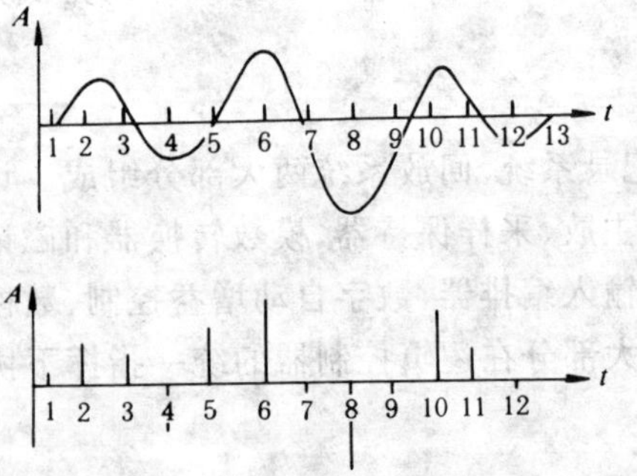

图 6-34 对模拟信号的采样过程

多路转换开关的另一个作用是把“多路并行”的地震信号变成“单路串行”的子样脉冲送入到主放大器中。

以往的地震仪（如模拟磁带地震仪），一道检波器对应一个主放大器和一个记录器共同组成地震记录道，野外有多少道检波器，地震仪中就有多少个主放大器和记录器，这种情况数据的传输方式叫“多路并行”，但现在的数字地震仪为了减小仪器的体积，在仪器中只有一个为各道公用的主放大器，这样在数据到达主放大器之前，就必须有一个转换开关，它相当于一个单刀多掷开关，如图 6-35 所示。在一次采样间隔内，开关依次对所有地震道扫描一遍，从而将所有地震道信号的子样按时间顺序合为一路输入主放大器中，顺序是第一道第一个子样，第二道第一个子样，第三道第一个子样……直至最后一道第一个子样，然后是第一道第二个子样，第二道第二个子样，第三道第二个子样，……依此类推，到最后一道最后一个子样。这样就把多路地震信号变成了一路信号，从而完成了“多路合一”的任务。这个工作就是由多路转换开关完成的。

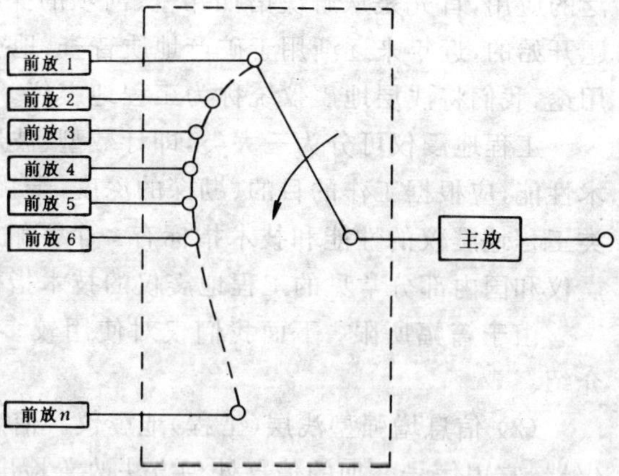

图 6-35　多路转换开关示意图

3）瞬时浮点增益放大器（主放大器）。瞬时浮点增益放大器又称为主放，它的作用就是能够不畸变地放大能量悬殊很大的地震信号，即主放具有较大的动态范围，并且信号被放大后不会发生畸变，其增益随信号能量的强弱可自动变化，同时还能把对信号子样进行放大的增益值记录下来，回放时可恢复其信号的真值。瞬时浮点增益控制是在二进制增益控制的基础上发展起来的。它对每个输入信号子样可很快地控制增益的变化，以调节放大器对该子样本身达到合适的增益，增益调节的速度达微秒级，所以可以认为是瞬时实现的。其增益调节也不限于 6 dB，最大可达 10 μs 内变化 90 dB，增益的变化按 2 的整数次幂跳变，其增益码与数字技术中的浮点表示法的阶码相对应，故称瞬时浮点增益控制。

4）模数转换器（A/D）。由于计算机只会读、取、计算数字信号（如二进制、八进制等），而由主放大器放大后的信号仍是离散后的模拟信号（十进制数），模数转换器的作用就是把从放大系统接收到的离散模拟信号（十进制）转换为二进制的数字信号，从而便于计算机的读取。

5）磁记录器。磁记录器是将数字信号通过磁头记录在磁带上，它可直接将记在带上的原始数据输入计算机。

（2）地震仪回放系统功能简介。为了及时在野外大致检查资料的质量好坏，和了解施工的情况，在数字地震仪中设置了回放系统，它的功能是把数字磁带记录中见不到的数字信号在野外及时转换成可见的模拟波形记录（也叫监视记录），其作用过程相当于记录系统的逆过程，如记录系统中有多路转换开关，模数转换器，则回放系统中就有反多路转换开关，数模转换器等。因此，有关回放系统的功能在此就不多论述了。

随着科学技术的发展，地震仪器也在不断地改进，道数已从以往的 24 道扩展到 1024 道之多。信号的传输也出现了新的技术，由于地震信息的数字化，为减少检波器电缆和干脆甩掉电缆创造了条件，已出现只用两根电缆的地震仪，并将采用无线电数据传输和无线电遥控技术，现在在海洋地震勘探中已出现了多道遥测数字的接收仪。

根据勘探对象的不同，在浅层工程地震勘探中，要求仪器具有记录的频率范围较高，道数较少，不同炸药震源等的特点。下面我们就工程地震中常用的地震仪的类型、原理和技术指标作一简单的介绍。

5. 浅层工程地震仪

（1）浅层工程地震仪简介。近来浅层地震勘探方法有了长足发展，浅层地震仪器获得了广泛的应用,首先是从解决诸如路基、河坝的探测、土石方挖掘和大型建筑物基础等工程地质问题开始的,近年来逐渐用于矿产地质普查、地震小区划研究诸多方面。鉴于浅层地震仪广泛的用途,我们将浅层地震仪统称为工程地震仪。

工程地震仪可分为三大类,即计数型、波形表示型和信息增强型。每类仪器均有不同的技术性能,应根据工作的目的、勘探的深度、干扰水平及其经济技术指标综合考虑选用。为了对各类工程地震仪的性能和技术指标有一个了解,表 6-2 和表 6-3 分别给出了国外部分工程地震仪和国内部分常见的工程地震仪的技术指标。

由于篇幅所限,下面我们仅对使用较多的信息增强型浅层地震仪的工作原理作一简单介绍。

(2) 信息增强型浅层(工程)地震仪。信息增强型地震仪是波形显示型仪器的一种改良型仪器。它用信号叠加的信息处理方法改善检出信噪比,以增大勘探深度或在干扰严重地区能进行有效的工作。

用一般的工程地震仪在干扰背景严重的环境中工作,或测量深部弱信号时,仪器的检出信噪比常是人们最关心的问题。在此情况下增加震源能量,在一定程度上是可以提高检出信噪比的。然而考虑到施工现场的具体条件,例如用小药量爆炸作震源时,在很多场合(如城市街道、公路、采掘矿山附近)是不适宜的。若以锤击为震源,则能量太小,而且仪器的信噪比随着锤击点距的增加迅速下降。信息增强型地震仪在工程地震仪器中引进一种新的概念,采用新的信息处理与显示方式。它测量在同一锤击点多次激发的地震波,将其到达换能器的时刻与各地震界面相对应的同相信号叠加在一起,使其增强。而相位紊乱的随机干扰信号,则随锤击次数增加而趋于彼此抵消。

信息增强型工程地震仪的原理框图见图 6-36。

由换能器接收的第一次锤击激发的地震波,通过加法器由模数转换器将地震波数字化,存入移位寄存器。然后经数模转换器将移位寄存器的数字信息变为模拟量,将地震波形显示在示波管荧光屏上。在进行第二次锤击时,加法器除输入新的地震波信号,同时还通过控制逻辑电路,使移位寄存器内的第一次地震波信号,经数模转换器将它的模拟量也输入加法器,与第二次接收的地震波信号进行矢量和运算,运算结果将经模数转换器再输入移位寄存器。此时,移位寄存器内的第一次地震波信号被一、二次地震波信号的矢量和代替,示波管上显示的也是与移位寄存器内容相一致的二次合成模拟地震波信号。在仪器的扫描过程中,加法器对两次锤击地震波信号按其对应的时值进行矢量相加。有效信号到达时间由于基本上取决于波速,因此在同一锤击点,二次或二次以上激发所收到的信号在时间上必然是大致相同的。这样有效信号被叠加并得出一个幅值增高的总信号。对于环境干扰,由于产生和到达的时间是随机的,因此将随着锤击次数的增加,而趋于彼此抵消。这类仪器的缺点是随着锤击次数的增加,输入信号中混入的强干扰,对其合成信号的影响也在增加。例如在进行了若干次信息叠加后,荧光屏上的地震波形得到了改善。但在以后某一次锤击时,如果幅值足够大的干扰一经混入仪器,则可使已经信息增强的结果受到完全的破坏。这种偶然混入的强干扰对合成地震波形的严重影响是很难去掉的,尤其在信息增强过程快结束时更是这样。为此,有人提出具有两套记忆电路的设计方案,在信号增加过程中,信号先存入 A 寄存器,并检其波形,对各次锤击信号有选择地进行矢量运算后,转入 B 寄存器。

表 6-2　国外各类浅层地震仪的技术指标

型　号		生产厂家	道数	增益(最大值 dB)	A/D 位数	低切截频(Hz)	高切截频(Hz)	采样率	动态范围(dB)
MCSE1S-1500A		日本 OYO 公司	12	固定 94	12	5	70 1 000	50μs 100μs 200μs 500μs 1ms，2ms	66 AGC30
MCSE1S-1500B 系列	TR7	日本 OYO 公司	24	固定 94	8	6～48	60～1 000	50μs～1ms	42
	TR8	日本 OYO 公司	24	固定 90	8	5	200 700	50μs～1ms	42
MCSE1S-1600		日本 OYO 公司	24～96	固定 90	12 (8)	12,24,48	70,140,280	10μs～5ms	66 (42)
ES-1210F		美国 EG&G 公司	12	固定 96	10	30～300 通频带内可调	30～300 通频带内可调	5μs～2ms	54
Gcopro-8012A		美国 Bison 公司	12	固定 102	8	7～75	100～1 000	最小为 50μs	42 PGC 30
Gcopro-8024		美国 EG&G 公司	24	固定 102	8	7～75	100～1 000	最小为 50μs	42 PGC 30
ES-2415F		美国 EG&G 公司	24	固定 102	8	10～290	10～990	1/8～4ms	42 AGC 80
Bison scrics 9000	9012	美国 Bison 公司	12	浮点 130	16	4～1 020	125,250,500, 1 000,2 000	50μs～2ms	大于 130
	9024	美国 Bison 公司	24	浮点 130	16	4～1 020	125,250,500, 1 000,2 000	50μs～2ms	大于 130
	9048	美国 Bison 公司	48	浮点 130	16	4～1 020	125,250,500, 1 000,2 000	50μs～2ms	大于 130
TERRALOC-MK11		瑞典 Atlas 公司	24	固定 126	8	62	无	24μs～5ms	42
ES-2401		美国 EG&G 公司	24	浮点 150	15	25,35,50 等	250,500,1 000 等	50μs～2ms	114
ES-2420		美国 EG&G 公司	24 至 512	浮点 100	15	5～320	45～1 440	1/4,1/2,1,2,4	大于 100
DSS-10A		美国 Gcosawce 公司	24	浮点 138	15	6～96	31～500	1/2,1,2ms	126
DHR-2400		美国 1/O 公司	24	固定 122	12	90 等	300 等	1/4,1/2,1,2,4ms	66

表 6-3 国内常见工程地震仪的技术指标

仪器型号和名称	生产厂家	主要性能和参数	仪器特点
CZ-1型测桩仪	国家地震局工程力学所	加速度测量 最大可测:约1 g 频率范围:30~200 Hz 位移测量 灵敏度:1.1 V/μm 最大测量范围:160 μm	桩基测量的专用仪器,可供测量桩基在激振时产生的加速度和位移
2J-1型桩基检测记录仪	国家地震局地球物理研究所	记录通道:最多为六道 三种记录频带:20,100,500 Hz 内存:32 KB 12位A/D	单片机控制的数据采集记录设备,包括信号放大、模数转换、数据存贮、数模转换、磁带记录、计算机接口等。除桩基检测外还能接多种传感器,进行场地脉动波速等测量
DZQ-3轻便浅层地震仪	重庆地质仪器厂	3通道 放大器自动增益控制功能 存储器容量 8×1 024 bit/道 采样率:50~200 μs 六档 滤波方式:全通、高通、低通、带通 放大器增益:总增益 96 dB 固定增益 30 dB 可变增益 66 dB 重量:12.5 kg	微机控制,CRT显示,磁带记录,主要用于工程地质勘探,也可以用于无损桩基检测
RSM系列桩基信号检测仪	中国科学院武汉岩土力学研究所	输入通道:4~8道 最高采样率 1.25~10 μs 8位,12位ND任选	采有RS-232C接口,可与IBM及兼容机工作,可配接各类地震检波器及各种有电压输出功能的传感器,整机体积小,主要用于桩基检测,也可以记录分析其他工程振动信号,有较完备的软件系统
RS系列工程振动分析仪	武汉岸海工程技术开发公司	输入通道 4~8道 最高采样率 6~32 μs 8位,12位A/D任选 模拟增益 60 dB 动态范围 132 dB 程控频带宽范围 3~5 kHz	最高可靠性和可替换性。硬件设计采用群控阵列,采用RS-232C接口,可与各种IBM兼容机工作,可配接各类地震检波器及各种有电压输出功能的传感器,可用于大、小应变桩基检测、工程数字信息处理、工程振动的检测与分析
2K-2A桩基振动检验仪	山东汶上无线电厂	频率范围 5~2 kHz 双通道测量放大器 增益 $1\sim10^4$ 可调	积木式 由扫频信号发生器、测量放大器、鉴相器、跟踪滤波器组成
ADS-6便携式信号分析仪	中国科学院声学研究所	双通道 可编程增益 可编程滤波	便携,液晶显示 可监测振动信号,地震信号,声信号 适合现场、野外工作
MT-401多功能信号分析仪	江苏宝应振动仪器厂	4通道 8位A/D并行同时采集	多种输出和外设 具有光标直读、屏幕编辑 谱分析、传递函数等16种运算功能 适用于桩基检测
GJY-1工程检测仪 MH-2煤层厚度探测仪 KDY-1矿井地震仪	淮南矿业学院 长沙旭华仪表厂	3~6通道可选 增益 6~96 dB 滤波8档 10~8 000 Hz 8位A/D	专门设计的电脑与大屏幕液晶显示,菜单式提示操作小型便携,防煤气大爆炸,防潮,可在强干扰环境中提取有用信息,适用于煤层测厚、岩土工程波速测试、混凝土工程强度评价、以及桩基无损检测

续表 6-3

仪器型号和名称	生产厂家	主要性能和参数	仪器特点
INV-303 型动态信号处理系统	东方振动和噪声技术研究所	采样频率:40 kHz、100 kHz 12 位 A/D,1 MHz,8 位 A/D 量程 0±5 V,0～±10 V 可程控放大 同步采样:2 道、4 道、16 道	机型包括 A、B、C、D 四种型号,可进行信号处理、桩基检测、模态分析,可根据实际需要选择机型、软件及附属设备
YJ-Ⅲ工程地基无损检测仪	冶金部建筑研究总院	4 通道 频率范围:1～20 kHz 12 位 A/D 采样频率 200 kHz 放大器增益>60 dB	IBM286 计算机为控制单元,可配用相应仪器 B 软件,可进行瑞利波无孔检测,稳态、瞬态小应变试桩
CE 9201 土建工程质量检测仪	建设部综合勘察研究院长沙白云仪器开发公司	力、加速度和声波通道:1～6 频带:1～8 000 Hz 增益:6～96 dB 程控 采样间隔 10 μs～2.5 ms 超声通道:一发两收 采样时间:0.5～1 μs、2 μs 频带:1～300 kHz	汇编语言固化软件 RS-232 接口 全封闭结构、电池供电,适用于恶劣的野外环境
RAP 系列动力验桩仪	中国科学院武汉岩土力学所 中国科学院声学研究所	4 通道 14 位 A/D 采样频率:833 kHz 整机增益:96 dB	便携微机 RS-232 接口 锤击回波法检测 Case 法检测
ADS-6A 便携测桩仪	中国科学院声学研究所	4 通道 12 位 A/D 最高采样率 100 kHz 增益范围:0～60 dB	便携微机 高速或超长信号采集 除测桩外还适用于其他振动信号测量分析
MEDA-16 便携多功能工程测试分析仪	国家地震局分析预报中心	1～16 通道 12 位 A/D 最高采样速率 1 MHz 程控放大 1～1 000 倍 程控滤波:八阶可选	RS-232 接口输出,配接不同传感器可测桩,测波速,测脉动,测工程建筑动参数,各种振动模态测量,浅层地震勘查等,配有各种软件,功能齐全
SWG 多功能地震勘探仪	长沙旭华仪表厂	12 通道 12 位 A/D 采样间隔:8 μs～15 s 动态范围:54 dB	多功能地震勘探仪器配有多波地震勘探的软件,在面波勘探方面性能优越

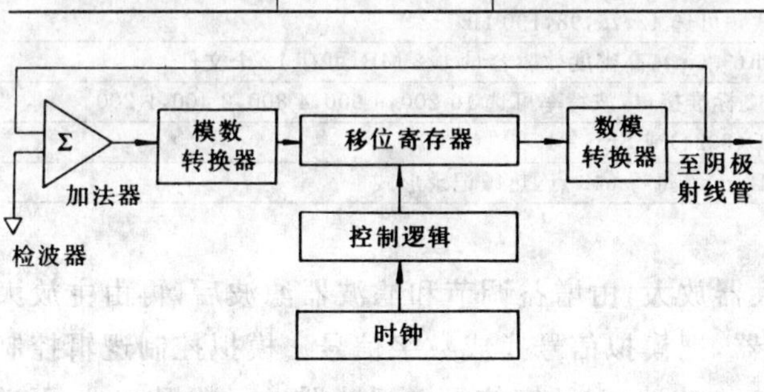

图 6-36　信息增强型浅层地震仪原理方框图

信息增强型数字叠加式工程地震仪是更先进的信息增强型工程地震仪。这类仪器一般都实现了全数字化。全数字化就是利用微机控制仪器来完成数据采集和信息处理。这类仪器的核心是微机控制处理,而地震信号采集系统则属于外围设备,通过对计算机操作就可以实现对地震仪的操作。这样可以大量减少地震仪的参数选择旋钮和开关,也使地震仪的稳定性和可靠性大大提高。操作时,通过键盘调用相应程序,就可完成仪器的某种功能,这就是程控。这类仪器的数字叠加原理及流程图如图 6-37 所示。

来自放大器的模拟信号经 A/D 转换后的数字信号和存贮器已有(前一次)的数字信号相加,再送回存贮器,等待与再次激发产生的数据信号相加。若使每次激发产生的地震信号依次进行相加，就可得到多次叠加的数据。数字叠加式的加法运算是由容易扩大容量的数字存贮器完成的，故数字叠加式仪器的叠加次数大于模拟叠加式仪器的叠加次数。

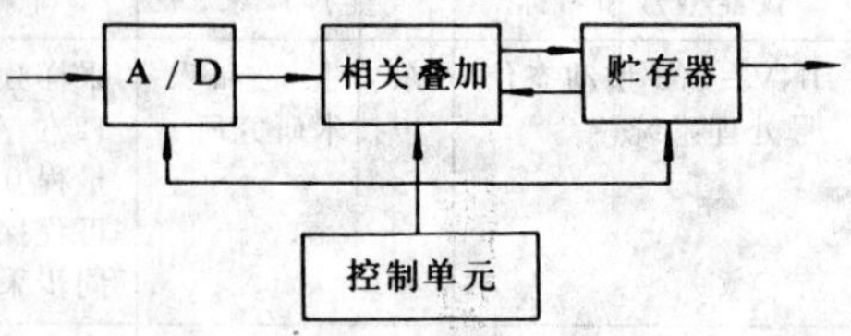

图 6-37 数字叠加原理流程图

下面以我国西安地质仪器厂生产的 DDZ24 工程地震仪为例，对数字叠加式地震仪的工作原理和技术特性做一简要介绍。

DDZ24 低速带地震仪是采用当代微机技术开发出来的新型工程地震仪，具有信号增强、预检放炮、噪音监视、延迟选择、放炮参数的存储/调用，数据输入/输出，以及故障和操作状态提示等功能。仪器的主要技术指标与美国 EG&G 公司的 ES-1225(12 道)仪器相同，性能与日本 OYO 公司最新产品 MCS160M 相近。DDZ24 为 24 道信号增强型高采样率(最高为 50 μs)仪器。图 6-38 给出了仪器的原理框图，表 6-4 是仪器的主要技术指标。

表 6-4 DDZ24 低速带地震仪技术指标

序号	项目	技术要求
1	道数	24 道
2	采样率	50,100,200,500,1 000,2 000 μs
3	记录长度	50,100,200,500,1 000,2 000 ns
4	延迟时间	0～5 s，每次增减 1 ns
5	主放大器动态增益	0～78 dB，6 dB 档
6	前放增益	42 dB
7	存贮/调用	24 道的增益和幅度可永久存贮与调用(12 组参数)
8	计时:晶体计时精度	±0.01%
9	显示:液晶显示器	对角线 279.4 mm，分辨率 640×400 dots
10	输入阻抗	20 kΩ，根据需要可变
11	最大不失真输入信号	52 nV(有效值)
12	信号增强	最大增强次数 255 次
13	频率响应	3～1000 Hz
14	滤波器	断： 通:低截频可选 42,75,98,130 Hz
15	软盘驱动器	8.89 cm(3.5in)，高密度软驱容量 1.2 MB，可存 12 个文件
16	串行口	RS-232 标准接口，波特率可选 19 200,9 600,4 800,2 400,1 200
17	软盘记录格式	SEG-D(8024)或 SEG-1
18	绘图仪	纸宽 112 mm，每行 640 点，热敏记录形式

由图 6-38 可见，地震信号经前置放大器放大，由增益调节和滤波器滤波后，再由主放大器放大，信号经采样保持器送到 A/D 转换器，把模拟信号换成数字信号。模拟控制逻辑控制 A/D 转换器，滤波器控制开关控制滤波器切换滤波挡，数字信号经缓冲器送至数据总线，再送到 256KRAM。

CPU 及控制电路包括键盘控制器、256KRAM、64KEPROM、80186CPU 等电路。此部分为整机的控制逻辑，64KEPROM 为固化软件，2KRAM 为永久存储/调用 12 种野外工作参数。通过面板上的操作键，即可控制并实现仪器的各种功能操作。

通讯口为国际通用的 RS-232 标准串行通讯口。最高通讯波特率为 19 200。显示电路由

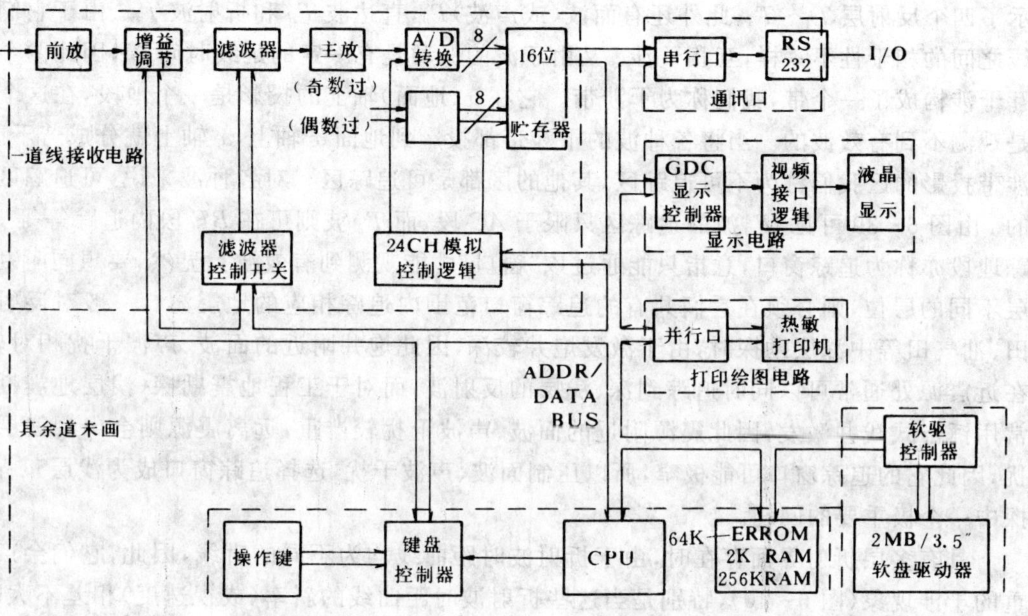

图 6-38　DDZ24 浅层地震仪原理框图

GDC 显示控制器、128KRAM、视频接口逻辑、LCD 液晶显示器等电路组成，可显示各种工作参数，操作状态提示和 24 道地震波形。打印绘图电路由并行口、热敏打印机接口板、热敏头组成。软驱操作有菜单显示，可完成与微机相应的各种功能。软盘上的记录数据可在 IBM 兼容机上作进一步分析处理。

DDZ24 仪器采用 16 位 80186CPU，整机集成度高、功能强、功耗小、重量轻、体积小、操作灵活、携带方便，其技术水平接近当前国际上的最新型仪器。

DDZ24 可广泛用于石油、煤田地质与工程地质等方面的工作和研究，是石油、煤田、地矿、电力、水利、交通、城建、冶金等部门的勘测的重要工程地震仪。仪器可使用锤击、地震枪或炸药作震源，激发地震波进行折射法或反射法勘探以及测井等。选择仪器的信号增强、预检放炮功能，特别是有干扰的地区，可提高信噪比。

此外，长沙旭华仪表厂最新研制了 SWG 全自动面波勘探仪，配有三十几个处理模块，可进行三分量的面波及多波地震勘探。

五、地震信息的接收

下面我们将从多个地震记录道同时观测出发，研究如何应用多道仪器的特点来更有效地接收有效信息和提高信噪比。

1. 利用波的时距关系追踪有效波

由前面已讨论过的各种波的时距曲线特点，我们可得出一个重要的概念，即各种规则有效波，它们的时距关系均具有相干性(即相邻道之间波到达的时间是有规律的，并且是可预测的)。这就为我们利用多道仪器追踪有效波信息创造了条件。但是各种波的时距曲线的相干性并不是一样的，有的是直线，有的是曲线，于是相互之间会互相干涉，就存在一个有效波的追踪范围和追踪地段问题。

(1) 追踪窗口的选择。图 6-39 给出了前面我们已经讨论过的各种波的时距关系。图中表

示了四个反射层 $T_1 \sim T_4$，此外还有面波（或声波）T_n，直达波 T_d 和折射波 T_h。由于它们时距曲线之间的相干性不一样，互相干涉。又由于波的振动是有一定的延续时间 Δt，因此两个波的相互干涉构成了一个带，我们称为干涉带。它在 x（地面）轴上的投影是一个地段，在这个地段内是观测不到有效波的。当将各种波的干涉带都投影到地面 x 轴上，x 轴上就分成若干区，凡干涉带投影的区我们称为不可追踪区，其他的区都是可追踪区。对各种波来说，可追踪区是变化的。由图 6-39 可见，T_1 波的追踪区只限于 AC 段，而 T_2 波则可在 BF 段内追踪等等。这个追踪地段亦称为追踪窗口，意指只能通过该“窗口”才能观测到有效波。显然，要想同时勘探深浅层不同的层位，则必须在它们共有的追踪窗口范围内追踪相应的地震波。一般对反射波法煤田、油气田等中深层勘探时，由于激发炮井较深，因此炮井附近的面波、声波干扰相对较少，故在近震源处通常可以同时追踪到深、浅层的反射波，而对于工程地震勘探（浅层地震勘探），通常用锤击式浅井激发，因此震源附近的面波、声波干扰较严重，远离震源则会出现浅层折射干扰，因此它的追踪窗口可能极窄，所以压制面波、声波干扰，选择追踪窗口成为浅层工程地震勘探中一个极重要的问题。

具有多层折射界面存在时，由于折射波时距曲线均为不同的直线，因此，它们会产生很严重的干涉现象（图 6-40），特别是当这些折射波时距曲线的斜率（或视速度）相差不大时，它们的干涉带长度可以很长，而且不能在同一个追踪地段内追踪所有层段，加上有的折射波随着距震源距离的增大而迅速衰减，一般不可能对所有的折射波选择同一观测地段，而在不同地段追踪不同的层位。

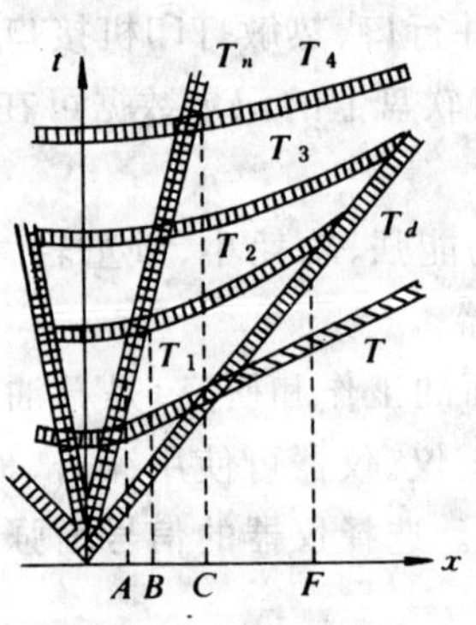

图 6-39　各种波的时距关系及追踪地段的选择

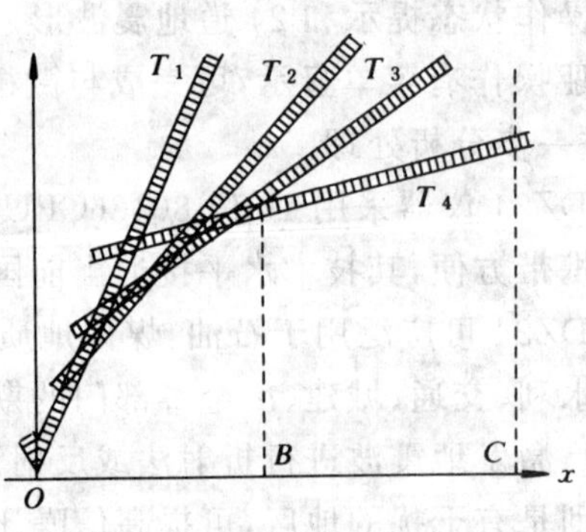

图 6-40　折射波的追踪地段选择

（2）接收点间距的选择。由于地震剖面上每一道记录往往是相邻几道所接收的振动叠加的结果，所以在选择相邻接收点间距 Δx 时应该考虑到以后处理方法提出的要求。选择 Δx 大小的总原则是：经过处理后能在地震剖面上的相邻道上可靠地追踪波的同一相位。因此，选择 Δx 时必须考虑的因素也就是影响波相位对比的因素。即：① 在相邻道上记录形状的重复性；② 有效波与干扰波及随机振动背景的振幅关系；③ 波到达相邻接收点的时差 Δt；④ 振动的视周期 T^*。

当记录重复性合乎要求并且干扰背景不大时，波能够可靠对比的条件是

$$\Delta t \leqslant T^*/2 \tag{6-9}$$

从视速度考虑时，得

$$\Delta x \leqslant V^* T^*/2 \tag{6-10}$$

该式可用于在一般条件下粗略地估算 Δx。

2. 方向特性的利用

地震波存在着两类方向特性，第一类方向特性是接收仪器的灵敏度(响应)与波传播时质点振动方向之间的关系；第二类方向特性是接收仪器的响应与波的传播方向之间的关系。人们可以利用这两类方向特性来压制干扰，提高信噪比。

(1) 第一类方向特性的利用。众所周知，有效波从地下经过低速带到达地面时，射线方向几乎垂直地面。所以对于纵波来说，其质点振动方向也几乎垂直于地表，这时，使用垂向地震检波器记录地面位移的垂直分量，可得到最大的灵敏度。同理，使用水平地震检波器记录地面位移的水平分量有最大的灵敏度，因此，纵波勘探时只使用垂向地震检波器，横波勘探中要使用水平地震检波器。这是由于这两种单分量地震检波器具有不同的方向特性，假定垂向地震检波器的方向特性在垂向方向有最大的灵敏度 W_{01}，在水平方向灵敏度为零，则任意方向振动的波其有效灵敏度 W_1 是

$$W_1=W_{01}\cos\beta \qquad (6-11)$$

其中 β 是质点振动方向与地面法线的夹角，如用极坐标表示这个关系，可得到图 6-41(a)的图形。对于水平地震检波器，有类似关系式

$$W_2=W_{02}\cos\left(\frac{\pi}{2}-\beta\right) \qquad (6-12)$$

其中 W_{02} 是水平地震检波器的最大灵敏度，其方向特性图见图 6-41(b)。

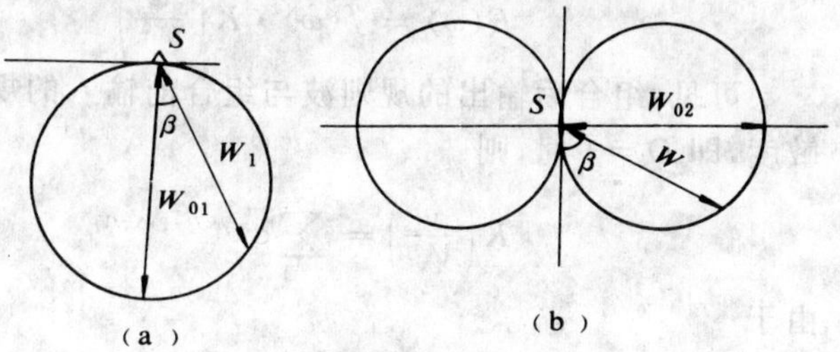

图 6-41 地震检波器的方向特性

(a) 垂向特性；(b) 水平向特性

由此可见，当采用纵、横波联合勘探时或者记录三维空间中的任意方向振动时，都应该采用三分量地震检波器，这种检波器有 x,y,z 三个方向的机电转换装置。

(2) 第二类方向特性的利用——地震组合法。地震组合法是利用有效波和干扰波传播方向不同，压制干扰波提高资料信噪比(有效波和噪音之比，用 S/N 表示)的一种有效的野外工作方法。它主要用于压制面波之类低视速度规则干扰及无规则的随机干扰。所谓组合指的是用多个检波器同时接收构成一个地震道的输入或者多个震源同时激发构成一个总震源，前者称组合检波，后者称组合爆炸，两者原理相同，因此这里我们以组合检波为例讨论地震组合法原理。在实际生产中，检波器组合形式多样，有线型组合、面积组合等。但大都以简单的线性组合为基础的，所以在此主要讨论线性组合理论。

1) 简单线性组合的方向特性。简单线性组合形式就是组合检波器沿测线等间距直线排列，检波器间距为 Δx。为简化讨论，设地震波是平面波，波前与地面成 α 角，地震波速为 V(图 6-42)。把第一个检波器接收到振动的时间记为零，振动函数是 $f(t)$，又设组内各检波器接收到的振动波形和振幅都一样，只是有相对时差 Δt，所以第二个检波器接收到的振动是 $f(t-\Delta t)$。同理，第三个检波器接收到的振动为 $f(t-2\Delta t)$ …，第 n 个检波器接收到的振动为

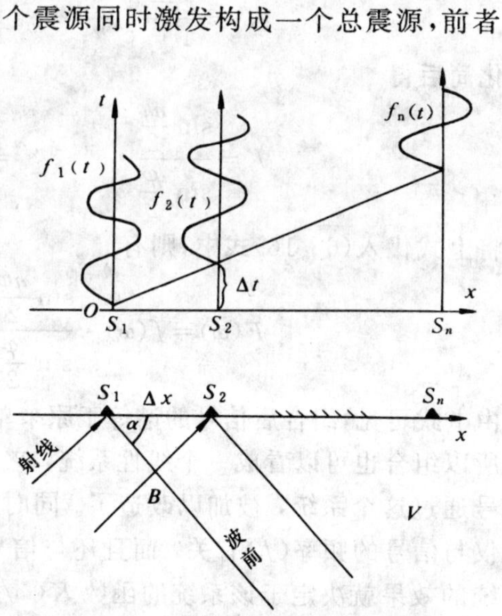

图 6-42 简单线性组合示意图

$f(t-(n-1)\Delta t)$。所谓组合就是把这 n 个检波器的输出叠加起来，作为一道的信号输出。因此，如果有 n 个检波器的组合，且检波器的灵敏度为 D_i，则组合后的输出 $F(t)$ 为：

$$F(t)=\sum_{i=1}^{n}D_i f[t-(i-1)\Delta t]=\sum_{i=1}^{n}D_i f\left[t-(i-1)\frac{\Delta x}{V^*}\right] \tag{6-13}$$

或为

$$F(\omega)=f(\omega)\sum_{i=1}^{n}D_i e^{-j\omega(i-1)\Delta x/V^*} \tag{6-14}$$

令

$$K\left(\frac{\omega}{V^*}\right)=\sum_{i=1}^{n}D_i e^{-j\omega(i-1)\Delta x/V^*} \tag{6-15}$$

则有

$$F(\omega)=f(\omega)\cdot K\left(\frac{\omega}{V^*}\right) \tag{6-16}$$

可见，组合后输出的规则波与组合前输入的规则波只差 $K(\omega/V^*)$ 因子。若检波器为等灵敏度，即 $D_i=1$ 时，则

$$K\left(\frac{\omega}{V^*}\right)=\sum_{i=1}^{n}e^{-j\omega(i-1)\Delta x/V^*} \tag{6.1-17}$$

由于

$$\frac{\omega}{V^*}=\frac{2\pi f}{V^*}=\frac{2\pi f\sin\alpha}{V} \tag{6-18}$$

所以，因子 K 是与波的频率和入射角 α 有关的函数，我们称 K 为组合的综合特性。令

$$\varphi=\frac{\omega}{V^*}\cdot\Delta x=\frac{\Delta x 2\pi f\sin\alpha}{V}=\omega\cdot\Delta t \tag{6-19}$$

则

$$K=\sum_{i=1}^{n}e^{-j(i-1)\varphi} \tag{6-20}$$

这是一个等比级数求和，所以有

$$K=\frac{1-e^{-jn\varphi}}{1-e^{-j\varphi}} \tag{6-21}$$

化简后得

$$K=\frac{\sin\frac{n\varphi}{2}}{\sin\frac{\varphi}{2}}\cdot e^{j(n-1)\varphi/2}=\frac{\sin\frac{n\omega\Delta t}{2}}{\sin\frac{\omega\Delta t}{2}}\cdot e^{\frac{j(n-1)}{2}\omega\Delta t} \tag{6-22}$$

将上式代入(6-16)式中，则有

$$F(\omega)=f(\omega)\cdot\frac{\sin\frac{n\varphi}{2}}{\sin\frac{\varphi}{2}}\cdot e^{j(n-1)\varphi/2}=f(\omega)\cdot\frac{\sin\frac{n\omega\Delta t}{2}}{\sin\frac{\omega\Delta t}{2}}\cdot e^{\frac{j(n-1)}{2}\omega\Delta t} \tag{6-23}$$

由上式可见，组合后信号的谱等于原来单个检波器接收到的信号的谱乘上某个函数$K(\omega/V^*)$，所以组合也可以看成一个线性系统，它的特性就是 $K(\omega/V^*)$，组合后的信号就相当于单个信号通过这个系统，被加以改造了。同时进一步分析(6-22)式可知，函数 $K(\omega/V^*)$的特性不仅与信号的频率(f)有关，而且还与信号到达组内各检波器的相对时差 Δt 有关，可见组合系统的效果就决定于该系统的函数 $K(\omega/V^*)$的频率特性和方向特性(因为时差 Δt 的大小与波的入射方向有关，即 $\Delta t=\frac{\Delta x\cdot\sin\alpha}{V}$)。在地震勘探中讨论组合问题时，一般主要讨论组合的方

向特性。

由于组合的方向频率特性函数 $K(\omega/V^*)$ 是一个复数，它的振幅特性（复数的模）是

$$|K(\omega/V^*)|=\frac{\sin\frac{n\omega\Delta t}{2}}{\sin\frac{\omega\Delta t}{2}} \tag{6-24}$$

它的相位特性（复数的幅角）是

$$\theta(\omega)=\frac{n-1}{2}\omega\Delta t \tag{6-25}$$

显然，当单个检波器接收到的振动的振幅为 A_0，初相位为零的简谐波 $f(t)=A_0\cdot\sin\omega_1 t$，则 n 个检波器线性组合的输出 $F(t)$ 可写成

$$F(t)=A_0\frac{\sin\frac{n\omega\Delta t}{2}}{\sin\frac{\omega\Delta t}{2}}\cdot\sin(\omega t-\frac{n-1}{2}\omega\Delta t) \tag{6-26}$$

上式的物理意义是：n 个检波器组合后的总输出也是同一频率的简谐波，其相位与组合的中心处的检波器接收到的振动的相位相同，而总输出信号的振幅为

$$A_\Sigma=A\cdot\frac{\sin\frac{n\omega\Delta t}{2}}{\sin\frac{\omega\Delta t}{2}} \tag{6-27}$$

也即 A_Σ 是与 $n\Delta t$ 有关的，其中 $\Delta t=\frac{\Delta x\sin\alpha}{V}$，这就表明总振动的振幅 A_Σ 与波的入射角 α 有关，在反射波法中，从深层水平界面来的反射波差不多垂直入射到地面（$\alpha\approx0$），这时 $A_\Sigma\approx nA_0$，即总振幅增加了 n 倍，说明有效波得到加强，而对其他 α 角较大的干扰波（如面波 $\alpha\approx90°$），则相对地受到压制。通常用组合后总振动的振幅与组合前单个检波器接收到的振动振幅的 n 倍之比

$$\Phi(n,\varphi)=\frac{A_\Sigma}{nA_0}=\frac{\sin\frac{n\varphi}{2}}{n\sin\frac{\varphi}{2}}=\frac{\sin\frac{n\omega\Delta t}{2}}{n\sin\frac{\omega\Delta t}{2}}=\frac{\sin\frac{n\pi\Delta t}{T}}{n\sin\frac{\pi\Delta t}{T}} \tag{6-28}$$

来表示组合对来自不同方向的波的相对加强或压制效果。Φ 称为归一化的组合的方向特性。式中：Δt 为波到达两个相邻检波器的时差；T 为谐波周期；n 为组内检波器个数。利用式（6-28）以 n 为参数，$\Delta t/T$ 为横坐标，可绘制出不同组合数目的方向特性曲线，如图 6-43 所示。

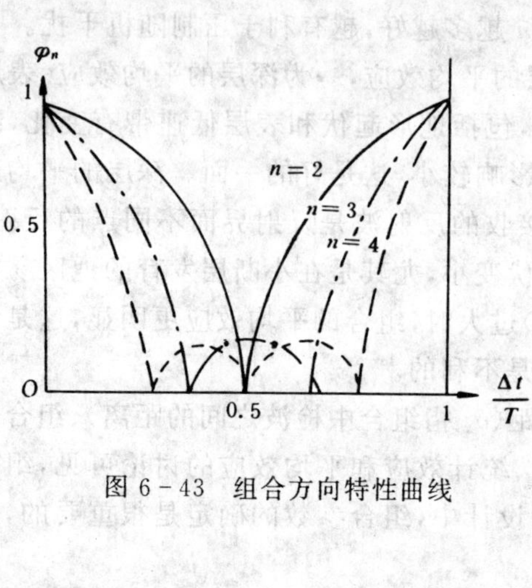

图 6-43　组合方向特性曲线

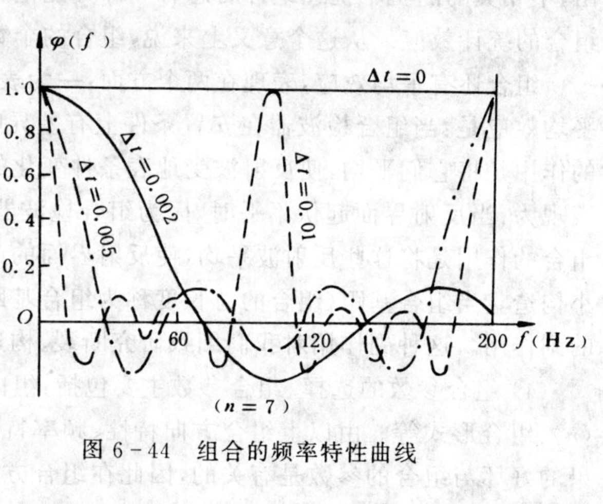

图 6-44　组合的频率特性曲线

组合的方向特性曲线有明显规律性，对于高视速度的规则波，近乎垂直到达各检波器，相邻检波点之间的时差 $\Delta t \to 0$，φ 达到最大值，在 $0 \leqslant \Delta t/T \leqslant \frac{1}{2n}$ 区间内，$\varphi \geqslant 0.707$，称为通放带，$\Delta t/T=\frac{1}{2n}$ 的横坐标点称作通放带边界点。在 $1/n \leqslant \Delta t/T \leqslant (n-1)/n$ 区间内，φ 值最小，而且 $n-1$ 个零值点，对规则波有最大的衰减，此区间称为压制带。组合数目多少对特性曲线也有影响，组合数目增加，通放带边界点向左移，通放带变窄，压制带内的极值降低。

因此，只要波的视速度很大，就可落入通放带，组合后输出波的振幅就会得到加强（有效反射波通常都满足），是未组合前单个检波器输出振幅的 n 倍，而对低视速度的规则波（如面波等），组合后相对受到压制。由于视速度等于频率除以波数，当频率固定时，组合也看成是波数滤波，波数是空间上的概念，所以组合主要是空间滤波。

由上讨论我们很容易得出组合方法的原理和实质：它实际上是利用了反射波和面波的传播方向的差异或者说是视速度的差异和地震信号的叠加原理，来达到压制面波及随机干扰，增强反射波提高资料信噪比的目的的。

2）组合的频率特性。在讨论组合的方向特性时，假设地震波为平面谐波，但实际的地震波是脉冲波，含有许多频率成分，不同频率的 $\Delta t/T$ 是不同的，因此，组合后波形就要发生畸变。把方向特性公式中的周期 T 变为频率 f，就可得到频率特性公式：

$$\Phi(n,f)=\frac{\sin n\pi f\Delta t}{\sin \pi f\Delta t} \tag{6-29}$$

上式中设 n 为已知，Δt 为参数，可作出组合的频率特性曲线，在图 6-44 中作出了 $n=7$ 时，Δt 取不同时间值的频率特性曲线。从图可见，只有当 $\Delta t=0$（即 V^* 无穷大时），组合的频率特性为一水平直线，它表明无频率滤波作用，即组合前后波形不变，波是同相叠加。当 $\Delta t \neq 0$ 时，组合是有频率滤波作用的。因为，组合对反射波来说，不同检波器接收到的波的时差 Δt 虽然很小，但并不等于零，因此组合对反射波仍有低频滤波作用，并随时差 Δt 增大，组合参数 n 的增加，低频滤波作用越明显，其结果是波形“变胖”（周期变大），频率变低，这是我们不希望的，是组合方法的副作用。因此，野外工作时必须合理地选用组合。

3）组合的统计效应和平均效应。组合法还可以根据有效波和干扰波出现规律的差异来压制随机干扰，假设到达检波器的随机干扰都是相互统计独立的，则由概率统计来进行分析后指出，不相关的随机干扰经组合后总有一部分能量相互抵消。组合后信噪比增大 $\sqrt{n}$ 倍，这就是组合的统计效应。从这个意义上来说，组合的个数 n 越多越好，越有利于压制随机干扰。

组合还有平均效应，表现在两个方面：一为表层的平均效应，一为深层的平均效应。表层的平均效应是：当组合检波器在安置条件上有差异时，包括地形起伏和表层低速带有变化，组合的作用是将它们平均，使反射波受地表条件变化的影响较小，这是好的一面。深层的平均效应表现为：当反射界面起伏不平时，因为组合检波器接收的反射波是反射界面不同点的反射波，组合的作用是将这些反射波平均，使反射界面的起伏变小，尤其是在小断层发育的地区易漏掉小构造。当组合基距（组合的总长度称为组合基距）过大时，组合的平均效应更明显，这是组合的副作用。这种副作用对我们细致研究断裂、构造是不利的。

4）组合参数的选择。组合参数主要包括：组内距（δ_x 指组合中检波之间的距离）、组合个数（n）、组合形式等。由以上组合方向特性、频率特性、统计效应和平均效应的讨论可见，组合效果的好坏与组合的参数是有关的，因此在组合方案设计中，组合参数的确定是很重要的，一般来说有：

① 组合的检波器个数(n):一般为二十、三十个左右,个数多些,组合的方向特性和统计效应较好,得到的记录的信噪比较高,但随 n 的增大伴随的低频滤波作用,平均效应就越厉害,组合个数应适可而止。

② 组内距(δ_x)的选择:主要据工区面波调查资料来定,应使面波到达组内各检波器的时差为 $T/2$(T 周期),组合时面波波峰刚好对波谷,使组合后面波振幅为最小,一般 δ_x 取5 m,10 m等,但 δ_x 太大了,反射波时差也会增大,也将受到相应压制,所以必须据具体情况而定。

③ 组合形式一般有线型和面积型组合两种。如果干扰波是以沿测线传播的面波为主,可采用直线组合。如果除面波外,还有较强的侧面干扰、随机干扰,则可采用面积组合形式。面积组合时检波器按一定几何形状(如长方形、四边形等)安置。另外,组合形式、参数的选择还应适当考虑勘探的目的,要完成的地质任务而选择。

3. 共反射点多次叠加法

如上所述,检波器组合法在压制面波等低视速度干扰波方面有着明显的作用,但对于与反射波视速度差别较小的多次反射干扰波却无能为力。另外,由于组合存在一个平均效应的副作用,组合后将降低资料的横向分辨率。为了弥补组合法的弱点,梅恩(Mayne,1962)提出了共反射点多次叠加方法。即在野外采用多次覆盖观测方法,在室内处理中采用水平叠加技术,最终得到水平叠加的时间剖面,这一整套工作称为共反射点多次叠加,所获得的资料称为多次覆盖资料。现在共反射点多次叠加已成为最基本的野外工作方法,这是地震勘探野外工作的一个重大改进,多次覆盖资料不仅可以经过处理得到水平叠加剖面,还可以用于计算速度谱,计算自动校正和用于进一步实现各种偏移技术、求取各种地震参数等。

共反射点多次叠加的基本思想是:在地面上不同观测点或以不同方式对地下某点地质信息进行重复观测,获得共反射点道集的资料,然后对这些道集资料进行动、静校正处理,再把校正后的各道信号相加,从而达到改善地震记录质量,提高资料信噪比的目的。理论和长期实践都证明,这种方法确实能提高资料的信噪比,改善地震记录的质量,特别是压制一种规则干扰波(多次波)效果最好,并且可以保证即使有个别观测点受到干扰亦能得到地下每一点的信息。

共反射点多次叠加法,它所利用的不是频率滤波的频谱差异,也不是组合的方向差异(V^*差异),而是利用动校正后有效波与干扰波之间剩余时差的差异。并且多次叠加压制随机干扰方面比组合效果好。共反射点多次叠加法又称为多次覆盖法、共深度点多次叠加法、共中心点多次叠加法。

(1) 共反射点多次覆加法的基本原理。此方法是建立在水平界面假设的基础上的,如图 6-45 所示,界面上任一点 A,它在地面的投影点为 M,以 M 点为中心,分别在地面 $O_1,O_2,O_3\cdots$点激发,在对应的 $S_1,S_2,S_3\cdots$点接收来自界面上同一 A 点的反射波,A 点称为共反射点或共深度点(CDP),$S_1,S_2,S_3\cdots$各接收道称为共反射点叠加道或共深度点叠加道,其集合称为共深度点叠加道集,简称 CDP 道集。过 A 点引垂线与地面交于 M 点,M 点是各激发点与其对应的接收点之间的同一个中心点,称为共中心点或共地

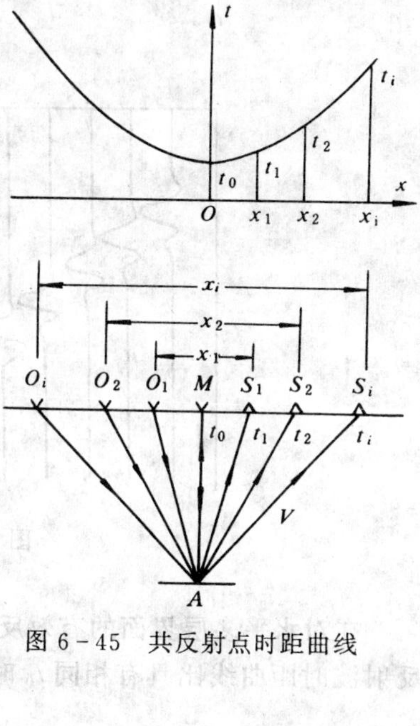

图 6-45 共反射点时距曲线

面点。来自 A 点的反射波到达各叠加道时间分别为 t_1，t_2，t_3…，以炮检距 x 为横坐标，以反射波到达各叠加道的时间 t 为纵坐标，可以绘制出对应 A 点的时距曲线右半支，互换激发点和接收点，又可得到 A 点时距曲线的左半支，合起称共深度点(共反射点)时距曲线。它也是一条双曲线并且和水平界面的共炮点时距曲线形式相同，但是必须注意，两者的物理含义却不同，共炮点反射波时距曲线反映的是地下界面的一个区段而共深度点(共反射点)，反射波时距曲线却仅仅反映地下界面的一个点。共反射点时距曲线上的 $t_0(x=0)$ 为共中心点 M 处的回声时间 $(t_0=\frac{2h}{V})$，它相当于在 M 处设置激发点，在同一 M 点接收所观测到的波至时间。因为共反射点道集内各道记录的是来自同一反射点的反射波，所以各道应具有相似的波形。但由于道集内各接收道有着不同的炮检距，则各道反射波之间存在着一定的旅行时间差(即相位差)。以共中心点 M 处的 t_0 作为基准时间，由共反射点道集内各道反射波到达时间减去 t_0 时间所得到各道相对于共中心点道的时间差，将其称为正常时差，其值为

$$\Delta t=t_i-t_0=t_0\sqrt{(\frac{x^2}{V^2}+t^2)}-t_0=t_0\left(\sqrt{(\frac{x^2}{t_0^2V^2}+1}-1\right) \tag{6-30}$$

从各道反射波到达时间中减去正常时差，则共反射点道集时距曲线变成一条 $t=t_0$ 的直线，如图 6-46(a)所示。这一过程称为正常时差校正或动校正。经动校正后，共反射点道集中各反射波不仅波形相似，且没有相位差，此时进行叠加，反射波将得到加强。把叠加后的总振动作为共中心点 M 一个点的自激自收时间的输出，就实现了共反射点多次叠加的输出。

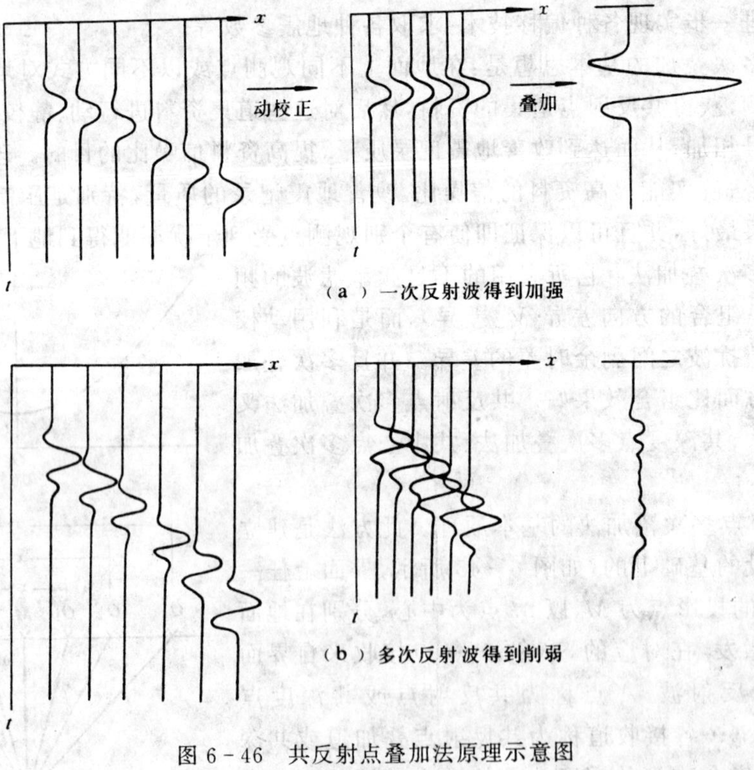

(a) 一次反射波得到加强

(b) 多次反射波得到削弱

图 6-46　共反射点叠加法原理示意图

在对水平多层界面的有效反射波时距曲线作动校正时，如果有多次反射波存在，那么多次反射波时距曲线比具有相同 t_0 时间的一次反射波时距曲线曲率大(即更弯曲)。因此，动校正

后的多次反射波时距曲线未变成 t_0 直线，仍是上弯的曲线（即存在有残留时差），我们把这种经动校正后残留的时差称为剩余时差，如图 6-47 所示。

假设一次反射波的 t_0 时间与某个多次反射波的 t_0 时间相同，按一次反射波作动校正后，多次波的剩余时差 δt_d 为

$$\delta t_d=(t_d-t_0)-(t-t_0)=\Delta t_d-\Delta t$$
$$=\frac{x^2}{2t_0}\left(\frac{1}{V_d^2}-\frac{1}{V^2}\right)=qx^2 \qquad (6-31)$$

其中

$$q=\frac{1}{2t_0}\left(\frac{1}{V_d^2}-\frac{1}{V^2}\right)$$

式中：Δt_d 为多次波的正常时差；Δt 为一次反射波的正常时差；x 为炮检距；t_d 为多次波走时；t 为与 t_d 具有相同 t_0 时间的一次反射波走时；V_d 多次波波速；V 一次反射波波速。

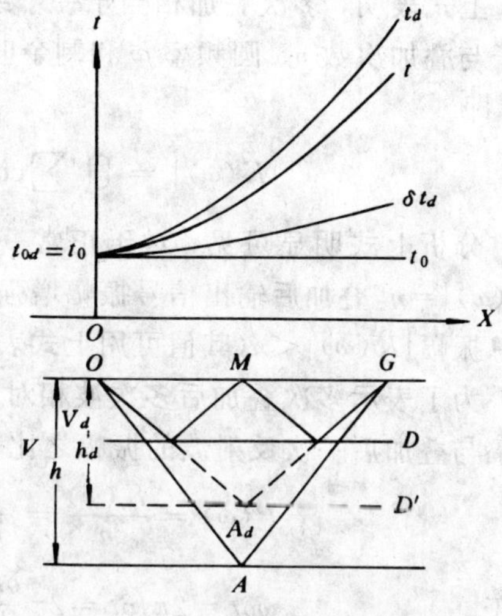

图 6-47 多次反射波的剩余时差

由(6-31)式可见，多次波剩余时差与炮检距平方成正比，因此各叠加道剩余时差不一样，进行叠加时不是同相叠加，结果多次波会被削弱如图 6-46(b)。

由以上分析，我们可以得共反射点多次叠加原理：它是利用了有效波（一次反射波）与规则干扰波（多次波）经动校正后存在剩余时差的差异，来突出有效波，压制干扰波提高资料信噪比的。

(2) 共反射点多次叠加的叠加效应。讨论多次叠加的叠加效应（叠加特性）就是讨论叠加前后有效波和干扰波将发生什么变化？如何选择有关的参数才能使有效波最大限度地加强，干扰波最大限度地被削弱？下面我们以单边激发的多次覆盖观测系统为例进行讨论。

设经过 n 次覆盖工作得到一共反射点道集，即道集内有 n 道，各道炮检距分别为 $x_1, x_2, x_3, \cdots, x_n$。并设在各道接收到的一次波和多次波在波形和能量上都是相同的，只是存在到达时间的差别。

如果某个波的振动函数在炮检距为 0 的道为 $f(t)$，它的频谱为 $g(\omega)$，在该共反射点道集内各道波的振动函数为 $f(t+\Delta t_i)$，Δt_i 是炮检距为 x_i 道的正常时差，经按一次波动校正后各道的剩余时差为 $\delta t_1, \delta t_2, \cdots, \delta t_n$。经动校正后各道波形分别是 $f(t-\delta t_1), f(t-\delta t_2), \cdots, f(t-\delta t_n)$。水平叠加后的输出为

$$F(t)=f(t-\delta t_1)+f(t-\delta t_2)+\cdots+f(t-\delta t_n)$$
$$=\sum_{i=1}^{n} f(t-\delta t_i) \qquad (6-32)$$

水平叠加后输出信号的谱为

$$G(\omega)=g(\omega)\sum_{i=1}^{n} \mathrm{e}^{-\mathrm{j}\omega\delta t_i} \qquad (6-33)$$

令

$$K(\omega)=\sum_{i=1}^{n} \mathrm{e}^{-\mathrm{j}\omega\delta t_i} \qquad (6-34)$$

则(6-33)式可写成

$$G(\omega)=K(\omega)\cdot g(\omega) \qquad (6-35)$$

上式表明，多次叠加相当于一个线性滤波器，$K(\omega)$就是这个滤波器的特性。并且$K(\omega)$因子与叠加次数n、圆频率ω和剩余时差δt_i的大小有关。$K(\omega)$的模就是多次叠加的振幅特性，即

$$|K(\omega)| = \left[\left(\sum_{i=1}^{n}\cos\omega\delta t_i\right)^2 + \left(\sum_{i=1}^{n}\sin\omega\delta t_i\right)^2\right]^{1/2} \tag{6-36}$$

分析上式明显可见，对于正常一次反射波，由于剩余时差$\delta t_i=0$，所以叠加后总振幅$|K(\omega)|=n$，叠加后输出信号振幅增强了n倍。对于多次反射波，由于剩余时差$\delta t_i\neq 0$，故叠加后总振幅$|K(\omega)|<n$（其值可用上式表示），叠加后相对削弱。

为了表示多次叠加后多次波相对于正常一次反射波的压制程度，我们用叠加后多次波的振幅与叠加后一次反射波的振幅之比来表征叠加效果，则有

$$P(\omega) = \frac{K(\omega)}{n} = \frac{1}{n}\left[\left(\sum_{i=1}^{n}\cos\omega\delta t_i\right)^2 + \left(\sum_{i=1}^{n}\sin\omega\delta t_i\right)^2\right]^{1/2} \tag{6-37}$$

由于

$$\omega\delta t_i = 2\pi f\delta t_i = 2\pi\frac{\delta t_i}{T} = 2\pi\alpha_i$$

定义$\alpha_i=\dfrac{\delta t_i}{T}$为叠加参量，它表示各叠加道剩余时差所占谐波周期的比数，于是叠加振幅特性公式可写成：

$$P(\alpha_i) = \frac{1}{n}\left[\left(\sum_{i=1}^{n}\cos 2\pi\alpha_i\right)^2 + \left(\sum_{i=1}^{n}\sin 2\pi\alpha_i\right)^2\right]^{1/2} \tag{6-38}$$

为了使多次叠加的振幅特性与观测系统的有关参数相联系，利用剩余时差公式将α_i表示为

$$\alpha_i = \frac{\delta t_i}{T} = \frac{q\cdot x_i^2}{T} = fqx_i^2 = \frac{x_i^2}{\Delta x^2}\Delta x^2 fq \tag{6-39}$$

令

$$\alpha = \Delta x^2\cdot q,\quad Lx_i = \frac{x_i^2}{\Delta x^2}$$

式中：x_i是各叠加道的炮检距；Δx是一个排列中的道间距；α称为单位叠加参数，也就是炮检距为一个道间距时的叠加参量。

因此(6-38)式可表示为

$$P(\alpha) = \frac{1}{n}\left[\left(\sum_{i=1}^{n}\cos 2\pi Lx_i\alpha\right)^2 + \left(\sum_{i=1}^{n}\sin 2\pi Lx_i\alpha\right)^2\right]^{1/2} \tag{6-40}$$

利用此式可以计算出多次叠加振幅特性曲线。由于

$$x_i = x_1 + (i-1)\cdot 2d$$

$$Lx_i = \left(\frac{x_i}{\Delta x}\right)^2 = \left[\frac{x_1}{\Delta x} + (i-1)\frac{2d}{\Delta x}\right]^2 = [\mu + (i-1)2\nu]^2 \tag{6-41}$$

式中：$\mu=x_1/\Delta x$为偏移距道数；$\nu=d/\Delta x$为炮点距道数，它与叠加次数n及仪器记录道数N有关。

以α为横坐标，$P(\alpha)$为纵坐标，以n、γ、μ为参数，利用(6-40)式得到叠加振幅特性曲线，图6-48是$n=4,\mu=12,\nu=3$的叠加振幅特性曲线。

我们以该图为例分析叠加振幅特性曲线的特点。

从图中可见，当$\alpha=0$时，$P(\alpha)=1$，即剩余时差为零的一次反射波有最大的叠加幅值。当α逐渐增大时，$P(\alpha)$值很快减小，当$\alpha=\alpha_1$时，$P(\alpha_1)=0.707$，通常认为$P(\alpha)\geqslant 0.707$表明叠加后波的振幅得到加强。把$0\leqslant\alpha\leqslant\alpha_1$范围称为通放带，$\alpha_1$作为通放带的边界。随$\alpha$进一步增大，特性曲线上$P(\alpha)$为低值区，在$\alpha_c\leqslant\alpha\leqslant\alpha_c'$范围内，$P(\alpha)$的平均值$\overline{P}(\alpha)=1/n$，落在此范围内的波受到最大的压制，即叠加后被削弱。称此低值区为压制带。多次反射波往往落入此范围内。

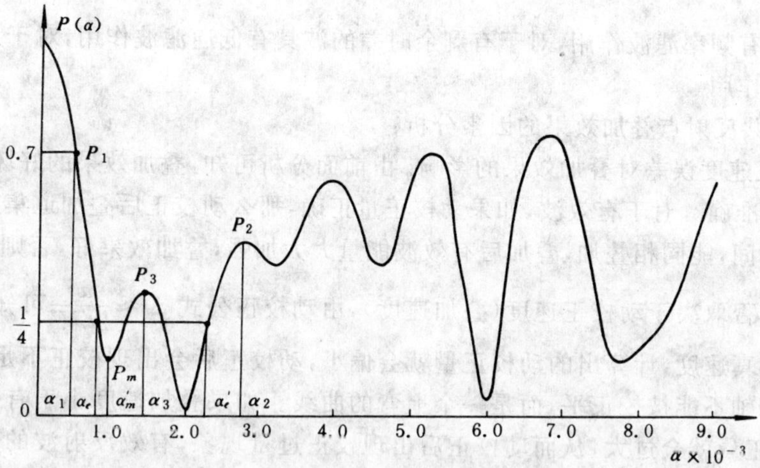

图 6-48　一条典型的多次叠加特性曲线

($n=4$；$\nu=3$；$\mu=12$)

但在压制带内也有一个极值点 $P(\alpha_3)$，这个值的大小影响压制效果，该值越大，压制效果会越差。靠近 α_c 附近有一个压制带内的第一个极小值点 α_m，如果 $\alpha_m<\alpha_c$，则压制带起始边界点左移至 α_m，使通放带变窄，通放带较窄时为防止有效波落入压制带，则需适当减小排列长度。

当 α 增大到 α_2 时，特性曲线上出现二次极大值 $P(\alpha_2)$，实际上 $\alpha>\alpha_c'$，曲线上 $P(\alpha)$ 开始迅速增大。不应使干扰波进入此范围，因此不宜采用过大的道间距。

通过叠加振幅特性曲线分析可见，叠加参数不同特性曲线会有变化。实际应用中可以根据需要使用不同的参量制作出不同变量的叠加特性曲线。图 6-49、图 6-50 分别为以道间距和偏移距为参变量的叠加振幅特性曲线。

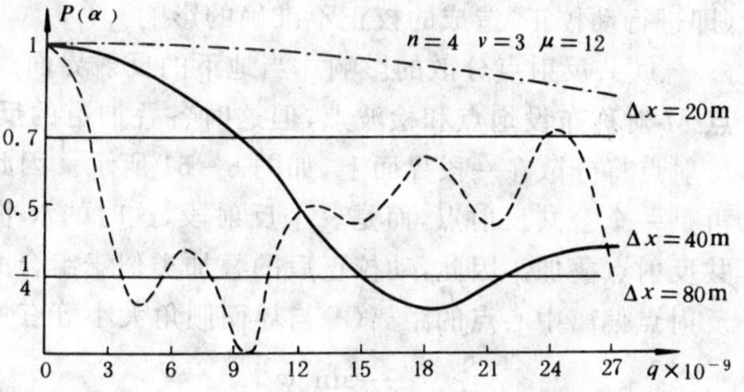

图 6-49　以 q 为横坐标的叠加特性曲线

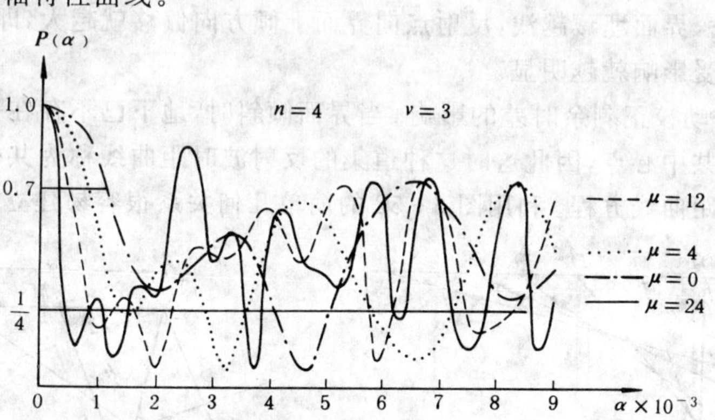

图 6-50　偏移距改变时的叠加特性曲线

共反射点多次叠加法也有类似组合法的统计效应，由于叠加道之间的距离大于组合检波的组合距，所以叠加法对随机干扰有更好的压制效果，其统计效应优于组合法。

叠加法还有频率滤波作用，对于有剩余时差的波具有低通滤波作用，对于无剩余时差的波没有频率滤波作用。

(3) 影响共反射点叠加效果的因素分析：

1) 动校正速度误差对叠加效果的影响。由前面分析可知，叠加效果的好坏，关键是动校正量计算的是否准确。对于有效波，如果动校正量正确，那么动校正后叠加道集的各道信号都能被校正为 t_0 时间，能同相叠加，叠加后有效波能量大大加强，叠加效果好，否则叠加效果差。动校正量正确与否取决于动校正速度（叠加速度），由动校正公式 $\Delta t \approx \frac{x^2}{2t_0V^2}$ 可知，如果叠加速度大于有效波的真速度，计算出的动校正量就会偏小，动校正后会出现校正不足现象，致使有效反射波的同相轴不能被校正平，而是一个上弯的曲线。如果叠加速度小于有效反射波的真速度，那么动校正量就会过大，从而动校正后出现校正过量现象，有效反射波的同相轴仍然不能被校正平，而是向下弯的曲线。因此在这两种情况下，有效反射波都不是同相叠加，叠加效果是不会好的。倘若选择的叠加速度正好等于多次反射波的速度时，那么叠加后非但没有压制多次波，反而会使之增加，削弱了有效波。因此，叠加速度（动校正速度）选用的是否合适，直接关系到叠加剖面的质量。

2) 界面倾斜对叠加效果的影响。当地层倾斜时，对水平叠加效果的影响归结为两方面：即共反射点分散（或称之为非共反射点叠加）的影响和把倾斜界面当作水平界面计算动校正量（即进行动校正）造成的校正不准确的影响。

① 共反射点分散的影响。当地下的反射界面为倾斜界面时，即使我们在地面仍以共中心点 M 对称布设炮点和检波点，但这时各叠加道的反射信号并非是来自地下同一反射点，而各反射点将分散在一段界面上，如图 6-51 所示。因此，这时共地面中心点的接收道反映的已不再是一个公共反射点，而是一个反射段，这时的水平叠加实际上是一个共中心点叠加，而不是共反射点叠加。因此，动校正后的叠加类似于组合的情况，它必然影响叠加实际效果。各实际反射点偏离中心点的距离 (r) 与界面倾角大小等有关，即

$$r = \frac{x^2}{8h_0}\sin 2\varphi \tag{6-42}$$

式中：x 是炮检距；φ 是地层倾角；h_0 是界面在共中心点 M 处的法线深度。由上式可以看出，倾角越大，炮检距越大，界面埋藏越浅，反射点向界面上倾方向偏移就越大，即反射点分散就越厉害，此时，叠加效果受影响就越明显。

② 界面倾斜时动校正剩余时差的影响。当界面倾斜时，地下已不存在一个共反射点了，但在地面却存在一个共中心点，因此这时这种道集的反射波时距曲线称为共中心点时距曲线，其方程是共中心点时距曲线方程。利用图 6-52 的简单几何关系很容易建立以共中心点 M 处法

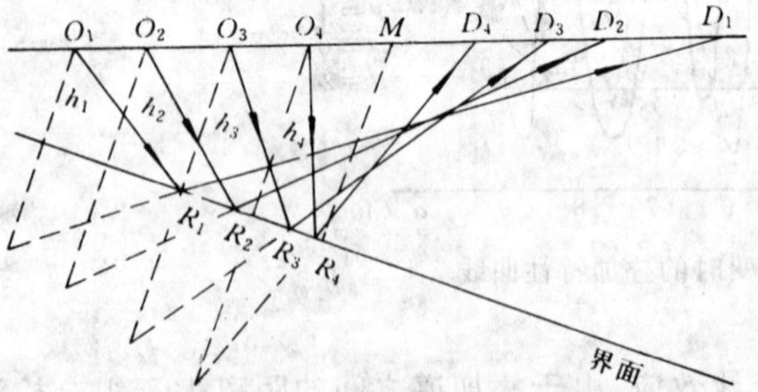

图 6-51 倾斜界面的共中心点道集

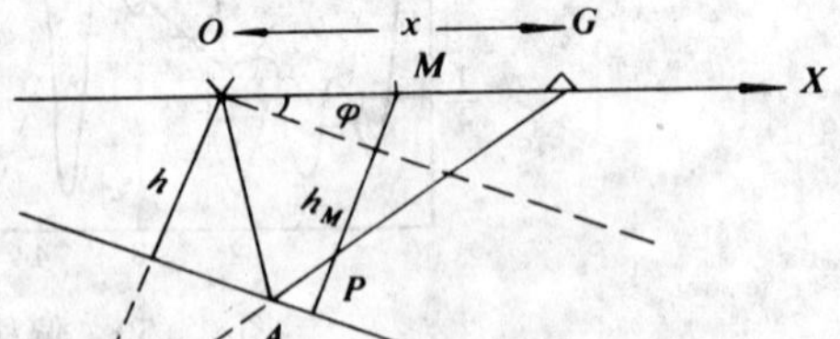

图 6-52 倾斜界面共中心点与反射点的几何关系

线深度表示的共中心点反射波时距曲线方程式，即

$$t=\left[\frac{1}{V}(x^2\cos^2\varphi+4h^2M)\right]^{1/2} \tag{6-43}$$

式中：h_M 是共中心点 M 处的法线深度。

上式又可以写成

$$t=\left[\frac{x^2}{\left(\frac{V}{\cos\varphi}\right)^2}+t_{0M}^2\right]^{1/2}=\left[\frac{x^2}{V_\varphi^2}+t_{0M}^2\right]^{1/2} \tag{6-44}$$

式中：$V_\varphi=V/\cos\varphi$ 称为等效速度；t_{0M}是共中心点 M 处的自激自收时间。

由于在倾斜界面情况下的精确动校正量应为

$$\Delta t_\varphi=t-t_{0M}=\left[\frac{x^2}{(V/\cos\varphi)^2}+t_{0M}^2\right]^{1/2}-t_{0M}\approx\frac{x^2\cos^2\varphi}{2t_{0M}V^2} \tag{6-45}$$

而在进行动校正时，实际上不管地层是水平的还是倾斜的，都是用水平界面时的动校正公式($\Delta t\approx\frac{x^2}{2t_{0M}V^2}$)计算动校正量来进行动校正，实际上 Δt_φ 与 Δt 之间存在着一个由于地层倾斜而造成的剩余时差 δt_φ，即

$$\begin{aligned}\delta t_\varphi&=\Delta t_\varphi-\Delta t=\frac{x^2\cos^2\varphi}{2t_{0M}V^2}-\frac{x^2}{2t_{0M}V^2}\\&=\frac{x^2}{2t_{0M}V^2}(\cos^2\varphi-1)=-\frac{\sin^2\varphi}{2t_{0M}V^2}x^2=-\Delta t\sin^2\varphi\end{aligned} \tag{6-46}$$

因此，对于倾斜界面按水平界面的动校正量进行动校正，由于剩余时差的存在，不能实现同相叠加，影响了叠加效果。分析(6-46)式我们可知，当倾角不大，且炮检距较小时，剩余时差 δt_φ 值将很小，对叠加效果影响不会很大。如果倾角较大，使 δt_φ 值大于反射波的 $T/2$(T 为周期)时，则叠加效果就会很差。

4. 检波器的安置条件

检波器的安置对地震记录质量有直接关系，为了减小地表疏松沉积层对波的吸收和微震干扰，要将检波器安放在 0.2 m 深的浅坑中。更重要的是土壤表面和地震检波器底面的接触，它们构成了检波器-土壤的振动系统，该系统的固有频率与土壤的弹性、接触的特点、检波器的质量等有关。当检波器安置在刚性岩石上时，固有振动频率极高并处于放大器的通频带之外；在软的岩石上固有频率虽然可在通放带内，但固有振动的叠加能使记录形状强烈畸变。为避免这种现象可加深埋置检波器坑的深度和增大检波器与土壤的接触面，把检波器埋直、埋紧以提高系统固有频率。试验表明，检波器-土壤振动系统的频率特征与土壤的成分有关，常见的土壤和岩石与检波器-土壤振动系统的频率特征之间关系见表 6-5。

表 6-5 常见的土壤和岩石频率特征关系表

土壤和岩石	频率范围(Hz)	振动强度的定性估计
沼泽泥炭土	15～30	弱
砂土	30～70	弱
黑土	40～80	弱
粘土	110～170	中等
石英砂	200～300	中等
铁质角页岩	300～400	最强
片麻岩	400～500	强
花岗岩	500～700	强

由此可见，检波器如果放在松软的表土上，谐振频率在仪器的通频带内，会使检波器系统在工作中长时间自由振荡而降低分辨能力。最好的安置条件是较致密的土壤或岩石。土壤的密度和波速愈大，系统的谐振频率愈高；为改变系统的频率，可在检波器下面铺设 1～2cm 的薄层湿砂或粘土。在泥炭沼泽区等表面有强烈吸收层的地区，可把检波器埋在低速带的底面以下。

除了埋置条件外，同一接收排列上的检波器与传输电缆线的连接，必须极性一致，避免有反道现象；还不应有漏电发生。道与道之间检波点安置距离必须严格遵守设计的规定，组合接收组内的检波点距离也要保证正确。

六、地震波速度的野外测定

地震波速度的野外测定是指在露头上、坑道内、或在井中测量地震波穿过岩石的传播速度。

1. 地震速度测井

地震速度测井是在已钻好的井中直接测量地震波传播的平均速度和层速度的一种方法。

在深井完钻后，利用测井绞车及仪器将耐高温高压且绝缘程度很好的测井检波器沉放于井中(如图 6－53)。在靠近井口的地表激发，每激发一次，地震检波器向上提拉一次，提拉的距离一般为几米或几十米。地面上利用地震记录仪器记录下各次激发相应检波点所观测到的直达波，读取直达波的初至时间及相应的观测深度，把波传播时间与深度的关系绘在二维坐标中，可得到一条曲线，称为垂直时距曲线如图 6－54 所示。根据时距曲线，利用下列公式可计算出平均速度($\overline{V}$)和层速度(V_k)

$$\overline{V}=\frac{z}{t},\quad V_k=\frac{\Delta z_k}{\Delta t_k} \tag{6-47}$$

式中：z 为检波器的沉放深度；t 为直达波的垂直时间；Δz_k 和 Δt_k 为各分层的地层厚度和波的传播时间。由于不允许在深井井口处放炮，一般实际测量时，将震源布置在距深井中心几十米乃至几百米处，这段距离叫井源距，用 d 表示。如图 6－53 所示。

按图所示情况，井中检波器观测的直达波传播时间并非垂直时间，因此，需将观测时间 t_g 转换为垂直时间 t，即

$$t=t_g\frac{z}{(z^2+d^2)^{1/2}} \tag{6-48}$$

把垂直时距曲线、平均速度曲线和层速度曲线绘在同一张图上，称为综合柱状图，如图 6－54

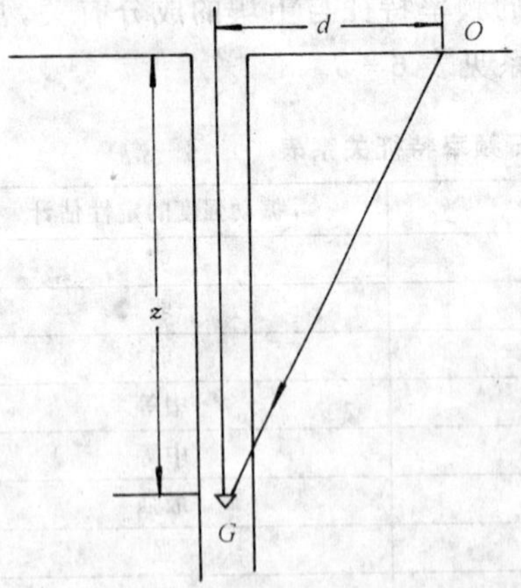

图 6－53　地震测井示意图

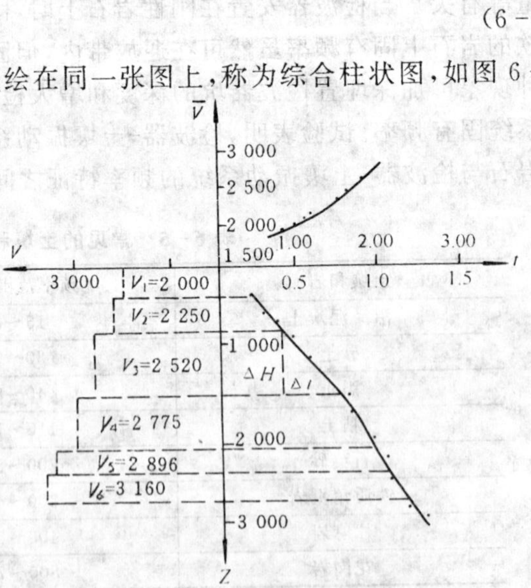

图 6－54　地震测井结果图示

所示。

2. 声波速度测井(连续速度测井)

地震速度测井因激发的地震波波长较长及测点间距

较大(几十米至几百米)而不能细致地划分岩层获得连续变化的速度剖面,可以采取连续测井方法,亦称作声波速度测井方法。下面说明这一种方法测定层速度和平均速度的原理。

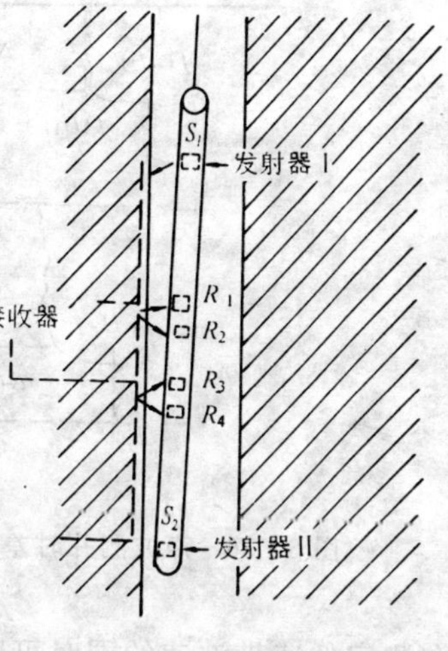

图 6-55 声波测井仪示意图

如图 6-55 所示,井中测井仪有正超声波脉冲发生器和一对接收器。两个接收器相距 0.5 m 或 1 m。从井底向上连续提拉测井仪,发射器发射的超声波经过泥浆以临界角入射到井壁,并沿井壁地层滑行,再以临界角穿过泥浆传到接收器,其传播时间分别是

$$t_1=\frac{2a}{V_1}+\frac{S_1R_2}{V_2}$$

$$t_2=\frac{2a}{V_1}+\frac{S_1R_4}{V_2}$$

式中:V_1 为泥浆中波传播的速度;V_2 为在地层中波传播的速度;t_2 与 t_1 之差是波在两个接收器之间地层段传播的时间差,当两个接收器之间的距离为 1 m 时,即

$$t_2-t_1=\frac{1}{V_2} \tag{6-49}$$

其单位是 μs/m。

地面地震仪器记录下连续变化的时差曲线如图 6-56 所示。

根据声波测井时差曲线,由 $1/\Delta t\times10^6=V$ 便可获得层速度,单位为 m/s。

如果将声波测井时差曲线按每米的微秒时间累计起来,也就是数学上进行积分运算,即可求得深度 H 上的垂直传播时间

$$T_H=\int_0^H\Delta t(H)\mathrm{d}H$$

进而可得到平均速度,即

$$\overline{V}=\frac{H}{T_H}=\frac{H}{\int_0^H\Delta t(H)\mathrm{d}H} \tag{6-50}$$

3. 低速带测定

低速带的厚度及波在低速带中的传播速度常在横向上存在变化,有时甚至较剧烈,测定它们可为数字处理中静校正提供参数。低速带测定可以利用微测井和初至折射波法。微地震测井与前面讲过的地震测井方法相同,只是钻井的深度较小。所观测的结果也可绘成垂直时距曲线,时距曲线的斜率指示了各层的速度,斜率变化的头一个拐点(H_1,t_1)标志低速度带的厚度,如图 6-56 所示。初至折射波法利用初至直达波及浅层折射波时距曲线求低速带的厚度及速度,如图 6-57 所示,初至直达波时距曲线斜率的倒数即是低速带的波速

$$\left(\frac{\Delta x}{\Delta t}\right)_1=V_0$$

折射波时距曲线斜率的倒数即是低速带底面的速度,即

$$\left(\frac{\Delta x}{\Delta t}\right)_2=V_1$$

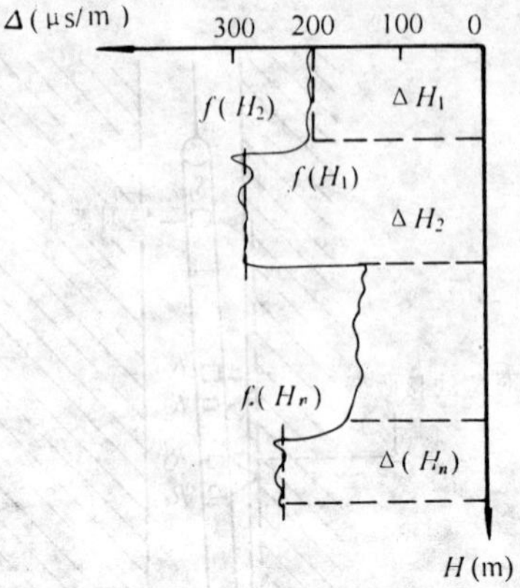

图 6-56 声波测井时差曲线图

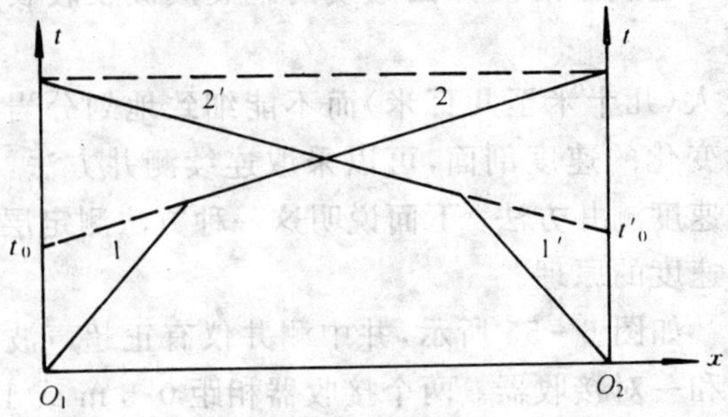

图 6-57 低速带观测的时距曲线示意图

在测定低速带波速的同时可以确定低速带的厚度,即

$$h_0=\frac{V_0t_0}{2\left[1-\left(\frac{V_0}{V_1}\right)^2\right]^{1/2}} \tag{6-51}$$

§6.2 地震反射资料的数字处理概述和处理流程

一、地震反射资料的数字处理概述

地震勘探资料的数据处理是指用数字计算机对野外地震勘探所采集得到的原始资料进行以压制干扰、提高地震资料的信噪比和分辨率、提取各种物性或岩性参数为目的的一套方法和技术。经过数字处理后,可得到直观反映地质构造形态和地层岩性的地震时间剖面等资料。

概括而言,地震勘探资料处理具有"多、宽、新"三大特点。所谓"多",即内容多,方法多;所谓"宽",即基础宽,涉及面广;所谓"新"即方法新,更新快。因此在本书中很难将所有地震资料数字处理方法全面地进行介绍,只能选取在实用中最常用、最基本的方法作为本书内容。

地震勘探资料数字处理中的核心是校正和叠加处理,它们可以将野外观测获得的记录转换为直观反映地下构造形态、供解释使用的水平叠加时间剖面。但是地震记录或时间剖面上总是存在着许多干扰,它们掩盖了真象,使解释工作难以顺利进行。地震资料数字处理中提高信噪比的方法很多,数字滤波技术是其中的主要方法之一。另外,即使在完全没有干扰的条件下考虑记录或剖面的形成过程,也会发现存在着一种"模糊化"作用,它使一个清晰的地下介质原像在记录或剖面上反映为一个模糊的、受到畸变的映像。由映像恢复原像的过程需要提高分辨率,消除"模糊化",一般通过反滤波和偏移归位来完成这一任务,它们是地震数据处理的重要手段。为了进行上述处理,需要提供各种参数,必须发展参数提取技术。当然,参数提取本身也就是真正的地球物理反演,是我们努力的目标。在所有与地震勘探有关的参数中,速度参数最为关键,故本节着重介绍速度参数的有关提取方法。总之,在下面的各节中将以最为常用的二维纵波多次覆盖资料的数字处理为主线对上述内容逐一加以介绍。

二、二维反射纵波多次覆盖资料的处理流程

二维反射纵波多次覆盖勘探方法是地震勘探目前最为广泛应用的一种方法,对用二维反

射纵波覆盖勘探方法获得的资料进行最常用的处理称为常规处理。在地震资料的处理过程中，人们总是将采用的各种处理方法、程序按一定次序组合起来，以实现计算机自动处理，于是就形成了各种处理流程。不同公司、不同单位使用的处理流程的细节可能不尽相同，但所有常规处理流程有其共性部分，图 6－58 为一个典型的二维反射纵波多次覆盖资料的处理流程示意图。

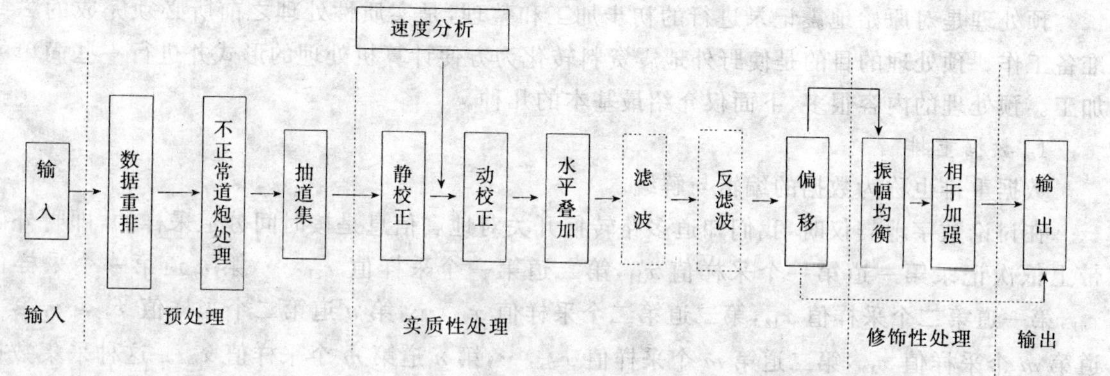

图 6－58　二维反射纵波多次覆盖资料处理流程示意图

一般而言，任何一个处理流程都不是一成不变的，本节就目前二维反射纵波多次覆盖资料处理流程的一般组成及结构作一简单的介绍。

由图可见，通常可把处理流程分为五部分：输入部分、预处理部分、实质性处理部分、修饰性处理部分和输出部分。

输入部分是将野外工作记录磁带输入到计算机中。输出部分是将处理好的时间剖面记到计算机磁带上保存起来或用静电剖面仪将它显示出来供解释使用，都比较简单，不准备讨论。

预处理部分包括：数据重排、不正常道炮处理、抽道集等处理工作，它是在对数据作实质性处理之前为满足一定的计算机结构要求以及处理方法要求，对输入的原始数据所必须完成的一些准备工作 。

实质性处理中静校正、动校正、叠加处理的位置比较稳定且必须做，而滤波、反滤波处理工作虽一般总要进行。但在何时做（即流程中它位于何处）则不一定，甚至也许会做多次，所以用虚框表示。图中的位置是参考位置。速度分析工作一般单独进行，其原因在于这一分析工作目前还需人工干预，不能实现完全自动化，故其框画在主干线之外。对多次覆盖资料进行叠加后的偏移已成为常规处理工作。但是，由于二维偏移后的剖面在进行解释时往往会出现交点不闭合现象（这是二维偏移本身缺陷造成的），影响解释工作的进行，因此，目前常用的作法是输出两套剖面：水平叠加时间剖面和偏移时间剖面，前者用于解释时作交点闭合，后者用作层位对比。

修饰性处理中的相干加强、振幅均衡等均属于选做模块，视具体情况而定，故图中用了两条线路：一条为实线（表示做），一条为虚线（表示不做）。

§6.3　水平叠加处理

水平叠加或称共反射点多次叠加技术是目前地震勘探中最为常用的、最基本的勘探工作方法。水平叠加处理是配合多次覆盖工作方法的最基本的地震资料数字处理，即常规处理。经水平叠加处理之后，野外多次覆盖工作获得的共炮点记录就转换为供解释工作使用的水平叠加时间剖面，简称叠加剖面。

在水平叠加处理中最核心的实质性处理是静校正、动校正和叠加。本节将介绍这三种处理及预处理和修饰性处理。

一、预处理

预处理是对原始地震记录进行的初步加工和整理，是实质性处理之前所必须完成的一些准备工作。预处理的目的是使野外地震资料转化为方便计算机处理的形式并进行一些简单的加工。预处理的内容很多，下面仅介绍最基本的几种。

1. 数据重排

数据重排也称为数据的编辑与解编。

在讨论数字地震仪时，我们知道多路转换开关对地震信息是按时间分道采样的，即野外磁带上依次记录第一道第一个采样值 x_{11}，第二道第一个采样值 x_{21}，…，第 n 道第一个采样值 x_{n1}，第一道第二个采样值 x_{12}，第二道第二个采样值 x_{22}，…，第 n 道第二个采样值 x_{n2}，…，第一道第 m 个采样值 x_{1m}，第二道第 m 个采样值 x_{2m}，…，第 n 道第 m 个采样值 x_{nm}。这种采集数据的排列形式，可用一个矩阵 A 来表示，假设接收道为 24 道，每道采集 m 个数据，这个 A 矩阵可写成

$$A=\begin{bmatrix} x_{1,1} & x_{2,1} & x_{3,1} & \cdots & x_{24,1} \\ x_{1,2} & x_{2,2} & x_{3,2} & \cdots & x_{24,2} \\ \vdots & \vdots & \vdots & & \vdots \\ x_{1,m} & x_{2,m} & x_{3,m} & \cdots & x_{24,m} \end{bmatrix} \tag{6-52}$$

但在计算机内对地震数据进行运算时，却是逐道进行的，因此必须将按时间分道采样的时序数据排列形式转换成接道分时的道序排列形式，以供处理之用。数据重排就是完成这种转换的程序。实际上就是按上述要求将数据在内存单元中"搬家"，把 A 矩阵通过矩阵转置变为下列形式的矩阵 B

$$B=\begin{bmatrix} x_{1,1} & x_{1,2} & x_{1,3} & \cdots & x_{1,m} \\ x_{2,1} & x_{2,2} & x_{2,3} & \cdots & x_{2,m} \\ \vdots & \vdots & \vdots & & \vdots \\ x_{24,1} & x_{24,2} & x_{24,3} & \cdots & x_{24,m} \end{bmatrix} \tag{6-53}$$

B 矩阵中的第一行就是对第一道的离散取样值。

2. 不正常道、炮处理

为了避免不正常的记录道或炮记录参与叠加影响、叠加效果而进行的处理。

不正常炮指废炮、哑炮和缺炮，废炮时需将该炮所有道都充以零值。缺炮时要补上一张全零的记录。

不正常道包括反道、死道和工作不正常道。不正常道可能使记录道波形畸变或振幅过大过小，需将它们充零，也称为清野值。死道是由于埋置不好或检波器、仪器的故障造成的，也应充零。反道可能是由于检波器正、负极性接反，使记录出现反相，这时可将该道的采样值改变符号，即乘上负 1。

3. 抽道集

原始野外磁带上的记录是共炮点道集形式。为方便水平叠加中的各种处理需按观测系统将各个共中心点道集中的道放在一起，此即为抽道集或共中心点选排工作。这个过程实际上也是一种数据的重排。

单边放炮多次覆盖共反射点选道公式为

$$p=\left(N-\frac{N}{n}+j\right)-(i-l)\frac{N}{n} \tag{6-54}$$

式中：p 为满覆盖次数的选道号；N 为一个排列的道数；n 为叠加次数；j 为小叠加段内的共反射点序号（自 1 开始，最大为$\frac{N}{n}$，$\frac{N}{n}$个叠加道组成一个小叠加段）；l 是小叠加段序号；i 是炮点序号。例如，设 $N=24$（道），$n=6$（次覆盖），则 $N/n=4$，即一个小叠加段有 4 道。其中第一叠加道（$j=1$）由 $i=1$ 炮中的 $p=21$ 道、第 $i=2$ 炮中的 $p=17$ 道、第 $i=3$ 炮中的 $p=13$ 道、第 $i=4$ 炮中的 $p=9$ 道、第 $i=5$ 炮中的 $p=5$ 道和第 $i=6$ 炮中的 $p=1$ 道叠加组成；第二叠加道（$j=2$）由第 $i=1$ 炮 $p=22$ 道、$i=2$ 炮 $p=18$ 道、$i=3$ 炮 $p=14$ 道、$i=4$ 炮 $p=10$ 道、$i=5$ 炮 $p=6$ 道和 $i=6$ 炮 $p=2$ 道叠加所组成；……；其余类推。由表 6-1 可容易地看出它们的关系。

如果是共炮点排列形式输入，可以根据表 6-1 给出的规律将共炮点道集依次输入到叠加区中，使共炮点记录道叠加到相应的叠加段上。

在实际处理时，如果做自动剩余静校正计算，还可能要抽取共检波点道集。

4. 增益恢复

为了利用地震波的动力学特点，有时需要知道地震波的真振幅。但是，在记录的过程中，仪器总要对地震信号进行增益控制。由经过增益控制的地震记录恢复到地面检波器接收到的振幅值的处理称为增益恢复。

数字仪对信号进行增益控制时的增益指数已记录在记录格式的阶码上。因此，增益恢复的公式为

$$A=\frac{A_0}{2^k} \tag{6-55}$$

式中：A_0 为记录到的采样值；A 为地面检波器接收到的真振幅值；k 为阶码（即增益指数）。

5. 初至切除

地震记录上的初至波包括直达波和浅层折射波。它们能量强且有一定延续时间，对紧接而来的浅层反射波有干涉和破坏作用。另外，动校正后会引起波形畸变，浅层尤其厉害。因此，一般将这些强能量的初至波进行“切除”，即将这些波的采样值全部充零。

二、动校正

动校正是将共中心点道集中炮检距不同的各道上来自同一界面同一点的反射波到达时 t_i 校正为共中心点处回声时间的一种处理，如图 6-59 所示。动校正的目的是使各道反射波到达时相同，在叠加时可以实现同相叠加，得到反射波能量突出的叠加道。图 6-60 为动校正前后记录示意图。

同样，动校正处理也可以用于共炮点记录，方法完全一样，但含意不同。此时它将平界面段反射波的双曲线型时距曲线校正为直线型，得到一次覆盖的时间剖面，直观地反映地下反射界面特征。但动校正处理主要还是用于前者。以下的讨论均以共反射点道集动校正为准。

动校正的实现分为两步：计算动校正量和实现动校正。

1. 动校正量的计算

动校正量的计算比较简单，即按正常时差公式

$$\Delta t_i=t_i-t_0=\sqrt{t_0^2+x_i^2/v^2}-t_0 \tag{6-56}$$

计算。

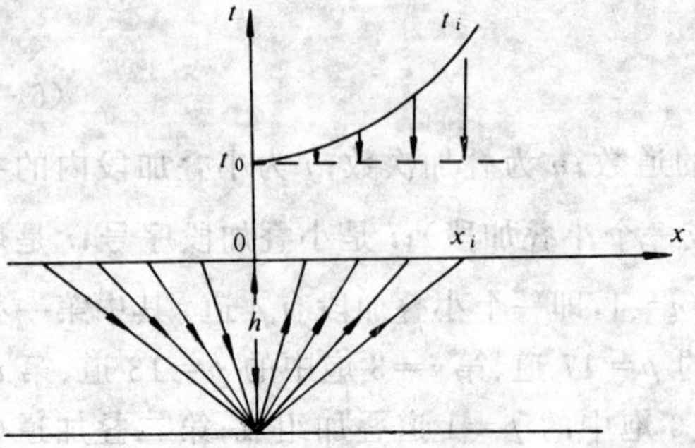

图 6-59　动校正示意图

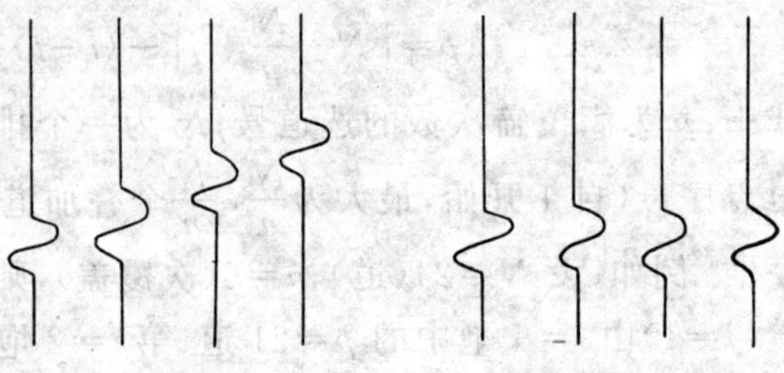

(a) 动校正前　　(b) 动校正后

图 6-60　动校正记录示意图

式中：$t_0=2h/v$ 为共中心点处回声时间（自激自收时间）；x_i 为炮检距（图 6-59）。但为了对整个道进行计算，把上式改写为如下形式：

$$\Delta t_{ij}=t_{ij}-t_{0i}=\left(t_{0i}^2+\frac{x_j^2}{v^2(t_{0i})}\right)^{1/2}-t_{0i}\quad (j=1,2,3,\cdots,N) \qquad (6-57)$$

式中：t_{0i}为共中心点处第 i 个界面一次反射波的回声时间；t_{ij}是炮检距为 x_j 的第 j 道上第 i 个界面一次反射波的到达时间；$V_{(t_{0i})}$为 t_{0i}时刻的速度；N 是共反射点道集的总道数。

由上式可以看出，动校正量 Δt_{ij}既是 t_{0i}的函数，又是 x_j 的函数。对于任一道来说（炮检距 x_j 固定），深、浅层反射波（t_{0i}不同）的动校正量不同，即动校正量随时间而变，这就是动校正中所谓"动"的含意。当然，炮检距 x_j 改变也会引起动校正量的改变，即动校正量还随空间位置而变。

虽然有了计算校正量的基本公式(6-57)，但目前还没有一个可以可靠地自动检测出反射波的方法，故第 i 界面一次反射波的回声时间 t_{0i}无法确定，动校正量仍然无法计算。通常采用的方法是将炮检距不同的各道上每一个样值点时间均认为是一个"反射波"到达时，都需要校正。道集上所有道、所有样值点均根据(6-57)式算出动校正量来进行校正。当然，这样的校正，真正有反射波之处的反射信息得到了校正，但是没有反射信息的地方也作了校正，计算机计算时必然会有许多不必要的动校正工作量，但是由于目前仍无法自动检测有效反射信息，故这种方法仍是目前流行的计算方法。

2. 动校正的实现

由于计算机中样值点的时间是通过内存单元的序号体现的，故校正采用"搬家"的办法实现，即将相应于 t_{ij}时刻的内存单元中的样值数据按动校正量的大小"搬"到相应于 t_{0i}时刻的内存中去。虽然据公式(6-57)算出的任何两相邻样值点的动校正量一般是不同的，但计算机只能进行离散处理，当相邻样值点的动校正量之差小于半个采样间隔时，可认为它们具有相同的动校正量（整数倍采样间隔数）。据此，将一道中所有样值点分为若干组进行"搬家"：组内动校正量具有相同的整数倍采样间隔"搬家"距离一样，不同组校正量不同，"搬家"距离不同，相邻组"搬家"距离总是相差一个采样间隔，由于动校正量从浅到深的变化规律一般是越来越小，故相邻组"搬家"距离的变化规律一般是后一组比前一组少移动一个采样间隔。因此，"搬家"结束后，相邻组之间会出现一个"空"，使某些样值点空缺。一般用"插值补空"的办法（用相邻样值点数据经运算后放入）来处理这一问题，"成组搬家"和"插值补空"的原理如图 6-61 所示。具体的动校正实现方法是多种多样，例如快速查表法、平均迭代法等。视具体情况而定。

3. 动校正中的波形畸变及其处理

如图 6-62(a)所示，设沿测线接收到来自地下界面 R 的反射波，在自激自收点 O 处和在

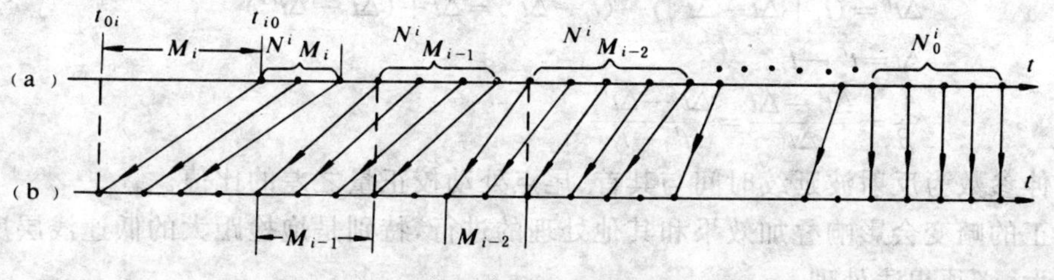

图 6-61 “成组搬家”和“插值补空”示意图

(a)“搬家”前记录道样点位置；(b)“搬家”后记录道样点位置

炮检距为 x_i 的接收点 G 处，反射波到达时间分别为 t_0 和 t_i。且假设这两道上来自同一界面的反射波延续时间 Δt 相同，它们的相位时距曲线应当彼此平行，即在 $t_i-t_i+\Delta t$ 这段时间内各样值点的动校正量应当完全相同。但是，因目前计算校正量的思想是将 $t_0-t_0+\Delta t$ 这段时间内各样值点时间作为多个反射波时间看待，必然会使算出的各样值点的动校正量不同(图 6-62(b))所示。用“成组搬家”方法实现动校正时，组内波形没有变化，组与组之间的“空”会使记录道波形产生明显畸变，即使插值补空也不能根本解决问题。这是因为计算机只能离散处理，原来每个样值点的动校正量均不相同但差异很小，属于渐变形式，离散处理必须舍入为一个采样间隔，这样相邻点的渐变逐渐累积使组与组之间发生突变。

由上述分析可以看出，畸变的一般规律是反射波的波形被拉长，周期加大，频谱向低频方向移动。因此，一般动校正会引起波形拉伸畸变。并且，一般来说，同一道深、浅层畸变程度不同，浅层畸变大，深层畸变小。不同道上同一层的畸变程度也不同，炮检距大的道畸变大，炮检距小的道畸变小。如果设动校正前某道反射波延续时间为 Δt，动校正后变为 $\Delta t'$，则动校正使反射波拉长了 $\delta t=\Delta t'-\Delta t$，相对拉伸为 $(\Delta t'-\Delta t)/\Delta t$。定义相对拉伸参数 β 等于相对拉伸的倒数，即

$$\frac{\Delta t'-\Delta t}{\Delta t}=\frac{\delta t}{\Delta t}=\frac{1}{\beta} \tag{6-58}$$

相对拉伸参数 β 的物理意义可由图 6-63 看出，由图可知

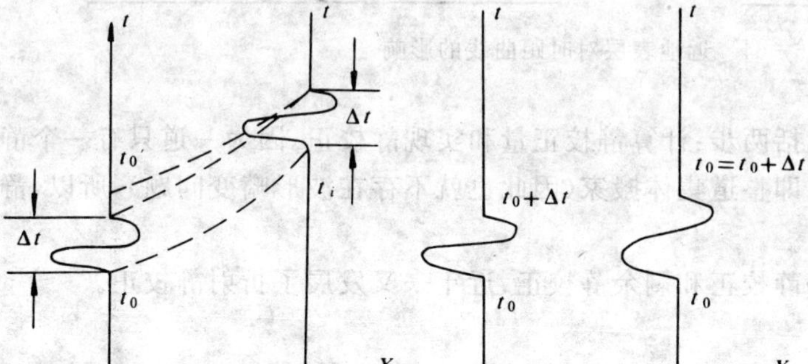

图 6-62 动校正引起的波形畸变示意图

(a) 动校正前；(b) 动校正后

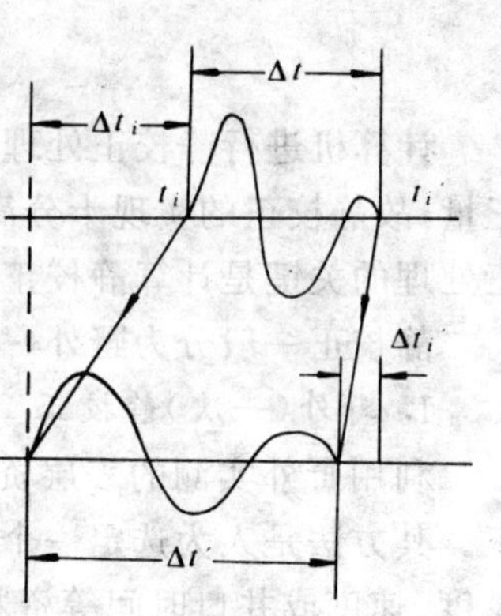

图 6-63 相对拉伸参数定义图示

$$\Delta t' = (t_i + \Delta t - \Delta t'_i) - (t_i - \Delta t_i) = \Delta t + (\Delta t_i - \Delta t'_i)$$

$$\Delta t = t'_i - t_i$$

故

$$\frac{1}{\beta} = \frac{\Delta t' - \Delta t}{\Delta t} = \frac{\Delta t_i - \Delta t'_i}{t'_i - t_i} \tag{6-59}$$

即相对拉伸参数为反射波延续时间与其首、尾点处动校正量之差的比值。

动校正的畸变会影响叠加效果和其他处理的进行，特别是炮检距大的低速浅层反射，畸变影响十分大，必须想法处理。

目前采用的处理方法是“切除”，即将畸变大的那部分样值全部冲零，这样作实际上减少了叠加次数，甚至放弃浅层信息，是不得已的办法。

三、静校正

由前面章节的讨论知道反射波共中心点理论时距曲线为双曲线，但实际记录上反射波的时距曲线不是双曲线，造成这种不一致的原因是：理论时距曲线的推导是在假设地表水平，近地表层介质均匀且横向无变化等条件下进行的，实际情况可能不一定满足这些条件（图 6-64)，为此，必须按假设条件来消除这些表层影响因素，这样才可使接收到的实际记录上时距曲线接近理论时距曲线，动校正才能将之校正平，叠加时才能达到同相叠加。这种消除由于表层因素造成的时差影响的处理就是静校正。因为这种校正对同一道深、浅层反射波作用相同（即一道一个校正值），故称为“静”校正。

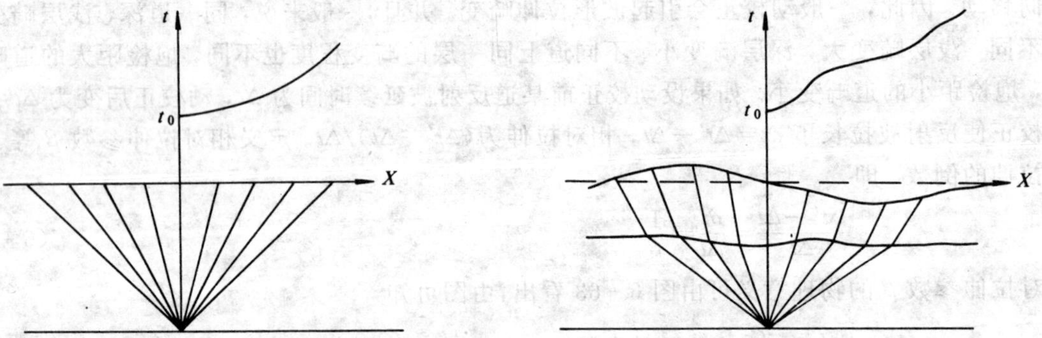

图 6-64　近地表层对时距曲线的影响

计算机进行静校正处理也包括两步：计算静校正量和实现静校正。因为一道只有一个静校正量，故静校正的实现十分简单，即整道集体搬家（因此也就不存在波形畸变问题），所以，静校正处理的关键是计算静校正量。

静校正一般分为野外（一次）静校正和剩余静校正，近年来又发展了折射静校正。

1. 野外（一次）静校正

利用野外实测的表层资料直接进行的静校正称为野外（一次）静校正，又称为基准面静校正。其方法是人为选定一个海拔高程作为基准线（面），利用野外实测得到的各点高程、低速带厚度、速度或井口时间等资料，将所有的炮点和检波点都校正到此线（面）上，用基岩速度代替低速带速度，从而去掉表层因素的影响。它包括有井深校正、地形校正以及低速带校正等内容，见图 6-65（设计算第 i 炮第 j 道的静校正量）。

（1）井深校正。井深校正是将实际震源点 O^* 校正到地面 O_i 处。井深校正总是使反射时间加长。设时间加长为负、缩短为正，则井深校正量计算公式为

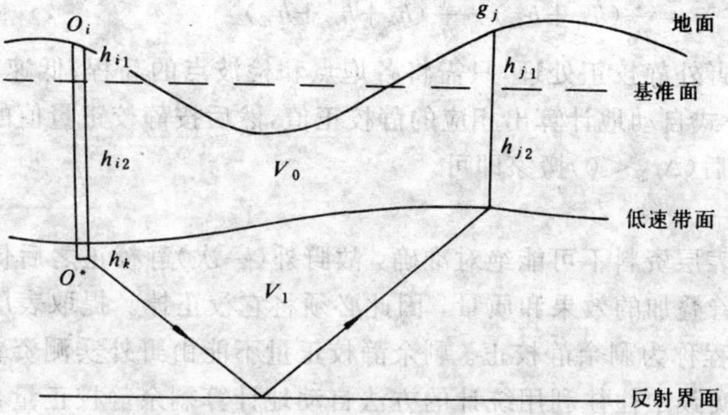

图 6-65　野外(一次)静校正量计算示意图

$$\Delta\tau_1=-\left[\frac{1}{v_0}(h_{i1}+h_{i2})+\frac{1}{v_1}h_k\right] \tag{6-60}$$

式中：v_0 为低速带的波速；v_1 为基岩波速；$h_{i1}+h_{i2}$ 为炮井中低速带厚度；h_k 是基岩中炸药埋置深度。

(2) 地形校正。地形校正是将测线上位于不同地形处的炮点和检波点都校正到基准面上。炮点和检波点的地形校正量分别为

$$\Delta\tau_{2,o}=\frac{1}{v_0}h_{i1} \tag{6-61}$$

$$\Delta\tau_{2,s}=\frac{1}{v_0}h_{j1} \tag{6-62}$$

则总的地形校正量为

$$\Delta\tau_2=\Delta\tau_{2,o}+\Delta\tau_{2,s}=\frac{1}{v_0}(h_{i1}+h_{j1}) \tag{6-63}$$

地形校正量有正有负，通过 h_{i1}、h_{j1} 的正负体现出来，通常规定为炮、检点低于基准面时，h 取负，高于基准面时取正值。

(3) 低速带校正。低速带校正就是将基准面以下的低速层速度用基岩速度代替。求取炮点和检波点处低速带校正量的公式分别为

$$\Delta\tau_{3,o}=h_{i,2}\left(\frac{1}{v_0}-\frac{1}{v_1}\right) \tag{6-64}$$

$$\Delta\tau_{3,s}=h_{j,2}\left(\frac{1}{v_0}-\frac{1}{v_1}\right) \tag{6-65}$$

故此道的总的低速带静校正量为

$$\begin{aligned}\Delta\tau_3&=\Delta\tau_{3,o}+\Delta\tau_{3,s}\\&=h_{i2}\left(\frac{1}{v_0}-\frac{1}{v_1}\right)+h_{j2}\left(\frac{1}{v_0}-\frac{1}{v_1}\right)\\&=\left(\frac{1}{v_0}-\frac{1}{v_1}\right)(h_{i2}+h_{j2})\end{aligned} \tag{6-66}$$

因为基岩速度总是大于低速带速度，故低速带校正量总是为正。

图 6-65 中第 i 炮第 j 道的总野外静校正量为

$$\begin{aligned}\Delta\tau_{静}&=\Delta\tau_1+\Delta\tau_2+\Delta\tau_3\\&=-\left[\frac{1}{v_0}(h_{i1}+h_{i2})+\frac{1}{v_1}h_k\right]+\frac{1}{v_0}[h_{i1}+h_{j1}]+\left(\frac{1}{v_0}-\frac{1}{v_1}\right)(h_{i2}+h_{j2})\end{aligned}$$

$$=\frac{1}{v_0}(h_{j1}+h_{j2})-\frac{1}{v_1}(h_k+h_{i2}+h_{j2}) \tag{6-67}$$

用计算机进行野外静校正处理，只需将各炮点和检波点的高程、低速带厚度、速度等资料送入内存，程序按公式自动地计算出相应的静校正值，然后按静校正量值的正负和大小将整道向前($\Delta\tau_{静}>0$)或向后($\Delta\tau_{静}<0$)搬家即可。

2. 剩余静校正

由于野外实测表层资料不可能绝对准确，故野外(一次)静校正之后仍残余着剩余的静校正量。它仍然影响着叠加的效果和质量，因此必须将它校正掉。提取表层影响的剩余静校正量并加以校正的过程称为剩余静校正。剩余静校正量不能由野外实测资料求得，只能直接利用地震记录提取。实践中往往利用统计的方法自动地计算剩余静校正量，故亦称之为自动统计静校正。

剩余静校正量可分为短波长(高频)分量和长波长(低频)分量两类(图 6-66)。短波长分量是局部范围内低速层变化引起的，对同一共中心点道集内各道的反射波到达时影响不一，使动校正后的共中心点道集中各道无法同相叠加，影响叠加效果。长波长分量是区域性异常，是指相当于一个排列以上范围的低速带的变化影响。一般它对共中心点道集内各道的反射波旅行时影响不很明显，对叠加效果影响不大。但这种表层异常易被误认为是地下构造或岩性变化引起的，若不消除它们会造成解释上的错误。目前一般是通过自动统计剩余静校正方法来提取短波长剩余静校正量，从而达到消除短波长剩余静校正量的目的。

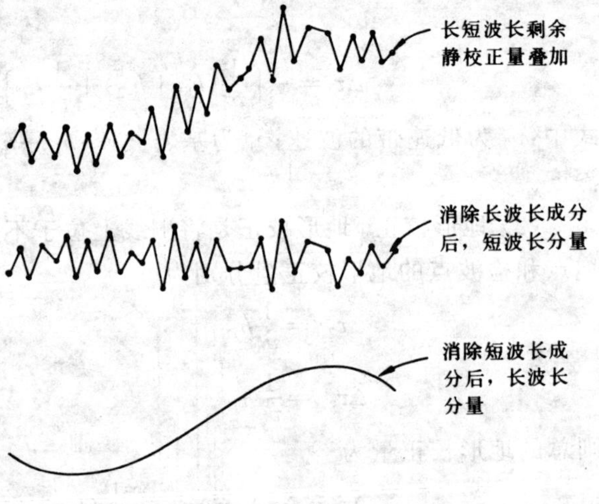

图 6-66 长、短波长剩余静校正量

自动统计剩余静校正利用的是道集内各道之间反射波的相对时差，不是各道的绝对静校正值，故只能解决短波长静校正问题。而目前常用折射静校正方法来计算长波长剩余静校正量。该方法是根据折射波初至时间，求出低速带底界面深度和浅层速度，进而求出静校正量。

早期进行的折射静校正工作是在反射波法勘探的同一测线上用小折射排列再作一次折射波法勘探。因为低速带底界面是一个良好的折射界面，用折射波法工作可以得到质量优良的折射波记录，用常规折射波解释方法求出低速带底界面深度和浅层速度，进而求出静校正量。近年来发展起来的折射静校正方法是利用反射波法工作时在反射波记录上的初至折射波求出低速带底界面和静校正量，主要采用加减法和广义互换法进行计算。

四、叠加和水平叠加时间剖面

1. 叠加

叠加就是将经过动、静校正后的共反射点(共中心点)道集中各道按采样值序号对应相加，即各道上相同时间的采样值相加，其常用的叠加公式为

$$y(k)=\frac{1}{n}\sum_{i=1}^{n}g_i(k) \qquad (k=1,2,\cdots,M) \tag{6-68}$$

式中：$y(k)$为叠加结果(叠加道上第 k 个样值)；$g_i(k)$是叠加输入道集中第 i 道第 k 个样值；k

为采样点序号；i 为共中心点（共反射点）道集中记录道序号；n 为道集中总道数；M 为每道的总采样点个数。

由上式可以看出，经常规叠加后，每一个共中心点道集就输出一个叠加道。一条测线上所有叠加道的集合组成直观反映地下构造形态，可供解释使用的常规水平叠加时间剖面。

处理时只需在内存中开辟一个叠加区，将经过抽道（选道）的共深度点道集顺序输入进行计算即可。

2. 水平叠加时间剖面

经动校正后，道集内各道的正常时差得到校正，经静校正后，道集内各道受表层因素影响的时差得到校正。因此，叠加前道集内各道上来自同一反射点的反射波出现的时间是一样的，经叠加后这种反射波能量得到加强，而干扰波相对减弱，叠加使一个道集记录为一道记录，如图 6－67(d)，该道称为叠加道。一条测线上有大量共中心点道集，经叠加后会形成人量叠加道。这些叠加道的集合就组成了水平叠加时间剖面，时间剖面的横轴方向，表示各个共中心点的位置（简称 CDP 点），相邻 CDP 点的间隔为二分之一道距，时间剖面的纵轴方向，表示 t_0 时间，如图 6－67(c)所示。

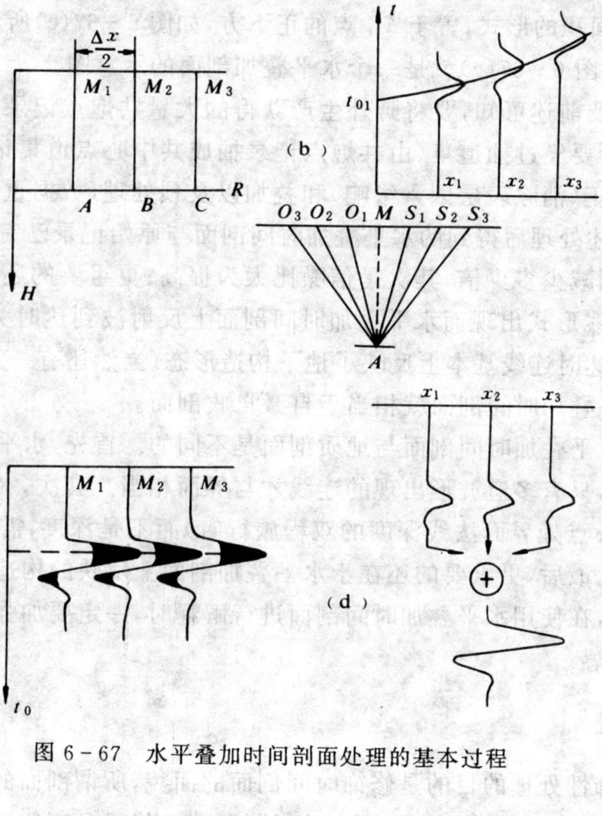

图 6－67　水平叠加时间剖面处理的基本过程

在时间剖面上显示一个叠加道的方法有三种：波形显示、变面积显示和波形变面积显示（图 6－68）。第一种反映波形的细节比较清楚；第二种反映道与道之间的连续关系比较清晰，即层次关系清晰；第三种是前两种的优点兼而有之，因此是最常用的显示方式。时间剖面上除叠加道和图头外，一般在两边还会将处理过的模块和使用的参数写出，称为处理史，解释时应先了解处理史。

下面我们举一个简单的例子，来复习一下整个水平叠加处理的过程及显示的特点。

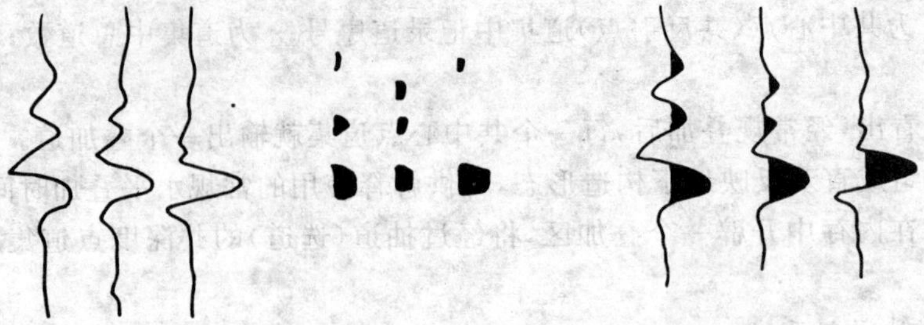

图 6-68 时间剖面显示的三种形式

图 6-67(a)为一个水平反射界面的地质模型，资料采集用多次覆盖的方法，假设覆盖次数 $n=3$(实际中 n 一般都大于 6，这里 $n=3$ 是为了画图方便)。M_1、M_2、M_3 为假设的共中心点，地下共反射点为 A、B、C。对其中一个反射点 A 来说，可做出共反射点时距曲线，如图 6-67(b)所示，然后进行动校正和叠加处理(由于假设地表水平，且无低速层，所以例子中共反射点时距曲线是双曲线，故无需做静校正处理)，可得叠加的波形[图 6-67(d)]，在时间剖面显示时，把此波形采用波形加变面积的形式，置于 M_1 点的正下方，如图 6-67(c)所示。同理可得 M_2、M_3 点正下方的反射波形，图 6-67(c)就是一个水平叠加剖面的示意图。

由上面的例子及前述可知，要将野外生产获得的大量共炮点记录变成供解释使用的水平叠加时间剖面，最少要经过抽道集(由共炮点记录抽成共中心点道集记录)、动校正(消除正常时差的影响)、静校正(消除表层因素影响)和叠加以及预处理(数据重排、不正常道炮处理等)这几步处理。经上述处理后得到的水平叠加时间剖面与原始记录已完全不同了。首先是道数减少，多少次覆盖则减少多少倍；其次是信噪比大为提高；更重要的还在于原始记录剖面上反射波到达时以双曲线形式出现而水平叠加时间剖面上反射波到达时为自激自收时间，剖面上同一界面反射波到达时连线基本上反映了地下构造形态(当然还有一定误差，后面还要讨论)，因此，通常认为水平叠加时间剖面就相当于自激自收剖面。

但必须注意，水平叠加时间剖面与地质剖面是不同的。首先，水平叠加时间剖面上出现的是波形而不是地层，只有多道波形出现的连线才与界面相当。其次，水平叠加时间剖面上的纵坐标是时间(共中心点处界面法线深度的双程旅行时)而不是深度，需要知道速度通过时深转换后才能变为深度。最后，更重要的还在于水平叠加剖面上反映的构造形态与实际地质剖面还有不少差异。因此，在使用水平叠加时间剖面进行解释时，一定要加强分析、研究，不要因其形象直观而被假象迷惑。

五、修饰性处理

顾名思义，修饰性处理的目的是修饰时间剖面的面貌，所谓剖面的面貌主要是指反射层次是否清晰连续，反射波是否突出，不同深度的反射层波组能量是否比较均衡等。修饰性处理是一种非实质性处理，不会改变剖面本质的东西，仅改善剖面面貌，但使用修饰性处理时，必须慎重，使用得当可使剖面清晰、美观，否则会造成假象，影响解释。修饰性处理方法很多，这里我们仅介绍几种常用的方法。

1. 道内均衡

道内均衡是指道内动态平衡，有时也叫动平衡。我们知道，浅层的地震信号很强，而深层的又很弱，相差悬殊。这给信息的输出显示造成了困难，因为显示仪是有一定动态范围的。为了在同一张剖面上将浅、中、深层反射波同时清晰地显示出来，需要均衡道内的能量。

道内均衡的基本思想是将一道记录的振幅值在不同时间段内乘以不同的权系数，能量强的时间段上权系数小，而能量弱的时间段上权系数大。结果，强波与弱波之间的能量相对差异会大为减少，最终控制在一定的动态范围之内。权系数的确定是计算机自动进行的。首先将一道记录分为若干段(时窗)，并分别求出各时窗段波的平均振幅大小($A(t)$)，则 $A(t)$的倒数即为权系数 $W(t)$，道内平衡实现的具体步骤为：

(1) 求取权系数 W。为了得到不同时间段上的权系数，首先需要求出各段波的平均振幅大小。将一道记录分为若干段，每段长$(2M+1)\Delta$，则每段振幅和为

$$E(k)=\sum_{m=-M}^{M}|g(j_k+m)| \tag{6-69}$$

式中：j_k 为各段中心点序号，而 $E(k)/(2M+1)$可代表每一时段的平均振幅。

简单地以平均振幅的倒数作为权系数进行加权可以达到振幅平衡的目的。即权系数为

$$W(j)=\frac{1}{E(k)}=\frac{2M+1}{E(k)} \tag{6-70}$$

现在的问题是如何分段。一种办法是按滑动时窗一个点一个点的逐点计算，这样工作量较大。另一种办法是均分记录为 k 段，每段算一次，时窗互不重叠，这样又显得有点粗糙。常用的是折衷方案。每次滑动半个时窗计算，即每隔 M 个样值点求一个加权系数，中间各点加权系数用线性内插的办法求得。结果加权系数曲线是一条折线(图 6-69)。插值公式为

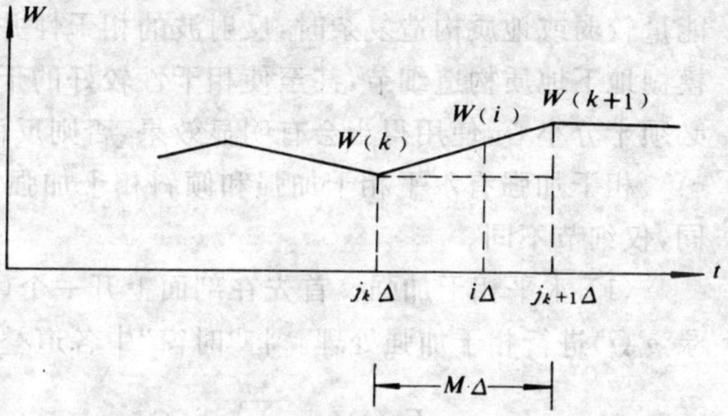

图 6-69 线性内插求加权系数

$$W(i)=W(k)+[W(k+1)-W(k)]\frac{i-j_k}{M} \tag{6-71}$$

式中：i 为 j_k 和 j_{k+1}之间的一个样值点。

(2) 道内均衡。用 $W(i)$对记录道加权即得道内平衡结果

$$F(i)=j(i)\cdot W(i)\cdot c \tag{6-72}$$

式中：c 为一常数，称为均衡水平，视机型和要求而定，目的是调整振幅到一定值。

当然，有时为了使平衡效果更好，采用的方法稍微复杂些，但基本原理是相同的，仅细节有差异而已。

2. 道间平衡

道间平衡也是一种振幅均衡处理，但不是均衡深、浅层反射波能量，而是为了均衡各道之间的能量大小。因为，道间能量差异太大，一则会使剖面面貌难看，不便于显示，二则也不利于追踪层位解释，因此道间均衡也是一种重要的修饰性处理。

道间均衡处理的基本思想与道内均衡一样。即各道按不同权系数进行加权，能量强的道权系数小，能量弱的道权系数大。一般加权后，则可使能量强的道能量减弱，能量弱的道能量得到加强，最终达到道与道之间能量的均衡。

同样，首先需要计算平均振幅。但此时是将待均衡道与其邻近道(“时窗”内各道)的平均振幅值相加，即

$$\overline{E}_j=\frac{1}{2N+1}\sum_{k=j-N}^{j+N}\frac{1}{M}\sum_{i=1}^{M}g_k(i) \tag{6-73}$$

式中：j 为待均衡道序号；i 为采样点序号；M 为一道总样值点数；$(2N+1)$为“时窗”内道数。

以平均振幅的倒数为加权系数算出均衡后的道。此时一道仅一个常数加权系数，计算公式为

$$F_j(i)=\frac{g_j(i)\cdot C}{\overline{E}_j} \tag{6-74}$$

式中：C 也是均衡水平。

“时窗”滑动一道，就可对另一道进行计算，如此进行直至全部道均衡完为止。

3. 相干加强

相干加强是根据相邻记录道之间反射波形具有相似性，而干扰波形不具有相似性这一特点，对相干波给以加强而非相干波予以减弱的一种处理方法。利用相关函数测定两个以上记录道时间序列的相似程度，按相似程度的大小对记录进行加权，使得相似性好的波（乘以大的权值）得到加强，相似性不好（乘以小的权值）相对削弱。故相干加强可使原来连续性好的反射界面有明显改善，有助于提高信噪比。但是，必须注意相干性好并不是反射波的本质特点，在反射能量较弱或地质构造复杂时，反射波的相干性并不好。因此，相干加强的使用必然会削弱反射、模糊地下地质构造细节，甚至使相干性较好的干扰波能量变得很强。因此，使用相干加强处理必须十分小心，使用得当会有明显效果，否则反而会造成假象，影响解释。

相干加强有水平相干加强和倾斜相干加强两种，分别用于水平和倾斜界面。二者原理相同，仅细节不同。

（1）水平相干加强。首先在剖面上开一个$(2N+1)$道的空间“时窗”，对其中心道第 i 道记录 $g_i(t)$进行相干加强处理。将“时窗”中各道叠加成一模型道

$$F_\Sigma(t)=\sum_{j=i-N}^{i+N}g_j(t) \tag{6-75}$$

选定一时窗 T，求中心道 $g_i(t)$与模型道 $F_\Sigma(t)$的零时延互相关

$$R_{i\Sigma}(0,t)=\sum_{t'=-T/2}^{T/2}g_i(t+t')F_\Sigma(t+t') \tag{6-76}$$

另外，求 $g_i(t)$本身的零时延自相关

$$R_{ii}(0,t)=\sum_{t'=-T/2}^{T/2}g_i^2(t+t') \tag{6-77}$$

将二者之比定义为相干加强的权系数

$$w_i(t)=\frac{R_{i\Sigma}(0,t)}{R_{ii}(0,t)} \tag{6-78}$$

用此权系数对 $g_i(t)$加权，得到相干加权后的输出

$$\hat{g}_i(t)=w_i(t)g_i(t) \tag{6-79}$$

实际处理时，滑动空间“时窗”即可对整张剖面进行处理。有时为提高效率，不求自相关，只用互相关作权系数；有时为使相干加强效果更好，还将加权后的道 $\hat{g}_i(t)$再与原记录道 $g_i(t)$混波（即对 $g_i(t)$乘一小数加在 $\hat{g}_i(t)$上）。

（2）倾斜相干加强。水平相干加强只适用于水平界面，但实际情况是一般界面均有一定倾角。因此提出了适用于倾斜界面的倾斜相干加强。

倾斜相干加强的原理与水平相干加强基本相同，差别仅在于求模型道时不是采用相同时间样值进行计算，而是以不同的时延斜率取样值进行计算。每一斜率算一次，进行扫描，将全部

结果相加得到最终输出。

因此，对某一斜率 p（单位为每道多少个采样间隔）有模型道

$$F_{\Sigma}(t,p) = \sum_{j=i-N}^{i+N} g_i[t + (j - i)p], \quad p = 0, \pm 1, \pm 2, \cdots, \pm k \tag{6-80}$$

共有 $(2k+1)$ 个模型道。若某个斜率 p 与某一界面倾角一致，则叠加时为同相叠加，叠加后波形与中心道上波形相似，否则就不相似。

将 $(2k+1)$ 个模型道分别与中心道 $g_i(t)$ 在时窗 T 内求互相关，得到 $(2k+1)$ 个互相关道

$$R_{i\Sigma}(0,p,t) = \sum_{t'=-T/2}^{T/2} g_i(t+t')F_{\Sigma}(t+t',p), \quad p = 0, \pm 1, \pm 2, \cdots, \pm k \tag{6-81}$$

$R_{i\Sigma}$ 括号中第一个值 0 表示零时延互相关，第二个值 p 表示对不同模型道求互相关，第三个值 t 表示滑动时窗，每个采样点求一次。

权函数为

$$w_i(p,t) = \frac{R_{i\Sigma}(0,p,t)}{R_{ii}(0,t)}, \quad p = 0, \pm 1, \pm 2, \cdots, \pm k \tag{6-82}$$

由此可算出对某一 p 的相干加强道

$$\hat{g}_i(p,t) = g_i(t) w_i(p,t), \quad p = 0, \pm 1, \pm 2, \cdots, \pm k \tag{6-83}$$

这样的相干加强道有 $(2k+1)$ 个。地下各界面倾角、倾向都可能不同，对某一界面而言，只有斜率 p 与其倾角一致时才能得到加强，在其他相干加强道上都不明显。因此，不同倾角、倾向的界面分别在不同相干加强道上表现突出。为了得到一个统一的、各反射界面都得到加强的结果，将这 $(2k+1)$ 个相干加强道叠加起来作为一个最终倾斜相干加强输出道，即有

$$\hat{F}_i(t) = \sum_{p=-k}^{k} \hat{g}_i(p,t) \tag{6-84}$$

当然，实际工作中往往还要作些加工，如圆滑、混波等。

通过上述各处理后，虽然可以得到最简单的水平叠加时间剖面，但实际上问题还很多，如这种剖面的信噪比较低（即存在许多影响解释的干扰波），分辨率也不高（即在剖面上难以识别较薄的地层和较小的地质现象），故在叠加之前或之后应该进行提高信噪比和分辨率的处理。目前最基本的提高信噪比和分辨率的处理是数字滤波和反滤波。又如为了正确进行动校正，必须知道地震波速，所以在动校正之前还应进行速度分析，只有加上数字滤波、反滤波和速度分析等处理后，才能得到可供解释使用的较为满意的水平叠加时间剖面。即使如此，水平叠加时间剖面与地质剖面在构造形态上还有不少差别，这些差别的存在仍会影响解释工作的正确进行。为此又引入了消除这一差别的偏移归位处理技术，在下面各节中将分别介绍这些处理方法。

§6.4 地震反射资料的数字滤波和反滤波

地震记录上的有效波与干扰波往往在频率、波数或者视速度方面存在着差异，数字滤波是利用这些差异来提高记录信噪比的数字处理方法。利用有效波和干扰波的频率差异进行的滤波，称为频率滤波，又因频率滤波只需对单道数据进行运算，故称为一维频率滤波。利用有效波和干扰波的视速度差异进行的滤波称为视速度滤波，因为实现视速度滤波需同时处理多道数据，故又称为二维视速度滤波。

反滤波也称为反褶积，它是经常使用的地震勘探资料数字处理方法。反滤波的主要作用是压缩地震反射波的延续时间。这样，可以提高地震记录的纵向分辨率，甚至还可以进一步估计

地下反射界面的反射系数。它不仅对解释构造问题有利，而且对解决岩性问题也同样有利。反滤波的另一个作用是消除多次波的干扰，提高信噪比。反滤波既可在叠加处理前进行，也可以在叠加处理后进行。

一、数字滤波和滤波器的基本概念

广义而言，滤波可以看作为对某一现象的改造作用。改造之前的对象称为滤波输入，改造后称为滤波输出，改造过程称为滤波过程。输入、输出、滤波过程(滤波器)就构成了滤波三要素(图 6－70)，地震资料处理中需改造的对象是含有干扰波的地震信号，输出是不含干扰或干扰减少了的地震信号，至于如何改造，既可用物理过程实现，也可通过数学运算实现。前者为电滤波器，后者为数字滤波。

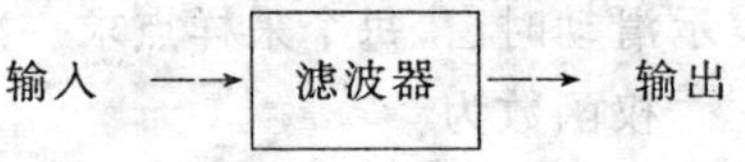

图 6－70　滤波三要素

早期地震资料的滤波均使用电滤波器。电滤波器是由电阻、电容、电感等电子元件组成的网络。当输入的地震信号的某个频率成分与滤波电路的固有频率相符合时，产生谐振输出，输入中的其他频率成分则被旁路。因此，要想改变电滤波器的滤波性能必须改变电子元件的参数或网络的结构。由此可见，变化电滤波器的特性比较麻烦、灵活性差且成本较高。数字滤波是在计算机中对离散采样后的地震信号进行数学运算来实现滤波的，显然，与电滤波器相比，它具有灵活、方便、改变滤波特性十分容易且成本较低的特点。因此，目前数字滤波已得到了广泛的使用。

1. 线性时不变滤波器的响应特性和滤波机理

滤波器的种类十分繁多，地震勘探中用得最多的是线性时不变滤波器。

(1) 线性时不变滤波器的概念。线性滤波器的基本性质是满足叠加原理和正比定理。设不同的信号 $x_1(t)$、$x_2(t)$、…分别输入到滤波器时的输出为 $y_1(t)$、$y_2(t)$、…，现在如果输入信号为

$$x(t)=ax_1(t)+bx_2(t)+\cdots$$

其中 a、b、…为任意常数，则输出必为

$$y(t)=ay_1(t)+by_2(t)+\cdots$$

因为线性运算比非线性运算容易得多，故线性滤波器比非线性滤波器简单得多。

时不变性质即滤波器对输入信号的改造作用与时间无关。换言之，当输入为 $x(t)$时，滤波器的输出为 $y(t)$，若输入为 $x(t-\tau)$，则输出正好是 $y(t-\tau)$，它与时移大小 τ 无关。

(2) 滤波器的响应特性。滤波器的特性就是滤波器的性质。研究滤波器主要就是研究它的特性。知道了滤波器的特性就可以知道任何一道地震记录，通过该滤波器作用后的输出结果。设计滤波器实质上就是根据有效波和干扰波的情况确定滤波器的特性。因此，滤波器的特性是研究滤波器的核心。

从经典通讯论的观点来看，不考虑滤波器的内部结构，只从其输入、输出间关系定义出的滤波器特性称为响应函数。

时间函数之间的运算称为时间域运算。时间域中的响应函数称为脉冲响应，或称滤波器的时间函数、权函数或滤波因子。它定义为对单位脉冲 $\delta(t)$输出所得到的输出 $h(t)$。

一个时间函数经傅里叶变换后可以得到其频谱，或称之为频率域中的函数。频率域函数之间的运算称为频率域运算。频率域中的响应函数称为频率响应函数，或称滤波器的频率特性、传递函数或转移函数。它是脉冲响应 $h(t)$的傅里叶变换 $H(\omega)$，也可看作是输出信号的频谱与输入信号的频谱之比。一般来说，它是复变函数，可以写成指数形式

$$H(\omega)=|H(\omega)|e^{j\phi_h(\omega)}$$

式中：$|H(\omega)|$称为滤波器的振幅特性，它影响输入信号的振幅谱；$\phi_h(\omega)$称为滤波器的相位特性，它对输入信号的相位谱产生改造作用。

(3) 线性时不变滤波器的滤波机理。线性时不变滤波器在时间域中滤波作用的实现用输入信号 $x(t)$与滤波器的脉冲响应 $h(t)$的褶积运算表示

$$y(t)=x(t)*h(t)=\int_{-\infty}^{\infty}h(\tau)x(t-\tau)d\tau$$
$$=\int_{-\infty}^{\infty}x(\tau)h(t-\tau)d\tau \quad (6-85)$$

而在频率域中则表示为输入信号的频谱 $X(\omega)$与滤波器的传输函数 $H(\omega)$相乘

$$Y(\omega)=X(\omega)H(\omega) \quad (6-86)$$

因此，输出信号的振幅谱和相位谱分别为

$$|Y(\omega)|=|X(\omega)||H(\omega)|$$
$$\varphi_y(\omega)=\varphi_x(\omega)+\varphi_h(\omega)$$

因为傅里叶变换是可逆的，故频率域运算与时间域运算完全等价。在两个域中表示的滤波机理归结如下

时间域： $x(t)\longrightarrow$ [$h(t)$] $\longrightarrow y(t)=x(t)*h(t)$

↕　　↕　　↕　　（傅氏变换过程）

频率域： $X(\omega)\longrightarrow$ [$H(\omega)$] $\longrightarrow Y(\omega)=X(\omega)H(\omega)$

线性时不变滤波器的时间域滤波机理可以这样来理解：将任何输入都想像为在采样瞬间由函数值确定其大小的一个脉冲序列。这些脉冲的每一个均使滤波器产生相应的脉冲响应。根据线性时不变性质，输出由所有这些个别响应的叠加组成。这一点通过数值褶积的物理过程(图 6-71)可以看得清楚。

线性时不变滤波器的频域滤波机理更为明显，即对输入信号中的不同频率成分用不同的权系数值相乘，结果组成输出信号的频谱。

利用 Z 变换的形式表示数字滤波的作用十分方便。若输入 x_i、输出 y_i 和脉冲响应 h_i 及其 Z 变换分别为

$$x_i=(x_0,x_1,\cdots,x_m)\xrightarrow{(Z\text{变换})}X(z)=x_0+x_1z+x_2z^2+\cdots+x_mz^m$$
$$y_i=(y_0,y_1,\cdots,y_{m+n})\xrightarrow{(Z\text{变换})}Y(z)=y_0+y_1z+y_2z^2+\cdots+y_{m+n}z^{m+n}$$
$$h_i=(h_0,h_1,\cdots,h_n)\xrightarrow{(Z\text{变换})}H(z)=h_0=h_1z+h_2z^2+\cdots+h_nz^n$$

用 Z 变换表示滤波过程，则有

$$Y(z)=X(z)H(z) \quad (6-87)$$

从形式上看，它与频率域滤波作用一样，是乘积。从多项式相乘的运算来看，它又与时间域滤波的运算一样，是褶积运算。因此，它同时表示了两个域中的滤波作用，是一种十分方便的表达形式。

2. 滤波器的稳定性和物理可实现性

当输入信号为有限，其输出信号也为有限时，这种滤波器就是稳定的。即：若存在一个正整

数 L,使得输入信号 $x(t)$ 满足 $|x(t)|\leqslant L$,也有一个正数 M,使得输出信号 $y(t)$ 满足条件 $|y(t)|\leqslant M$,则此滤波器是稳定的。

对滤波器的一个基本要求是"稳定",不稳定的滤波器无法使用。

滤波器稳定的充要条件是

$$\int_{-\infty}^{\infty}|h(t)|\mathrm{d}t<\infty \qquad (6-88)$$

满足因果律(即输入之前不会产生输出)的滤波器称为物理可实现的。滤波器是物理可实现的充要条件是

$$h(t)\equiv 0, \quad 当\ t<0\ 时$$

物理滤波器(包括电滤波器)都是物理可实现的,数字滤波器则不然。

对于 Z 变换为多项式的滤波器来说,分析其稳定性和物理可实现性比较方便。Z 变换为有理分式的滤波器(例如 $A(z)=1/B(z)$)则比较复杂,只有求出其分母多项式的全部根才能作出判断。当所有的根均不在单位圆($|z|=1$)上时,这个滤波器是稳定的,当所有的根都在单位圆外时,这个滤波器是物理可实现的。

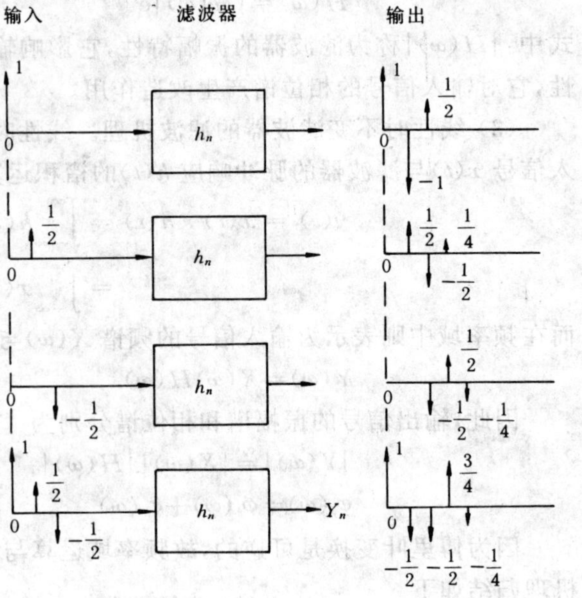

图 6-71 数值褶积的物理过程,其中 $h_n=(1,-1,\frac{1}{2})$

3. 滤波器的分类

可以有多种方式对滤波器进行分类。按滤波器的性质(即响应函数)划分,可分为:

(1) 无畸变滤波器。振幅特性为常数,相位特性是线性的滤波器为无畸变滤波器,它不改变输入信号的波形,即 $H(\omega)=a_0\mathrm{e}^{-\mathrm{j}\omega t_0}$,$a_0$、$t_0$ 均为常数。故

$$y(t)=a_0x(t-t_0) \qquad (6-89)$$

$$Y(\omega)=a_0X(\omega)\mathrm{e}^{-\mathrm{j}\omega t_0} \qquad (6-90)$$

(2) 相位畸变滤波器(纯相位滤波器、全通滤波器)。它只改变输入信号的相位谱,而不改变其振幅谱,即其振幅特性为常数 $|H(\omega)|=a_0$,但相位特性不是线性的。

(3) 振幅畸变滤波器(纯振幅滤波器)。这种滤波器的振幅特性 $|H(\omega)|$ 不是常数,即当信号通过这个滤波器以后只有振幅的变化,没有相位的改变。这样的滤波器叫做零相位滤波器,即 $\phi_h(\omega)=0$、$H(\omega)=|H(\omega)|$。在地震勘探资料处理中所用的滤波器常常是这种纯振幅滤波器。

因为 $H(\omega)=|H(\omega)|$,而 $|H(\omega)|\geqslant 0$,故 $H(\omega)$ 必为非负的实函数。

又因输入、输出均为实时间函数,故 $h(t)$ 也必定是实时间函数。由傅里叶变换性质可知,实时间函数的频谱具有共轭性质,即 $H(-\omega)=\overline{H(\omega)}$。因 $H(\omega)$ 本身是实函数,实函数的共轭为其自身,即 $\overline{H(\omega)}=H(\omega)$,故有 $H(-\omega)=H(\omega)$,说明 $H(\omega)$ 是偶函数。

因此,零相位滤波器的频率响应函数 $H(\omega)$ 是非负的实偶函数。

由傅里叶变换的性质可知,非负的实偶函数 $H(\omega)$ 所对应的时间函数 $h(t)$ 必为实偶函数,即 $h(t)=h(-t)$。因此,零相位滤波器必定为物理不可实现的滤波器。

电滤波器是物理可实现的,绝不可能成为零相位滤波器。因此,电滤波器必定会使信号发生相位畸变,这正是它的缺点之一。而数字滤波可以实现零相位滤波。

4. 子波的相位延迟

地震勘探领域中子波指的是通常由1至1个半到2个周期组成的地震信号。

前面已谈过，从广义上讲，任何一个过程均可称为“滤波”。地震勘探中往往将地下非完全弹性介质对震源脉冲的改造作用称为“大地滤波”，大地滤波器的脉冲响应称为“子波”或“地震子波”。由此可见，子波（特别是地震子波）的概念与滤波器的特性密切相关，有关其性质分析、分类方式等结论完全可以互相引用。

有关子波的概念有许多，如子波的能量分布、子波的逆、子波等效等，但最具重要意义的是其相位延迟性质。

在频率域中，子波 $b(t)$ 可以通过傅里叶变换表示成它的振幅谱 $|B(\omega)|$ 和相位谱 $\varphi(\omega)$。如果采用负的相位谱 $\psi(\omega)$，则叫做相位延迟谱。即

$$\psi(\omega)=-\varphi(\omega), \quad B(\omega)=|B(\omega)|\mathrm{e}^{-\mathrm{j}\psi(\omega)}=|B(\omega)|\mathrm{e}^{\mathrm{j}\varphi(\omega)}$$

相位延迟谱的大小代表了子波的相位延迟性质。

子波的起始时刻通常是零时刻，即子波一般是物理可实现的。特别是地震子波，作为一个物理滤波器的响应函数，自然是物理可实现的。正如前述，物理可实现的子波必定是非零相子波，必有相位延迟，但不同子波相位延迟不同。相位延迟性质对于有相同振幅谱的子波的分类具有重要意义。

在所有物理可实现的、具有相同振幅谱的子波中，总有一个子波的相位延迟谱相对于其他子波的相位延迟谱而言为最小，这个子波称为最小相位子波。同样，还有一个子波的相位延迟谱相对来说最大，称为最大相位子波。其他子波都是混合相位子波。

利用 Z 变换可以方便地判断子波的相位延迟性质。子波 $(b_0, b_1, \cdots, b_n)$ 的 Z 变换是一个多项式：$B(z)=b_0+b_1z+b_2z^2+\cdots+b_nz^n$。对此多项式求取全部零点（即根）。若全部零点均在单位圆外，则此子波为最小相位子波；若全部零点都在单位圆内，则是最大相位子波；如果零点在单位圆的内、外都有，则这个子波就是混合相位子波（图6-72）。

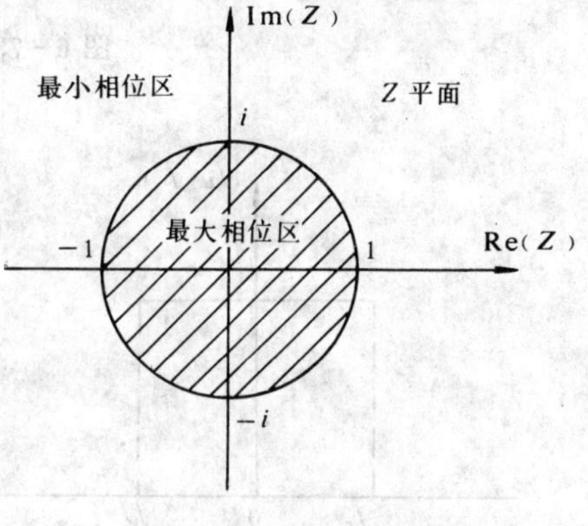

图6-72　Z平面上零点位置指示子波延迟性质

二、一维频率滤波

所谓一维滤波，是指根据信号中有效波和干扰波成分之间的差异设计了一种压制干扰提高信噪比的滤波，并且信号以及滤波因子都是单变量函数的滤波。该变量可以是频率或时间，也可以是波数或空间，原理方法都相同。实际工作中频率滤波用得最为广泛，故以一维频率滤波为例加以介绍。

1. 理想一维频率滤波器的设计

所谓滤波器的设计就是根据实际情况确定 $h(t)$ 或 $H(f)$，使得滤波输出结果满足要求。一般而言，一道地震记录 $x(t)$ 即含有有效信号 $s(t)$，又含有干扰信号 $n(t)$，可以写成 $x(t)=s(t)+n(t)$，滤波的目的就是压制干扰，提高信噪比。

（1）理想滤波器。最理想的滤波器是有效波在其频率范围内完全无畸变地通过，干扰完全被压制掉。因此，要求其频率响应为

$$H(f)=|H(f)|=\begin{cases}1,有效波频带内\\0,其他\end{cases} \tag{6-91}$$

这意味着其相位响应特性为零，$\varphi_h(f)=0$，故理想滤波器一定是零相滤波器，一定是非物理可实现的。当然，它也隐含着在有效波频带内不要有干扰，否则无法滤波。

理想滤波器的频率响应函数图形是一个矩形，像门一样，所以也称之为门式滤波。

(2) 理想低通滤波器。在有效波和干扰的频谱分布如图 6-73(a)所示的情况下，可以设计理想低通滤波器。其频率响应如图 6-74(a)所示，其数学模型为

$$H_L(f)=\begin{cases}1,\ |f|<f_c\\0,\ |f|>f_c\end{cases} \tag{6-92}$$

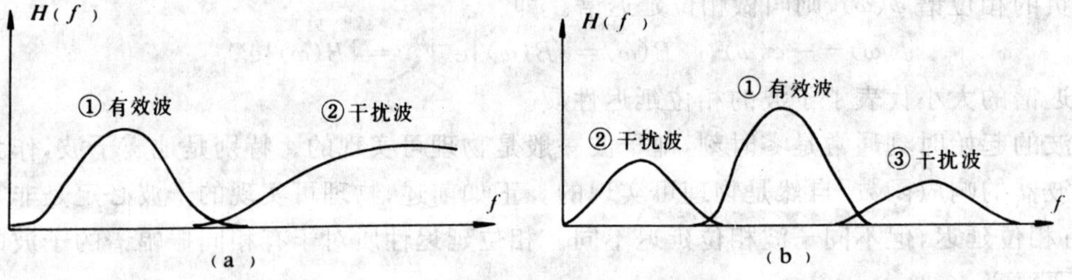

图 6-73　有效波和干扰波的频谱举例

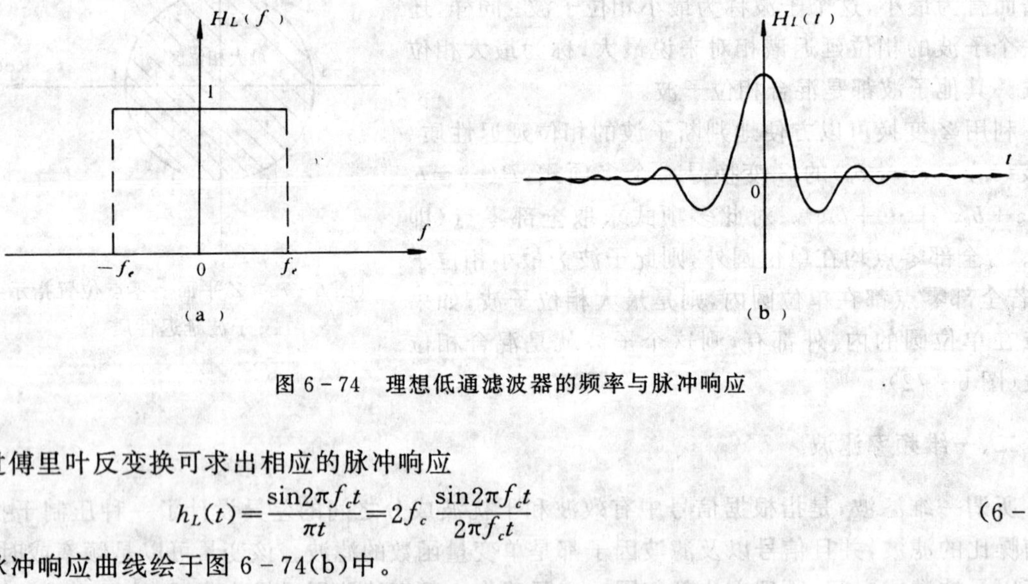

图 6-74　理想低通滤波器的频率与脉冲响应

通过傅里叶反变换可求出相应的脉冲响应

$$h_L(t)=\frac{\sin 2\pi f_c t}{\pi t}=2f_c\frac{\sin 2\pi f_c t}{2\pi f_c t} \tag{6-93}$$

该脉冲响应曲线绘于图 6-74(b)中。

(3) 理想带通滤波器。一般情况下，既有高频干扰，又有低频干扰(图 6-73)，需要设计带通滤波器。其数学表达式为

$$H_b(f)=\begin{cases}1,\ f_1<|f|<f_2\\0,\ 其他\end{cases} \tag{6-94}$$

求其脉冲响应 $h_b(t)$ 的方法有二。

一是利用低通滤波器组合。因为带通滤波器的频率响应等于两个截频不同的低通滤波器的频率响应之差(图 6-75)。根据傅里叶变换的线性性质，带通滤波器的脉冲响应也等于这两个低通滤波器的脉冲响应之差。故带通滤波器的脉冲响应可直接写为

$$h_b(t)=h_2(t)-h_1(t)=\frac{\sin 2\pi f_2 t}{\pi t}-\frac{\sin 2\pi f_1 t}{\pi t}$$

$$=\frac{1}{\pi t}2\cos 2\pi f_0 t\sin 2\pi\Delta f t \quad (6-95)$$

式中：f_0 为通频带的中心频率；Δf 为半带宽；$f_0=(f_2+f_1)/2$，$\Delta f=(f_2-f_1)/2$。

第二种方法是直接计算 $H_b(f)$ 的傅里叶反变换，可以得到相同的结果。

(4) 理想高通滤波器。其频率响应为

$$H_H(f)=\begin{cases}1, & |f|>f_c\\ 0, & |f|<f_c\end{cases} \quad (6-96)$$

而脉冲响应的计算也可采用相减法或直接计算傅里叶反变换的方法，得

$$h_H(t)=\delta(t)-\frac{\sin 2\pi f_c t}{\pi t} \quad (6-97)$$

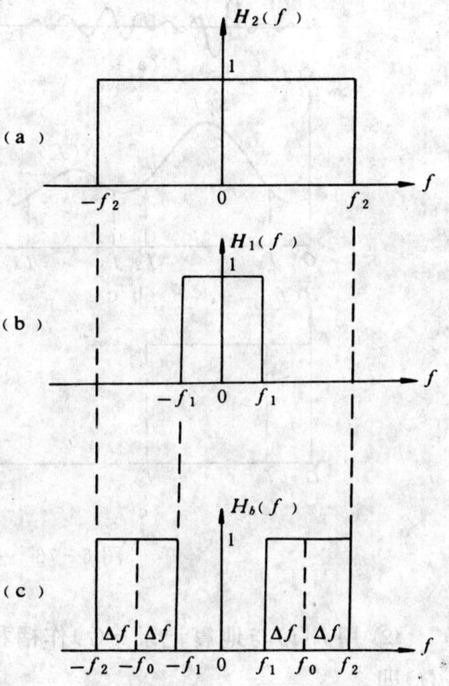

图 6-75 理想带通滤波器的频率响应

2. 一维频率滤波的实现

一维频率数字滤波可在时间域中实现，也可在频率域中实现，二者完全是等价的，通过傅里叶正、反变换建立联系，仅计算过程不同而已。

地震资料在频率域数字滤波时，一般分为以下几个步骤进行：

(1) 对地震记录 $x(t)$ 作频谱分析，确定有效波与干扰波的频谱特征。

已知地震记录 $x(t)$，如图 6-76(a)，它包含有有效波 $s(t)$，干扰波 $n(t)$，即

$$x(t)=s(t)+n(t) \quad (6-98)$$

相应的频谱为

$$X(f)=S(f)+N(f) \quad (6-99)$$

由图 6-76(b)，可见在地震记录上有效波频率成分分布在 $f_1\sim f_2$ 范围内，并且有效波与干扰波基本分开。

(2) 设计频率滤波器。根据有效波与干扰波的频率差异，设计一滤波器（即滤波响应系数）$H(f)$[图 6-76(c)]

$$H(f)=\begin{cases}1, & f_1<f<f_2\\ 0, & \text{其他}\end{cases} \quad (6-100)$$

(3) 滤波。对地震记录 $x(t)$ 进行滤波，相当于令 $x(t)$ 的频谱 $X(f)$ 同滤波器的频率响应函数 $H(f)$ 相乘，相乘后结果即为滤波后期望的输出 $\hat{X}(f)$[图 6-76(d)]，则

$$\hat{X}(f)=X(f)\cdot H(f)$$
$$=[S(f)+N(f)]\cdot H(f)=S(f) \quad (6-101)$$

(4) 对输出信号 $\hat{X}(f)$ 进行傅氏反变换，便得到滤波后输出的时间域地震信号 $\hat{x}(t)$，如图 6-76(e)所示。

地震记录在时间域进行一维频率数字滤波较在频率域滤波工作量要小且步骤也较简单，一般其实现过程只需以下几步：

① 根据已知滤波器的频率函数，通过反傅氏变换计算滤波器的脉冲响应函数 $h(t)$。

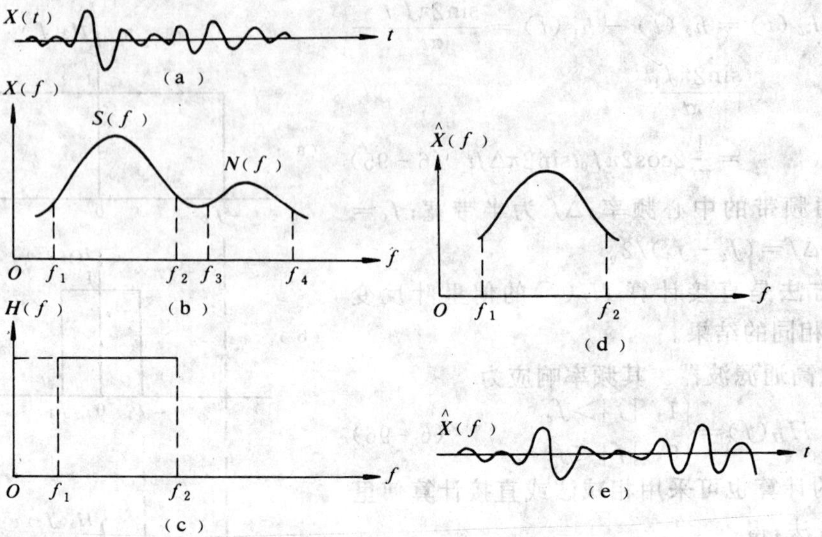

图 6-76　一维频率域数字滤波的实现过程

② 用 $h(t)$ 与地震记录 $x(t)$ 作褶积运算，最后所得结果就是所要求的滤波后的地震记录 $\hat{x}(t)$ 即

$$\hat{x}(t)=x(t)*h(t)=\int_{-\infty}^{+\infty}h(t)x(t-\tau)\mathrm{d}\tau \tag{6-102}$$

式中：* 是褶积（卷积）运算符；τ 是每次褶积运算的时移量。关于褶积运算，请参阅有关数学参考书。

三、数字滤波的特殊性

数字滤波必须在数字计算机上进行运算，它面临着两个特殊问题。一个问题是数字滤波只能对离散时间序列而不是连续时间函数进行运算，即所谓离散性。另一个问题是脉冲响应只能取有限长度而不是理论要求的无限长，也就是有限性。由于存在这些特殊性，运算结果不能达到门式滤波的“理想”情况，会发生畸变。

1. 有限长度（截断）效应——吉普斯现象

所有理想滤波器的频率响应函数在截止频率处（f_c 或 f_1、f_2）都是间断的，间断函数的傅里叶反变换（脉冲响应函数）必定是无限长的。实际计算中脉冲响应函数只能取有限长，即要对它截断。截断后的脉冲响应所对应的频率响应函数不再是一个理想的“门”，而是接近于这种门的一条幅值有波动的曲线。这种现象称为吉普斯现象。

仍然可以用频率褶积定理来说明这一问题。无限长的脉冲响应 $h(t)$，与矩形函数 $P(t)$ 相乘得到截断后的脉冲响应 $h'(t)$[图 6-77(a)、(b)、(c)]。函数 $P(t)$ 也称为截断时窗，其数学定义是

$$P(t)=\begin{cases}1, & -T_0<t<T_0\\ 0, & \text{其他}\end{cases}$$

它的傅里叶变换为

$$P(f)=\frac{\sin 2\pi fT_0}{\pi f}$$

其形状与理想低通滤波器的脉冲响应函数类似[图 6-77(e)]。根据频率褶积定理，$h'(t)$ 所对

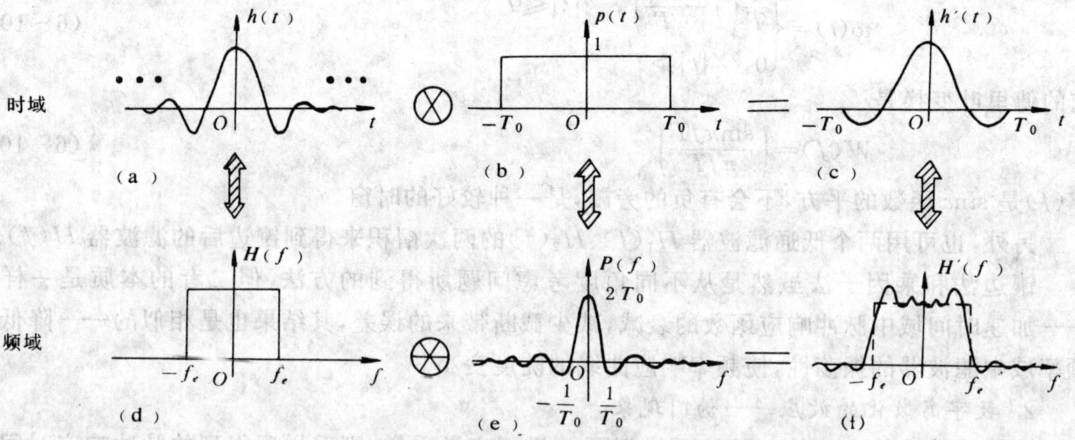

图 6-77　用频率褶积定理证明吉普斯现象的存在
（双向箭头表示傅里叶变换对）

应的频率响应函数应为 $H(f)$ 与 $P(f)$ 相褶积的结果[图 6-77(d)、(e)、(f)]。它是一条连续、光滑、有波动的曲线[图 6-77(f)]。数学上可以证明：在不连续点处的波动幅度最大，约等于原来矩形幅度的 9%，随着远离不连续点，波动的幅度越来越小。

由于频率特性曲线在通频带内是波动的曲线，滤波后有效波必定会发生畸变。另外在通频带外亦是波动的曲线，必定不能有效地压制干扰。为了减小信号截断带来的频谱畸变，即避免吉普斯现象，可采用若干方法。其中之一是镶边法。它是从频率域角度考虑问题，在矩形频率特性曲线的不连续点处镶上连续的边，使频率特性曲线变为连续的曲线。

例如，镶边后的低通滤波频率响应为（图 6-78）

$$H^*(f)=\begin{cases}1,\ |f|\leqslant f_1\\ g(f),\ f_1<|f|<f_2\\ 0,\ f_2\leqslant|f|\end{cases}\qquad(6-103)$$

其中镶边函数 $g(f)$ 要求满足条件

$$\begin{cases}g(|f_1|)=1\\ g(|f_2|)=0\\ g'(|f_1|)=g'(|f_2|)=0\end{cases}\qquad(6-104)$$

满足此条件的函数很多，余弦镶边函数

$$g(f)=\frac{1}{2}\left(1+\cos\frac{|f|-f_1}{f_2-f_1}\pi\right)\qquad(6-105)$$

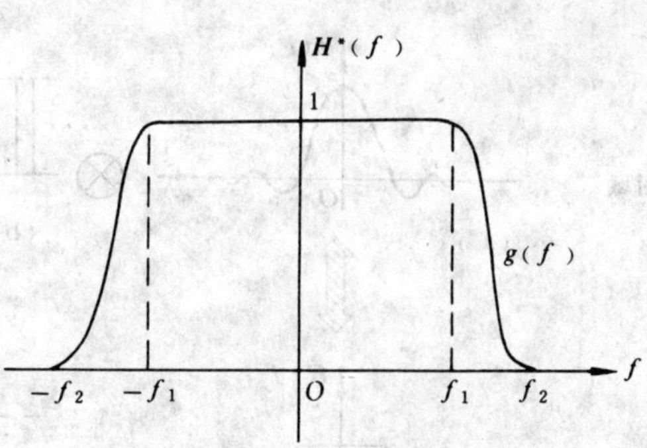

图 6-78　镶边后低通滤波频率响应

即为其中之一。确定了镶边函数后，利用傅里叶反变换求出相应的 $h^*(t)$，再进行褶积滤波就可减小吉普斯现象的影响。使用余弦镶边函数的低通滤波脉冲响应为

$$h^*(t)=\frac{\sin\pi(f_1+f_2)t}{\pi t}\cdot\frac{\cos\pi(f_2-f_1)t}{1-4(f_2-f_1)^2t^2}\qquad(6-106)$$

也可以采用乘因子法。这是从时间域角度考虑问题的方法，即在截断 $h(t)$ 时不使用矩形时窗函数，而代之以一个逐渐衰减的时窗函数。一个好的时窗函数应具有如下性质：① 时间区间应尽可能地长，以使对应的频谱能量集中在其主瓣；② 时窗形状应尽可能圆滑，没有陡的倾角。满足这些条件的时窗函数很多。例如地震勘探中用得较多的三角形时窗，其数学表达式为

$$w(t)=\begin{cases}\dfrac{1}{T}\left(1-\dfrac{|t|}{T}\right), & |t|\leqslant T\\ 0, & |t|>T\end{cases} \tag{6-107}$$

它的傅里叶变换是

$$W(f)=\left(\frac{\sin\pi fT}{\pi fT}\right)^2 \tag{6-108}$$

$W(f)$是 sin$c$ 函数的平方,不会有负的旁瓣,是一种较好的时窗。

另外,也可用两个低通滤波器 $H_1(f)$、$H_2(f)$的两次褶积来得到镶边后的滤波器 $H(f)$。

镶边法和乘因子法虽然是从不同角度考虑问题所得到的方法,但二者的本质是一样的——加速时间域中脉冲响应函数的衰减,减少截断带来的误差,其结果也是相似的——降低了频率域中滤波器的振荡性,使频率响应曲线的陡度变小。

2. 数字离散化的效应——伪门现象

如果将脉冲响应函数 $h(t)$按采样间隔 Δ 进行离散采样,则采样后得到的脉冲响应时间序列 $h(n\Delta)$的频率特性除了有与 $h(t)$的频率特性相对应的"正门"之外,还存在着以$\frac{1}{\Delta}$为周期性地重复出现很多"门",这些门称为"伪门"。产生"伪门"的原因就是由于对 $h(t)$离散抽样造成的,下面用简单的频率褶积定理来证明这一点。

间隔为 Δ 的无数个 δ 脉冲所组成的无穷序列 $\Delta(t)$[图 6-79(b)]称为采样函数,因为它与脉冲响应函数 $h(t)$[图 6-79(a)]相乘就得到采样后的脉冲响应时间序列 $h(n\Delta)$[图 6-79(c)]。$\Delta(t)$的傅里叶变换是频率采样函数 $\Delta(f)$[图 6-79(e)]。它由间隔为$\frac{1}{\Delta}$、幅度为$\frac{1}{\Delta}$的无数个 δ 脉冲所组成。$h(t)$的傅里叶变换是 $H(f)$[图 6-79(d)]。根据频率褶积定量,$h(n\Delta)$的傅里叶变换应是 $H(f)$与 $\Delta(f)$的褶积,是一个周期为$\frac{1}{\Delta}$的函数[图 6-79(f)]。这样,在正门之外出现了无数个伪门。

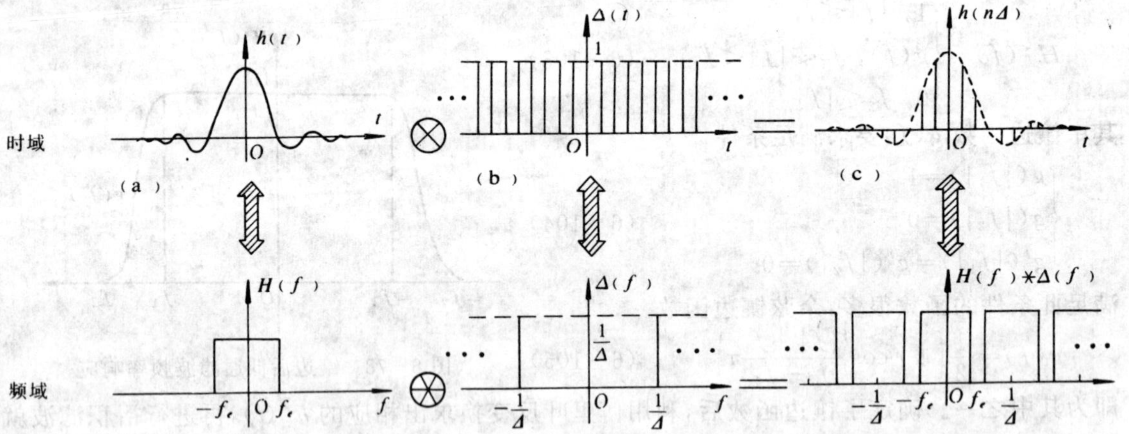

图 6-79 用频率褶积定理证明伪门的存在

(图中箭头表示傅里叶变换对)

由于伪门的存在,某些干扰波的频谱可能出现在伪门范围内被保留下来,达不到滤波效果。此外,当采样频率$\frac{1}{\Delta}$小于截止频率 f_c 的一倍时,这些周期性的滤波门会发生重叠,若频率响应本身是曲线形,则这种重叠还会导致响应的畸变(图 6-80)。

为了解决伪门和频率响应畸变的问题，可选择适当的采样间隔 Δ，使第一个伪门出现在干涉波频率范围之外，这样作也可防止响应畸变这种假频率效应的发生。

四、二维视速度滤波

在地震勘探中，有时有效波和干扰波的频谱成分十分接近甚至重合，这时无法用频率滤波压制干扰，需要用有效波和干扰波在其他方面的差异来进行滤波。如果有效波和干扰波在视速度分布方面有差异，则可进行视速度滤波。这种滤波要同时对若干道进行计算才能得到输出，因此是一种二维滤波。

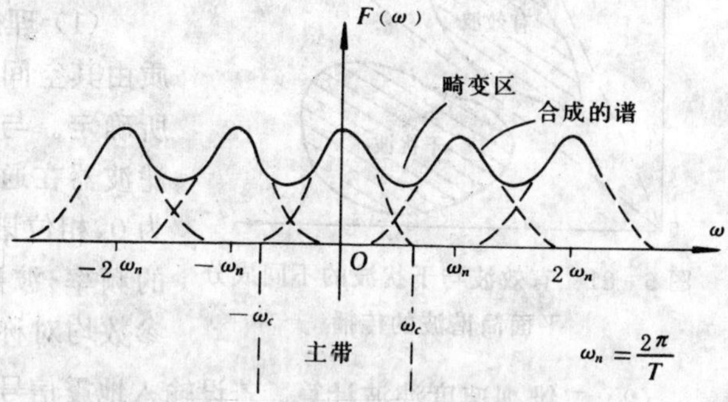

图 6-80　采样间隔不足引起的畸变

地震波动实际上是时间和空间的二维函数 $g(t,x)$，既可用振动图 $g(t,x_j)$ 来描述它，也可用波剖面 $g(t_i,x)$ 来说明它，二者之间通过

$$k=\frac{f}{V} \tag{6-109}$$

发生内在联系。

式中：k 为空间波数，表示单位长度上波长的个数；f 为频率，描述单位时间内振动次数；V 为波速。

实际地震勘探总是沿地面测线进行观测，上述波数和速度应以波数分量 k_x 和视速度 V^* 代入式(6-109)，则有

$$k_x=\frac{f}{V^*}$$

由于地震波是时间 t 和空间 x 的二维函数，且时间和空间存在着密切关系，故无论单独进行哪一维滤波都会引起另一维特性的变化(例如单独进行频率滤波会改变波剖面形状，单独进行波数滤波会影响振动图形、产生频率畸变)，产生不良效果。因此，只有根据两者内在的联系组成频率-波数域滤波，才能做到在所希望的频率间隔内、视速度为某一范围的有效波得到加强，同时，可使在这个频带内的视速度为另一范围的干扰波受到压制，从而达到提高资料信噪比的目的。

1. 二维视速度滤波的基本原理

二维滤波原理是建立在二维傅里叶变换基础上的。沿地面直测线观测到的地震波动 $g(t)$ 是一个随时间和空间变化的波，通过二维傅里叶正、反变换可得到其频率波数谱 $G(\omega,k_x)$ 和频波谱的时空函数

$$G(\omega,k_x)=\frac{1}{2\pi}\int_{-\infty}^{\infty}\int_{-\infty}^{\infty}g(t,x)\cdot \mathrm{e}^{-\mathrm{j}(\omega t-k_x\cdot x)}\mathrm{d}t\mathrm{d}x \tag{6-110}$$

$$g(t,x)=\frac{1}{2\pi}\int_{-\infty}^{\infty}\int_{-\infty}^{\infty}G(\omega,k_x)\mathrm{e}^{\mathrm{j}(\omega t-k_x x)}\mathrm{d}x\mathrm{d}t \tag{6-111}$$

上式说明，$g(t,x)$是由无数圆频率为 $\omega=2\pi f$，波数为 k_x 的平面简谐波所组成，它们沿测线以视速度 V^* 传播。

如果有效波和干扰波的平面简谐波成分有差异，有效波的平面谐波成分与干扰波的平面谐波成分以不同的视速度传播(图 6-81)，则可用二维视速度滤波将它们分开，达到压制干扰，提高信噪比的目的。

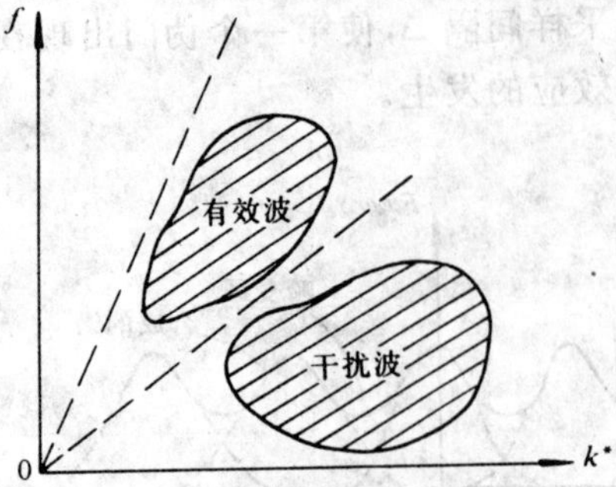

图 6-81 有效波与干扰波的不同成分平面简谐波的传播

2. 二维滤波的实现

与一维滤波一样，二维滤波的实现也要经过下面几步：① 二维滤波器的设计；② 二维滤波。

(1) 理想二维滤波器的设计。二维线性滤波器的性质由其空间-时间特性 $h(t,x)$ 或频率-波数特性 $H(\omega,k)$ 所确定。与理想一维滤波一样，理想二维滤波也要求其滤波器在通放带内频率-波数响应的振幅为 1，通放带外为 0，相位谱亦为 0，即零相滤波。因此，二维理想滤波器的频率-波数响应是正实对称函数（二维对称即对两个参数均对称），空间时间因子必为实对称函数。

(2) 二维视速度滤波计算。若设输入地震信号为 $g(t,x)$，时间域滤波因子为 $h(t,x)$，同一维滤波一样，在时-空域中，二维滤波则由输入信号 $g(t,x)$ 和滤波算子 $h(t,x)$ 的二维褶积来实现，在频率-波数域中，由输入信号的谱 $G(\omega,k_x)$ 与滤波器的频率波数特性 $H(\omega,k_x)$ 相乘来完成。

$$\begin{cases} \tilde{y}(t,x) = \int_{-\infty}^{\infty}\int_{-\infty}^{\infty} g(\tau,\zeta)h(t-\tau,x-\zeta)\mathrm{d}\tau\mathrm{d}\zeta \\ \qquad\quad = g(t,x) * h(t,x) \\ \tilde{Y}(\omega,k_x) = G(\omega,k_x)H(\omega,k_x) \end{cases} \tag{6-112}$$

由于地震观测的离散性和排列长度的有限性，必须用有限个（N 个）记录道的求和来代替对空间坐标的积分。

$$\begin{aligned} \tilde{y}_m(t) &= \sum_{n=0}^{N-1}\int_{-\infty}^{\infty} g_n(\tau)h_{m-n}(t-\tau)\mathrm{d}\tau \\ &= \sum_{n=0}^{N-1} g_n(t) * h_{m-n}(t) \end{aligned} \tag{6-113}$$

式中：n 为原始道号；m 为结果道号。

由(6-113)式可见，二维褶积可归结为对一维褶积的结果再求和。故测线上任一点处二维滤波的结果可由 N 个地震道的一维滤波结果相加得到。这时每一道用各自的滤波器处理，其时间特性 $h_{m-n}(t)$ 取决于该道与输出道之间的距离。沿测线依次计算，可以得到全测线上的二维滤波结果（图 6-82）。

二维滤波同样存在着伪门现象和吉普斯现象，也可采用镶边法和乘因子法解决，但因是二维函数，情况复杂得多，通常只采用减小采样间隔（包括时间采样间隔和频率采样间隔）和增大计算点数（包括时、空两方向上的点数 M 和 N）的方法来减小上述不良影响。

3. 扇形滤波

这是一种最常用的二维滤波，它能滤去视速度较有效波低或频率成分较有效波高的干扰。其滤波器的频率波数响应为

$$H(f,k_x)=\begin{cases} 1, & \text{当}\left|\dfrac{f}{k_x}\right| \geqslant V^*, |f| < f_c \text{时} \\ 0, & \text{其他} \end{cases} \tag{6-114}$$

通放带在 $f-k_x$ 平面上构成由坐标原点出发，以 f 轴和 k_x 轴为对称的扇形区域（图 6-83）。因此这种滤波器称为扇形滤波器。

利用二维傅里叶反变换可求出对应的扇形滤波因子为

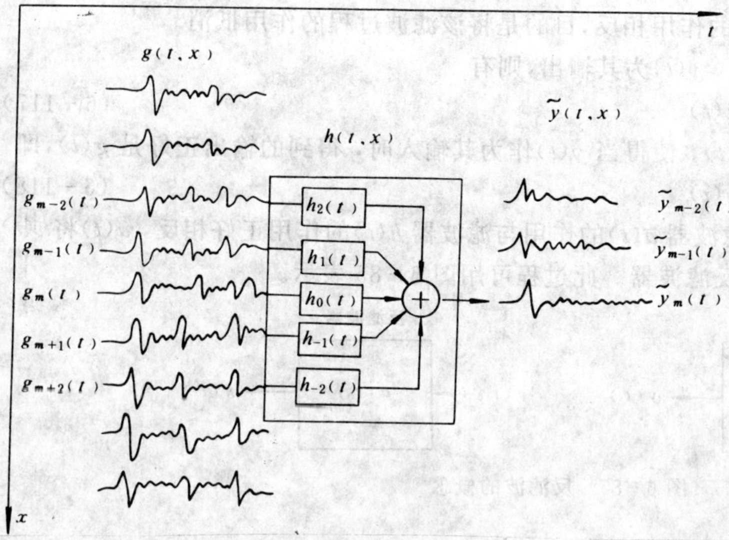

图 6-82　二维滤波计算示意图($N=5$)

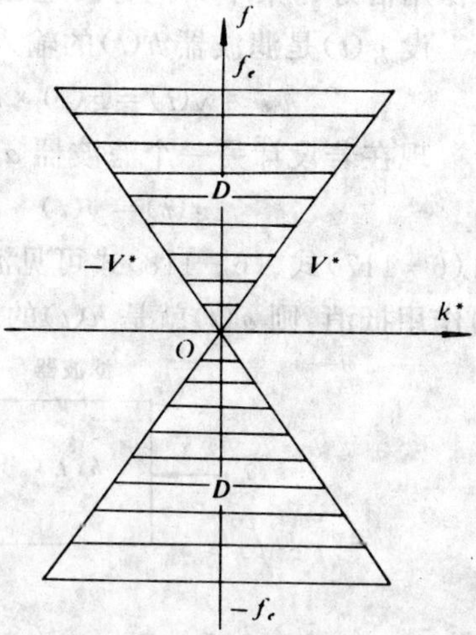

图 6-83　扇形滤波器的频率波数响应

$$h(t,x)=\frac{1}{2\pi^2 x}\left[\frac{1-\cos 2\pi\left(\frac{x}{V^*}+t\right)f_c}{\frac{x}{V^*}+t}+\frac{1-\cos 2\pi\left(\frac{x}{V^*}-t\right)f_c}{\frac{x}{V^*}-t}\right] \tag{6-115}$$

当在计算机上实现运算时，需要离散化。对时间采样：$t=\mu\Delta$，$\mu=0,\pm1,\pm2,\cdots$，Δ 为时间采样间隔，$\Delta=1/(2f_c)$；空间采样间隔即输入道的道间距 Δx。为了简化计算公式，滤波道数 N 取为偶数，并以这 N 道的中点作为坐标原点，即 $x=m\Delta x$，$m=\pm\frac{1}{2},\ \pm\frac{3}{2},\cdots,\pm\frac{N-1}{2}$。标准扇形滤波器有 $V^*=\Delta x/\Delta$。将上述量代入式(6-115)就变为

$$h(\mu\Delta,m\Delta x)=\frac{1}{\pi^2(m^2-\mu^2)} \tag{6-116}$$

每一个输入道对应于一个 m 值，固定 m 值并代入上式，即可求出该道的权函数，用此权函数与该输入道褶积得到一个中间结果，最后将 N 道的单独褶积结果相加就得到扇形滤波的一个输出道。

扇形滤波因子的一个例子见图 6-84。

由标准扇形滤波器可以组构出既压制高视速度干扰，又压制低视速度干扰的“切饼”式滤波器，进而还可组构出同时压制高、低频干扰的带通扇形滤波器和带通“切饼”式滤波器。

在叠加前应用扇形滤波，压制的目标可以是面波、散射波、折射波或电缆振动产生的波。至于在叠加后的应用，则可压制从倾斜界面上产生的多次反射或侧面波。

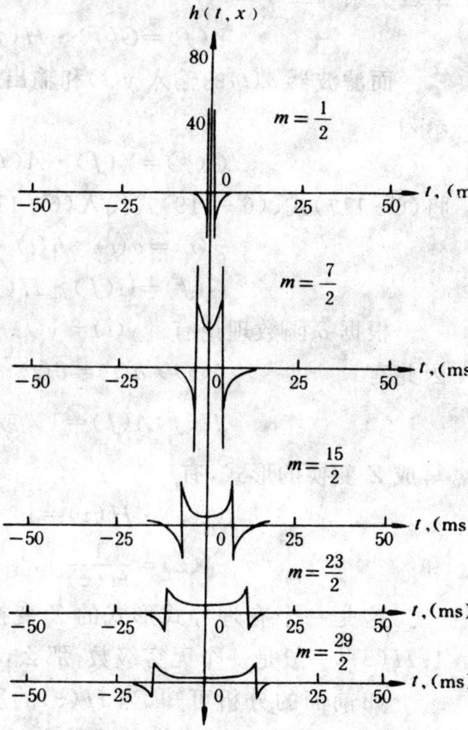

图 6-84　扇形滤波因子

五、反滤波的基本概念

所谓反滤波仍然是一个滤波过程。这个滤波过程

的作用恰好与某个其他滤波过程的作用相反，目的是将该滤波过程的作用抵消。

设 $g(t)$ 是滤波器 $h(t)$ 的输入，$y(t)$ 为其输出，则有

$$y(t)=g(t)*h(t) \tag{6-117}$$

现在若设计另一个滤波器 $a(t)$，使得当 $y(t)$ 作为其输入时，得到的输出正好是 $g(t)$，即

$$g(t)=y(t)*a(t) \tag{6-118}$$

由(6-117)式、(6-118)式可见滤波器 $a(t)$ 的作用与滤波器 $h(t)$ 的作用正好相反，$a(t)$ 将 $h(t)$ 的作用抵消，则 $a(t)$ 就是 $h(t)$ 的反滤波器。此过程可用图 6-85 表示。

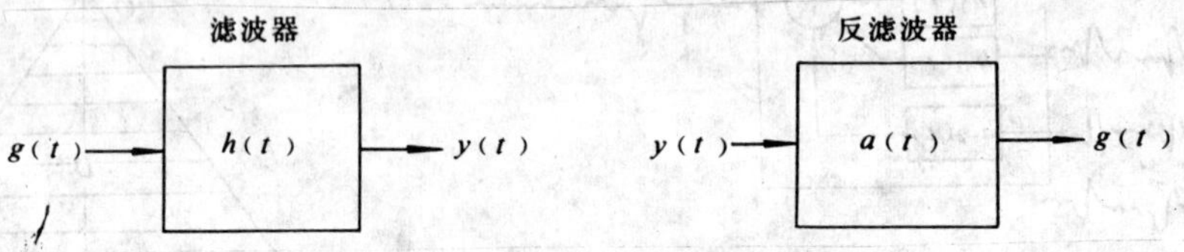

图 6-85 反滤波的概念

由此可见，反滤波实际上是一种特殊的滤波，有极强的针对性，必须有“反”的对象。如果失去了“反”的对象，则反滤波就失去了意义。地震资料数字处理中正是根据地震勘探的实际情况，针对不同的对象设计不同的反滤波以达到不同的目的。

六、反滤波因子的求取

反滤波的关键，在于根据要“反”的对象准确地求取反滤波因子。

由前所述，滤波器 $h(t)$ 的输入 $g(t)$ 和输出 $y(t)$ 在时间域的关系如(6-117)式所示，在频率域关系为

$$Y(f)=G(f)\cdot H(f) \tag{6-119}$$

而滤波器 $a(t)$ 的输入 $y(t)$ 和输出 $g(t)$ 在时间域的关系如(6-118)式所示，在频率域的关系为

$$G(f)=Y(f)\cdot A(f) \tag{6-120}$$

将(6-117)式、(6-119)式代入(6-118)式、(6-120)式中可得

$$g(t)=g(t)*h(t)*a(t) \tag{6-121}$$

$$G(f)=G(f)\cdot H(f)\cdot A(f) \tag{6-122}$$

根据 δ 函数理论有 $y(t)=y(t)*\delta(t)$

因此有

$$h(t)*a(t)=\delta(t) \tag{6-123}$$

$$H(f)A(f)=1 \quad 或 \quad A(f)=\frac{1}{H(f)} \tag{6-124}$$

写成 Z 变换的形式，有

$$A(z)\cdot H(z)=1$$

和

$$A(z)=\frac{1}{H(z)} \tag{6-125}$$

这是一个有理分式形式的 Z 变换，$H(z)$ 为一多项式。由简单的代数知识可知，$A(z)=1/H(z)$，一般是一个无穷级数，那么，$a(t)$ 一般应是一个无穷序列。

如前面的分析可知，当 $H(z)$ 的所有零点均不在单位圆上时，$A(z)$ 是稳定的，但只有当 $H(z)$ 的所有零点均在单位圆外时，它才是物理可实现的，这也意味着滤波因子 $h(t)$ 应是最小相位的。

七、地震资料数字处理中的反滤波

地震勘探反滤波的主要任务是抵消大地滤波作用，其中包括地震记录道中各种装备（如检波器、记录仪——它们都可以看成是一种滤波装置）对地震子波的滤波作用，从而提高资料的纵向分辨率。另外，某些规则干扰波（如海上交混回响）的形成过程也可看作滤波过程，针对这种滤波过程设计的反滤波目的在于压制它们，提高资料的信噪比。

研究反滤波就是研究如何设计一个滤波器去抵消另一个滤波器的作用。通常有两种方法用来设计反滤波器，即确定性方法和统计方法。式(6－125)可以作为确定地震勘探反滤波因子的一个十分简单的代数方法，是一种确定性方法。但是，利用此式确定反滤波因子存在两个问题：① 求 $A(z)$必须事先已知 $B(z)$，即大地滤波因子 $b(t)$。在地震勘探中这一点往往难以做到。② 从理论上说，$a(t)$一般是一个无穷序列，实际工作中只能取有限项，所以反滤波因子只能近似地确定，如何近似可以有不同的办法，利用(6－125)式取近似只能人为地截断，其结果不一定最好。因此，在地震勘探实际中往往利用统计方法求取最佳的滤波因子。下面介绍几种常用的统计反滤波方法。

1. 最小平方反滤波

最小平方反滤波是地震勘探中用得最广的一种反滤波。最小平方反滤波的目的是把地震记录中的地震子波压缩成为尖脉冲，从地震记录得到反射系数序列，或使地震记录接近反射系数序列。

(1) 基本原理。最小平方反滤波是最小平方滤波（或称维纳滤波、最佳滤波）在反滤波领域中的应用。

最小平方滤波的基本思想在于设计一个滤波算子，用它把已知的输入信号转换为与给定的期望输出信号在最小平方误差的意义下是最佳接近的输出。

设输入信号为 $g(t)$，它与待求的滤波因子 $h(t)$相褶积得到实际输出 $y(t)$，即 $y(t)=g(t)*h(t)$。由于种种原因，实际输出 $y(t)$不可能与预先给定的期望输出 $\hat{y}(t)$完全一样，只能要求二者最佳接近。判断是否最佳接近的标准很多，最小平方误差准则是其中之一，即当二者的误差平方和为最小时，则意味着二者有最佳接近。在这个意义下求出滤波因子 $h(t)$所进行的滤波即为最小平方滤波。

若设计另一滤波器输入信号 $g(t)$是某滤波器的输出，而期望输出 $\hat{y}(t)$是该滤波器的输入，则按此思想求得的滤波因子 $a(t)$，即称为最小平方反滤波因子，用它进行的滤波是最小平方反滤波。

(2) 基本方程：

① 子波已知情况下的基本方程。地震勘探反滤波“反”的是大地滤波。大地滤波器的脉冲响应是地震子波，它必为物理可实现的。将地震子波作为反滤波的输入，则期望输出应是 δ 脉冲。为了不失一般性，可先假设期望输出是窄脉冲 $d(t)$。另外，反滤波因子一般是无限长的，但计算机中运算只能取有限项。假设待求的反滤波因子 $a(t)$的起始时刻为 $-m_0$，延续长度为 $(m+1)$。即

$$a(t)=[a(-m_0),a(-m_0+1),a(-m_0+2),\cdots,a(-m_0+m)]$$

当已知输入——地震子波 $b(t)=[b(0),b(1),\cdots,b(n)]$时，实际输出为

$$c(t)=a(t)*b(t)=\sum_{\tau=-m_0}^{-m_0+m}a(\tau)b(t-\tau)$$

实际输出与期望输出的误差平方和为

$$Q = \sum_{t=-m_0}^{-m_0+m+n} [c(t) - d(t)]^2$$

$$= \sum_{t=-m_0}^{-m_0+m+n} \left[\sum_{\tau=-m_0}^{-m_0+m} a(\tau)b(t-\tau) - d(t) \right]^2 \qquad (6-126)$$

要使 Q 为最小，数学上就是求 Q 的极值问题，即求满足

$$\frac{\partial Q}{\partial a(l)} = 0 \qquad (l = -m_0, -m_0+1, \cdots, -m_0+m)$$

的滤波因子 $a(t)$。

$$\frac{\partial Q}{\partial a(l)} = \sum_{t=-m_0}^{-m_0+m+n} \frac{\partial}{\partial a(l)} \left[\sum_{\tau=-m_0}^{-m_0+m} a(\tau)b(t-\tau) - d(t) \right]^2$$

$$= 2\sum_{t=-m_0}^{-m_0+m+n} \left[\sum_{\tau=-m_0}^{-m_0+m} a(\tau)b(t-\tau) - d(t) \right] b(t-l)$$

$$= 2\sum_{\tau=-m_0}^{-m_0+m} a(\tau) \sum_{t=-m_0}^{-m_0+m+n} b(t-\tau)b(t-l) - 2\sum_{t=-m_0}^{-m_0+m+n} d(t)b(t-l) = 0$$

$$(l = -m_0, -m_0+1, \cdots, -m_0+m) \qquad (6-127)$$

因为 $$\sum_{t=-m_0}^{-m_0+m+n} b(t-\tau)b(t-l) = r_{bb}(l-\tau)$$

为地震子波的自相关函数，而

$$\sum_{t=-m_0}^{-m_0+m+n} d(t)b(t-l) = r_{bd}(l)$$

为地震子波与期望输出的互相关函数，故(6-127)式可写为

$$\sum_{t=-m_0}^{-m_0+m+n} a(\tau)r_{bb}(l-\tau) = r_{bd}(l) \qquad (6-128)$$

$$(l = -m_0, -m_0+1, \cdots, -m_0+m)$$

这是一个方程组，写成矩阵形式为

$$\begin{bmatrix} r_{bb}(0) & r_{bb}(1) & \cdots & r_{bb}(m) \\ r_{bb}(1) & r_{bb}(0) & \cdots & r_{bb}(m-1) \\ \vdots & \vdots & & \vdots \\ r_{bb}(m) & r_{bb}(m-1) & \cdots & r_{bb}(0) \end{bmatrix} \begin{bmatrix} a(-m_0) \\ a(-m_0+1) \\ \vdots \\ a(-m_0+m) \end{bmatrix} = \begin{bmatrix} r_{bd}(-m_0) \\ r_{bd}(-m_0+1) \\ \vdots \\ r_{bd}(-m_0+m) \end{bmatrix} \qquad (6-129)$$

式中利用了自相关函数的对称性。该方程中，系数矩阵为一种特殊的正定矩阵（托布里兹矩阵），它不但以主对角线为对称，也以次对角线对称，而且主对角线及与主对角线平行的直线上的元素均相同。

方程(6-128)或(6-129)称为最小平方反滤波的基本方程、正规方程或法方程，可以用专门的莱文森递推法求解。

利用上述基本方程求出的滤波因子有时称为脉冲整形滤波因子，因为在应用中它可以将输入子波变换为任意形状的期望输出，相当于对子波进行整形。

不难发现方程(6-128)的左边为褶积运算，因此方程可改写为

$$a(t) * r_{bb}(t) = r_{bd}(t)$$

转换到频率域，有 $A(\omega)R_{bb}(\omega) = R_{bd}(\omega)$

即
$$A(\omega)=\frac{R_{bd}(\omega)}{R_{bb}(\omega)}=\frac{\overline{B(\omega)}D(\omega)}{\overline{B(\omega)}B(\omega)}=\frac{D(\omega)}{B(\omega)}$$

说明这种最佳脉冲整形滤波器也可以将输入子波的自相关函数变换为子波与给定期望输出的互相关函数。

若希望输出是 δ 脉冲，则互相关为

$$r_{bd}(l)=\sum_{t=-m_0}^{-m_0+m+n}\delta(t)b(t-l)=b(-l) \tag{6-130}$$

基本方程(6-130)变为

$$\begin{bmatrix} r_{bb}(0) & r_{bb}(1) & \cdots & r_{bb}(m) \\ r_{bb}(1) & r_{bb}(0) & \cdots & r_{bb}(m-1) \\ \vdots & \vdots & & \vdots \\ r_{bb}(m) & r_{bb}(m-1) & \cdots & r_{bb}(0) \end{bmatrix}\begin{bmatrix} a(-m_0) \\ a(-m_0+1) \\ \vdots \\ a(-m_0+m) \end{bmatrix}=\begin{bmatrix} b(m_0) \\ b(m_0-1) \\ \vdots \\ b(m_0-m) \end{bmatrix} \tag{6-131}$$

值得指出的是，反滤波因子 $a(t)$ 的形状和位置主要由地震子波 $b(t)$ 的形状来决定，即 m_0 的选取与地震子波 $b(t)$ 的性质有很大的关系。当 $b(t)$ 是最小相位子波时，$m_0=0$；当 $b(t)$ 是最大相位子波时，$m_0=n+m$；当 $b(t)$ 是混合相位时，m_0 就为某一正数，但需根据具体子波形状而定，通常是通过试验确定。图 6-86 给出了根据理论推导的反滤波因子 $a(t)$ 的形状和位置与地

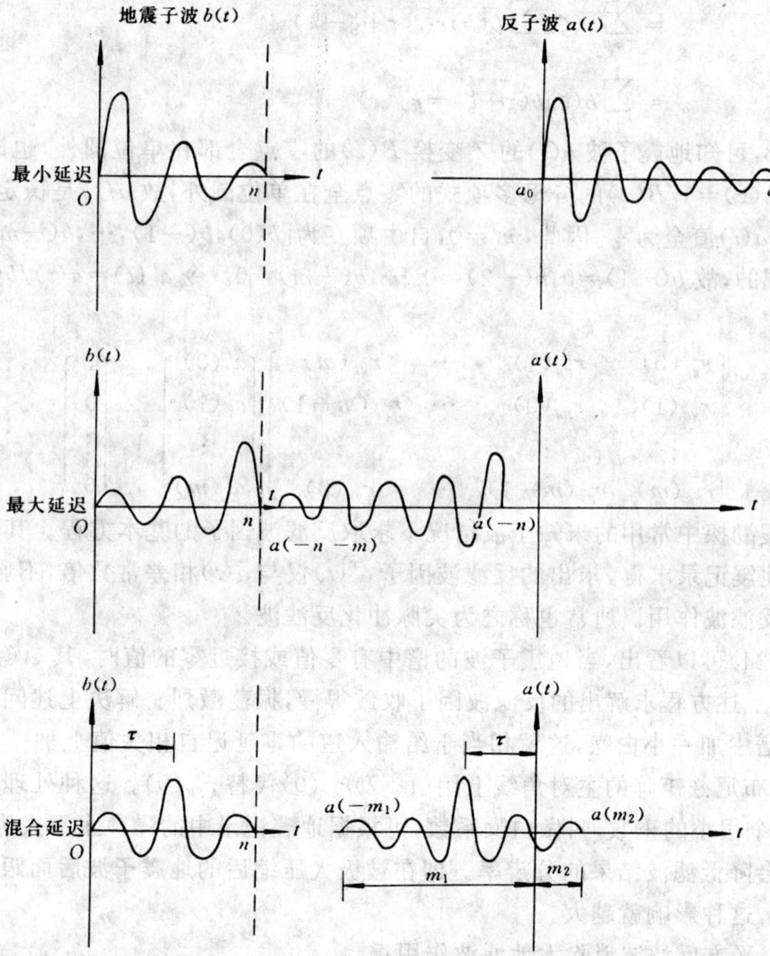

图 6-86 反滤波因子 $a(t)$ 的形状和位置与地震子波 $b(t)$ 之间的关系

震子波 $b(t)$ 之间的关系。

② 子波未知情况下的基本方程。虽然有了上述基本方程，但问题仍没有解决，因为地震子波往往事先并不知道，故仍无法利用上述方程求解反滤波因子。

为了在未知子波的情况下求出反滤波因子，必须对地震子波及反射系数序列加上一定的限制或称假设条件，它们包括：

A. 假设反射系数序列 $R(t)$ 是随机的白噪序列，即其自相关为

$$r_{RR}(\tau)=\delta(\tau)=\begin{cases}1, & \tau=0\\ 0, & \text{其他}\end{cases} \tag{6-132}$$

B. 假设地震子波是最小相位的。

根据假设 A，地震子波的自相关 $r_{bb}(\tau)$ 可以用记录的自相关代替，因为

$$\begin{aligned}r_{gg}(\tau)&=\sum_t g(t)g(t+\tau)\\&=\sum_t\left[\sum_{\zeta=0}^{n}b(\zeta)R(t-\zeta)\right]\left[\sum_{k=0}^{n}b(k)R(t+\tau-k)\right]\\&=\sum_{\zeta=0}^{n}b(\zeta)\sum_{k=0}^{n}b(k)\sum_t R(t-\zeta)R(t+\tau-k)\\&=\sum_{\zeta=0}^{n}b(\zeta)\sum_{k=0}^{n}b(k)r_{RR}(\tau+\zeta-k)\\&=\sum_{\zeta=0}^{n}b(\zeta)b(\tau+\zeta)=r_{bb}(\tau)\end{aligned} \tag{6-133}$$

根据假设 B，可知地震子波 $b(t)$ 的 Z 变换 $B(z)$ 的零点全部在单位圆外，也即反滤波因子 $a(t)$ 的 Z 变换 $A(z)=1/B(z)$ 的分母多项式的零点全在单位圆外，故 $a(t)$ 是稳定的、物理可实现的，$t<0$ 时的 $a(t)$ 值全为零。因此，$m_0=0$，自由项变为 $[b(0),b(-1),\cdots,b(-m)]^{\mathrm{T}}$。又因 $b(t)$ 必为物理可实现的，故 $b(-1)=0,b(-2)=0,\cdots,b(-m)=0$。令 $a'(t)=a(t)/b(0)$，则基本方程变为

$$\begin{bmatrix}r_{gg}(0) & r_{gg}(1) & \cdots & r_{gg}(m)\\ r_{gg}(1) & r_{gg}(0) & \cdots & r_{gg}(m-1)\\ \vdots & \vdots & & \vdots\\ r_{gg}(m) & r_{gg}(m-1) & \cdots & r_{gg}(0)\end{bmatrix}\begin{bmatrix}a'(0)\\ a'(1)\\ \vdots\\ a'(m)\end{bmatrix}=\begin{bmatrix}1\\ 0\\ \vdots\\ 0\end{bmatrix} \tag{6-134}$$

这就是地震勘探中常用的未知子波情况下求取反滤波因子的基本方程。其系数矩阵中各元素可直接由地震记录求得。求出的反滤波因子 $a'(t)$ 仅与 $a(t)$ 相差常数倍，不影响压缩子波、提高分辨率的反滤波作用。通常也称之为尖脉冲化反滤波。

由式(6－124)可以看出，当地震子波的谱中有零值或接近零的值时，其 $A(f)$ 将趋于无穷大，因此直接由上述方程求解出的反滤波因子收敛很慢，振荡激烈。解决上述问题的办法就是在输入道的频谱中加一小白噪，这就相当于给输入道的零延迟自相关值上加一个小幅度的尖脉冲，也即在托布尼兹矩阵的主对角线上用 $(1+\lambda)r_{gg}(0)$ 代替 $r_{gg}(0)$。这种处理方法称预白噪化。λ 一般是一个很小的正数，叫做白噪系数，可根据地震记录中的噪声水平人为地调节。但预白噪化处理又会降低滤波结果的分辨率。即在被极大压缩后的地震子波后面跟上一个小的摆动，并且 λ 越大，这种影响就越大。

(3) 用最小平方反滤波消除大地滤波作用：

① 理想的地震记录。设震源为 $\delta(t)$ 脉冲，它在地层中传播只受到反射界面的影响，不考虑

地层的吸收，这实际上也是一种滤波过程，滤波器的滤波因子为 $R(t)$，输出则为强弱不等的尖脉冲，假设有如图 6-87 的地质模型，反射界面的反射系数依次为 $R_1, R_2, \cdots, R_N$，这时在地面某点接收的地震记录为

$$\begin{aligned}\hat{R}(t) &= R_1 \cdot \delta_{t-1} + R_2 \cdot \delta_{t-2} + \cdots + R_N \cdot \delta_{t-N} \\ &= \sum_{\tau=1}^{N} R_\tau \cdot \delta_{t-\tau} = R(t) * \delta(t) \end{aligned} \tag{6-135}$$

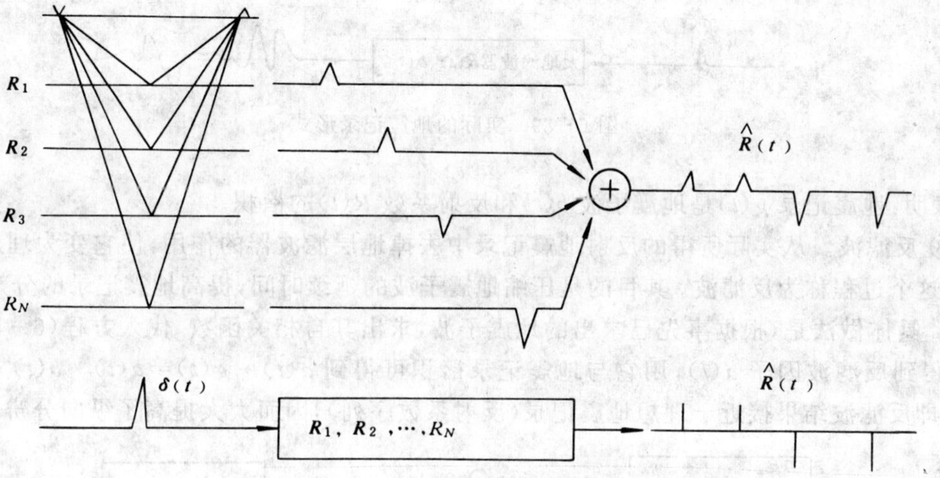

图 6-87　理想的地震记录

上式中每一项都为一个单位脉冲，脉冲的大小和极性反映了界面反射系数的大小和极性，不同脉冲之间的时差反映了地层的厚度，这种记录称为理想的地震记录。之所以称之为“理想”地震记录，是指这种记录合乎人们的理想期望，因为记录上每一尖脉冲的大小和极性反映了界面反射系数大小和性质，其出现的时间反映了界面的深度(或地层厚度和波速)，因此我们也把这种记录称为反射系数序列。另外，这种记录有很高的分辨率，无论地下地层有多薄，也能从记录上分辨出来。但实际中这种记录是不可能存在的，它只是一种理想化的条件。

② 实际的反射地震记录。实际地层一定存在吸收作用，它相当于一个滤波器，称之为地层吸收滤波器，地层的吸收作用，会使一个 δ 脉冲变为具有一定延续长度的波形，一般称之为地震子波 $b(t)$，它实际上是地层吸收滤波器的脉冲响应(图 6-88)，由于地层吸收滤波器的存在，震源脉冲经反射、吸收后使在地面某一点接收到的实际地震记录就不再是一系列幅度、时延不同的尖脉冲之和，而是一系列幅度、时延不同的地震子波之和(图 6-89)，从而使来自相距较近的相邻反射界面的地震波到达地面同一接收点时将分不开，相互叠加，形成复波，降低了记录的分辨率，这种记录就为实际的地震记录。根据褶积的物理意义和实际地震记录的形成过程，可以写出地震记录 $g(t)$ 与地震子波 $b(t)$ 和地层反射系数序列 $R(t)$ 的关系

$$g(t) = R_1 \cdot b_{t-1} + R_2 \cdot b_{t-2} + \cdots + R_N \cdot b_{t-N} = \sum_{\tau=1}^{N} R_\tau \cdot b_{t-\tau} = R(t) * b(t)$$

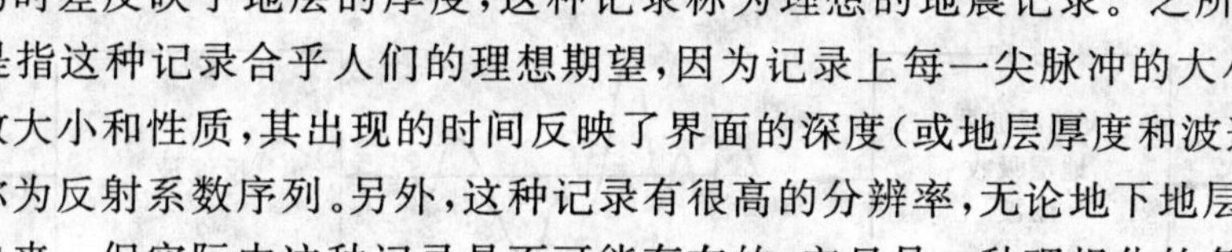

图 6-88　地层吸收滤波器

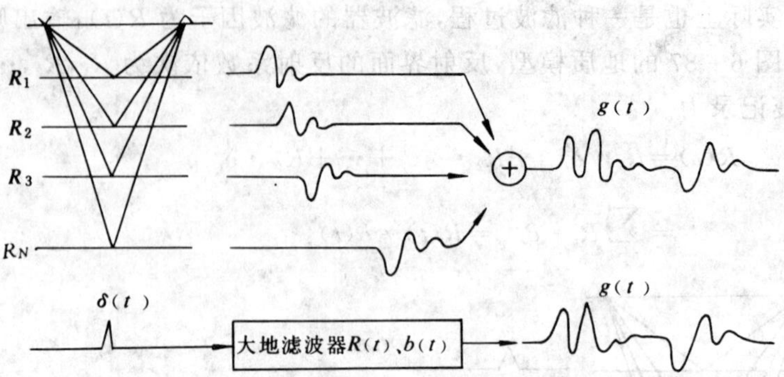

图 6-89　实际的地震记录形式

上式表明：地震记录 $g(t)$ 是地震子波 $b(t)$ 和反射系数 $R(t)$ 的褶积。

③ 反滤波。从实际所得的反射地震记录中去掉地层滤波器的作用，使它变为理想的地震记录，这个过程称为反滤波。其目的是压缩地震子波的延续时间，提高地震记录的分辨率（图 6-90）。具体做法是，根据事先已求出的地震子波，求出其自相关函数，代入方程（6-131）求解即可得到反滤波因子 $a(t)$，用它与地震记录褶积可得到 $a(t)*g(t)=a(t)*b(t)*R(t)\approx R(t)$，即反滤波结果接近于理想地震记录（反射系数序列），因而大大提高了纵向分辨率。

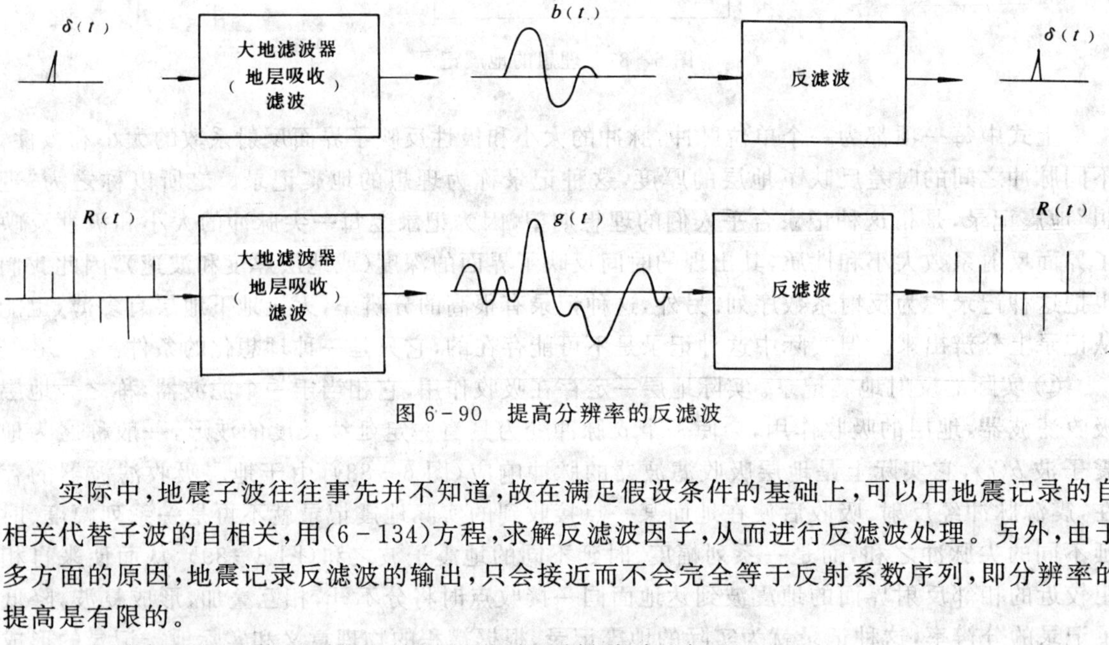

图 6-90　提高分辨率的反滤波

实际中，地震子波往往事先并不知道，故在满足假设条件的基础上，可以用地震记录的自相关代替子波的自相关，用（6-134）方程，求解反滤波因子，从而进行反滤波处理。另外，由于多方面的原因，地震记录反滤波的输出，只会接近而不会完全等于反射系数序列，即分辨率的提高是有限的。

一般我们把压缩信号时间长度的反滤波，叫做脉冲反褶积。

2. 预测反滤波

（1）预测滤波的原理。预测问题就是利用已知某个物理量的过去值和现在值并对其进行加工处理获得它在未来某一时刻的估计值（预测值）的问题。它是科学技术中十分重要的问题，天气预报、地震预报、反导弹的自动跟踪等都属于这类问题。预测实质上也是一种滤波，称为预测滤波。

所谓预测滤波，就是设计一个预测滤波因子 $c(t)$，对输入信号 $g(t)$ 的已知的过去值 $g(t-m)$，$g(t-m+1)$，…，$g(t-2)$，$g(t-1)$ 和现在值 $g(t)$ 进行滤波处理，获得未来某个时刻 $(t+\alpha)$

时的预测值

$$\hat{g}(t+\alpha)=c(t)*g(t)=\sum_{\tau=0}^{m}c(\tau)\cdot g(t-\tau) \qquad (6-136)$$

使它与实际的未来值 $g(t+\alpha)$ 的误差——预测误差

$$\varepsilon(t+\alpha)=g(t+\alpha)-\hat{g}(t+\alpha) \qquad (6-137)$$

在最小平方意义下为最小，即求

$$\frac{\partial Q}{\partial c(s)}=\frac{\partial}{\partial c(s)}\left[\sum_{t=0}^{T}\varepsilon^2(t+\alpha)\right]=\frac{\partial}{\partial c(s)}\left\{\sum_{t=0}^{T}\left[g(t+\alpha)-\hat{g}(t+\alpha)\right]^2\right\}$$

$$=\sum_{t=0}^{T}\frac{\partial}{\partial c(s)}\left[g(t+\alpha)-\sum_{\tau=0}^{m}c(\tau)g(t-\tau)\right]^2$$

$$=-2\sum_{t=0}^{T}\left[g(t+\alpha)-\sum_{\tau=0}^{m}c(\tau)g(t-\tau)\right]g(t-s)=0$$

得

$$\sum_{\tau=0}^{m}c(\tau)\sum_{t=0}^{T}g(t-\tau)g(t-s)=\sum_{t=0}^{T}g(t+\alpha)g(t-s) \qquad (6-138)$$

令

$$r_{gg}(\tau-s)=\sum_{t=0}^{T}g(t-\tau)\cdot g(t-s)$$

$$r_{gg}(s+\alpha)=\sum_{t=0}^{T}g(t+\alpha)g(t-s)$$

分别表示时间延迟 $\tau-s$ 和 $s+\alpha$ 的输入 $g(t)$ 的自相关函数。则(6-138)式可以写成

$$\sum_{\tau=0}^{m}c(\tau)r_{gg}(\tau-s)=r_{gg}(s+\alpha)\quad(\tau=0,1,2,\cdots,m;\ s=0,1,2,\cdots,m) \qquad (6-139)$$

这个方程组写成矩阵形式为

$$\begin{bmatrix} r_{gg}(0) & r_{gg}(1) & \cdots & r_{gg}(m) \\ r_{gg}(1) & r_{gg}(0) & \cdots & r_{gg}(m-1) \\ \vdots & \vdots & & \vdots \\ r_{gg}(m) & r_{gg}(m-1) & \cdots & r_{gg}(0) \end{bmatrix}\begin{bmatrix} c(0) \\ c(1) \\ \vdots \\ c(m) \end{bmatrix}=\begin{bmatrix} r_{gg}(\alpha) \\ r_{gg}(\alpha+1) \\ \vdots \\ r_{gg}(\alpha+m) \end{bmatrix} \qquad (6-140)$$

由输入 $g(t)$ 求出自相关函数 $r_{gg}(\tau)$，解上矩阵方程即可得到预测滤波因子 $c(t)$，然后用预测因子对输入 $g(t)$ 进行预测滤波，得到未来时刻 $(t+\alpha)$ 最佳预测值 $\hat{g}(t+\alpha)$。即

$$\hat{g}(t+\alpha)=\sum_{\tau=0}^{m}c(\tau)g(t-\tau)$$

α 叫作预测间距或预测步长。由上分析可知，预测滤波一定是物理可实现的。

(2) 预测反滤波的基本思想。将上述预测滤波的理论用于解决反滤波问题叫做预测反滤波。

物理量从可预测度上讲可以分为两大类：可预测量和不可预测量。凡可由过去值和现在值对将来值进行准确预测的量是可预测量，否则就是不可预测量。一个物理量之所以是可预测量，因为各时刻值之间有一定的关系，即是相关的。如果一个物理量是互不相关的随机量，则必为不可预测量。观测得到的测量值一般包含有这两种量，即观测值由可预测部分和不可预测部分所组成。正因如此，预测滤波的结果 $\hat{g}(t+\alpha)$ 与真实未来值 $g(t+\alpha)$ 之间才有差异。$\hat{g}(t+\alpha)$ 反映了观测值中的可预测部分，而预测误差 $\varepsilon(t+\alpha)$ 反映的是不可预测部分。

在一定条件下，滤波器的输出也可以看作由两部分内容组成，其脉冲响应为可预测部分，而其输入内容为不可预测部分。因此，预测反滤波所希望得到的是那些不可预测部分的内容，即预测误差。所以，预测反滤波又称为预测误差滤波，其滤波因子又叫做预测误差滤波因子。

显然，预测误差滤波也必为物理可实现的。

例如，地震资料处理中所用的预测反滤波就是用预测的方法，根据地震记录一次反射和干扰的信息预测出纯干扰部分，再由包括一次波和干扰的地震记录中减去纯干扰部分，得到消除干扰后的一次反射信号，以消除一次反射后面的海上鸣震等多次波干扰。在预测反滤波问题中，设计一个预测因子 $c(t)$，对输入地震记录 $g(t)$ 的过去值 $g(t-m), g(t-m+1), \cdots, g(t-1)$ 和现在值 $g(t)$ 进行预测，所得到的未来的预测值 $\hat{g}(t+\alpha)$ 是海上鸣震等多次波干扰，把它从包括一次反射和干扰的地震记录 $g(t+\alpha)$ 中减去，所得到的预测误差就是消除干扰后的一次反射信号，从而可提高记录的信噪比。

在地震资料数字处理中为了实现提高纵向分辨率的预测反滤波，必须做两个假设：① 反射系数序列是互不相关的白噪序列；② 地震子波是最小相位子波。假设①使反射系数必定属于不可预测系列，故可以用预测反滤波求出，得到纵向分辨率很高的输出。假设②是能获得稳定的、物理可实现的预测反滤波因子的保证。

预测反滤波的输入是经大地滤波后的地震记录道，而其输出是预测误差，故能提高纵向分辨率。当然，提高纵向分辨率的效果好坏与预测步长 α 的选择有关。一般来说，α 越小则纵向分辨率越高。

(3) 预测误差滤波因子的求取。预测误差滤波因子是通过预测滤波因子求得的，因为二者之间有着密切的关系。

由

$$\begin{aligned}\varepsilon(t+\alpha) &= g(t+\alpha)-\hat{g}(t+\alpha) \\ &= g(t+\alpha)-c(t)*g(t)\end{aligned} \tag{6-141}$$

可得 Z 变换关系

$$z^{-\alpha}E(z)=z^{-\alpha}G(z)-c(z)G(z)$$

即

$$E(z)=G(z)[1-z^{\alpha}c(z)]$$

$$E(z)=G(z)A''(z)$$

其中

$$A''(z)=1-z^{\alpha}c(z)$$

为预测误差滤波因子的 Z 变换。$c(z)$ 是预测滤波因子 $c(t)=[c(0),c(1),\cdots,c(m)]$ 的 Z 变换，故预测误差滤波因子为

$$a''(t)=[1,\underbrace{0,0,\cdots,0}_{(\alpha-1)\text{个}},-c(0),-c(1),\cdots,-c(m)] \tag{6-142}$$

这样，在确定了预测步长 α 之后，可将输入记录道 $g(t)$ 的自相关值代入方程(6-140)中的相应位置，求解此方程得到预测滤波因子 $c(t)$，再根据(6-142)式就能直接写出预测误差滤波(预测反滤波)因子。

(4) 用预测反滤波消除海上鸣震干扰。由于海面和海底是两个强反射界面，在这两个面之间会形成较强的多次反射，在记录上出现类似正弦振动的干扰，这就是鸣震(图 6-91 给出了一级鸣震形成示意图)，它干扰了记录上的有效波。从滤波观点出发，这时，海水层的作用就相当于一个滤波器，使无鸣震干扰的记录经海水层滤波作用后形成了有鸣震干扰的记录(图 6-92)，从而降低了记录的

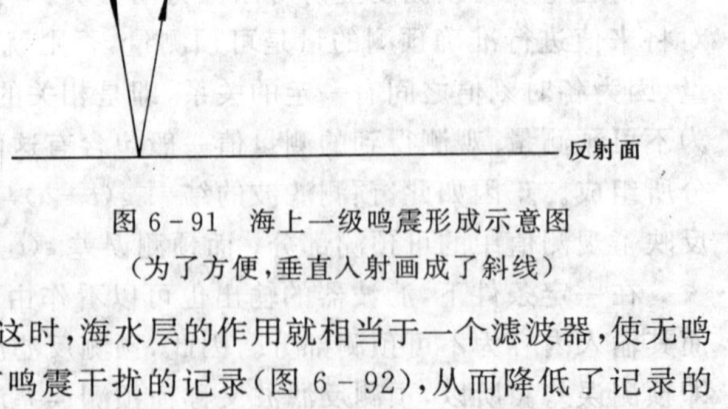

图 6-91 海上一级鸣震形成示意图

(为了方便，垂直入射画成了斜线)

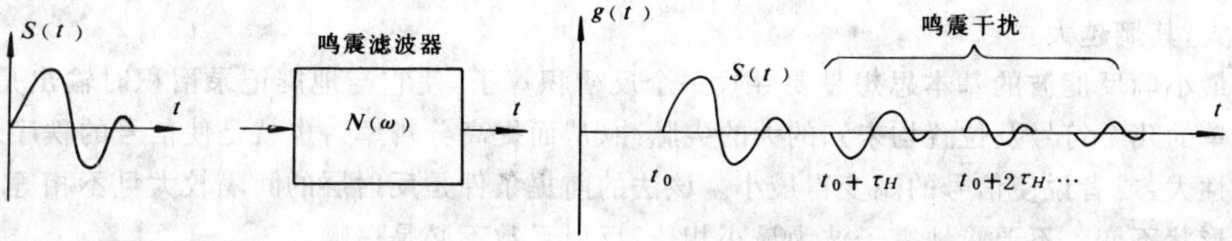

图 6-92　鸣震形成的滤波观点

信噪比。因此，利用反滤波，将 $g(t)$ 作为输入，有可能得到只含一次波 $S(t)$ 的输出。按预测的观点，因为鸣震干扰是一种多次波，且在一次反射波之后 τ_H 时刻开始有规律地出现（图 6-92），属于可预测量。在预测滤波中选择预测步长 $\alpha=\tau_H$，求出的预测因子进行滤波，得到的预测结果是鸣震干扰，预测误差当然即为需要的一次波。因此，可以利用预测反滤波消除鸣震干扰而得到无鸣震的一次波记录，其成功的关键在于正确选择预测步长 α。若 α 正好选择等于海水层双程旅行时 τ_H，则可达到压制鸣震的目的。实践中用估测 τ_H 和试验的方法确定 α。

在实际中，除了海上工作会有鸣震干扰外，江、河、湖上工作时也会出现鸣震干扰，有时在陆上工作地下存在较强的两个反射界面时形成很强的多次反射干扰，这些干扰均可用上述反滤波方法“反”掉，提高记录的信噪比。

3. 其他类型的反滤波简介

前面讨论的最小平方反滤波或预测反滤波方法，在求取反射系数时，都假设地震子波为最小相位和反射系数为白噪序列，但实际上地震子波往往是未知的，不一定满足最小相位的性质。这里简单介绍一些不需要对子波相位特性加以限制的反滤波方法。

（1）同态反滤波。同态反滤波方法可以对任意相位延迟性质的地震子波进行反滤波。

我们知道，反射地震记录 $g(t)$ 是由地震子波 $b(t)$ 和反射系数 $R(t)$ 褶积形成的。

即

$$g(t)=b(t)*R(t) \tag{6-143}$$

由于褶积的原因，使地震子波 $b(t)$ 与反射系数 $R(t)$ 混在了一起。因而用普通的线性滤波不能把反射系数和地震子波分离开。同态反滤波的基本思想是把两个函数的褶积变换为两个函数的相加，进而用线性滤波的方法把这两个相加的函数分离，达到反滤波的目的，同时这样也就可避免了对这些函数特性施加人为的约束。

把褶积的关系变换为相加的关系是通过对地震记录 $g(t)$ 的频谱取对数来实现的，主要经过以下几步

$$\left.\begin{aligned} & g(t)\xrightarrow{Z\text{ 变换}}G(z) \\ & \ln\{G(z)\}=\hat{G}(z) \\ & \hat{G}(z)\xrightarrow{\text{逆 }Z\text{ 变换}}\hat{g}(t) \end{aligned}\right\} \tag{6-144}$$

于是（6-142）式在对数域等价于

$$\hat{g}(t)=\hat{b}(t)+\hat{R}(t) \tag{6-145}$$

实际情况表明地震子波一般变化缓慢，其对数序列 $\hat{b}(t)$ 集中在时间的低值部分，而反射系数的对数序列位于 t 值较大的位置上，因此，用对数域的低通和高通滤波可以分离地震子波和反射系数序列。例如，高通滤波的输出就是对数域的反射系数序列，该序列经 Z 变换、指数变换、逆 Z 变换等三步回到普通坐标的时间域，即完成了同态反滤波。

(2) 最小熵反滤波。在信息论中熵是系统内信息的不确定性或不可预测性的度量，不确定性越大，其熵越大。

最小熵反滤波的基本思想是要寻找一个反褶积算子，使它与地震记录褶积时输出是形状最简单的几个符号及位置均未知的大的尖脉冲(从而提高分辨率)，也就是使信号的秩序最好，规则性大，或者说使信号的熵变得最小。该法的前提条件是反射层的间隔较大且不相等，地震子波形状不变。不要求地震子波为最小相位，反射系数不必是白噪。

设地震记录输出道的离散值为 y_n，令

$$V_y=\frac{\sum_{n=1}^{N}y_n^4}{\left(\sum_{n=1}^{N}y_n^2\right)^2} \tag{6-146}$$

称为归一化的方差模，它能反映信号 y_n 的简单程度，因为

$$y_n^4=y_n^2y_n^2\leqslant y_n^2\sum_{k=1}^{N}y_k^2$$

所以
$$\sum_{n=1}^{N}y_n^4\leqslant\left(\sum_{n=1}^{N}y_n^2\right)^2$$

即
$$0<V_y\leqslant 1$$

当记录中只有一个尖脉冲时，$V=1$；当记录中有 N 个尖脉冲时，$V=\frac{1}{N}$；当 N 个振幅不相等且相差越大时，V 值也越大。因此，V 值最大时，记录形状最简单。而且 V 值与尖脉冲的极性及其所在的位置无关。

设反滤波因子为 a_m，它与地震记录 g_n 褶积得到输出 y_n(或反射系数序列 R_n)，现在要选择 a_n 使 V_y 达到最大值，应满足

$$\frac{\partial V_y}{\partial a_j}=0,\quad j=0,1,2,\cdots,M \tag{6-147}$$

通过适当的推导，并令 $R_{gy}^3(j)=\frac{\sum_{n=1}^{N}y_n^2}{\sum_{n=1}^{N}y_n^4}\cdot\sum_{n=1}^{N}y_n^3g_{n-j}$，可得到如下的矩阵方程组

$$\begin{bmatrix} r_{gg}(0) & r_{gg}(1) & \cdots & r_{gg}(m)\\ r_{gg}(1) & r_{gg}(0) & \cdots & r_{gg}(m-1)\\ \vdots & \vdots & & \vdots\\ r_{gg}(m) & r_{gg}(m-1) & \cdots & r_{gg}(0)\end{bmatrix}\begin{bmatrix}a_0\\ a_1\\ \vdots\\ a_m\end{bmatrix}=\begin{bmatrix}R_{gy}^3(0)\\ R_{gy}^3(1)\\ \vdots\\ R_{gy}^3(m)\end{bmatrix} \tag{6-148}$$

由于 R_{gy}^3、y_n 都与 a_m 有关，上式是高次非线性方程，不能直接求解，要用迭代法求得 a_m。

(3) 最大熵反滤波

最大熵反滤波方法的原理与预测反滤波的原理基本相同，只是在具体做法上不同。该方法采用的是最大熵分析法。普通的预测误差算子是通过求解(6-140)和(6-142)方程求得，此时必须首先计算地震记录的自相关函数，当记录长度很短时，其自相关函数就很难求得准，最大熵法却可直接从地震记录数据本身求预测误差算子，不必计算自相关函数，这样，数据时窗可以很短，而精度和分辨率却都较高。

最大熵法还可以利用托布里兹矩阵的莱文森递推法，由 m 阶的预测误差递推求得 $m+1$

阶的预测误差，从而节省了计算时间，具体原理请参见有关书籍。

§6.5 速度分析

速度是地震勘探中一个十分重要的参数，其用途十分广泛，如：动校正、偏移、时深转换等处理都以它为参数，它还可以直接用来进行地质构造以及地层岩性的解释。目前获得速度参数的途径主要是：①利用地震测井、声波测井等，但这种方法是以具备深井为条件，只能在井中进行，故受到限制，并且获得的速度资料只是点上的，面上的资料难以求取。②利用多次覆盖的资料通过速度分析的方法，来求取速度参数。它所求取的是叠加速度，通过它可进一步求取层速度等资料。用多次覆盖资料提取速度信息的基本的方法是速度谱法和速度扫描法。但为了加快计算速度，提高精度和适应解决不同地质问题的需要，人们研制了各种速度分析方法，如：自适应速度分析、连续速度分析、偏移速度分析、三维速度分析等。由于篇幅有限，我们仅对速度谱、速度扫描以及三维速度分析三种主要方法进行讨论。

一、速度谱

速度谱的概念是仿照频率谱的概念而来的。频率谱表示波的能量相对频率的变化规律，因此，我们把地震波的能量相对波的传播速度的变化规律称为速度谱。

由于选用不同的速度分析判别准则，速度谱又可分为叠加速度谱、相关速度谱和相似速度谱等。它们制作速度谱的原理和方法基本是相同的，仅计算公式不同而已。

1. 叠加速度谱的基本原理和制作方法

制作叠加速度谱的原理比较简单，它实际上是动校正的一个逆过程。我们知道，在水平叠加中，动校正能否将反射波时距曲线校正平，叠加能量是否增强，关键与所用的速度是否正确有很大关系。因为在正常时差公式 $\Delta t=\sqrt{t_0^2+x^2/V^2}-t_0$ 中，各道炮检距 x 和某一反射界面的 t_0 时间都是已知的（且是定值），唯一影响动校正效果的参数就是速度 V，速度用得准确动校正效果就好（共中心点时距曲线就能被校正成水平直线），叠加时能量就强；速度用得不准确，动校正效果就不好（速度偏小，校正过量，校正后的共中心点时距曲线是下弯的曲线，速度偏大，校正不足，校正后的共反射点时距曲线仍是上弯的曲线），这时叠加能量就弱（图 6－93）。由此启发人们用一种以叠加能量大小为判别标准的试验方法（或称扫描法）去求取准确速度。即在某一 t_0 时刻，用由小到大的一系列速度值逐个地对记录进行动校正、叠加，当使用的速度不正确时，校正、叠加效果就不会好，但只要在这一系列速度值中包括有正确速度值，则在用它试验时一定可以得到好的效果，叠加能量最大。用一系列速度值逐个对记录校正，叠加计算后，将叠加能量 A_Σ 与试验速度 V 的关系画成一条曲线，这条曲线就称为速度谱线[图 6－93(e)]。通过检查速度谱线上叠加能量的大小可以将正确的速度挑选出来，如图 6－93(e)中，V_m 速度所对应的叠加能量 A_Σ 最大，则 V_m 就是我们所要求的对应 t_0 反射波的叠加速度。这就是叠加速度谱制作的原理。

以共中心点道集反射波为例。设有 N 个记录道，炮检距分别为 $x_1,x_2,\cdots,x_N$[图 6－94(a)]。与反射界面 R 所对应的反射回声时间为 t_{0R}，速度为 $V_{st}=V(t_{0R})$，各道反射波到达时为

$$t_i=\left[t_{0R}^2+\frac{x_i^2}{V^2(t_{0R})}\right]^{1/2} \tag{6-149}$$

计算速度谱时，若扫描正好扫到 t_{0R}处，此时选择一系列试验速度 $V_1,V_2,\cdots,V_M$。根据双曲

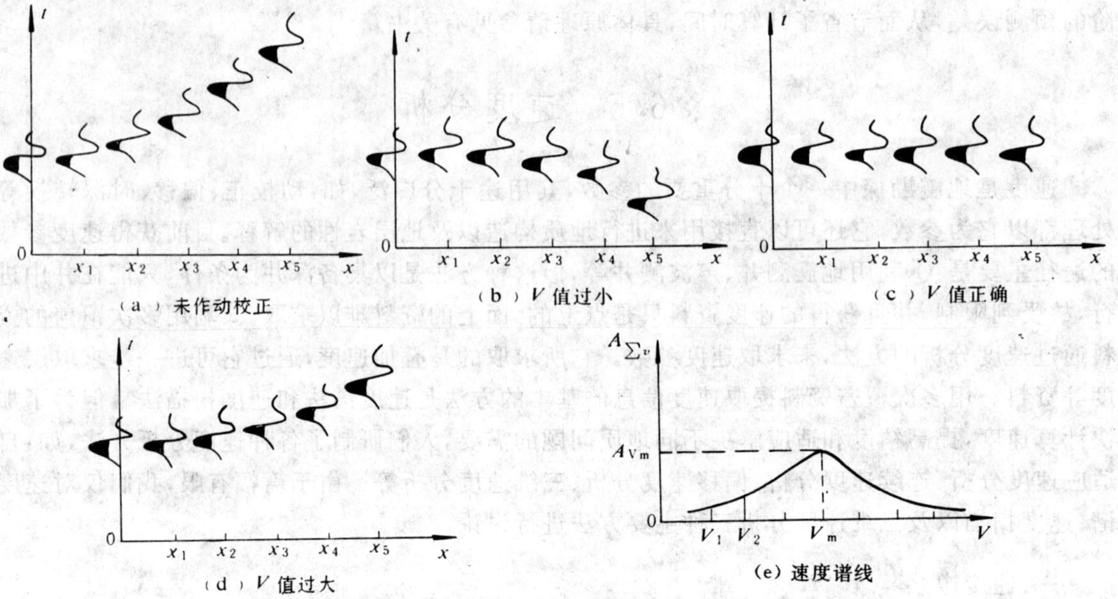

图 6-93　计算速度谱过程示意图

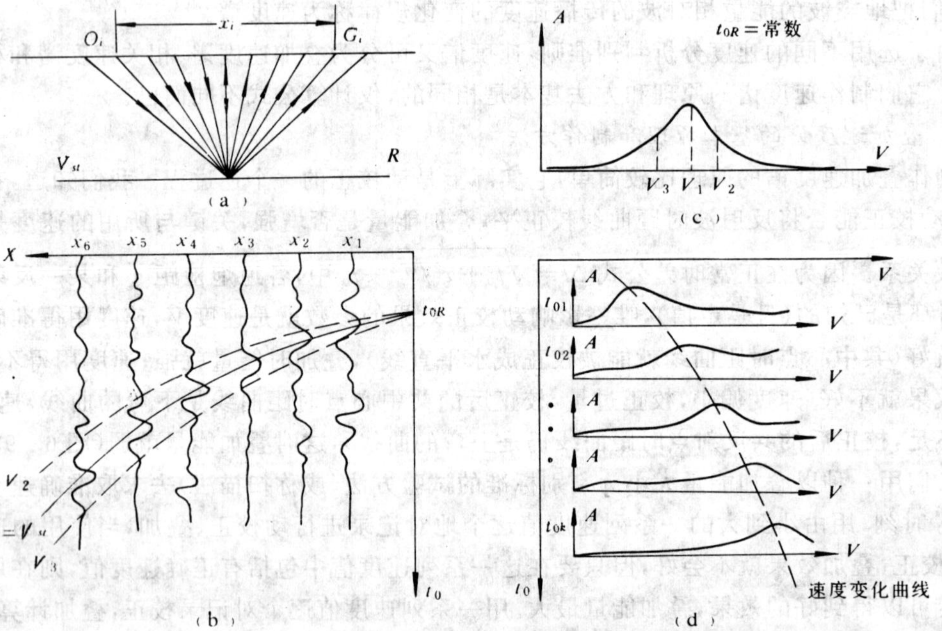

图 6-94　用多次覆盖资料计算速度谱原理图

线公式

$$t_{ij}=\left[t_{0R}^2+\frac{x_i^2}{V_j^2}\right]^{1/2} \qquad \begin{pmatrix} i=1,2,\cdots,N \\ j=1,2,\cdots,M \end{pmatrix}$$

可算出一系列到达时。根据某一速度算出的到达时在道集记录上取值叠加，可得到一个叠加振幅值；一系列速度就对应着一条叠加振幅值随速度变化的曲线。该曲线称之为速度谱线[图 6-94(c)]。叠加所用的公式为

$$A_1 = \sum_{k=0}^{K} \frac{1}{N} \left| \sum_{i=1}^{N} g_i(t_{ij} + k\Delta) \right| \tag{6-150}$$

$$A_2 = \sum_{k=0}^{K} \left[\frac{1}{N} \sum_{i=1}^{N} g_i(t_{ij} + k\Delta) \right]^2 \tag{6-151}$$

式中：$g_i(t)$为第 i 道 t 时刻样值；K 为时窗大小；A_1 和 A_2 为平均振幅和平均振幅能量。

此时，若在试验速度中有一个恰好等于真实速度 $V(t_{0R})$，则由它确定的 $t_1, t_2, \cdots, t_N$ 所连成的曲线与实际反射双曲线同相轴一致，能保证同相叠加，叠加值 A_1 或 A_2 获最大；用其他试验速度算出的叠加值都较小。这种改变试验速度、计算到达时、取值叠加的过程相当于改变双曲线形状、按不同双曲线拾取信号叠加[图 6-94(b)]的过程。只要在速度谱线上找出最大值，即可确定 t_{0R}时刻的速度。

实际地震记录上有来自不同界面的许多反射波，或者说有许多不同 t_0 的同相轴，为了求出整张记录从浅到深各层的反射波的叠加速度，我们可以不断改变 t_0 重复上述的过程，就可以得到一系列的谱线，将这些谱线按它们的 t_0 的大小依次排列起来，就组成了一张速度谱，如图 6-94(d)。速度谱曲线上，经过解释，确定出由各 t_0 的一次反射波所形成的速度谱曲线的极大值，并把各 t_0 的极大值连接起来，就可以确定叠加速度随 t_0 的变化曲线[图 6-94(d)]。

根据上述原理，叠加速度谱的制作步骤如下：

(1) 选择计算参数(对某一个共中心点记录)，包括最小 t_0 时间 $t_{0\min}$，最大 t_0 时间 $t_{0\max}$和 t_0 间隔 Δt_0，最小扫描速度 $V_{\min}$，最大扫描速度 $V_{\max}$和速度扫描间隔 ΔV。显然这些参数的选择原则是应将所有感兴趣的界面包括在 $t_{0\min}$～$t_{0\max}$的范围内，且这些界面对应的速度应包括在 $V_{\min}$～$V_{\max}$范围之内，ΔV、Δt_0 的选择应视情况权衡考虑，太大则计算精度不高，太小则计算工作量太大。

(2) 从 $t_{0\min}$开始，并固定 t_0，从 $V_{\min}$～$V_{\max}$进行速度循环扫描并依次进行动校正和叠加，得一条谱线。

(3) t_0 时间循环，重复(2)步，则得到多条谱线，最后算到 $t_{0\max}$为止。

(4) 连结一张速度谱上所有的峰值，就可得到速度曲线，它反映了某个共中心点从浅至深速度的纵向变化。

为了研究速度的横向变化，一般间隔一千米做一个速度谱。

另外，根据求取速度谱时拾取信号的不同又可将速度谱分为水平叠加速度谱和偏移叠加速度谱。按反射波双曲线规律拾取信号的得到前者；按绕射波双曲线规律拾取信号的得到后者。前者主要为水平叠加提供参数，后者主要为偏移叠加提供参数。二者的最大区别在于偏移速度谱受界面倾角的影响很小，但工作量要增加相当多。目前计算偏移速度谱常采用一种替代的方法：首先对资料进行叠前部分偏移，把倾角的影响去掉，然后重新组成真正的共反射点道集，再作一般的叠加速度谱，这样可使计算工作量大为减少。

2. 速度谱的显示形成

如果以横轴表示速度 V，水平轴表示双程旅行时 t_0，垂直轴表示叠加振幅 A_Σ 或能量 E_Σ，则速度谱成果可以显示为如图 6-95 那样的三维图形。其中的峰值称为能量团，每个能量团均对应着一个强的反射信息。速度谱更经常的显示方式为等值线平面图方式(图 6-96)或速度谱线并列曲线形式(图 6-97)。等值线平面图是将三维速度谱图形画在平面上的显示方式，由等值线的数值和变化可以看出 A 的变化情况和峰值位置。

并列曲线显示时，对于整张图而言，其横纵轴分别为 t_0 和 V；但对每根曲线而言，局部横轴

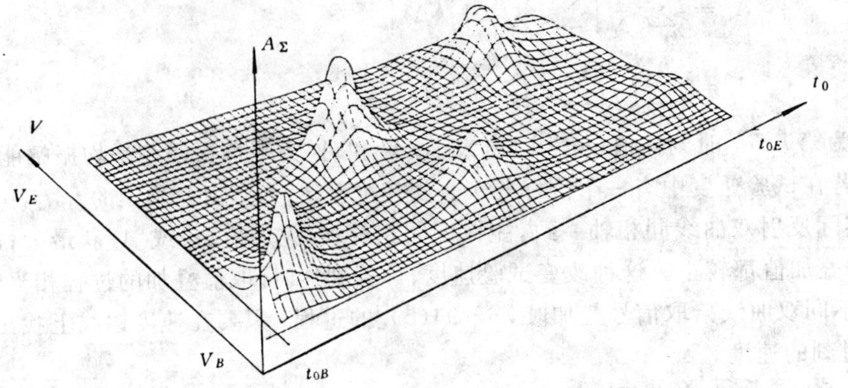

图 6－95　三维显示形式的速度谱

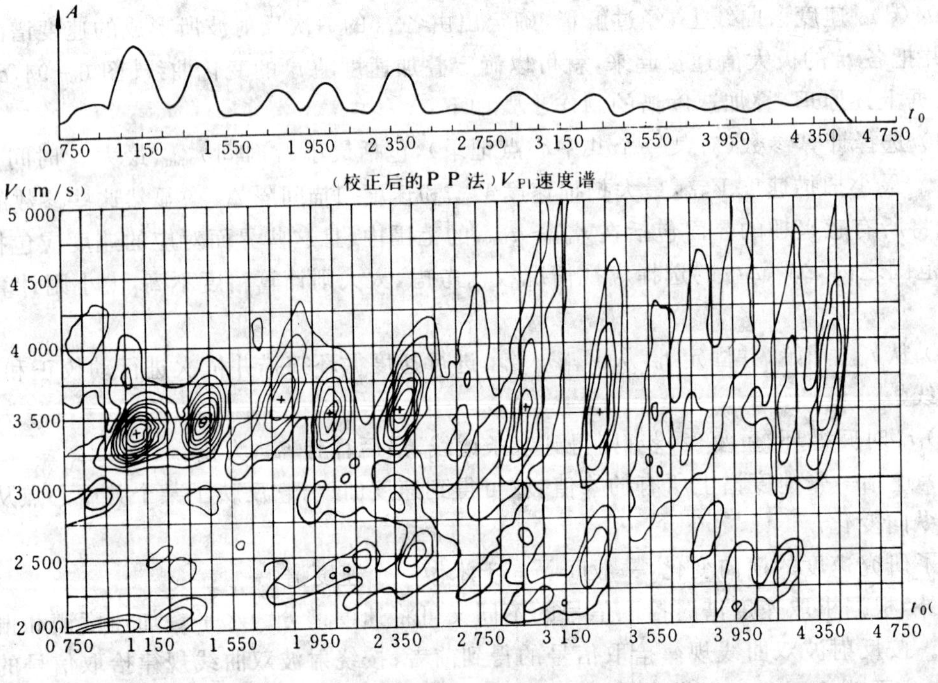

图 6－96　等值线平面图形式的速度谱

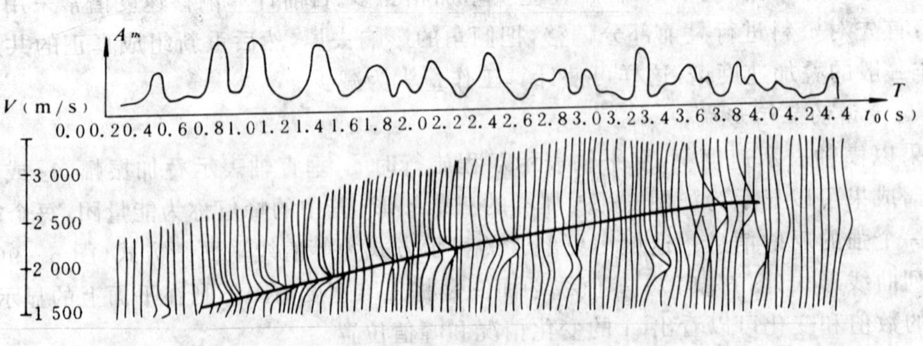

图 6－97　并列曲线形式的速度谱

又表示幅值 A,各条谱线的幅值坐标零点位置均不相同(在其相应的 t_0 时间处),谱线外的一条曲线称为能量曲线,它由各条谱线上的极大值组成,能量曲线上的相对极值(有时也称为能量团)常与强反射对应,对速度谱的合理解释和应用很有价值。

3. 速度谱的应用

(1) 提供正确的动校正速度。提供正确的动校正速度,这是速度谱的最重要的用途之一。速度谱的制作利用的是扫描法或称试验法。解释速度谱得到的速度是叠加效果最好的速度,因为这个速度反映了叠加效果,一般称之为叠加速度。从数学上说它表示用双曲线拟合有效波时距曲线时拟合效果最好的速度,故也称之为双曲线拟合速度。用叠加速度去进行动校正,叠加自然效果最好,是正确的动校正速度。

(2) 识别多次反射等干扰波。速度谱中如果在深层出现速度相对较低的谱线,而 t_0 时间又与速度相近的浅层反射波成倍数关系时,则可能是多次波。因为一般速度随深度是增大的,出现了反常现象,要仔细分析其原因。同样,如果在速度谱中发现过高的能量团,还可能确定其他干扰波和特殊波。

(3) 验证叠加剖面的质量。速度谱制作用的是扫描法,故一般不会漏掉强反射,速度谱上强能量团处必定对着强反射,水平叠加剖面制作时在一个 t_0 处只使用一个速度进行动校正、叠加,若使用速度不正确,则得到的水平叠加时间剖面上相应 t_0 处的反射层位就会漏掉。对比速度谱和相应的水平叠加时间剖面,若速度谱上有强能量团出现,而水平叠加时间剖面上相应的 t_0 时间附近没有强反射波,则说明水平叠加工作没做好,水平叠加剖面的质量有问题,应查明原因。

另外,利用速度谱求出的速度,还可以去求取其他的速度参数,如层速度。

二、速度扫描

速度扫描是最简单、最直观的速度分析方法。其基本思想仍为扫描试验,一般有两种方法。

方法之一是用一组试验速度分别对单张记录(多次覆盖共中心点抽道记录或单次覆盖共炮点记录)作速度扫描动校正。即一次用一个试验速度对整张记录上所有 t_0 时间计算校正量,进行动校正(恒速动校正),得到一张校正后记录。将使用一组连续递增的试验速度进行恒速动校正后的记录排成一排(图 6-98)。研究这一排记录就能得到速度随 t_0 变化的曲线。因为当所用的某一试验速度正好与某一 t_0 时间所对应的真实速度一致时,此 t_0 时刻的同相轴会校正得平直或比较平直,其他同相轴或者上弯(速度过高,校正不足),或者下弯(速度过低,校正过量)。寻找各试验速度校正记录上的平直同相轴就可以得到速度曲线。

另一种速度扫描的方法是用一组试验速度对一组共反射点记录进行动校正(恒速动校正)叠加,与普通的水平叠加不同,它用一个不随 t_0 而变化的试验速度对组成各共反射点的记录进行动校正后叠加(常规方法要求动校正速度随 t_0 而变化)。

当速度合适时,叠加出能量较强、连续性较好的反射同相轴。叠加速度随记录时间增大的规律由一条连接各点的折线标出,在这些点上每个反射波都比较强。因此,只要寻找各试验速度校正叠加后记录上能量强、连续性好的反射同相轴就可以得到速度变化曲线(图 6-99)。该法由于采用的共反射点比较多,又直接从叠加剖面上提取速度,因此得到的叠加速度比较可靠,适用于地质条件复杂,得不到速度谱结果的地区。但是此处理方法很费时间,成本高,从而限制了它的广泛应用。

制作叠加速度谱或速度扫描等是用不同速度去试验性地进行水平叠加,叠加效果最好(即

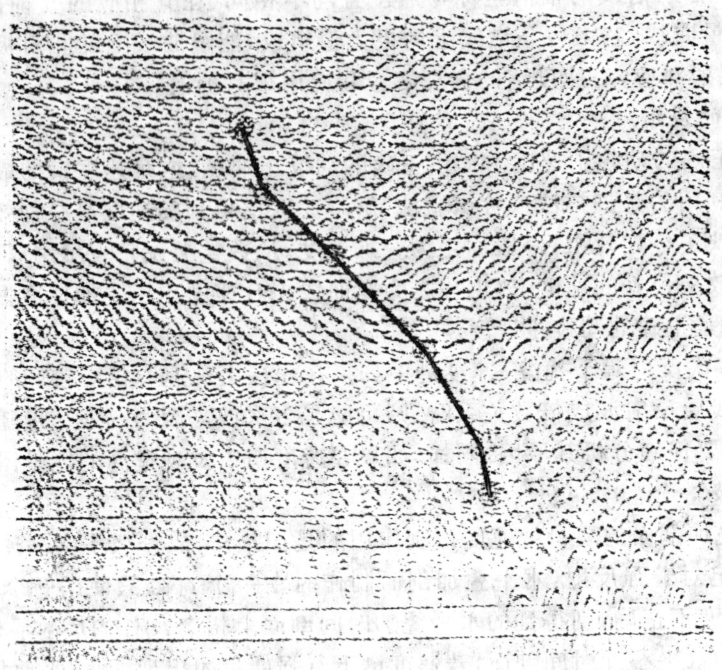

图 6-98　恒速动校正扫描结果

平均振幅或平均振幅能量为最大)的速度就是要求的速度。因为这个速度反映了叠加效果的好坏,一般称之为叠加速度 V_{st}。从数学上说它表示用双曲线拟合有效波时距曲线时拟合效果最好的速度,故也可称之为双曲线拟合速度。

三、叠加速度的物理定义

由速度谱求得的叠加速度仅是从校正、叠加效果上进行考虑得到的速度。下面我们根据具体的地质情况来简单分析其的物理意义,以及与其他速度的关系。

(1) 单水平界面均匀介质情况下,反射波时距曲线是双曲线,公式中的速度是该界面以上介质的速度,即真速度,所以,此时叠加速度就等于岩层的真速度。

(2) 单倾斜界面均匀介质情况下,反射波时距曲线仍然是双曲线,但双曲线公式中的速度已不是真速度,而是等效速度。因此,此时求得的叠加速度即为等效速度。等效速度 V_φ 与真速度 V 之间的关系是 $V_\varphi=V/\cos\varphi$,故若已知界面倾角 φ,我们仍可以由叠加速度(这时是等效速度)求出真速度来。

(3) 水平层状介质情况下,经过简化后的反射波时距曲线仍为双曲线,这时双曲线公式中的速度为均方根速度,故此时叠加速度即为均方根速度 V_{rms}。

(4) 多层倾斜介质情况下,同上分析,这时我们求出的叠加速度应为多层介质的等效速度 $V_{rms}/\cos\varphi$。若已知 φ,则可求出 V_{rms}。

一般在实际工作中,往往将介质简化为水平层状介质,认为叠加速度就是均方根速度。在解释工作中应当清楚它们之间的关系。

四、三维速度分析

以上我们对利用二维纵波多次覆盖资料通过制作速度谱和速度扫描方法来求得二维叠加

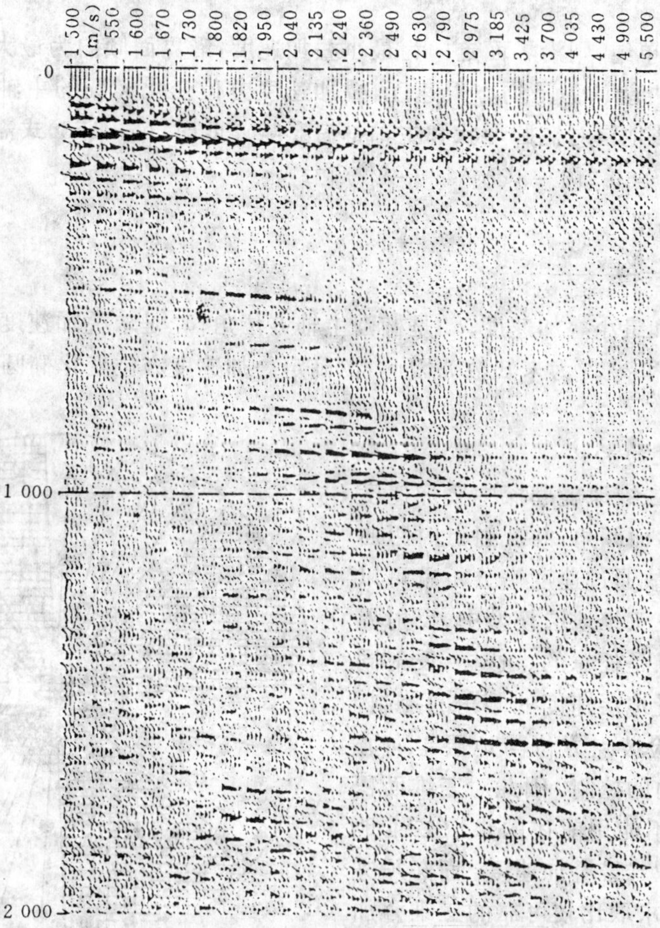

图 6-99　恒速动校、叠加结果

速度的过程进行了讨论。对于通常进行的三维面积观测，同样可利用所取得的三维地震资料来求取叠加速度、层速度以及偏移速度等，这对保证叠加效果，完成三维偏移处理，以及研究岩性变化等，都是十分重要的。

1. 叠加速度的方向性变化

对于平倾斜界面而言，叠加速度随方位的变化可以方便地导出。众所周知，此时共中心点时距曲线方程仍可写成双曲线方程形式，只需将所用速度改为等效速度 v_φ。因此，速度分析求出的叠加速度 v_{st} 就是等效速度：

$$v_{st}=v_\varphi=\frac{v_a}{\cos\varphi} \tag{6-152}$$

式中：v_a 为均方根速度 v_{rms} 或沿界面走向的速度；φ 为反射界面视倾角。由视倾角与真倾角 ψ 及方位角 α^* 的关系

$$\sin\varphi=\sin\psi\cos\alpha^*$$

可以得到

$$v_{st}=v_a(1-\sin^2\psi\cos^2\alpha^*)^{-\frac{1}{2}} \tag{6-153}$$

这是一个椭圆，主轴沿界面倾向和走向。

当反射界面不是一个平界面时，在一阶近似的意义上叠加速度的方向变化可用此椭圆关

系表示。

若覆盖地层比较单纯，则沿界面走向为最小叠加速度，沿界面倾向为最大叠加速度。当上覆地层复杂时，v_a 不再能认为是均方根速度，叠加速度方位变化椭圆的主轴也不一定沿界面倾向和走向，整个上覆地层对椭圆形状和主轴都有影响。此时，(6-153)式需要一般化为

$$v_{st,i}=v_{\min}\left[1-e^2\cos^2(\alpha^*-\alpha_i^*)\right]^{-\frac{1}{2}} \tag{6-154}$$

式中：e 为椭圆的离心率

$$e^2=\frac{v_{\max}^2-v_{\min}^2}{v_{\max}^2} \tag{6-155}$$

$v_{\max}$、$v_{\min}$分别是最大和最小叠加速度；α^* 是椭圆主轴方位角；α_i^* 是求叠加速度方向的方位角。

此式中 $v_{\max}$、$v_{\min}$和 α^* 均为未知数。因此，欲确定叠加速度方位变化椭圆，必须至少求出三个方位处的叠加速度。

2. 三维叠加速度的求取

由前述可知，在二维地震勘探中叠加速度取决于地层速度和界面倾角，共反射点时距曲线符合双曲线规律，故通过速度谱分析就可以求得叠加速度。而在三维地层模型中，反射界面的倾角的走向可以是任意的。这样，反射同相轴的时差就不仅受地层速度的倾角的控制，而且还受炮点——检波点方位与地层走向方位之间的相对方位角的控制。因此对三维面积观测的地震资料就不能用前述的求取二维地震资料的方法来求取二维叠加速度。而必须进行三维速度分析，以求取比较可靠的三维叠加速度。目前求取三维叠加速度的方法很多，由于篇幅有限，本文介绍一个简单易行的扇形分析技术。

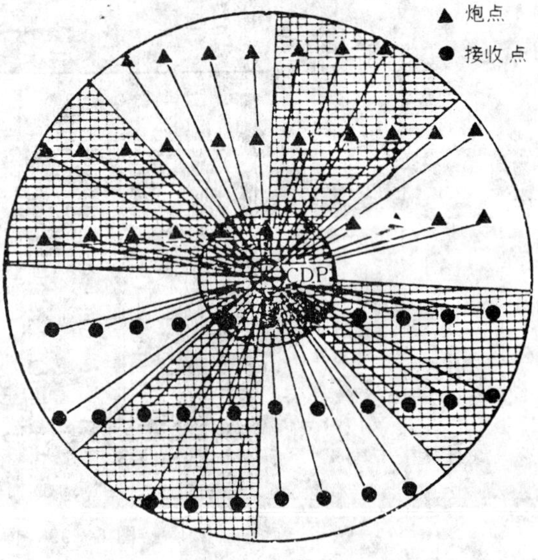

图 6-100　扇形分析示意图

考虑一个 CDP 选排中像蜘蛛网似的炮检矢量分布如图 6-100，将它划分成若干个扇形。划分的原则是不能太小，太小会增加工作量，且造成一扇形内道数太少，影响结果精度；但也不能太大，太大反映叠加速度方位变化就不灵敏，误差也比较大。另外，尽量使每个扇形内保持有数量相近的道数。划分了扇形之后，将一个扇形内的所有道组成一个虚二维共反射点道集，用标准的二维速度分析方法计算速度，结果置于扇形的中心方位。然后用最小平方拟合技术求出叠加速度方位椭圆(求最大叠加速度、最小叠加速度和椭圆主轴方位角)。为了完成椭圆的计算至少需要划分三对扇形。用虚二维 CDP 道集计算叠加速度时可适当考虑加权问题。

图 6-101 是同一个 CDP 点、两个不同扇形上合成道集动校正的例子。图 6-101(a)为原始道集；图 6-101(b)为用统一的一种对各方位速度资料作了平均后的速度进行动校正的结果，可以看到，在一个扇形道集上校正不足，在另一个扇形道集上却校正过量；图 6-101(c)为用各扇形上求出的速度值对扇形上各道校正的结果。由于扇形道集内各道也不在同一方位，故校正仍不是完全准确的，还有小的起伏。最后，用拟合技术得到的各方位上速度值分别进行校正，得到图 6-101(d)，小的起伏已不存在了。在速度横向变化不大的地区，常常忽略方位对叠加速度的影响，为了保证采用统一速度校正对叠加结果的影响为最小，在数据采集的设计阶段

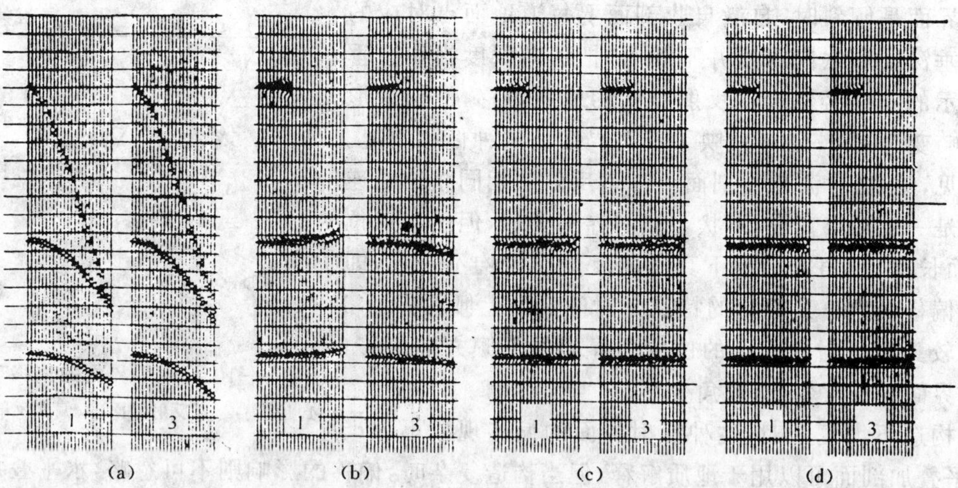

图 6－101　合成 CDP 扇形道集动校正结果

(a) 输入记录；(b) 用平均速度函数动校正结果；

(c)用扇形函数动校正结果；(d)用方位校正后速度函数动校正结果

对最大炮检距要加以限制。实际中一般应使最大炮检距 s_{max} 小于或等于目的层深度 z。即

$$s_{max} \leqslant z \tag{6-156}$$

另外，处理中还需采用平滑的方法。因为对各方位叠加速度取平均是求取统一速度的常用方法，但这样求出的速度总是不准确的，势必造成速度曲面（即同一界面叠加速度空间变化曲面）出现抖动现象。对速度曲面进行二维平滑处理有助于求出较准确的叠加速度，消除抖动，当然，即使用这种准确的叠加速度对道集进行校正叠加，仍会引起共反射点的分散，使时间剖面上同相轴的连续性、光滑性受到影响。这一问题可在自动剩余静校正中解决或直接对同相轴进行光滑处理。

§6.6　偏移归位处理

一、偏移问题的提出及偏移归位处理的概念

经过前述一系列水平叠加处理后得到可供解释的水平叠加时间剖面。水平叠加时间剖面是进行地质解释的基础资料，因为该剖面上多道反射波相同相位点的连线（同相轴）的几何形态与实际地层界面形态十分类似。例如平界面反射波在剖面上组成的同相轴也是平的，因此，水平叠加剖面直观地反映了地下构造的分布状况。但是，当地下反射界面倾斜时，水平叠加时间剖面上反射层的表现（同相轴的几何形态）与地下真实地层的构造形态和空间位置并非完全一致。

一般我们认为水平叠加剖面相当于自激自收剖面。时间剖面上各自激自收道的反射波回声时间 t_0 是反映界面法向深度的，但是在显示时它被记录在自激自收道的正下方（即把界面上共反射点的反射波置于共中心点的正下方），当界面水平时，自激自收剖面上每个地面点对应的界面铅垂深度和法向深度一样，即共反射点位置正好在共中心点的正下方。此时各道反射波相同相位点的连线正好是一条水平线，与地下界面形态完全相同，即不存在偏移现象。但是

当反射界面是倾斜时，自激自收剖面上每道地面点对应的界面铅垂深度和法向深度并不相等，把法向深度当作铅垂深度显示的作法必然会使反射界面的位置偏移，使构造形态发生畸变。图 6－102 反映了反射界面的这种偏移情况。由图可见，此时，自激自收剖面上各道反射波相同相位的连线显然是一条倾斜直线，形状与倾斜界面类似，但反射点位置、界面长度、倾角等与地下真实的反射界面均不一致，即存在着偏移现象。其偏移的特点是时间剖面上倾斜界面 3 的位置较真实反射界面 2 的位置向界面的下倾方向偏移，并且其界面的长度变长，倾角变小。

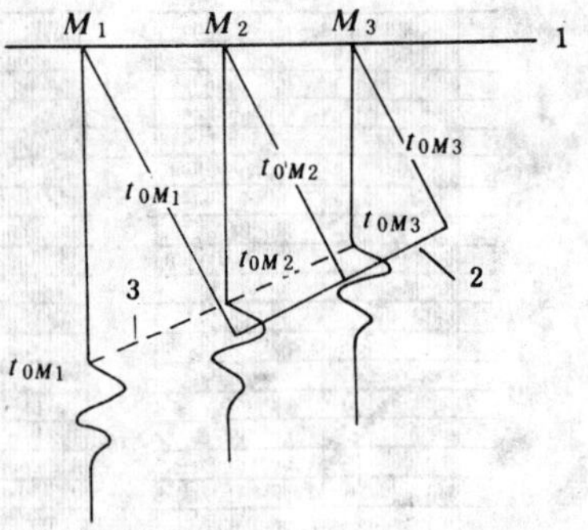

图 6－102 倾斜界面的偏移现象

1. 地面；2. 真反射界面；3. 偏移反射界面

当构造不太复杂时，这种反射界面的偏移现象不太严重，水平叠加剖面可以用于地质解释，但当构造复杂时，偏移的影响则不可忽略，水平叠加剖面上由于界面位置显示的不正确甚至会产生能量会聚、空白或干涉等现象，使剖面的面貌复杂化(图 6－103、图 6－104)，影响解释工作的进行。

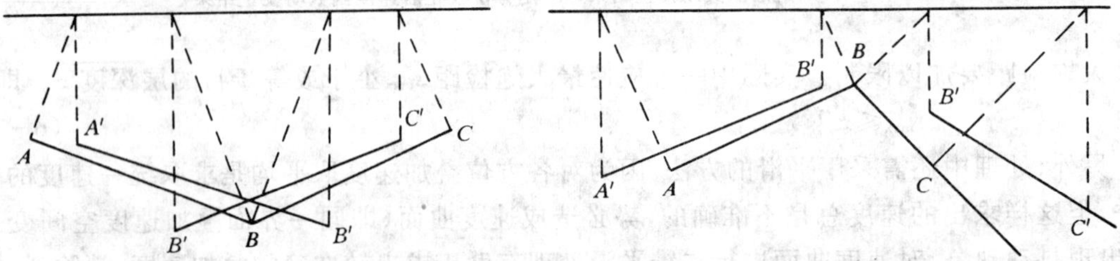

图 6－103 因偏移造成能量会聚、空白、干涉

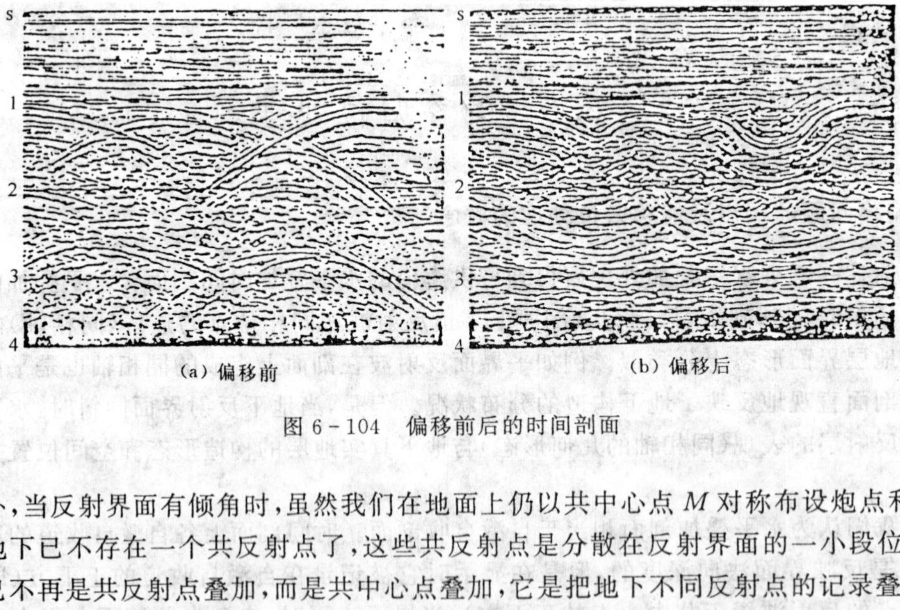

(a) 偏移前　　(b) 偏移后

图 6－104 偏移前后的时间剖面

另外，当反射界面有倾角时，虽然我们在地面上仍以共中心点 M 对称布设炮点和检波点，但此时地下已不存在一个共反射点了，这些共反射点是分散在反射界面的一小段位置上，水平叠加已不再是共反射点叠加，而是共中心点叠加，它是把地下不同反射点的记录叠加在一起(图 6－105)。在断层比较发育的地区，如果反射点之间有断层，会使共中心点叠加记录时间发生畸变，造成水平叠加质量下降。

为了解决上述问题，可进行偏移归位处理。所谓偏移归位，就是要将水平叠加时间剖面(自激自收时间剖面)上发生了偏移的反射层(同相轴)归位于其真实的空间位置上去，同时使干涉带自动得到分解，剖面面貌变得清晰，有利于正确地进行解释。

从广义绕射的观点来看，地下界面上的每一点均可认为是一个绕射点，它们在入射波的激励下会向界面上方辐射广义绕射波。地下一个绕射点对应到记录上就是一条绕射双曲线，即一大片，这正是一个模糊化过程。由于真实界面由许多绕射点所组成，它们都辐射绕射波，自激自收剖面上的视界面是所有这些绕射波双曲线的公切线，其位置与双曲线顶点连线不一致，发生了偏离(图 6－106)。偏移处理就是将绕射波能量正确地会聚于其双曲线顶点，结果能量收敛，模糊化消除，界面也自然恢复到其真实位置处(即双曲线顶点连线位置)。

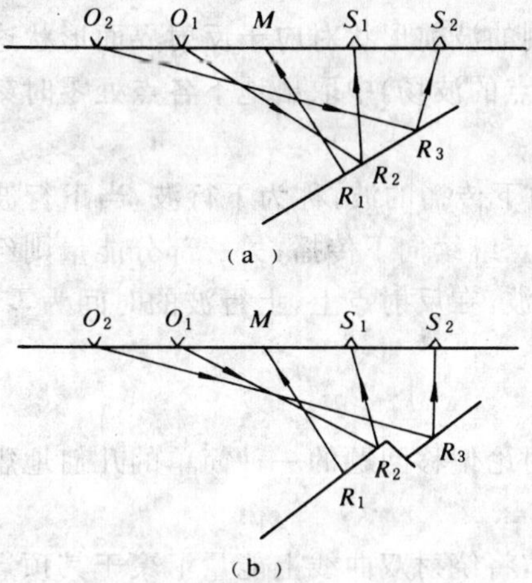

图 6－105　倾斜界面的共中心点叠加

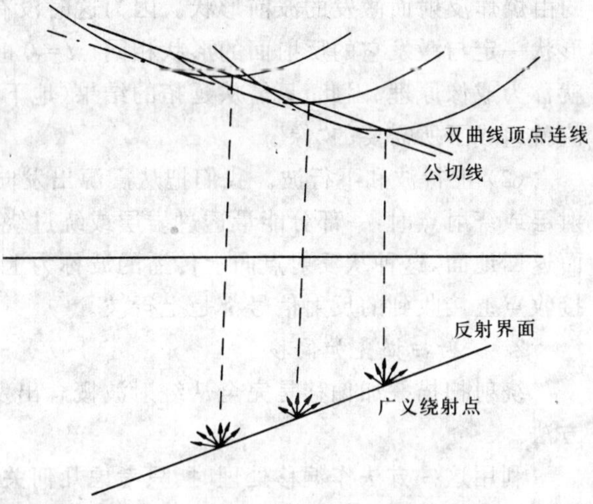

图 6－106　偏移的绕射分析

从波场分析的角度来看，可以将偏移处理过程看作为自激自收剖面形成的反过程。众所周知，波场函数既是时间变量的函数，又是空间变量的函数，地下任何一点处均存在着波场，地震记录仅是地面处的波场值。偏移处理也就是将已知的地面波场值(自激自收记录剖面)作为边界条件反过来求地下各点处波场值的过程。要想得到地下各点波场值可以将检波器放置在地下这些点处进行记录，但是这是办不到的，只能借助于数学运算的方法计算出地下各点波场值。因此，偏移处理就相当于将检波器不断地向地下移动的过程，故也称之为延拓或波场外推。

偏移归位既可在叠加前进行，也可以在叠加之后进行。前者叫做偏移叠加，后者称叠加偏移。偏移叠加可解决上述各种问题，叠加偏移只能解决反射层波和绕射波的收敛，而不能解决倾斜界面的非共反射点叠加问题。由于偏移叠加要求偏移速度的精度很高，另外它的计算工作量又大，所以目前使用得并不太普遍，目前主要使用的是叠加偏移处理方法。加之篇幅所限，这里以叠加偏移为例介绍偏移归位处理方法。

二、二维叠加偏移归位处理方法

叠加偏移就是先进行水平叠加，然后再做偏移处理，也称为叠后偏移。我们知道，经过水平叠加后的记录，是炮检距等于零的自激自收记录，记录时间为共中心点的垂直反射时间(即 t_0 时间)，记录的反射振幅放在共中心点的正下方。所以，叠加偏移则是对自激自收记录的反射振幅进行偏移处理，使它归位到对应的反射点。实现叠加偏移的方法很多，大致可分为基于几何地震学的绕射扫描叠加法和基于波动方程的有限差分偏移、频率波数域偏移和克希霍夫积分偏移等，下面我们对上述方法作一简单介绍。

1. 与叠加偏移处理有关的概念简介

(1) 爆炸反射面模型和成像原理。自激自收记录剖面偏移计算中有一个十分重要的模型，即爆炸反射面模型。根据这一模型，地下反射界面上任一点都是一个震源，它们发出的波以相当于介质速度一半大小的速度向上传播，在地面上被接收到就组成了自激自收记录剖面。

延拓是偏移处理中的重要概念，但仅延拓还不够。延拓的结果得到地下各点处波场值，仍然是时间的函数。偏移处理要得到的是地下介质清晰的"原像"，它与时间无关，只是空间坐标的函数。为了要从延拓的结果中得到需要的"像"，必须利用成像原理。分析在 $t=0$ 时刻观测到的由爆炸反射面激发的波前形状。因为这时没有时间流逝，所以尚未发生波的传播，故波前的形状一定与激发它的反射面的形状相同。$t=0$ 时刻的波前形状对应于反射界面形状这个事实就称为成像原理。因此，只需从延拓的结果(地下各点的波场)中取出地下各点处零时刻的波场值就组成了所需要的"像"。

(2) 上行波和下行波。我们把从震源出发向地下传播的波，称为下行波，当下行波遇到反射层或绕射点时，一部分能量透过岩层或绕过绕射点继续向下传播，另一部分能量则经反射界面返回地面，这种从反射点向上传播的波称为上行波，在反射点上，上行波的时间为零。在地面接收点上接收到的反射信号都是上行波。

2. 绕射扫描叠加偏移

绕射扫描叠加偏移是完全从绕射波概念出发讨论偏移问题的一种简单的几何地震学偏移方法。

利用这一方法作偏移处理时，只考虑几何关系，将绕射双曲线上能量汇聚于其顶点。首先，将地下空间划分为网格，认为每个网格点都是绕射点。根据网格点坐标计算出它的绕射波时距曲线。

$$\begin{aligned} t_i &= \left[\left(\frac{2z}{V}\right)^2+\left(\frac{2(x-x_i)}{v}\right)^2\right]^{1/2} \\ &= \left[t_0^2+\frac{4(x-x_i)^2}{V^2}\right]^{1/2} \end{aligned} \qquad (6-157)$$

式中：x、z 是绕射点 R(地下网格点)的坐标，而 x_i，0 是接收点坐标，t_0 为绕射点至地表的双程垂直传播时间。然后按此绕射双曲线的时距关系 t_i-x_i 在实际记录道上取对应的振幅值，将它们相加后放置在绕射点 R 处，作为偏移后该点的输出振幅(图 6-107)。依次对每个网格点都作如下处理就完成了绕射扫描叠加偏移的工作。

如果 R 点是真正的绕射点(界面点)，则按绕射双曲线取出的各道记录振幅应当是同相的，它们相加是同相叠加，能量增强，偏移后 R 点处振幅突出。若 R 点不是真正的绕射点(非界面点)，则参与叠加的幅值是随机的，叠加结果必然会相互完全抵消或部分抵消，从而使 R 点处振幅相对较小。因此，偏移后的剖面上，绕射波自动收敛到

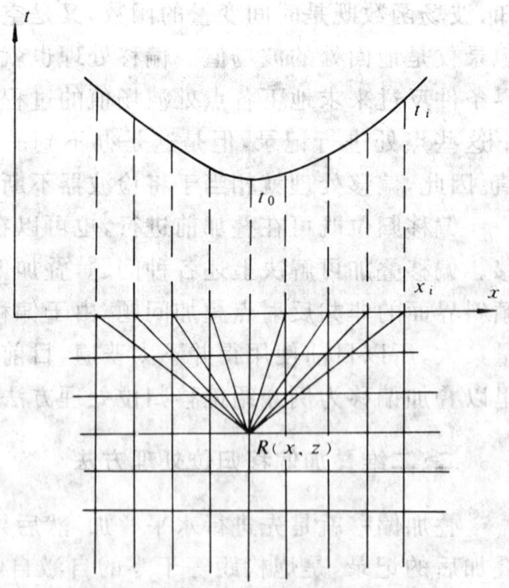

图 6-107 绕射扫描叠加的双曲线示意图

其绕射点处，在有反射界面处振幅变大，无界面处振幅自然相对减小，显示出了真实反射界面的位置（绕射双曲线顶点连线）。

绕射扫描叠加法虽能使反射界面正确归位，使结果剖面上反射界面的几何位置正确，但结果剖面上反射波的波形、能量却不一定正确，可能发生畸变。即波的动力学特点（如振幅、波形、相位等）受到了畸变。为了克服上述问题又发展了物理地震学的偏移归位方法，如波动方程偏移。

3. 波动方程偏移

波动方程偏移是建立在波动方程的理论基础上的，它认为地震波在地下岩层中传播是遵循地震波波动理论的，也就是说考虑了地震波在地下岩层中传播时波形和振幅都是可变的，因此作这种处理后的剖面，既包含了地震波的运动学特点，也包含了地震波的动力学特点，它比绕射扫描偏移具有明显的优越性。是目前使用的主要偏移方法。其中又以15°有限差分偏移最为典型。

(1) 15°有限差分法波动方程偏移。15°有限差分法波动方程偏移是以地面上获得的水平叠加时间剖面作为边界条件，用差分代替微分，对只包含上行波的近似波动方程求解以得到地下界面的真实图像。这也是一个延拓和成像的过程。

① 延拓方程的推导。由下述二维波动方程出发

$$\frac{\partial^2 u}{\partial x^2}+\frac{\partial^2 u}{\partial z^2}-\frac{1}{V^2}\frac{\partial^2 u}{\partial t^2}=0$$

根据爆炸反射面模型，将速度缩小一半，即用 $V/2$ 代替 V，可得

$$\frac{\partial^2 u}{\partial x^2}+\frac{\partial^2 u}{\partial z^2}-\frac{4}{V^2}\frac{\partial^2 u}{\partial t^2}=0 \tag{6-158}$$

此方程有两个解，分别对应于上行波和下行波。但在地表接收到的地震记录是地震波自界面返回地面的波动，即是上行波记录，故不能用此方程进行延拓，必须将波动方程简化为仅适合于上行波的形式。通常采用的方法是进行坐标变换后取近似值。第一步是坐标变换，令

$$\begin{cases} x'=x \\ \tau=\dfrac{z}{V/2} \\ t'=t+\tau \end{cases} \tag{6-159}$$

上式中第二个变换是把方程中的空间深度坐标 z 变换成时间深度 τ，第三式就是上行波的坐标变换，它表示不再用传统的统一的旧时钟来计时，而是用一个运行速度与旧时钟一样（即都以 $\frac{V}{2}$ 速度传播），但起始时刻各深度不同的新时钟计时（即从平面波到达深度为 z 的点时才开始计时）。采用新时钟计时，上、下行波表现出差异。

因为坐标变换不改变实际波场，故原坐标系中波场 $u(x,z,t)$ 与新坐标系中的波场 $\hat{u}(x',\tau,t')$ 一样，即

$$u(x,z,t)\equiv\hat{u}(x',\tau,t')$$

由复合函数微分法，得

$$\frac{\partial^2 u}{\partial x^2}=\frac{\partial^2 \hat{u}}{\partial x'^2}$$

$$\begin{aligned}\frac{\partial u}{\partial z}&=\frac{\partial \hat{u}}{\partial x'}\cdot\frac{\partial x'}{\partial z}+\frac{\partial^2 \hat{u}}{\partial \tau}\cdot\frac{\partial \tau}{\partial z}+\frac{\partial \hat{u}}{\partial t'}\cdot\frac{\partial t'}{\partial z}\\ &=\frac{2}{V}\frac{\partial \hat{u}}{\partial \tau}+\frac{2}{V}\frac{\partial \hat{u}}{\partial t'}\end{aligned}$$

$$\frac{\partial^2 u}{\partial z^2}=\frac{4}{V^2}\frac{\partial^2 \hat{u}}{\partial \tau^2}+\frac{8}{V^2}\frac{\partial^2 \hat{u}}{\partial \tau \partial t'}+\frac{4}{V^2}\frac{\partial^2 \hat{u}}{t'^2}$$

$$\frac{\partial u}{\partial t}=\frac{\partial \hat{u}}{\partial x'}\cdot\frac{\partial x'}{\partial t}+\frac{\partial \hat{u}}{\partial \tau}\cdot\frac{\partial \tau}{\partial t}+\frac{\partial \hat{u}}{\partial t'}\cdot\frac{\partial t'}{\partial t}=\frac{\partial \hat{u}}{\partial t'}$$

$$\frac{\partial^2 u}{\partial t^2}=\frac{\partial^2 \hat{u}}{\partial t'^2}$$

将上述二阶偏微分结果代入方程(6-158),整理后得

$$\frac{\partial^2 \hat{u}}{\partial x'^2}+\frac{4}{V^2}\frac{\partial^2 \hat{u}}{\partial \tau^2}+\frac{8}{V^2}\frac{\partial^2 \hat{u}}{\partial \tau \partial t'}=0 \tag{6-160}$$

为书写方便,以 u、x、t 分别代替 u'、x'、t',则可写为

$$\frac{V^2}{8}u_{xx}+\frac{1}{2}u_{\tau\tau}+u_{\tau t}=0 \tag{6-161}$$

式中:u_{xx}、$u_{\tau\tau}$、$u_{\tau t}$分别表示 u 的二次导数。注意,此方程仍然包含了上行波和下行波,仍不能用来进行延拓,故还有第二步。

经过了坐标变换,虽然波场不变,但在新坐标系下上、上行波表现出差异,此差异主要表现为 $u_{\tau\tau}$的大小不同。当上行波的传播方向与垂直方向之间的夹角较小时(小于 15°),$u_{\tau\tau}$可以忽略,而对下行波来说,$u_{\tau\tau}$不能忽略。忽略掉 $u_{\tau\tau}$项,就得到只包含上行波的近似方程

$$\frac{V^2}{8}u_{xx}+u_{\tau t}=0 \tag{6-162}$$

上式即为有限差分波动方程偏移 15°近似方程(因为它们适用于界面倾角小于 15°时形成的上行波),它为常用的延拓方程。

为了求解此方程还必须给出定解条件,由于震源强度有限,可给出如下定解条件:

a. 测线两端外侧的波场为零,即

$$u(x,\tau,t)\equiv 0,\quad 当\ x>x_{\max}\quad 或\quad x<x_{\min}时$$

b. 记录最大时间以外的波场为零,即

$$u(x,\tau,t)\equiv 0,\quad 当\ t>t_{\max}$$

c. 自激自收记录(水平叠加剖面)为给定的边界条件,即时间深度 $\tau=0$ 处的波场值 $u(x,0,t)$已知。

有了这些定解条件就可对方程(6-162)求解得到地下任意深度处的波场值 $u(x,\tau,t)$,这是延拓方程。再根据前述成像原理,取传统旧时钟零时刻时的波场值,即新时钟时间 $t=\tau$ 时刻的波场值 $u(x,\tau,\tau)$就组成了偏移后的输出剖面。

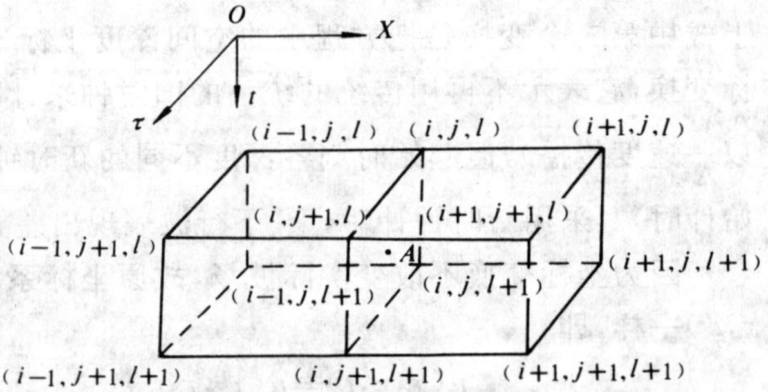

图 6-108　12点差分格式

② 差分方程的建立。为了求得微分方程(6-162)的数值解,我们用差分方程近似微分方程,由于在微分方程(6-162)中包含波场函数对 x 坐标的二阶偏导数项 u_{xx}和对 τ,t 的二阶混合偏导数 $u_{\tau t}$项,故采用如图 6-108 所示的 12 点差分格式,可得

$$\begin{aligned}u_{xx}=\frac{1}{4\Delta x^2}\{&[u(i-1,j,l)-2u(i,j,l)+u(i+1,j,l)]\\&+[u(i-1,j+1,l)-2u(i,j+1,l)+u(i+1,j+1,l)]\\&+[u(i-1,j,l+1)-2u(i,j,l+1)+u(i+1,j,l+1)]\end{aligned}$$

$$+[u(i-1,j+1,l+1)-2u(i,j+1,l+1)+u(i+1,j+1,l+1)]\} \quad (6-163)$$

$$u_{\tau t}=\frac{1}{\Delta\tau\Delta t}\{\frac{1}{6}[u(i-1,j+1,l+1)-u(i-1,j+1,l)]$$
$$-\frac{1}{6}[u(i-1,j,l+1)-u(i-1,j,l)]$$
$$+\frac{2}{3}[u(i,j+1,l+1)-u(i,j+1,l)]$$
$$-\frac{2}{3}[u(i,j,l+1)-u(i,j,l)]$$
$$+\frac{1}{6}[u(i+1,j+1,l+1)-u(i+1,j+1,l)]$$
$$-\frac{1}{6}[u(i+1,j,l+1)-u(i+1,j,l)]\} \quad (6-164)$$

将(6-163)式和(6-164)式代入(6-162)式中，得

$$\frac{1}{6}[u(i-1,j+1,l+1)-u(i-1,j+1,l)]$$
$$-\frac{1}{6}[u(i-1,j,l+1)-u(i-1,j,l)]$$
$$+\frac{2}{3}[u(i,j+1,l+1)-u(i,j+1,l)]$$
$$-\frac{2}{3}[u(i,j,l+1)-u(i,j,l)]$$
$$+\frac{1}{6}[u(i+1,j+1,l+1)-u(i+1,j+1,l)]$$
$$-\frac{1}{6}[u(i+1,j,l+1)-u(i+1,j,l)]$$
$$=\frac{-V^2\Delta\tau\Delta t}{32\Delta x^2}\{[u(i-1,j,l)-2u(i,j,l)+u(i+1,j,l)]$$
$$+[u(i-1,j+1,l)-2u(i,j+1,l)+u(i+1,j+1,l)]$$
$$+[u(i-1,j,l+1)-2u(i,j,l+1)+u(i+1,j,l+1)]$$
$$+[u(i-1,j+1,l+1)-2u(i,j+1,l+1)+u(i+1,j+1,l+1)]\} \quad (6-165)$$

定义向量 I、T，有

$$I=[0,1,0] \qquad T=[-1,2,-1]$$

令向量 $u(x,j,l)$ 为

$$u(x,j,l)=[u(i-1,j,l),\quad u(i,j,l),\quad u(i+1,j,l)]^{\mathrm{T}}$$

则(6-165)式可写为

$$\left(I-\frac{1}{6}T\right)u(x,j+1,l+1)-\left(I-\frac{1}{6}T\right)u(x,j+1,l)$$
$$-\left(I-\frac{1}{6}T\right)u(x,j,l+1)+\left(I-\frac{1}{6}T\right)u(x,j,l)$$
$$=\frac{V^2\Delta\tau\Delta t}{32\Delta x^2}T[u(x,j+1,l+1)+u(x,j+1,l)$$
$$+u(x,j,l+1)+u(x,j,l)] \quad (6-166)$$

又令

$$\alpha=\frac{V^2\Delta\tau\Delta t}{32\Delta x^2},\quad \beta=\frac{1}{6}$$

则(6-166)式可写成如下形式

$$[I-(\alpha+\beta)T]u(x,j+1,l+1)-[I+(\alpha-\beta)T]u(x,j,l+1)$$
$$+[I-(\alpha+\beta)T]u(x,j,l)=[I+(\alpha-\beta)T]u(x,j+1,l)$$

因此有

$$u(x,j+1,l)=\frac{I-(\alpha+\beta)T}{I+(\alpha-\beta)T}[u(x,j+1,l+1)+u(x,j,l)]-u(x,j,l+1) \qquad (6-167)$$

这就是微分方程(6－166)的隐式差分表达式。

③ 计算步骤和偏移结果。差分方程(6－167)形式上是一个隐式方程。即时间深度 $\tau=(j+1)\Delta\tau$ 处的波场值不能单独地用时间深度 $\tau=j\Delta\tau$ 处的波场值组合得到，方程右边仍有 $\tau=(j+1)\Delta\tau$ 的项。为了求得一排数据 $u(x,j+1,l)$ 必须用到三排数据 $u(x,j+1,l+1)$，$u(x,j,l)$ 和 $u(x,j,l+1)$(图 6－109)。一般来说，隐式方程的求解必须用解联立方程的方法进行，比较麻烦。

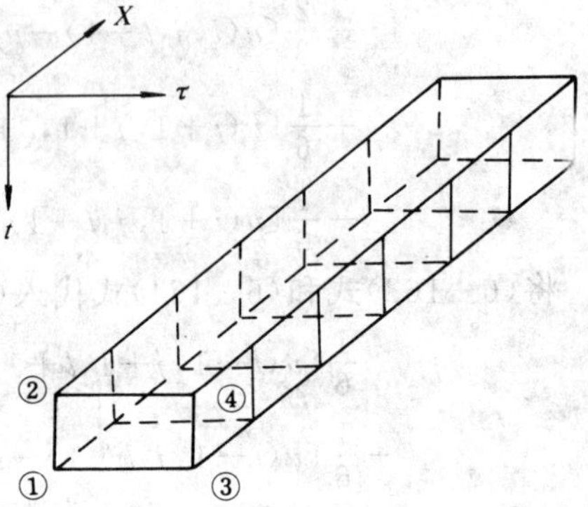

图 6－109　有限差分法偏移求解中的一步

① $u(x,j,l+1)$；② $u(x,j,l)$；③ $u(x,j+1,l+1)$；④ $u(x,j+1,l)$

可以利用定解条件 b，在计算新的深度 $\tau=(j+1)\Delta\tau$ 处波场值时，由最大时间开始，首先计算 $t=t_{\max}$ 的那一排值。因 $u(x,j+1,t_{\max}+\Delta t)\equiv 0$ 和 $u(x,j,t_{\max}+\Delta t)\equiv 0$，有

$$u(x,j+1,t_{\max})=\frac{I-(\alpha+\beta)T}{I+(\alpha-\beta)T}u(x,j,t_{\max})$$

计算 $u(x,j+1,t_{\max})$ 只用到已知的 $u(x,j,t_{\max})$ 值，十分容易。然后再利用(6－167)式递推地求 $\tau=(j+1)\Delta\tau$ 深度处任何时刻的波场值就没有任何困难了。

具体计算时由地面向下延拓，计算深度 $\Delta\tau$ 处的波场值。首先计算此深度处在 $t=t_{\max}$ 时的波场，然后向 t 减小的方向进行。一个深度计算结束，再向下延拓一个步长 $\Delta\tau$ 继续计算。依此类推，可以得到地下所有点在不同时刻的波场值。

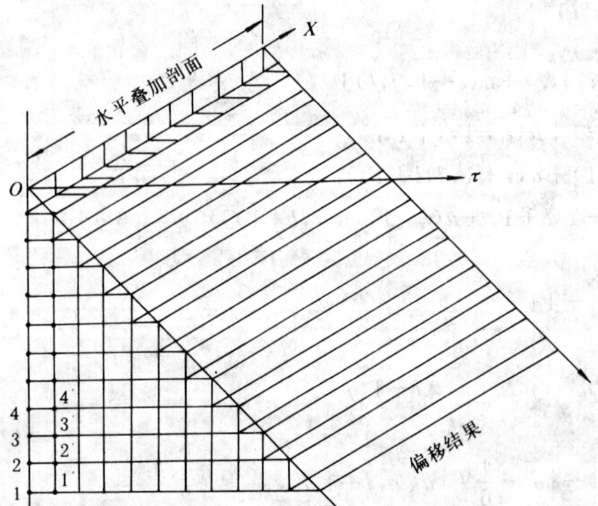

图 6－110　偏移结果取值位置图

如前所述，在新时钟 $t=\tau$ 时刻的波场值正是所欲求的“像”。因此，每次递推计算某一深度 τ 处的波场值时，由 $t=t_{\max}$ 向 t 减小的方向计算至 $t=\tau$ 时就可以结束。不同深度处的“像”$u(x,\tau,\tau)$ 组成偏移后的输出剖面。

图 6－110 画出了偏移时的计算关系及结果取值位置。A 表示地面观测到的叠加剖面。由 A 计算下一深度 $\Delta\tau$ 处的波场值 B，计算 B 时先算第 $1'$ 排的数值(只用到 A 中第 1 排数值)，再算第 $2'$ 排数值(要用 A 中第 1、2 排和 B 中第 $1'$ 排数值)，依此类推，直到 $t=\tau$ 为止。再由 B 算下一个深度 $2\Delta\tau$ 处波场值 C，等等。在二维空间 $(x,t=\tau)$ 上呈现出需要的结果剖面信息。

当延拓计算步长 $\Delta\tau$ 与地震记录的采样间隔 Δt 一样时，由图 6－110 的几何关系可以看到，偏移剖面是该图中45°对角线上的值。实际工作中$\Delta\tau$不一定要与Δt相等，可根据界面倾角大小确定$\Delta\tau$，倾角较大时，应取较小的$\Delta\tau$，倾角较小时，$\Delta\tau$可取得较大些，以减少计算工作量。中间值可用插值求得。

与其他波动方程偏移方法相比，有限差分法有能适应横向速度变化，偏移噪声小，在剖面信噪比低的情况下也能很好地工作等优点。但15°有限差分法对倾角太大的情况不能得到好的偏移效果。因此，又发展了45°、60°甚至90°的有限差分偏移方法，有兴趣的读者可参阅有关文献。

(2) 频率波数域波动方程偏移。前面叙述的有限差分偏移方法是在时间空间域中进行的，利用傅里叶变换也可使偏移处理在频率波数域中实现，即频率波数域波动方程偏移。

与有限差分法偏移思想完全一样，认为水平叠加剖面是由界面上无数震源同时向上发出的上行波在地面处的波场值$u(x,0,t)$，利用它向下延拓，即求取地下任一点的波场值$u(x,z,t)$，再据成像原理，取其在$t=0$时刻的值$u(x,z,0)$，组成偏移后的输出剖面。

其做法仍是由速度减半后的波动方程(6-158)出发，对方程两边做关于x和t的二维傅里叶变换，从而得到一个常微分方程

$$\frac{\mathrm{d}^2\overline{U}}{\mathrm{d}z^2}+\left(\frac{4\omega^2}{V^2}-k_x^2\right)\overline{U}=0 \tag{6-168}$$

式中：$\overline{U}=\overline{U}(k_x,z,\omega)$为波场函数$u(x,z,t)$的二维傅里叶变换；$\omega=2\pi f$为圆频率；$k_x$为$x$方向上的空间波数。

(6-168)式是常微分方程，其解有两个，分别对应于上行波和下行波。偏移研究的是上行波的向下延拓问题，故只考虑上行波解

$$\overline{U}(k_x,z,\omega)=\overline{U}(k_x,0,\omega)\exp\left(\mathrm{j}\left[\left(\frac{2\omega}{V}\right)^2-k_x^2\right]^{1/2}z\right) \tag{6-169}$$

式中：$\overline{U}(k_x,0,\omega)$为解的初值，即上行波在$z=0$处的记录的傅里叶变换。因此，式(6-169)表示由$z=0$处波场的傅里叶变换求出任何深度处波场傅里叶变换的过程，是频率波数域中的波场延拓。

通过傅里叶反变换可由$\overline{U}(k_x,z,\omega)$求出地下任何深度处的波场值

$$u(x,z,t)=\frac{1}{2\pi}\int_{-\infty}^{\infty}\int_{-\infty}^{\infty}\overline{U}(k_x,z,\omega)\mathrm{e}^{\mathrm{j}(\omega_t+k_x x)}\mathrm{d}\omega\mathrm{d}k_x \tag{6-170}$$

根据成像原理，偏移结果应是这些点处$t=0$时刻的波场值

$$\begin{aligned}u(x,z,0)&=\frac{1}{2\pi}\int_{-\infty}^{\infty}\int_{-\infty}^{\infty}\overline{U}(k_x,z,\omega)\mathrm{e}^{\mathrm{j}k_x x}\mathrm{d}\omega\mathrm{d}k_x\\&=\frac{1}{2\pi}\int_{-\infty}^{\infty}\int_{-\infty}^{\infty}\overline{U}(k_x,0,\omega)\exp\mathrm{j}\left(k_x x+\left[\left(\frac{2\omega}{V}\right)^2-k_x^2\right]^{1/2}z\right)\mathrm{d}\omega\mathrm{d}k_x\end{aligned} \tag{6-171}$$

这就是频率波数域偏移的数学模型。傅里叶变换法的偏移技术还有其他形式的数学模型，在此就不赘述了。

综上所述，叠后频率波数域波动方程偏移的过程如下：

a. 首先据(6-169)式，对水平叠加记录的波场值$u(x,z,t)$进行二维傅里叶变换，将其从时间空间域变换到频率波数域，得到$u(x,z,t)$的傅里叶变换$\overline{U}(k_x,z,\omega)$。

b. 然后求解(6-168)常微分方程，并只考虑上行波的解，得到$z=0$时记录的傅里叶变换$\overline{U}(k_x,0,\omega)$。

c. 再据(6-171)式，对$\overline{U}(k_x,0,\omega)$进行二维傅里叶反变换，将$\overline{U}(k_x,0,\omega)$从频率波数域再变换回到时间空间域，得到的偏移后的输出剖面$u(x,z,0)$。

如果求解常微分方程(6-168)时初值不取 $z=0$ 处的波场傅里叶变换值,而取任一较浅处的波场傅里叶变换值,则可得到

$$\overline{U}(k_x,z+\Delta z,\omega)=\overline{U}(k_x,z,\omega)\exp\left(\mathrm{j}\left[\left(\frac{2\omega}{V}\right)^2-k_x^2\right]^{1/2}\Delta z\right) \tag{6-172}$$

从而得到可适应速度纵向变化的相移法偏移的数学模型

$$u(x,z+\Delta z,0)=\frac{1}{2\pi}\int_{-\infty}^{\infty}\int_{-\infty}^{\infty}\overline{U}(k_x,z,\omega)\cdot\exp\left\{\mathrm{j}\left[k_x x+\left[\left(\frac{2\omega}{V}\right)^2-k_x^2\right]^{1/2}\Delta z\right]\right\}\mathrm{d}\omega\mathrm{d}k_x \tag{6-173}$$

利用此式可逐步向下延拓成像,每延拓一次用的速度均可改变。

由于快速傅里叶变换的应用,频率波数域偏移效率十分高,运行时间少,是波动方程偏移算法中最经济的方法,且适用于大倾角地区。但因计算在频率波数域中进行,需要注意假频问题,且此法对横向速度变化的地区不太适应。

(3) 克希霍夫积分偏移。克希霍夫积分偏移是应用波动方程的克希霍夫积分解来解决反射层的偏移问题。这种方法一般不受反射界面倾角的限制,但偏移归位后剖面中的噪声干扰背景较强。

克希霍夫积分法波动方程偏移的原理是建立在波动方程的克希霍夫积分解的基础上的。由前面理论部分讨论,我们知道,各向同性均匀和完全弹性介质,其纵波波动方程为

$$\frac{\partial^2 u}{\partial x^2}+\frac{\partial^2 u}{\partial y^2}+\frac{\partial^2 u}{\partial z^2}-\frac{1}{V^2}\cdot\frac{\partial^2 u}{\partial t^2}=0$$

该三维纵波波动方程的克希霍夫积分解为

$$u(x,y,z,t)=-\frac{1}{4\pi}\oiint_Q\left\{[u]\frac{\partial}{\partial n}\left(\frac{1}{r}\right)-\frac{1}{r}\left[\frac{\partial u}{\partial n}\right]-\frac{1}{Vr}\frac{\partial r}{\partial n}\left[\frac{\partial u}{\partial t}\right]\right\}\mathrm{d}Q$$

式中:Q 为包围点 (x,y,z) 闭曲面;n 为 Q 的外法线;r 为由 (x,y,z) 点至 Q 面上各点的距离;$[\ \ ]$表示延迟位;$[u]=u\left(t-\frac{r}{V}\right)$。

此解的实质是由已知的闭曲面 Q 上各点波场值计算面内任一点处的波场值。它正是惠更斯原理的严格数学形式。

选择闭曲面 Q 由一个无限大的平地面 Q_0 和一个无限大的半球面 Q_1 所组成。Q_1 面上各点波场值的面积分对面内一点波场函数的贡献为零。因此,仅由平地面 Q_0 上各点的波场值计算地下各点的波场值

$$u(x,y,z,t)=\frac{1}{2\pi}\iint_{Q_0}\left\{[u]\frac{\partial}{\partial z}\left(\frac{1}{r}\right)-\frac{1}{Vr}\frac{\partial r}{\partial z}\left[\frac{\partial u}{\partial t}\right]\right\}\mathrm{d}Q \tag{6-174}$$

此时,原公式中的$\frac{\partial u}{\partial n}$项消失,积分号前的负号也因 z 轴正向与 n 相反而变为正。

以上是正问题的克希霍夫积分计算公式。偏移处理的是反问题,是将反射界面的各点看作为同时激发上行波的源点,将地面接收点看作为二次震源,将时间“倒退”到 $t=0$ 时刻,寻找反射界面的源波场函数,从而确定反射界面。反问题也能用上式求解,差别仅在于$[\ \ ]$不再是延迟位而是超前位,$[u]=u\left(t+\frac{r}{V}\right)$。根据这种理解,克希霍夫积分延拓公式为

$$u(x,y,z,t)=\frac{1}{2\pi}\iint_{Q_0}\left\{\frac{\partial}{\partial z}\left(\frac{1}{r}\right)-\frac{1}{Vr}\frac{\partial r}{\partial z}\frac{\partial}{\partial \tau}\right\}u\left(x_l,y_l,0,\tau=t+\frac{r}{V}\right)\mathrm{d}Q \tag{6-175}$$

按照成像原理,此时 $t=0$ 时刻的波场值即为偏移结果。只考虑二维偏移,忽略掉 y 坐标,将空间深度 z 转换为时间深度 $t_0=2z/V$,得到克希霍夫积分偏移公式

$$u(x,t_0,t=0)=\frac{1}{2\pi}\int_x\left\{\frac{\partial}{\partial z}\left(\frac{1}{r}\right)-\frac{1}{Vr}\frac{\partial r}{\partial z}\frac{\partial}{\partial \tau}\right\}u(x_l,0,\tau)\mathrm{d}x \tag{6-176}$$

式中：$\tau=\left[t_0^2+\frac{4(x-x_l)^2}{V^2}\right]^{1/2}$；$x_l$ 为地面记录道横坐标；x 为偏移后剖面道横坐标；$r=[z^2+(x-x_l)^2]^{1/2}$（图 6－111 所示）。

由$\frac{\partial r}{\partial z}=-\cos\theta$，得

$$u(x,t_0)=\frac{1}{2\pi}\int_{-\infty}^{\infty}\left\{\frac{\cos\theta}{r^2}u(x_l,0,\tau)+\frac{\cos\theta}{Vr}\frac{\partial}{\partial \tau}u(x_l,0,\tau)\right\}\mathrm{d}x \tag{6-177}$$

由此可见，克希霍夫积分偏移与绕射扫描叠加十分相似，都是按双曲线取值叠加后放在双曲线顶点处。不同之处在于：① 不仅要取各道的幅值，还要取各道的幅值对时间的导数值$\frac{\partial u}{\partial \tau}$参加叠加。② 各道相应幅值叠加时不是简单相加，而是按(6－177)式的加权叠加。

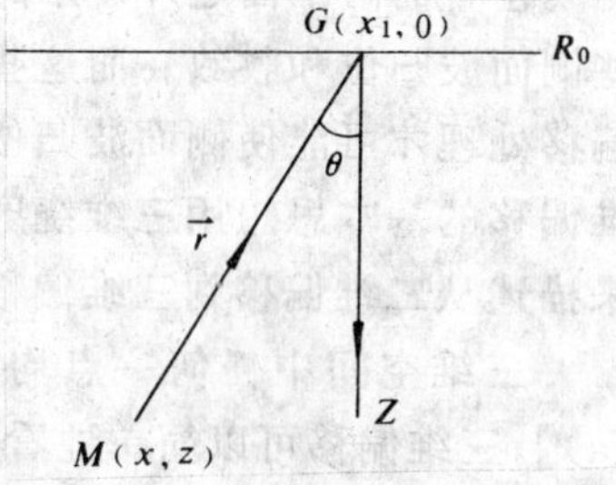

图 6－111 克希霍夫偏移公式中各量示意图

正因如此，所以虽然形式上克希霍夫积分法与绕射扫描叠加类似，但二者有着本质区别。前者的基础是波动方程，可保留波的动力学特性，后者属几何地震学范畴，只保留波的运动学特征。除上述的偏移方法外，还有 FK 偏移，以及效果较好的深度偏移。图 6－112 给出了一个有限差分、FK 偏移和深度偏移的处理结果，从图上可以看

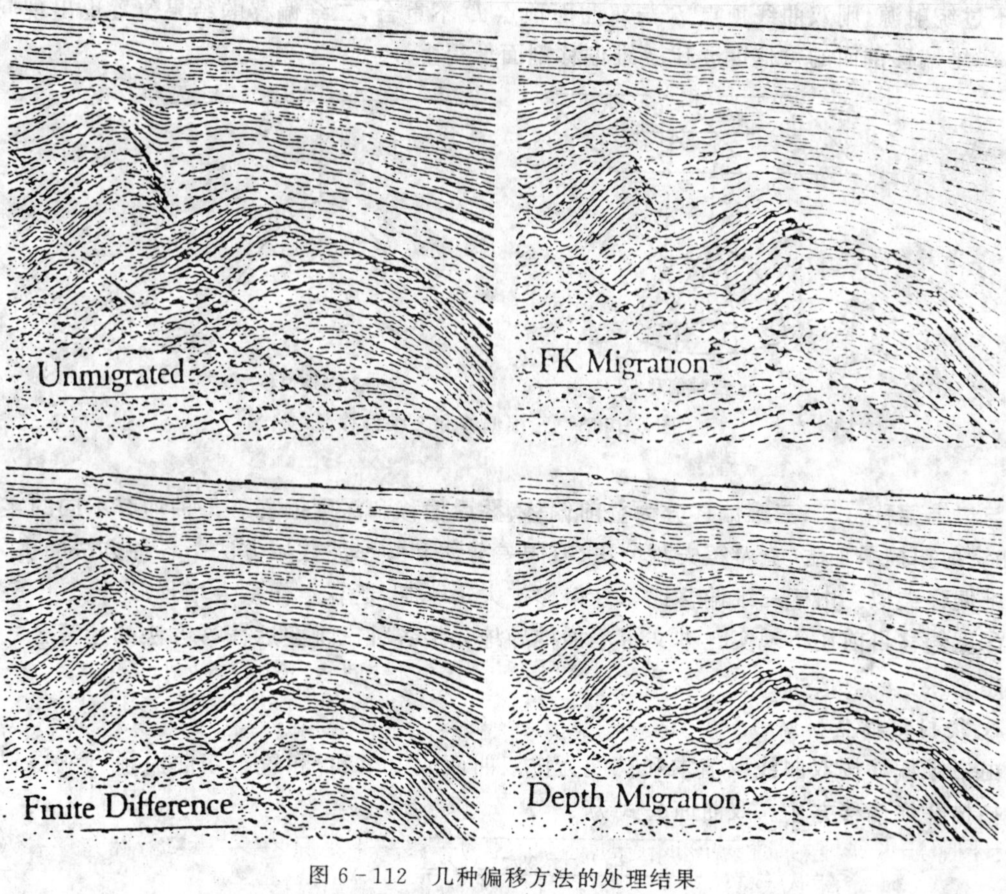

图 6－112 几种偏移方法的处理结果

到，偏移后结果的横向分辨率较偏移前的水平叠加时间剖面有了明显的提高。

三、三维偏移归位处理

三维偏移归位是三维资料处理中的核心部分。它集中体现了三维勘探的优点。前述的二维偏移处理，只能使存在于二维(x,z)剖面内的反射同相轴归位，绕射波回转波等收敛。但在实际中地下地质体是三维的，即使在地面沿一条测线观测时，只要满足斯奈尔定律，在包括测线的各个射线平面内的反射都会反映到该测线剖面中来，即水平叠加剖面上必然会混杂着由测线位置的法平面之外传来的侧面波。因此，只进行所谓“平面型”的二维偏移处理不可能使这些侧面波归位和收敛。而这些侧面波会构成假象掩盖真实界面。故只有进行“立体型”的三维偏移处理才可能使侧面波归位，去掉假象。此外，三维偏移还有一些优于二维偏移之处，因为三维偏移的基本思想用三维绕射扫描最能直观地说明问题。故下面我们用绕射扫描求和的思想来描述从二维偏移到三维偏移概念的扩展，从而来了解三维偏移的优点。

三维空间中任何一点均可看作是一个绕射源，它的地震响应是一个双曲面[图 6-113(a)]。三维偏移可以简单地看成将双曲面上的所有三维采样数据求和，并将和置于双曲面的顶点。同一绕射源在二维空间中的地震响应是一条双曲线[图 6-113(b)]，它是测线位置的法平面与上述双曲面的交线。二维偏移将双曲线上的采样数据求和，并置此和于双曲线的顶点。如果法平面过绕射源(即 D、B 点重合)，则二维偏移的结果位置正确。但因二维偏移“求和”的次数大大低于三维偏移，其统计效应差，二维偏移剖面的信噪比要比三维偏移剖面低得多。若法平面不过绕射源，则双曲线顶点 B 与双曲面顶点 D 不重合，二维偏移的结果位置也出现问题。因此，二维偏移剖面的可信度要比三维偏移剖面低得多。

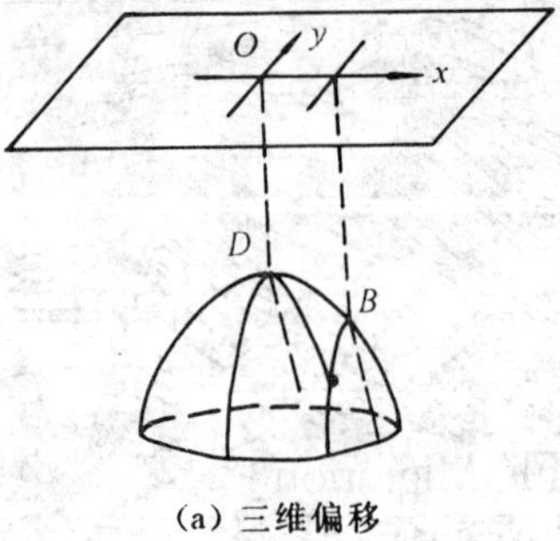

(a) 三维偏移

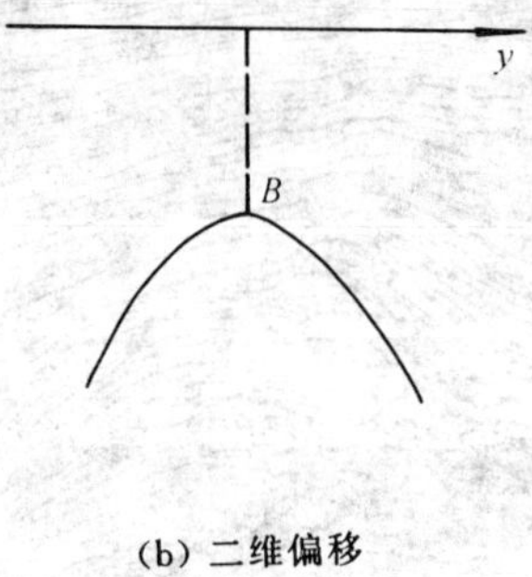

(b) 二维偏移

图 6-113　三维偏移和二维偏移

与二维偏移一样，三维偏移分为叠前偏移、叠后偏移和深度偏移。每种均有不同的实现方法，如绕射扫描叠加法、克希霍夫积分法、有限差分法和频率波数域方法。各种方法的优、缺点与二维偏移类似。由于三维偏移比二维偏移扩大了一维，运算工作量大增，故进行三维叠前偏移和深度偏移目前还不现实。本文将不加推导地介绍各种三维叠后偏移方法的运算公式和实现思想。

1. 绕射扫描叠加偏移

由二维偏移按双曲线取值求和扩展为按双曲面取值求和，和置于双曲面顶点就得到三维绕射扫描叠加偏移方法。双曲面公式为

$$t=\sqrt{t_0^2+\frac{4[(x_d-x_g)^2+(y_d-y_g)^2]}{v^2}} \tag{6-178}$$

式中：t_0 为由绕射点 $D(x_d,y_d,z_d)$ 至地面的垂直双程运行时，即 $t_0=2z_d/v$；t 为由绕射点 D 至地面任一接收点 $G(x_g,y_g,0)$ 的绕射波双程运行时；v 为速度。

2. 波动方程偏移

(1) 有限差分波动方程偏移。用与二维有限差分法偏移公式推导中的坐标变换完全类似的坐标变换对三维波动方程

$$\frac{\delta^2 u}{\delta x^2}+\frac{\delta^2 u}{\delta y^2}+\frac{\delta^2 u}{\delta z^2}-\frac{4}{v^2}\cdot\frac{\delta^2 u}{\delta t^2}=0 \tag{6-179}$$

作变换，并略去对 τ 的二阶导数项，得到适用于 15°上行波的波动方程

$$\frac{v^2}{8}(u_{xx}+u_{yy})+u_{\tau t}=0 \tag{6-180}$$

再用差分代替微分求解此方程，即为有限差分法。

问题是到目前为止还没有得到普遍承认、方便实用的差分格式，因此，现在一般用有限差分法进行三维偏移都是采用下面将要讨论的二步法或分裂法。

(2) 频率波数域波动方程偏移。与二维频率波数域偏移公式类似，三维频率波数域波动偏移公式为

$$U_{(x,y,z,0)}=\frac{1}{(2\pi)^{3/2}}\iiint\bar{u}(k_x,k_y,0,\omega)\exp[-\mathrm{i}(k_x x+k_y y-\sqrt{k^2-k_x^2-k_y^2 z})]\mathrm{d}k_x\mathrm{d}k_y\mathrm{d}\omega \tag{6-181}$$

式中：$\bar{u}(k_x,k_y,0,\omega)$ 是地面记录 $u(x,y,0,t)$ 的三维傅里叶变换；$k=\omega/v$，$\omega=2\pi f$ 为圆频率；v 为波速；k_x、k_y 为 x 和 y 方向上空间波数；$u(x,y,z,0)$ 为偏移结果剖面道。

(3) 克希霍夫积分偏移。克希霍夫积分偏移利用波动方程的克希霍夫积分解决偏移问题。由克希霍夫积分解可以得到克希霍夫积分偏移公式

$$u=(x,y,t_0)=\frac{1}{2\pi}\iint\{\frac{\cos\theta}{r^2}u(x_g,y_g,0,t)+\frac{\cos\theta}{vr}\frac{\partial u(x_g,y_g,0,t)}{\partial t}\}\mathrm{d}x_g\mathrm{d}y_g \tag{6-182}$$

式中各量的意义见图 6-114。$u(x_g,y_g,0,t)$ 为地面记录道；$u(x,y,t_0)$ 为偏移后的时间剖面道；v 为速度；$D(x,y,z)$ 是空间归位点；$G(x_g,y_g,0)$ 是地面资料采集点，$r=\overline{DG}$。

具体实现时与绕射扫描叠加十分类似。不同之处仅在于不光取振幅值，而且还取振幅对时间的导数值，在叠加时不是简单的相加，而是按上述公式进行加权叠加。

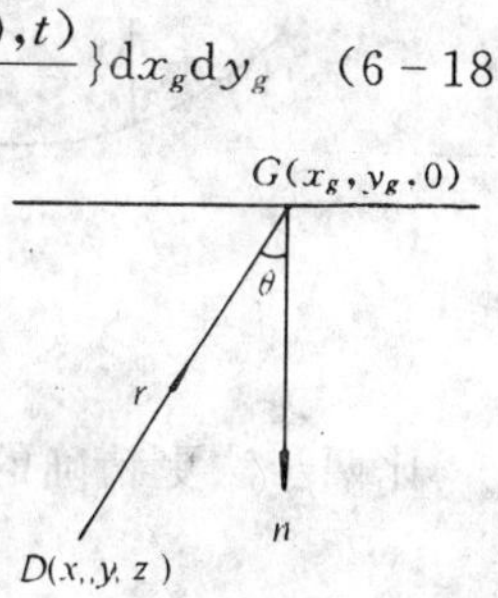

图 6-114 克希霍夫偏移公式中各量示意图

严格按上述公式执行偏移是真正的全三维偏移，又称为一步三维偏移。由于三维勘探得到的数据量十分大，一步法偏移工作量相当大，因此目前往往使用某些效率较高的近似方法，就是两步法和分裂法。

3. 两步法和分裂法

两步法的概念建立在认为一个三维问题可以完全分离成若干个二维问题解决的基础上。在具体实现时，一个三维偏移用互相垂直方向上依次进行的两次二维偏移代替，先沿 x 方向对所有的三维资料进行一次二维偏移，然后将偏移后的各道按 y 方向重排，再沿 y 方向进行一次三维偏移就完成了近似的三维偏移工作。

两步法的优点是极大地减少了计算工作量，而且现行的所有二维偏移程序在用于实现三维偏移时均可不作任何修改(仅在其中加上若干组织工作程序)。

用绕射扫描求和思想很容易说明一步法和两步法的区别。见图 6-115(a)，三维偏移要将

绕射双曲面上任一点 $E(x_e, y_e, t)$ 处的采样值归位于双曲面顶点 $D(x_d, y_d, t_0)$ 处。一步法偏移使用直接归位法，即直接将 E 点处的样值取至 D 点与其他归位样值叠加。两步法先将 E 点的样值归位于沿 x 方向切割的双曲面顶点 $A(X_a, Y_a, T_0)$，待此方向二维偏移做完后，再将这些双曲线顶点处的归位值沿 y 方向归位于双曲线顶点 D。从形式上看两者毫无区别，实际上在速度纵向变化时两者结果是不同的。

作一步法偏移时，计算绕射双曲面所用的速度是 D 点处的速度 $v(t_0)$。两步法沿 x 方向作第一次二维偏移时，计算绕射双曲线所用的速度也应当是 $v(t_0)$，但实际使用的却是 A 点处速度 $v(T_0)$（因 t_0 在何处此时并不知道）。当 $v(T_0)=v(t_0)$ 时，当然没有问题。但只要存在简单的纵向速度变化，就必然出现误差。此时并没有按切割绕射双曲面得到的双曲线进行归位，而是按另一条用 $v(T_0)$ 算出的双曲线[即图 6－115(b)中的虚线]进行归位。归位到 A 点的能量并不完全是 D 点绕射波的能量，结果当然有问题。误差的大小取决于速度、速度梯度、旅行时、倾角、方位角等因素。不过，虽然两步法有误差，但通常情况下误差不很大，且它的效率十分高，故仍经常使用。

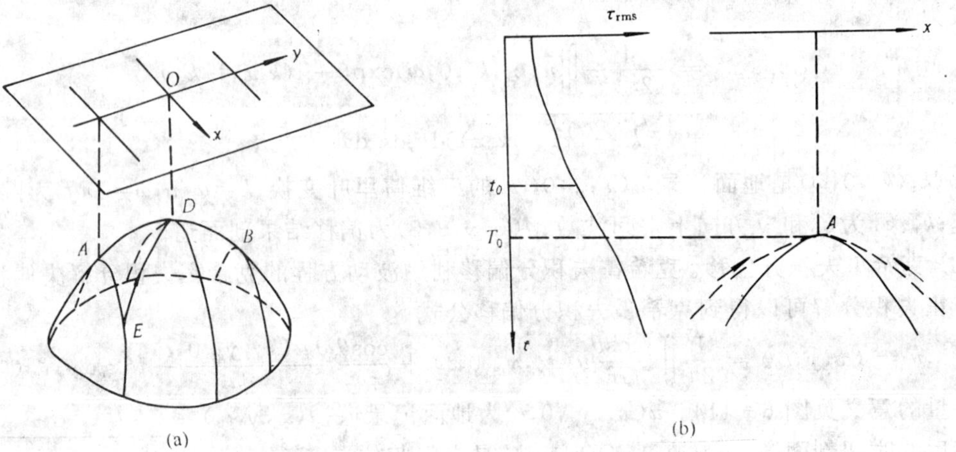

图 6－115　一步法和两步法的区别

比两步法更精确的方法是分裂法。例如对 15°上行波波动方程(6－180)可以分裂为两个方程

$$\begin{cases} u_{xx}+\dfrac{4}{v^2}u_{\tau t}=0 \\ u_{yy}+\dfrac{4}{v^2}u_{\tau t}=0 \end{cases} \tag{6-183}$$

此式将三维偏移化为两个二维偏移。采用二维偏移时所用的差分格式可以很容易地实现这一偏移。需要注意的是(6－183)式中两个方程互相耦合，不是独立的，每延拓一次要交替使用两个方程。因此，分裂法与两步法不同之处在于它要交替地计算 x 方向和 y 方向上的延拓剖面，相当于一种递归运算，是一种递归偏移。

由此可见，虽然分裂法比两步法精确，但工作量大一些。图 6－116 给出了三维偏移和二维偏移的对比图。图 6－116(b)是二维偏移剖面，可以在 2.0 s 左右看到有明显的侧面波同相轴和反射同相轴斜交，而图 6－116(a)是经过三维偏移处理的剖面，侧面波被去掉，记录形态更清楚。

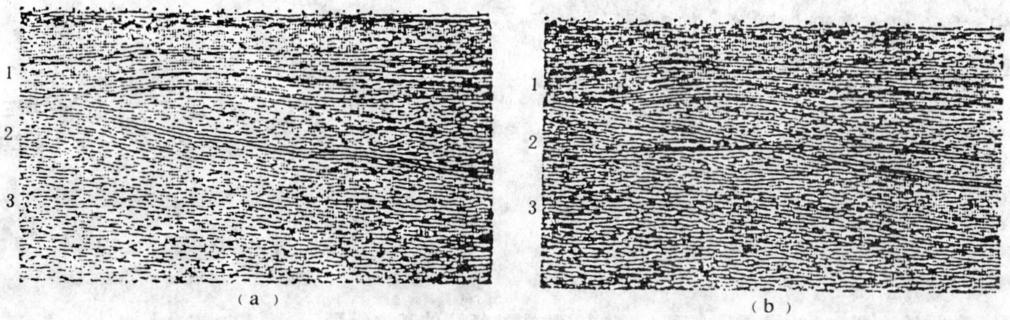

图 6-116　三维偏移(a)和二维偏移(b)剖面比较

§6.7　二维地震反射资料解释

用地震资料来研究地质构造和勘查地下矿产，主要有两类信息。一类是反射信息，它主要用于中深层的煤田、油气田勘探，有时也用于浅层的煤田及工程勘探；另一类是折射信息，它主要用于浅层的工程勘探，浅中层的煤田勘探。本节主要介绍反射地震资料的解释，下一节介绍地震折射资料的解释。

地震反射资料解释的主要任务是利用处理后的各种反射地震剖面，结合地质、钻探、测井及其他物探资料，根据地震波的传播理论和地质规律，把各种地震波信息转变为构造、地层岩性等的信息，把地震剖面变为地质剖面，研究其构造发展史、盆地的发育演化史、沉积史和油气运移聚集史，进行油气资源评价，在有利的构造和地层岩性圈闭上提供钻探井位。

地震反射资料解释工作是一项综合性很强的科学工作，又是一项复杂的技艺，解释工作日趋自动化和综合化是现代解释工作的主要特点，为了适应这种要求，对解释人员的素质提出了更高的要求，解释员必须是既精通物探又懂地质的所谓“复合人才”，不但要精通地震勘探方法的基本原理，还要掌握信息采集、处理、解释的方法技术，并要有较扎实的普通地质、石油地质、地层和沉积等学科的地质基础，而成为解决地质问题的地球物理学家。

一、地震反射信息及其解释方法种类

地震剖面是地质剖面对地震波总的响应，在地震响应中蕴藏着极其丰富的地质信息，地震反射信息主要有三类：第一类是运动学信息，第二类是动力学信息，第三类是反射波特征信息。从这三类特征中可以提取有关地质构造、岩性、地层等的信息，而相应的也就有构造解释、岩性解释和地震地层解释这三种方法。

1. 运动学信息及其构造解释

运动学信息主要是指地震反射时间(t_0 时间)、速度和同相轴的特征。地震反射资料的构造解释就是利用这几种信息，将地震时间剖面转变为深度剖面，绘制地质构造图，进而进行地质构造解释，弄清岩层之间的界面、断层和褶皱的位置与产状等，从构造的角度对油气远景作出评价。它是一种常规的解释方法，主要利用的资料有水平叠加时间剖面、叠加偏移时间剖面、速度谱等地震资料，并结合地质、测井等其他地球物理资料。构造解释主要包括时间剖面的对比、波场的分析、时间剖面的地质解释、深度剖面与构造图的绘制、含油气远景评价等工作。该解释方法仅仅局限于寻找构造圈闭油气藏。所谓构造油气藏是由于地壳运动，使地层发生变形形成

的圈闭,它的基本类型如图 6-117 所示。

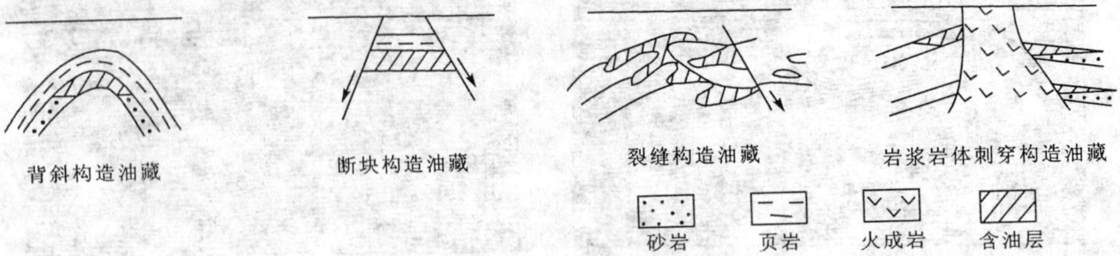

图 6-117　构造油气藏的基本类型

2. *动力学信息及其地震岩性解释*

动力学信息主要是指地震道中蕴含的振幅、频率、相位等。地震岩性解释就是利用这几种信息,提取岩性和储集层的特性参数,如流体成分、储集层厚度、速度、孔隙度、密度等。

地震的岩性解释,除了利用高质量的纵波反射资料外,还须有横波资料及横波的速度。

3. *反射波特征信息及其地震地层解释*

反射波特征信息主要指地震剖面上的同相轴的连续性、反射振幅的强弱、反射同相轴局部的内部结构和外部形态等。地震地层解释就是利用这几种信息,分析地震层序和地震相,恢复盆地的古沉积环境,预测生油层和储集层的分布,结合地震波动力学信息,对整个盆地进行岩性预测和油气远景评价,寻找地层油气藏。所谓地层油气藏是指储集层的岩性横向变化或纵向沉积的连续性中断形成的地层圈闭,油气聚集其中,形成地层油气藏,它的基本类型如图 6-118 所示。

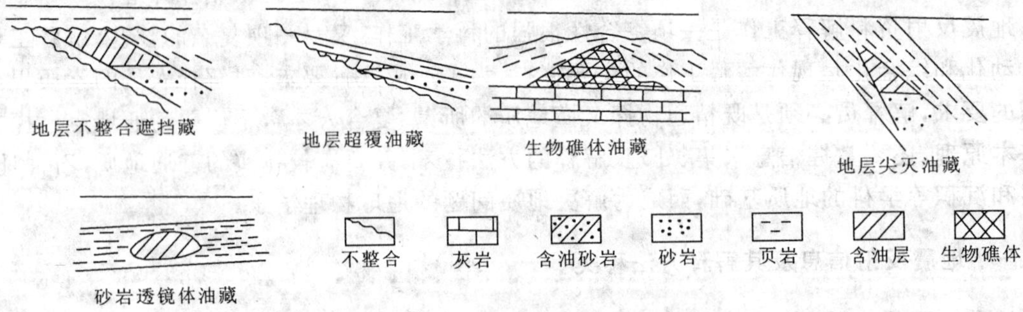

图 6-118　地层油气藏基本类型

在上述地震资料解释三个方面的内容中,构造解释是整个解释工作中的重点和基础,也是本书介绍的主要内容。地层与岩性解释一般都是在构造解释之后进行的,这部分内容将在《地球物理综合应用与解释》(第五章)一书中介绍。

二、地震剖面与地质剖面的关系

地震剖面不是地质剖面的简单映像,两者既有内在联系,又有区别。

1. *地震反射界面与地质界面的关系*

地震反射界面是波阻抗面,而地质剖面中是以岩性的一致性、生物化石种类及沉积时间等时面等地层学单位分层的。在时间地层系统内部,等时面不可能互相穿越。地质剖面中由于沉积间断或岩性差异而形成的面,像断层面、侵蚀不整合面、流体分界面及大套不同岩性的分界面均可成为反射面，这时反射面与地质分界面是一致的。即大多数地震反射面大体上反映时间地层界面的形态，这就是所谓的地震反射面的等时意义。然而在许多情况下，反射面与钻井或测井所得到的地质剖面的地层分界面并不一致。主要体现在以下几种情况中：

首先是在有些埋深古老的地层，在长期的构造运动和压力的作用下，相邻地层可能有相近的波阻抗，因而地质上的层面不足以构成反射面。

其次，同一岩性的地层，其中既无层面又无岩性分界面，但由于岩层中所含流体成分不同，而构成物性界面（如水层与气层的分界面，含油层与气层的分界面，油层与水层的分界面），因而地震反射界面有时也并非是地质界面。

再次，地震反射面是以地震波的同相轴显示的，地震波总有一定的延续长度，使得多个厚度很小的薄层组成的多个地质界面，在地震剖面上经常是以叠加的复合波形体现出来，这种情形在陆相碎屑岩或陆海相的沉积盆地中尤为突出。

最后还有一种情况是由于地震横向分辨率的限制，在横向上宽度较窄的地质体，如古地形、珊瑚礁、小断层等也形成不了反射。

2. 地震反射界面的几何形态与地质构造的关系

在水平叠加时间剖面上的反射图像，一般可以定性地反映地质构造的形态，尤其当构造比较简单时，反射同相轴的几何形态所反映的地质构造是较明显的，也是十分直观的。但由于地震勘探分辨率的限制及地震噪声，致使地震剖面所反映的构造细节及清晰度都有限。地震水平时间剖面不是地质构造简单的映像，两者之间是有不少差别的。

首先，地震剖面通常是时间剖面，而地质剖面是深度剖面。地震时间剖面要经过时深转换后才能成为深度剖面。时深转换后的地震深度剖面与地质剖面的符合程度，主要取决于速度资料的可靠程度。速度不准，会导致地震深度剖面上的反射层与地质剖面上的真实地层不符，甚至会引起构造畸变。

其次，由于地震波的纵向分辨率的限制，一个反射同相轴实际上所反映的厚度是与波长相当的一组地层，致使在薄层情形下，地震反射层与地质层位往往不是一一对应的。而有可能是一个地质界面对应多个地震相位，多个薄的地层界面对应多个地震相位。

再次，水平叠加时间剖面自激自收成像的特点，决定了地质剖面上所反映的地质构造在空间位置上不是真实的，而发生了偏移，尤其当地质构造比较复杂时，地震剖面上反射波同相轴的几何图形并不能直接反映复杂构造的真实形态，甚至面目全非，给地震资料解释工作带来很多假象，使得地震剖面解释存在多解性。

尽管存在上述问题，与其他物探资料相比，地震剖面仍然是最清晰、最直观地反映地下构造形态的资料，与地质剖面也最为接近。

三、地震反射时间剖面的对比

时间剖面的对比就是在地震反射时间剖面上，根据反射波的运动学和动力学的特征来识别和追踪同一反射界面反射波的过程。它实际上包括两方面的工作，一个工作是在某条剖面上根据相邻接收点反射波的某些特点来对比同一界面反射波，一般叫做波的对比，另一个工作是在相邻多条地震剖面上追踪同一界面的反射波，称为时间剖面的对比。在时间剖面上对比反射波，严格地说应该对比反射波的初至。但是，由于反射波是在各种干扰背景下记录下来的，当子波为最小相位时，其初至很难辨认。为了便于对比，总是利用剖面上比较明显的波形上的极值点（波峰或波谷）依次对比同相位。所以波的对比又称为波的相位对比或称同相轴对比。所谓同相轴就是指地震剖面上同一界面反射波组相同相位的连线。

1. 反射波识别对比的三个标志

来自同一界面的反射波，直接受该界面埋藏深度、岩性、产状及覆盖层等因素的影响，如果上述因素在一定范围内变化不大，具有相对稳定性，就会使得同一界面反射波在相邻接收点反映出三个相似的特点。也称为反射波对比的三个标志。

(1) 强振幅。经过反射信息采集及处理一系列提高信噪比的措施后，地震剖面上反射波的振幅一般都强于干扰波。

(2) 波形的相似性。同一界面的反射波在相邻道的地震记录上波形相似(包括视周期、相位个数、各极值间振幅比等)。

(3) 同相性。由于同一界面的反射波到达相邻检波点的射线路径是相近的，因而地震波相同相位所记录的时间十分接近，反射波同相轴是一条圆滑的曲(直)线，同一反射波不同相位的同相轴应彼此平行。

2. 时间剖面对比的方法

(1) 统观全局，做到心中有数。对比工作开始之前，首先要收集和分析工区的地质、测井及其他物探资料，了解采集和处理的方法及因素，做到心中有数，如工区内区域构造类型、断层类型等。

(2) 从主测线开始对比。在一个工区有多条地震剖面，应先从主测线开始对比工作，然后从主测线的反射层引伸到其他测线上去。所谓主测线是指垂直构造走向，横穿主要构造，并且信噪比高、反射同相轴连续性好的测线，它还应有一定的长度，最好能经过钻探井位。

(3)重点对比标准层。对某条测线而言，可能有几个反射层，应重点对比标准层，所谓标准层是指具有较强振幅、同相轴连续性较好、可在整个工区内追踪的目的反射层。它往往是主要的地层或岩性分界面，与生油层或储集层有一定的关系，或本身就为生、储油层。对选出的对比层位，可由浅至深依次编号。层位代号通常表示为“T_x”形式，字母“T”代表反射波，下标“x”代表具体层位编号，可随意用数字或字母表示，如：T_1、T_2、T_3，…。

(4) 相位对比。一个反射界面在地震剖面上往往包含有几个强度不等的同相轴，选其中振幅最强、连续性最好的某个同相抽进行追踪，这叫做强相位对比，有时反射层无明显的强相位，可对比反射波的全部或多个相位，这称为多相位对比。

(5) 波组和波系对比，波组是指由三四个数目不等的同相轴组合在一起形成的，或指比较靠近的若干界面所产生的反射波组合。由两个或两个以上波组所组成的反射波系列，称为波系。利用这些组合关系进行波的对比，可以更全面考虑反射层之间的关系。因为从地质观点来说，相邻地层界面的厚度间隔、几何形态是有一定联系的，沿横向变化是渐变的，反映在时间剖面上反射波在时间间隔、波形特征等方面也是有一定规律的。有时在剖面的某段长度内，因某种原因(如岩性横向变化)有的同相轴质量较差(振幅弱、连续性差)，我们可以根据反射波在剖面上相互之间总的趋势，是等时间间隔的，还是逐渐减小、增大的，以好的反射波组来控制不好的反射波组，进行连续追踪。

(6) 测线间的闭合对比(剖面的闭合)。剖面闭合对比追踪反射波是保证对比工作正确的可靠方法。在水平叠加时间剖面上，在测线交点处同一界面反射波的回声时间应相等，当闭合圈中有断层时，应把断距考虑在内，一般闭合差不能超过半个相位，如果超过这个规定，就意味着对比追踪的不是反射波的同一相位，出现所谓“串层”现象。

造成不闭合的原因可能有三个方面，一是对比工作本身有错误，出现“串层”，造成断层两侧反射层或一条测线内不同地段的反射层不统一；二是原始资料有问题，如测线桩号有误，测线交点桩号不准确等；三是各测线施工时间不同、采集和处理因素不一致，使新老资料反射层不闭合。出现不闭合时，首先应检查和消除人为的错误因素，然后再分析其他原因，尽量减小闭合差。只有闭合后才能绘制构造图，否则无法保证构造图的精度，甚至出现假象。

(7) 利用偏移剖面进行对比。当地质构造比较复杂时，在水平叠加时间剖面上同相轴形态会比较复杂，这时可利用叠加偏移剖面来帮助进行对比工作。但剖面间的闭合不能用二维偏移剖面，因为对于沿地层倾向的剖面，反射波可以归位，而对于沿地层走向的水平时间剖面，倾角为零，偏移后反射波位置没有变化，这样在测线交点处反射层就不能闭合。只有利用三维地震资料，才能使其闭合。

(8) 剖面间的对比。在对时间剖面进行了初步对比后，可以把沿地层倾向或走向的各个剖面按次序排列起来，纵观各反射波的特征及其变化，借以了解地质构造、断裂在横向上、纵向上的变化，这有助于对剖面作地质解释和作构造图等工作。

四、时间剖面上的特殊波

上述反射波的识别标志和对比方法，对于连续的平缓或单斜地层是完全可行的。然而，在一些含油气有意义的地区，地质构造往往比较复杂，可能存在褶皱、断裂等许多地质现象，这时的地震时间剖面往往比实际地质剖面表现得更为复杂，如果仅靠一般的对比原则和方法进行波的对比，就会被这些复杂的现象所迷惑，以致做出错误的解释。因此，有必要研究各种地质现象在时间剖面上的特征，即所谓的时间剖面上的特殊波的特征，再根据这些特征去指导对比，以便在时间剖面上确定这些现象。时间剖面上常见的特殊波有回转波、发散波、绕射波、断面波及多次波。

1. 回转波

在褶皱构造中的向斜(小凹子)的曲率半径小于其埋藏深度时，在水平叠加时间剖面上会产生回转波的波场。我们可以用 t_0 理论时距曲线的方法来分析回转波场的形成。如图 6-119 所示，将向斜分解为三个界面段，AB 和 DE 段为平界面，BCD 段为凹界面，过界面上 A、B、C、D、E 点作法向射线，与测线的交点分别为 1、2、3、4、5。据水平叠加时间剖面自激自收成像的原理，假如地层速度为 2 个单位，则过 1 点作法向射线的 t_0 时间，其大小就用该射线的长短来表示，即射线长度使其等于 t_0 时间的大小，对其他点作同样处理，则在时间剖面上的反射同相轴 $t_{0A}t_{0B}$、$t_{0D}t_{0E}$、$t_{0B}t_{0C}t_{0D}$分别为 AB、DE、BCD 段界面的反射波，在界面 BCD 上，当地下反射点从左向右由 B 点移到 D 点时，反射波从右向左由 t_{0B}点移到 t_{0D}点，出现了界面上反射点的移动与时间剖面上对应波的接收点的移动方向相反的现象，称之为回转波。在水平叠加时间剖面上的回转波波场，经偏移归位处理后在叠加偏移时间剖面上为凹子的几何形态，回转波已得到归位。如图 6-119 所示。

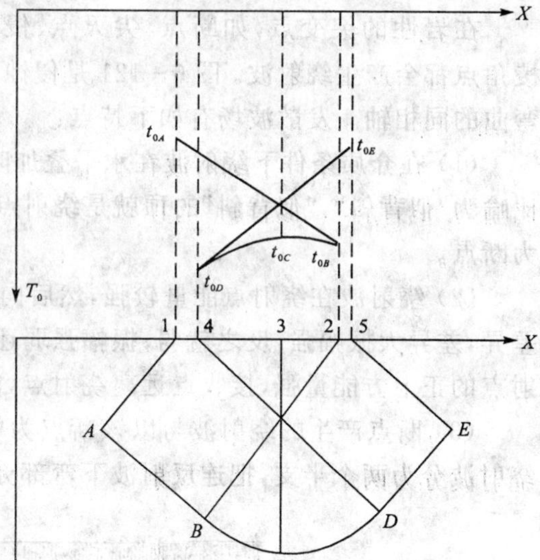

图 6-119　向斜的理论时距曲线

回转波场有如下特点：

(1) 回转波呈“蝴蝶结”的几何形态，其回转范围与界面的埋深及弯曲程度有关，界面越深越弯曲、回转区越大，反之则回转区越小，当凹界面的曲率中心正好处在地面上，自激自收的射线将聚焦成一点。

(2) 凹界面如同四面镜一样，有能量聚焦的作用，尤其在平界面与凹子过渡点处(也叫回转点)及凹子最底点处的反射波，振幅较强。

(3) 回转波的波场具有“背斜”形，其“背斜”的顶点应是小凹子的底点。正是由于回转波具有似“背斜”的同相轴形态，解释时容易误认为是地下背斜构造的反映，这一点应引起注意。

2. 发散波

在褶皱构造中的背斜(小凸子或隆起)在水平叠加时间剖面上所产生的波场。图 6-120 是背斜的理论时距曲线。发散波场有如下特点：

(1) 对于平缓的背斜，在水平叠加时间剖面上的形态与实际相近，横向范围比实际稍宽，背斜顶部横向位置一致。对于曲率很大的背斜，则表现得比实际范围要宽阔得多，界面反射波向上隆起的幅度比实际的背斜幅度稍缓。

(2) 背斜型的界面如同凸面镜，对能量有扩散的作用，界面凸度越大，埋藏越深，射线发散越严重，地震波的振幅也越小。

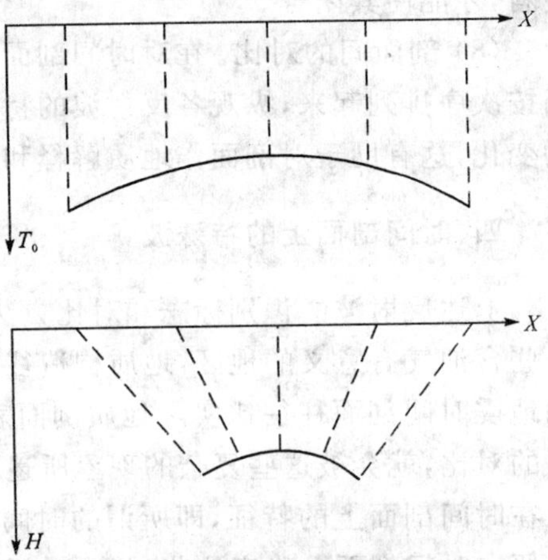

图 6-120 背斜的理论时距曲线

3. 绕射波

在岩性的突变点，如断点、尖灭点、侵蚀面上的棱角点都会产生绕射波。图 6-121 是侵蚀面上所产生的绕射波。剖面上可以清楚地看到向下弯曲的同相轴。发散波场有如下特点：

(1) 在介质条件下绕射波在水平叠加时间剖面上的几何形态为双曲线。可以把它形象地比喻为“似背斜”，“似背斜”的顶就是绕射点的位置。如果绕射波是由断点产生的，则绕射点就为断点。

(2) 绕射波在绕射点能量较强，然后向两侧变弱。振幅的强弱还取决于绕射点两侧岩性的差异，差异大振幅强，反之就弱；振幅强弱还与接收点与绕射点的相对位置有关，接收点位于绕射点的正上方能量强，接收点远离绕射点，能量就弱。

(3) 断点产生的绕射波与以该断点为端点的水平界面的反射波在绕射点相切，从切点把绕射波分为两个半支，把连反射波下弯部分的半支绕射波称为外半支或正半支，另半支称为负

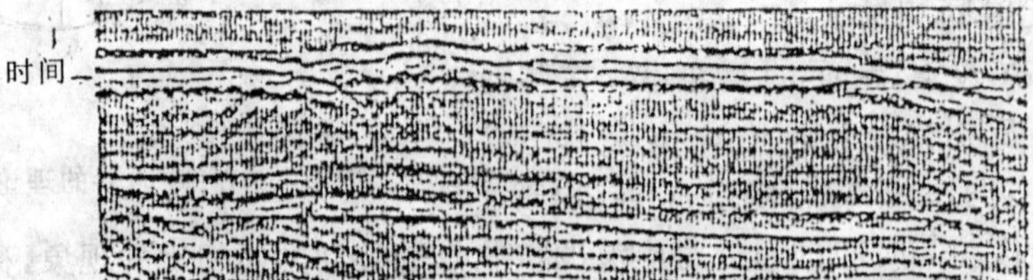

图 6-121 侵蚀面上所产生的绕射波

半支或内半支，两支相位差 180°，在地震剖面上外半支比较明显，内半支往往被强的反射波所掩没，而不明显。

4. 断面波

当断层的断距较大，断层面两侧的岩层波阻抗有着明显的差别，且断面又比较光滑时，断层面本身就是一个良好的反射界面，在此界面上产生的波动，叫做断面波。图 6－122 是一个比较简单的正断层的自激自收 t_0 时距曲线，图 6－123 是水平叠加时间剖面上的断面波。断面波有以下特点：

（1）断面波实际上是大倾角的反射波，断面波同相轴比一般反射波同相轴倾角陡。

（2）由于偏移的影响，断面向下倾方向偏移，断面波往往与下降盘的反射波斜交，发生干涉现象，在断点还伴有绕射波，构成了反射链绕射，绕射连断面波，断面波又连绕射波的波动图像。

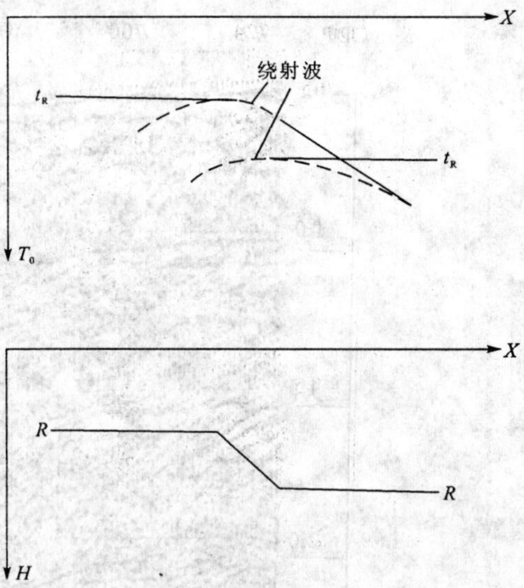

图 6－122　正断层的自激自收 t_0 时距曲线

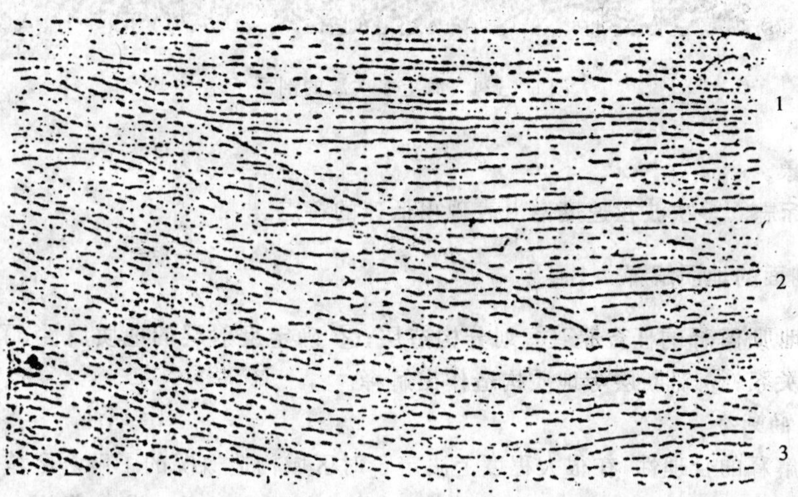

图 6－123　断面反射波

（3）断面波的能量特征是断面波时强时弱，时有时无，断续出现，这与断面两侧岩性变化，而使反射系数时大时小有关。

5. 多次波

在地下存在强波阻抗面，如火成岩、海底及海水面，时间剖面上会出现较强的多次反射波。尽管采集及处理过程中采用了多种方法进行压制，但尚不能完全压制。图 6－124 是海上多次波的剖面。在水平叠加时间剖面上多次波有以下特点：

（1）倾角和 t_0 时间标志。对于全程多次波，多次波的 t_0 时间为一次反射波 t_0 时间的倍数，多次波的同相轴的时间倾角为一次反射波时间倾角的倍数。

（2）产状标志。如果在产状比较平缓的浅层产生多次波，则在剖面的中、深部就会出现二次、三次波，而干扰了真实的具有一定倾角的中、深层反射，出现多次波与中、深层一次反射波

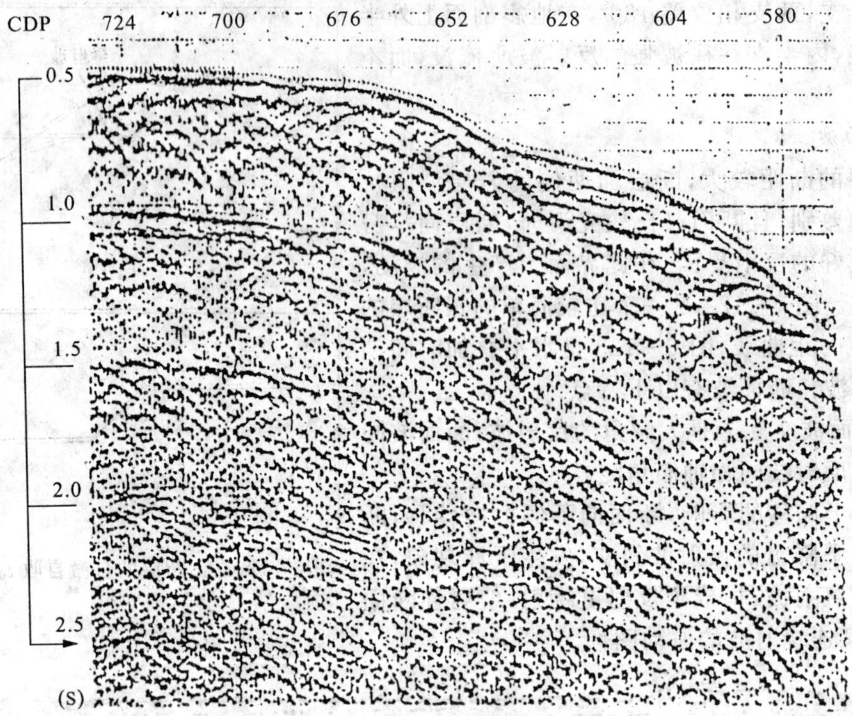

图 6-124　海上多次波的剖面

的斜交干涉现象。

(3) 速度标志。多次波在速度谱上表现出低速的特点。

五、时间剖面的地质解释

时间剖面地质解释的任务是:① 划分构造层;② 确定反射层的地质属性,了解地层厚度的变化及接触关系;③ 对断层等地质构造作出解释。

1. 构造层的划分

地震资料解释的合理性,在很大程度上决定于对区域构造概况的了解。区域构造的发展、演化及其格局,决定了地震剖面上波场的特征,而构造的发育总是一幕一幕的,在地层沉积过程中,受构造运动的影响,往往出现不同时期构造运动在地层中的不同反映,如某时期构造运动强烈,地层就会发生褶皱与断裂,反之在构造运动较平静的阶段,沉积岩往往表现出产状较小变化的连续沉积。不同时期构造运动之间出现地层的不整合接触,这些不整合面是划分不同构造层的标志,在地震剖面上根据纵向出现的不整合接触关系,划分出几个构造层,具体划分方法可参考《地球物理综合应用与解释》一书中的地震地层解释部分。

2. 反射层地质层位的确定(标定)

形成地震反射的物性界面,主要是具有明确地质年代的地质层面和不整合面,如果能确定反射界面的地质年代,就可以把地震剖面变成地质剖面,这也是一种重要的变换,它是利用地震资料进行地质构造和地层岩性解释一项首要的基础性工作。

反射层地质层位的确定的基本思路是把井孔的资料和地震剖面直接联系起来,即据已知井孔的地质柱状图等资料对地震剖面的反射层进行地质年代的标定。标定工作一般有四种方法。

（1）利用连井地震剖面。当工区内有钻井时，可做连井测线，然后依据钻井提供的地质分层资料，由已知速度参数，把深度转换成时间，与井旁的地震时间剖面对比，确定反射层位所对应的地质层位。

（2）利用合成地震记录。根据声速测井和密度测井得到的声速测井曲线及密度测井曲线，将它们在同一深度上的速度值与密度值相乘，得到声阻抗测井曲线，就可以求得反射系数，与给定的地震子波褶积，可求出合成地震记录。把它置于过井的地震剖面上来标定地震层位，可以说合成记录起到了地质资料与地震剖面两者之间的桥梁作用。

（3）利用垂直地震剖面。由于垂直地震剖面本身资料的精确性，可使标定工件的精度得以提高。

（4）利用邻区钻井资料或已知地震层位对比。对于没有钻探井的地震工作的新探区可以布置一定的测线把邻近工区的井资料引伸过来。或者邻区已做了地震工作，地震层位属性已知，则可将工区的测线延向邻区，做一段重复测线，进行对比。

3. 断层的解释

（1）断层在水平叠加时间剖面上的识别标志：

① 反射波同相轴发生错断。由于断层断距大小不同，可表现为反射波的波组与波系的错断。这类断层由于规模较小，断距不很大，破碎带窄，故在断层两层两侧波组或波系关系相对是稳定的，这一般是中、小型断层的反映。如图 6－125 所示。

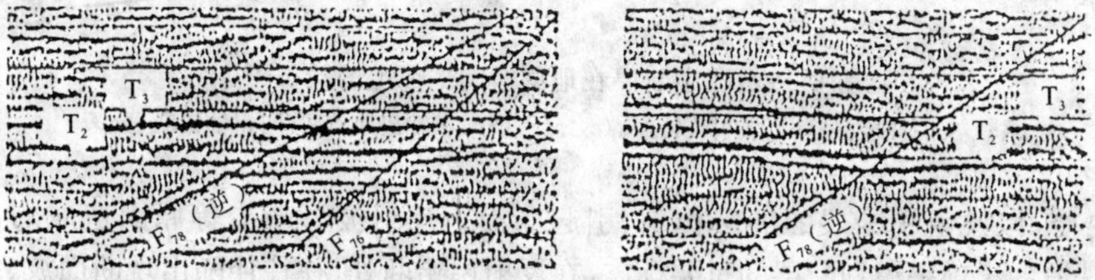

图 6－125　逆断层在地震时间剖面上的特征

② 反射波突然消失或反射波组的突然增多或减少。波组间隔突然变化，这些往往是较大断裂的反映。其原因是断层上升盘由于沉积地层少，甚至未接受沉积，因而在地震剖面上反射同相轴减少、变浅甚至缺失。相反在下降盘由于不断地大幅度的下降，往往形成沉降中心，沉积了较厚、较全的地层，因而在地震剖面上反射同相轴数目明显增多，反射层齐全。如图 6－126 所示。

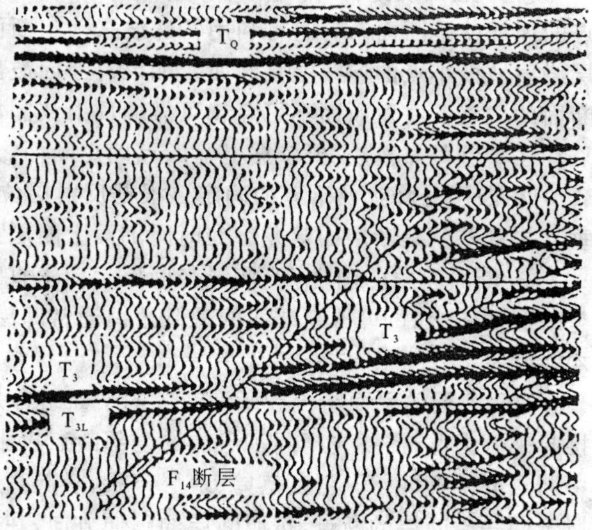

图 6－126　断层所呈现的反射波组突然消失特征

③ 标准反射同相轴发生分叉、合并、扭曲、强相位转换等现象，而且有时只在一层反射波上出现。这是识别小断层的重要依据。如图 6－127(a)、(b)、(c)、(d)所示。

④ 反射同相轴产状突变，反射零乱或出现空白带。这是由于断层错动，引起两侧

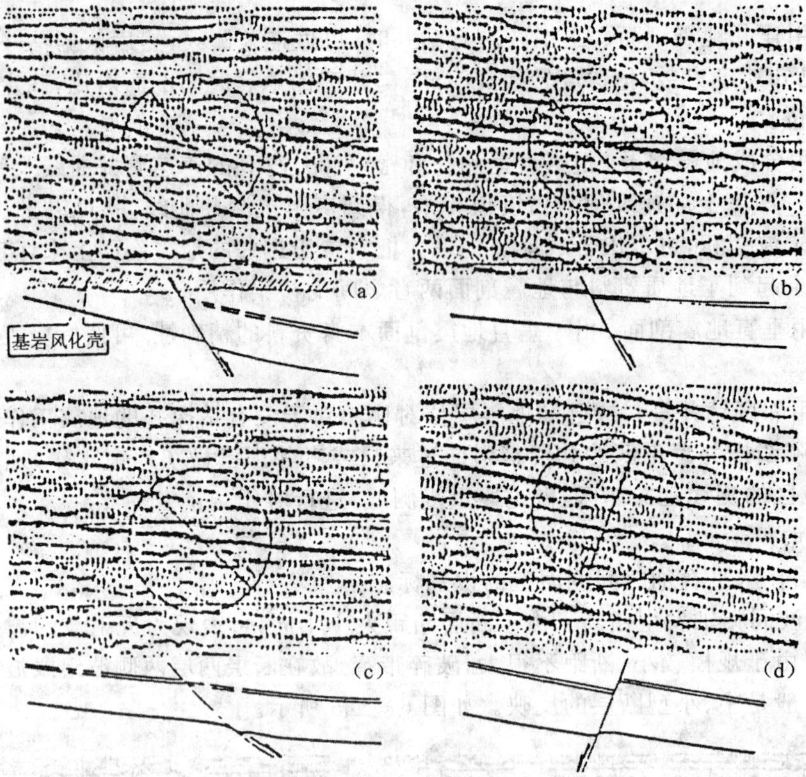

图 6-127　小断层在地震时间剖面上的特征[12]

(a) 反射波合并；(b) 强相位转换；(c) 反射波同相轴扭曲；(d) 同相轴错断、分叉

地层产状突变，以及由于断层的屏蔽作用，引起断面下反射波形畸变等原因造成的。

⑤ 特殊波的出现是识别断层的重要标志，在反射层错断处，往往伴随出现断面波、绕射波等。

(2) 断层要素的确定：

① 断层面确定。一个断层面的合理确定，最理想的情况是浅、中、深层都有断点控制，这些点的连线就是断面。有时可利用特殊波来确定断面，当浅、中、深层都有绕射波出现时，那么各层绕射波极小点的连线就是断面。如果有断面波出现，在偏移剖面上它能正确归位，而反映出断面的位置。注意断面不可穿越可靠的反射波同相轴，同时由于断面的屏蔽作用，断层下盘断点往往不够可靠，应主要依据上盘断点确定断面。

② 断层升降盘及落差的确定。根据反射层位在断层两盘的升降点来确定升降盘，两盘的垂直深度差就是断层的落差。在时间剖面上断层两盘的升降点的相对时差即为 t_0 时间落差。

③ 断面倾角的确定。当测线与断层走向垂直时，地震剖面上断层的倾角为真倾角，当测线与断层面斜交时，可得断层面的视倾角。通常断层的走向、延伸长度等要在断点的剖面组合后才能确定。

(3) 断层的平面组合。所谓断层的平面组合是在平面图上将同一断层相同盘上的断点连接起来。为此，需要先把同一层位的全部断点投影到平面图上，并在平面图上标出断层上下盘中断点的位置、断开层位、落差、地层产状、隆起高点和凹陷中心点的位置等。然后把平面图上属于同一条断层的断点，按照断层的延伸方向，在平面图上联结起来。根据下面的原则可进行断点的平面组合：

① 同一断层的上升盘(或下降盘)应位于断层面的同一侧。

② 同一断层在互相平行的测线上性质相同(同是正断层或逆断层),产状相似或有规律地变化。

③ 同一时期的构造运动形成的断层,其断开层位应基本一致,或有规律地变化。

④ 同一断块内,地层产状变化应有规律。

⑤ 区域性大断裂一般平行于区域构造走向,断层两侧反射特征有明显差异,但断层同侧的测线上,其特点相似。

⑥ 两条断层相交时,应该用构造地质学原理加以分析,按断层发生的先后分为主干断层和派生断层。晚期的新断层应切割早期的老断层,而老断层在新断层两侧发生错动。

⑦ 一些断点很清晰的断层,在平面连接时不能穿过无断点显示的剖面。

⑧ 经断点组合后,剩下的孤立断点,应是断距小,延伸较短的小断层。

六、深度剖面、构造图、等厚图的绘制

反射信息成图是一项实践性很强的工作,有关作图的一些具体方法可以通过实践性教学环节或结合生产实际来掌握,这里只简要讲述与作图有关的一些基本原理。

1. 三种深度之间的关系

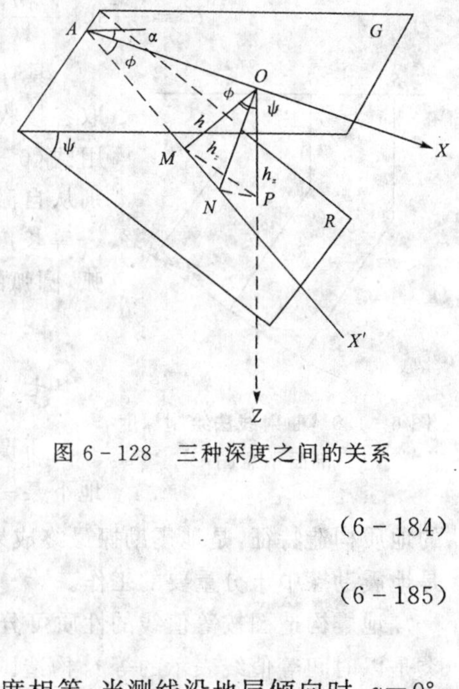

图 6-128　三种深度之间的关系

在地震勘探中有三种深度,即法向深度、视深度和真深度。图 6-128 示出了三种深度之间的关系。设地面(G)与反射界面(R)的夹角 ψ 为真倾角,测线 X 与地层走向相交,测线与地层之间的夹角 α 叫测线的方位角,沿测线方向反射界面的倾角 φ 称为视倾角,AX' 为射线平面与界面的交线,O 点为自激自收点。所谓真深度是指垂直地面由 O 点至界面上 P 点的铅垂距离,用 h_z 表示;第二种是视深度 h_x(视垂直深度),它是射线平面内垂直测线从 O 点至界面上 N 点的垂直距离;第三种是法向深度 h,它是射线平面内从 O 点至界面 M 点的法线距离。从图上可知它们之间的关系,即

$$h_x=\frac{h}{\cos\varphi} \tag{6-184}$$

$$h_z=\frac{h}{\cos\psi}=\frac{h_x\cos\varphi}{\sqrt{1-\frac{\sin^2\varphi}{\cos^2\alpha}}} \tag{6-185}$$

从公式可知,当界面水平时,射线平面是铅垂面,三个深度相等;当测线沿地层倾向时,$\alpha=0°$,$\varphi=\psi$,$h_x=h_z$;当测线平行于地层走向时,$\alpha=90°$,$\varphi=0°$,$h=h_x$。

2. 深度剖面的绘制

绘制深度剖面是把在时间域中显示的地质构造变成空间域(深度域)中的几何形态,即由时间剖面上获取反射界面的 t_0 时间,利用平均速度进行时深转换。根据对覆盖介质的不同简化,绘制深度剖面一般有两种方法。

(1) 均匀介质直射线法。该方法假定反射界面以上的覆盖介质为均匀介质,此时,地震波的射线为直线。则反射界面的法线深度为

$$h=\frac{1}{2}\bar{v}t_0 \tag{6-186}$$

式中：$\bar{v}$ 为平均速度；t_0 为由时间剖面读取的反射界面自激自收时间。具体制作方法可由图 6－129 说明，即从水平叠加剖面上读取各接收点处（如 $S_1,S_2,S_3,\cdots$）的反射界面 t_0 时间，利用式（6－186）计算法线深度，在深度剖面上分别以 $S_1,S_2,S_3,\cdots$ 点为圆心，以相应的法线深度为半径作圆弧，圆弧的公切线就是反射界面段。

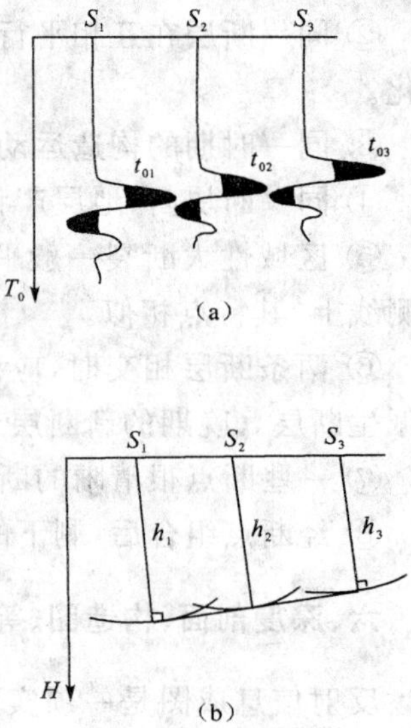

图 6－129　直射线法绘制深度剖面示意图

（2）连续介质曲射线法。该方法假定反射界面以上的覆盖介质为连续介质，此时，地震波的射线为曲线。当速度随深度线性变化时，即

$$V(z)=V_0(1+\beta z) \tag{6-187}$$

时，则反射界面在深度剖面上的位置是以 $(0,z_0)$ 为圆心、R_0 为半径的圆弧。z_0 和 R_0 分别为

$$\begin{cases} z_0=\dfrac{1}{\beta}\left[\mathrm{ch}\left(\dfrac{V_0\beta t_0}{2}\right)-1\right. \\ R_0=\dfrac{1}{\beta}\left[\mathrm{sh}\left(\dfrac{V_0\beta t_0}{2}\right)\right. \end{cases} \tag{6-188}$$

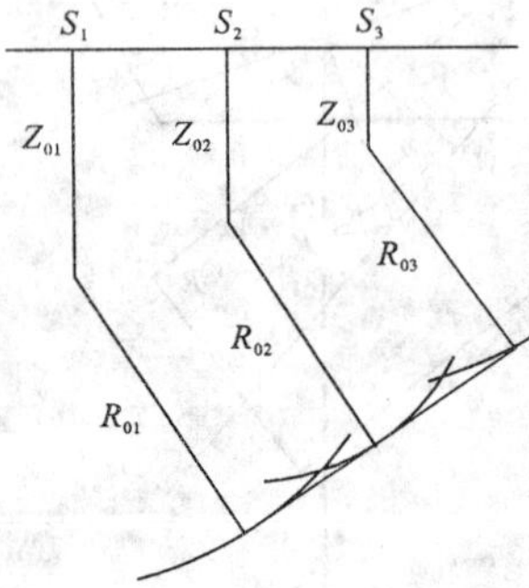

图 6－130　曲射线法绘制深度剖面示意图

具体制作方法可由图 6－130 说明，即从水平叠加剖面上读取各接收点处（如 $S_1,S_2,S_3,\cdots$）的反射界面时间 $t_{01},t_{02},t_{03},\cdots$，利用式（6－188）计算 $z_{01},R_{01},z_{02},R_{02},z_{03},R_{03},\cdots$，在深度剖面上分别从自激自收点 $S_1,S_2,S_3,\cdots$ 点向下作垂线，并截取 $z_{01},z_{02},z_{03},\cdots$ 等长度，以截取的端点为圆心，以 $R_{01},R_{02},R_{03},\cdots$ 为半径作圆弧，圆弧的包络线就是反射界面段。

注意，上述两种方法制作的深度剖面为视深度剖面。

七、构造图的绘制方法和步骤

所谓构造图，就是用等深线（或等时线）及其他地质符号表示地下某一层面起伏形态的一种平面图件。它反映了某一地质时代的地质构造特征，是地震勘探最终成果图件，是为钻探提供井位的主要依据。因此，绘制构造图是地震勘探中十分重要的工作。

地震构造图按等值线的性质可分为两大类：一是用深度等值线表示的等深度构造图，另一类是以时间等值线表示的等 t_0 构造图。前者可由等 t_0 图经过空间校正后得到，等深度图按深度性质又可分为真深度图、法线深度图和视铅垂深度图，后两者只能近似表示构造形态，法线深度图需要进行偏移校正，视铅垂深度图只有在界面近水平或测线垂直构造走向时，才接近真深度图。

制作深度构造图有两种方法：其一是利用水平叠加时间剖面，经过时深转换得到深度剖面图，制成等法线图或视铅垂深度图，经过偏移校正就得到真深度构造图。其二是由水平叠加时间剖面直接作等 t_0 图，再经过空间校正得到真深度构造图。无论哪种方法，它们的基本作图程序是相似的。

1. 图件绘制的准备工作

（1）资料检查。在绘制构造图以前，应对所有剖面进行检查。主要检查标准层的地质属性

是否准确，数量上是否满足地质任务的要求；断层、超复、尖灭等地质现象的确定是否合理，上下反射层之间和相邻剖面间的解释有无矛盾；各剖面交点闭合误差是否在允许范围内(小于等值线线距之半)。

(2) 选择作图层位和比例尺：

① 作图层位的选择。在所对比的若干反射层中，选择能严格控制含油气地层的地质构造特征的标准层，作为绘制构造图的层位。如果在油气部位没有标准层，也选取假想层，制作构造简图。具体选多少层，选哪些层作图视地质任务和工区地质情况而定。

② 比例尺和等值线距的选择。比例尺和等值线距反映了构造图的精度，它们的选择取决于地质任务的要求，地质情况的复杂程度，测网密度和资料质量等因素。通常在区域普查阶段，比例尺为 1：20 万，等值线距为 200 m；在面积详查阶段，比例尺可选择 1：10 万或 1：5 万，等值线距选为 50 m 或 100 m；而在构造细测阶段，比例尺可选择 1：5 万或 1：2.5 万，等值线距选为 25 m 或 50 m。

③ 绘制测线平面图并展布数据。根据测量资料，将工区内全部测线的平面位置按作图比例尺画出，详细注明测线号、测线起止桩号、交点桩号、已钻井位及主要地名、地物和经纬度坐标，作为绘制构造图的底图。在经过解释的时间或深度剖面上，对所选择的作图层位，按一定间隔(通常在测线剖面图上为 1 cm)及测线交点处读取 t_0 值或深度值，同时将断点位置、落差、超复点、尖灭点、构造高点等数据标注在测线位置图上。对构造的主要部位及特征点附近应加密取值。

④ 断点的平面组合。根据前面所述的断点的平面组合原则，把属于同一断层的断点在平面上组合起来。它是构造图的骨架，是作构造图的关键。在勾绘构造图等值线之前，应先在底图上绘出断裂系统图。

2. 等值线的勾绘

勾绘等值线一般从易到难，从低到高或从高到低先绘出大概轮廓，如构造的高点和低点、构造轴线等，然后再逐一考虑构造细节。在断块区应分块勾绘。勾绘时应遵循下述原则：

(1) 平面勾绘出的等值线所反映的构造形态、范围、高点位置及幅度等方面的特征应与各剖面上相应的特征一致。

(2) 勾绘的等值线应符合构造规律。例如，在单斜构造上不允许出现多线、数值相同的线或少线的现象[图 6-131(a)、(b)所示]；两个隆起之间的鞍部，或者两个凹陷之间的背部，必须具有数值相同的两条等值线，并列出现在轴线两侧，不能有单值线穿过(图 6-132 所示)；无断层时正负向构造应相间出现，其间过渡带等值线走向不能突变；勾绘断层线两侧的等值线，应考虑断开前构造形态上的联系，如图 6-133(a)的勾法是错误的；断层上升盘某点等值线的数值加上断层的落差，等于下降盘等值线的数值(图 6-134 所示)。

(3) 每一条等值线都有来龙去脉，它可以自成回路，或者延伸到工区的外边，也可以与断层相遇，和断层构成回路。

总之，勾绘等值线既要从实际数据出发，按照数据勾绘，又要考虑构造变化规律，不应受个别数据的约束，可以作适当的圆滑。等值线也分可靠和不可靠两种，分别用实线和虚线表示。

3. 等 t_0 构造图的空间校正

对等 t_0 构造图进行空间校正作出等深度构造图是目前构造解释中最常用的方法，空间校正也称空间几何偏移归位，它包括计算反射点的水平位置偏移值和真深度值，恢复地下反射层的真实空间位置，作出真深度构造图。根据反射界面上覆介质的假设不同而方法不同，这里仅

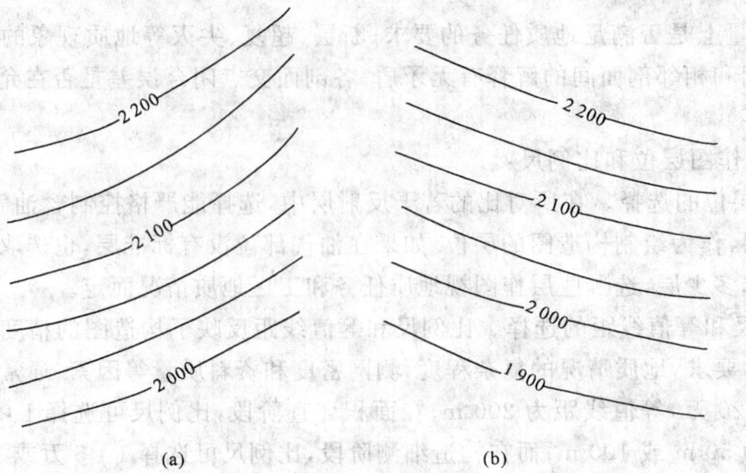

图 6－131　单斜等值线勾绘错误示意图

(a) 多线；(b) 少线

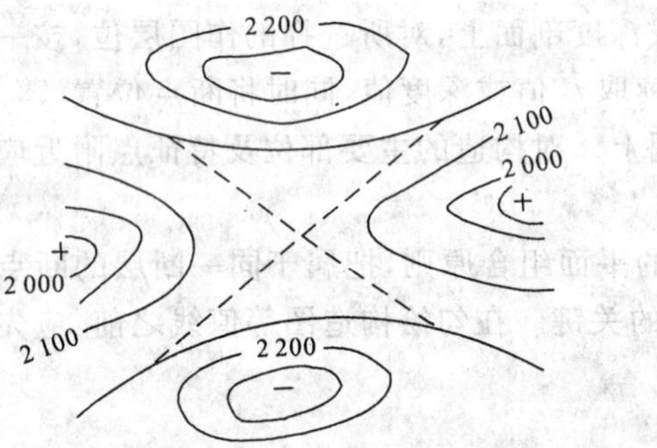

图 6－132　鞍部不应有单值线穿过示意图

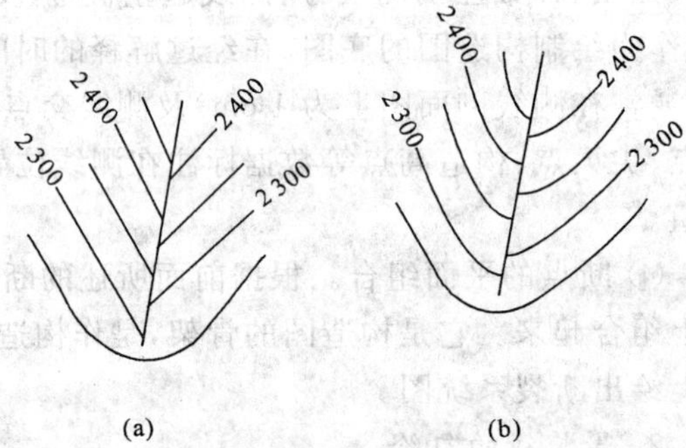

图 6－133　断层线两侧的等值线的勾绘示意图

(a) 错；(b) 对

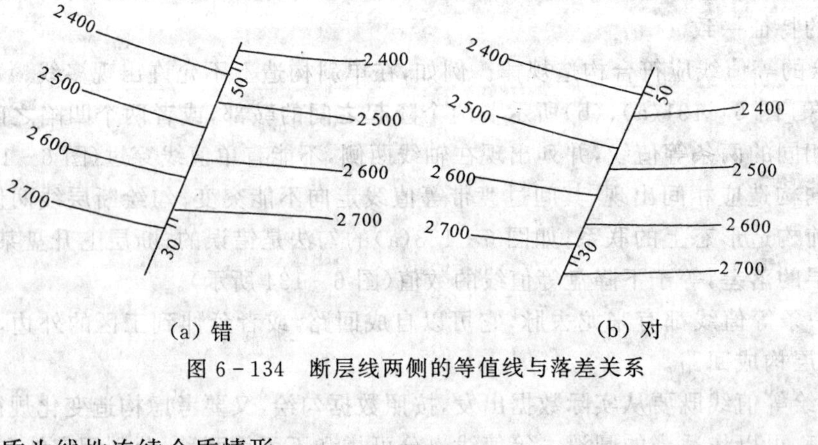

图 6－134　断层线两侧的等值线与落差关系

介绍上覆介质为线性连续介质情形。

(1) 空间校正的基本原理。假设测线沿地层倾向，反射界面的深度就是真深度，界面的倾角就是真倾角，如图 6－135 所示，A 为反射点，但在水平叠加时间剖面上把该点反射信息置于 O 点的正下方，空间位置发生了偏移，所谓作空间校正就是要找出反射点的水平偏移值 OO' 及真深度值 h_z，从图中可以知道：

$$OO' = R_0 \sin\psi \qquad (6-189)$$

$$h_z = Z_0 + R_0 \cos\psi \qquad (6-190)$$

上式中 Z_0、R_0 由式(6－188)计算。

真倾角 ψ 的求取：在等 t_0 图上，等值线的法线方向 n，就是地层的真倾向，如图 6－136 所示，可利用法线方向的相邻两条等值线，来求取真倾角，如图 6－137 所示，图上 O_1、O_2 点分别为 t_0 图上相邻等值线与法线的两个交点，设 $\Delta X = O_1O_2$，等值线的间隔为某一常数值。从图可以导出下式

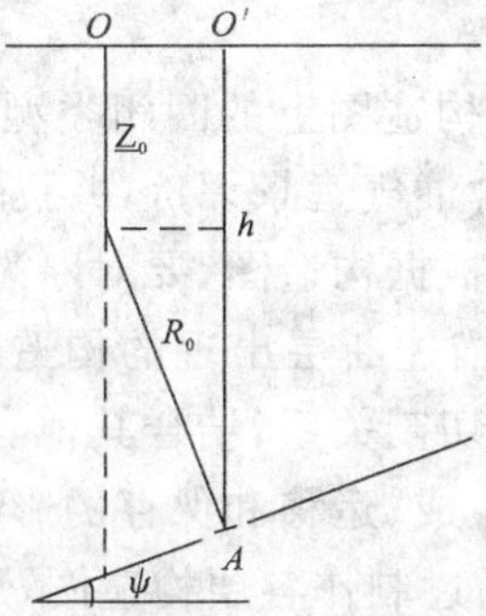

图 6－135　偏移值及真深度

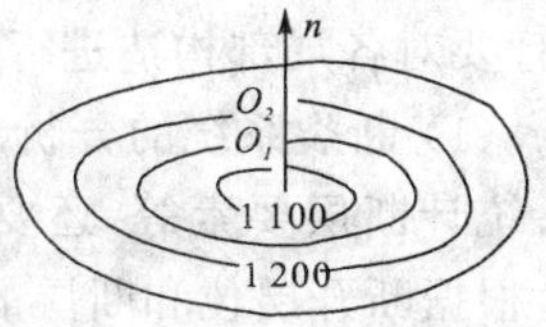

图 6－136　等 t_0 图

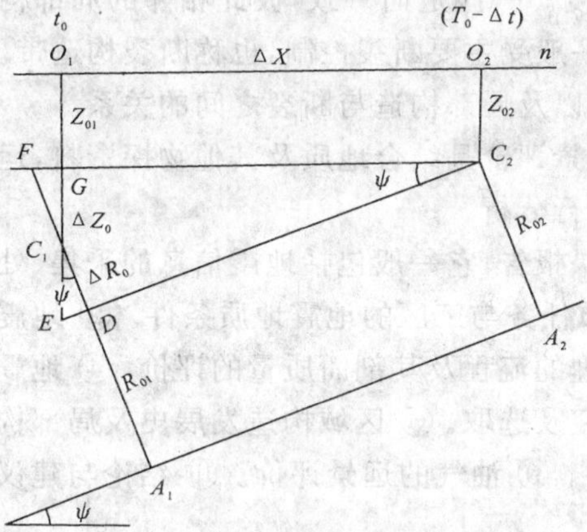

图 6－137　求真倾角的示图

$$\cos\psi = \frac{\Delta X\sqrt{\Delta Z_0^2 - \Delta R_0^2 + \Delta X^2} - \Delta Z_0 \Delta R_0}{\Delta Z_0^2 + \Delta X^2} \qquad (6-191)$$

上式中：ΔX 可从等 t_0 图上读出，再由两个 t_0 值可得 Z_{01}、Z_{02}、R_{01}、R_{02}，从而得到 ΔZ_0、ΔR_0，这样就可以算出 ψ。代入式(6－189)和式(6－190)可求得反射点的水平偏移值 OO' 及真深度值 h_z。由于计算比较复杂，一般使用计算机计算或事先作出量板(数据表)直接查表求得。

(2) 空间校正的步骤：

① 在 t_0 等值线上取足够的点 O_i。在每个 O_i 点上量出等值线法线方向上的水平距离 ΔX。

② 根据每个 O_i 点上的 t_0、ΔX 值，从数据表上查出每个 O_i 点的水平偏移值 OO' 及真深度值 h_z。

③ 在 t_0 图上，从每个 O_i 点出发沿等值线减少的法线方向量出线段 OO'，用箭头标出该点偏移的方向，在端点附近标上真深度值 h_z。

④ 把校正后的点及真深度值透在另一透明纸上，就可以勾绘等值线即得到真深度构造图。

4. 等厚图的绘制及解释

(1) 等厚图的绘制。表示两个地震层位之间的沉积厚度的平面图称为等厚度图。一般绘制等厚度图只绘视厚度图，视厚度是指两个地震标准层之间的铅垂深度。利用地震构造图很容易绘制等厚度图，具体绘制方法是把画在透明纸上的两个标准层的真深度构造图，按测线位置或经纬网精确地重合在一起，在这两张图的一系列等值线的交点上，计算它们的深度差值，然后把这些差值写在另一张平面图的相应位置上，绘出视厚度等值线，便得到等厚度图。

(2) 等厚图的解释。在等厚图上，如果发现在某个方向表现有厚度明显增大的趋势，则可推断在沉积期间这个地区是向该方向倾斜的，或者沉积物来源就是这个方向，如果发生扭曲的地层厚度一致，则说明扭曲发生于沉积之后。如果随着离开背斜顶部地层厚度增大，则沉积可能是与构造发育同时发生的。在沉积期间同时有构造活动一般对油气聚集更为有利，因为对于在微小起伏的构造侧翼，如果沉积有砂岩储集体，对寻找油气更具远景。

在断裂发育的地区，地层受断裂破坏作用，上升盘常常受到剥蚀，因此厚度变化很大。在断层附近，厚度变化迅速，厚度等值线表现得较密集。根据从浅到深各层等厚图，分析不同时期地层的厚度变化，可以看出地壳的升降和沉积中心的变化，从而了解沉积盆地的地质发展史。

5. 地震构造图的地质解释

绘好构造图之后，应对构造图上的圈闭类型、断层要素以及断裂带的划分作进一步解释，而且要对各局部构造进行含油气远景评价，并提供钻探井位。

(1) 断裂系统的分析。根据构造图，要对断裂作系统的分析，包括对各级断层进行分类、编号、统计断层要素等，还要描述断层出现的构造部位、走向和断距的变化，断面倾角及可靠程度，根据断开层位和断层的切割关系，结合其他有关的地质资料，分析断层产生的地质时代、最大活动时期及断层对油气生成、运移和保存的影响。

(2) 局部构造分析。通过制作各层构造图，可发现许多局部构造，为了便于统计和发现规律，可把同一层位的断层线和局部构造的圈闭线，透在一张平面图上，得到构造圈闭类型图。在此图基础上，可对局部构造要素进行统计和划分断裂构造带。描述局部构造圈闭类型、所在层位、构造高点埋藏深度、闭合幅度及闭合面积及可靠程度。一些走向一致，彼此相邻的局部构造，往往呈条带状延伸，称之为构造带。构造带的形成一般受主要断裂控制，也称断裂构造带。通过断裂构造带的划分，可以进一步了解区域构造特征以及局部构造与断裂之间的关系。

(3) 含油气远景评价。对各局部构造进行含油气远景评价是结合地质及其他物探资料，运用石油地质学的观点，对工区的油气生成和保存条件进行分析。

(4) 成果报告编写。地震资料解释之后，要编写成果报告，它一般包括地震信息的采集、处理、解释三大部分，具体内容大致有：① 地震勘探的地质任务与工区的地震地质条件。② 地震信息采集的方法及其原始记录的评价。③ 地震信息处理的流程及其剖面质量的评价。④ 地震地质层位的确定及时间剖面的对比。⑤ 速度参数的研究及选取。⑥ 区域构造发展史及局部构造的研究。⑦ 地震地层及沉积相的研究。⑧ 储层预测。⑨ 油气的远景评价。⑩ 结论与建议(包括提供钻探井位)。

§6.8 三维地震反射资料的解释

三维地震反射资料的解释工作包括两个方面的内容：一个是将经过计算机处理的数据进行各种显示和作图，另一个内容是根据所得到的各种图件进行地质解释，通过地质解释获得探区范围内有价值的地下构造和它的发育史、岩性变化和含油气前景等情况。进而结合其他地球物理资料和钻探资料指出有利于油气储层的位置。最后编写成果报告，估算地质储量并提出开发方案。

一、三维地震反射资料的显示

经过三维偏移处理后的三维地震资料，组成了一个三维数据体，它可以用定义在(x,y,t)空间每个结点的数据(振幅或频率或相位)$A(x_i,y_j,t_k)$来表示。在平面上按CDP网格排列分布，在垂向上按深度换算的时间采样组成立体数据网格。对于这个数据体的数据，可以用各种方式显示，以供解释人员选择。常用的三维地震数据显示图件有各种垂向剖面(纵测线剖面，横测线剖面，任意斜交方向的剖面，不同方向的连井展开剖面)、水平剖面(或称水平切片)和动态显示。从垂向剖面和水平剖面的对照观察中可以迅速地对地下的构造概况有个初步的了解。

1. 铅垂剖面图

铅垂剖面图是用一个铅垂平面去切三维数据体得到的该垂直剖面内各道的信息。它与二维地震剖面类似，由于已经过三维偏移，它能更准确地反映地下构造形态。

2. 水平切片

水平切片图是用一个水平面去切三维数据体得到的某一时刻 t_k 各道的信息。等时切片与地震构造图的关系是:t_k 时刻的等时切片上某个地层的同相轴,对应于该地层的等 t_0 图 $t_0=t_k$ 的那条等时线。也即水平切片图显示同一时刻不同界面的所有同相轴,而等 t_0 图显示同一界面不同时间的所有等值线。等时切片给出某一时刻即某个深度处地下构造的俯视图。把等时切片与 x、y 两个方向的垂直剖面结合起来,使解释员能在三个正交面上分析任意一个深度处地下结构的特点。

3. 动态显示

将按一定时间间隔连续提取等时切片图或按一定距离间隔连续切割出的一系列剖面图放在一起构成电影或电视录像,放映这些影片,在人们面前提供地下构造形态的动态显示,使解释员对构造建立起形象概念。根据显示出的一张张连续提取的等时切片,可以绘出某个同相轴的等 t_0 线图来,也就是同一个同相轴在各等时切片上的轮廓线。并能连续追踪目的层,发现小断层或小构造。图 6-138 显示了三个时刻的水平切片图。

二、三维地震反射资料的解释

三维地震勘探资料非常丰富,数据量也是惊人的。如果用手工进行解释不但延长解释工作的时间,而且会丢掉很多有用的信息。三维资料的解释工作通常都是以人机交互解释工作站为工具,以垂直剖面和水平切片的解释为基础,以动态显示和三维显示的解释为辅进行的。

1. 垂直剖面的解释

垂直剖面的解释原则与二维地震解释十分相似,也包括波的对比、标准层的追踪、断层特征的认识、特殊波场的分析等内容。由于能充分利用三维地震资料显示的特点,故比二维地震解释更灵活、更准确。

2. 水平切片的解释

水平切片图是三维地震勘探所特有的图件,充分利用它会大大提高三维解释的水平,也是三维资料解释优于二维资料解释的一个重要方面。切片上的同相轴的方向表现了地震反射面的局部走向。根据水平切片上的同相轴中断、错开、振幅发生突变、同相轴突然拐弯及相邻两组同相轴走向不一致或走向发生急剧变化等标志来识别断层。此外,根据水平切片图可以绘制拾取层的等时图。这

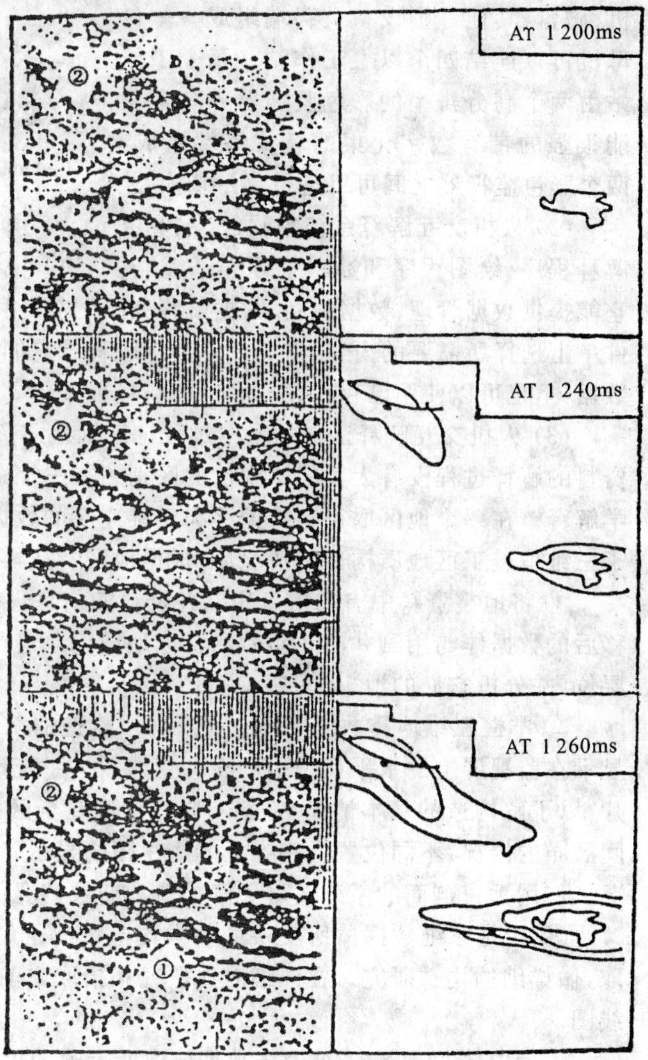

图 6-138　三个时刻的水平切片图

个等时图实际上就是某层的时间构造图。在这个图上可以找到构造圈闭及其高点，也可以根据它定出断层、断距和断层的性质。为了在水平切片上识别某个层位的同相轴，观察某一个垂直剖面与相应时间的水平剖面上地震数据中各层次变化情况，可以把垂直剖面与水平切片图结合起来，因为垂直剖面与等时切片交点处，同一反射层的同相轴在时间上应当闭合。如图 6-139 所示。

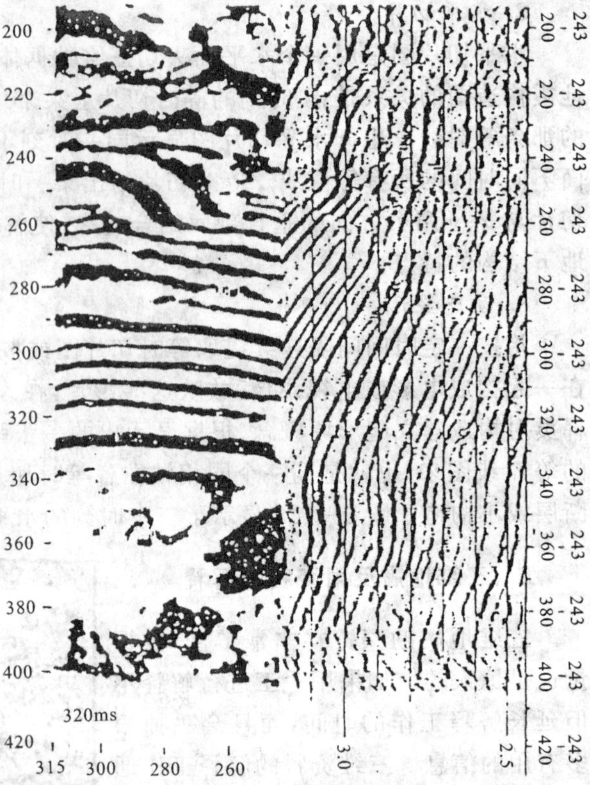

图 6-139　水平切片与垂直剖面反射同相轴的关系

3．三维地震反射资料人机交互解释

(1) 人机交互解释系统的硬设备。主要由 32 位小型计算机（工作母机）、图像处理机、磁盘、其他外围设备及终端组成。一台母机可以连结四个以上工作站。每个工作站由两个高分辨率的彩色监视器和一个功能很强的带有数字化桌的新式终端组成，两个彩色监视器之间可以进行显示切换。

(2) 人机交互解释系统的软件。主要由解释程序、绘图程序和数据管理程序组成。它能提供数据管理、数据控制、数据解释和绘图等各种功能。解释人员可从终端屏幕显示的选件单上选择所需要的内容，在选件单上都解释了它们各自的用途。使用者既可以使用原始地震数据体，也可以使用已存在数据库中的解释数据体。

(3) 人机交互解释工作的基本过程。三维地震资料的解释过程从实质上来说与二维地震资料的解释过程没有太大的原则性的区别。在三维解释中也要进行地震构造解释和地震地层学解释。在一个地区取得三维偏移和三维速度的数据体后，首先要进行构造解释，在基本掌握了三维地震工区地质构造的情况后，根据地区特征再进行地震地层学的解释。

① 将地震资料中有关信息用钻井资料的信息进行层位标定和相关对比。一般是把三维偏移后的数据体与用测井曲线制做的合成地震记录进行连结。其目的是识别地震同相轴的地质层位，并分析它们的地震子波。

② 掌握三维地震数据体内主要反射层构造的基本轮廓，主要断裂系统。解释人员主要用显示在监视屏上的水平（切片）剖面和立体图。系统地在监视屏上显示感兴趣时间段的水平切片，以了解构造的基本情况，背斜和向斜构造在全区的分布，也可以看到主要断层的走向和空间展布的情况。不同位置上三维立体透视图的显示，有助于了解构造在空间上的变化及断层情况。使用垂直剖面的系列图可了解构造和断层情况的垂直方向变化。

③ 在对三维数据体所反映的基本构造情况了解之后就可以对一些主要地震层位进行拾取，做详细的构造研究。在详细对比研究和拾取之前，可以使用水平切片绘制构造的时间等值线图。

④ 为了详细研究三维地震数据体内所反映的大量的构造信息，解释人员还必须用垂向地震剖面进行主要地震反射层位的拾取和追踪，一般是从通过各个井的测线连结起来的某种折

线开始。追踪地震层位就从这条折线的垂直时间剖面开始，追踪地震反射同相轴可以用人工或自动方式进行。自动追踪可沿波峰、波谷进行，零值追踪一般在水平切片上进行。

⑤ 编绘各种平面图幅。首先考虑编绘某层的等反射时间构造图。把拾取和追踪层位的(x, y, t)的三维数据及断层点的(x, y, t)坐标值从数据库中调出展在测线底图上，用符号表示出上升盘与下降盘，断层面倾向及断层性质，然后人机交互地连成断层线或断层边界，再画出等值线。

⑥ 地震地层学解释。根据沿层水平切片的彩色显示图，可以方便地研究反射振幅的变化。在三维地震垂直剖面上进行地震地层学分析与二维地震资料解释方法是相同的。但解释更准确。

总之，由于三维数据体显示的灵活性，使人们能够以最有利的角度去观察地下地质情况，有利于提高解释和成图的精度。

§6.9 折射波资料的解释

折射波法目前主要用于工程勘探，以确定大坝、大型机场、高速公路、隧道、港口等工程建设中的基岩埋深及起伏，覆盖层的厚度以及基岩的岩性变化等，它也用于石油地震勘探中低速带调查。折射波法能从折射信息中提取下伏界面的界面速度，这是折射波法优于反射波法的一大特点。

折射资料的解释工作主要包括折射波的识别与对比、折射界面的绘制等工作。

一、折射波的识别与对比

1. 折射波的识别

折射波和直达波、面波一样有着直线形的同相轴，而折射波的速度高，其记录时间、振幅和脉冲形状一般随着炮检距的增大呈有规律的渐渐变化，易于与直达波和面波区别。折射波可以是初至波，也可以是续至波。一个折射界面的折射波一般都有相应的初至区，在初至区内观测折射波，干扰背景比较小，易于进行波的对比追踪。因此，在野外施工时，总是力求选择最合理的观测系统，在初至区内追踪折射波。当折射界面埋藏较深时，要在初至区追踪折射波，较长炮点和接收点的距离势必较长，致使采集工作变得非常困难。在这种情况下，选择合适的观测系统，也可以在续至区追踪折射波。

2. 折射波的对比

反射波的对比工作一般是在时间剖面上进行的，而折射波的对比工作是在波形记录上进行的，折射波的对比也有三个标志。

(1) 振幅标志：折射波在记录上较强，它的振幅随炮检距的增大而缓慢衰减。

(2) 波形标志：在相邻接收道上，折射波的波形相似，记录波形比较稳定。

(3) 相位标志：当折射界面为平面并且折射速度沿横向不变时，折射波的同相轴是平滑的直线段，而当折射界面为曲面或折射速度沿横向变化时，折射波的同相轴是平滑的曲线段。

此外，对于整条和相交测线中的两张记录之间的对比，还须利用互换点和连接点的时间标志以及追逐时距曲线平行性原则才能识别同层有效波。同一排列两张记录中互换点的互换时间相同，相接或相交排列两张记录中的连接点（即两个排列共有的接收点）走时（即折射波的截距时间）相等。

二、折射资料的初步整理

折射资料的初步整理包括初至时间的拾取、时距曲线的分支检查、综合时距曲线的绘制。

1. 初至时间的拾取

初至时间是指最先到达的有效波的时间，也称波的起跳时间。波的正、负起跳取决于仪器。初至时间的拾取是利用波的对比原则，确定初至波(包括直达波和折射波)，读取波的起跳时间。当某道上的有效波初至不清楚时，可利用相位对比，读取相位的时间，并对该道进行相位校正。对于相遇炮的记录一定要读取初至时间，而对于追逐炮的记录，当大多数道上的初至不明显时，可读取所有道上的相位时间，而不做相位校正。

2. 综合时距曲线的绘制及分支检查

把每炮记录的初至时间与检波点位，展布在以点位为横轴，以走时为纵轴的直角坐标系之中，连成曲线支。将每炮记录上的初至时间都点到同一张图上，可得到具有许多炮点的时距曲线支。

当存在着多个折射界面或多个相接的短排列时，由于时距曲线支的众多，因而要求有一张总括的综合时距曲线图，在这张图上用易于识辨的符号标出各个炮点的走时。故在画完时距曲线图后，应根据互换时间的相等性、追逐时距曲线的平行性、截距时间的相等性等准则进行时距曲线分支检查，把某些曲线支综合成某个要确定的折射界面的时距曲线。即利用可靠的控制点作为标准值，其余的点都根据时距曲线支的平行原理移动，使相邻排列的时距曲线首尾相连。组成了一支彼此连接的综合时距曲线。采用同样的方法，可得到另一个方向的一支综合时距曲线。这两支相交的时距曲线组成了较长的相遇综合时距曲线。如图 6-140 所示。

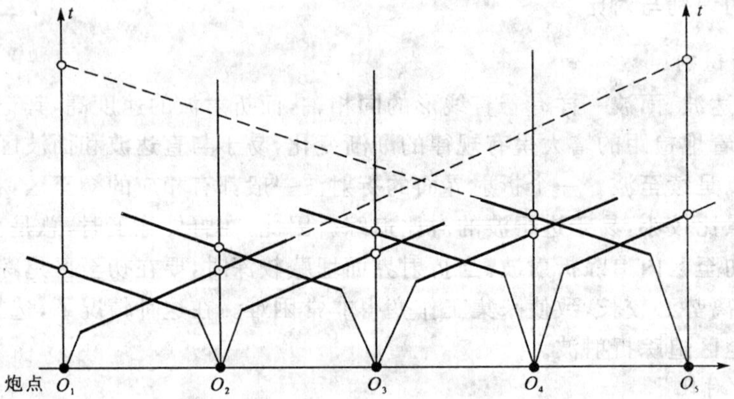

图 6-140 综合时距曲线的绘制

三、折射界面上覆层的速度的求取

在进行折射界面的求取之前，必须知道折射界面上覆层的速度。当折射界面上覆层速度均匀并且仅由一层组成时，可直接利用直达波走时求取覆盖层的速度，而当折射界面上覆层速度不均匀或由多个不均匀层组成时，可采用等效层方法求取等效速度，即将折射上覆层用一个均匀层代替或等效，该层的速度定义为等效速度。因此，可以利用实测得到的初至折射波时距曲线，采用交点法求取等效速度。

如图 6-141 所示，S_0、S_1、S_2 为实测得到的时距曲线，S_0 为直达波时距曲线，S_1、S_2 分别为来自待求的 R_1、R_2两个折射面的折射波时距曲线。交点法是利用时距曲线的交点 A_1、A_2，分别做它们与炮点(O)的连线，进而分别计算该连线的斜率倒数即为所求的第一、二个折射面上方的等效速度 V_1、V_2。

四、t_0 差数时距曲线法绘制折射界面

折射界面的绘制方法有很多，有 t_0 差数时距曲线法、截距法、时间场法、延迟时法、哈雷斯法、椭圆法等。它们各有使用条件和优缺点，其中前两种方法比较常用。

1. *t_0 差数时距曲线法的原理*

该方法包括两个方面的内容，即用 t_0 法绘制折射界面，用差数时距曲线求界面速度。图 6-142(a)中，有一个弯曲折射界面，实测得两支相遇时距曲线，过测线上任一点 S，作 t 轴的平行线，交相遇时距曲线上的 t_1 和 t_2 点，t_1、t_2 是对应于 S 点的折射波走时，并令折射波两支相遇时距曲线的互换时间为 T，从图 6-142(a)可看出

$$\left.\begin{aligned} t_1 &= t_{O_1ABS} \\ t_2 &= t_{O_2DCS} = t_{SCDO_2} \\ T &= t_{O_1AB} + t_{BC} + t_{CDO_2} \end{aligned}\right\} \quad (6-192)$$

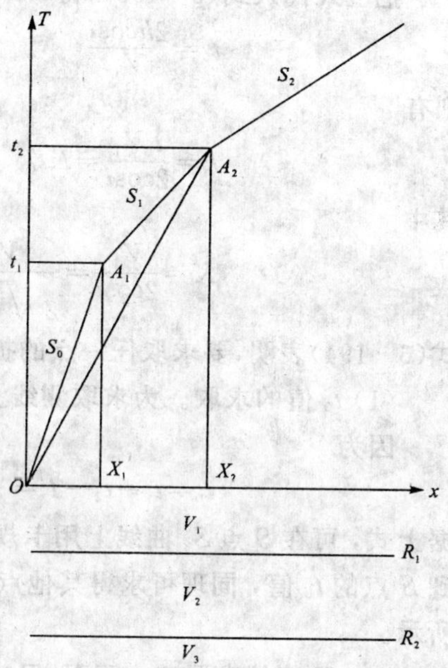

图 6-141 交点法求等效速度

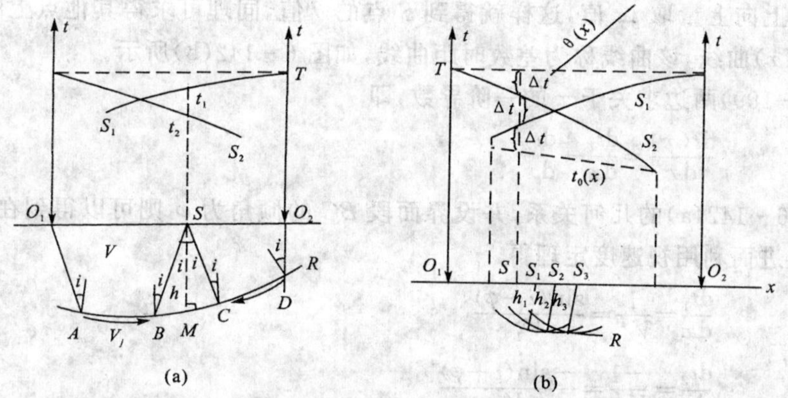

图 6-142 t_0 差数时距曲线法绘制折射界面示意图

假设折射界面曲率半径比它埋藏深度大很多时，可以把三角形△SBC 近似看为等腰三角形，自 S 点作 BC 的垂直平分线，则 SM 等于 S 点下方折射面的法线深度 h，其值可用 t_0 法求得。令

$$t_0 = t_1 + t_2 - T$$

据(6-192)式得

$$\begin{aligned} t_0 &= t_1 + t_2 - T = t_{O_1ABS} + t_{SCDO_2} - (t_{O_1AB} + t_{BC} + t_{CDO_2}) \\ &= t_{BS} + t_{CS} - t_{BC} \end{aligned} \quad (6-193)$$

由图 6-142(a)，并利用 $V_2 = V_1/\sin i$，得

$$\begin{aligned} t_{BS} &= t_{CS} = \frac{h}{V_1\cos i} \\ t_{BC} &= 2t_{BM} = \frac{2h\,\mathrm{tg}\,i}{V_2} = \frac{2h\sin^2 i}{V_1\cos i} \end{aligned} \quad (6-194)$$

把上式代入式(6-193)，得

$$t_0=\frac{2h\cos i}{V_1} \tag{6-195}$$

则有

$$h=\frac{t_0V_1}{2\cos i}=Kt_0 \tag{6-196}$$

其中

$$K=\frac{V_1}{2\cos i}=\frac{V_1V_2}{2\sqrt{V_2^2-V_1^2}} \tag{6-197}$$

式(6-194)表明，要求取任一点的折射深度，需要 t_0 和 K 两个参数。

(1) t_0 值的求取。为求取测线上各点的 t_0 值(t_0 随 x 变化)，可作 $t_0(x)$ 曲线。

因为

$$t_0=t_1+t_2-T=t_1-(T-t_2)=t_1-\Delta t \tag{6-198}$$

据上式，可在 S 点 S_2 曲线上用卡规量取 Δt 值，然后再从 S_1 曲线上向下量取 Δt 值，这样就得到 S 点的 t_0 值，同理可求得其他点上的 t_0 值，连接这些点，可得 $t_0(x)$ 曲线，如图 6-142(b)所示。

(2) K 值的求取。由于 V_1 已求得，故 K 值的求取即为 V_2 的求取。令

$$\theta(x)=t_1-t_2+T=t_1+(T-t_2)=t_1+\Delta t \tag{6-199}$$

则在 S_1 曲线上向上量取 Δt 值，这样就得到 S 点的 θ 值，同理可求得其他点上的 θ 值，连接这些点，可得 $\theta(x)$ 曲线，该曲线称为差数时距曲线，如图 6-142(b)所示。

对式(6-199)两边求关于 x 的一阶导数，即

$$\frac{\mathrm{d}t(x)}{\mathrm{d}x}=\frac{\mathrm{d}t_1}{\mathrm{d}x}-\frac{\mathrm{d}t_2}{\mathrm{d}x} \tag{6-200}$$

利用图 6-142(a)的几何关系，并设界面段 BC 的倾角为 φ，则可以得到在 S 点的折射波射线出射角，进而利用视速度定理得

$$\frac{\mathrm{d}t_1}{\mathrm{d}x}=\frac{1}{V_u^*}=\frac{\sin(i-\varphi)}{V_1}$$

$$\frac{\mathrm{d}t_2}{\mathrm{d}x}=\frac{-1}{V_d^*}=\frac{-\sin(i+\varphi)}{V_1} \tag{6-201}$$

式中负号表示 S_2 是反向接收的时距曲线。将式(6-201)代入到式(6-200)，并化简得

$$\frac{\mathrm{d}\theta(x)}{\mathrm{d}x}=\frac{2\sin i\cos\varphi}{V_1}=\frac{2\cos\varphi}{V_2}$$

则

$$V_2=2\cos\varphi/\frac{\mathrm{d}\theta}{\mathrm{d}x} \tag{6-202}$$

当界面倾角小于 15°时，$\cos\varphi$ 近似等于 1，则

$$V_2=2/\frac{\mathrm{d}\theta}{\mathrm{d}x} \tag{6-203}$$

2. 折射界面的绘制

对测线上任一点 S，求得了 t_0 与 K 值，也就可求得 h 值，然后以 S 点为圆心，以 h 为半径作圆弧，对多个观测点作出一系列圆弧，这些圆弧的包络线就是折射界面的位置。

该方法在界面起伏大，地质情况复杂，界面速度有突变，所求得的折射界面精度会降低。此外，折射资料的解释工作，同样可以由微机自动完成，有利于提高解释的精度和效率。

思考题与习题

1. 地震测线布置的原则及要注意的问题是什么？

2. 什么叫地震观测系统？地震观测系统(反射波)有哪几种类型？并分别用综合平面图表示？

3. 在野外如何选择反射波法观测系统的参数？

4. 在观测测线上如遇到河流、村庄、沼泽等障碍物时，应采用什么样的观测系统？请举例说明，并用观测系统图表示之。

5. 试用综合平面图表示下述观测系统，并指出反射界面段(设有一反射界面 R)：

(1) O_1 点放炮，O_2O_3 段接收；　　(2) O_3 放炮，O_1O_3 段接收；

(3) O_2 放炮，O_3O_4 段接收；　　(4) O_4 放炮，O_2O_3 段接收。

6. 什么叫偏移距？什么叫道间距？什么叫排列长度？什么叫覆盖次数？什么叫炮间距？

7. 地震检波器的作用是什么？

8. 什么叫采样？什么叫采样率？选取采样率应注意什么？

9. 什么叫组合检波？组合检波法的目的是什么？

10. 组合法主要压制什么类型的干扰波？

11. 组合法为什么能压制面波？其原理是什么？

12. 组合法为什么能增强一次反射波的能量？其原理是什么？

13. 组合法具有哪些特性？

14. 组合法为什么能提高资料的信噪比？(从方法、原理、对面波、反射波和随机干扰的作用阐述。)

15. 多次覆盖方法为什么能提高地震资料的信噪比？(从方法、原理、目的、作用阐述。)

16. 多次覆盖方法为什么能压制多次波？其原理是什么？

17. 多次覆盖方法为什么能增强一次反射波的能量？其原理是什么？

18. 试述多次覆盖法的原理和作用及目的？

19. 试述水平界面多次反射波的叠加效应？

20. 试述水平界面一次反射波的叠加效应？

21. 试述倾斜界面一次反射波的叠加效应？

22. 什么叫剩余时差？剩余时差有什么特点？产生多次波剩余时差的原因是什么？

23. 试进行影响共中心点叠加效果的因素分析。

24. 试述组合法和多次覆盖方法有什么异同？(原理、特性、压制干扰)

25. 在多次覆盖方法中，假设检波道数 $N=48$，采用端点放炮，要得到 6 次、12 次、24 次覆盖，在野外施工中，每放完一炮后，炮点应移动多少个检波道数。当 $N=48$ 时，最大可得到多少次覆盖？

26. 从野外采集得到的地震数据在计算机中存放的格式是什么样的？

27. 常规处理流程包括了哪几个处理模块？画出常规处理流程图。

28. 什么叫动校正？它的作用和目的是什么？

29. 如何进行动校正处理？动校正带来的问题是什么？

30. 什么叫静校正？为什么要进行静校正处理？如何进行静校正处理？

31. 试述水平叠加时间剖面的取得过程？

32. 修饰性处理主要包括哪几种处理方法？每一种方法的目的是什么？

33. 什么叫滤波？滤波的三要素是什么？什么叫滤波器的滤波因子？

34. 如何求取滤波器的脉冲响应和频率响应函数？

35. 滤波的作用和目的是什么？

36. 什么叫一维频率滤波？在频率域中如何实现一维频率滤波？

37. 什么叫理想的地震记录？什么叫实际的地震记录？它们各有什么特点？

38. 什么叫反滤波？什么叫反滤波因子？反滤波的作用和目的是什么？

39. 针对消除海上鸣震干扰进行的反滤波叫什么反滤波？它的主要目的是什么？

40. 针对大地吸收作用所进行的反滤波称为什么反滤波？它的主要目的是什么？

41. 什么叫叠加速度谱？试述制作叠加速度谱的过程和原理？

42. 叠加速度谱的解释和用途？

43. 什么叫偏移归位处理？为什么要进行偏移归位处理？

44. 为什么水平叠加时间剖面存在偏移现象？偏移的特点是什么？

45. 进行了偏移归位处理后得到的地震剖面称为什么时间剖面？它与水平叠加时间剖面有什么不同？

参考文献

包约翰.神经网络的模式识别方法.北京:科学出版社,1992
柴玉璞.偏移抽样理论及其应用.北京:石油工业出版社,1997
陈颙等.分形与浑沌在地球科学中的应用.北京:学术期刊出版社,1989
陈宏林,丰继林主编.工程地震勘察方法.北京:地震出版社,1998
程乾生.信号处理的数字原理.北京:石油工业出版社,1979
地质矿产部.直流电法工作规范.北京:地质出版社,1984
费业泰.误差理论与数据处理.北京:机械工业出版社,1987
傅良魁.应用地球物理教程——电法、放射性、地热.北京:地质出版社,1991
傅良魁主编.电法勘查教程.北京:地质出版社,1983
顾功叙编著.地球物理勘探基础.北京:地质出版社,1990
管志宁,安玉林.区域磁异常定量解释.北京:地质出版社,1991
何樵登,熊维纲.应用地球物理教程——地震.北京:地质出版社,1991
何樵登主编.地震勘探原理和方法.北京:地质出版社,1986
何振亚.多维数学信号处理.北京:国防工业出版社,1995
黄国祥,余惠祥,蔡文成.应用地球物理——磁法勘探.长沙:中南工业大学出版社,1988
黄绪德编著.反褶积与地震道反演.北京:石油工业出版社,1992
姜枚.试谈统计分析方法在区域重磁资料解释中的某些应用.物探与化探,1982(6)
焦李成.神经网络的应用与实现.西安:西安电子科技大学出版社,1996
金孟哲.波动方程快速差分偏移方法.石油地球物理勘探,1986, 21(1)
李国治.频率域反褶积中的截断效应.石油物探,1981, 20(3)
李鸿吉等.电子计算机制图及应用.北京:地质出版社,1985
李后强,汪富泉.分形理论及其在分子科学中的应用.北京:科学出版社,1993
李录明,包吉山.三维叠加速度分析方法.石油物探,1984, 23(3)
李世雄,刘家琦.小波变换和反演数学基础.北京:地质出版社,1994
梁锦文.分离重磁区域场与局部场的维纳滤波器.地球物理学报,1982(1)
陆基孟等编.地震勘探原理及资料解释.北京:石油工业出版社,1985
罗发龙,李衍达.神经网络信号处理.北京:电子工业出版社,1993
罗孝宽,郭绍雍.应用地球物理教程——重力、磁法.北京:地质出版社,1991
牟永光主编.地震勘探资料数字处理方法.北京:石油工业出版社,1984
穆石敏等.区域地球物理数据处理方法及其应用.长春:吉林科学技术出版社,1990
牛毓荃等编.反射波地震勘探技术.北京:石油工业出版社,1985
潘承毅.数理统计的原理与方法.上海:同济大学出版社,1992
钱绍湖编.地震勘探.武汉:中国地质大学出版社,1989
秦前清,杨宗凯.实用小波分析.西安:西安电子科技大学出版社,1994
秦政编.石油地球物理勘探.北京:石油工业出版社,1989
唐建益,方正主编.煤矿采区实用地震勘探技术.北京:煤炭工业出版社,1998
汪隆六.三角形线性插值在区域重力测量数据网络化中的应用.物化探电子计算技术,1986(6)
王宝仁,徐公达编著.高精度重力测量.北京:地质出版社,1995
王宝仁等.井中重力测量及其在我国石油勘探中的应用前景.石油地球物理勘探,1993(3):337~347
王纪民.三维叠加速度的分布与计算.石油地球物理勘探,1985, 20(4)
王建得等.二维不规则数据网络化方法研究概述.物探与化探,1983(6)

王有新，史政军，李少英.深度偏移的发展和应用概况.石油地球物理勘探，1994，29(4)
武汉地质学院物探系电法教研室，电法勘查实习手册(传导类)，1984
徐常练，张红英.三参量速度信息的求取及应用.石油地球物理勘探，1994，29:483～489
杨行峻，郑君里.人工神经网络.北京：高等教育出版社，1992
姚长利，管志宁.克服低纬度困难的有将近方法.长春地质学院学报，1997，27(2)
姚姚，詹正彬，钱绍湖编.地震勘探新技术与新方法.武汉：中国地质大学出版社，1991
殷勤业，杨宗凯，谈正.模式识别与人工神经网络.北京：机械工业出版社，1992
曾华霖.美国的航空重力测量.国外地质勘探技术，1999(1)
张贤达.现代信号处理.北京：清华大学出版社，1995
张愉才.正交多项式趋势分析.物化探电子计算技术，1980(2)：84～97
张玉芬，姚姚编.石油地震(内部教材)，1993
赵波，史政军.消除动校正拉伸影响的方法.石油地球物理勘探，1995，30:417～42
朱宪怀.应用预测反褶积迭代消除多次波.石油物探，1983，22(1)
朱铉，罗妮妮，周军.三维叠加资料的处理.石油物探，1983，22(1)
朱铉.克希霍夫积分法偏移讨论.石油物探，1981，20(4)
紫玉璞，贾继军.偏移抽插理论在磁异常化极中的应用.石油地球物理勘探，1998，33(4)
[美]崔锦泰.小波分析导论.西安：西安交通大学出版社，1995
N.S奈德尔等编；牛毓荃译.褶积模型.北京：石油工业出版社，1986
P.L.斯托法等；黄绪德译.用分裂算法对地震资料进行偏移.石油物探，1979，18(1)
B.H.березки，метод полного градинта при геофизической разведке，1988，недра
B.H.Верезкин，применение гразвиразведки для поисков месторождениЙ нефги и газа，1973
D.J. Verschuur et al. Adaptive sourface-related multiple elimination. Geophysics. 1992，57(9)
Ralph A. Wiggins，许树椿译.最小商反褶积.石油物探，1980，19(1)
Schneider W. A. Intergral formulation for migration in two and three dimension. Geophysics，1978，43(1)：49～76
Spector A. and Grant F.S.，Statisical Models for Interpreting Aeromagetic Data，Geopbysics，Vol.35，1970